Pro/ENGINEER 机构仿真分析与高级设计

汪中厚 著

科学出版社

北京

内 容 简 介

本书以 Pro/ENGINEER 软件为例，主要针对有限元分析的基本理论知识与分析方法，介绍了结构分析、运动学分析以及 Top-Down 的建模方法。本书引入了许多分析的案例，包括结构分析实例、振动分析实例、灵敏度分析实例、齿轮机构运动实例等，根据由浅入深、前后呼应的编写原则进行内容安排，详细阐述了相关的理论知识和操作步骤。本书的知识和实例都是深入浅出，简单易学，所有的分析实例步骤详尽，即使没有有限元分析背景知识的读者也能快速学会。

本书是作者从事 CAE 工作 20 余年的科研与教学的经验总结，也是作者在日本 PTC 近 4 年从事 CAE 咨询工程师的工作的体会总结，可作为机械、土木等工科专业的本科生、研究生和相关工程技术人员学习 Pro/ENGINEER 的结构分析和运动分析的教材和参考资料，同时也适用于初学、自学 Pro/ENGINEER 有限元分析和运动分析的读者。

图书在版编目(CIP)数据

Pro/ENGINEER机构仿真分析与高级设计 / 汪中厚著.—北京：科学出版社，2017.6

ISBN 978-7-03-053806-2

Ⅰ. ①P…　Ⅱ. ①汪…　Ⅲ. ①机械设计-计算机辅助设计-应用软件　Ⅳ. ①TH122

中国版本图书馆CIP数据核字(2017)第139195号

责任编辑：陈构洪　邢宝钦 / 责任校对：桂伟利
责任印制：张　倩 / 封面设计：北京铭轩

科学出版社 出版
北京东黄城根北街 16 号
邮政编码: 100717
http://www.sciencep.com
文林印务有限公司 印刷
科学出版社发行　各地新华书店经销
*
2017 年 6 月第　一　版　开本：720 × 1000　1/16
2017 年 6 月第一次印刷　印张：34
字数：673 000

定价：88.00 元(含光盘)

(如有印装质量问题，我社负责调换)

前　　言

CAE(computer aided engineering)是用计算机辅助求解复杂工程和产品结构强度、刚度、动力响应等力学性能的分析计算以及结构性能的优化设计等问题的一种近似数值分析方法。CAE 在工程上应用至今，已有 50 多年的发展历史，已经是分析连续力学各类问题的一种重要手段，也已成为航空航天、机械、土木结构等领域必不可少的数值计算工具。在 CAD/CAE/CAM 系统日益成熟的今天，掌握好 CAE 软件的操作和应用对于产品设计和分析有着非常重要的作用。

Pro/ENGINEER 是美国参数技术公司(PTC)基于单一数据库、参数化、特征、全相关及工程数据再利用等概念开发的一个强大的 CAD/CAE/CAM 软件。该软件运用 P 法进行分析，解析精度高；采用自顶向下的建模方式，提高建模的效率；同时该软件集结构分析、运动学分析、动力学分析、结构优化等功能于一体，可以完全实现几何模型和有限元分析的无缝集成，使得设计人员能够在设计阶段就对设计模型进行优化，及时发现问题，提高产品设计质量，降低设计成本，提高工作效率。Pro/MECHANICA 是集静态分析、动态结构分析于一体的有限元模块，能够根据实际工况对模型施加约束及载荷，实现静态、模态、翘曲、疲劳、动态响应、振动等分析。因此，作为当今世界机械 CAD/CAE/CAM 领域的新标准，Pro/MECHANICA 得到业界的认可和推广，是现今主流的 CAD/CAE/CAM 软件之一，特别是在国内产品设计领域占据重要位置。

本书主要包含三部分内容，第一部分主要是关于 Pro/MECHANICA 模块的介绍，首先结合简单实例对 Pro/MECHANICA 分析模块中的相关命令进行介绍。第 1 章简单介绍 Pro/MECHANICA 软件的特点及安装方法；第 2 章主要结合材料力学及弹性力学相关的理论知识对模型进行分析，并运用 Pro/MECHANICA 进行分析验证；第 3 章通过添加材料属性、网格划分、约束条件等来介绍 Pro/MECHANICA 的前处理过程；第 4 章主要介绍梁单元和壳单元的模型，并结合相关实例，验证其计算结果与实体单元的差别；第 5 章通过界面的连接方式、焊缝、刚性连接、受力连接、紧固件等介绍组件分析模型的建模方法；第 6 章结合相关实例对静态分析、大变形分析、模态分析、预应力静态分析、预应力模态分析、屈曲分析、疲劳分析进行讲解；第 7 章结合相关实例对动态时域分析、动态频域分析、动态冲击分析、随机振动分析进行讲解；第 8 章主要针对零件进行敏感度分析与优化设计，接着介绍 Pro/MECHANICA 的批处理功能；第 9 章主要介绍二维平面的应力及应变问题；第 10 章主要结合平面四连杆机构、曲柄滑块机构、碟形凸轮机构介绍运动学的初步知识；第 11 章结合汽车变速箱的模型，综合运用上述知识对其进行分析，并通过实验进行验证。第二部分主要介绍了齿轮机构的运动学知识。第 12 章通过外啮合齿轮、内啮合齿轮、空间定轴轮系、周转轮系、行星轮系来介绍齿轮机构的运动学分析；第 13 章通过平压平模切机的实例来介绍机构的运动学分析过程。第三部分主要介绍 Top-Down 的建模方法，并通过手机外壳和电动机减速器的实例详细介绍 Top-Down 的建模过程。

本书所有实例均为常见的结构模型，随书光盘包含了全部实例的所需文件。每一个实例所需的文件，均放在相应的实例名的文件夹中。

本书在出版过程中，作者的近几届研究生，特别是张兴林、李刚、刘欣荣、王冰青、顾坤隆、刘绍鲲、马雅鹤、曹欢、张艺、徐阐、张文学、赵超凡、杨润春、张翠等，做了大量的资料整理工作，同时在出版过程中也得到了很多专家学者的支持和帮助，在此一并深表感谢。由于时间仓促，加上水平有限，不足之处在所难免，欢迎广大读者批评指正。

汪中厚

2017 年 5 月 10 日

目　录

第 1 章　Pro/MECHANICA 简介

1.1　关于 Pro/MECHANICA

Pro/MECHANICA 是一种多学科 CAE(computer aided engineering，计算机辅助工程)工具，使您能够模拟模型的物理行为，并了解和改进机械的性能。您可以直接计算应力、挠度、频率、热传递路径以及其他因子，这些因子可表明模型在测试实验室或真实环境中如何工作。

Pro/MECHANICA 产品现提供两个模块，即“结构”模块和“热”模块，其中每个模块都针对不同系列的机械特性问题。“结构”模块侧重于模型的结构完整性，而“热”模块用于评估热传递特性。

本书第一部分讲述结构分析模块在工程结构方面的分析应用，如没有特殊说明，实例均采用集成模式来完成。

1.1.1　Pro/MECHANICA 结构模块的主要功能

Mechanica 的“结构”模块可使设计工程师评估、了解和优化其设计在真实环境中的静态和动态结构性能。“结构”模块特有的自适应求解技术支持自动进行快速准确求解，这有助于提高产品质量并降低设计成本。除自身固有的求解器外，“结构”模块的 FEM 模式还具有为第三方有限元求解器创建完全相关的 FEA 网格的功能。利用“结构”模块能够完成以下工作。

(1) 通过对几何模型施加属性、载荷和约束，为设计设置真实环境。

(2) 控制 Mechanica 网格化模型的方式，以确保最有效求解。

(3) 通过在运行模拟之前指定收敛性设置来预先定义求解精度级别，并在 Mechanica 自动检查错误、自动收敛到精确解并生成校验收敛性的监视信息。

(4) 使用 Mechanica 的自适应求解器功能或使用 FEM 模式，通过 NASTRAN 或 ANSYS 求解有限元模型。

(5) 选择一个或多个在某一范围内变化的敏感度参数，然后查看所需输出作为该变化参数的函数的图形。

(6) 优化设计以便最好地满足设计目标，如最小化设计成本或总应力。例如，可以通过“结构”模型将组件的质量最小化，同时使应力、一阶模态频率和最大位移保持在限制范围之内。

(7) 以云图、轮廓图和查询图的形式存储并查看所选模型图元上的位移、应力和应变。

(8) 查看位移和主应力的向量图，以及标准梁截面的结果、位移动画、振型和优化形状历史。

(9) 以云图、轮廓图和查询图的形式保存并查看位移、速度、加速度、应力和 RMS 量的结果。

(10) 以线性和对数格式评估各个步骤中某一测量的图形。

(11) 获得所有单值评估方法汇总值(最小值、最大值、最大绝对值和 RMS)。

1.1.2 Pro/MECHANICA 配置文件

config.pro 中的设置用来控制 Mechanica 会话的各个方面。以下是创建或修改 config.pro 文件时需要注意的一些问题。

(1) 一般情况下，配置文件选项及其值不区分大小写。

(2) 在 UNIX 和 Windows 中，磁盘上的实际文件名必须只使用小写字符。

(3) config.pro 中每行的字符数不得超过 80 个字符。不能在第二行接着继续写入一个搜索路径或映射键。

(4) 可通过【工具(T)】→【选项(O)】菜单来设置这些选项，或使用文本编辑器手动编辑 config.pro 文件。

1.1.3 Pro/MECHANICA 5.0 的更新

MECHANICA Wildfire 5.0 的更新体现在以下两个方面。

(1) 兼容性问题。MECHANICA Wildfire 5.0 支持 Unigraphics NX 5.0。MECHANICA Wildfire 5.0 支持 CATIA V5 版本 16 和版本 17。

(2) 平台特定限制。需注意的是不要在现有 MECHANICA Wildfire 3.0 安装之上安装 MECHANICA Wildfire 5.0。

1.2 Pro/MECHANICA 的工作模式

Mechanica 具有两种基本模式：集成模式和独立模式。在集成模式下，所有 Mechanica 功能都在 Pro/ENGINEER 内执行。此版本的产品具有 Pro/ENGINEER 的参数特征创建技术与全系列的 Mechanica 软件解决方案相结合所带来的便捷性和强大功能。在独立模式下，您在单独的用户界面中工作，根据导入的几何或使用 Mechanica 几何创建工具创建的几何来开发模型。

1.2.1　集成模式

在 Pro/ENGINEER 环境下集成了 Pro/MECHANICA 的仿真功能。在不脱离 Pro/ENGINEER 用户环境下可以创建模型、分析模型并优化模型。集成模式下又包含两种模式，即软件本身带有的模式和 FEM 模式。

1. 软件本身带有的模式

建立或打开分析模型，单击菜单栏中的【应用程序(P)】→【Mechanica(M)】命令，软件弹出如图 1-1 所示的“Mechanica 模型设置”对话框，不勾选“FEM 模式”复选框，直接单击【确定】按钮或单击【高级】按钮，进行分析类型的设置后再单击【确定】按钮，即可进入软件本身带有模式的操作界面。

图 1-1　Mechanica 模型设置对话框

这种模式运行在 Pro/ENGINEER 平台中，操作以及界面和 Pro/ENGINEER 相同，能够直接使用建模参数进行分析及结构的优化设计。

2. FEM 模式

如果在图 1-1 所示“Mechanica 模型设置”对话框中勾选了“FEM 模式”复选框，则可以使用 FEM 模式去解决结构分析问题了。

FEM 模式可用于基于 Pro/ENGINEER 零件或组件创建数学模型，然后使用任意第三方有限元求解器(如 NASTRAN、ANSYS 等)分析零件。可完成如下任务：添加建模图元(如载荷、约束等)和定义分析。但是，与固有模式不同，必须显示为模型创建网格，而不是让 Mechanica 在运行时自动执行此步骤。在没有安装 Pro/MECHANICA 的环境下，FEM 模式一样可以使用。

3. 集成模式下工作流程

针对软件固有模式和FEM模式，其工作流程分别如图1-2和图1-3所示。

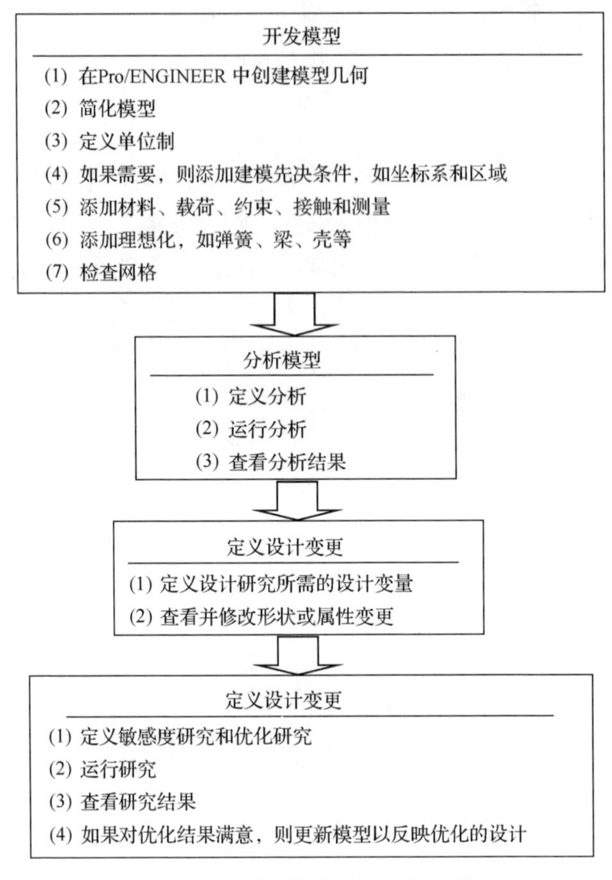

图1-2　固有模式下的工作流程

4. 集成模式的特点

集成模式将Mechanica的模拟功能结合到Pro/ENGINEER中。在集成模式下，可在用于创建Pro/ENGINEER几何的相同用户环境中创建、分析和优化模拟模型。以下是集成模式的一些独有特点。

可选择将模型定义为在固有模式还是FEM模式下使用。固有模式将提供P元素解决方案，而FEM模式允许使用任意第三方H元素求解器求解模型。

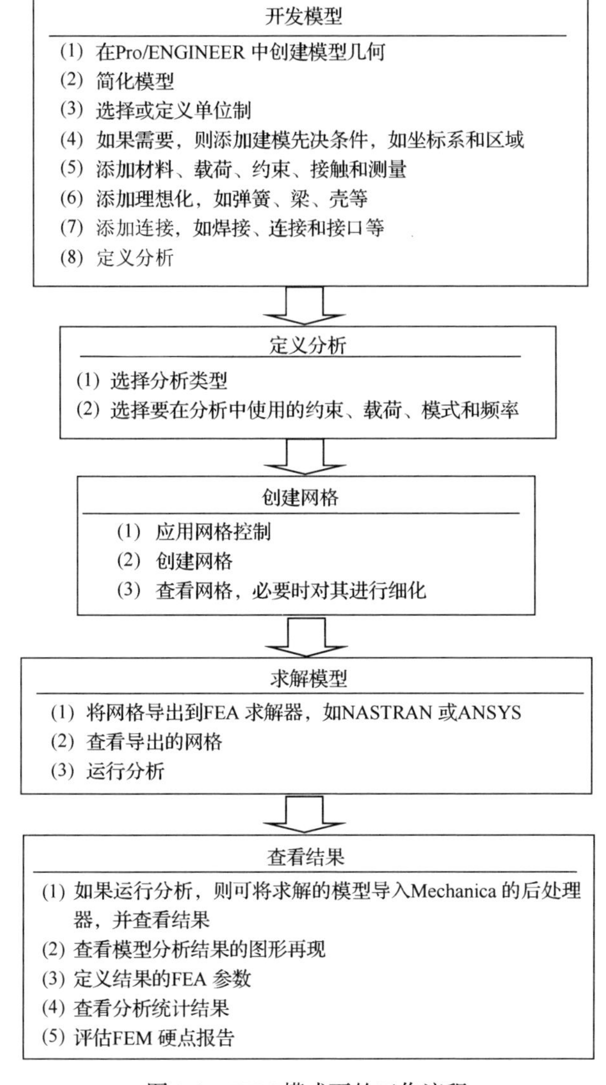

图 1-3　FEM 模式下的工作流程

作为模型分析的一部分，Mechanica 会自动创建网格。对于实体模型，Mechanica 会使用诸如四面体、楔或砖等实体元素；而对于壳单元建模，会应用三角形和四边形壳元素以实现最佳网格，还可以将实体元素和壳元素组合在一起创建混合网格的模型。

还可以将多个特殊的元素类型或理想化和连接手动添加到模型中。这些元素类型包括梁、各种类型的焊缝、弹簧、接触、刚性连接和质量。尽管固有模式通常不显示除作为研究背景和分析结果外的元素，但可在运行分析前测试并细化网格。

通过定义尺寸和属性的设计变量，可指明模型的哪些方面可在敏感度或优化研究过程中发生改变。

一次可同时使用多个模型。希望使用另一模型时，只需将其打开，一个显示新选择模型的新工作区窗口即会打开。退出集成 Mechanica 前无须保存。

1.2.2 独立模式

直接单击运行程序菜单中图标 Structure 可以启动 Pro/MECHANICA 独立模式，此时 Pro/MECHANICA 作为一个独立的软件运行，可以进行建模、分析以及优化设计，与 Pro/ENGINEER 没有关联。在这种模式下，可以在 Pro/ENGINEER 中建立分析模型再导入 Pro/MECHANICA，也可以将其他 Pro/MECHANICA 支持的 CAD 软件中建立的模型导入，或者直接在 Pro/MECHANICA 中建立模型。但是需要注意的是，在 Pro/MECHANICA 中建立模型进行优化设计分析后模型的参数只能在 Pro/MECHANICA 中改变，而不能自动在 Pro/ENGINEER 中实现更新。

独立模式依靠独立的 Mechanica 用户界面进行所有模拟建模、分析与设计研究执行以及结果查看。在独立模式下，可选择在 Pro/ENGINEER 中构建模型几何、从第三方 CAD 软件包导入几何或仅在 Mechanica 内构建几何。在独立模式下处理模型后，将中断与 Pro/ENGINEER 的所有关联，并且不能再自动从 Mechanica 更新 Pro/ENGINEER 模型。以下是独立模式的一些特点。

可以手动或自动创建元素。对于实体模型，可以创建实体元素，如四面体、楔或砖。对于壳模型，可以应用三角形和四边形的壳或板元素，还可以将多个特殊化的元素类型手动添加到模型中。这些元素类型包括梁、点焊、弹簧和质量。

Mechanica 提供多种手动生成元素的方法，包括几何选取、点标记、拉伸和旋转。如果想要 Mechanica 自动创建元素，则可以使用 AutoGEM，这是一种可在曲线、曲面和体积块上生成元素的工具。

通过定义尺寸的设计变量和属性的设计参数，可指明在敏感度研究或优化研究过程中模型的哪些方面发生变化。但是，不能使用 Pro/ENGINEER 关系或参数控制形状变化。

可以创建基于元素的测量以获取有关模型的应力强度因子(裂缝)、合力和合力矩以及净热通量的信息。

1.2.3 操作模式的比较

集成模式和独立模式在结构分析中的区别见表 1-1。

表 1-1　集成模式和独立模式在结构分析中的区别

对比项	集成模式	独立模式
分析类型	所有分析类型	所有分析类型
求解器	P 代码固有求解器和第三方 H 代码求解器	仅 P 代码固有求解器
可分析模型	2D 和 3D 模型	2D 和 3D 模型
模型来源	仅在 Pro/ENGINEER 中创建的几何	在 Pro/ENGINEER 以及分析模块中创建的几何，或以多种 CAD 文件格式之一创建的几何
测量建立	基于几何的测量	基于几何和基于元素的测量
网格划分	使用测试和细化功能自动生成的元素	手动或通过 AutoGEM 创建的元素
可以使用的参数变量	在 Pro/ENGINEER 中创建的设计变量，如梁截面尺寸和参数	在 Mechanica 中创建的形状和属性设计变量

1.3　Pro/MECHANICA 的操作界面

Pro/MECHANICA 有集成和独立两种操作模式，选用哪一种模式都会影响到用户界面、建模元素、可选用的建模功能和可以建立并运行的分析类型。下面分别就集成模式和独立模式操作界面进行简单介绍。

1.3.1　本书使用的 Pro/MECHANICA 版本和安装

2010 年 10 月 29 日，PTC 宣布，推出 Creo 设计软件。也就是说，Pro/E 正式更名为 Creo，目前已经更新到 Creo3.0 版本，本书采用的是 Pro/ENGINEER Wildfire 5.0 M020 x64 版。从野火 4.0 版以后，Pro/MECHANICA 都是和 Pro/ENGINEER 一起安装，不需要单独安装 Pro/MECHANICA，但是在安装 Pro/ENGINEER 时要勾选上安装 Pro/MECHANICA，如图 1-4 所示。对于正版用户，只要成功安装了 PTC License Server 和相应的许可证，就可以顺利使用 Pro/MECHANICA。

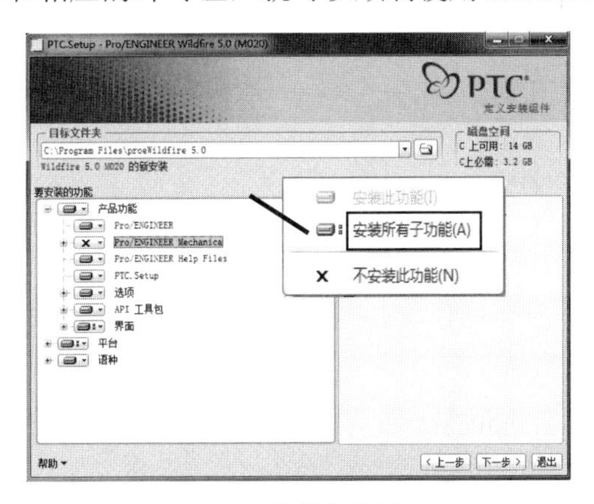

图 1-4　软件安装界面

1.3.2　集成模式的操作界面

首先，任意新建或打开一个 Pro/E 文件，然后如图 1-5 所示，选择【应用程序(P)】→【Mechanica(M)】就可以进入 Pro/MECHANICA 分析模块。由图可以看出 Pro/MECHANICA 有“结构”和“热”两个模块。

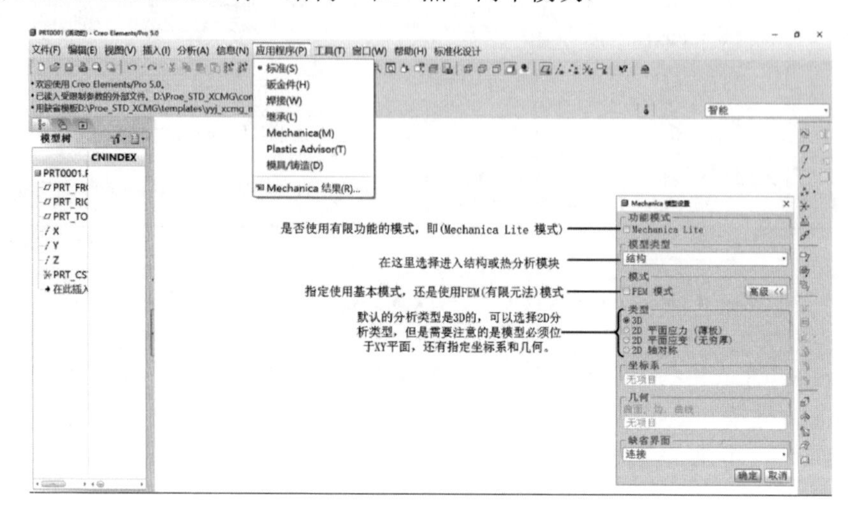

图 1-5　进入 Pro/MECHANICA 分析模块的操作

进入 Mechanica 分析模块后，会出现如图 1-6 所示的主操作窗口。

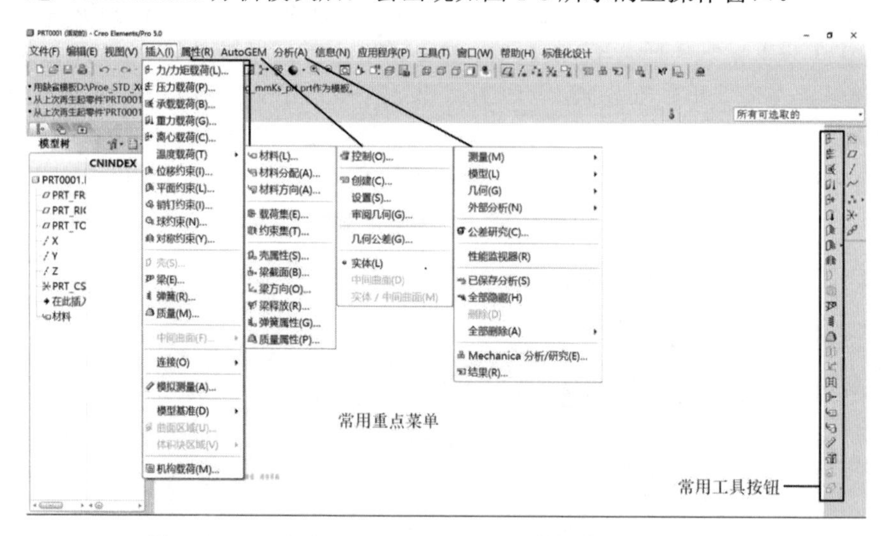

图 1-6　Pro/MECHANICA Wildfire 5.0 结构模块主操作窗口

可使用工具栏按钮来访问许多 Mechanica 功能。在启动 Mechanica 时，工具栏显示在图形窗口的右侧。工具栏是可定制的。使用“工具”→“定制屏幕”来对工具栏进行位置控制，并对 Mechanica 显示的图标进行图标控制。有关 Pro/MECHANICA 结构模块工具栏按钮的意义如表 1-2 所示。

表 1-2　Pro/MECHANICA 结构模块工具栏按钮意义对照表

按钮	说明	适用模块*
	位移约束	S, SF
	平面约束	S, SF
	销钉约束	S, SF
	球约束	S, SF
	对称约束	S
	承载载荷	S
	离心载荷	S, SF
	重力载荷	S, SF
	力或力矩载荷	S, SF
	压力载荷	S, SF
	热载荷	T, TF
	温度载荷	SF
	梁	S, T, SF, TF
	界面	SF, TF
	焊缝	S, T, SF, TF
	紧固件	S
	测量	S, T
	间隙	SF
	质量	S, SF
	弹簧	S, SF
	刚性连接	S, SF
	受力连接	S, SF
	材料指定	SF, TF
	网格控制	SF, TF
	壳	S, T, SF, TF

续表

按钮	说明	适用模块*
	壳对	S, T, SF, TF
	曲面区域	S, T, SF, TF
	通过拉伸新建体积块区域	S, T, SF, TF
	通过旋转新建体积块区域	S, T, SF, TF
	通过扫描新建体积块区域	S, T, SF, TF
	通过混合新建体积块区域	S, T, SF, TF
	通过面组新建体积块区域	S, T, SF, TF
	通过可变截面扫描新建体积块区域	S, T, SF, TF
	通过扫描混合新建体积块区域	S, T, SF, TF
	热对称约束	T
	对流条件	T, TF
	规定温度	T, TF

*S=结构，T=热，SF=FEM 模式下的“结构”，TF=FEM 模式下的“热”

1.3.3 独立模式的操作界面

从开始菜单里可以进入结构模块的独立模式，界面如图 1-7 所示。独立模式其实类似 ANSYS 软件的操作方式，本书主要针对集成模式的操作，对独立模式不过多着墨。

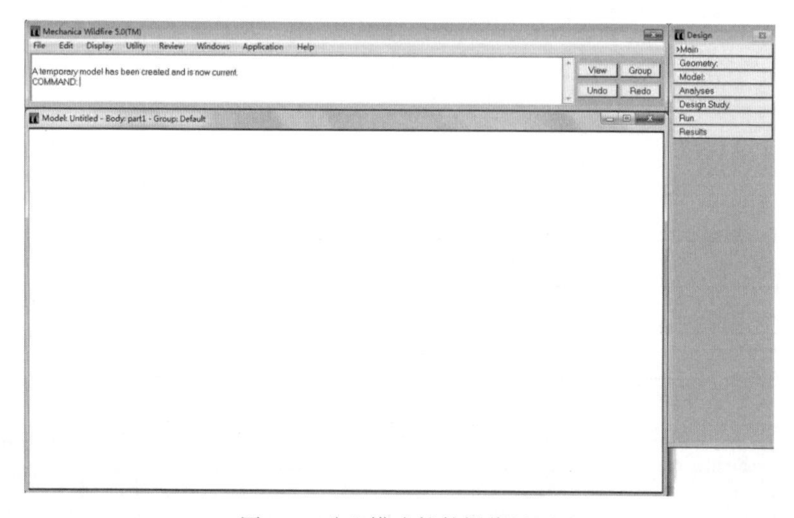

图 1-7　独立模式软件操作界面

1.4　Pro/MECHANICA 的功能特性

1. 强大的建模能力

Mechanica 与 Pro/ENGINEER 无缝集成，利用 Pro/ENGINEER 创建的模型可以直接作为分析用的模型，不存在模型导入不兼容的问题，减少了工程师用于模型处理的时间，并且减少了因模型转换造成错误的可能性。

对于组件模型，Mechanica 有一套完整可靠的工具来完成组件的建模，包括元件之间的自由、连接或非线性的接触，焊缝连接，受力连接，高阶的螺钉或螺栓连接，自动的组件中间曲面建立等。

在单元网格处理方面，Mechanica 的网格是自动划分的，并且不需要处理 CAD 模型，单元就能自动附着在几何模型上；能够使用弹簧、壳、壳对、梁、质量单元和复杂设计的多种建模实体；支持复合材料层结构建模；所有模型的属性、边界条件的定义都在几何模型上，模型的变更都是在几何模型上，模型的变更对模型属性和边界条件没有影响。

2. 高级自适应求解

Mechanica 是基于 P 单元的有限元分析软件，对单元位移形函数的控制可以使 Mechanica 自动收敛，并且可以决定结果收敛的精度。

3. 丰富的结构分析功能

使用 Mechanica，无论产品设计的前端还是后端，都能够完成大部分的结构分析功能，可以完成的分析如下：

(1) 静态分析，包含大变形分析。
(2) 模态分析。
(3) 失稳分析。
(4) 疲劳分析。
(5) 预应力静态分析。
(6) 预应力模态分析。
(7) 动态分析，包括时间响应分析、频率响应分析、随机响应分析和冲击分析。

4. 丰富的结果查看功能

Mechanica 功能强大，操作简单的后处理提供了直接查询、解释等功能，不仅能够使用云图、动画、等值线、图表、向量、剖面图等形式来显示结果，而且可以直接使用鼠标单击模型进行动态查询结果，更能在同一窗口中比较多个模型的分析结果。具有完善的报告输出能力的后处理器能够创建包括 MPEG、VRML、JPEG、EXCEL、TIFF 和 HTML 格式的报告。

5. 简单而强大的优化设计工具

由于与 Pro/ENGINEER 保持相关联，Mechanica 可以使用 Pro/ENGINEER 参数作为设计变量来优化结构；将模型属性作为设计变量对模型属性进行优化；使用敏感度分析功能快速确定对设计目标而言影响较大的设计变量，避免盲目的优化结果，节省时间；与 Pro/ENGINEER 行为建模的扩展集成，能够分析更高级的设计研究；与机构运动模块的扩展集成，能够将结构中的结构载荷应用于结构分析中。

6. FEM 模式的支持

在 Mechanica 中，不仅提供了完整的结构分析功能，而且考虑了使用者的需要，还提供了其他有限元分析软件的接口(如 ANSYS 和 NASTRAN)，将 Mechanica 当成前处理使用，后处理求解和结果查看在导入的软件中进行。

第 2 章　Pro/MECHANICA 的有效性证明

2.1　材料力学悬臂梁分析计算

2.1.1　问题描述

如图 2-1 所示，悬臂梁左端固定，右端面自由，受到 100N 的力作用，悬臂梁的截面是 10mm×10mm 正方形，长度 L=100mm，求悬臂梁最大变形和最大应力。

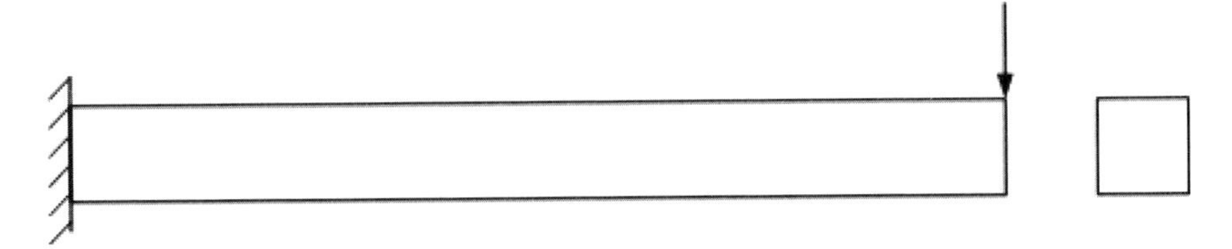

图 2-1　悬臂梁截面形状与受力简图

2.1.2　理论解析计算

此悬臂梁截面的极惯性矩：

$$I=\frac{bh^3}{12}=\frac{(0.01)^4}{12}$$

变形计算：

$$\omega=-\frac{Fl^3}{3EI}=\frac{100\times(0.1)^3}{3\times1.99948\times10^{11}\times\dfrac{(0.01)^4}{12}}\approx0.200052\text{mm}$$

应力计算：

$$\sigma_{\max}=\frac{M_{\max}}{W}=\frac{Fl}{\dfrac{bh^2}{6}}=\frac{100\times0.1}{\dfrac{(0.01)^3}{6}}=60\text{MPa}$$

通过材料力学的相关理论，用解析法求得上述问题中悬臂梁的最大变形约为 0.2mm，最大主应力为 60MPa。

2.1.3　Pro/MECHANICA 分析计算

首先采用直接建模的方式来分析，使用三维模型。梁截面尺寸如图 2-2 所示。建立好模型以后，添加如图 2-3 所示的体积块。在约束时，选择模型中间的面施加约束，只约束此面 Z 方向自由度，也就是梁长度方向，其余方向都放开；然后再选择中间截面的底边线全部约束，防止梁模型在受载时发生旋转。分析结果如图 2-4 所示。

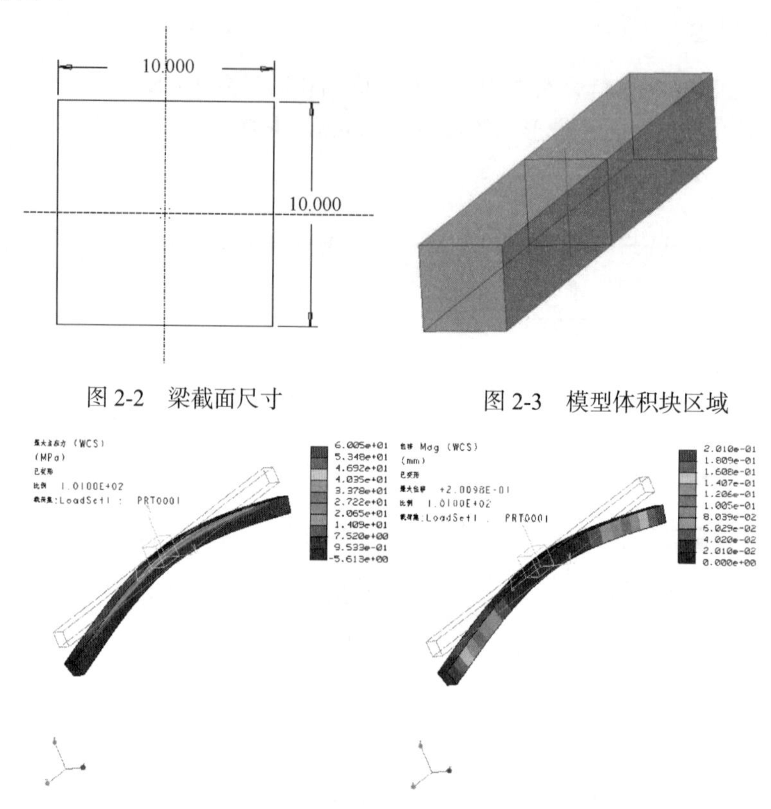

图 2-2　梁截面尺寸

图 2-3　模型体积块区域

图 2-4　最大主应力和位移分析结果云图

在 Pro/MECHANICA 中可以使用梁理想化单元来简化这个力学模型。梁截面的定义如图 2-5 所示，分析模型的示意图如图 2-6 所示，分析结果如图 2-7 所示。

2.1.4　结果对比研究

基于材料力学，通过理论解析计算，上述问题位移为 0.200052mm，约束端最大主应力为 60MPa；通过 Pro/MECHANICA 分析，采用三维模型时，上述问题位移为 0.2010mm，约束端最大主应力为 60.05MPa；采用梁模型时，上述问题位移为 0.2016mm，约束端最大主应力为 60MPa，结果对比数据见表 2-1。

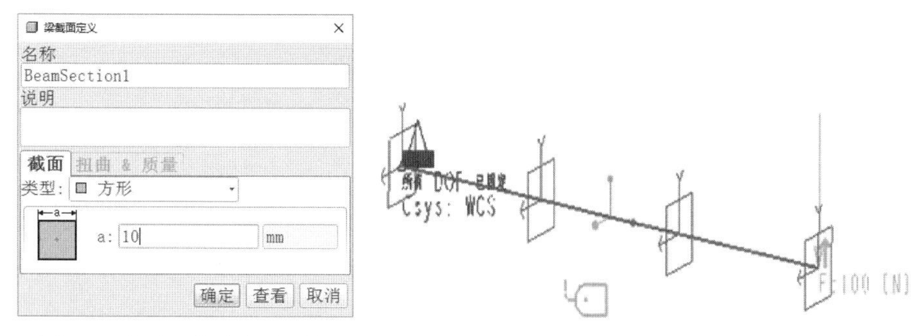

图 2-5　梁截面的定义对话框　　　　图 2-6　分析模型的示意图

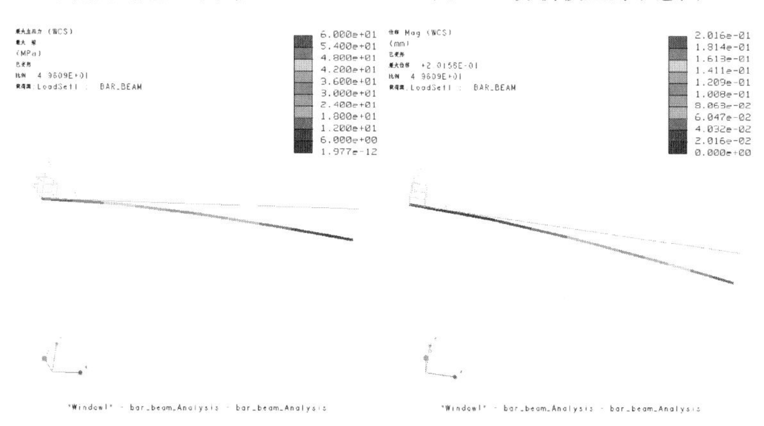

图 2-7　最大主应力和位移分析结果云图

表 2-1　理论计算与 Pro/MECHANICA 分析结果对比

方法/对比项目	理论解析法	三维模型分析	梁模型分析
应力/MPa	60	60.05	60
误差/%	—	0.08333	0
位移/mm	0.200052	0.2010	0.2016
误差/%	—	0.4738	0.7738

2.2　弹性力学孔边应力集中问题的分析

2.2.1　问题描述

在弹性力学中有“圆孔的孔边应力集中”问题，见图 2-8。设有矩形薄板，在离开边界较远处有半径为 a 的小圆孔，在左右两边受均布拉力，其集度为 q。坐标原点取在圆孔的中心，坐标轴平行于边界，求圆孔环向正应力的分布。

实际上这是一个平面薄板问题，在 Pro/MECHANICA 中可以采用壳单元来简化这个力学模型。

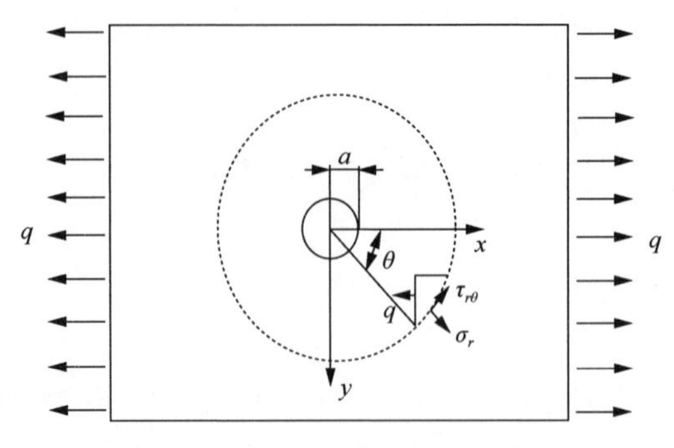

图 2-8　孔边应力集中问题示意图

2.2.2　理论解析计算

这里仅给出计算结果，推导过程略去，可参阅弹性力学教材。

$$\sigma_r = \frac{q}{2}\left(1-\frac{a^2}{r^2}\right)+\frac{q}{2}\left(1-\frac{a^2}{r^2}\right)\left(1-3\frac{a^2}{r^2}\right)\cos 2\theta$$

$$\sigma_\theta = \frac{q}{2}\left(1+\frac{a^2}{r^2}\right)-\frac{q}{2}\left(1+3\frac{a^4}{r^4}\right)\cos 2\theta$$

$$\tau_{r\theta} = \tau_{\theta r} = -\frac{q}{2}\left(1-\frac{a^2}{r^2}\right)\left(1+3\frac{a^2}{r^2}\right)\sin 2\theta$$

沿着孔边，$r=a$，环向正应力为 $\sigma_\theta = q(1-2\cos 2\theta)$，其关系见表 2-2。

表 2-2　沿着孔边，环向正应力的数值与集度 q 的关系

θ	0°	45°	60°	90°
σ_θ	$-q$	q	$2q$	$3q$

沿着 y 轴，θ=90°，环向正应力为 $\sigma_\theta = q\left(1+\frac{1}{2}\frac{a^2}{r^2}+\frac{3}{2}\frac{a^4}{r^4}\right)$，其关系见表 2-3。

表 2-3　沿着 y 轴，环向正应力的数值与集度 q 的关系

r	a	$2a$	$3a$	$4a$
σ_θ	$3q$	$1.22q$	$1.07q$	$1.04q$

由表 2-3 可见，应力随着远离孔边而急剧趋近于 q（圣维南原理）。

沿着 x 轴，θ=0°，环向正应力为 $\sigma_\theta = -\dfrac{q}{2}\dfrac{a^2}{r^2}\left(3\dfrac{a^2}{r^2}-1\right)$。

在 r=a 处，$\sigma_\theta = -q$；在 $r=\sqrt{3}a$ 处，$\sigma_\theta = 0$。

沿着 x 轴、y 轴的环向正应力数据分布图见图 2-9。

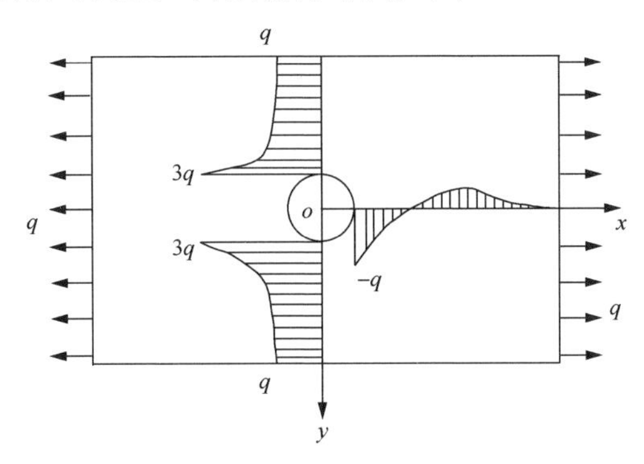

图 2-9　沿着 x、y 轴时环向正应力分布图

2.2.3　Pro/MECHANICA 分析计算

在标准模块中建立面模型，可以采用线拉伸成面的方法或者采用草绘出壳单元轮廓后再填充生成面的方法，详细过程不展开论述，详见本书后面相应的壳单元建立实例，然后进入 Pro/MECHANICA 中定义壳单元，指定壳单元厚度为 10mm。为了网格划分及结果的提取方便，定义 3 个曲面区域，直径分别为 2a、3a、4a。在模型左侧面施加全约束，在右侧面施加力为 10000N，这样，计算右侧面上施加载荷的集度 q=10000N/(1000mm×10mm)=1MPa。操作中一些特殊的技巧，如曲面区域的建立，本章都不展开讲解，详见后面章节相应的实例。

几何模型及尺寸示意图见图 2-10，分析模型定义见图 2-11，应力云图见图 2-12，环向正应力曲线见图 2-13。

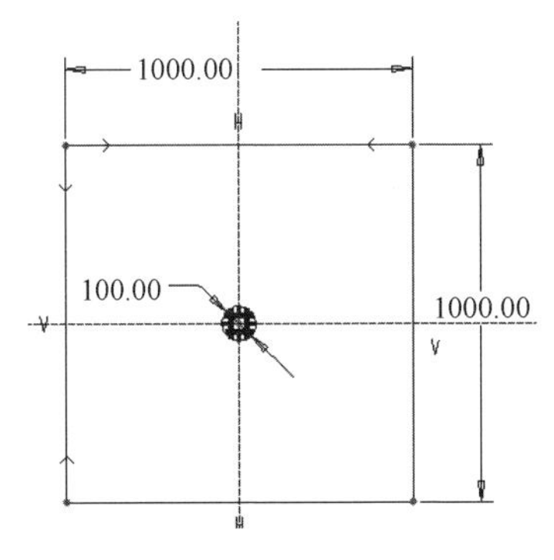

图 2-10　几何模型及尺寸示意图

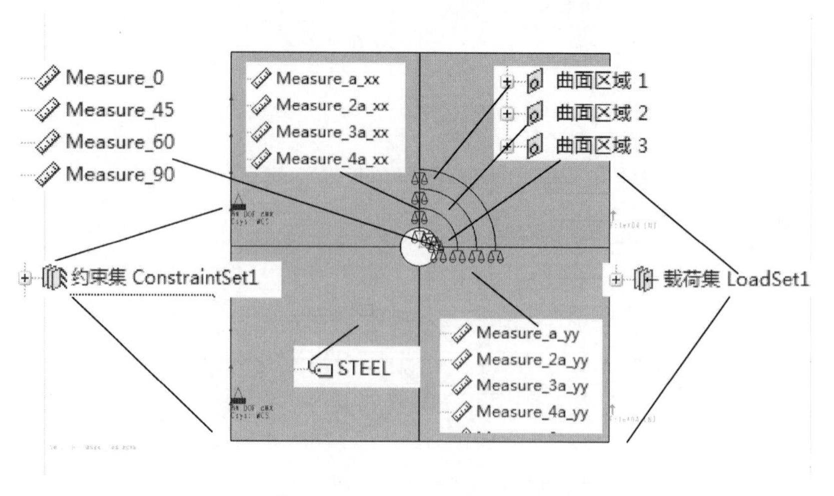

图 2-11　分析模型定义示意图

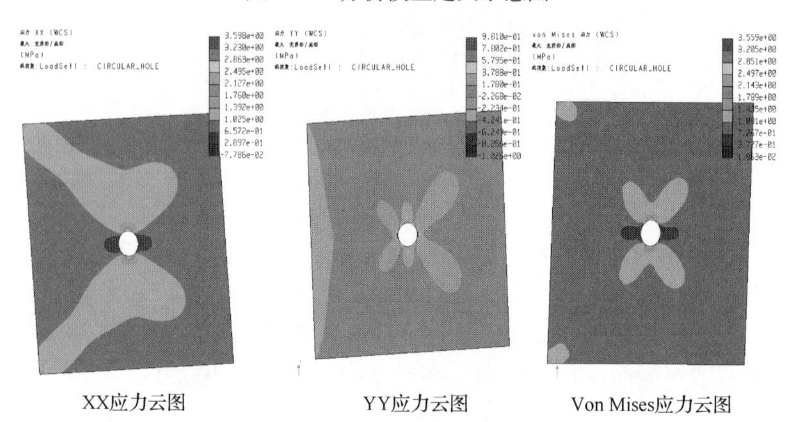

图 2-12　应力数据云图结果

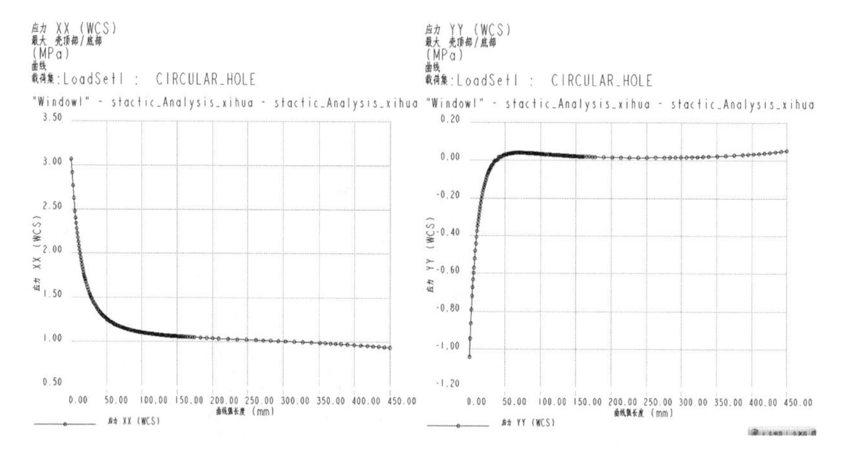

图 2-13　环向正应力分布数据曲线图

2.2.4　结果对比研究

理论解析计算结果和 Pro/MECHANICA 分析结果对比见表 2-4 和表 2-5。

表 2-4　沿着孔边的环向正应力(q=1MPa)

理论计算	θ	0°	45°	60°	90°
	σ_θ	$-q$	q	$2q$	$3q$
Pro/MECHANICA 分析计算	θ	0°	45°	60°	90°
	σ_θ	−1.026331	1.040996	2.085111	3.105821
误差/%	—	2.6331	3.07	4.2555	3.5274

表 2-5　沿着 y 轴的环向正应力(q=1MPa)

理论计算	r	a	$2a$	$3a$	$4a$
	σ_θ	$3q$	$1.22q$	$1.07q$	$1.04q$
Pro/MECHANICA 分析计算	r	a	$2a$	$3a$	$4a$
	σ_θ	3.068438	1.246457	1.102877	1.060958
误差/%	—	3.42	2.17	3.07	2.02

2.3　小　　结

本章分别从材料力学、弹性力学、有限元法解析计算与 Pro/MECHANICA 分析结果对比的实例来说明 Pro/MECHANICA 分析的有效性，有效性包括软件操作上的简单易用、力学概念的直观、分析定义的方便、计算结果的精度等。虽然 Pro/MECHANICA 只是 Pro/ENGINEER 软件众多模块中的一个，而不同于 ANSYS 或 Abaqus 等独立的专业分析软件，但是对于从事结构分析来说功能已经足够，而且相比专业分析软件来讲，不需要高深的理论知识，容易上手，分析结果精度的可靠性也能得到保证。在 Pro/MECHANICA 分析环境下，可以直接使用 Pro/E 建立的模型，而不需要为模型的转换和修补浪费时间，可以更专注于模型的几何处理和边界设置的合理性研究上，不再为软件本身的操作而烦恼。

第3章　前处理过程设置

3.1　材料性能及定义方法

3.1.1　概述

材料属性是进行分析必不可少的数据，所有模拟模型均需要指定材料属性。可使用它们来定义要在分析中使用的材料的物理特性。Mechanica 支持各种类型的材料属性，如各向同性、横向同性、超弹性、弹塑性和正交各向异性材料。软件自带了一个材料库，其中包含一组标准的各向同性材料属性，除此之外，还可以创建自己的材料集，并保留自己改进后的材料库。将材料属性指定给几何图元(如零件、曲面和体积块)时，会自动将其分配给生成的元素。

1) 正交各向同性材料

正交各向同性材料是一种使用最普遍的材料，如金属材料。这种材料遵循以下两个假设。

均匀假设，即认为材料内部所有点都具有相同的弹性性质，如弹性模量 E 和泊松比 μ。

各向同性假设，即认为材料内部任意点在所有方向上都具有相同的弹性性质。

正交各向同性的材料包括两个独立弹性常数：弹性模量(又称杨氏模量)和泊松比，其他结构特性还有热膨胀系数、失效准则和疲劳属性等。应用于热分析的热属性包括比热和热传导系数。

2) 正交各向异性材料

并非所有的材料都是各向同性的，如果材料不具有任何弹性对称性，则为各向异性材料。这类材料与具有两个独立弹性常数的各向同性材料不同，它具有 21 个独立弹性常数。如果材料具有 3 个互相垂直的弹性对称面，则称为正交各向异性材料，这种材料具有 9 个独立的弹性常数，分别是 3 个弹性模量、3 个泊松比和 3 个剪切模量。

除了 9 个独立弹性常数外，正交各向异性的材料可以输入包括热膨胀系数、比热、3 个热传导系数等材料特性。常用的正交各向异性材料为各种复合材料，如纤维增强复合材料、层合复合材料等。这种材料具有强度高、比强度高、比模量高等特性，在国民经济的各行各业都有广泛应用。

在 Mechanica 中，正交各向异性的材料没有材料失效准则选项。

3) 横向同性材料

横向同性材料是一种轴对称材料，在垂直于对称中心轴的平面内，各点的弹性性能都是相同的，这一平面成为各向同性面。这种材料具有 5 个独立的弹性常数，包括 2 个弹性模量、2 个泊松比以及 1 个主轴方向上的剪切模量。

除了 5 个独立的弹性常数外，横向同性材料还可输入热膨胀系数、比热、两个相等的各向同性面上以及一个主轴方向的热传导系数、失效准则等材料特性。

3.1.2　材料指定的指导方针

在“材料指定”(material assignment)期间，如果选择了具有“材料方向”(material orientation)的各向同性材料，Mechanica 会显示警告，并且在运行期间会忽略该材料方向属性。

在材料指定期间，如果选择了非各向同性材料，但没有指定材料方向，Mechanica 会显示警告，并会在运行期间使材料沿参照模型的 WCS 进行定向。

如果在组件模式下指定材料，则组件模式下的材料指定优先于零件模式下的材料指定。

如果在零件模式下创建梁、壳和点焊缝时没有指定材料，则缺省情况下 Mechanica 会将指定给零件的材料指定给这些模拟图元。此外，如果没有为零件指定任何材料，则 Mechanica 会显示错误。

使用【属性(R)】→【材料分配(A)】命令指定给模型的材料会覆盖在 Pro/ENGINEER 零件中使用“材料”对话框所指定的材料。

在组件的较高级别指定的材料会覆盖在零件或子组件级指定的材料。

对于体积材料指定，Mechanica 按照与创建材料指定相反的顺序处理材料。也就是说，新的材料指定优先于较旧的材料指定。

在组件中，如果在同一级别具有材料指定，则 Mechanica 会按照从较低级别元件到较高级别元件的顺序来处理材料。

将超弹性材料指定给模型或模型的任何部分时，可以运行大变形静态结构分析(LDA)或任何类型的小应变分析。对具有超弹性材料的模型运行小应变分析时，Mechanica 使用材料的小应变属性。

3.1.3　材料定义的方法

材料的定义有两种方法，一种是先选择定义材料再分配材料到零件或组件；另一种是直接分配材料，在分配过程中定义所需的材料。下面我们以第一种方法详细讲解 Mechanica 中添加材料的过程。

1. 选择材料

(1) 选择【属性(R)】→【材料(L)】命令或单击 按钮，弹出“材料”对话框，如图 3-1 所示。

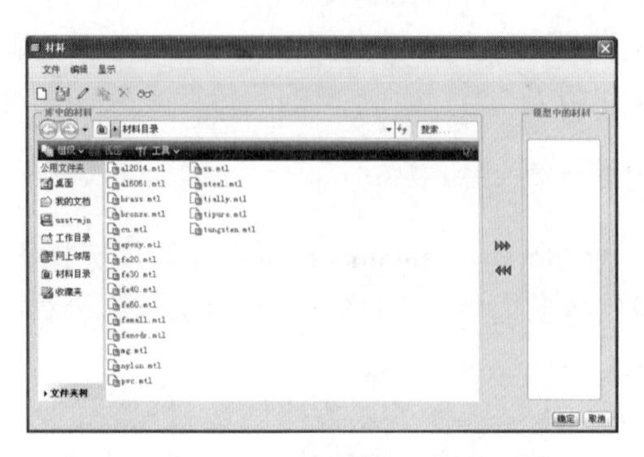

图 3-1　材料选择对话框

(2) 从左侧的材料库中选择需要的材料，单击 ▶▶▶ 按钮，将选择的材料添加到模型中材料一栏内，单击【确定】按钮完成。

(3) 或者在材料对话框中选择【文件】→【新建】命令，或在工具列单击 按钮新建材料，弹出“材料定义”对话框，如图 3-2 所示。

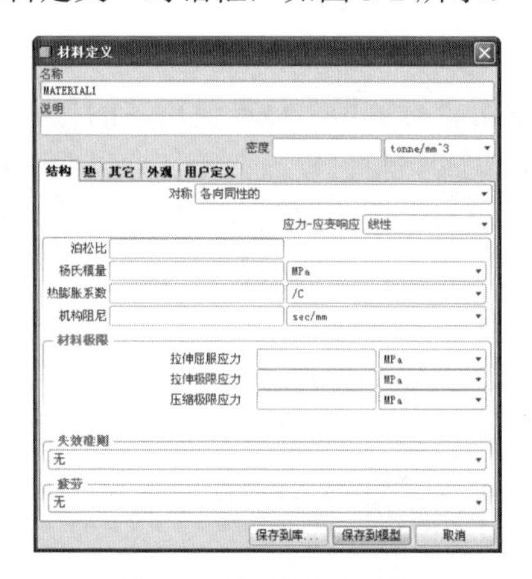

图 3-2　材料定义对话框

(4) 在对话框内输入新建材料的名称、说明以及各种材料的属性→单击【保存到库】或【保存到模型】按钮保存。

(5) 单击【确定】按钮完成材料的定义。

2. 分配材料

(1) 选择【属性(R)】→【材料(L)】命令或单击按钮，弹出“材料指定”对话框，如图 3-3 所示。

图 3-3　材料指定对话框

(2) 在参照下拉表中选择分量、组件或体积块来指定材料。

(3) 在属性栏中选择材料下拉列表和材料方向(一般情况下金属类材料可以不设置材料方向)。

(4) 单击【确定】按钮，完成材料的分配，在窗口中将出现定义材料的图标。

3.2　网 格 划 分

Mechanica 中单元网格划分在整个分析中所费时间不多，一般地，Mechanica 可以自动完成网格划分工作。Mechanica 也支持使用自动网格划分工具 AutoGEM 来设置自动划分的选项。使用自动网格划分工具 AutoGEM 建立的单元会自动附着在模型几何上，并能够随几何的更新而自动改变。虽然 Mechanica 可以自动完成网格的划分，但是为了掌握分析并避免在分析过程中自动划分网格出现错误，使用 AutoGEM 来设置控制网格划分是必要的。

使用 AutoGEM 控制网格划分，应该先了解一些基本设定和操作方法。

1. 几何公差

设定几何公差可以控制 Mechanica 的几何破碎、小面、尖角等缺陷，小面、尖角等常会导致网格划分失败。设定几何公差也可以检测组件下合并公差来判断零件是否合并。

(1) 选择【AutoGEM】→【几何公差(G)】命令，弹出“几何公差设置”对话框，如图 3-4 所示。

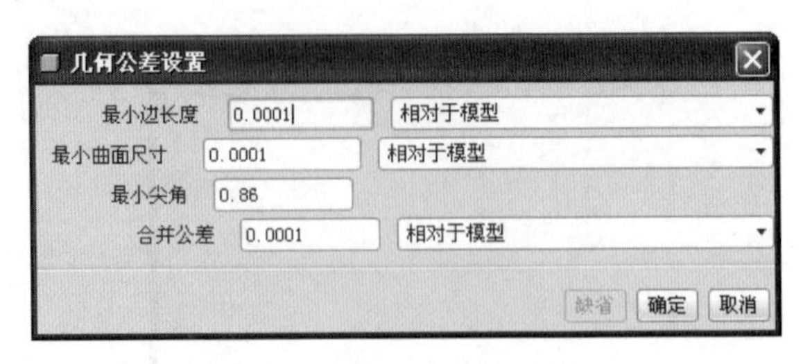

图 3-4 几何公差设置对话框

(2) 可以选择 4 种公差，最小边长度、最小曲面尺寸、最小尖角和合并公差，除了最小尖角外，其余 3 种公差有三种属性，分别为相对于模型、相对于零件和绝对。

(3) 单击【确定】按钮完成几何公差设置。

2. AutoGEM 设置

使用 AutoGEM 设置可以控制网格划分参数，指定单元形状。有时在默认情况下自动划分网格会出现失败，这时候就要调整 AutoGEM 设置。

(1) 选择【AutoGEM】→【设置(S)】命令，弹出“AutoGEM 设置”对话框，如图 3-5 所示。

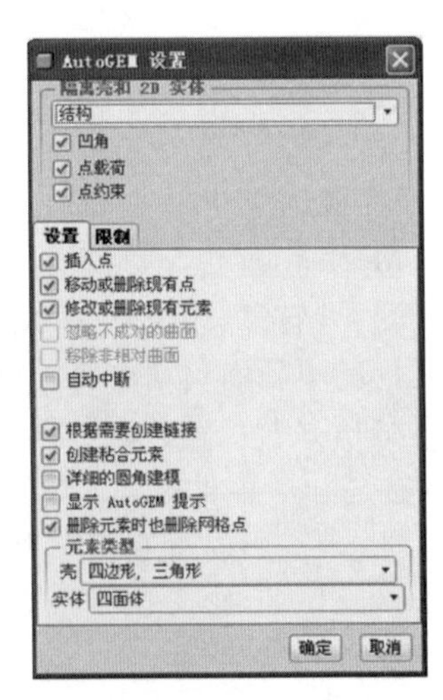

图 3-5 AutoGEM 设置对话框

(2) 调整 AutoGEM 设置，如调整限制选项卡中的“允许的角度”，此时对话框如图 3-6 所示。

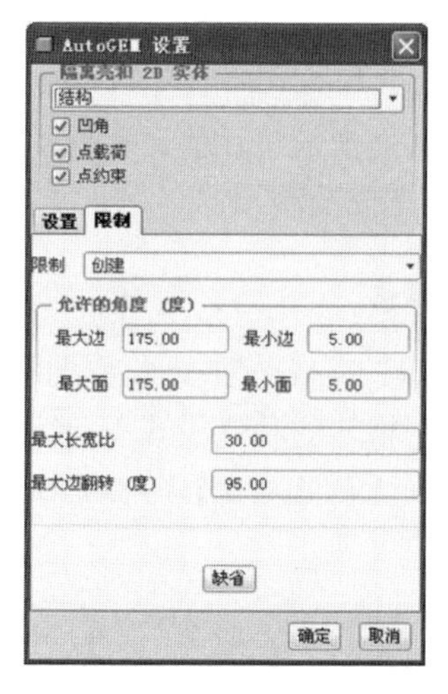

图 3-6　调整 AutoGEM 设置对话框

(3) 单击【确定】按钮完成 AutoGEM 设置。

3. AutoGEM 控制

使用 AutoGEM 控制可以设置模型网格的分布，如通过指定模型边上的节点数来控制单元网格的尺寸。

(1) 选择【AutoGEM】→【控制(O)】命令，或单击工具栏按钮，弹出“AutoGEM 控制”对话框，如图 3-7 所示。

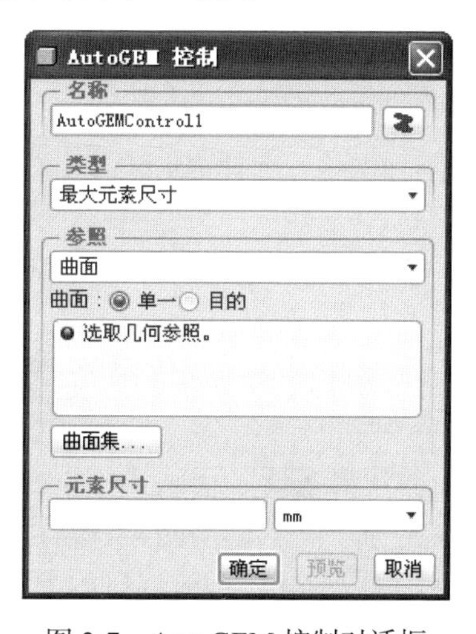

图 3-7　AutoGEM 控制对话框

(2) 在名称一栏中输入 AutoGEM 控制的名称，或者采用默认名称。

(3) 在类型下拉列表中选择控制的类型，包括边分布、最小边长度、排除的隔离、最大元素尺寸、边长度除以曲率、硬点、硬曲线。

(4) 默认选项是最大元素尺寸，选取相应的参照，如分量、体积块、曲面和边/曲线，在元素尺寸栏输入最大元素的尺寸值，单位默认为 mm。

(5) 单击【确定】按钮，完成控制设置。

4. 使用 AutoGEM 创建网格

使用 AutoGEM 不仅可以按照 AutoGEM 设置要求来创建网格，而且可以直接导入其他设计研究使用过的网格，如独立模式下建立的网格文件。

(1) 选择【AutoGEM】→【创建 (C)】命令，或单击工具栏按钮，弹出“AutoGEM”对话框，如图 3-8 所示。

图 3-8　AutoGEM 对话框

(2) 如果已经定义了模型材料，则可以直接单击【创建】按钮创建网格。

(3) 可以在 AutoGEM 参照下拉列表中选择划分单元的参照，默认是具有属性的全部几何，然后单击【创建】按钮创建网格。

(4) 要使用其他研究的单元网格，选择 AutoGEM 对话框中【文件 (F)】→【从研究复制网格 (C)】，选择网格。

(5) 从【信息 (I)】菜单可以查看网格划分摘要，检查网格的划分情况。

3.3　约束及载荷的定义

约束和载荷定义了模型的边界条件，反映了模型在真实环境下的行为，是分析的基础。结构分析的约束是为了固定模型的某些自由度或指定相应位置，结构分析的载荷定义了结构模型承受外界集中力载荷 (如力、力矩等)，以及均布载荷 (如压力载荷、体力等) 的情况。一个模型的约束及载荷直接决定了模型的应力分析和变形情况。

3.3.1 点约束

所有 3D 模型都有 6 个自由度，并且执行静态分析之前要使模型固定，这并不意味着模型约束的 6 个自由度都要被固定，可以使某个方向固定，只要整个模型是完全固定的就可以。

以图 3-9 所示的简化的梁结构模型来说明点约束的设置，固定 4 个端点。

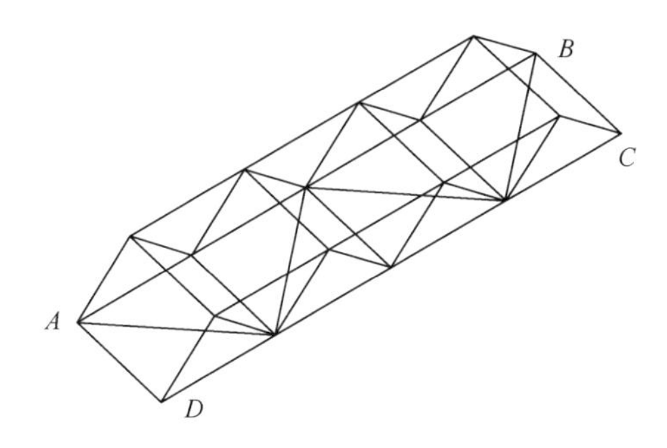

图 3-9 简化的梁结构模型

(1) 打开光盘文件\Source files\chapter3\constraint\constraint_point.prt.1。

(2) 选择【应用程序(P)】→【Mechanica(M)】就可以进入 Pro/MECHANICA 分析模块。

(3) 选择【插入(I)】→【位移约束(I)】命令或单击按钮，弹出位移“约束”对话框，如图 3-10 所示。

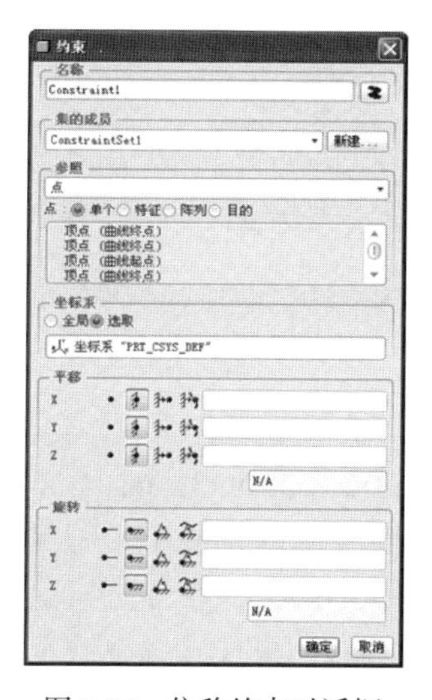

图 3-10 位移约束对话框

(4) 在名称一栏输入约束的名字或者使用默认名称。

(5) 在参照栏下拉列表中选择“点”，然后分别选择 A、B、C、D 四个点作为约束的参考点。

(6) 使用默认的参考坐标系 WCS，在平移栏固定 3 个平移自由度，在旋转栏固定 3 个旋转自由度。

(7) 单击【确定】按钮完成点约束设置，完成后窗口出现约束图标，如图 3-11 所示，其中 Di=0 (i=X、Y、Z) 表示平移自由度为 0；Ri=0 (i=X、Y、Z) 表示旋转自由度为 0。

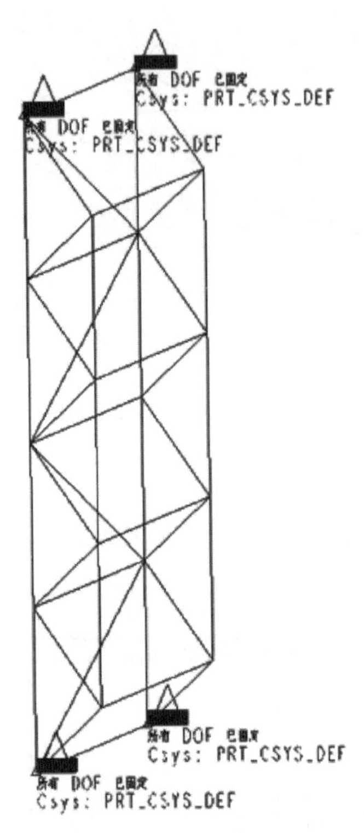

图 3-11　窗口出现约束图标

3.3.2　边 (线) 约束

(1) 打开光盘文件\Source files\chapter3\constraint \constraint_edge.prt.1。

(2) 选择【应用程序 (P)】→【Mechanica (M)】就可以进入 Pro/MECHANICA 分析模块。

(3) 选择【插入 (I)】→【位移约束 (I)】命令或单击按钮，弹出位移“约束”对话框，如图 3-12 所示。

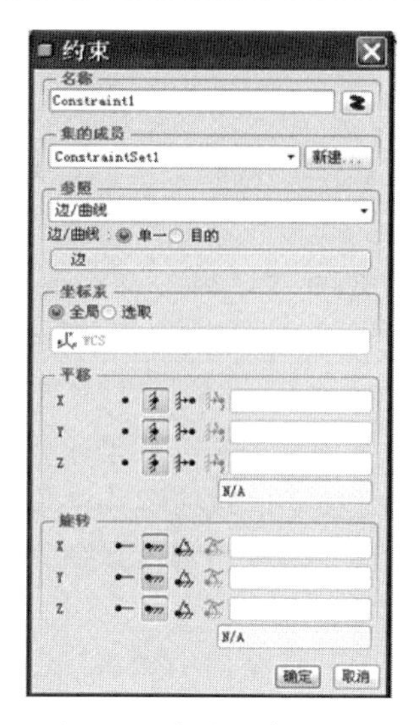

图 3-12　位移约束对话框

(4) 在名称一栏输入约束的名字或者使用默认名称。

(5) 在参照栏下拉列表中选择“边/曲线”，然后选择一条边作为约束参考。

(6) 使用默认的参考坐标系 WCS，在平移栏固定 3 个平移自由度，在旋转栏固定 3 个旋转自由度。

(7) 单击【确定】按钮完成边约束设置，完成后窗口出现约束图标，如图 3-13 所示。

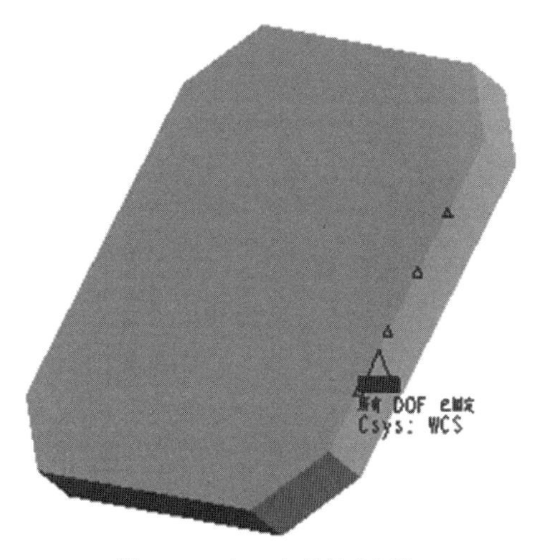

图 3-13　窗口出现约束图标

3.3.3　面约束

面约束的施加操作与点约束和边/线约束一致，只是在参照栏选择曲面。

在实体模型或者壳模型中，约束和载荷通常应该施加在具有一定面积的图元上，对于实体模型，这就是曲面或者区域；对于壳模型，可以为曲面、区域或边线。压缩壳模型的边，压缩后实际就是中间曲面，它有厚度，可以施加载荷和约束。

对于点约束，最好不要在实体模型和壳模型中使用，否则根据应力计算公式应力=载荷/面积，理论上即使是很小的载荷也将会引起很大的应力，会造成应力畸变，导致应力计算结果不准确。但对位移的求解影响不大，对于只需要位移结果的分析是可以使用的。

一般地，为了避免应力集中或导致应力结果的畸变，通常使用曲面区域代替点或边约束。

(1) 打开光盘文件\Source files\chapter3\constraint \constraint_face.prt.1。

(2) 选择【应用程序(P)】→【Mechanica(M)】就可以进入 Pro/MECHANICA 分析模块。

(3) 选择【插入(I)】→【位移约束(I)】命令或单击按钮，弹出位移“约束”对话框，如图 3-14 所示。

图 3-14　位移约束对话框

(4) 在名称一栏输入约束的名字或者使用默认名称。

(5) 在参照栏下拉列表中选择“曲面”，然后选择上曲面作为约束的参考面。

(6) 使用默认的参考坐标系 WCS，在平移栏固定 3 个平移自由度，在旋转栏放开 3 个旋转自由度。

(7) 单击【确定】按钮完成面约束设置，完成后窗口出现约束图标，如图 3-15 所示。

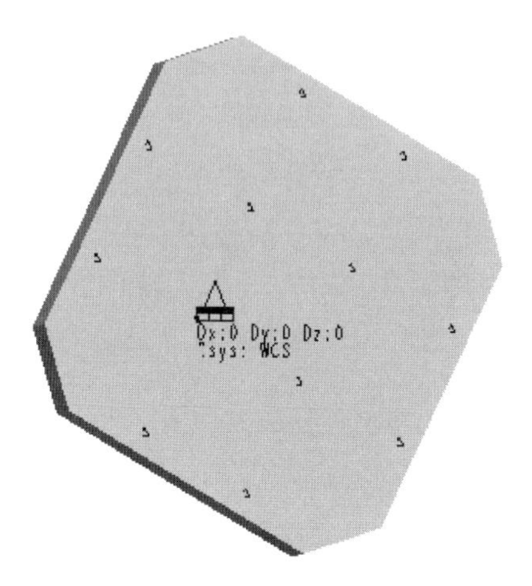

图 3-15　窗口出现约束图标

3.3.4　坐标系约束

约束与坐标系是息息相关的，一个参照坐标直接决定了约束的状态。

(1) 打开光盘文件\Source files\chapter3\constraint \solid_finish.prt.1。

(2) 选择【应用程序(P)】→【Mechanica(M)】就可以进入 Pro/MECHANICA 分析模块。

(3) 单击按钮，弹出“坐标系”对话框，如图 3-16 所示。

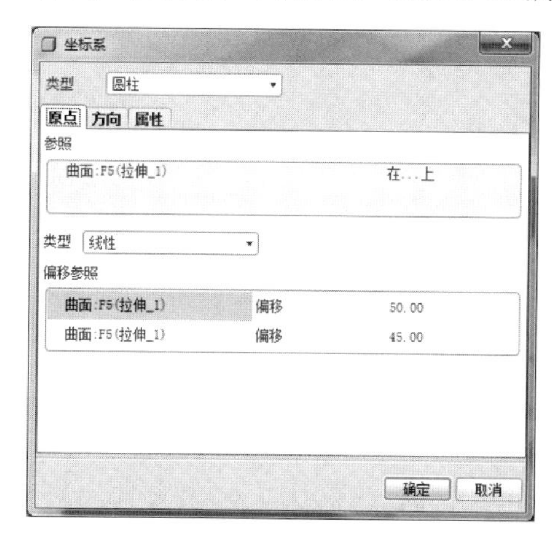

图 3-16　坐标系对话框

(4) 在类型栏下拉列表中选择“圆柱”，参照栏下拉列表中选取模型中“曲面 F5”。

(5) 单击方向栏按钮，在确定栏选择“Z”，单击【确定】按钮，如图 3-17 所示。

图 3-17　坐标系对话框

(6) 单击【确定】按钮完成坐标系设置，完成后模型如图 3-18 所示。

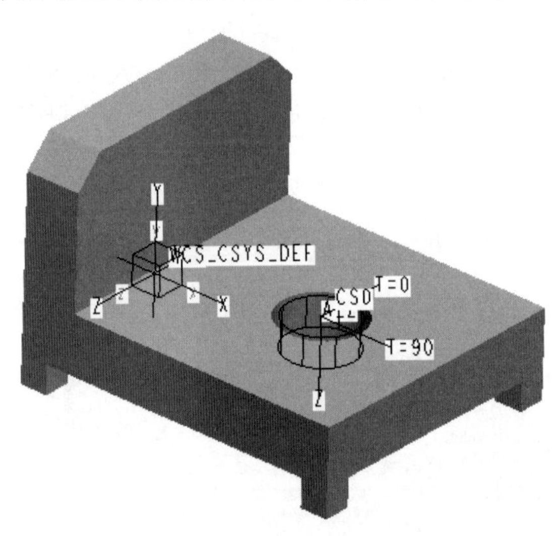

图 3-18　定义坐标系后的模型图

(7) 选择【插入(I)】→【位移约束(I)】命令或单击按钮，弹出位移“约束”对话框，如图 3-19 所示。

图 3-19　位移约束对话框

(8)在名称一栏输入约束的名字或者使用默认名称。

(9)在参照栏下拉列表中选择“曲面”，然后选择孔的内表面作为约束的参考面。

(10)选取参考圆柱坐标系 CSO，在平移栏放开 R 方向平移自由度，其余 2 个方向固定，在旋转栏固定 3 个旋转自由度。

(11)单击【确定】按钮完成坐标系约束设置，完成后窗口出现约束图标，如图 3-20 所示。

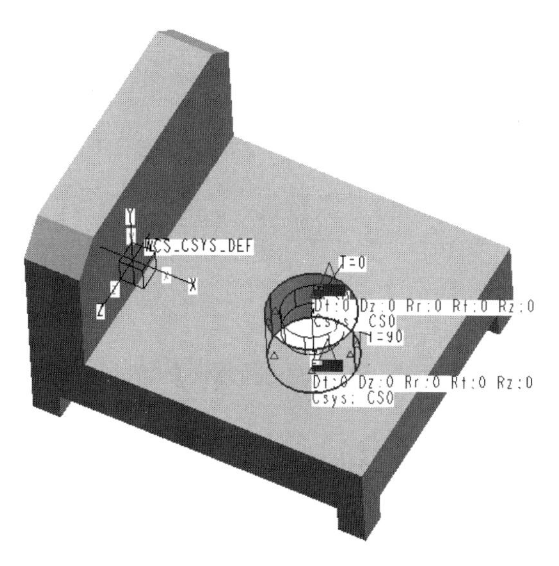

图 3-20　窗口出现约束图标

3.3.5 对称约束

对称约束是约束的一种特殊形式，如果一个模型的几何、约束、载荷及理想化设定都是对称的，那么可以使用对称性来简化模型。使用对称性可以显著地减少单元数量，从而减少计算时间和存储空间，而分析出错的机会更少，分析结果更可靠。

1. 镜像对称约束

镜像对称约束实际上是一种固定对称面方向平移自由度，镜像对称约束会限制垂直于对称平面的平移自由度，并释放绕垂直于对称平面的轴的旋转自由度。镜像对称约束在 FEM 模式下不能使用。

要定义镜像对称约束，必须在模型上选取足够多的几何参照来定义一个平面。在选取参照时，请牢记以下几点。

①参照必须是共面的。

②可采用位于对称平面上的点、曲线、边或曲面的组合。

③不能使用共线的参照组合。

④不能将相同的几何图元用于一个约束集中不同镜像对称约束的参照。

⑤不能将同一个几何图元既用于镜像对称约束的参照，又用于刚性连接或受力连接的参照。

⑥如果在一个约束集中定义了多个镜像对称约束，则这些镜像对称约束必须相互平行或相互正交。在一个约束集中，镜像对称约束必须与任何循环对称约束都正交。

⑦同一个模型中多个镜像约束的对称平面必须相互平行或相互正交。

(1) 打开光盘文件\Source files\chapter3\constraint \mirror_symmetry.prt.1。

(2) 为了达到镜像对称约束的要求，剪出该模型的四分之一的对称部分，单击“基础特征”工具栏上的【拉伸】工具按钮，在控制面板中显示拉伸设置选项，单击【放置】选项卡中的【定义】按钮，系统弹出“草绘”对话框，在 3D 工作区中，选择 FRONT 草绘面，单击【草绘】按钮，进入草图绘制平台，完成如图 3-21 所示。

(3) 选择【应用程序(P)】→【Mechanica(M)】就可以进入 Pro/MECHANICA 分析模块。

(4) 选择【插入(I)】→【对称约束(Y)】命令或单击按钮，弹出“对称约束”对话框，如图 3-22 所示。

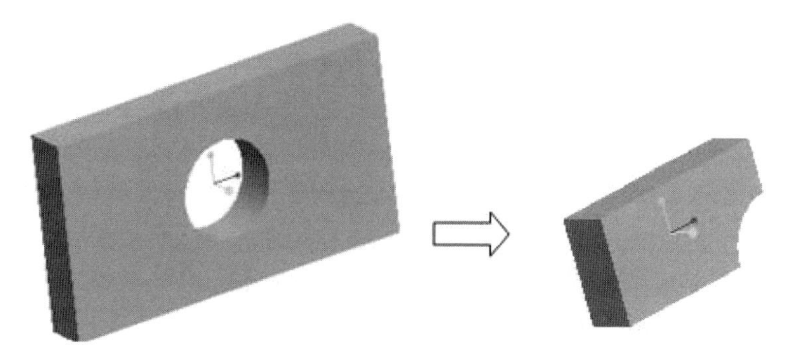

图 3-21　模型的选取

图 3-22　对称约束对话框

(5)在名称一栏输入约束的名字或者使用默认名称。类型一栏选择“镜像”。

(6)在参照栏下拉列表中选择“曲面”，然后选择下表面作为约束的参考面。

(7)单击【确定】按钮完成点约束设置，完成后窗口出现约束图标，如图 3-23 所示。

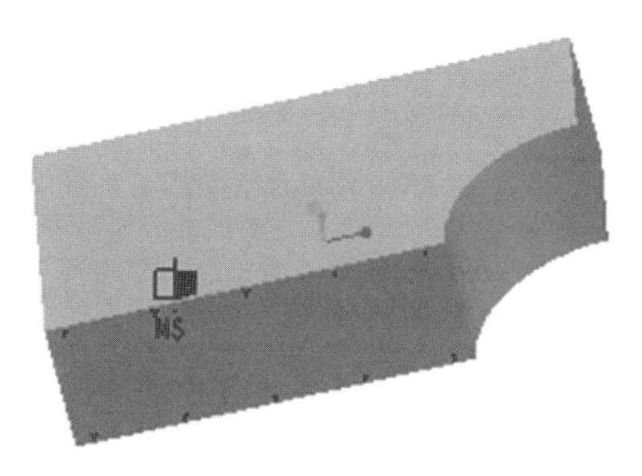

图 3-23　窗口出现约束图标

(8) 同理，建立右表面对称约束设置，如图 3-24 所示。

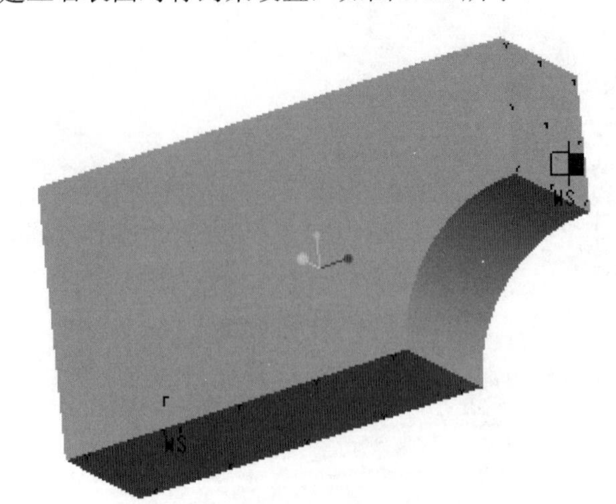

图 3-24　窗口出现右表面对称约束图标

2. 循环对称约束

如果一个模型的一部分可以沿中心对称轴转一周得到完成的模型，也可以这样理解，复制一定数量的关于公共轴线对称的分割区段可以组成原始的模型，并且这个数量为整数，模型能够体现几何、载荷、其他约束、材料及材料的方向呈现循环对称，则这个模型可以使用循环对称来简化。

循环对称约束允许您分析模拟整个零件或组件行为的循环对称模型的截面。此相关约束减少了网格化和分析时间。循环对称约束在 FEM 模式中不可用。

(1) 打开光盘文件\Source files\chapter3\constraint \cyclic_symmetry.prt.1。

(2) 为了达到圆周对称约束的要求，剪出该模型的四分之一的对称部分，单击"基础特征"工具栏上的【拉伸】工具按钮，在控制面板中显示拉伸设置选项，单击【放置】选项卡中的【定义】按钮，系统弹出"草绘"对话框，在 3D 工作区中，选择 FRONT 草绘面，单击【草绘】按钮，进入草图绘制平台，完成如图 3-25 所示。

(3) 选择【应用程序(P)】→【Mechanica(M)】就可以进入 Pro/MECHANICA 分析模块。

(4) 选择【插入(I)】→【对称约束(Y)】命令或单击按钮，弹出"对称约束"对话框，如图 3-26 所示。

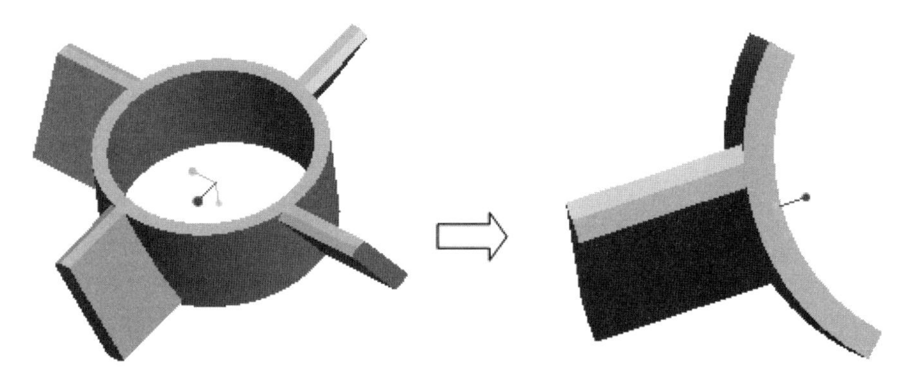

图 3-25　模型的选取

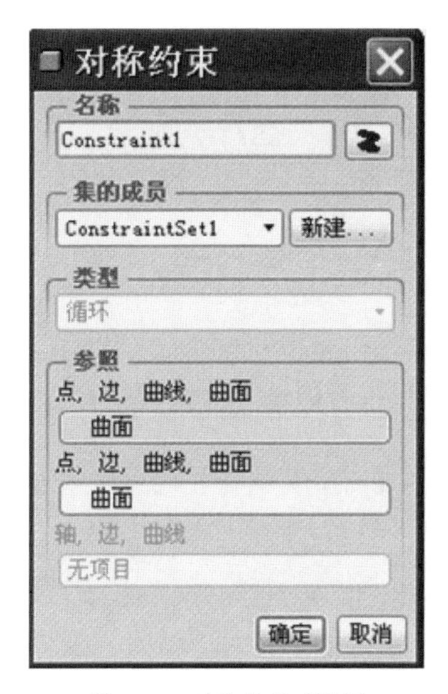

图 3-26　对称约束对话框

(5) 在名称一栏输入约束的名字或者使用默认名称。类型一栏选择“循环”。

(6) 在参照栏下拉列表中选择“曲面”，然后分别选择 2 个面作为约束的参考面。

(7) 单击【确定】按钮完成点约束设置，完成后窗口出现约束图标，如图 3-27 所示。

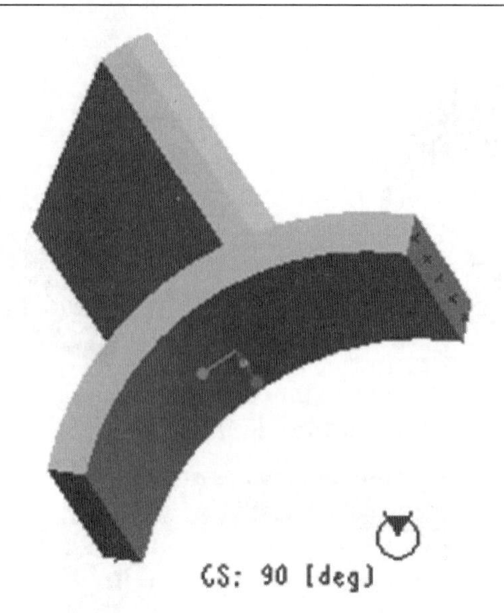

图 3-27　窗口出现约束图标

3.3.6　点载荷

(1) 打开光盘文件\Source files\chapter3\load \solid_point.prt.1。

(2) 选择【应用程序(P)】→【Mechanica(M)】就可以进入 Pro/MECHANICA 分析模块。

(3) 选择【插入(I)】→【力/力矩载荷(L)】命令或单击按钮，弹出“力/力矩载荷”对话框，如图 3-28 所示。

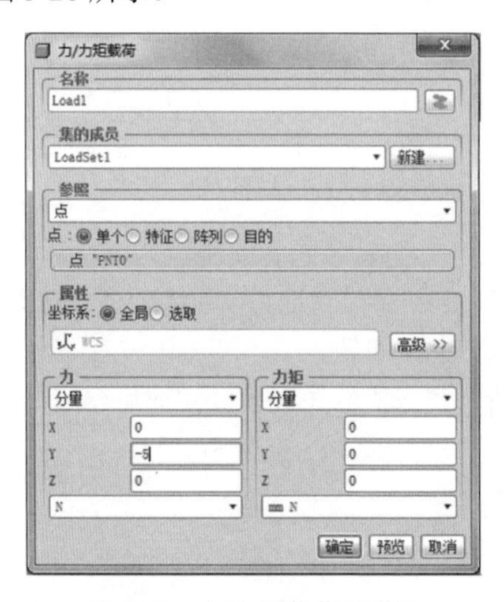

图 3-28　力/力矩载荷对话框

(4) 在名称一栏输入载荷的名字或者使用默认名称。

(5) 在参照栏下拉列表中选择“点”，然后选择 PNT0 作为载荷的参考点。

(6) 在力栏输入载荷大小和方向：X=0，Y= –5，Z=0，效果如图 3-29 所示。

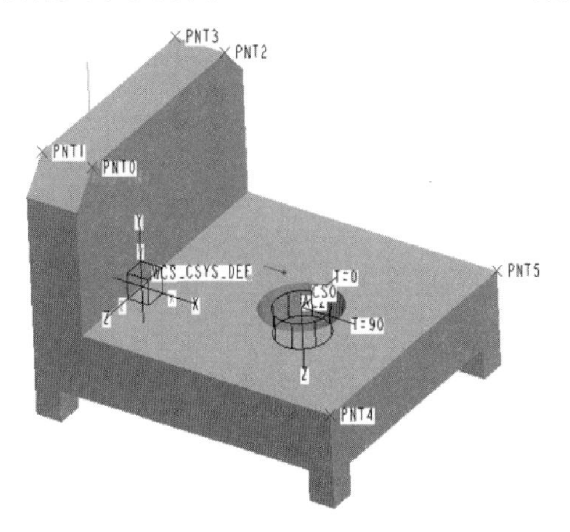

图 3-29　窗口出现力的图标

(7) 重复上述操作，将其他 5 点一一创建完毕，如图 3-30 所示，然后选取不同的评估点来计算载荷结果。

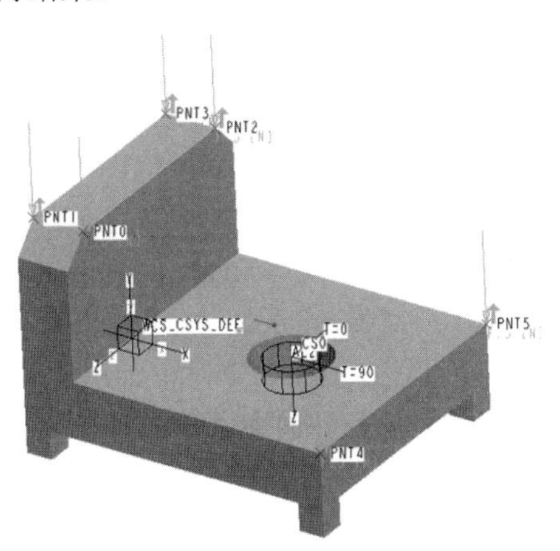

图 3-30　窗口出现力的图标

(8) 选择【信息 (N)】→【查看总载荷 (O)】，弹出“合成载荷”对话框如图 3-31 所示。单击载荷，选取所有点载荷，然后单击评估点，选取 PNT3，单击计算合成载荷。

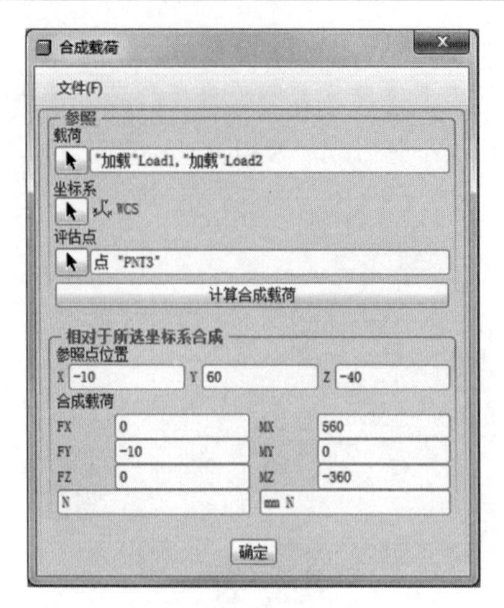

图 3-31　合成载荷对话框

注意：边/线载荷与面载荷定义方法与点载荷类似，在选择参照时分别选择对应的边/线或对应的面即可，这里不再赘述，有关完成文件见光盘:\Source files\chapter3\load\solid_edge.prt.1、solid_face.prt.1。

3.3.7　压力载荷

压力载荷是一种垂直于作用面，并均匀分布的载荷，单位为 MPa。比较适合于压力容器及承受静水压力的容器。压力载荷只能作用于面，在壳模型中可以作用于线。压力载荷与坐标系无关，定义时不需要指定坐标系。

(1) 打开光盘文件\Source files\chapter3\load \pressure_load.prt.1。

(2) 选择【应用程序(P)】→【Mechanica(M)】就可以进入 Pro/MECHANICA 分析模块。

(3) 选择【插入(I)】→【压力载荷(P)】命令或单击按钮，弹出“压力载荷”对话框，如图 3-32 所示。

(4) 在名称一栏输入载荷的名字或者使用默认名称。

(5) 在参照栏下拉列表中选择“曲面”，然后选择某曲面作为载荷的参考面，值一栏输入 10。

(6) 单击【确定】按钮完成点载荷设置，完成后窗口出现载荷图标，如图 3-33 所示。

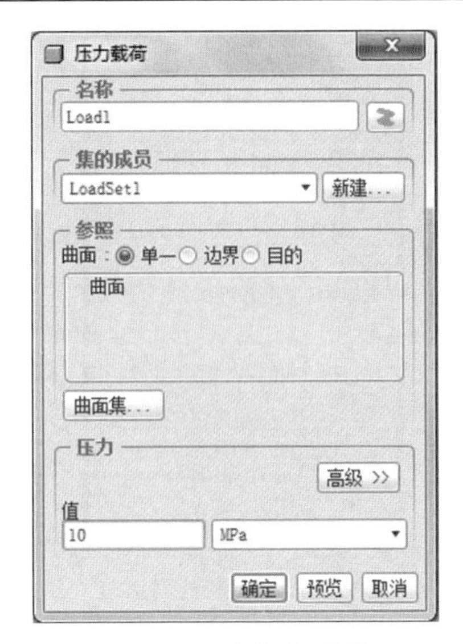

图 3-32　压力载荷对话框

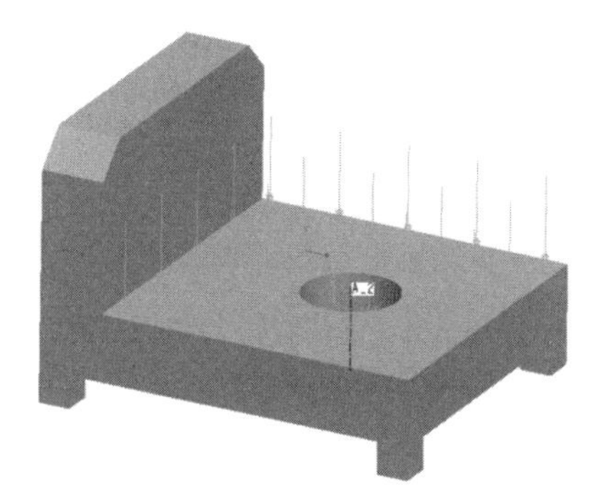

图 3-33　窗口出现力的图标

3.3.8　轴承载荷

轴承载荷是一种作用于孔面的载荷，是一种在特定方向呈近似余弦分布具有特定用途的载荷。轴承载荷的方向与压力载荷类似，都是垂直于作用面，但是轴承载荷是一种力载荷。

(1) 打开光盘文件\Source files\chapter3\load\Bearing_load\bearing.asm.1。

(2) 选择【应用程序(P)】→【Mechanica(M)】就可以进入 Pro/MECHANICA 分析模块。

(3) 选择【插入(I)】→【承载载荷(B)】命令或单击按钮，弹出“承载载荷”对话框，如图 3-34 所示。

图 3-34 承载载荷对话框

(4)在名称一栏输入载荷的名字或者使用默认名称。

(5)在参照栏下拉列表中选择“曲面”，然后选择模型内表面作为载荷的参考面，在力栏输入载荷大小和方向：X=6，Y=0，Z=3。

(6)单击【确定】按钮完成点载荷设置，完成后窗口出现载荷图标，如图 3-35 所示。

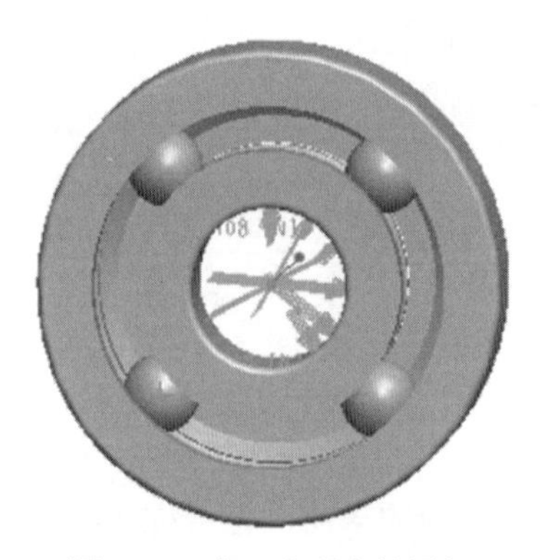

图 3-35 窗口出现力的图标

3.3.9 体载荷

体载荷是作用于整个模型的载荷，在 Mechanica 中体载荷包括重力载荷和离心力载荷。

1. 重力载荷

所有的模型只要在地球上就受到重力作用，对于大多数模型，重力载荷相对于其他载荷而言可以忽略，但是有的时候重力载荷是要考虑的。

在 Mechanica 中定义重力载荷需要注意以下几点。

①每个载荷集只能定义一个重力载荷。

②重力载荷是“结构”模块中仅有的主体载荷。这些载荷可模拟重力作用于模型上的效果。定义重力载荷时，需在每个坐标方向上指定载荷的重力分量。

③指定重力时，需输入用来定义重力加速度的值。

④选择符号时，需了解：负值表示与坐标方向相反。

⑤对于 3D 模型，重力是相对于您选择作为参照的 WCS 或另一个笛卡儿坐标系的。对于 2D 模型，重力是相对于您选择作为参照的 2D 模型参照坐标系或另一个笛卡儿坐标系的。

⑥施加重力载荷时，软件会在 WCS 的原点处显示重力图标。该图标包括一个指示载荷方向的向量。如果向量方向与您所指定的不符，请查看载荷。

(1) 打开光盘文件\Source files\chapter3\load \gravity_force.prt.1。

(2) 选择【应用程序(P)】→【Mechanica(M)】就可以进入 Pro/MECHANICA 分析模块。

(3) 选择【插入(I)】→【重力载荷(G)】命令或单击按钮，弹出“重力载荷”对话框，如图 3-36 所示。

图 3-36　重力载荷对话框

(4) 在名称一栏输入载荷的名字或者使用默认名称。

(5) 在加速度分量栏输入：X=0，Y=9810，Z=0。

(6) 单击【确定】按钮完成点载荷设置，完成后窗口出现载荷图标，如图 3-37 所示。

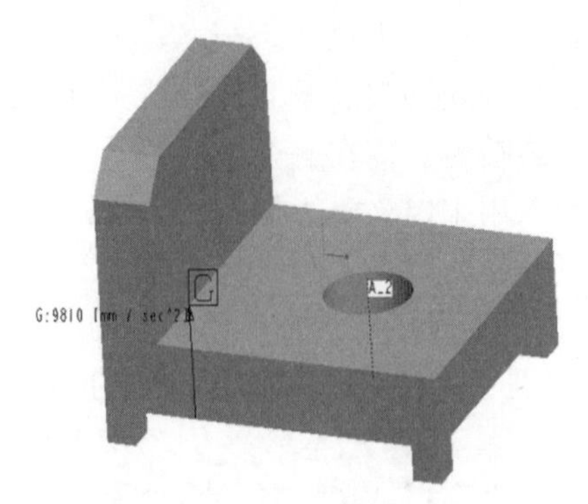

图 3-37　窗口出现力的图标

2. 离心力载荷

离心力载荷也是一种体载荷，它是由于刚体转动产生的载荷。Mechanica 提供了离心力载荷的定义。在 Mechanica 中定义模型的离心力载荷可以指定刚体的转动角速度和角加速度。

在 Mechanica 中定义离心力载荷需要注意以下几点。

①对于 3D 模型，不管当前坐标系为何，离心载荷轴定义始终是相对于 WCS 的。对于 2D 模型，轴定义是相对于 2D 模型的参照坐标系的。

②对于 2D 轴对称模型，不必指定角速度的方向，因为旋转轴始终是轴对称模型的参照坐标系的 Y 轴。只需指定角速度的大小。角加速度在 2D 轴对称模型中不可用。

③要确定旋转方向，软件应用右手定则来确定速度符号。

④每个载荷集只能定义一个离心载荷。

⑤不能查看合成离心载荷(将单独对每个载荷集进行计算)。

⑥如果正在对具有离心载荷的模型运行预应力模态分析，Mechanica 将对修正后的振动模式进行计算，以考虑相对圆周运动的影响(也称为旋转软化效应)。

⑦对于使用离心载荷的大变形分析，结果将对主体力进行缩放，但不会缩放速度或加速度。

(1) 打开光盘文件\Source files\chapter3\load\Centrifugal_load\centrifugal.asm.1。

(2) 选择【应用程序(P)】→【Mechanica(M)】就可以进入 Pro/MECHANICA 分析模块。

(3) 选择【插入(I)】→【离心载荷(C)】命令或单击按钮，弹出“离心载荷”对话框，如图 3-38 所示。

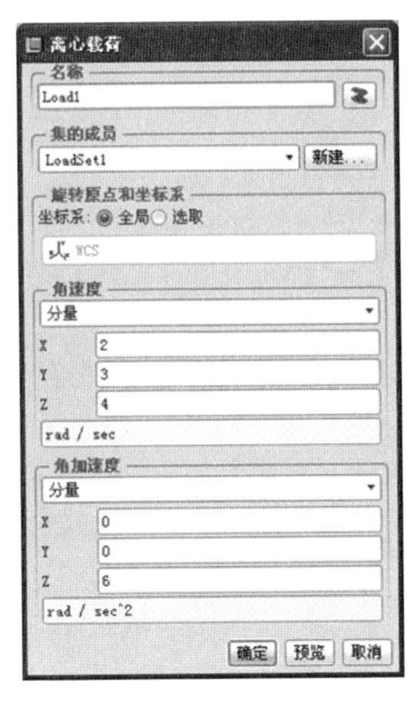

图 3-38　离心载荷对话框

(4) 在名称一栏输入载荷的名字或者使用默认名称。

(5) 在角速度分量栏输入：X=2，Y=3，Z=4，角加速度分量栏输入：X=0，Y=0，Z=6。

(6) 单击【确定】按钮完成点载荷设置，完成后窗口出现载荷图标，如图 3-39 所示。

图 3-39　窗口出现力的图标

3.3.10　函数功能

为了模拟更复杂的载荷，Mechanica 提供了函数功能，使用函数功能，可以建立以方程形式表示的空间分布载荷。

1. 线性内插值

(1) 打开光盘文件\Source files\chapter3\load\linear_interpolation.prt.1。

(2) 选择【应用程序(P)】→【Mechanica(M)】就可以进入 Pro/MECHANICA 分析模块。

(3) 选择【插入(I)】→【力/力矩载荷(L)】命令或单击按钮，弹出“力/力矩载荷”对话框。

(4) 在名称一栏输入约束的名字或者使用默认名称。

(5) 在参照栏下拉列表中选择“边/曲线”，然后选择顶部边线作为载荷的参考线。

(6) 单击【高级】按钮，在空间变化一栏选择“在整个图元上插值”，单击【定义】按钮，弹出如图 3-40 所示的插值定义对话框。

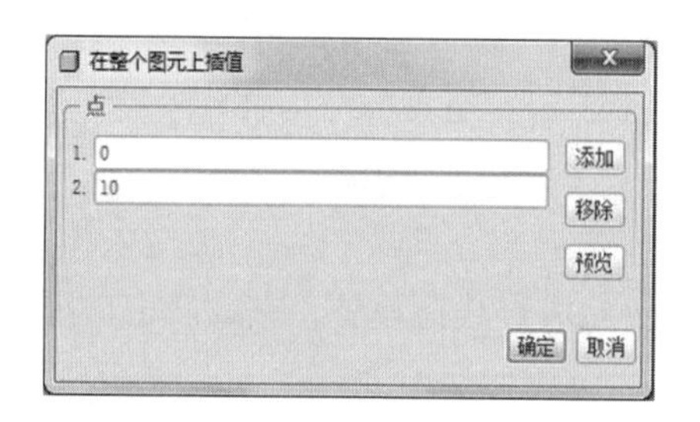

图 3-40　线性插值定义对话框

(7) 系统自动捕捉到边的两个端点作为线性插值的两个图元，在窗口会出现端点的编号，在第一点输入 0，第二点输入 10，单击【确定】按钮完成插值定义。

(8) 在力栏输入载荷大小和方向：X=5，Y=0，Z=0。

(9) 单击【预览】按钮可以查看载荷是否按照预定的呈线性分布，单击【确定】按钮完成线性插值载荷的定义。

(10) 为了确认总载荷没有变化，选择【信息(N)】→【查看总载荷(O)】命令，弹出“合成载荷”对话框，分别定义载荷、坐标系和评估点，单击【计算合成载荷】按钮得出载荷 FX=5，其余力为 0。可以尝试其他评估点查看总载荷，FX 应该都是 5，而力矩会因评估点不同而变化，如图 3-41 所示。

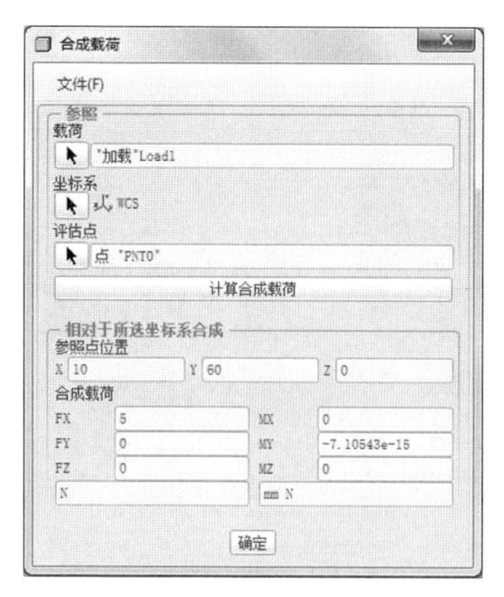

图 3-41　查看总载荷

2. 二次方内插值

为了定义二次方插值，在上一例中的边线中间加一个基准点。

(1) 在上一例子中，在窗口中单击选中刚刚定义的线性插值载荷，右键选择【编辑定义】。

(2) 单击【定义】按钮编辑插值图元。

(3) 在插值定义对话框中单击【添加】按钮增加新建的基准点图元如图 3-42 所示。

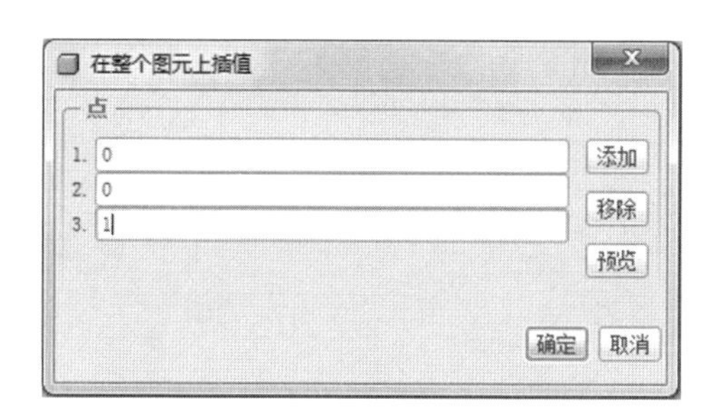

图 3-42　线性插值定义对话框

(4) 单击【预览】按钮，查看二次方插值载荷，载荷在 X 方向呈现抛物线形状，如图 3-43 所示。

(5) 确认二次方插值载荷，方法同上面例子，选择几个基准点进行对比，FX 大小都是 5，其余都是 0，而力矩会因评估点不同而变化。

从上面的插值实例可以看出，无论采用哪种插值方式，其总载荷不会变，除非在力一栏中改变其大小。

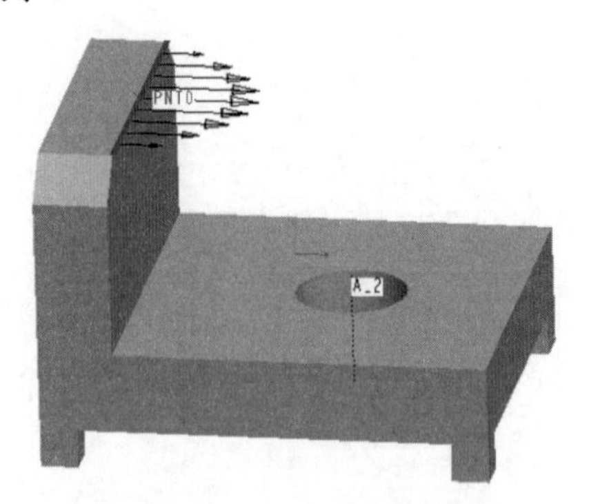

图 3-43　二次方插值载荷预览

二次方插值完成的文件见光盘目录下：\Source files\chapter3\load\quadratic_interpolation.prt.1。

3. 函数方式的力载荷

(1) 打开光盘文件\Source files\chapter3\load\function_load.prt.1。

(2) 选择【应用程序(P)】→【Mechanica(M)】就可以进入 Pro/MECHANICA 分析模块。

(3) 选择【插入(I)】→【压力载荷(P)】命令或单击按钮，弹出“压力载荷”对话框，如图 3-44 所示。

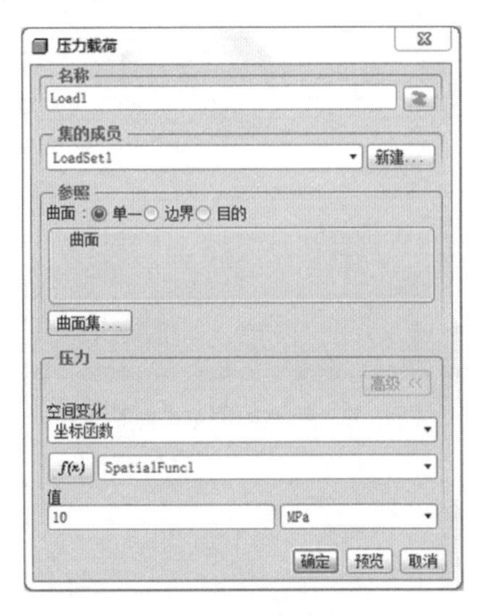

图 3-44　压力载荷对话框

(4) 在名称一栏输入载荷的名字或者使用默认名称。

(5) 在参照栏下拉列表中选择“曲面”，然后选择某曲面作为载荷的参考面。

(6) 单击【高级】按钮，在空间变化一栏选择“坐标函数”，单击f(x)按钮，弹出函数对话框，单击新建，弹出如图 3-45 所示的函数定义对话框，符号定义栏输入：y^2，单击【确定】按钮，值一栏输入 10。

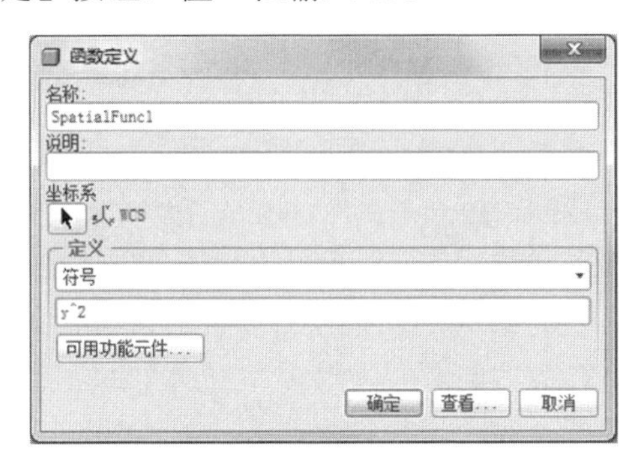

图 3-45　函数定义对话框

(7) 单击【预览】按钮可以查看载荷是否按照预定的呈坐标函数分布，单击【确定】按钮完成坐标函数载荷的定义，如图 3-46 所示。

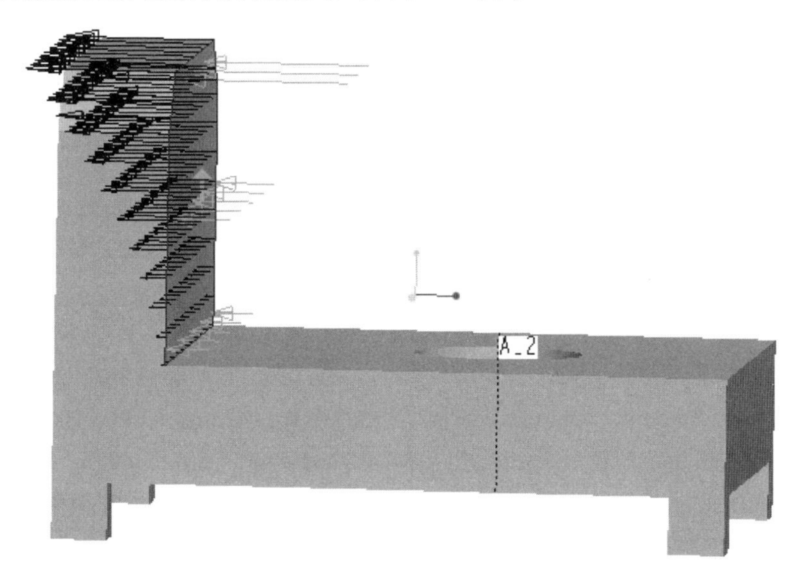

图 3-46　坐标函数载荷预览

第4章　梁单元和壳单元

4.1 概　　述

梁单元和壳单元是模型几何的数学近似值，Pro/MECHANICA 用它来模拟设计的各种行为。在分析期间，Pro/MECHANICA 在模型的每个理想化单元中计算应力和其他物理量。在集成模式下，这些理想化模型是位于后台运算的，换句话说，对使用者来说，它们是透明的，使用者不需要理解软件是如何将这些 CAD 模型理想化的。Pro/MECHANICA 中有许多不同类型的理想化可以使用，有时应用理想化模型来模拟模型行为会带来极大的方便。当然，一旦使用理想化单元来模拟工程问题，理解它们是什么及它们将如何影响分析结果是很重要的。

4.2 模 型 分 类

梁单元、质量和弹簧的理想化、壳单元等。

梁——用来模拟在三维空间中长度远比另外两个尺寸(厚度和宽度)要长并且有特定截面形状的结构。

壳——用来模拟厚度相对于长度和宽度来说，很薄且具有指定厚度的结构。

实体——用来模拟厚度和宽度相差不明显的结构，它的截面和厚度可以变化。

4.2.1 梁单元概述

梁单元是一种基本的结构单元，作为一种理想化的单元，Pro/MECHANICA 通常用梁单元来模拟在三维空间中长度远比另外两个尺寸(宽度和厚度)要长，并且有特定的截面形状的结构，如梁或杆。在 Pro/MECHANICA 中，梁可以单独模拟类似框架和桁架的结构，也可以与其他单元(实体或壳)组合使用。与实体单元和壳单元相比，梁单元的求解速度更快，占用磁盘的资源更少，并且计算精度很高。

关于梁单元的几个概念。

梁单元的几何参考、梁单元的坐标系统、梁截面、梁方向、梁端点自由度的释放。

在讨论梁模型时，通常用到三种坐标系，即梁运动坐标系(beam action coordinate system，BACS)(软件内部称梁载荷坐标系)，梁形状坐标系(beam shape coordinate system，BSCS），梁形心主轴坐标系（beam centroidal principal coordinate system，BCPCS）。

BACS 的 X 轴与梁的长度方向一致，Y 轴和 Z 轴构成的平面垂直于梁。梁的方位由 BACS 的 Y 轴方向确定，而 Y 轴方向可由多种方式来确定。梁的截面形状和位置由 BSCS 确定，系统提供了一系列的截面形状，用户也可以自己定义创建新的梁截面。截面位于 BSCS 的 YZ 平面，其原点大多与截面的中心重合。BSCS 的 X 轴与 BACS 的 X 轴平行，BSCS 的原点由相对于 BACS 的 DY、DZ 的偏移值来确定。BSCS 的方位由梁的方位属性对话框中的 theta 指定。大多数情况下，BSCS 和 BACS 是重合的。

本例完成文件见光盘\Source files\chapter4\cantilever\ cantilever_beam.prt.1。

有一长度为 L 的悬臂梁 AB，A 端固定，如图 4-1 所示。悬臂梁上承受均布载荷 q 作用，不计自重，求固定端 A 的约束反力，并绘制梁的弯矩和剪力图。

（转到 Pro/MECHANICA 下，建立梁单元模型，一端全约束，另一端自由，施加沿着长度变化的载荷 q，长度 L=1500mm，q=10N/mm，材料为 steel）

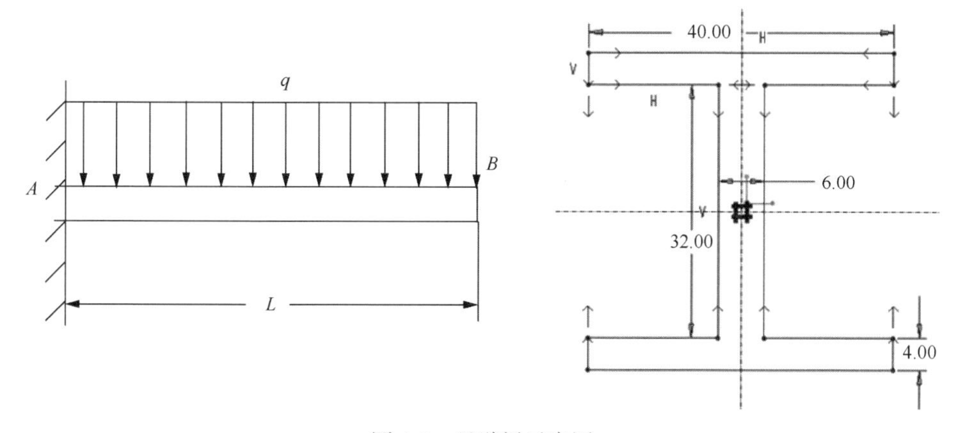

图 4-1　悬臂梁示意图

1. 建立模型

(1) 单击【文件(F)】→【新建(N)】命令；选择零件类型，如图 4-2 所示；输入文件名 cantilever，单击【确定】按钮。

(2) 单击“基础特征”工具栏上的【草绘】工具按钮，系统弹出“草绘”对话框，在 3D 工作区中，选择 FRONT 草绘面，单击【草绘】按钮，进入草图绘制平台。

(3) 绘制如图 4-3 所示草图，单击“草绘器”工具栏上的【完成】按钮✔。

图 4-2　新建零件对话框

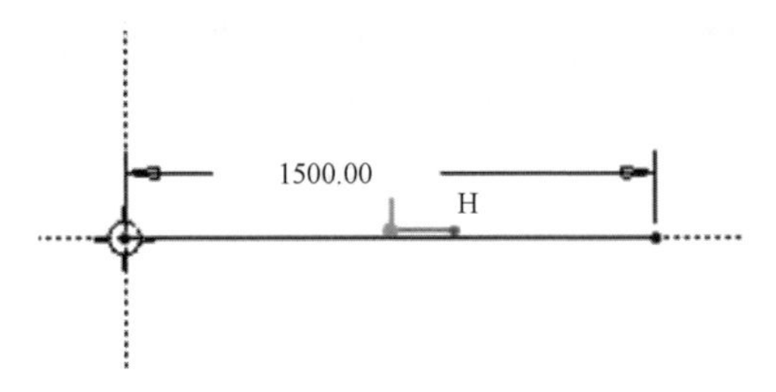

图 4-3　模型草绘图

2. 前处理

1)创建梁

(1)选择下拉式菜单【应用程序(P)】→【Mechanica(M)】，系统弹出“Mechanica 模型设置对话框”，在模型类型下拉列表框中选择“结构”选项，单击【确定】按钮，进入结构分析模块。

(2)单击“Mechanica 对象”工具栏上的【梁】工具按钮，或选择菜单栏中的【插入(I)】→【梁(E)】命令，系统弹出“梁定义”对话框，如图 4-4 所示。

(3)点选创建的直线模型为参照，单击【梁截面】选项组中【更多】按钮，系统弹出梁截面对话框。

(4)单击“梁截面”对话框中的【新建】命令按钮，系统弹出“梁截面定义”对话框，单击【截面】→【类型】下拉列表框中的“工字梁”选项，在 b 文本框中输入 40，在 t 文本框中输入 4，在 di 文本框中输入 32，在 tw 文本框中输入 6，如图 4-5 所示，单击【确定】按钮，系统返回“梁截面”对话框，单击【确定】按钮。系统返回“梁定义”对话框。

图 4-4　梁定义设置项

图 4-5　梁截面设置项

(5) 单击“梁定义”对话框中【材料】选项组中【更多】命令按钮，系统弹出“材料”对话框，双击【库中的材料】列表框中的“steel.mtl”选项，将其加载到【模型中的材料】列表框中，单击【确定】按钮，系统返回“梁定义”对话框，“STEEL.mtl”添加到【材料】下拉列表框中。

(6) 其他选项为默认值，单击【确定】按钮，效果如图 4-6 所示。

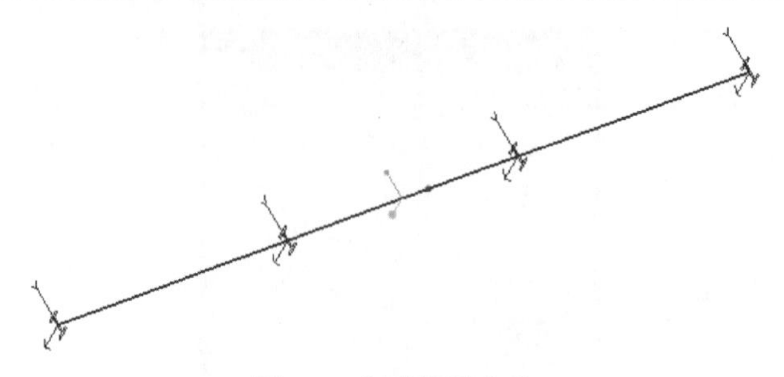

图 4-6 创建的梁定义

2) 添加约束

(1) 单击“Mechanica 对象”工具栏上的【位移约束】工具按钮，或选择菜单栏中的【插入(I)】→【位移约束(I)】命令，系统弹出“约束”对话框。

(2) 单击【参照】下拉列表框，选择“点”选项，选择曲线的起点为参照，其他选项为默认值，单击【确定】按钮，完成端点位移约束的创建，效果如图 4-7 所示。

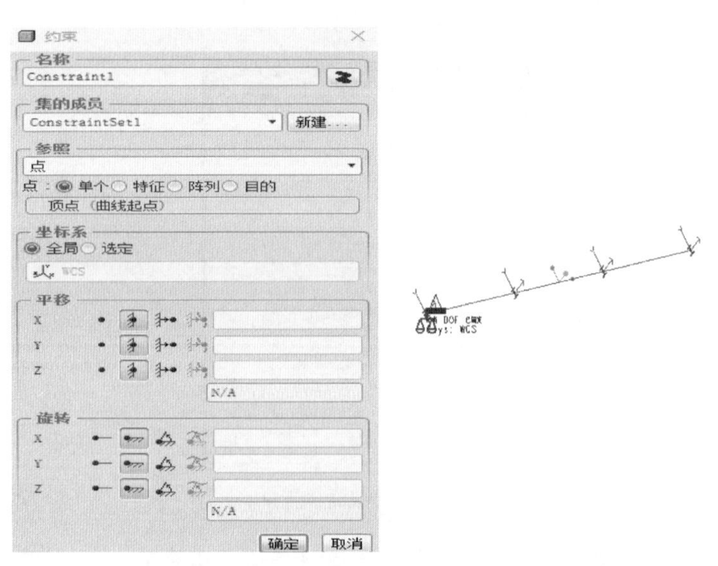

图 4-7 约束对话框和施加约束后的模型

3) 添加载荷

(1) 单击，创建力/力矩载荷按钮(或者选择【插入(I)】→【力/力矩载荷(L)】命令)→弹出“力/力矩载荷”对话框。

(2) 单击“曲线”选择直线模型→【分布】选择单位长度上的力→空间变化选择均匀→在 Y 栏中输入值–10，单位 N/mm。单击【确定】按钮完成载荷的施加，如图 4-8 所示。

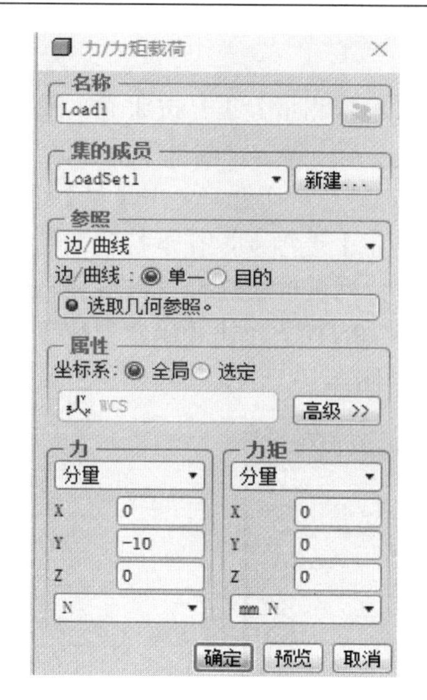

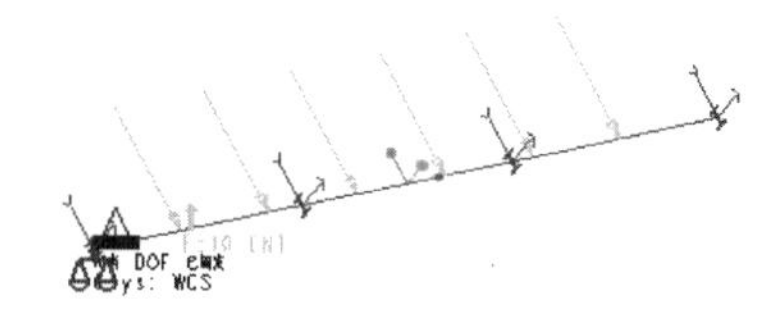

图 4-8　力/力矩载荷对话框和施加载荷后的模型

4) 创建点

(1) 单击“Mechanica 对象”工具栏上的【点】工具按钮，系统弹出“基准点”对话框。

(2) 选择直线作为参照，在【放置】框内出现“PNT0”，如图 4-9 所示，单击【确定】按钮。

图 4-9　基准点对话框

5) 创建测量点

(1)单击“Mechanica 对象”工具栏上的【模拟测量】工具按钮，或选择菜单栏中的【插入(I)】→【模拟测量(A)】命令，系统弹出“测量”对话框。

(2) 单击【新建】按钮，系统弹出“测量定义”对话框，单击【量】选项卡，在下拉列表框中选择“力矩”选项，单击【分量】选项卡，在下拉列表框中选择“Z”选项，单击【空间评估】选项卡，在下拉列表框中选择“在点处”选项，单击【点】选项卡下的选取点按钮，单击点 PNT0，单击【确定】按钮，完成 Measure1 创建，系统返回“测量”对话框，如图 4-10 所示。

图 4-10　测量定义对话框

(3) 单击“测量”对话框的【关闭】按钮，完成测量点的创建。

3. 建立并运行分析

(1) 单击工具栏上的【Mechanica 分析/研究】工具按钮，或选择菜单栏中的【分析(A)】→【Mechanica 分析/研究(E)】命令，系统弹出“分析和设计研究”对话框。

(2) 在“分析和设计研究”对话框中，选择菜单栏中的【文件(F)】→【新建静态分析】命令，系统弹出“静态分析定义”对话框，将名称修改 cantilever_bean，多项式阶最大值调到 9，单击【确定】按钮，返回“分析和设计研究”对话框，如图 4-11 所示。

图 4-11　静态分析定义对话框

(3) 单击工具栏上的【开始】按钮，或选择菜单栏中的【运行(R)】→【开始】命令，系统弹出“问题”对话框，单击【是(Y)】按钮，系统就开始计算，如图 4-12 和图 4-13 所示。

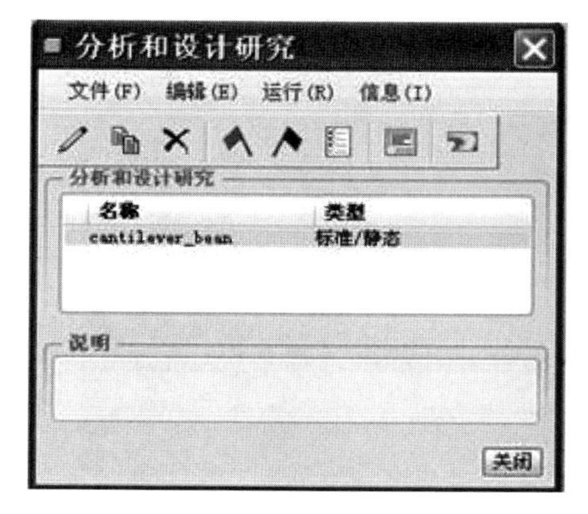

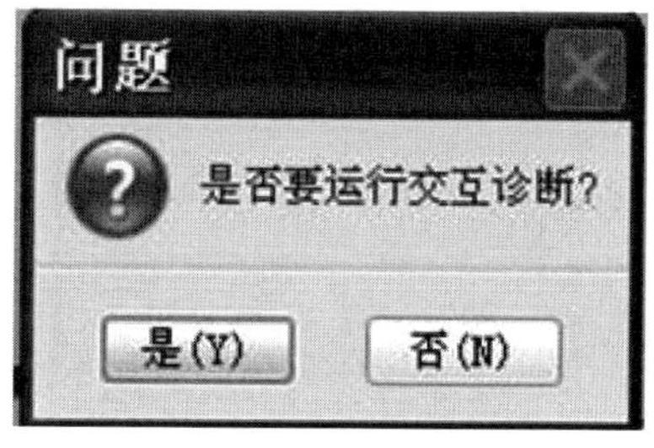

图 4-12　分析和设计研究对话框

图 4-13　询问对话框

4. 查看分析结果

(1) 在“分析和设计研究”对话框中，单击工具栏上的【查看设计研究或有限元分析结果】工具，系统弹出“结果窗口定义”对话框，如图 4-14 所示。

(2) 显示类型选择“模型”，单击【量】选项卡，在下拉列表框中选择“点约束处的反作用”选项，分量选择“X”。

(3) 单击【确定并显示】按钮，效果如图 4-15 所示，将结果窗口关闭。

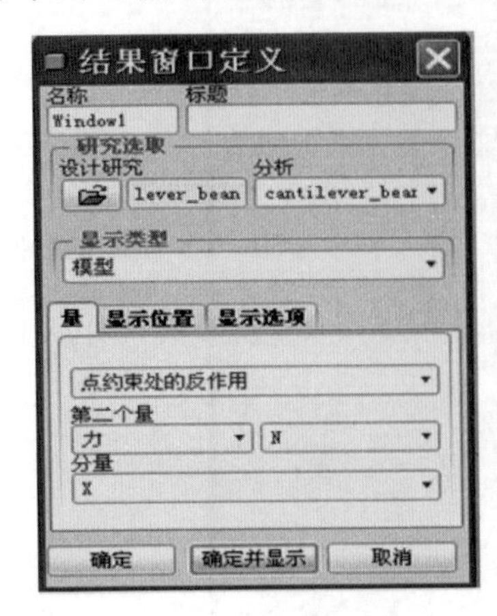

图 4-14　结果窗口定义

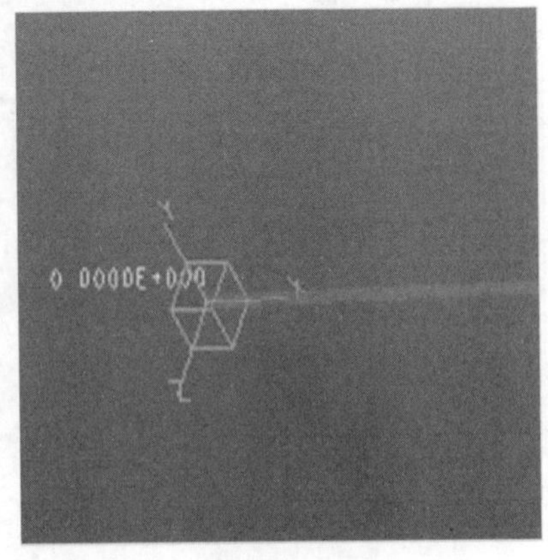

图 4-15　*A* 点约束反作用力大小

(4) 单击，显示类型选择“模型”，单击【量】选项卡，在下拉列表框中选择“点约束的反作用”选项，分量选择“Y”，如图 4-16 所示。

(5) 单击【确定并显示】按钮，效果如图 4-17 所示，将结果窗口关闭。

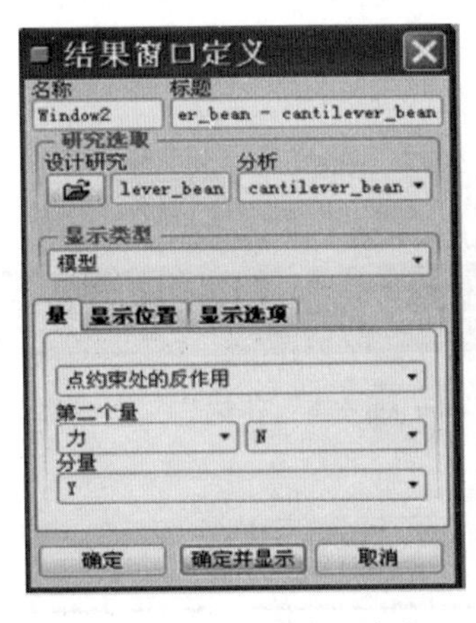

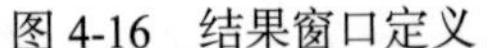

图 4-16　结果窗口定义

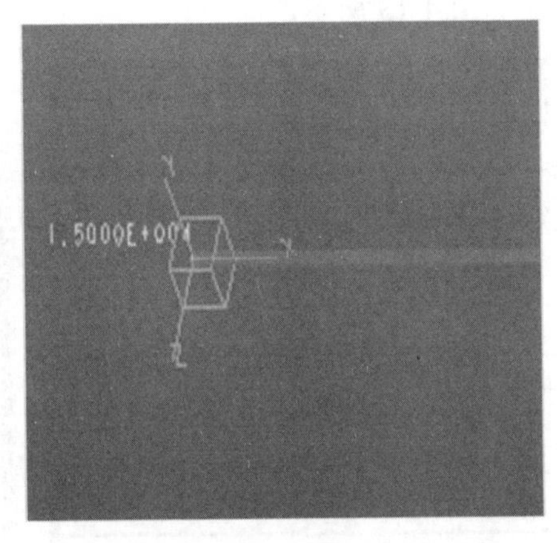

图 4-17　*A* 点约束反作用力大小

(6) 单击→显示类型选择图形→单击【量】选项卡，选择“剪切和力矩 Vy 和 Mz”→单击→定义曲线位置，如图 4-18 所示→单击【确定】按钮→单击【确定并显示】按钮，如图 4-19 所示，单击(显示研究状态)如图 4-20 所示。

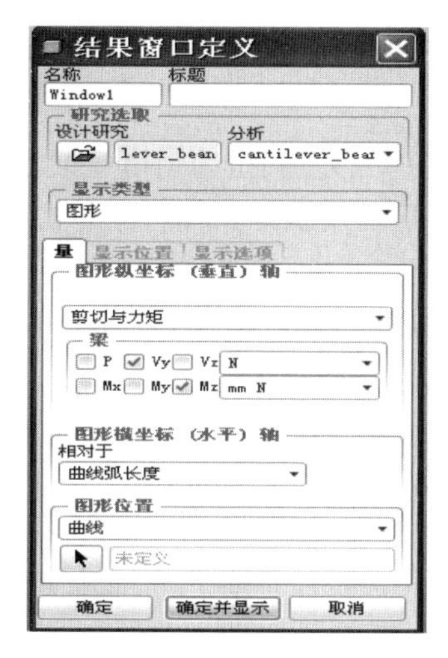

图 4-18　结果窗口定义

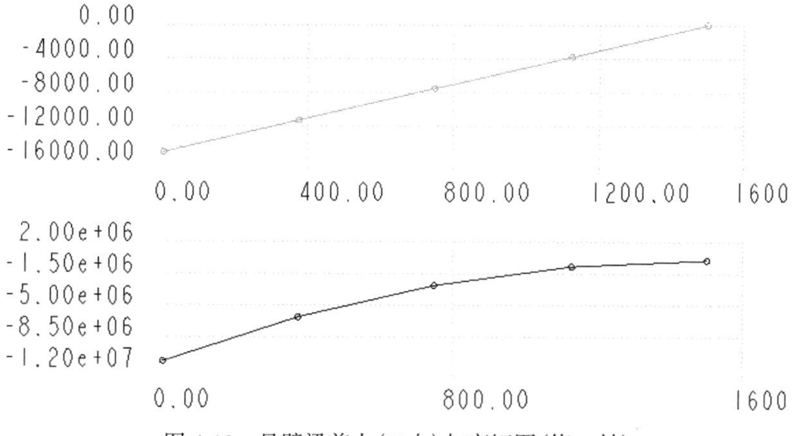

图 4-19　悬臂梁剪力(Y 向)与弯矩图(绕 Z 轴)

```
max_stress_prin:     1.867365e+03     0.0%
max_stress_vm:       1.867365e+03     0.0%
max_stress_xx:       0.000000e+00     0.0%
max_stress_xy:       0.000000e+00     0.0%
max_stress_xz:       0.000000e+00     0.0%
max_stress_yy:       0.000000e+00     0.0%
max_stress_yz:       0.000000e+00     0.0%
max_stress_zz:       0.000000e+00     0.0%
min_stress_prin:    -1.867365e+03     0.0%
strain_energy:       7.912711e+05     0.0%
Measure1:            1.125000e+07     0.0%
```

图 4-20　*A* 点弯矩测量

4.2.2　桁架概述

桁架结构(truss structure)中的桁架指的是桁架梁，是结构化的一种梁式结构。桁架结构常用于大跨度的厂房、展览馆、体育馆和桥梁等公共建筑中。各杆件受力均以单向拉、压为主。

本例完成文件见光盘\Source files\chapter4\truss\ truss.prt.1。

如图 4-21 所示，承受载荷 P 和 $2P$ 的桁架结构，各杆具有相同的横截面积 A，假设杆件变形很小，求杆 AB 和 AF 的应力(P=1000N，杆件为具有相同截面形状的圆杆，直径 D=20mm，L=200mm，E=206GPa，泊松比为 0.3)。

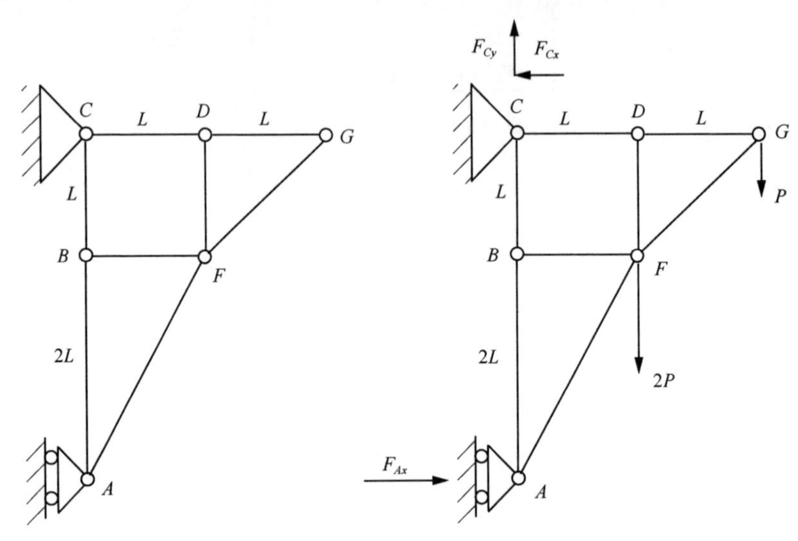

图 4-21　桁架简图及受力图

分析图形，各杆件之间使用铰接连接，要在 Pro/MECHANICA 中模拟需要释放梁端部的自由度。

1. 建立模型

(1) 单击【文件(F)】→【新建(N)】命令；选择零件类型，如图 4-22 所示；输入文件名 truss，单击【确定】按钮。

(2) 单击“基础特征”工具栏上的【草绘】工具按钮，系统弹出“草绘”对话框，在 3D 工作区中，选择 FRONT 草绘面，单击【草绘】按钮，进入草图绘制平台。

(3) 绘制如图 4-23 所示草图，单击“草绘器”工具栏上的【完成】按钮✔。

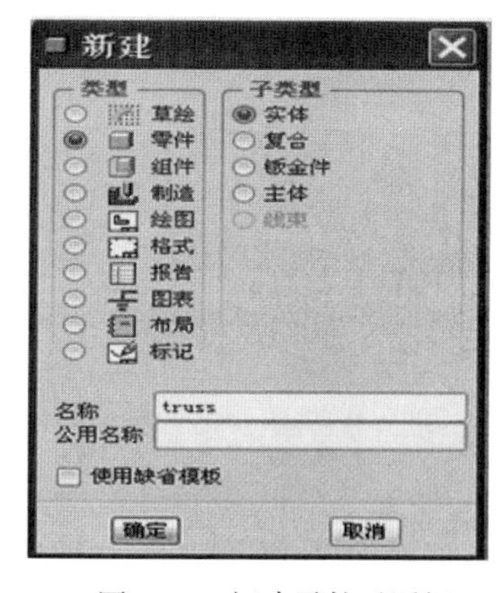

图 4-22　新建零件对话框

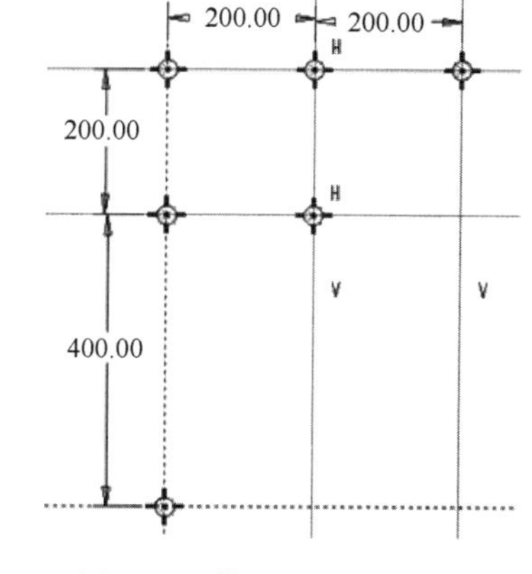

图 4-23　模型基准点草绘图

2. 前处理

1) 创建桁架模型

(1) 选择下拉式菜单【应用程序(P)】→【Mechanica(M)】系统弹出“Mechanica 模型设置对话框”，在模型类型下拉列表框中选择“结构”选项，单击【确定】按钮，进入结构分析模块。

(2) 单击“Mechanica 对象”工具栏上的【梁】工具按钮，或选择菜单栏中的【插入(I)】→【梁(E)】命令，系统弹出“梁定义”对话框。

(3) 在参照栏下拉列表选择“点对点”作为梁的位置参考，按住 Ctrl 键连续选择在 Pro/ENGINEER 下建立的草绘基准点。注意选择的顺序，第一点和第二点之间会建立一个梁单元，依次建立梁单元，在共点处要选择二次公共点。

(4) Y 方向为(0，0，1)。

(5) 指定在起始栏的梁截面：单击【更多】按钮进入梁截面对话框，新建一个梁截面定义，如图 4-24 所示。

图 4-24　梁截面设置

(6) 其余选项使用默认值，单击【确定】按钮进入梁截面模型的定义，如图 4-25 所示。

(7) 将梁转化为桁架，指定在起始和终止栏的梁释放，单击【更多】按钮进入梁端点自由度释放对话框，新建一个梁释放定义，除了有约束的梁单元端点外，其余梁端点(包括起始和终止)都要释放 Y 方向的自由度，如图 4-26 所示。单击【确定】按钮完成。

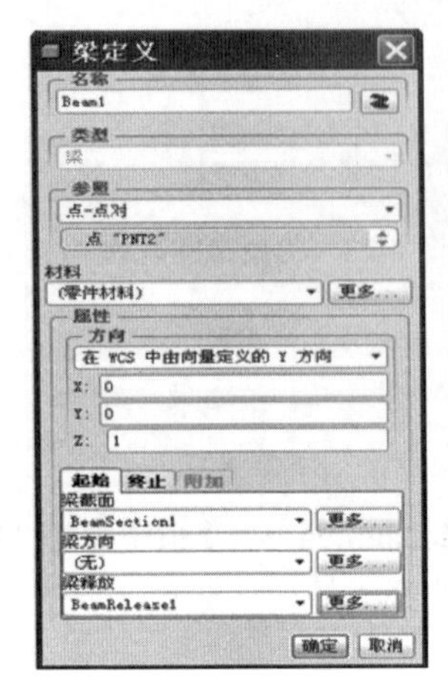

图 4-25　梁定义对话框

图 4-26　梁端部转动自由度释放

(8) 完成定义后，在视图窗口出现梁截面图标，如图 4-27 所示。

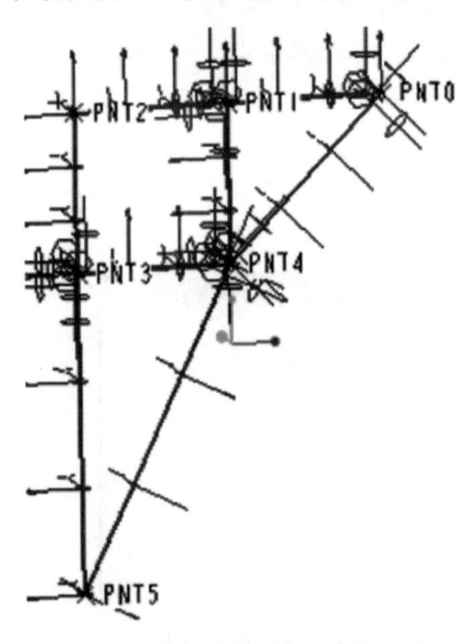

图 4-27　桁架在视图窗口中的显示

(9) 单击[图标]，弹出如图 4-28 所示，取消梁截面理想化，单击【确定】按钮，效果如图 4-29 所示。

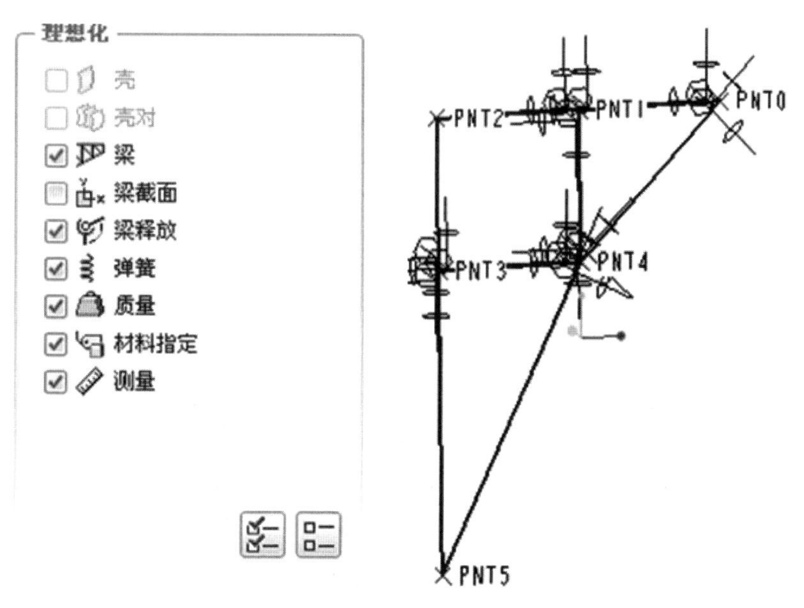

图 4-28　模拟显示　　　　图 4-29　模型图

2) 材料分配

(1) 单击[图标]定义材料按钮→弹出“材料”对话框→双击“steel.mtl”(或单击“steel.mtl”→单击[图标]按钮)→将 steel 材料加入“模型中的材料”，如图 4-30 所示。

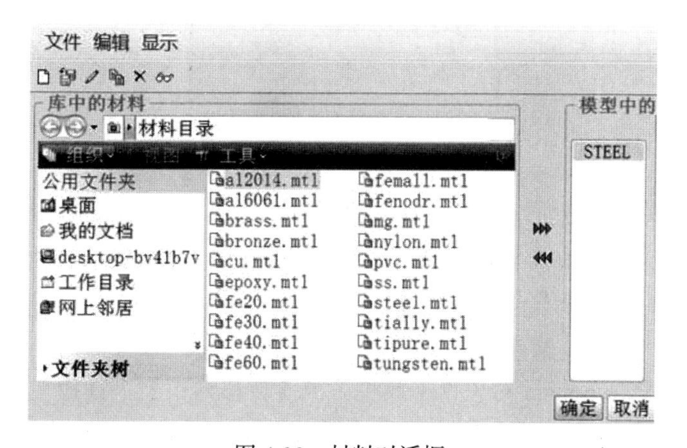

图 4-30　材料对话框

(2) “材料”对话框，修改材料属性：泊松比为 0.3，杨氏模量为 206000MPa，如图 4-31 所示→单击【确定】按钮。

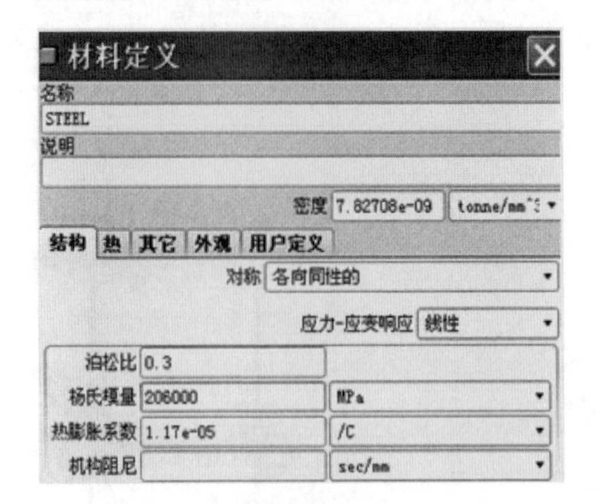

图 4-31　材料定义对话框

(3) 单击【确定】按钮，将 steel 材料加载到当前的分析项目中→单击材料分配按钮→弹出“材料指定”对话框如图 4-32 所示→参照选择“分量”，材料选择刚刚加载的“steel”→单击【确定】按钮，自动将材料赋予该曲面。或者直接单击材料分配按钮→弹出“材料指定”对话框如图 4-32 所示。

图 4-32　材料指定对话框

(4) 单击【更多】按钮→弹出“材料”对话框→双击“steel.mtl”(或单击“steel.mtl”→单击按钮)→将 steel 材料加入“模型中的材料”栏如图 4-30 所示→单击【确定】按钮→回到“材料指定”对话框→单击【确定】按钮，完成模型的材料设置。

3) 添加约束

(1) 单击“Mechanica 对象”工具栏上的【位移约束】工具按钮，或选择菜单栏中的【插入(I)】→【位移约束(I)】命令，系统弹出“约束”对话框。

(2) 定义桁架 *C* 点约束：在参照栏选择“点”方式，选择桁架 *C* 点位置，即草绘基准点 PNT2 作为约束参考。

(3) 固定所有平移自由度和 X 、Y 轴转动自由度，释放 Z 轴转动自由度来模

拟 *C* 点的铰接。单击【确定】按钮完成桁架 *C* 点约束，如图 4-33 所示。

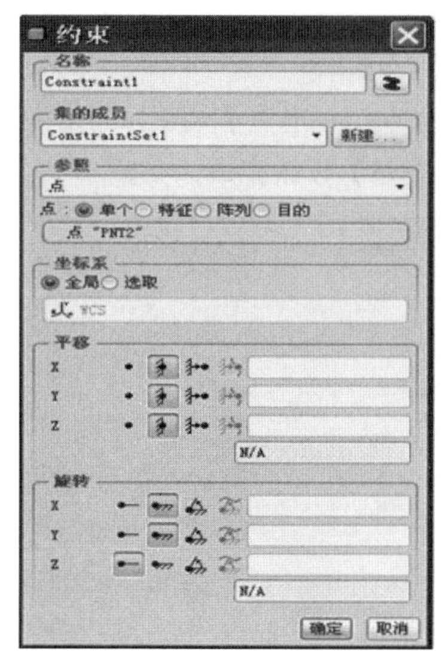

图 4-33　创建 *C* 点位移约束

(4) 同样方式对桁架 *A* 点施加约束，固定 *A* 点 X、Z 方向平移自由度和 X、Y 轴转动自由度，释放 Y 方向平移自由度和 Z 轴转动自由度，如图 4-34 所示。

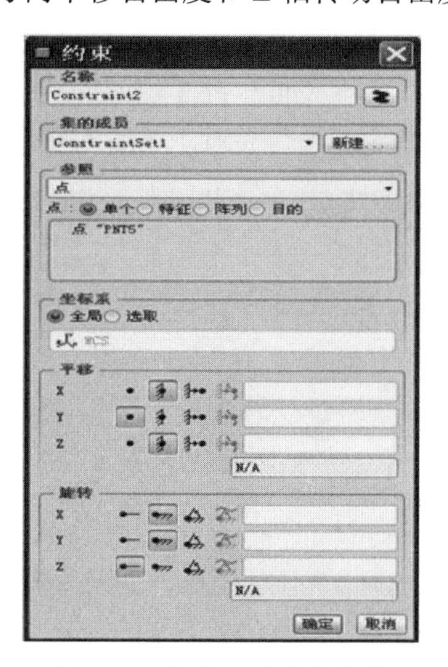

图 4-34　创建 *A* 点位移约束

(5) 约束定义完成，在视图窗口有图标表示已经添加约束。

4）添加载荷

(1) 单击 ，创建力/力矩载荷按钮(或者选择【插入(I)】→【力/力矩载荷(L)】命令)→弹出“力/力矩载荷”对话框。

(2) 以点作为参照，选择草绘基准点 PNT0 作为节点 G 的载荷参考几何。在 Y 栏中输入值–1000。单击【确定】按钮完成，如图 4-35 所示。

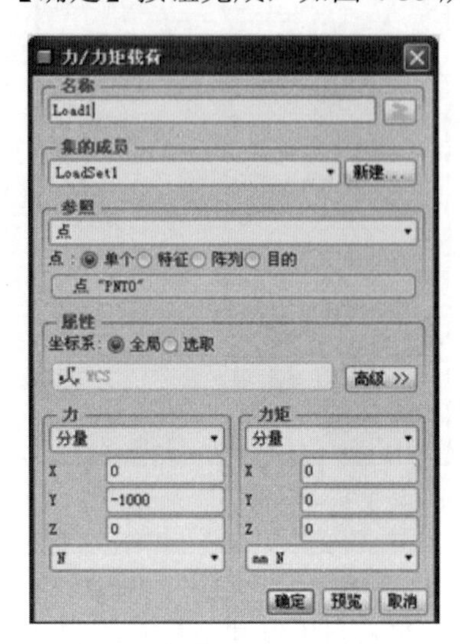

图 4-35　桁架节点 G 载荷

(3) 以点作为参照，选择草绘基准点 PNT4 作为节点 F 的载荷参考几何。在 Y 栏中输入值–2000。单击【确定】按钮完成，如图 4-36 所示。

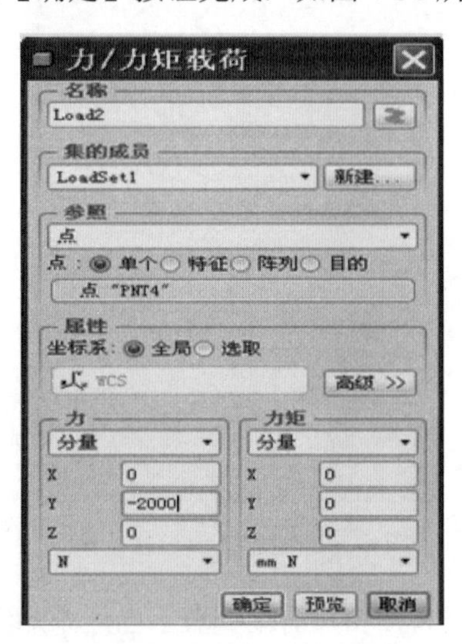

图 4-36　桁架节点 F 载荷

3. 建立并运行分析

(1) 单击工具栏上的【Mechanica 分析/研究】工具按钮，或选择菜单栏中的【分析(A)】→【Mechanica 分析/研究(E)】命令，弹出“分析和设计研究”对话框。

(2) 在“分析和设计研究”对话框中，选择菜单栏中的【文件(F)】→【新建静态分析】命令，系统弹出“静态分析定义”对话框，将名称修改为 truss，多项式阶最大值调到 9，单击【确定】按钮，返回“分析和设计研究”对话框，如图 4-37 所示。

图 4-37　静态分析定义对话框

(3) 单击工具栏上的【开始】按钮，或选择菜单栏中的【运行(R)】→【开始】命令，系统弹出“问题”对话框，单击【是(Y)】按钮，系统就开始计算，如图 4-38 和图 4-39 所示。

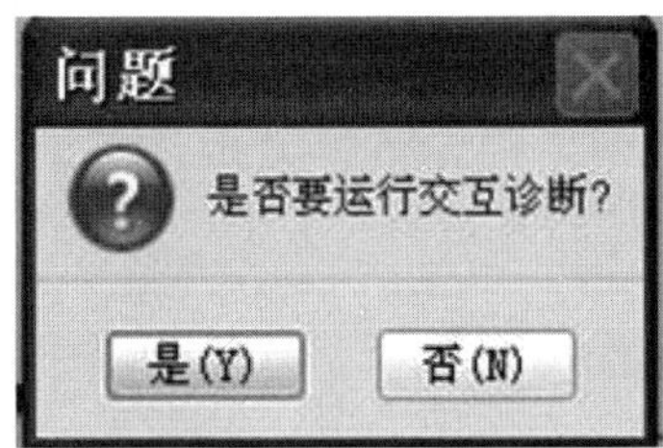

图 4-38　分析和设计研究对话框　　图 4-39　询问对话框

4. 查看分析结果

(1) 在“分析和设计研究”对话框中，单击工具栏上的【查看设计研究或有限元分析结果】工具，系统弹出“结果窗口定义”对话框，如图 4-40 所示。

(2) 显示类型选择“模型”，单击【量】选项卡，在下拉列表框中选择“点约束处的反作用”选项，分量选择“Y”。

(3) 单击【确定并显示】按钮，效果如图 4-41 所示，将结果窗口关闭。

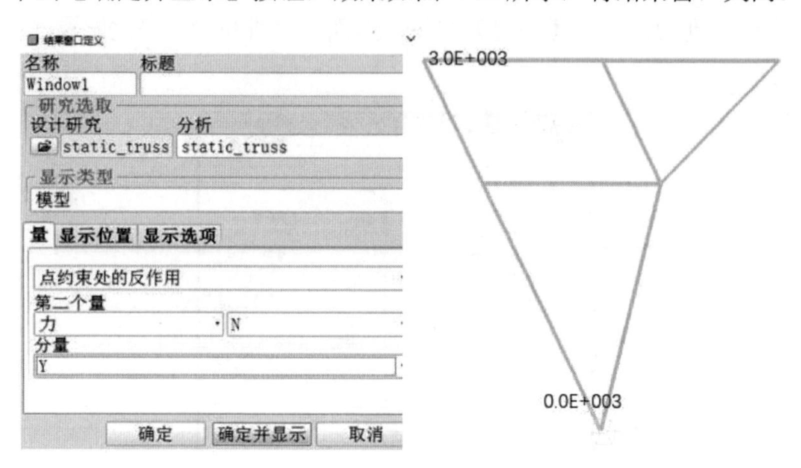

图 4-40　结果窗口定义　　　　图 4-41　Y 方向反作用力

(4) 单击，显示类型选择“模型”，单击【量】选项卡，在下拉列表框中选择“点约束处的反作用”选项，分量选择“X”，如图 4-42 所示。

(5) 单击【确定并显示】按钮，效果如图 4-43 所示，将结果窗口关闭。

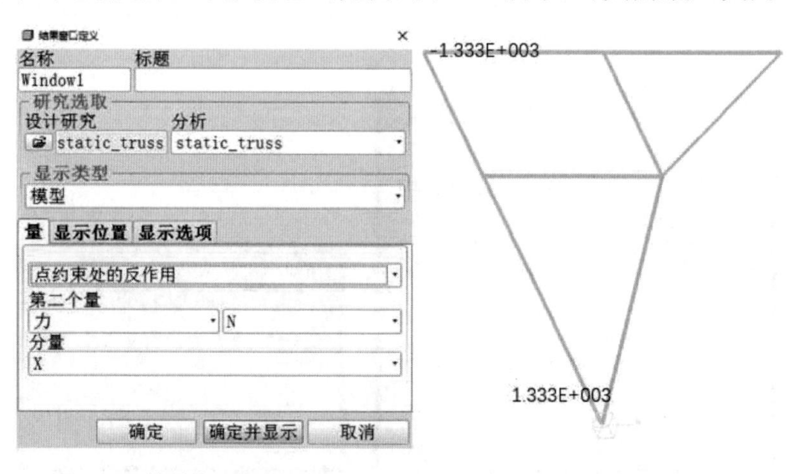

图 4-42　结果窗口定义　　　　图 4-43　X 方向反作用力

(6) 单击 → 显示类型选择“图形”，分量选择“梁拉伸” → 单击 → 选取 *AB* 和 *AF* 杆，如图 4-44 所示 → 单击【确定并显示】按钮，如图 4-45 所示。

图 4-44　结果窗口定义

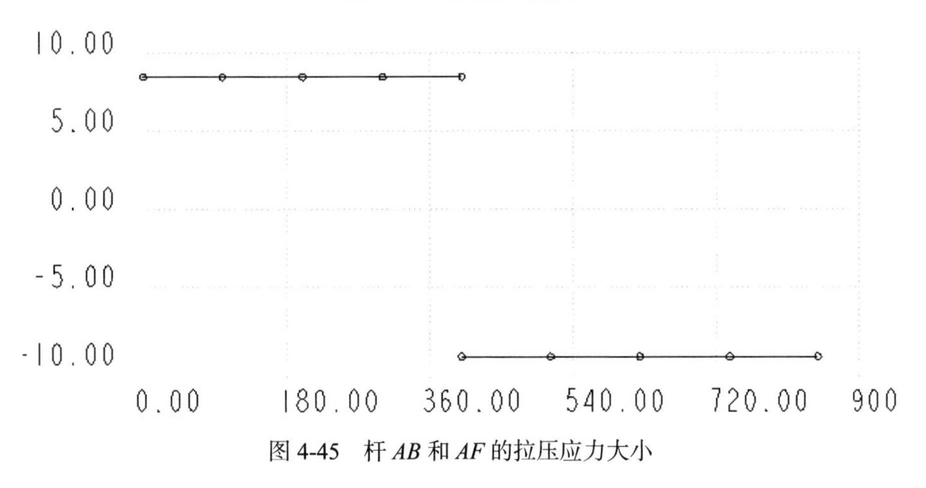

图 4-45　杆 *AB* 和 *AF* 的拉压应力大小

(7) 桁架的误差分析，根据平衡方程得到理论解。

$$\Sigma M_{\mathrm{e}} = F_{Ax} \times 3L - P \times 2L - P \times L = 0 \to F_{Ax} = \frac{4P}{3} \to F_{AF} = \frac{4\sqrt{5}P}{3} \to F_{AB} = -\frac{8P}{3}$$

$$\Sigma M_G = F_{Ax} \times 3L + 2P \times L - F_{Cy} \times L = 0 \to F_{Cy} = 3P \to F_{Ay} = 0$$

$$\sigma_{AB} = \frac{F_{AB}}{A} = 8.492569\text{MPa}, \sigma_{AF} = \frac{F_{AF}}{A} = -9.4949807\text{MPa}$$

误差：$\Delta_{AB} = 0.050738\%$，$\Delta_{AF} = 0.0561422\%$

4.2.3 壳单元概述

壳(shell)单元用来模拟具有一定厚度的薄壁元件，通常地，对于此类零件，如果使用实体单元来模拟，则需要很多网格才能较好地拟合出元件的几何形状，网格过多导致求解时间很长。使用壳单元来模拟类似结构，参与计算的网格数大大减少，而且计算的结果更为有效。

通常，模拟壳模型有两种操作方式，壳与壳对(中间曲面)。壳用于直接在曲面上建立壳单元，需要手动输入壳的厚度；而中间曲面用于检测曲面对并压缩得到壳单元，能够自动计算壳厚度。壳的理想化厚度是均匀分布于中间面的两侧，因此定义壳的中间面是定义壳单元的必要条件。壳方式建立的壳以所选的面作为中间面，使用壳对(中间曲面)建立的壳中间面位于两面之间的中间位置。

本例完成文件:\Source files\chapter4\shell&shell pairs\ shell_cylinder.prt.1。

例 1：A 压力容器公司设计了一款具有标准椭圆形封头的薄壁圆筒壳体型压力容器，如图 4-46 所示，已知其中间面直径为 D，厚度为 t，工作时承受大小为 P 的压力。现在需要使用 Pro/MECHANICA 来校核此压力容器的强度是否合格(假设自由支撑)(其中，D=200mm，L=600mm，t=8mm，P=20MPa，材料弹性模量 E=206GPa，泊松比为 0.3，屈服强度为 235MPa)。

图 4-46 A 公司设计的压力容器简图

1. 建立模型

(1)单击【文件(F)】→【新建(N)】命令；选择零件类型，如图 4-47 所示；输入文件名 shell，单击【确定】按钮。

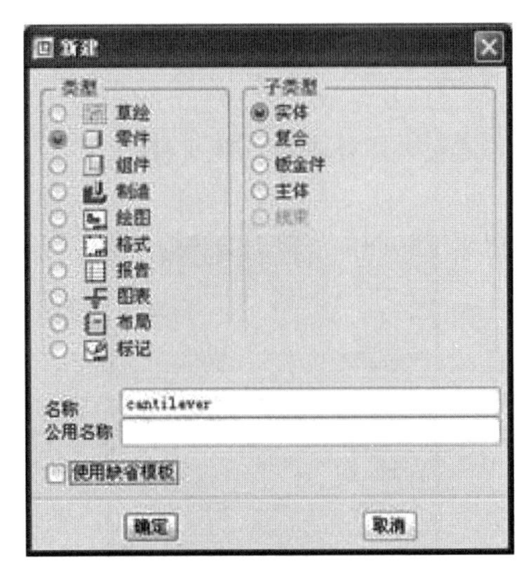

图 4-47　新建零件对话框

(2) 单击“基础特征”工具栏上的【旋转】工具按钮，在控制面板中显示旋转设置选项，单击【放置】选项卡中的【定义】按钮，系统弹出“草绘”对话框，在 3D 工作区中，选择 FRONT 草绘面，单击【草绘】按钮，进入草图绘制平台；绘制如图 4-48 所示草图，单击“草绘器”工具栏上的【完成】按钮；再单击其后的完成按钮。

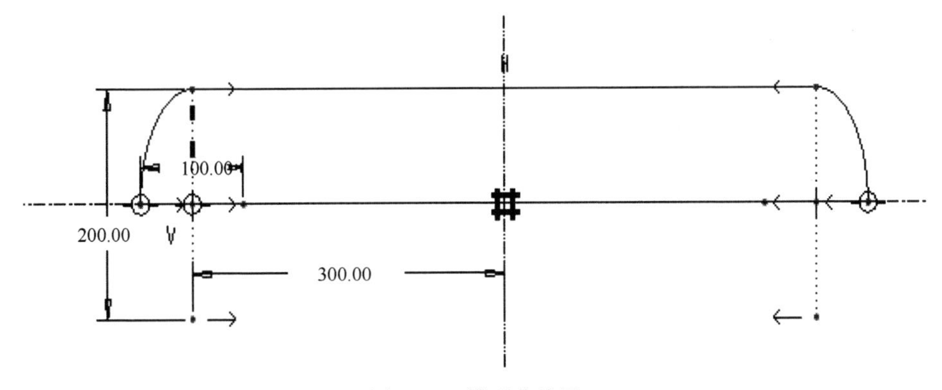

图 4-48　模型草绘图

2. 前处理

1) 进入分析

选择下拉式菜单【应用程序(P)】→【Mechanica(M)】，系统弹出“Mechanica 模型设置对话框”，在模型类型下拉列表框中选择“结构”选项，单击【确定】按钮，进入结构分析模块。

2）建立壳单元

(1) 单击 →弹出“壳定义”对话框如图 4-49 所示，单击选取曲面和输入厚度值 8mm。

图 4-49　壳定义对话框

(2) 在材料栏定义材料，单击【更多】按钮进入“材料属性定义”对话框。

(3) 选择材料库中材料“steel”添加至模型中。

(4)“材料定义”对话框，修改材料属性：泊松比为 0.3，杨氏模量为 206000MPa，拉伸屈服应力为 235MPa，如图 4-50 所示→单击【确定】按钮。

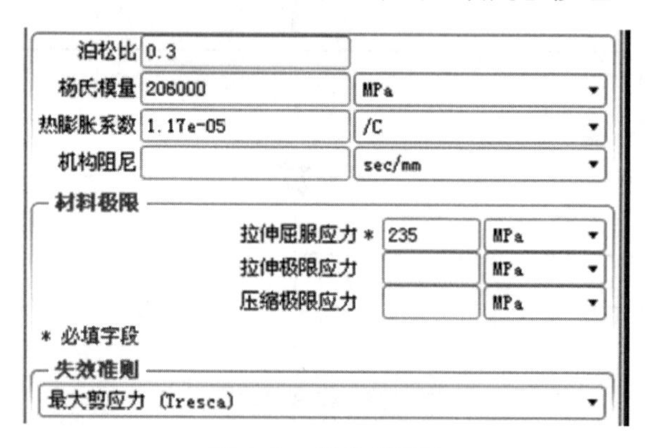

图 4-50　定义对话框

(5) 单击【确定】按钮完成壳单元定义，效果如图 4-51 所示。

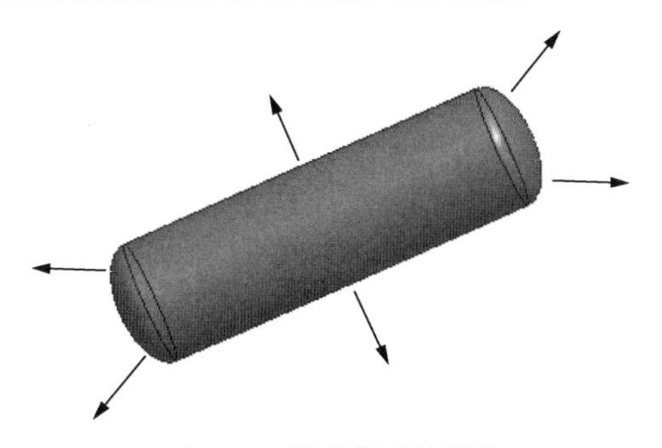

图 4-51　模型曲面的选取

3) 添加载荷

(1) 单击 ，创建压力载荷按钮(或者选择【插入(I)】→【压力载荷(P)】命令)→弹出“压力载荷”对话框，如图 4-52 所示。

(2) 单击“曲面”按钮选择模型的曲面→在压力栏中输入值–20→单击【确定】按钮完成载荷的施加。效果如图 4-53 所示。

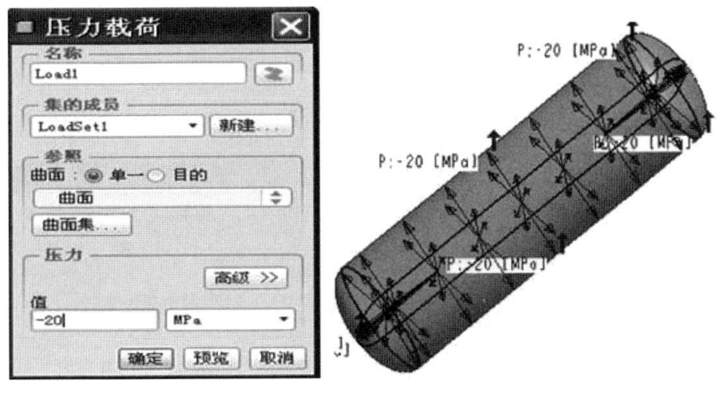

图 4-52　创建力载荷　　图 4-53　创建载荷

3. 网格划分

(1) 单击菜单【AutoGEM】→【控制(O)】，如图 4-54 所示→参照选取分量，并在元素尺寸这栏中输入值 20→单击【确定】按钮。

(2) 划分网格：单击 为几何元素创建 P 网格按钮(或者选择【AutoGEM】→【创建(C)】)→弹出“AutoGEM”对话框如图 4-55 所示→AutoGEM 参照选择“具有属性的全部几何”→单击【创建】按钮创建网格→创建好的网格如图 4-56 所示。可以通过 AutoGEM 摘要查看划分后的网格的相关信息。

图 4-54　AutoGEM 控制对话框

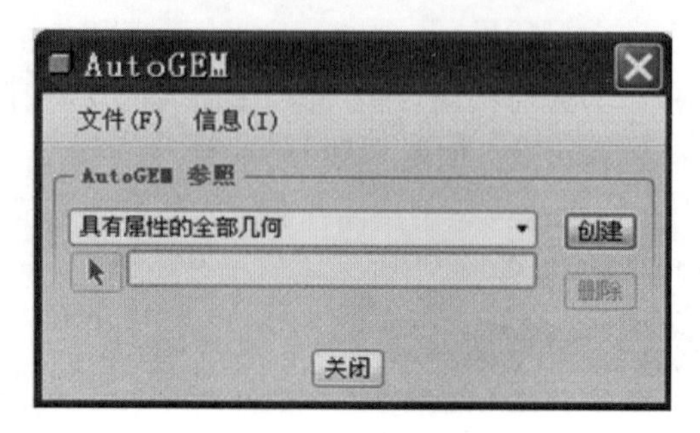

图 4-55　AutoGEM 对话框

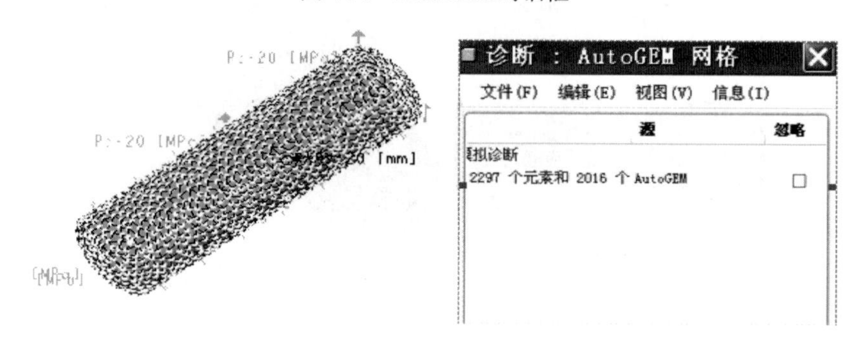

图 4-56　完成后的网格及诊断

4. 建立并运行分析

(1) 单击工具栏上的【Mechanica 分析/研究】工具按钮，或选择菜单栏中的【分析(A)】→【Mechanica 分析/研究(E)】命令，系统弹出“分析和设计研究”对话框。

(2) 在“分析和设计研究”对话框中，选择菜单栏中的【文件(F)】→【新建静态分析】命令，系统弹出“静态分析定义”对话框，将名称修改为 shell，选择惯性释放，单击【确定】按钮，返回“分析和设计研究”对话框，如图 4-57

所示。

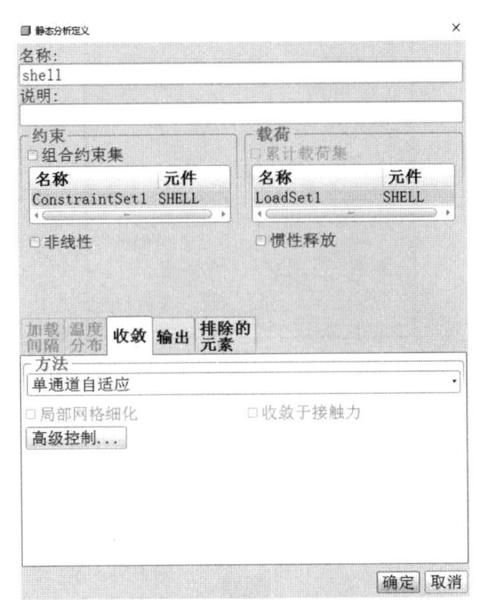

图 4-57　静态分析定义对话框

(3) 单击工具栏上的【开始】按钮，或选择菜单栏中的【运行(R)】→【开始】命令，系统弹出“问题”对话框，单击【是(Y)】按钮，系统就开始计算，如图 4-58 和图 4-59 所示。

图 4-58　分析和设计研究对话框　　图 4-59　询问对话框

5. 查看分析结果

(1) 在“分析和设计研究”对话框中，单击工具栏上的【查看设计研究或有限元分析结果】工具，系统弹出“结果窗口定义”对话框，如图 4-60 所示。

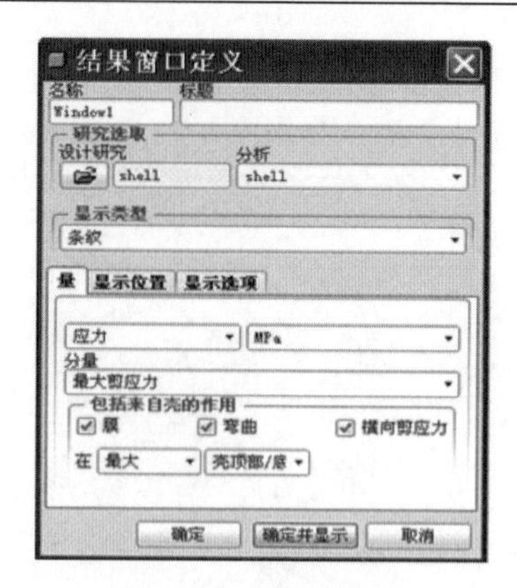

图 4-60　结果窗口定义

(2)单击【量】选项卡，在下拉列表框中选择“应力”选项，分量选择“最大剪应力”。

(3)单击【确定并显示】按钮，效果如图 4-61 所示，将结果窗口关闭。

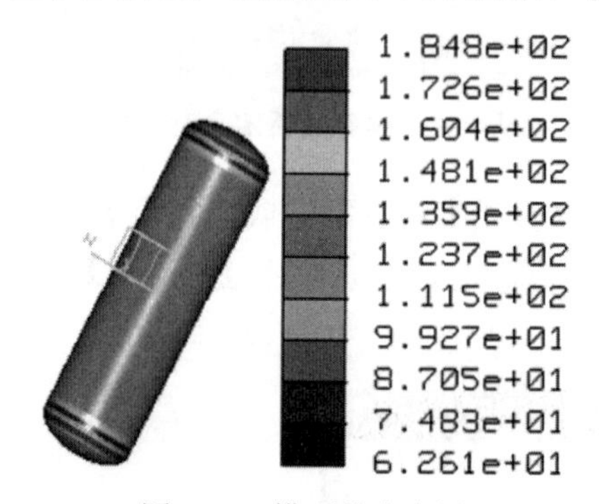

图 4-61　模型剪应力图

(4)单击 →单击【量】选项卡，在下拉列表框中选择“失效指标”选项→单击【确定并显示】按钮，效果如图 4-62 所示。

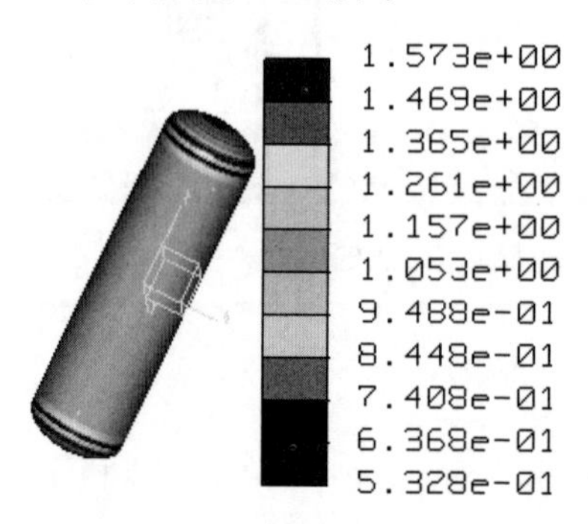

图 4-62　失效区域图

例2：如图4-63和图4-64所示，模型为钢制材料，其左侧面完全固定，厚度6mm，右侧圆孔承受垂直向下400N的力，建立其薄壳模型并分析其变形(实体和两种壳单元对比分析)。

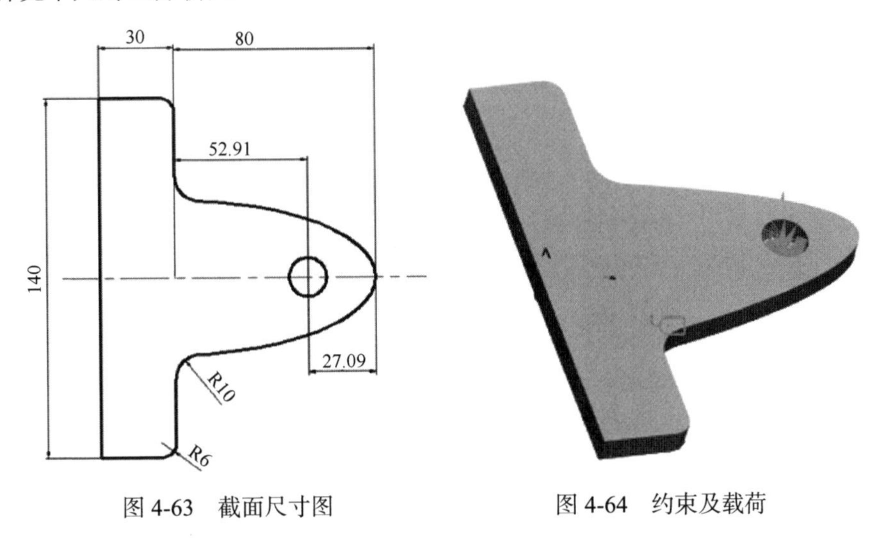

图4-63　截面尺寸图　　图4-64　约束及载荷

方法一：实体分析。见光盘\Source files\chapter4\shell&shell pairs\ solid.prt.1。

1. 建立模型

(1) 单击【文件(F)】→【新建(N)】命令；选择零件类型，如图4-65所示；输入文件名solid，单击【确定】按钮。

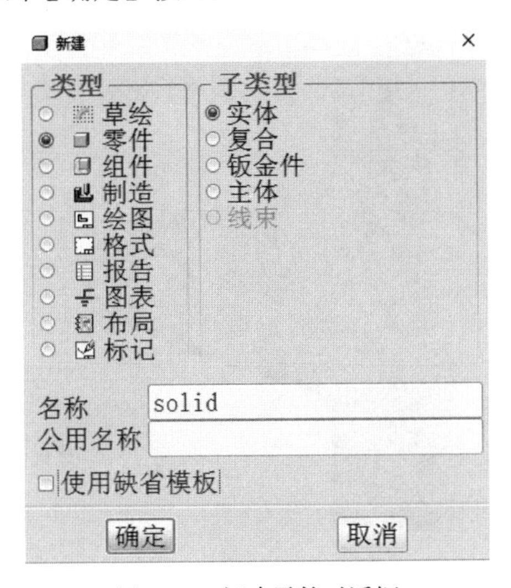

图4-65　新建零件对话框

(2)单击“基础特征”工具栏上的【拉伸】工具按钮，在控制面板中显示拉伸设置选项，单击【放置】选项卡中的【定义】按钮，系统弹出“草绘”对话框，在 3D 工作区中，选择 FRONT 草绘面，单击【草绘】按钮，进入草图绘制平台；绘制如图 4-66 所示草图，单击“草绘器”工具栏上的【完成】按钮；在控制面板中设置拉伸方式和拉伸长度 6mm，单击其后的完成按钮，如图 4-67 所示。

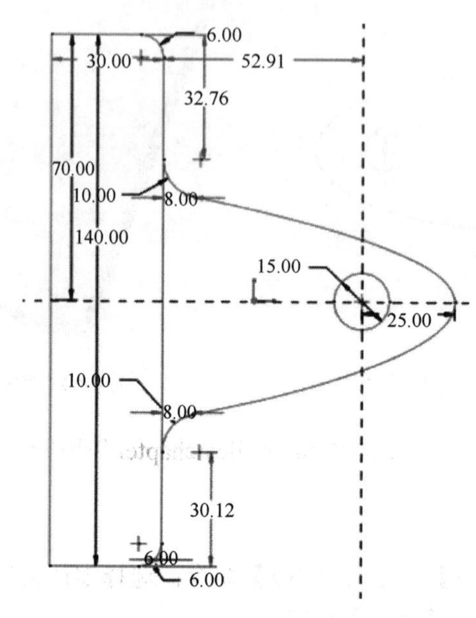

图 4-66　模型草绘图

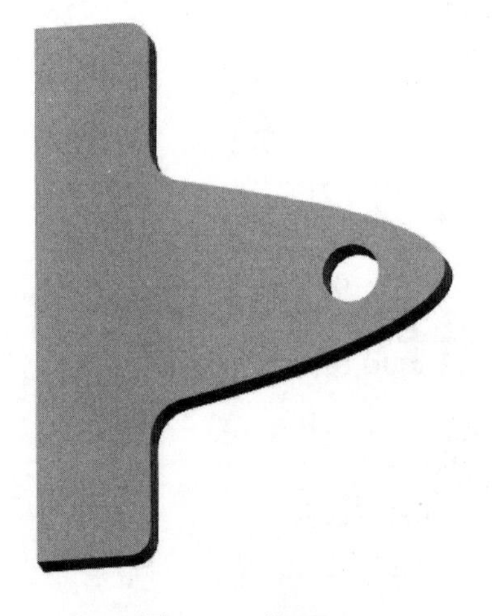

图 4-67　模型图

2. 前处理

1) 进入分析

单击菜单栏中的【应用程序(P)】→【Mechanica(M)】工具命令，系统弹“Mechanica 模型设置”对话框→单击【确定】按钮。

2) 材料分配

(1) 单击定义材料按钮→弹出“材料”对话框→双击“steel.mtl”(或单击“steel.mtl”→单击按钮)→将 steel 材料加入“模型中的材料”栏如图 4-68 所示。

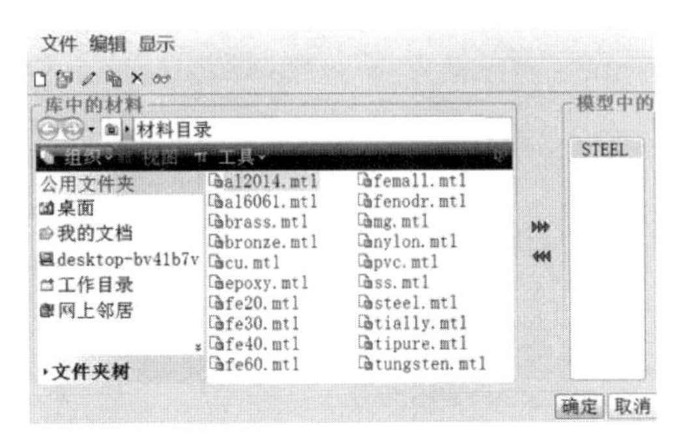

图 4-68　材料对话框

(2) 单击【确定】按钮，将 steel 材料加载到当前的分析项目中→单击材料分配按钮→弹出“材料指定”对话框如图 4-69 所示→参照选择“分量”，材料选择刚刚加载的“steel”→单击【确定】按钮，自动将材料赋予整个实体模型。或者直接单击材料分配按钮→弹出“材料指定”对话框如图 4-69 所示→单击【更多】按钮→弹出“材料”对话框→双击“steel.mtl”(或单击“steel.mtl”→单击按钮)→将 steel 材料加入“模型中的材料”栏如图 4-68 所示→单击【确定】按钮→回到“材料指定”对话框→单击【确定】按钮，完成模型的材料设置。

图 4-69　材料指定对话框

3) 添加约束

(1) 单击“Mechanica 对象”工具栏上的【位移约束】工具按钮，或选择菜单栏中的【插入(I)】→【位移约束(I)】命令，系统弹出“约束”对话框。

(2) 弹出“约束”对话框→参照选择“曲面”→单击选择模型的曲面→单击【确定】按钮完成约束的建立，如图 4-70 所示。

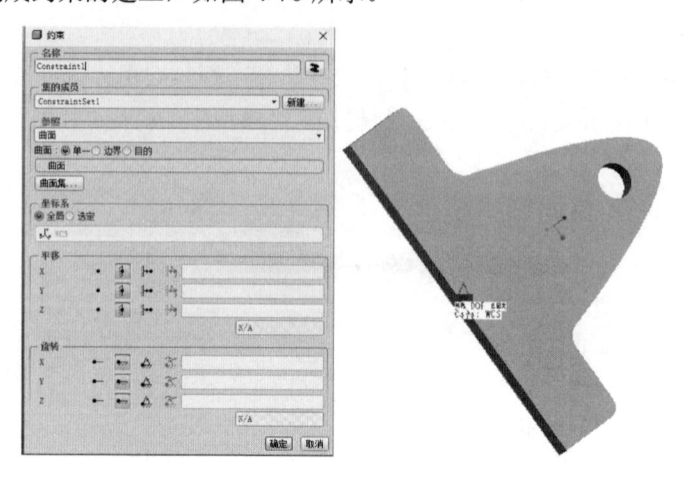

图 4-70　约束对话框和施加约束后的模型

4) 添加载荷

(1) 单击承载载荷按钮（或者选择【插入(I)】→【承载载荷(B)】命令）→弹出“承载载荷”对话框。

(2) 单击“曲面”选择模型的曲面→在 Y 栏中输入值–400→单击【确定】按钮完成载荷的施加，如图 4-71 所示。

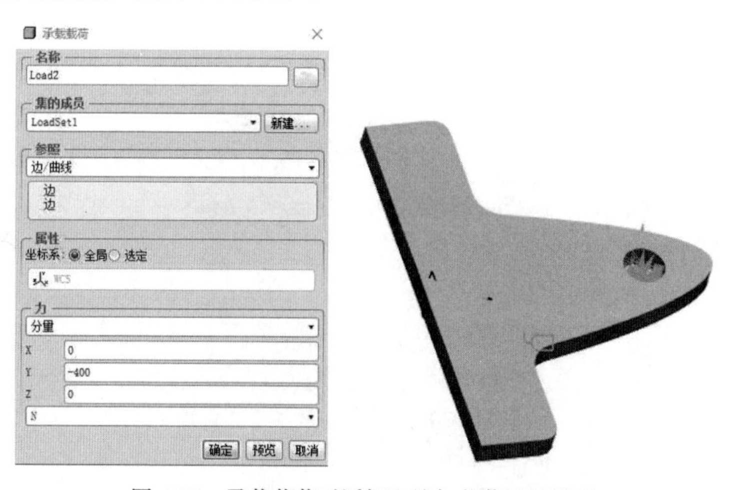

图 4-71　承载载荷对话框和施加载荷后的模型

3. 网格划分

划分网格：单击▣为几何元素创建 P 网格按钮(或者选择【AutoGEM】→【创建(C)】)→弹出“AutoGEM”对话框如图 4-72 所示→AutoGEM 参照选择“具有属性的全部几何”→单击【创建】按钮创建网格→创建好的网格如图 4-73 所示，可以通过 AutoGEM 摘要查看划分后的网格的相关信息。

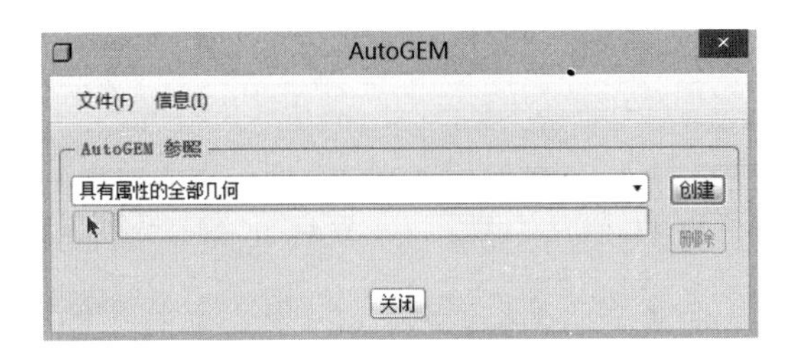

图 4-72　AutoGEM 对话框

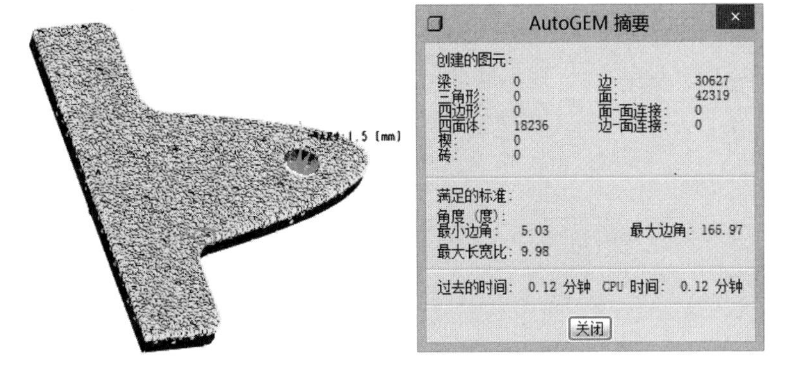

图 4-73　完成后的网格及诊断

4. 建立并运行分析

(1) 单击工具栏上的【Mechanica 分析/研究】工具按钮▣，或选择菜单栏中的【分析(A)】→【Mechanica 分析/研究(E)】命令，弹出“分析和设计研究”对话框，如图 4-74 所示。

(2) 在“分析和设计研究”对话框中，选择菜单栏中的【文件(F)】→【新建静态分析】命令，系统弹出“静态分析定义”对话框，将名称修改为 solid，如图 4-75 所示→单击【确定】按钮，返回“分析和设计研究”对话框。

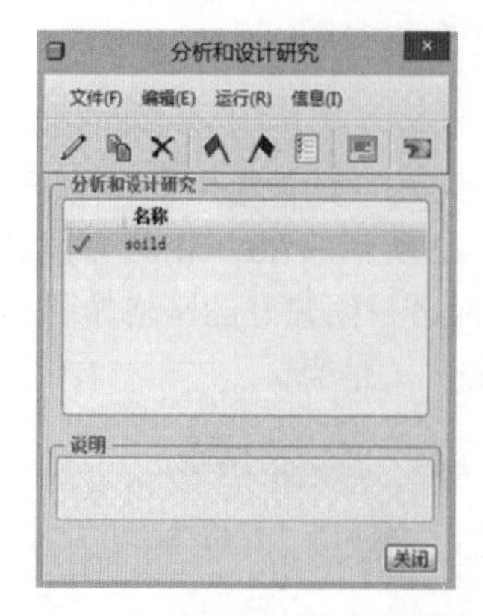

图 4-74 分析和设计研究对话框

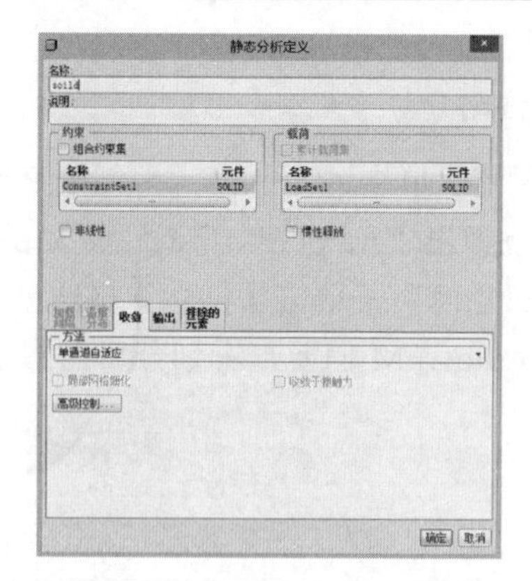

图 4-75 静态分析定义对话框

(3) 单击工具栏上的【开始】按钮，或选择菜单栏中的【运行(R)】→【开始】命令，系统弹出“问题”对话框，单击【是(Y)】按钮，系统就开始计算，如图 4-76 所示。

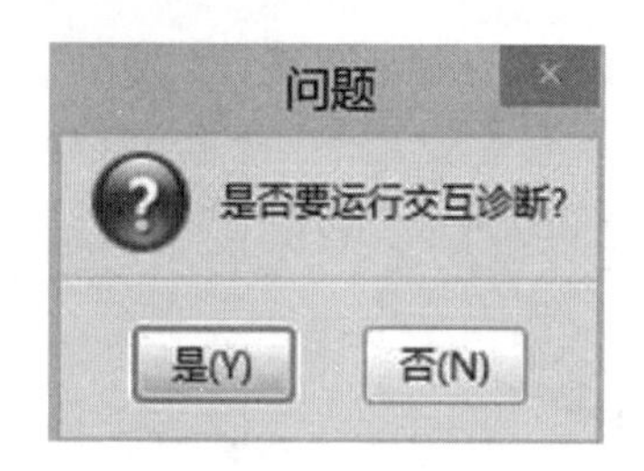

图 4-76 询问对话框

5. 查看分析结果

(1) 在“分析和设计研究”对话框中，单击工具栏上的【查看设计研究或有限元分析结果】工具，系统弹出“结果窗口定义”对话框，如图 4-77 所示。

图 4-77 结果窗口定义

(2) 单击【量】选项卡，在下拉列表框中选择“应力”选项。

(3) 单击【确定并显示】按钮，效果如图 4-78 所示，将结果窗口关闭。

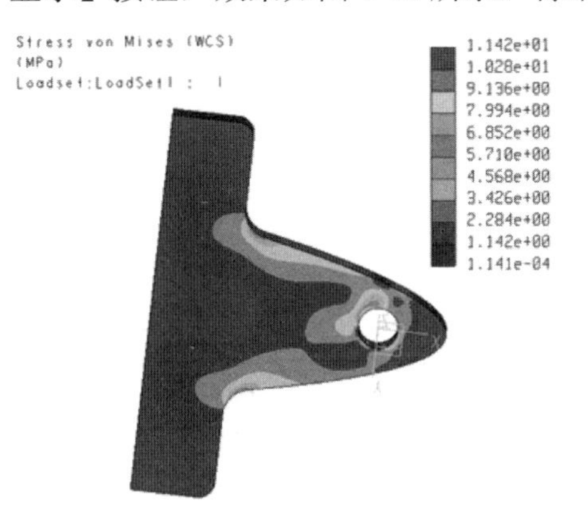

图 4-78　模型应力图

(4) 单击 →单击【量】选项卡，在下拉列表框中选择“位移”选项。

(5) 单击【确定并显示】按钮，效果如图 4-79 所示，将结果窗口关闭。

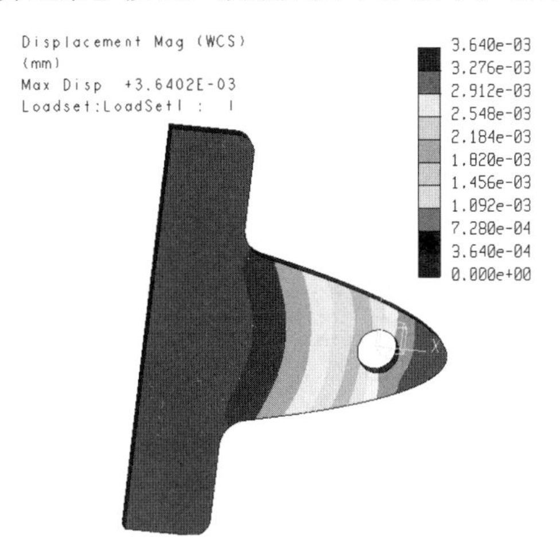

图 4-79　模型位移图

方法二：壳对分析。见光盘\Source files\chapter4\shell&shell pairs\shell_pairs.prt.1。

1. 建立模型

(1) 单击【文件(F)】→【新建(N)】命令；选择零件类型，如图 4-80 所示；输入文件名 shell_pairs，单击【确定】按钮。

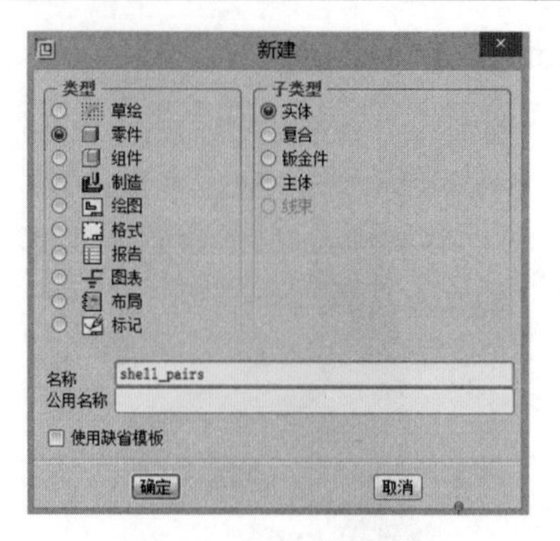

图 4-80　新建零件对话框

(2) 单击“基础特征”工具栏上的【拉伸】工具按钮，在控制面板中显示拉伸设置选项，单击【放置】选项卡中的【定义】按钮，系统弹出“草绘”对话框，在 3D 工作区中，选择 FRONT 草绘面，单击【草绘】按钮，进入草图绘制平台；绘制如图 4-81 所示草图，单击“草绘器”工具栏上的【完成】按钮；在控制面板中设置拉伸方式和拉伸长度 6mm。单击其后的完成按钮，如图 4-82 所示。

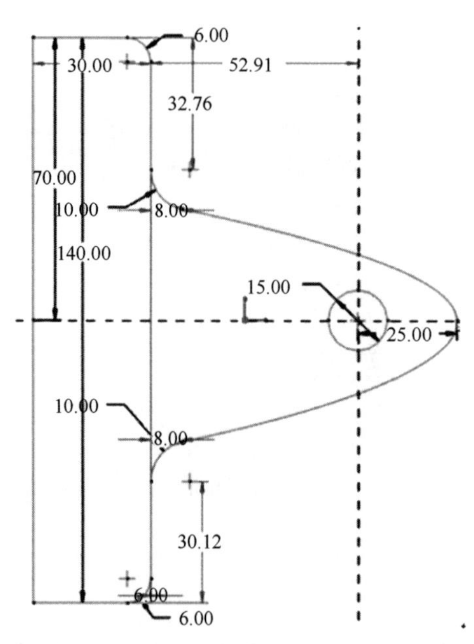

图 4-81　模型草绘图

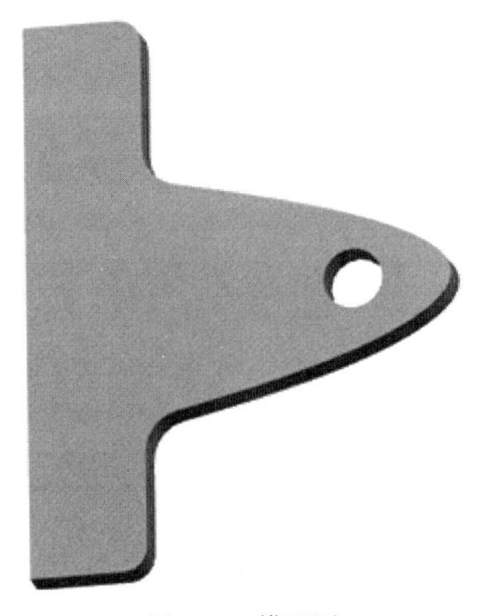

图 4-82　模型图

2. 前处理

1) 进入分析

单击菜单栏中的【应用程序(P)】→【Mechanica(M)】工具命令，系统弹出“Mechanica 模型设置”对话框→单击【确定】按钮。

2) 建立壳单元

(1) 单击 →弹出“壳对定义”对话框，单击选取模型曲面。

(2) 在材料栏定义材料属性。单击【更多】按钮进入“材料属性定义”对话框。

(3) 选择材料库中材料“steel”添加至模型中。

(4) 单击 材料分配按钮→弹出“材料指定”对话框如图 4-83 所示。

图 4-83　材料指定对话框

(5)单击【确定】按钮完成壳单元定义，如图 4-84 所示。

图 4-84　壳对单元定义设置及效果

3)添加约束

(1)单击“Mechanica 对象”工具栏上的【位移约束】工具按钮，或选择菜单栏中的【插入(I)】→【位移约束(I)】命令，系统弹出“约束”对话框。

(2)弹出“约束”对话框→参照选择“边/曲线”→单击选择模型的左前边→单击【确定】按钮完成约束的建立，如图 4-85 所示。

图 4-85　约束对话框和施加约束后的模型

4) 添加载荷

(1) 单击，承载载荷按钮(或者选择【插入(I)】→【承载载荷(B)】命令)→弹出“承载载荷”对话框。

(2) 单击“边/曲线”选择模型的圆弧边→在 Y 栏中输入值–400→单击【确定】按钮完成载荷的施加，如图 4-86 所示。

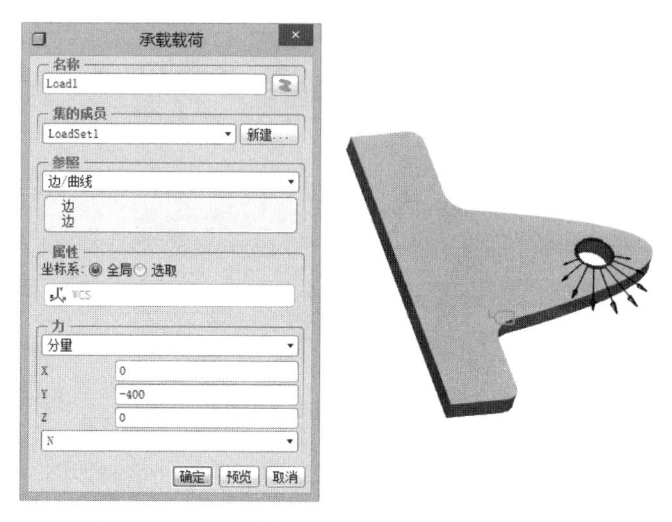

图 4-86　承载载荷对话框和施加载荷后的模型

其他步骤都是类似的，请参考上例。给出应力和位移结果如图 4-87 和图 4-88 所示。

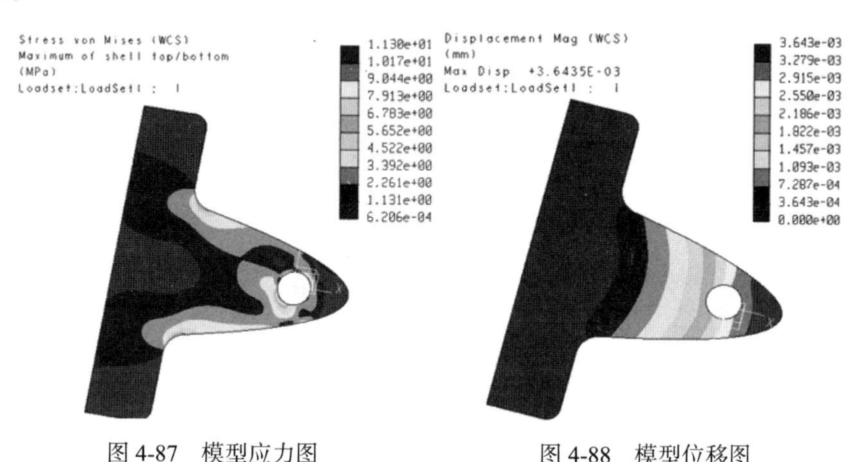

图 4-87　模型应力图　　图 4-88　模型位移图

方法三：壳单元分析。见光盘\Source files\chapter4\shell&shell pairs\ shell.prt.1。

1. 建立模型

(1) 单击【文件(F)】→【新建(N)】命令；选择零件类型，如图 4-89 所示；输入文件名 shell，单击【确定】按钮。

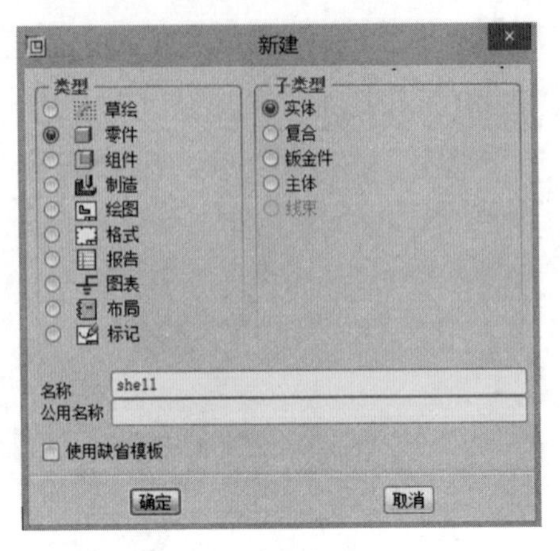

图 4-89　新建零件对话框

(2) 单击【草绘】按钮→选取 FRONT 为草绘平面→绘制如图 4-90 所示草绘→单击【确认】按钮完成。

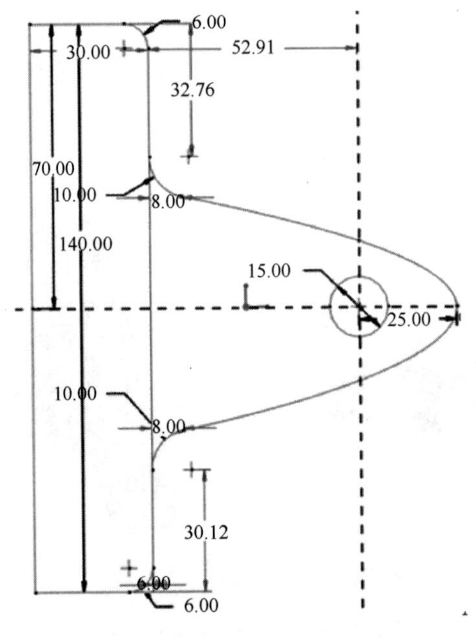

图 4-90　模型草绘图

(3) 单击菜单栏中的【编辑(E)】→单击【填充(L)】按钮→单击完成，如图 4-91 所示。

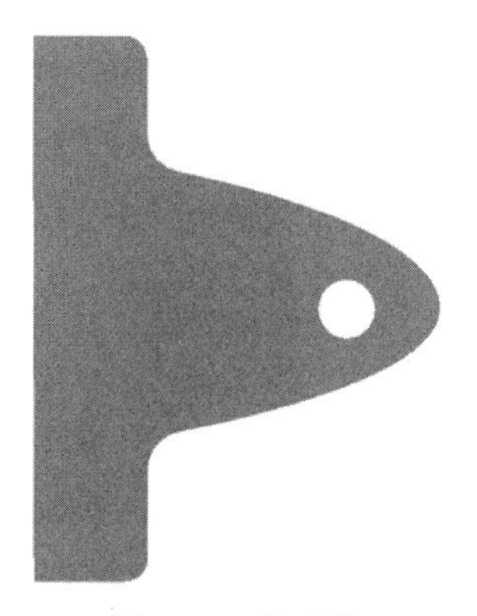

图 4-91　模型体

2. 前处理

1) 进入分析

单击菜单栏中的【应用程序(P)】→【Mechanica(M)】工具命令，系统弹“Mechanica 模型设置” 对话框→单击【确定】按钮。

2) 建立壳单元

(1) 单击 →弹出“壳定义”对话框，单击选取模型上曲面和输入厚度值 6mm。

(2) 在材料栏定义材料属性。单击【更多】按钮进入“材料属性定义”对话框。

(3) 选择材料库中材料“steel”添加至模型中。

(4) 单击 材料分配按钮→弹出“材料指定”对话框如图 4-92 所示。

图 4-92　材料指定对话框

(5)单击【确定】按钮完成壳单元定义，如图 4-93 所示。

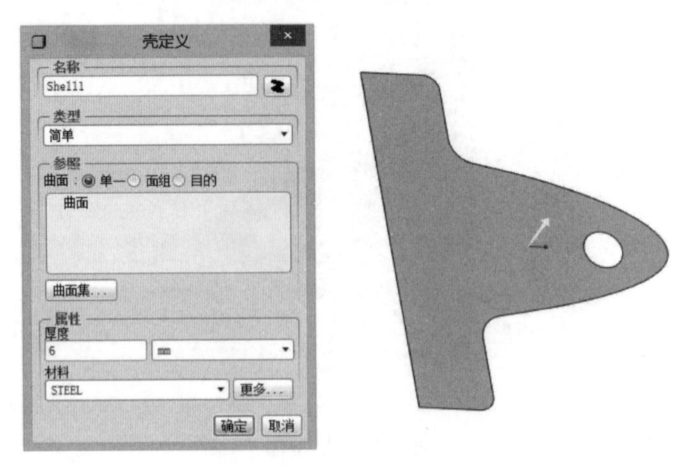

图 4-93　壳单元定义设置及效果

3)添加约束

(1)单击“Mechanica 对象”工具栏上的【位移约束】工具按钮，或选择菜单栏中的【插入(I)】→【位移约束(I)】命令，系统弹出“约束”对话框。

(2)弹出“约束”对话框→参照选择“边/曲线”→单击选择模型的左边→单击【确定】按钮完成约束的建立，如图 4-94 所示。

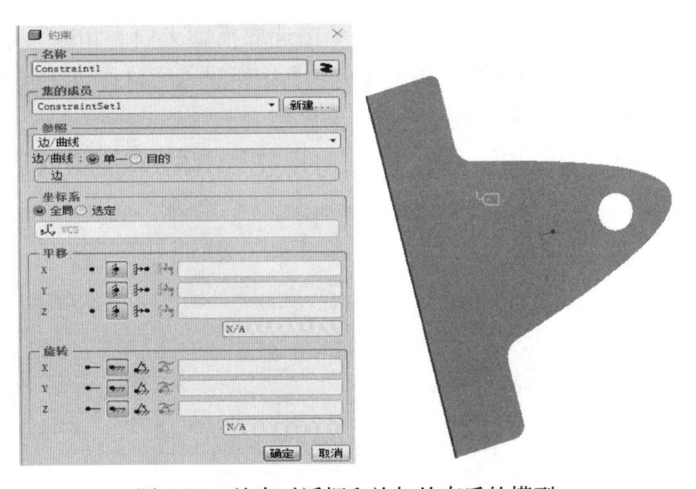

图 4-94　约束对话框和施加约束后的模型

4)添加载荷

(1)单击，承载载荷按钮(或者选择【插入(I)】→【承载载荷(B)】命令)→弹出“承载载荷”对话框。

(2) 单击“边/曲线”选择模型的圆弧边→在 Y 栏中输入值–400→单击【确定】按钮完成载荷的施加，如图 4-95 所示。

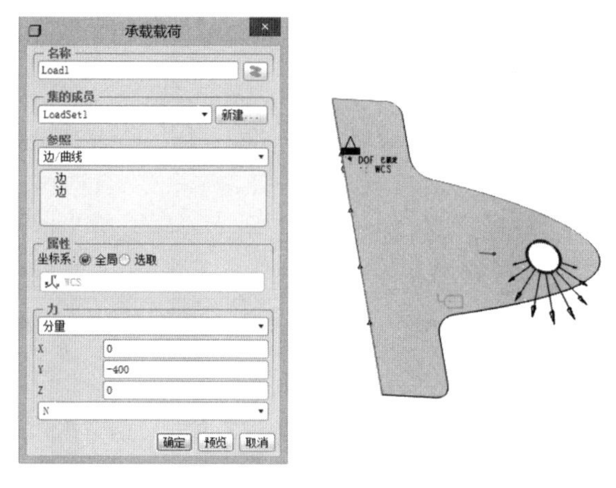

图 4-95　承载载荷对话框和施加载荷后的模型

以下建立并运行分析和查看结果同上，不再重复，结果如图 4-96 和图 4-97 所示。

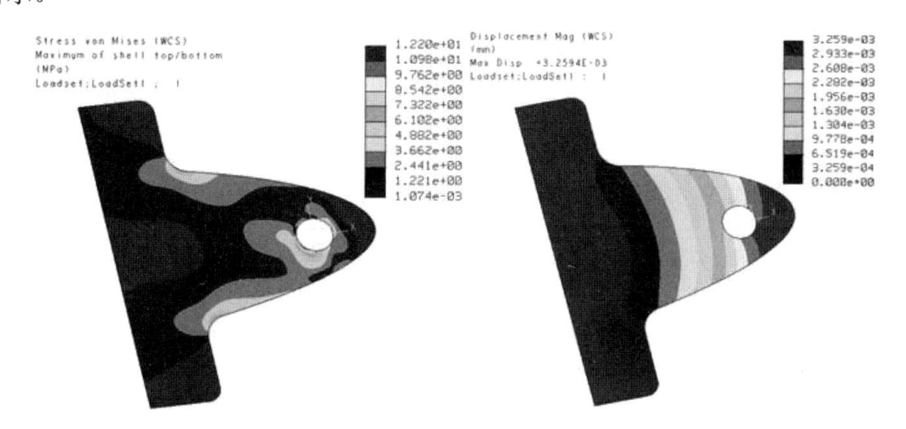

图 4-96　模型应力图　　图 4-97　模型位移图

使用默认网格划分，三种不同方式求解结果对比，见表 4-1。

表 4-1　三种不同方式求解对比

方式	von Mises 应力/MPa	位移/mm	求解时间/min
Solid 实体	11.42	3.640×10^{-3}	11.6
Shell-pairs 壳对	11.20	3.643×10^{-3}	6.5
Shell 壳单元	12.20	3.259×10^{-3}	7.7

对于一些薄板、薄壳类物体，其厚度同其他两个方向的尺寸相比很小，如果直接用 3D 模型进行分析计算完全可行，但计算的效率低下，时间和空间资源消耗大，若采用壳单元处理，则计算速度快，而且计算精度并不低于实体模型。

第5章　组件模型的建立

5.1　界　　面

在组件中，有时会有曲面相匹配的情况，分析时，根据情况不同，可以把具有两个匹配曲面的零件合并为一个零件，也可以将它们作为两个单独的零件。这种情况下，在有限元分析中可以简单地描述为两匹配曲面之间的节点是否合并。

为了确定两个匹配的曲面网格节点是否合并，Mechanica 为组件提供了界面功能。在 Mechanica 中界面属于连接的一种，只能在组件模式下使用。界面包括三种类型：连接、自由和接触。

连接：将两个匹配的曲面上的节点合并，使之成为一个整体。

自由：可以使两个匹配曲面上的节点在几何上是协调的，但是两者节点并不合并。

接触：Wildfire 4.0 版本以后新增加的功能。用户可以通过与摩擦相关的选项设置，来决定两接触面的关系。

5.1.1　连接

1. 建立模型

见光盘\Source files\chapter5\ bonded \ interface_bonded.asm.1。

1)创建模型 interface_bonded_1.prt

(1)单击【文件(F)】→【新建(N)】命令，选择零件类型，如图 5-1 所示，输入文件名 interface_bonded_1，单击【确定】按钮。

(2)单击“基础特征”工具栏上的【拉伸】工具按钮，在控制面板中显示拉伸设置选项，单击【放置】选项卡中的【定义】按钮，系统弹出“草绘”对话框，在 3D 工作区中，选择 FRONT 草绘面，单击【草绘】按钮，进入草图绘制平台。

(3)绘制如图 5-2 所示草图，单击“草绘器”工具栏上的【完成】按钮✔。

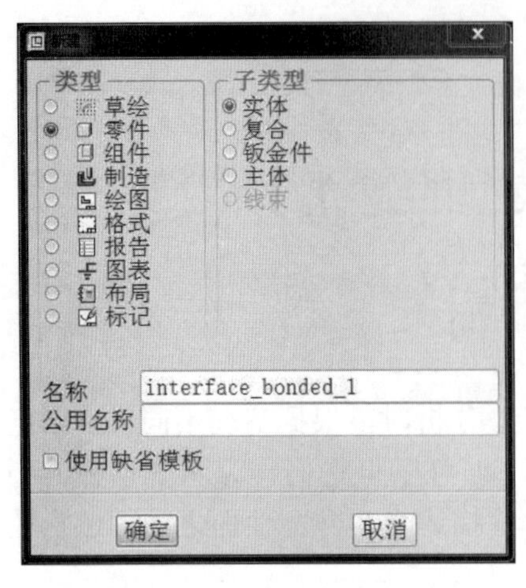

图 5-1 新建零件对话框

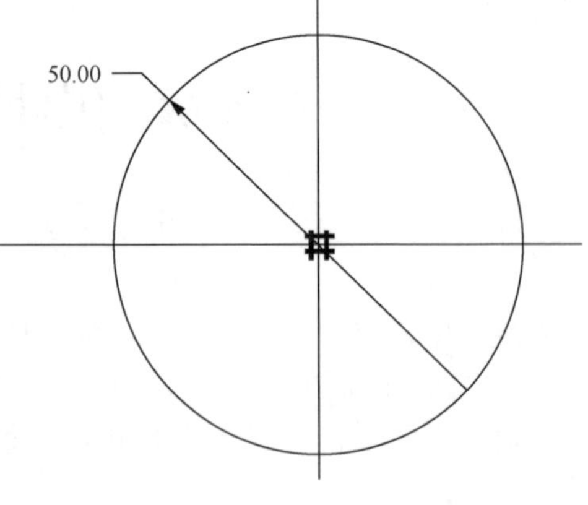

图 5-2 绘制的草图

(4) 在控制面板中设置拉伸方式和拉伸长度，深度选项设置为“对称”，在深度值文本框中输入 200，单击其后的完成按钮，完成模型的设计，如图 5-3 所示。

图 5-3 创建的模型

2) 创建模型 interface_bonded_2.prt

(1) 单击【文件 (F)】→【新建 (N)】命令，选择零件类型，输入文件名 interface_bonded_2，单击【确定】按钮。

(2) 单击“基础特征”工具栏上的【拉伸】工具按钮，在控制面板中显示拉伸设置选项，单击【放置】选项卡中的【定义】按钮，系统弹出“草绘”对话框，在 3D 工作区中，选择 FRONT 草绘面，单击【草绘】按钮，进入草图绘制平台。

(3) 绘制如图 5-4 所示草图，单击“草绘器”工具栏上的【完成】按钮。

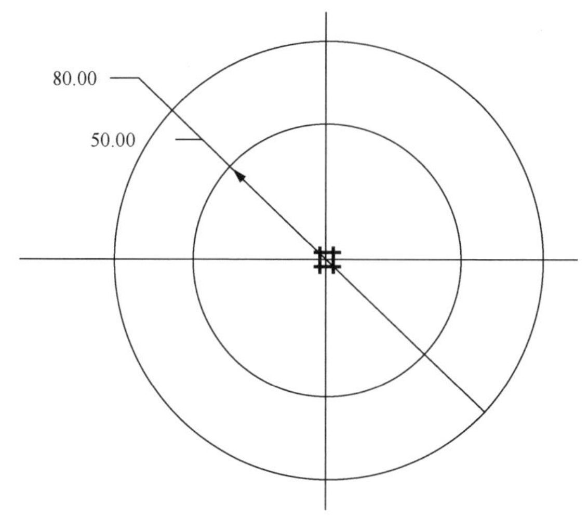

图 5-4　绘制的草图

(4)在控制面板中设置拉伸方式和拉伸长度，深度选项设置为“对称”，在深度值文本框中输入50，单击其后的完成按钮，完成模型的设计，如图5-5所示。

图 5-5　创建的模型

(5)单击“基础特征”工具栏上的【拉伸】工具按钮，在控制面板中显示拉伸设置选项，单击【放置】选项卡中的【定义】按钮，系统弹出“草绘”对话框，单击【使用先前的】按钮，单击【草绘】按钮，进入草图绘制平台。

(6)绘制如图5-6所示草图，单击“草绘器”工具栏上的【完成】按钮。

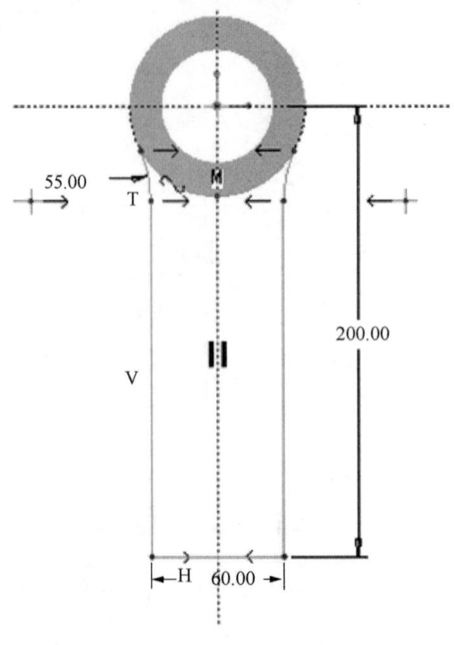

图 5-6　绘制的草图

(7) 在控制面板中设置拉伸方式和拉伸长度，深度选项设置为“对称”，在深度值文本框中输入 40，单击其后的完成按钮，完成模型的设计，如图 5-7 所示。

(8) 单击“基础特征”工具栏上的【拉伸】工具按钮，在控制面板中显示拉伸设置选项，单击【放置】选项卡中的【定义】按钮，系统弹出“草绘”对话框，在 3D 工作区中选择如图 5-8 所示平面，单击【草绘】按钮，进入草图绘制平台。

图 5-7　创建的模型　　　　图 5-8　选择草绘平面

(9) 绘制如图 5-9 所示草图，单击“草绘器”工具栏上的【完成】按钮✔。

(10) 在控制面板中单击按钮及按钮，在控制面板中厚度设置框中输入 10，单击其后的完成按钮✔，完成的模型如图 5-10 所示。

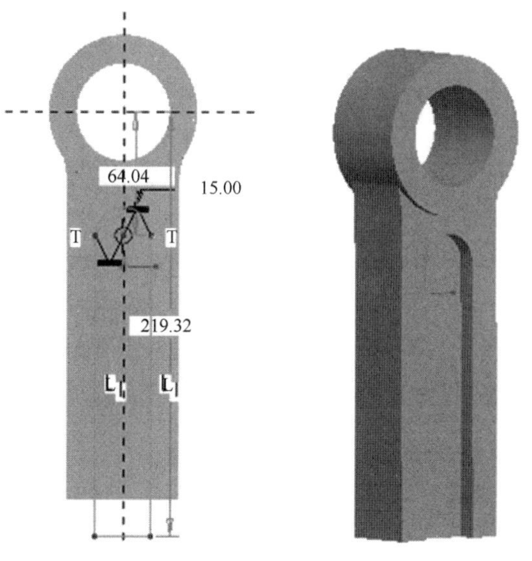

图 5-9　绘制的草图　　　图 5-10　创建的模型

(11) 点选所创建的拉伸特征，单击按钮，单击 FRONT 面，完成所选拉伸特征的镜像。

3) 创建组件 interface_bonded.asm

(1) 单击【文件 (F)】→【新建 (N)】命令，选择组件类型，输入文件名 interface_bonded，取消【使用缺省模板】复选框，单击【确定】按钮，如图 5-11 所示。

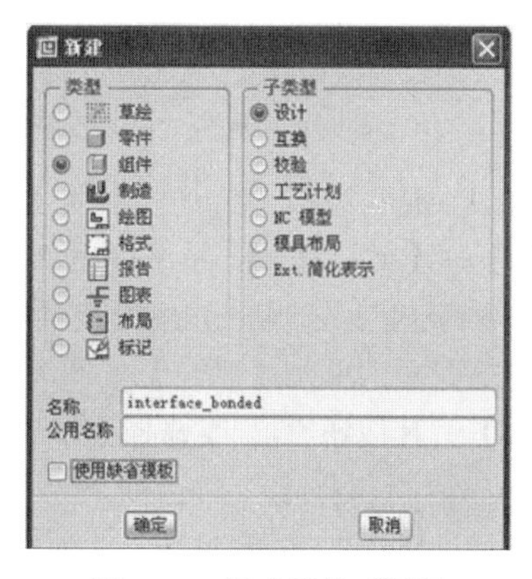

图 5-11　新建零件对话框

(2) 系统弹出“新文件选项”对话框，在“新文件选项”对话框中的列表框中选中“mmns_asm_design”选项，单击【确定】按钮，进入组件设计平台。

(3) 单击工具栏上的“添加元件”按钮，选取 interface_free_2.prt，单击【打开】，设置约束类型为缺省 缺省 ，单击其后的完成按钮。

(4) 单击添加元件按钮，选取 interface_free_1.prt，单击【打开】，点选 interface_free_1.prt 的 FRONT 平面和 interface_free_2.prt 的 FRONT 平面，系统自动对齐。点选 interface_free_1.prt 的轴线 A_1 及 interface_free_2.prt 的轴线 A_1，系统自动对齐。此时状态为完全约束，单击其后的完成按钮，完成组件的装配，如图 5-12 所示。

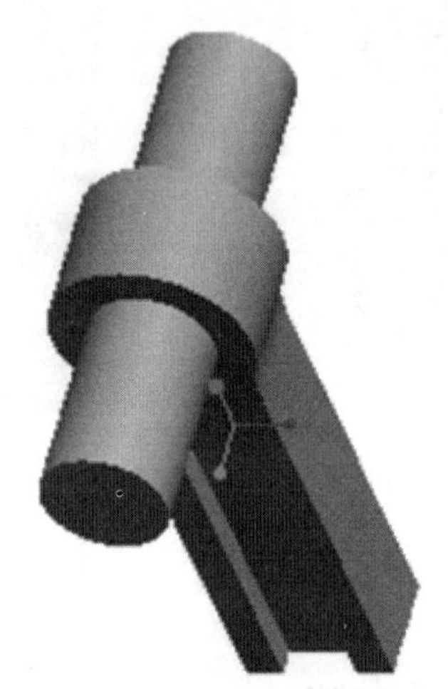

图 5-12　完成装配的组件模型

2. 添加材料

(1) 选择下拉式菜单【应用程序 (P)】→【Mechanica (M)】，系统弹出“Mechanica 模型设置对话框”，在模型类型下拉列表框中选择“结构”选项，单击【确定】，进入结构分析模块。

(2) 方法一：单击“Mechanica 对象”工具栏上的【材料】工具按钮，或选择菜单栏中的【属性 (R)】→【材料 (L)】，系统弹出“材料”对话框，如图 5-13 所示，选中【库中的材料】列表框中的“steel.mtl”选项，单击【向右添加】按钮，将选中的材料添加到模型中，单击【确定】按钮。然后单击“Mechanica 对象”工具栏上的【材料分配】工具按钮，或选择菜单栏中的【属性 (R)】→【材料分配 (A)】命令，系统弹出“材料指定”对话框，单击【确定】按钮，完成材料的添加。方法二：直接单击“Mechanica 对象”工具栏上的【材料分配】工具按钮，或选择菜单栏中的【属性(R)】→【材料分配(A)】命令，系统弹出“材料指定”对话框，如图 5-14 所示，单击【材料】选项中的【更多】按钮，系统弹出“材料”对话框，双击【库中的材料】列表框中的“steel.mtl”选项，将其加载到【模型中的材料】列表框中，单击【确定】按钮。

(3) 按住 Ctrl，选中两个零件，单击【确定】按钮，材料添加到组件模型中，如图 5-15 所示。

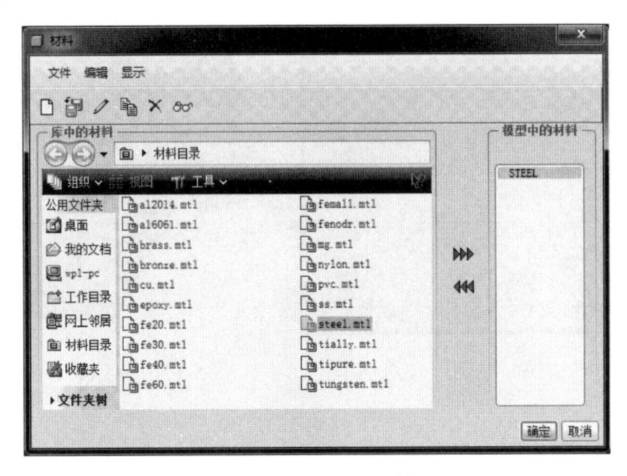

图 5-13　材料对话框

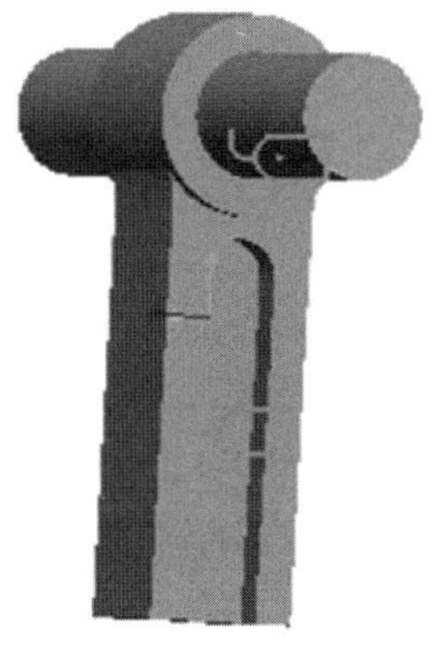

图 5-14　材料指定对话框　　图 5-15　添加材料

3. 创建界面

(1) 单击“Mechanica 对象”工具栏上的【界面工具】按钮，或选择菜单栏中的【插入(I)】→【连接(O)】→【界面(I)】命令，系统弹出“界面定义”对话框，如图 5-16 所示。

(2) 在【类型】下拉列表框中选择“连接”选项，【参照】下拉列表框中选择“曲面-曲面”选项。

(3) 在 3D 模型中分别选择两曲面，单击【确定】按钮，完成界面的创建，效果如图 5-17 所示。

图 5-16　界面定义对话框

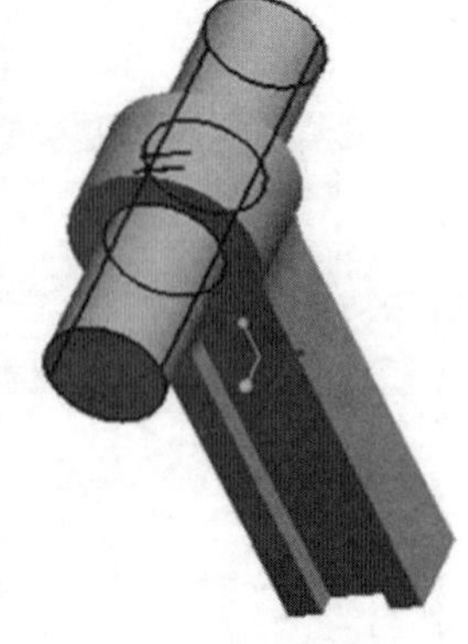

图 5-17　创建的界面

4. 网格划分

(1) 单击创建网格按钮，系统弹出“AutoGEM”对话框，单击【创建】按钮，如图 5-18 所示，观察网格，节点合并。单击【关闭】按钮完成网格的创建。

(2) 右击模型树中的界面 Interface1，单击【编辑定义】按钮。

(3) 系统弹出“界面定义”对话框，在【类型】下拉列表框中选择“自由”选项，单击【确定】按钮。

(4) 单击创建网格按钮，系统弹出“AutoGEM”对话框，单击【创建】按钮，如图 5-19 所示，观察网格，节点没有合并。单击【关闭】按钮完成网格的创建。

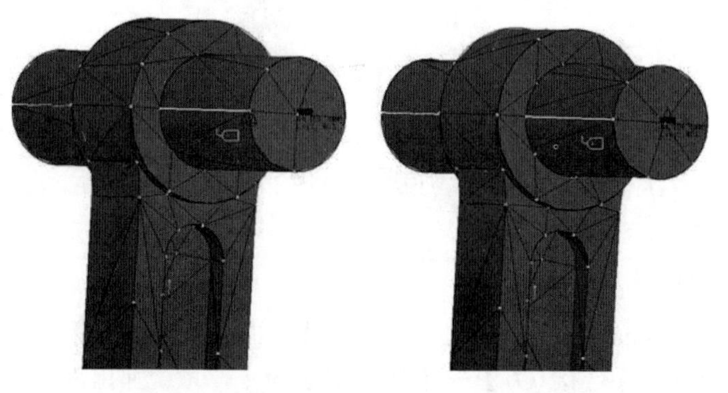

图 5-18　连接界面下网格划分　图 5-19　自由界面下网格划分

5.1.2　自由

1. 建立模型

完成文件见光盘 Source files\chapter5\free\12.asm.1。

1) 创建零件 1.prt

(1) 单击【文件(F)】→【新建(N)】命令，选择零件类型，如图 5-20 所示，输入文件名 1，单击【确定】按钮。

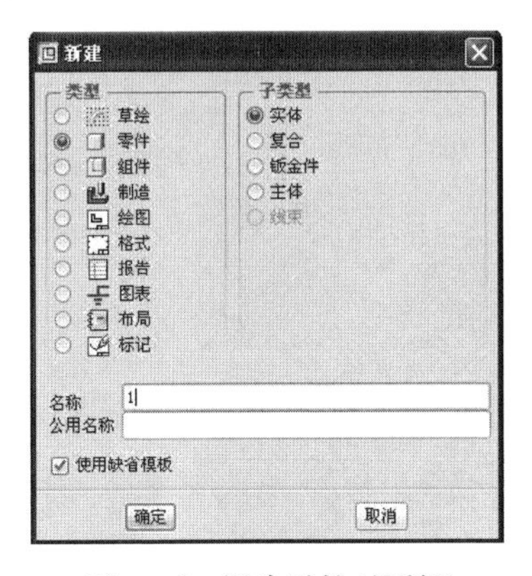

图 5-20　新建零件对话框

(2) 单击“基础特征”工具栏上的【拉伸】工具按钮，在控制面板中显示拉伸设置选项，单击【放置】选项卡中的【定义】按钮，系统弹出“草绘”对话框，在 3D 工作区中，选择 FRONT 草绘面，单击【草绘】按钮，进入草图绘制平台；绘制如图 5-21 所示草图，单击“草绘器”工具栏上的【完成】按钮。

(3) 在控制面板中设置拉伸方式和拉伸长度，深度选项设置为“可变(盲孔)”，在深度值文本框中输入 20，单击其后的完成按钮，完成模型的设计，如图 5-22 所示。

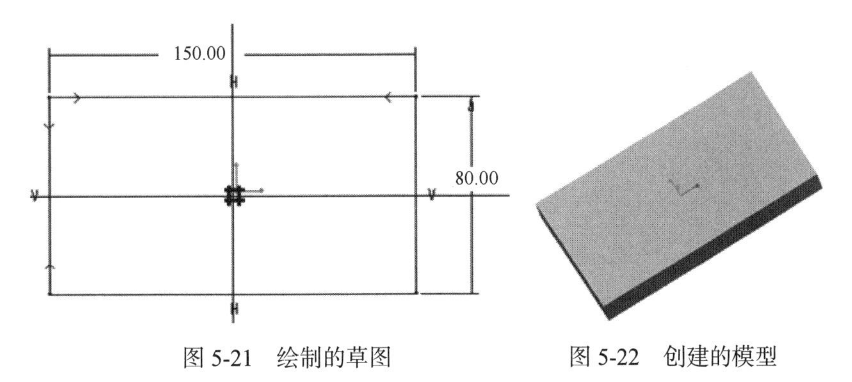

图 5-21　绘制的草图　　图 5-22　创建的模型

(4)单击“基础特征”工具栏上的【拉伸】工具按钮，在控制面板中显示拉伸设置选项，单击【放置】选项卡中的【定义】按钮，系统弹出“草绘”对话框，在 3D 工作区中，选择零件的上端面作为草绘面，单击【草绘】按钮，进入草图绘制平台；绘制如图 5-23 所示草图，单击“草绘器”工具栏上的【完成】按钮。

(5)在控制面板中设置拉伸方式和拉伸长度，深度选项设置为“可变(盲孔)”，在深度值文本框中输入 75，单击其后的完成按钮，完成模型的设计，如图 5-24 所示。

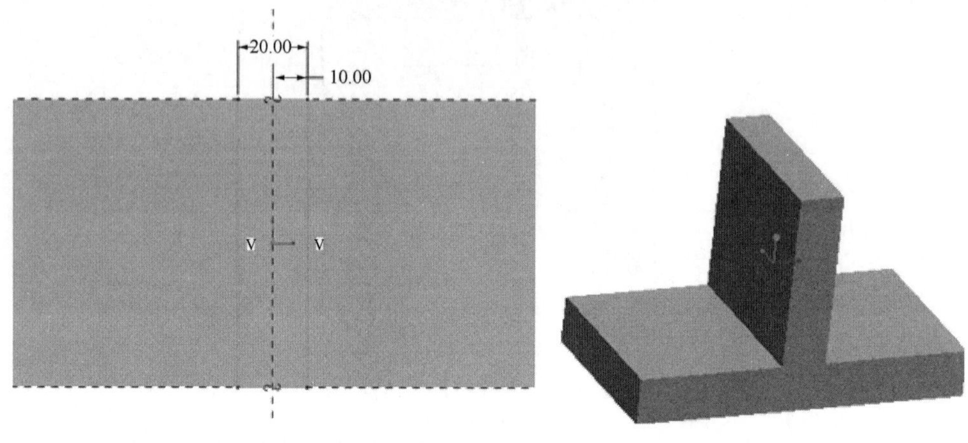

图 5-23 绘制的草图

图 5-24 创建完成的模型

2)创建零件 2.prt

(1)单击【文件(F)】→【新建(N)】命令，选择零件类型，输入文件名 2，单击【确定】按钮。

(2)单击“基础特征”工具栏上的【拉伸】工具按钮，在控制面板中显示拉伸设置选项，单击【放置】选项卡中的【定义】按钮，系统弹出“草绘”对话框，在 3D 工作区中，选择 FRONT 草绘面，单击【草绘】按钮，进入草图绘制平台；绘制如图 5-25 所示草图，单击“草绘器”工具栏上的【完成】按钮。

(3)在控制面板中设置拉伸方式和拉伸长度，深度选项设置为“对称”，在深度值文本框中输入 30，单击其后的完成按钮，完成模型的设计，如图 5-26 所示。

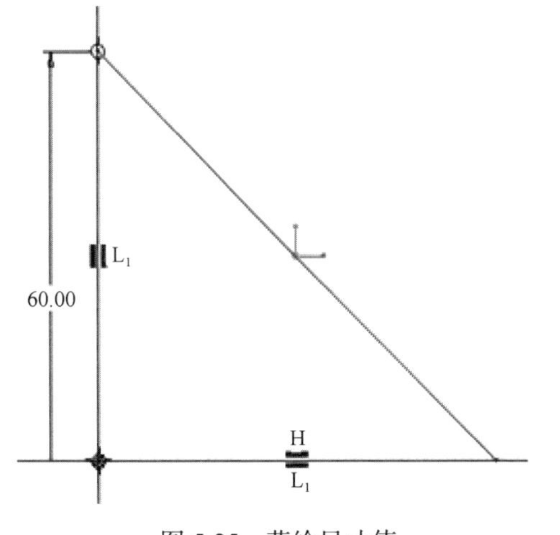

图 5-25　草绘尺寸值

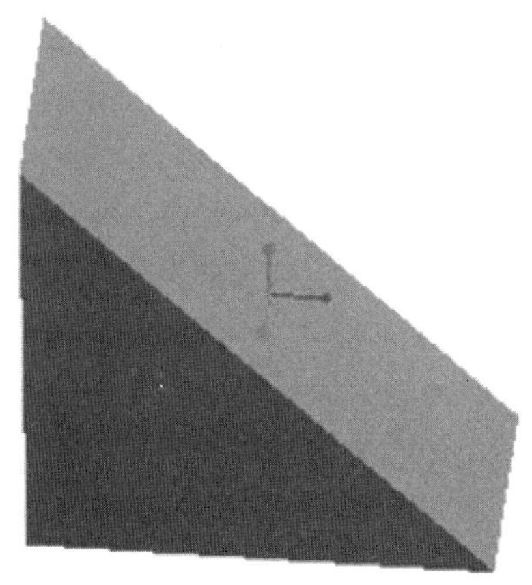

图 5-26　创建的模型

3)创建组件 12.asm

(1)单击【文件(F)】→【新建(N)】命令，选择组件类型，输入文件名 12，取消【使用缺省模板】复选框，单击【确定】按钮，如图 5-27 所示。

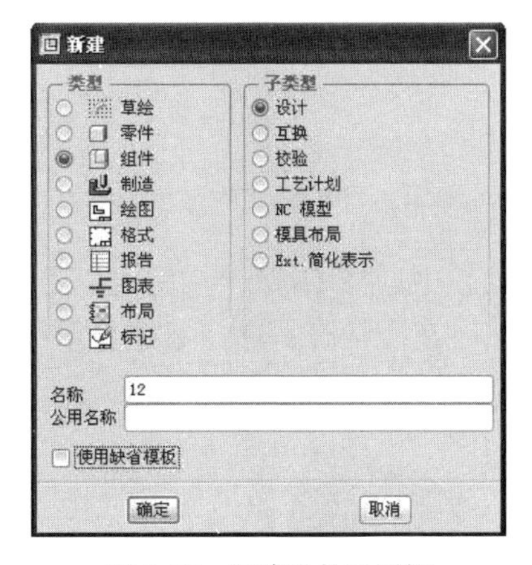

图 5-27　新建组件对话框

(2)系统弹出“新文件选项”对话框，在“新文件选项”对话框中的列表框中选中“mmns_asm_design”选项，单击【确定】按钮，进入组件设计平台。

(3)单击工具栏上的“添加元件”按钮，选取 1.prt，单击【打开】，设置约束类型为缺省 缺省 ，单击其后的完成按钮。

(4)单击添加元件按钮，选取 2.prt，单击【打开】，依次选取如图 5-28 所示的两个平面作为参照，此时在【状态】选项组中显示【部分约束】，如图 5-29 所示。

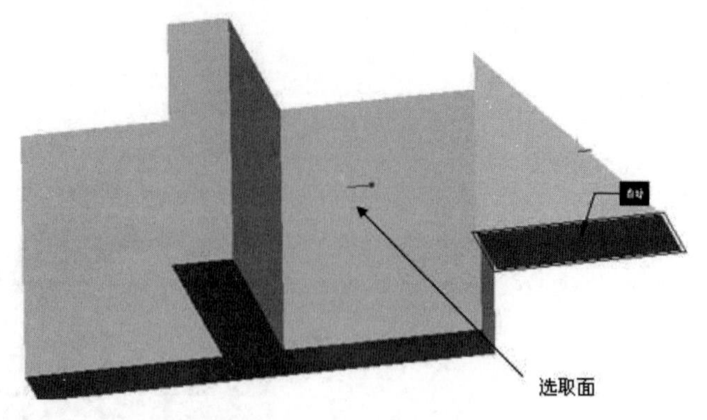

图 5-28 约束中面的选取

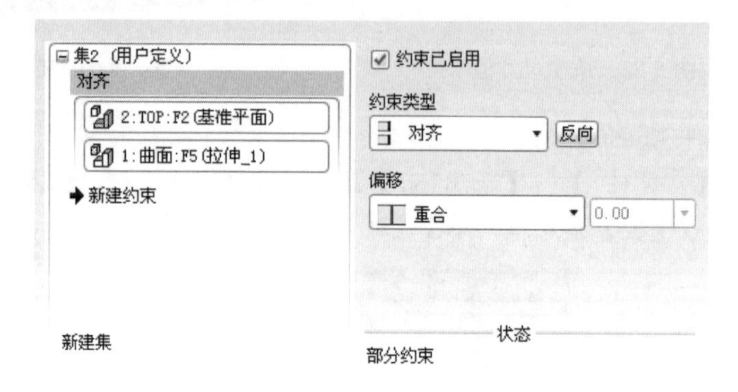

图 5-29 约束类型下拉列表框

(5) 在【放置】下滑面板中选择【新建约束】选项，依次选取如图 5-30 所示的两个平面作为参照，此时在【状态】选项组中显示【部分约束】，如图 5-31 所示。

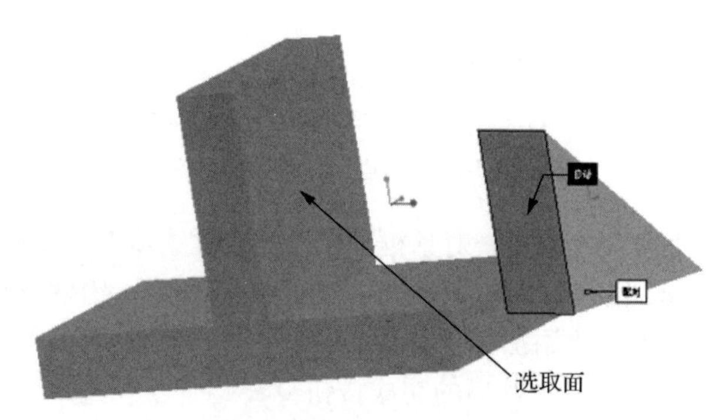

图 5-30 约束中面的选取

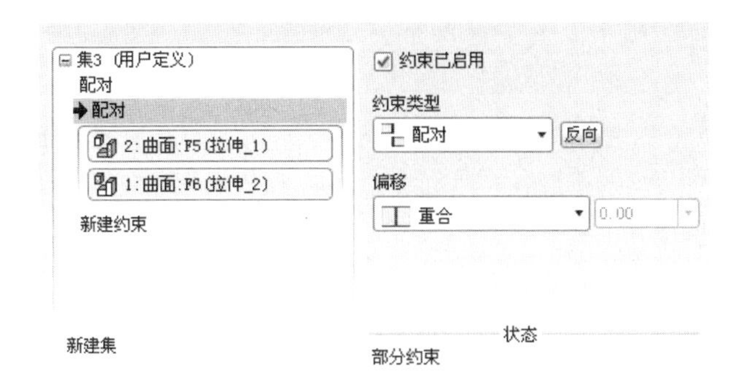

图 5-31　约束的设置

(6)在【放置】下滑面板中选择【新建约束】选项，依次选取 1.prt 的 FRONT 平面和 2.prt 的 FRONT 平面，在【放置】下滑面板中将【约束偏移】设置为 0，如图 5-32 所示。此时在【状态】选项组中显示【完全约束】。单击其后的完成按钮✔，完成组件的装配，如图 5-33 所示。

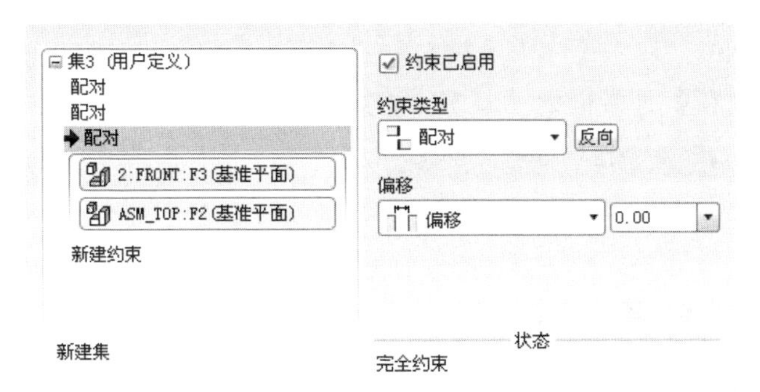

图 5-32　显示完全约束

图 5-33　创建的组件模型

2. 添加材料

(1) 选择下拉式菜单【应用程序(P)】→【Mechanica(M)】, 系统弹出“Mechanica 模型设置对话框”，在模型类型下拉列表框中选择“结构”选项，单击【确定】按钮，进入结构分析模块。

(2) 方法一：单击“Mechanica 对象”工具栏上的【材料】工具按钮，或选择菜单栏中的【属性(R)】→【材料(L)】，系统弹出“材料”对话框，如图 5-34 所示，选中【库中的材料】列表框中的“steel.mtl”选项，单击【向右添加】按钮，将选中的材料添加到模型中，单击【确定】按钮。然后单击“Mechanica 对象”工具栏上的【材料分配】工具按钮，或选择菜单栏中的【属性(R)】→【材料分配(A)】命令，系统弹出“材料指定”对话框，单击【确定】按钮，完成材料的添加。方法二：直接单击“Mechanica 对象”工具栏上的【材料分配】工具按钮，或选择菜单栏中的【属性(R)】→【材料分配(A)】命令，系统弹出“材料指定”对话框，如图 5-35 所示，单击【材料】选项中的【更多】按钮，系统弹出“材料”对话框，双击【库中的材料】列表框中的“steel.mtl”选项，将其加载到【模型中的材料】列表框中，单击【确定】按钮。

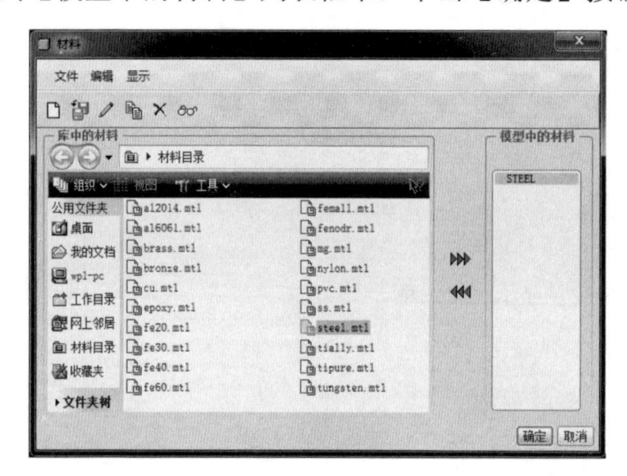

图 5-34　材料对话框

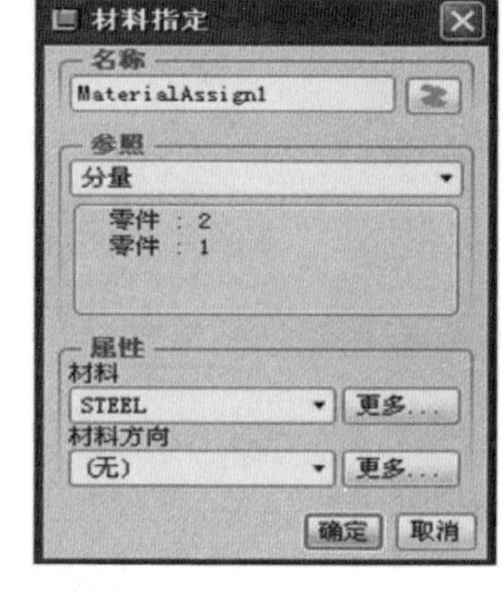

图 5-35　材料指定对话框

(3) 按住 Ctrl，选中两个零件，单击【确定】按钮，材料添加到组件模型中，如图 5-36 所示。

3. 创建界面

(1) 单击“Mechanica 对象”工具栏上的【界面工具】按钮，或选择菜单栏中的【插入(I)】→【连接(O)】→【界面(I)】命令，系统弹出“界面定义”对话框，如图 5-37 所示。

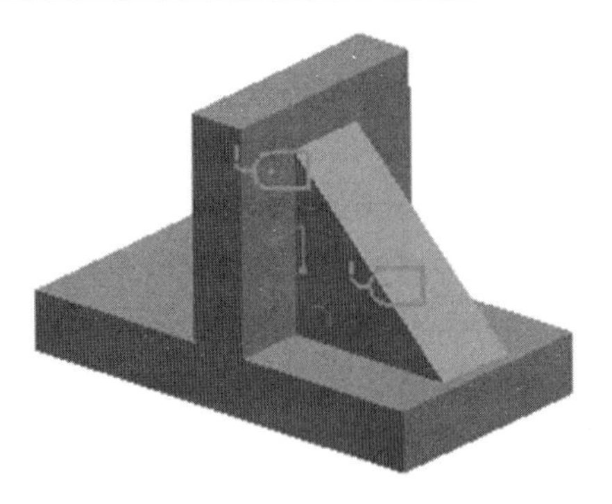

图 5-36　添加材料

(2) 在【类型】下拉列表框中选择“自由”选项，【参照】下拉列表框中选择“曲面-曲面”选项。

(3) 在 3D 模型中分别选择如图 5-38 所示两曲面，单击【确定】按钮，完成自由界面的创建，效果如图 5-38 所示。

图 5-37　界面定义对话框

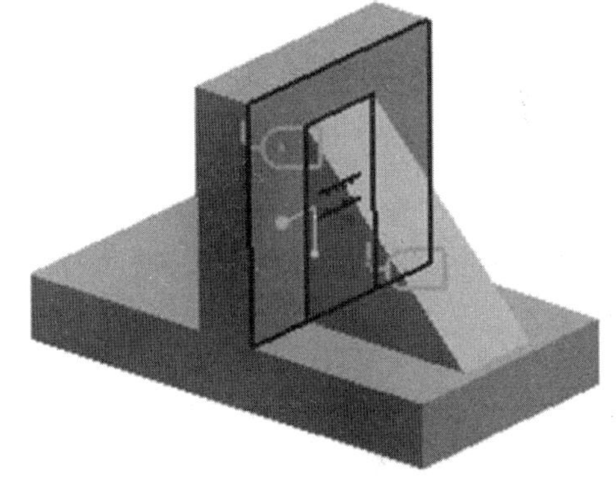

图 5-38　创建的自由界面

(4) 单击“Mechanica 对象”工具栏上的【界面工具】按钮，或选择菜单栏中的【插入(I)】→【连接(O)】→【界面(I)】命令，系统弹出“界面定义”对话框，如图 5-39 所示。

(5) 在【类型】下拉列表框中选择“自由”选项，【参照】下拉列表框中选择“曲面-曲面”选项。

(6) 在 3D 模型中分别选择如图 5-40 所示两曲面，单击【确定】按钮，完成自由界面的创建，效果如图 5-40 所示。

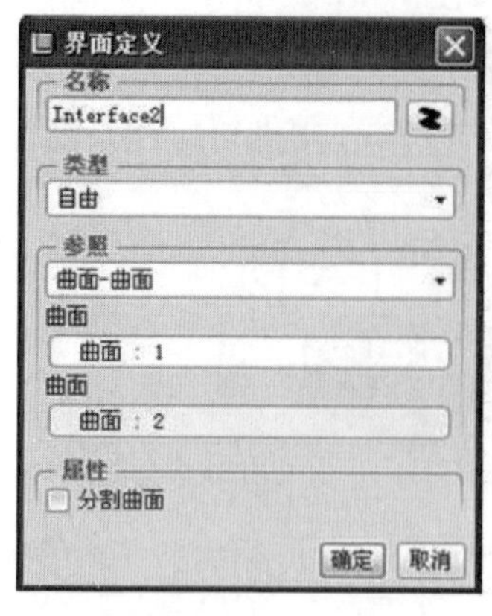

图 5-39　界面定义对话框

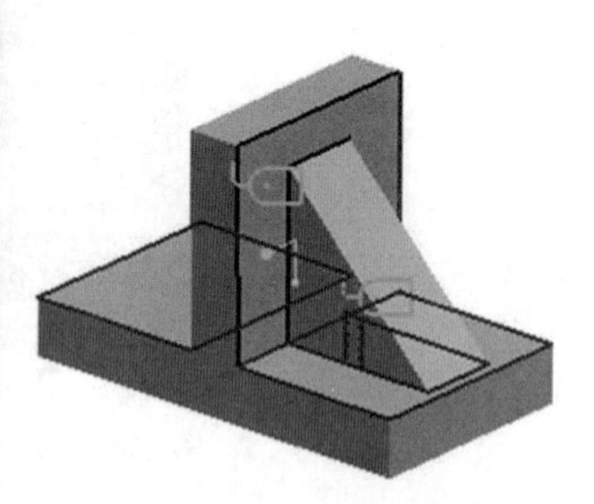
图 5-40　创建的自由界面

4. 创建壳对

(1) 单击“Mechanica 对象”工具栏上的【壳对】工具按钮，或选择菜单栏中的【插入(I)】→【中间曲面(F)】→【壳对】命令，系统弹出“壳对定义”对话框，在 3D 模型中选择 2.prt 的两侧面，单击【材料】下拉列表框，选择“STEEL”。

(2) 单击【创建此壳对，并为另一壳对创建做准备对话框】按钮，在 3D 模型中选择如图 5-41 所示平面。

(3) 单击【创建此壳对，并为另一壳对创建做准备对话框】按钮，在 3D 模型中选择如图 5-42 所示平面。

(4) 单击完成按钮，完成壳对的创建。

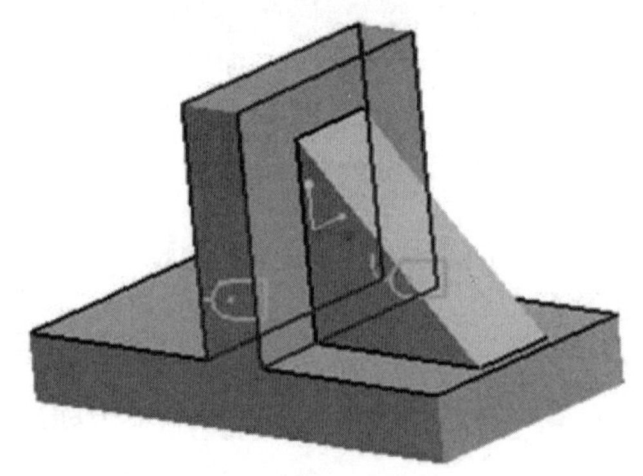
图 5-41　创建壳对所选平面

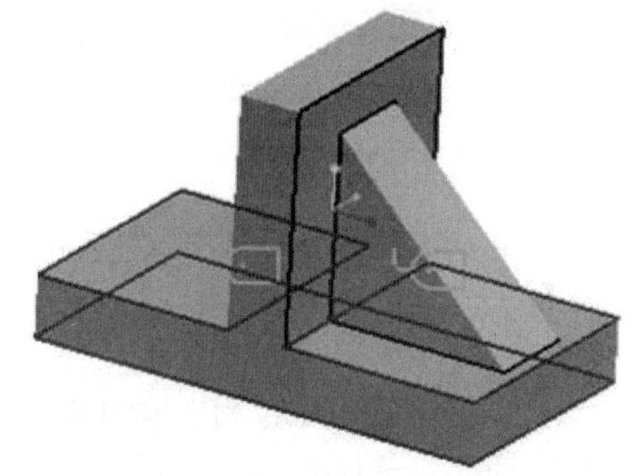
图 5-42　创建壳对所选平面

5. 审阅几何

(1) 选择菜单栏中的【AutoGEM】→【审阅几何(G)】，系统弹出“模拟几何”

对话框，取消【实体曲面】、【焊接曲面】、【不成对曲面】、【非相对曲面】复选框，如图 5-43 所示。

(2) 单击【应用】按钮，效果如图 5-44 所示。由图 5-44 可知，采用自由界面连接时，中间曲面的间隙没有连接。

(3) 单击模型树区域中，在特征“界面”上右击，选择【隐含】命令，系统弹出“模拟确认”对话框，单击【是】按钮。

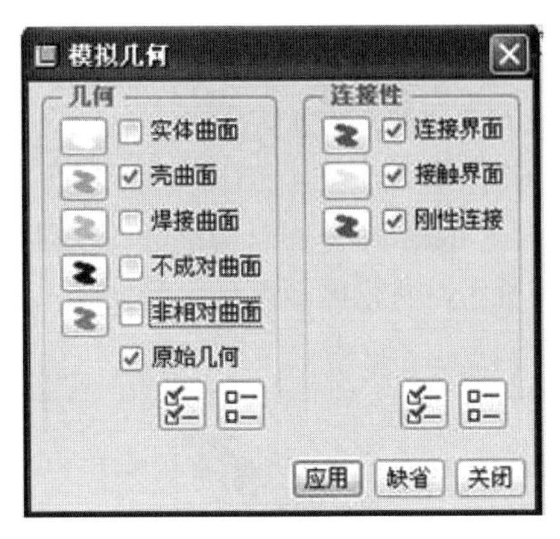

图 5-43　模拟几何对话框

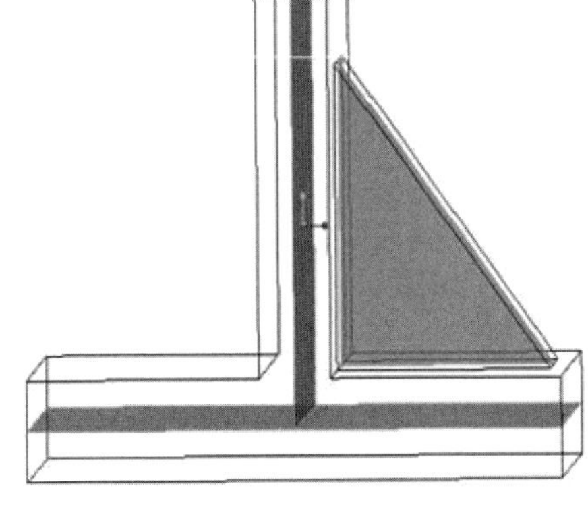

图 5-44　观察所创建的壳对

(4) 选择菜单栏中的【AutoGEM】→【审阅几何(G)】，系统弹出“模拟几何”对话框，取消【实体曲面】、【焊接曲面】、【不成对曲面】、【非相对曲面】复选框，如图 5-45 所示。

(5) 单击【应用】按钮，效果如图 5-46 所示。由图 5-46 可知，组件模式下，压缩中间曲面产生了间隙。单击【关闭】按钮。

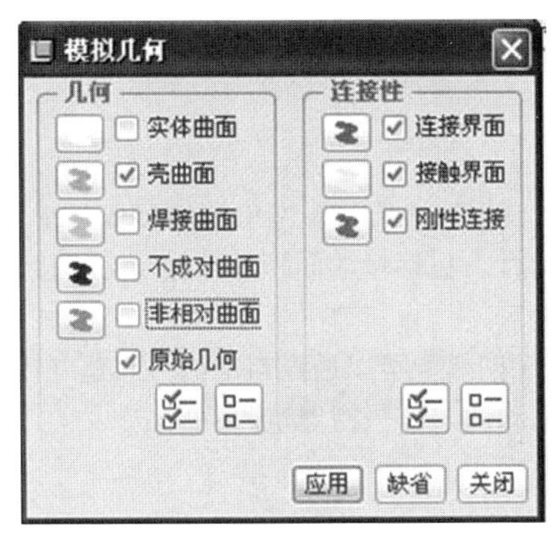

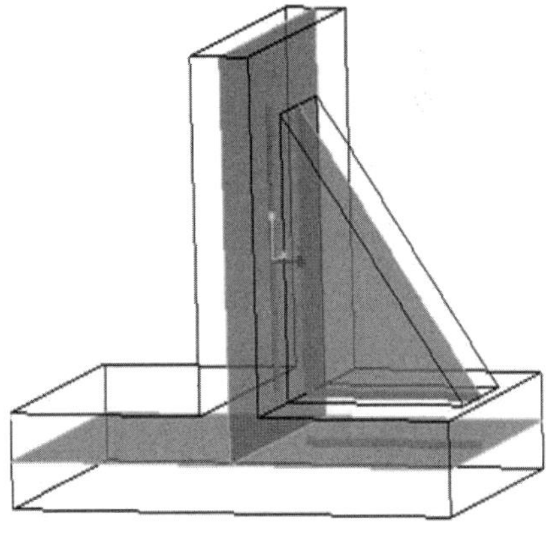

图 5-45　模拟几何对话框

图 5-46　组件模式下的壳对

(6)在模型树区域中，选择特征【界面】，右击，选择【恢复】命令。

(7)在模型树区域中，选择特征【界面】→【Interface1】，右击，选择【编辑定义】命令，系统弹出“界面定义”对话框，在【类型】下拉列表框中选择“连接”选项，单击【确定】按钮。

(8)在模型树区域中，选择特征【界面】→【Interface2】，右击，选择【编辑定义】命令，系统弹出“界面定义”对话框，在【类型】下拉列表框中选择“连接”选项，单击【确定】按钮。

(9)选择菜单栏中的【AutoGEM】→【审阅几何(G)】，系统弹出“模拟几何”对话框，取消【实体曲面】、【焊接曲面】、【不成对曲面】、【非相对曲面】复选框，如图 5-47 所示。

(10)单击【应用】按钮。连接界面引入了 link 单元，将模型划分网格后能明显看见间隙引入的 link 单元，如图 5-48 所示，灰色区域即连接界面引入的连接单元。

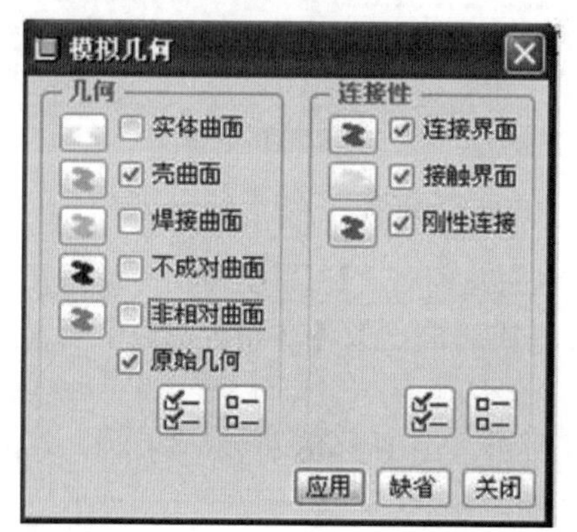

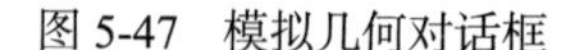
图 5-47　模拟几何对话框

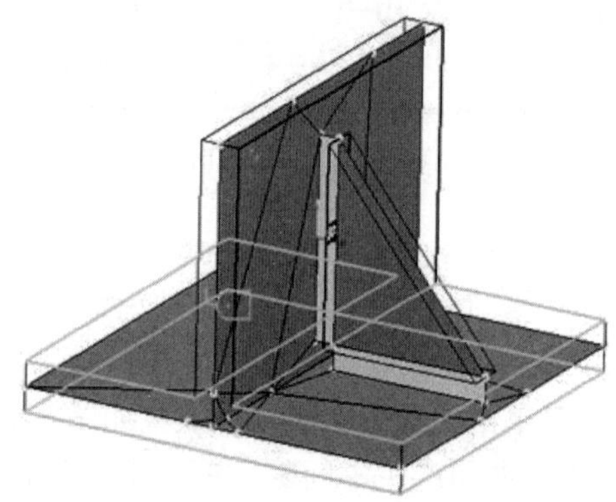

图 5-48　观察连接界面

5.1.3　接触

接触是 Mechanica 用来模拟元件之间接触特性的非线性单元，Mechanica 专门提供了接触分析来计算元件之间的接触特性，包括接触面积、接触反力、接触压力等。

简单模型可以通过手动建立接触，复杂的模型可以通过自动的方式建立接触，但是自动建立的不一定能满足要求，要手动修改一些物理量。

1. 建立模型

完成文件见光盘\Source files\chapter5\contact\contact.asm.1。

1) 创建零件 contact_1.prt

(1) 单击【文件(F)】→【新建(N)】命令，选择零件类型，如图 5-49 所示，输入文件名 contact_1，单击【确定】按钮。

(2) 单击“基础特征”工具栏上的【拉伸】工具按钮，在控制面板中显示拉伸设置选项，单击【放置】选项卡中的【定义】按钮，系统弹出”草绘”对话框，在 3D 工作区中，选择 FRONT 草绘面，单击【草绘】按钮，进入草图绘制平台，绘制如图 5-50 所示草图，单击“草绘器”工具栏上的【完成】按钮。

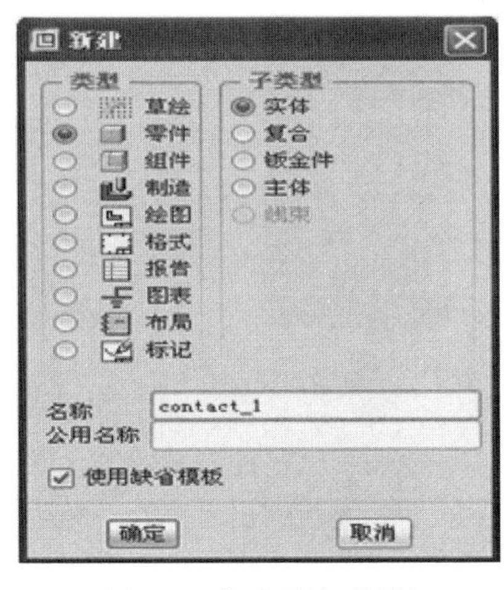

图 5-49　新建零件对话框

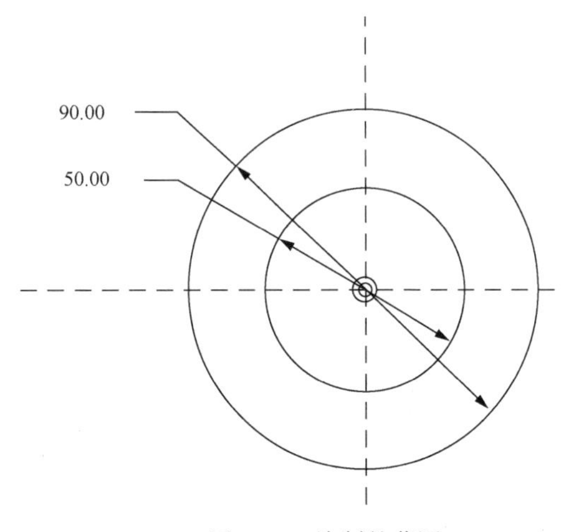

图 5-50　绘制的草图

(3) 在控制面板中设置拉伸方式和拉伸长度，深度选项设置为“对称”，在深度值文本框中输入 50，单击其后的完成按钮。

(4) 单击“基础特征”工具栏上的【拉伸】工具按钮，在控制面板中显示拉伸设置选项，单击【放置】选项卡中的【定义】按钮，系统弹出“草绘”对话框，单击“使用先前的”，进入草图绘制平台，绘制如图 5-51 所示草图，单击“草绘器”工具栏上的【完成】按钮。

(5) 在控制面板中设置拉伸方式和拉伸长度，深度选项设置为“对称”，在深度值文本框中输入 40。单击其后的完成按钮，完成模型的设计，如图 5-52 所示。

2) 创建零件 contact_2.prt

(1) 单击【文件(F)】→【新建(N)】命令，选择零件类型，输入文件名 contact_2，单击【确定】按钮。

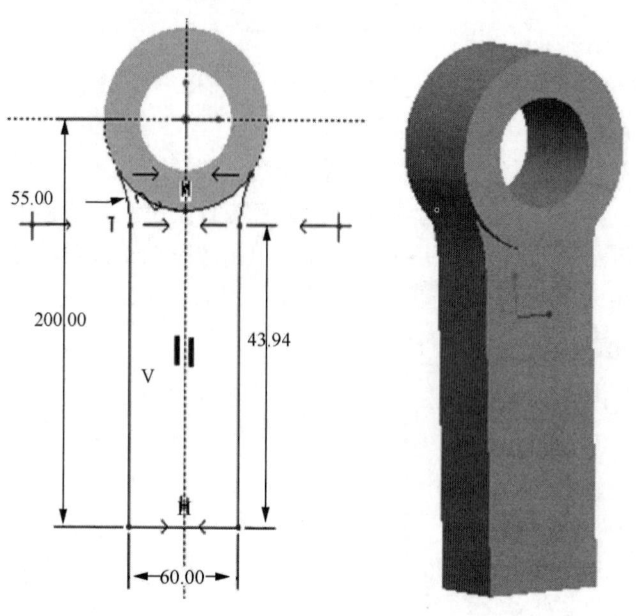

图 5-51　绘制的草图　　　　图 5-52　创建的模型

(2) 单击“基础特征”工具栏上的【拉伸】工具按钮，在控制面板中显示拉伸设置选项，单击【放置】选项卡中的【定义】按钮，系统弹出“草绘”对话框，在 3D 工作区中，选择 FRONT 草绘面，单击【草绘】按钮，进入草图绘制平台，绘制如图 5-53 所示草图，单击“草绘器”工具栏上的【完成】按钮✔。

(3) 在控制面板中设置拉伸方式和拉伸长度，深度选项设置为“对称”，在深度值文本框中输入 200，单击其后的完成按钮✔，完成模型的设计，如图 5-54 所示。

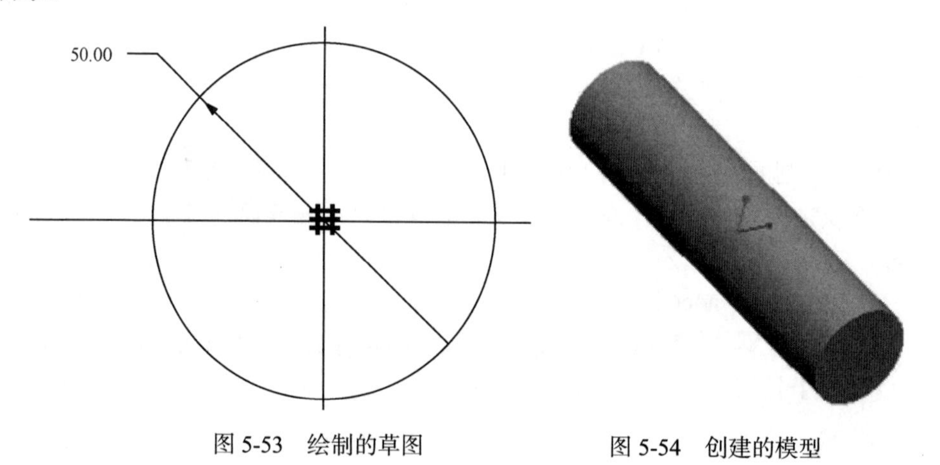

图 5-53　绘制的草图　　　　图 5-54　创建的模型

3) 创建组件 contact.asm

(1) 单击【文件(F)】→【新建(N)】命令，选择组件类型，输入文件名 contact，取消【使用缺省模板】复选框，单击【确定】按钮，如图 5-55 所示。

(2) 系统弹出“新文件选项”对话框，在“新文件选项”对话框中的列表框中选中“mmns_asm_design”选项，单击【确定】按钮，进入组件设计平台。

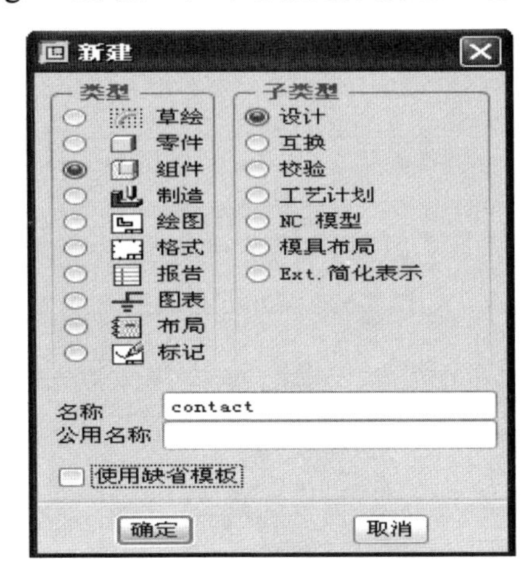

图 5-55　新建组件对话框

(3) 单击工具栏上的“添加元件”按钮，选取 contact_1.prt，单击【打开】，设置约束类型为缺省 缺省 ，单击其后的完成按钮。

(4) 单击添加元件按钮，选取 contact_2.prt，单击【打开】，依次选取 contact_1.prt 的 FRONT 面和 contact_2.prt 的 FRONT 面。此时在【状态】选项组中显示【部分约束】，如图 5-56 所示。

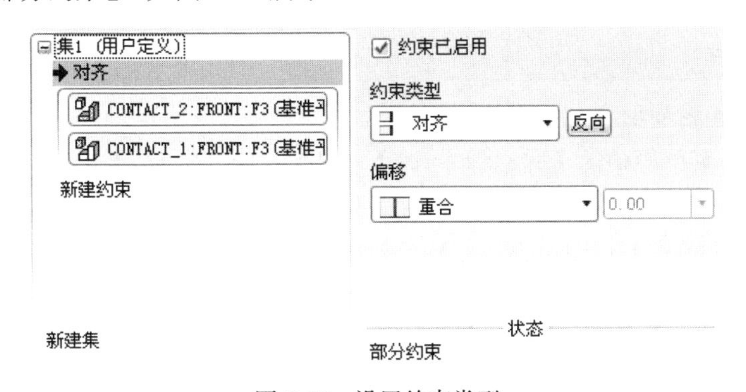

图 5-56　设置约束类型

(5) 在【放置】下滑面板中选择【新建约束】选项，contact_2.prt 的外表面和 contact_1.prt 的孔的内表面，此时在【状态】选项组中显示【完全约束】，如图 5-57

所示。单击其后的完成按钮，完成组件的装配，如图 5-58 所示。

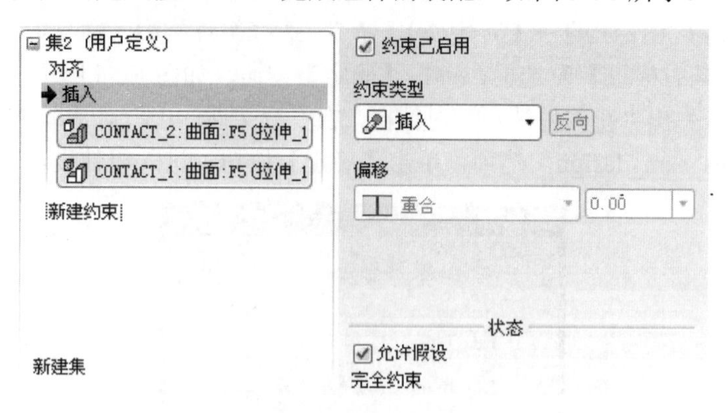

图 5-57　显示完全约束

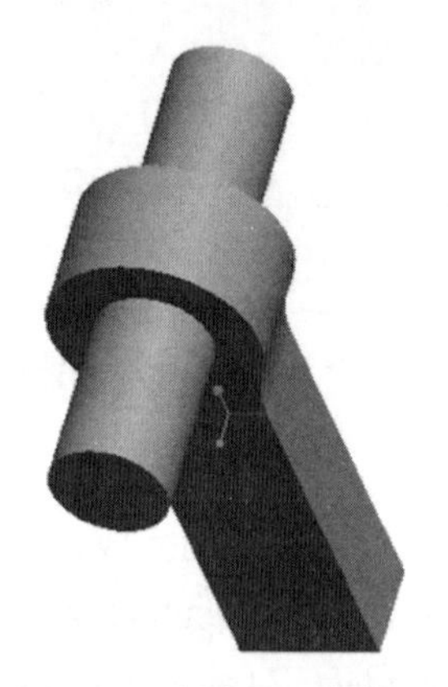

图 5-58　创建的组件模型

2. 前处理

1)创建接触界面

(1)选择菜单栏中的【应用程序(P)】→【Mechanica(M)】工具命令，系统弹出“Mechanica 模型设置”对话框，在【模型类型】下拉列表框中选择“结构”选项，单击【确定】按钮，进入结构分析模块。

(2)单击“Mechanica 对象”工具栏上的【界面】工具按钮，或选择菜单栏中的【插入(I)】→【连接(O)】→【界面(I)】命令，系统弹出“界面定义”对话框。

(3)在【类型】下拉列表框中选择“接触”选项，【参照】下拉列表框选择“曲面-曲面”选项。

(4)在 3D 模型中分别选择 contact_2.prt 的外表面和 contact_1.prt 的孔的内表面，单击【确定】按钮，完成接触界面的创建，效果如图 5-59 所示。

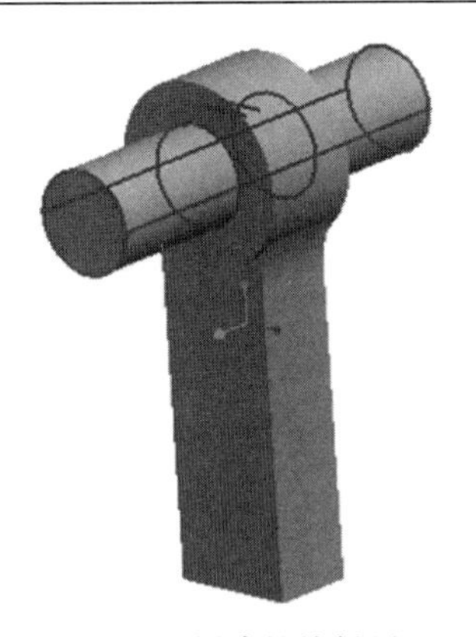

图 5-59　创建的接触界面

2) 添加材料

(1) 单击“Mechanica 对象”工具栏上的【材料】工具按钮，或选择菜单栏中的【属性(R)】→【材料(L)】，系统弹出“材料”对话框，如图 5-60 所示，选中【库中的材料】列表框中的“steel.mtl”选项，单击【向右添加】按钮，将选中的材料添加到模型中，单击【确定】按钮。然后单击“Mechanica 对象”工具栏上的【材料分配】工具按钮，或选择菜单栏中的【属性(R)】→【材料分配(A)】命令，系统弹出“材料指定”对话框，单击【确定】按钮，完成材料的添加。或者直接单击“Mechanica 对象”工具栏上的【材料分配】工具按钮，或选择菜单栏中的【属性(R)】→【材料分配(A)】命令，系统弹出“材料指定”对话框，如图 5-61 所示，单击【材料】选项中【更多】按钮，系统弹出“材料”对话框，双击【库中的材料】列表框中的“steel.mtl”选项，将其加载到【模型中的材料】列表框中，单击【确定】按钮。

(2) 按住 Ctrl，选中两个零件，单击【确定】按钮，材料添加到组件模型中，如图 5-62 所示。

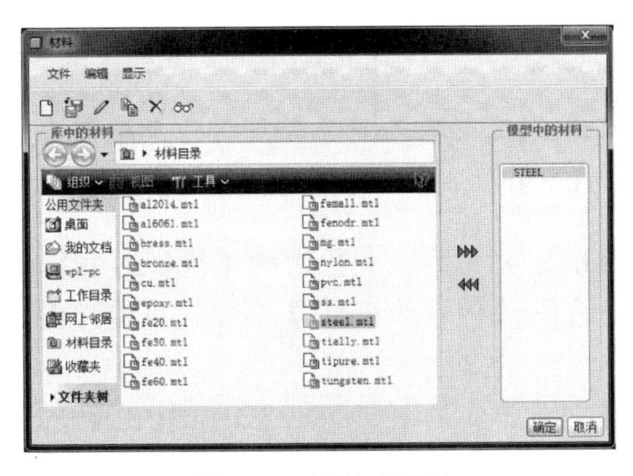

图 5-60　材料对话框

图 5-61　材料指定对话框　　　　图 5-62　添加材料

3)添加约束

(1)单击“Mechanica 对象”工具栏上的【位移约束】工具按钮，或选择菜单栏中的【插入(I)】→【位移约束(I)】命令，系统弹出“约束”对话框，如图 5-63 所示。单击【参照】列表框中的空白，在 3D 模型中选中 contact_2 的两平面，单击【确定】按钮，完成端面位移约束的创建，效果如图 5-64 所示。

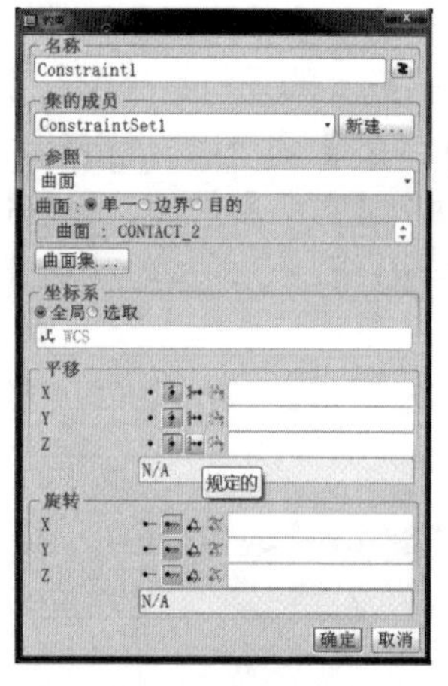

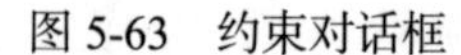
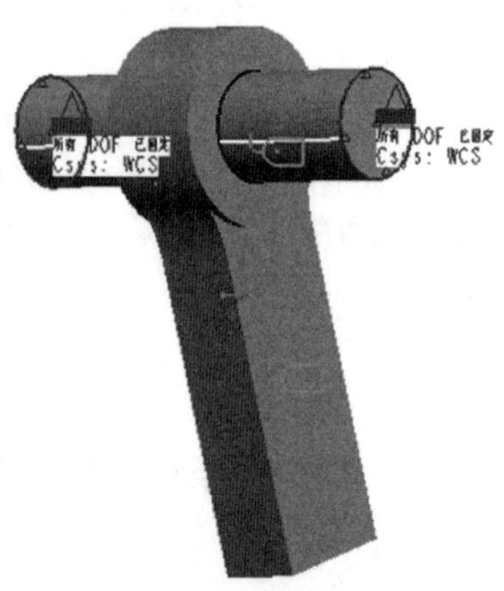

图 5-63　约束对话框　　　　图 5-64　创建的位移约束

(2)单击“Mechanica 对象”工具栏上的【位移约束】工具按钮，或选择菜单栏中的【插入(I)】→【位移约束(I)】命令，系统弹出“约束”对话框，如图 5-65 所示。

(3)单击【参照】列表框中的空白，在 3D 模型中选中 contact_1 的两侧面，选择 Y 方向的平移为自由，设置如图 5-65 所示。单击【确定】按钮，完成位移约束的创建，效果如图 5-66 所示。

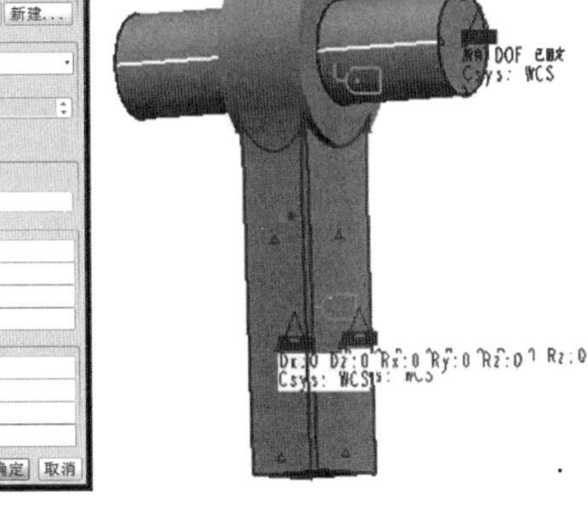

图 5-65　约束对话框　　　　图 5-66　创建的位移约束

4) 添加载荷

(1) 单击“Mechanica 对象”工具栏上的【力/力矩载荷】工具按钮，或选择菜单栏中的【插入(I)】→【力/力矩载荷(L)】命令，系统弹出“力/力矩载荷”对话框，如图 5-67 所示。

(2) 选择【参照】下拉列表框中的“曲面”选项，单击【参照】列表框中的空白，在 3D 模型中选中 contact_2.prt 的下底面，在【力】文本框中 Z 方向文本框中输入–1000，此时对话框的设置如图 5-67 所示，单击【确定】按钮，完成载荷的创建，效果如图 5-68 所示。

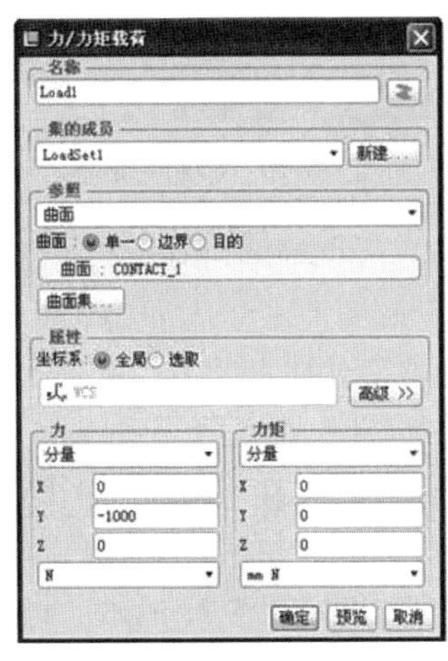

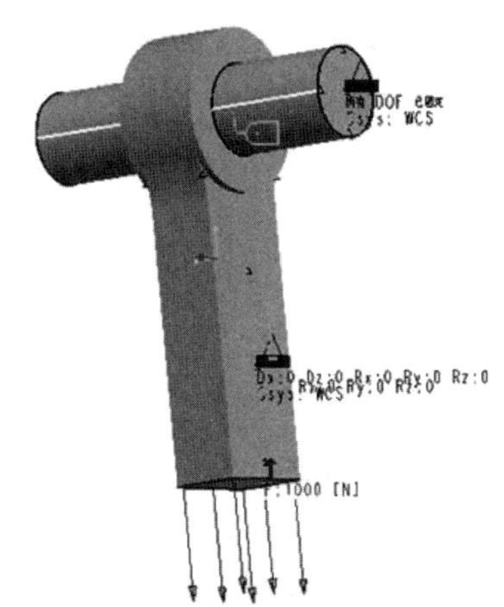

图 5-67　力/力矩载荷对话框　　　　图 5-68　添加载荷

3. 运行分析

(1) 单击工具栏上的【Mechanica 分析/研究】工具按钮，或选择菜单栏中的【分析(A)】→【Mechanica 分析/研究(E)】命令，系统弹出“分析和设计研究”对话框。

(2) 在“分析和设计研究”对话框中，选择菜单栏中的【文件(F)】→【新建静态分析】命令，系统弹出“静态分析定义”对话框，将名称修改为 with_contact，勾选“非线性”复选框，勾选非线性选项中的“包括接触”复选框。其他选项为默认值，如图 5-69 所示。单击【确定】按钮，返回“分析和设计研究”对话框。

(3) 单击工具栏上的【开始】按钮，或选择菜单栏中的【运行(R)】→【开始】命令，系统弹出“问题”对话框，单击【是】按钮，系统就开始计算，大约几分钟后，系统弹出“诊断”对话框，如图 5-70 所示。关闭“诊断”对话框。

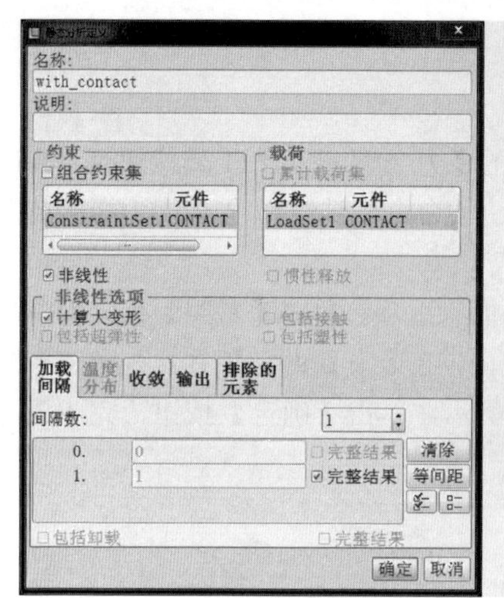

图 5-69　静态分析定义对话框

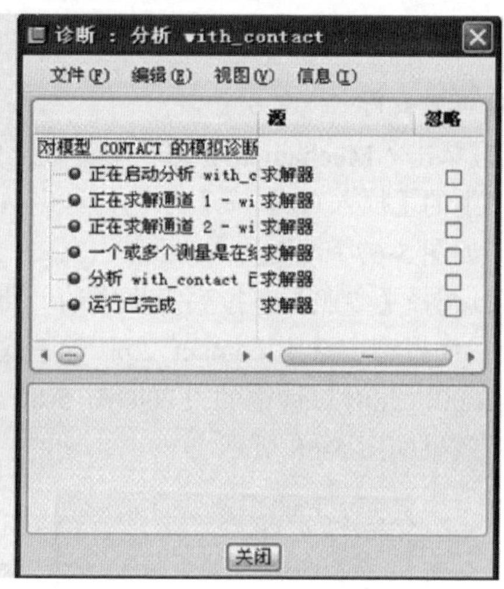

图 5-70　诊断对话框

4. 查看分析结果

(1) 在“分析和设计研究”对话框中，单击工具栏上的【查看设计研究或有限元分析结果】工具，系统弹出“结果窗口定义”对话框。

(2) 单击【量】选项卡，在下拉列表框中选择“位移”选项，单击【显示选项】选项卡，勾选【已变形】、【叠加未变形的】复选框。在缩放文本框中输入 10，勾选其后的复选框。单击【确定并显示】按钮，效果如图 5-71 所示。将结果窗口关闭。通过观察该结果可知，设置接触以后，更加符合实际情况。下面对比一下没有接触、默认连接的情况。

(3) 单击结果窗口工具栏上【编辑所选定义】工具按钮，系统弹出“结果窗口定义”对话框。单击【量】选项卡，在下拉列表框中选择“接触压力”选项，单击【确定并显示】按钮，效果如图 5-72 所示。

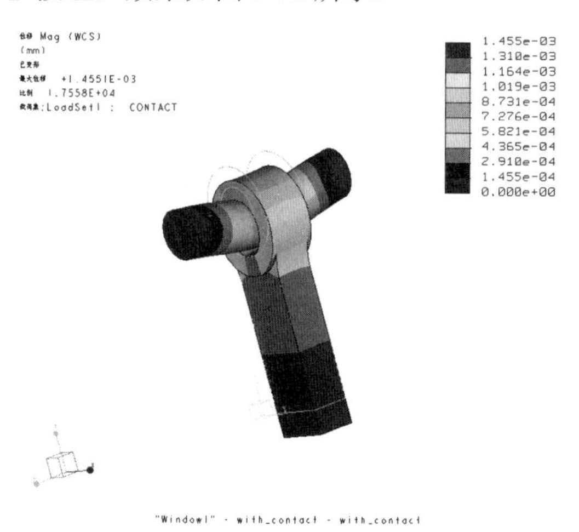

图 5-71　非线性接触位移云图

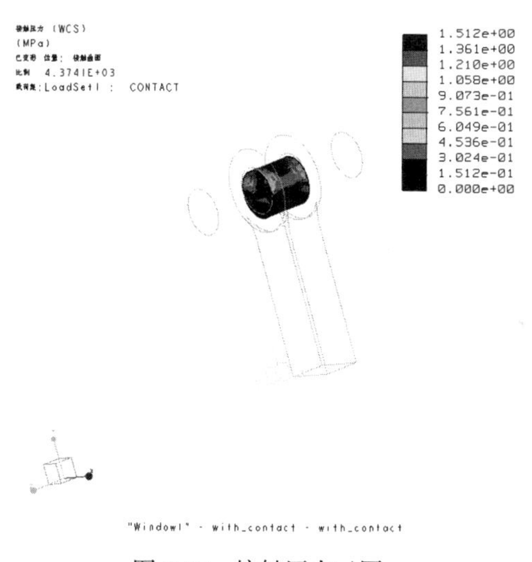

图 5-72　接触压力云图

5.2　焊　　缝

焊缝连接可以模拟连接两片很接近的板材，而让 Mechanica 将它们视为一体。Mechanica 提供了以下三种形式的焊接。

端焊缝：通过选取两曲面创建。在组件模型中使用端焊接，可以用来连接两个弧形、倾斜或垂直的板材。使用端焊，薄壳的网格面将由焊接的那一片延伸到基本板上。

周边焊缝：通过选取两曲面及边线创建。在组件模型中使用周边焊接，可以用来连接平行的板材。使用周边焊，一连串的面将沿着基本板和焊接板相接的焊接边，而被自动创建。

点焊缝：通过选取两曲面及点创建。在 Mechanica 中用来模拟类似铆钉这样的连接，通常点焊会用具有圆形截面的梁的形式来连接两个平行或近乎平行的曲面。在 Mechanica 中使用点焊要注意以下几点。

①所连接的两曲面夹角必须小于 15°。

②点焊只传递力，一般点焊会导致应力集中，点焊基准点附近的应力不准确。

③点焊是一种圆形截面的梁单元，但是不能建立梁单元的端点自由度释放。

5.2.1　端焊缝

1. 建立模型

完成文件见光盘\Source files\chapter5\welds\end_weld.asm.1。

1) 创建模型 end_weld_1.prt

(1) 单击【文件(F)】→【新建(N)】命令，选择零件类型，如图 5-73 所示，输入文件名 end_weld_1，单击【确定】按钮。

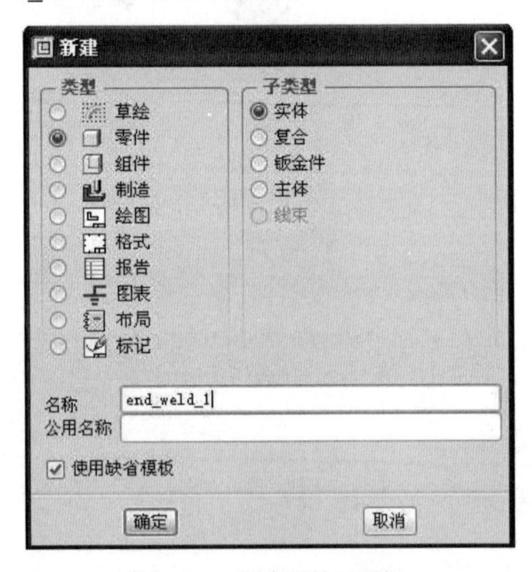

图 5-73　新建零件对话框

(2) 单击“基础特征”工具栏上的【拉伸】工具按钮，在控制面板中显示拉伸设置选项，单击【放置】选项卡中的【定义】按钮，系统弹出“草绘”对话框，在3D工作区中，选择FRONT草绘面，单击【草绘】按钮，进入草图绘制平台；绘制如图5-74所示草图，单击“草绘器”工具栏上的【完成】按钮。

(3) 在控制面板中设置拉伸方式和拉伸长度，深度选项设置为“可变(盲孔)”，在深度值文本框中输入 20，单击其后的完成按钮，完成模型的设计，如图5-75所示。

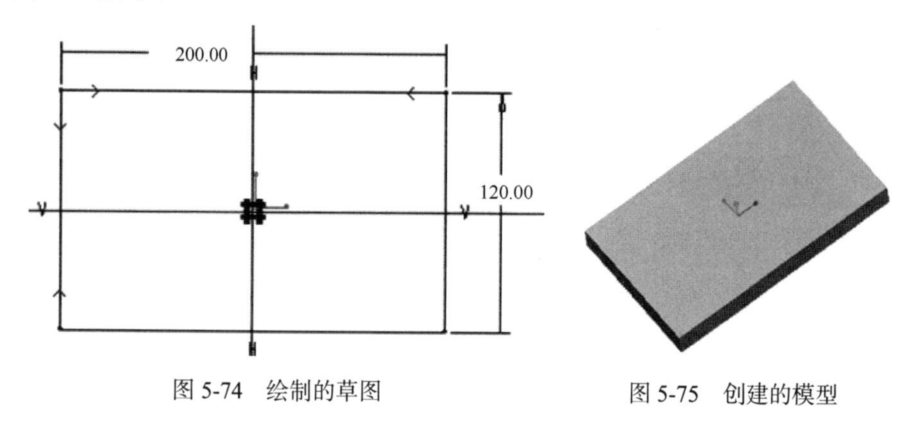

图5-74　绘制的草图　　　　图5-75　创建的模型

2) 创建模型 end_weld_2.prt

(1) 单击【文件(F)】→【新建(N)】命令，选择零件类型，输入文件名 end_weld_2，单击【确定】按钮。

(2) 单击“基础特征”工具栏上的【拉伸】工具按钮，在控制面板中显示拉伸设置选项，单击【放置】选项卡中的【定义】按钮，系统弹出“草绘”对话框，在3D工作区中，选择FRONT草绘面，单击【草绘】按钮，进入草图绘制平台，绘制如图5-76所示草图，单击“草绘器”工具栏上的【完成】按钮。

(3) 在控制面板中设置拉伸方式和拉伸长度，深度选项设置为“可变(盲孔)”，在深度值文本框中输入 100，单击其后的完成按钮，完成模型的设计，如图5-77所示。

3) 创建组件 end_weld.asm

(1) 单击【文件(F)】→【新建(N)】命令，选择组件类型，输入文件名 end_weld，取消【使用缺省模板】复选框，单击【确定】按钮，如图5-78所示。

(2) 系统弹出“新文件选项”对话框，在“新文件选项”对话框中的列表框中选中“mmns_asm_design”选项，单击【确定】按钮，进入组件设计平台。

(3) 单击工具栏上的“添加元件”按钮，选取 end_weld_1.prt，单击【打开】，设置约束类型为缺省 缺省，单击其后的完成按钮。

(4) 单击添加元件按钮，选取 end_weld_2.prt，单击【打开】，依次选取 end_weld_1.prt 的 TOP 平面和 end_weld_2.prt 的 TOP 平面。此时在【状态】选项组中显示【部分约束】，如图 5-79 所示。

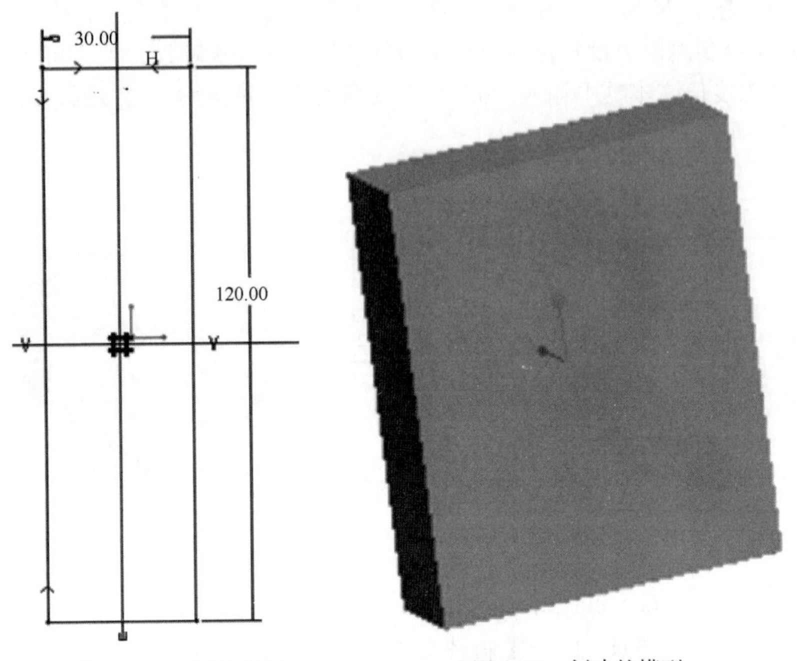

图 5-76　绘制的草图　　　　图 5-77　创建的模型

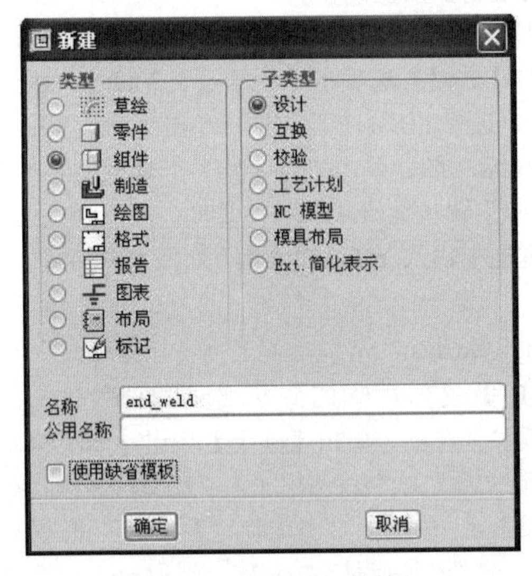

图 5-78　新建组件对话框

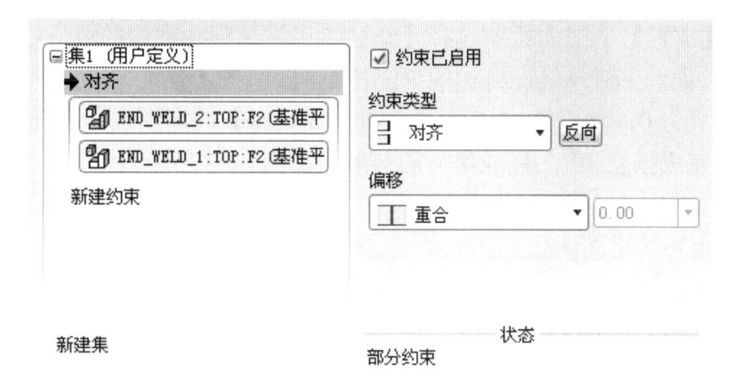

图 5-79　装配约束设置

(5) 在【放置】下滑面板中选择【新建约束】选项，依次选取如图 5-80 所示的两个平面作为参照，此时在【状态】选项组中显示【部分约束】，如图 5-81 所示。

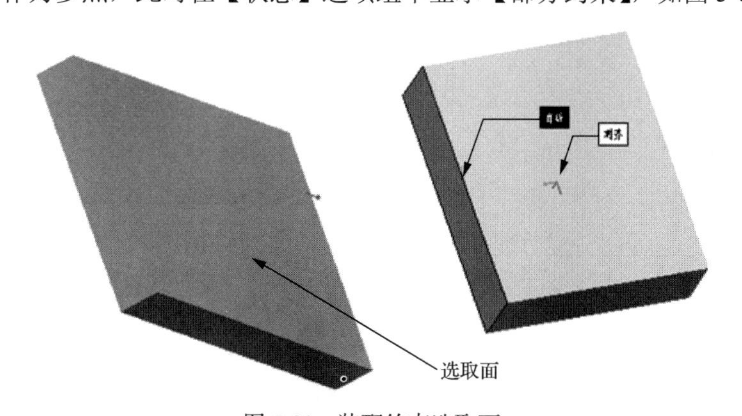

图 5-80　装配约束选取面

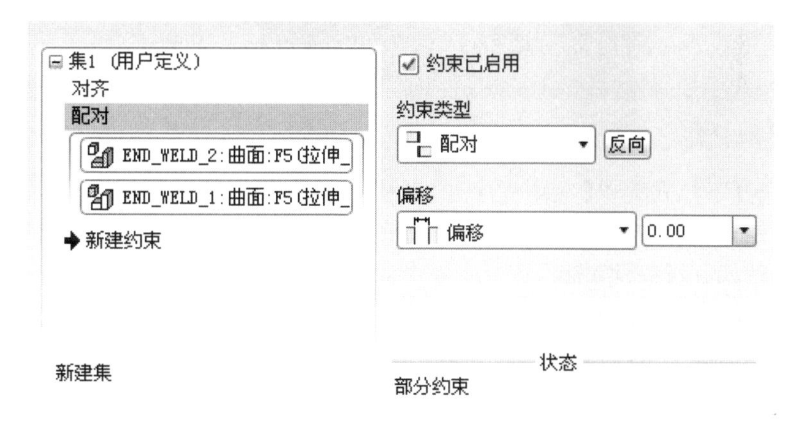

图 5-81　装配约束设置

(6)在【放置】下滑面板中选择【新建约束】选项，依次选取 end_weld_1.prt 的 RIGHT 平面和 end_weld_2.prt 的 RIGHT 平面，在【放置】下滑面板中将【约束偏移】设置为 0，如图 5-82 所示。此时在【状态】选项组中显示【完全约束】。单击其后的完成按钮，完成组件的装配，如图 5-83 所示。

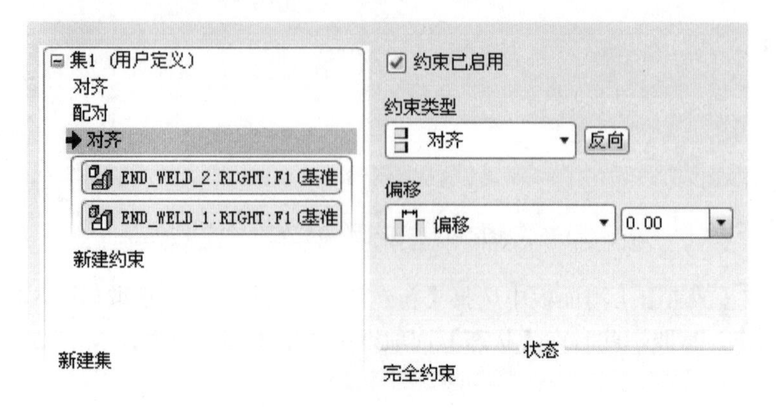

图 5-82　完全约束

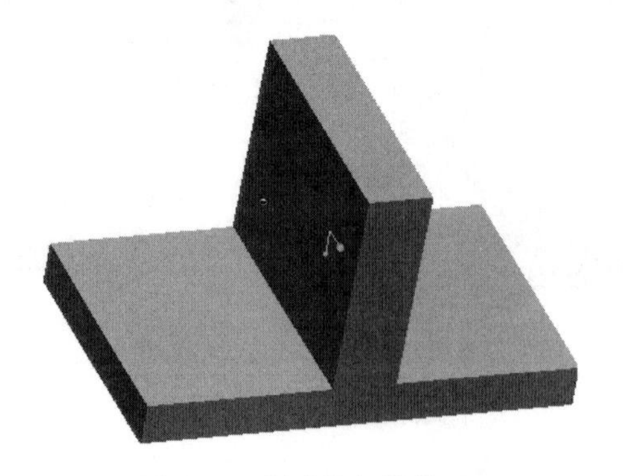

图 5-83　创建的组件模型

2. 添加材料

(1)选择下拉式菜单【应用程序(P)】→【Mechanica(M)】，系统弹出“Mechanica 模型设置对话框”，在模型类型下拉列表框中选择“结构”选项，单击【确定】按钮，进入结构分析模块。

(2)方法一：单击“Mechanica 对象”工具栏上的【材料】工具按钮，或选择菜单栏中的【属性(R)】→【材料(L)】，系统弹出“材料”对话框，如图 5-84 所示，选中【库中的材料】列表框中的“steel.mtl”选项，单击【向右添加】按钮，将选中的材料添加到模型中，单击【确定】按钮。然后单击“Mechanica

对象”工具栏上的【材料分配】工具按钮，或选择菜单栏中的【属性(R)】→【材料分配(A)】命令，系统弹出“材料指定”对话框，单击【确定】按钮，完成材料的添加。方法二：直接单击“Mechanica 对象”工具栏上的【材料分配】工具按钮，或选择菜单栏中的【属性(R)】→【材料分配(A)】命令，系统弹出“材料指定”对话框，如图 5-85 所示，单击【材料】选项中的【更多】按钮，系统弹出“材料”对话框，双击【库中的材料】列表框中的“steel.mtl”选项，将其加载到【模型中的材料】列表框中，单击【确定】按钮。

(3)按住 Ctrl，选中两个零件，单击【确定】按钮，材料添加到组件模型中，如图 5-86 所示。

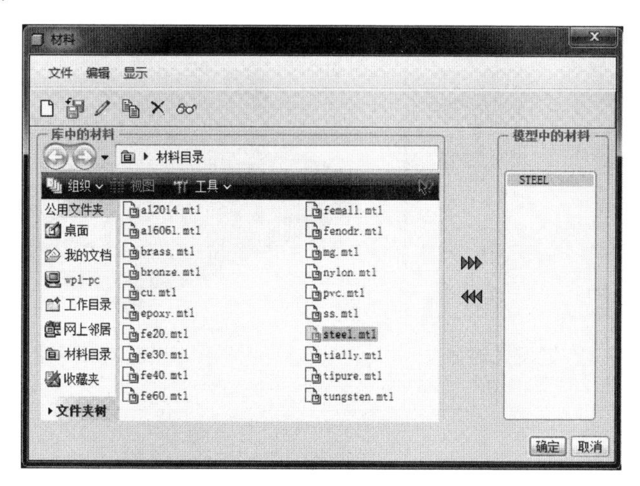

图 5-84　材料对话框

图 5-85　材料指定对话框

图 5-86　添加材料

3. 创建端焊缝

(1) 单击“Mechanica 对象”工具栏上的【焊缝】工具按钮，或选择菜单栏中的【插入(I)】→【连接(O)】→【焊缝(W)】命令，系统弹出“焊缝定义”对话框，如图 5-87 所示。

(2) 在【类型】下拉列表框中选择“端焊缝”选项；在【端焊缝类型】下拉列表框中选择“单对单延伸”选项，选择如图 5-88 所示的两平面作为参照。单击【确定】按钮，完成端焊缝的创建。效果如图 5-88 所示。

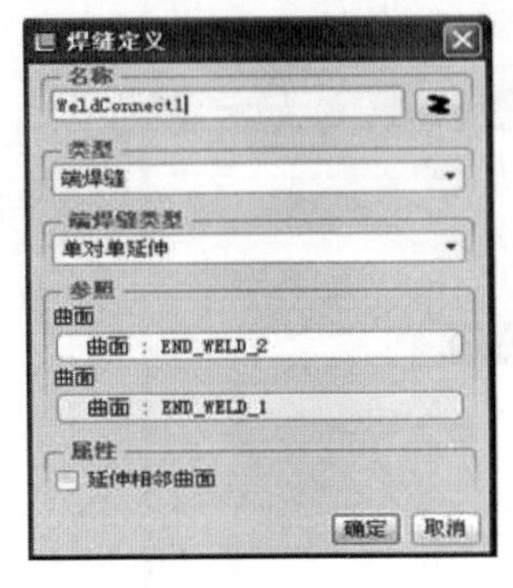

图 5-87 焊缝定义对话框

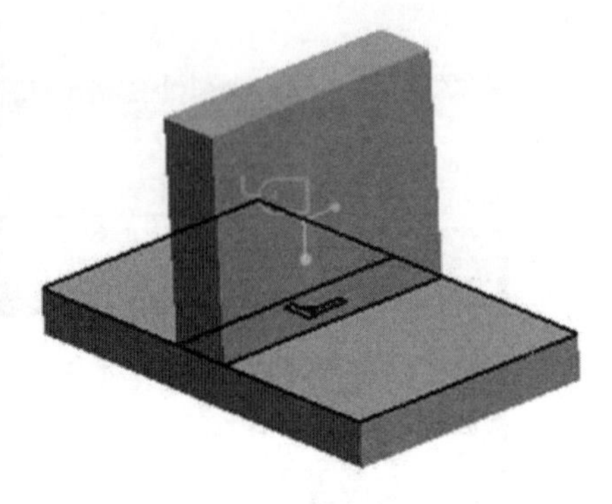

图 5-88 创建端焊缝

4. 创建壳对

(1) 单击“Mechanica 对象”工具栏上的【壳对】工具按钮，或选择菜单栏中的【插入(I)】→【中间曲面(F)】→【壳对】命令，系统弹出“壳对定义”对话框。

(2) 在 3D 模型中选择 end_weld_2.prt 的两侧面，如图 5-89 所示。单击【材料】下拉列表框，选择“STEEL”。

(3) 单击【创建此壳对，并为另一壳对创建做准备对话框】按钮，在 3D 模型中选择 end_weld_1，如图 5-90 所示。

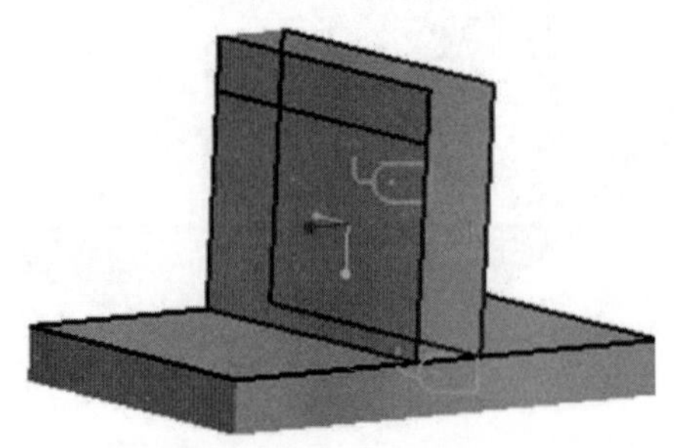

图 5-89 创建壳对选取平面

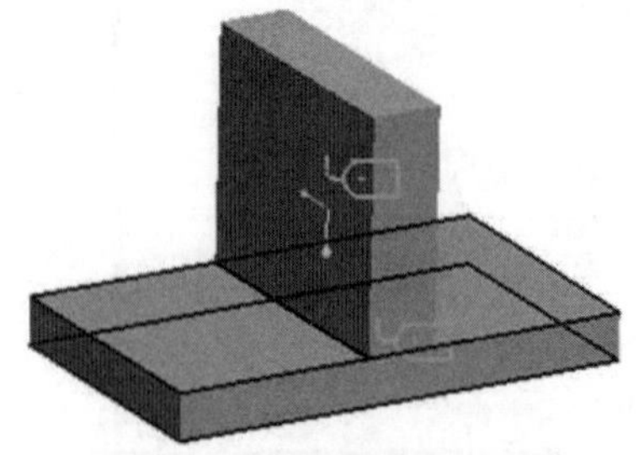

图 5-90 创建壳对选取平面

5. 审阅几何

(1)选择菜单栏中的【AutoGEM】→【审阅几何(G)】，系统弹出“模拟几何”对话框，取消【实体曲面】、【焊接曲面】、【不成对曲面】、【非相对曲面】复选框，如图 5-91 所示。

(2)单击【应用】按钮，效果如图 5-92 所示。由图 5-92 可知，端焊连接不是引入连接单元，而是形成和竖直板材料一致的壳，单击【关闭】按钮。

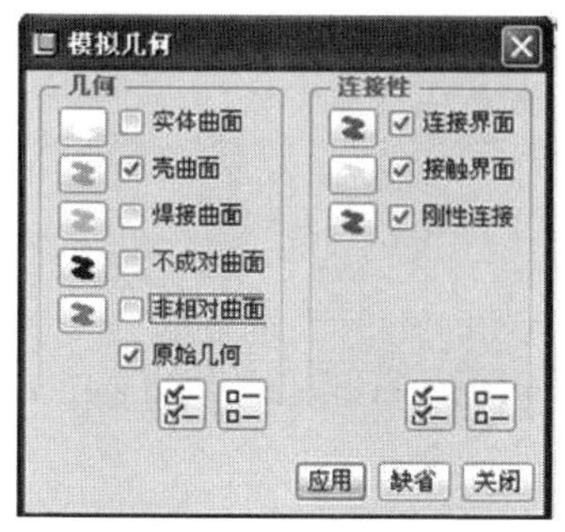

图 5-91　模拟几何对话框　　图 5-92　察看端焊连接

6. 网格划分

单击创建网格按钮，系统弹出“AutoGEM”对话框，单击【创建】按钮，系统弹出“诊断：AutoGEM 网格”对话框，如图 5-93 所示，所创建的网格的效果如图 5-94 所示。单击“诊断：AutoGEM 网格”对话框的【关闭】按钮及“AutoGEM 摘要”对话框的【关闭】按钮，系统弹出“AutoGEM”对话框，单击【关闭】按钮。

首先通过审阅几何查看和划分网格得到的效果图如图 5-95 和图 5-96 所示，发现没有焊缝默认的连接界面，引入的是连接单元。

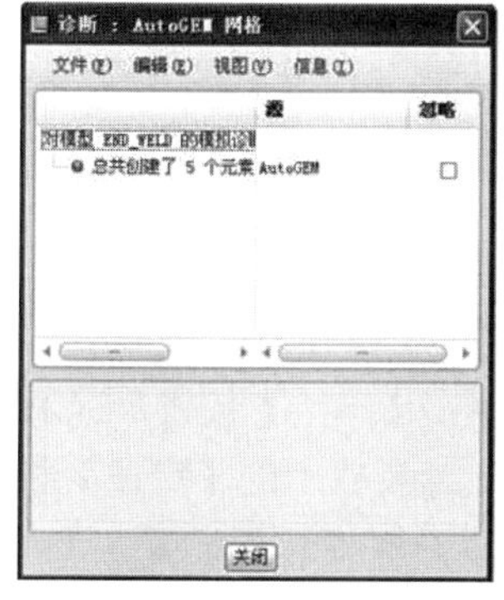

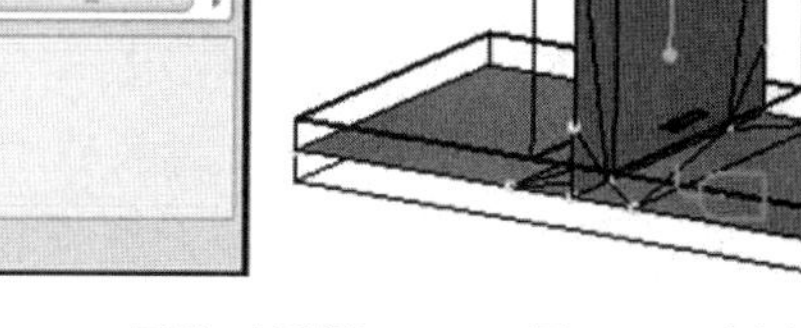

图 5-93　诊断：AutoGEM 网格对话框　　图 5-94　创建的网格

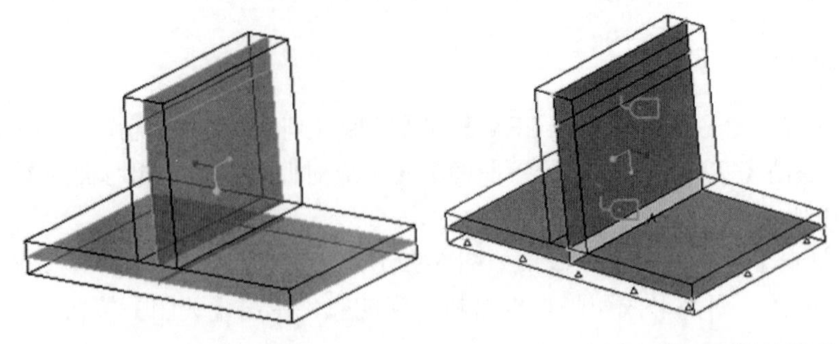

图 5-95　观察无焊缝情况　　　　图 5-96　划分网格后无焊缝情况

5.2.2　周边焊缝

1. 建立模型

完成文件见光盘\Source files\chapter5\welds\perimeter_weld.asm.1。

1) 创建模型 perimeter_weld_1.prt

(1) 单击【文件(F)】→【新建(N)】命令，选择零件类型，如图 5-97 所示，输入文件名 perimeter_weld_1，单击【确定】按钮。

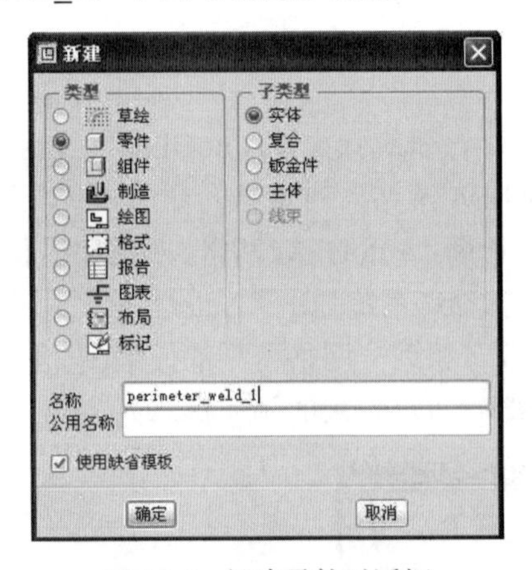

图 5-97　新建零件对话框

(2) 单击“基础特征”工具栏上的【拉伸】工具按钮，在控制面板中显示拉伸设置选项，单击【放置】选项卡中的【定义】按钮，系统弹出“草绘”对话框，在 3D 工作区中，选择 FRONT 草绘面，单击【草绘】按钮，进入草图绘制平台；绘制如图 5-98 所示草图，单击“草绘器”工具栏上的【完成】按钮✔。

(3) 在控制面板中设置拉伸方式和拉伸长度，深度选项设置为“可变(盲孔)”，在深度值文本框中输入 20，单击其后的完成按钮✔，完成模型的设计，如图 5-99 所示。

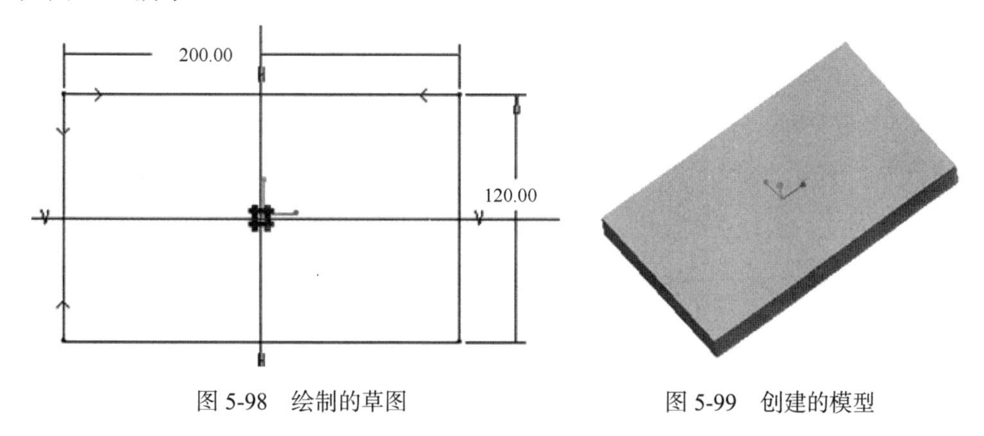

图 5-98　绘制的草图　　图 5-99　创建的模型

2) 创建模型 perimeter_weld_2.prt

(1) 单击【文件(F)】→【新建(N)】命令，选择零件类型，输入文件名 perimeter_weld_2，单击【确定】按钮。

(2) 单击“基础特征”工具栏上的【拉伸】工具按钮，在控制面板中显示拉伸设置选项，单击【放置】选项卡中的【定义】按钮，系统弹出“草绘”对话框，在 3D 工作区中，选择 FRONT 草绘面，单击【草绘】按钮，进入草图绘制平台，绘制如图 5-100 所示草图，单击“草绘器”工具栏上的【完成】按钮✔。

(3) 在控制面板中设置拉伸方式和拉伸长度，深度选项设置为“可变(盲孔)”，在深度值文本框中输入 20，单击其后的完成按钮✔，完成模型的设计，如图 5-101 所示。

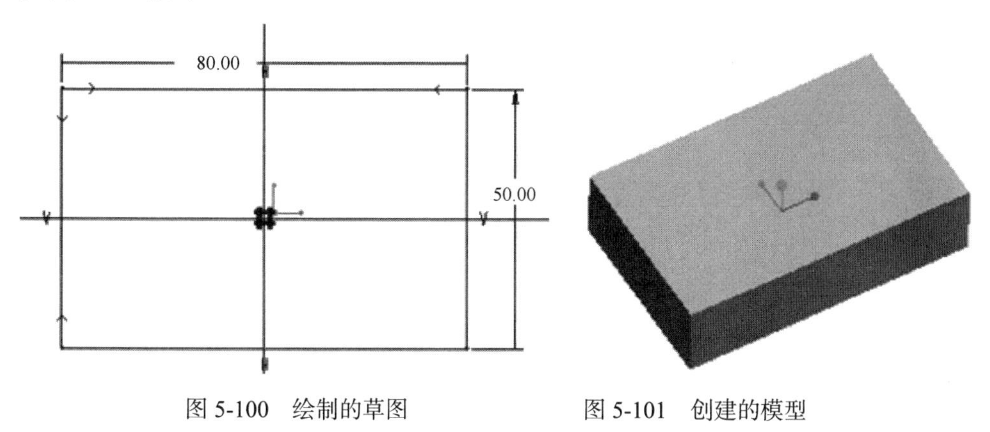

图 5-100　绘制的草图　　图 5-101　创建的模型

3) 创建组件 perimeter_weld.asm

(1) 单击【文件(F)】→【新建(N)】命令，选择组件类型，如图 5-102 所示，输入文件名 perimeter_weld，取消【使用缺省模板】复选框，单击【确定】按钮，如图 5-102 所示。

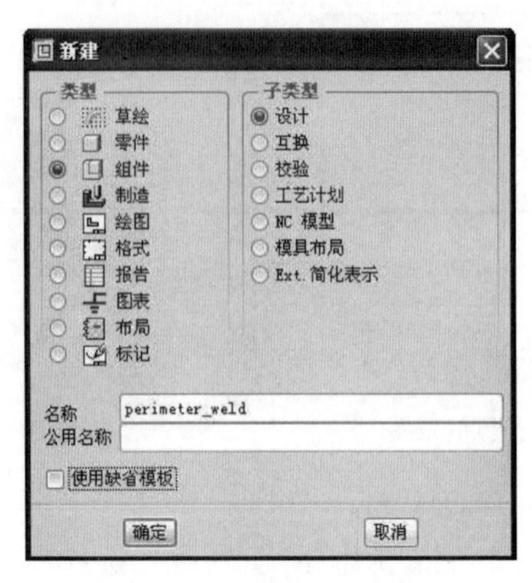

图 5-102　新建组件对话框

(2) 系统弹出“新文件选项”对话框，在“新文件选项”对话框中的列表框中选中“mmns_asm_design”选项，单击【确定】按钮，进入组件设计平台。

(3) 单击工具栏上的“添加元件”按钮，选取 perimeter_weld_1.prt，单击【打开】，设置约束类型为缺省 缺省，单击其后的完成按钮。

(4) 单击添加元件按钮，选取 perimeter_weld_2.prt，单击【打开】，按照图 5-103 所示进行装配。单击其后的完成按钮，完成组件的装配，如图 5-104 所示。

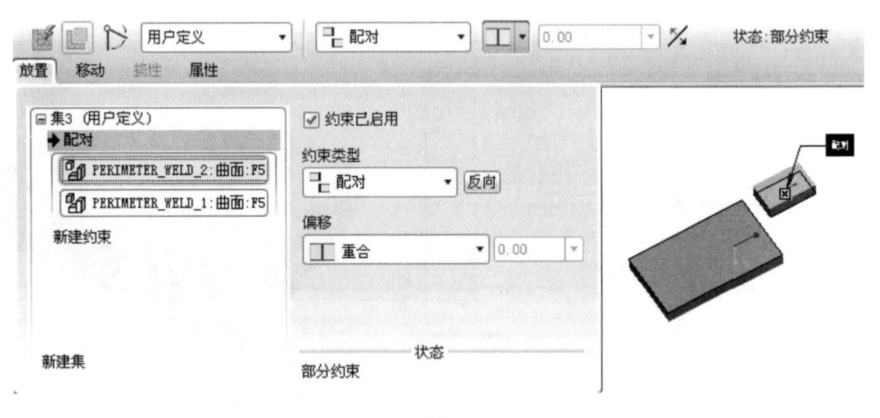

(a)

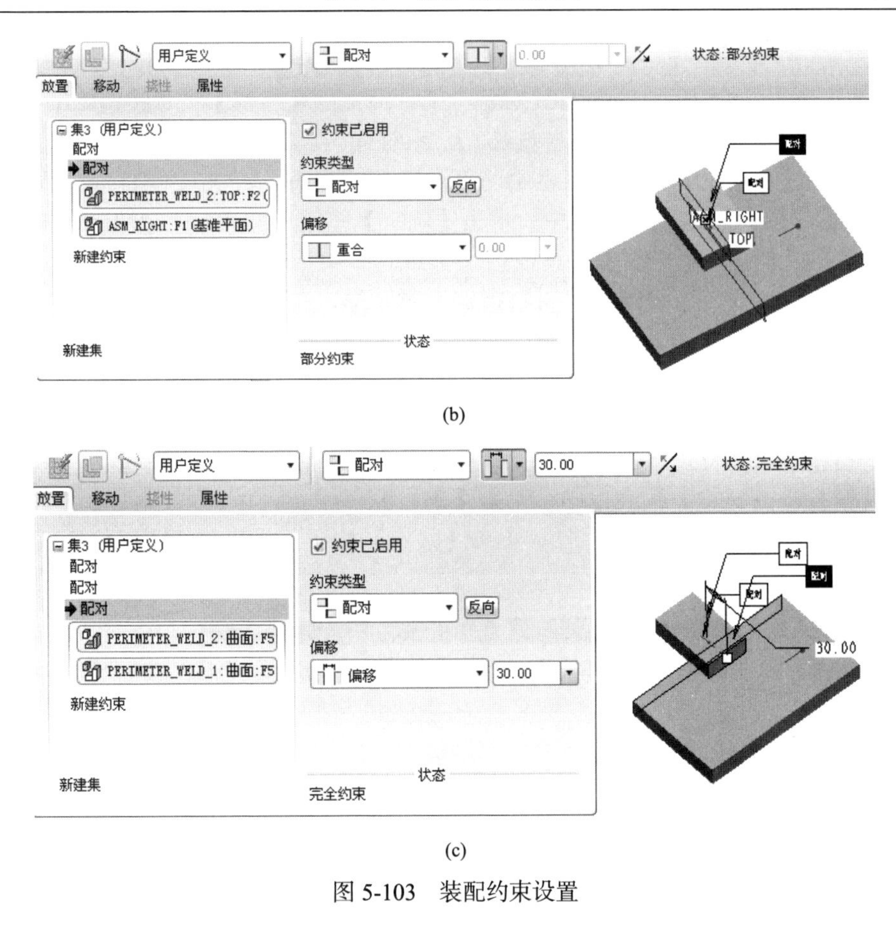

(b)

(c)

图 5-103　装配约束设置

图 5-104　创建的组件模型

2. 添加材料

(1) 选择下拉式菜单【应用程序(P)】→【Mechanica(M)】，系统弹出“Mechanica 模型设置”对话框，在模型类型下拉列表框中选择“结构”选项，单击【确定】

按钮，进入结构分析模块。

(2)方法一：单击“Mechanica 对象”工具栏上的【材料】工具按钮，或选择菜单栏中的【属性(R)】→【材料(L)】，系统弹出“材料”对话框，如图 5-105 所示，选中【库中的材料】列表框中的“steel.mtl”选项，单击【向右添加】按钮，将选中的材料添加到模型中，单击【确定】按钮。然后单击“Mechanica 对象”工具栏上的【材料分配】工具按钮，或选择菜单栏中的【属性(R)】→【材料分配(A)】命令，系统弹出“材料指定”对话框，单击【确定】按钮，完成材料的添加。方法二：直接单击“Mechanica 对象”工具栏上的【材料分配】工具按钮，或选择菜单栏中的【属性(R)】→【材料分配(A)】命令，系统弹出“材料指定”对话框，如图 5-106 所示，单击【材料】选项中的【更多】按钮，系统弹出“材料”对话框，双击【库中的材料】列表框中的“steel.mtl”选项，将其加载到【模型中的材料】列表框中，单击【确定】按钮。

(3)按住 Ctrl，选中两个零件，单击【确定】按钮，材料添加到组件模型中，如图 5-107 所示。

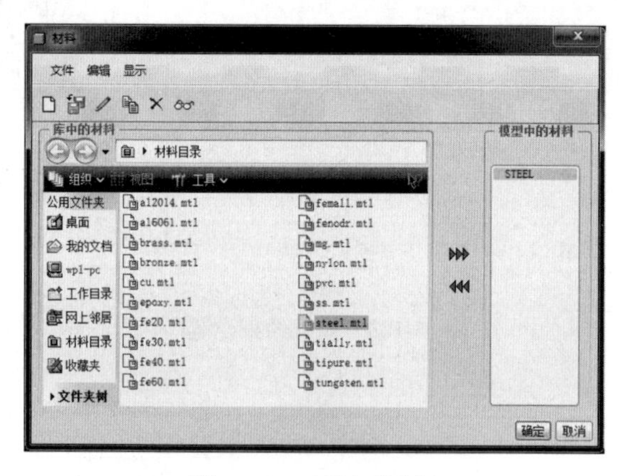

图 5-105　材料对话框

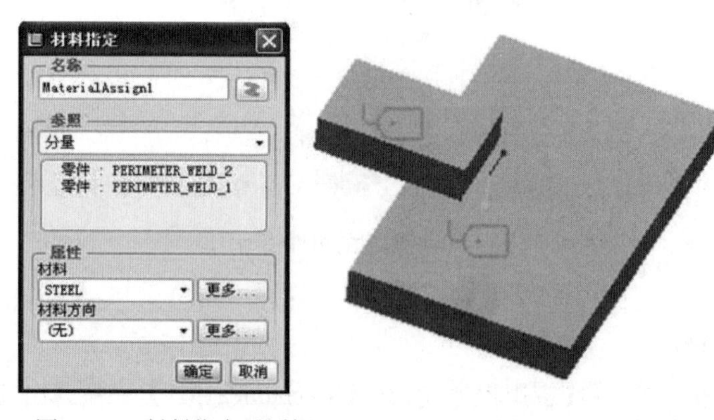

图 5-106　材料指定对话框　　　　　　图 5-107　添加材料

3. 创建周边焊缝

(1) 单击“Mechanica 对象”工具栏上的【焊缝】工具按钮，或选择菜单栏中的【插入(I)】→【连接(O)】→【焊缝(W)】命令，系统弹出“焊缝定义”对话框如图 5-108 所示。

(2) 在【类型】下拉列表框中选择“周边焊缝”选项，选择如图 5-108 所示的两平面作为参照。单击【属性】下的【边】选项中的【选取腹板边来定义焊缝位置】选项框，选择如图 5-109 所示的边。将【厚度】文本框中改为 5，在【材料】选项的下拉列表框中选择“STEEL”选项，如图 5-109 所示。单击【确定】按钮，完成周边焊缝的创建，效果如图 5-110 所示。

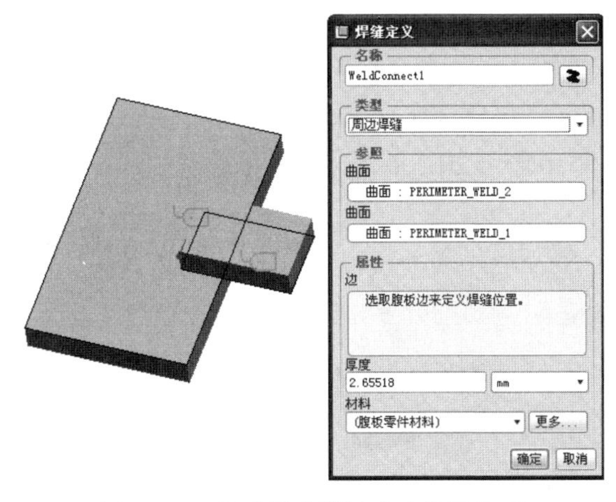

图 5-108　创建周边焊缝选取参照曲面

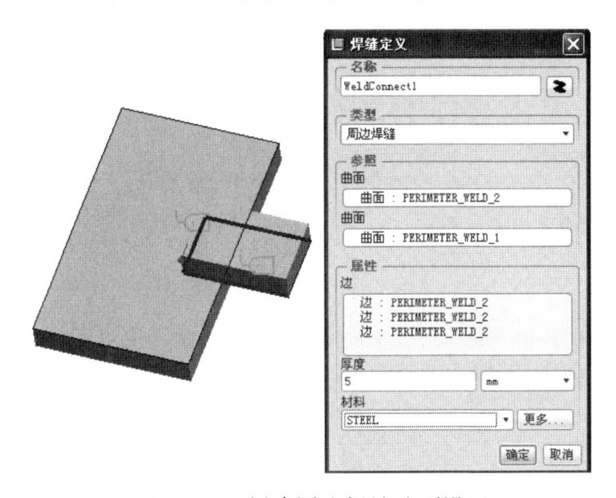

图 5-109　创建周边焊缝选项设置

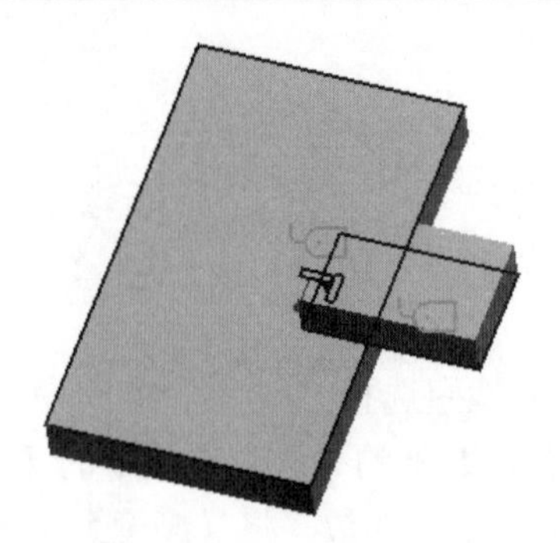

图 5-110　创建的周边焊缝

4. 创建壳对

选择菜单栏中的【插入(I)】→【中间曲面(F)】→【自动检测壳对】，弹出“自动检测壳对”对话框，如图 5-111 所示，选中 perimeter_weld.asm 为检测元件，在【特性厚度】文本框中输入 20，单击【开始】按钮，结果如图 5-112 所示。

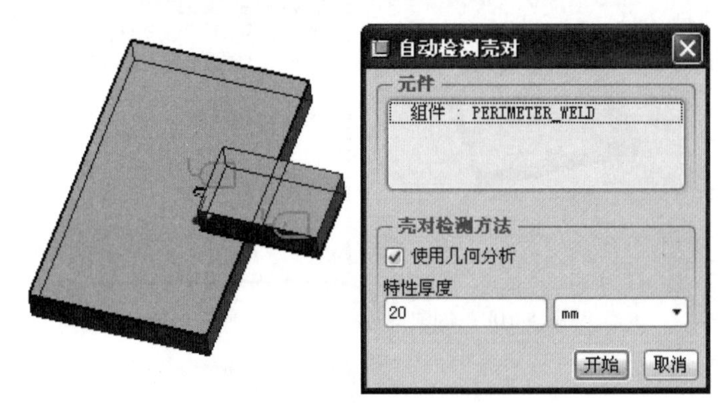

图 5-111　自动检测壳对选项设置

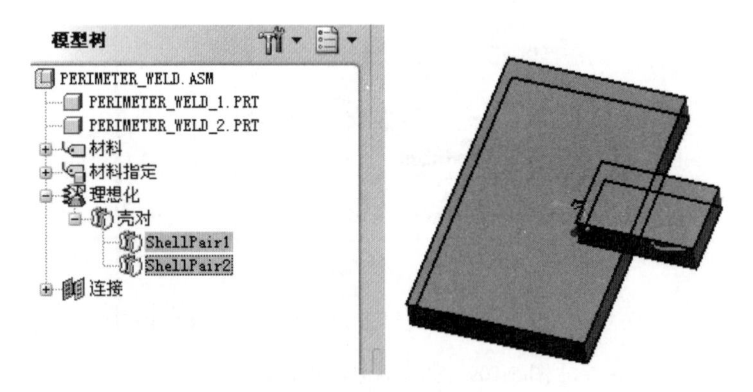

图 5-112　创建完成的壳对

5. 审阅几何

选择菜单栏中的【AutoGEM】→【审阅几何(G)】，系统弹出“模拟几何”对话框，取消【实体曲面】、【焊接曲面】、【不成对曲面】、【非相对曲面】复选框，如图 5-113 所示；单击【应用】按钮，效果如图 5-113 所示。

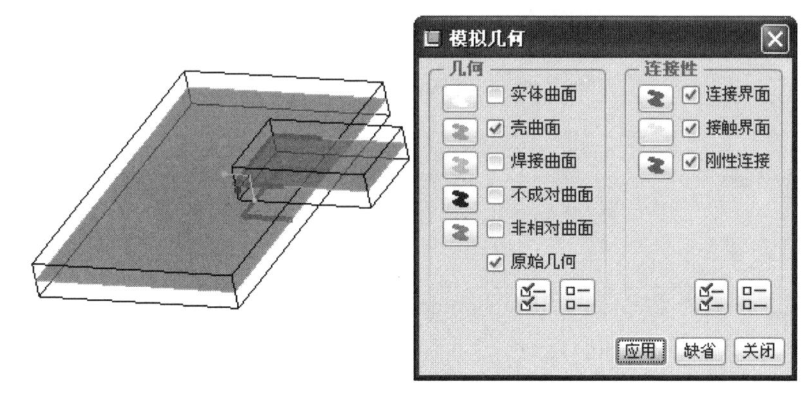

图 5-113　察看周边焊连接

6. 网格划分

(1) 单击创建网格按钮，系统弹出“AutoGEM”对话框，单击【创建】按钮，系统弹出“诊断：AutoGEM 网格”对话框，如图 5-114 所示，所创建的网格的效果如图 5-115 所示。单击“诊断：AutoGEM 网格”对话框的【关闭】按钮及“AutoGEM 摘要”对话框的【关闭】按钮，系统弹出“AutoGEM”对话框，单击【关闭】按钮。

(2) 右击模型树中创建的焊缝“WeldConnect1”，选择【隐含】命令，系统弹出“模拟确认”对话框，单击【是】按钮，进行网格划分后的效果如图 5-116 所示。

图 5-114　诊断：AutoGEM 网格对话框

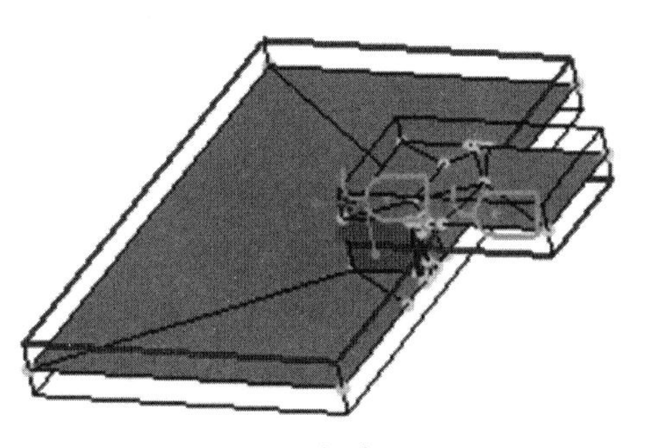

图 5-115　创建的网格

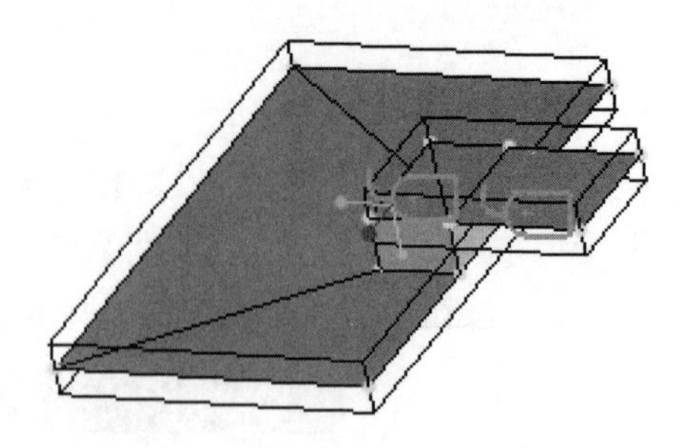

图 5-116　划分网格后无焊缝情况

5.2.3　点焊缝

1. 建立模型

完成文件见光盘\Source files\chapter5\welds\spot_weld.asm.1。

1) 创建模型 spot_weld_1.prt

(1) 单击【文件(F)】→【新建(N)】命令，选择零件类型，如图 5-117 所示，输入文件名 spot_weld_1，单击【确定】按钮。

(2) 单击“基础特征”工具栏上的【拉伸】工具按钮，在控制面板中显示拉伸设置选项，单击【放置】选项卡中的【定义】按钮，系统弹出“草绘”对话框，在 3D 工作区中，选择 FRONT 草绘面，单击【草绘】按钮，进入草图绘制平台；绘制如图 5-118 所示草图，单击“草绘器”工具栏上的【完成】按钮✔。

(3) 在控制面板中设置拉伸方式和拉伸长度，深度选项设置为“可变(盲孔)”，在深度值文本框中输入 20，单击其后的完成按钮✔，完成模型的设计，如图 5-119 所示。

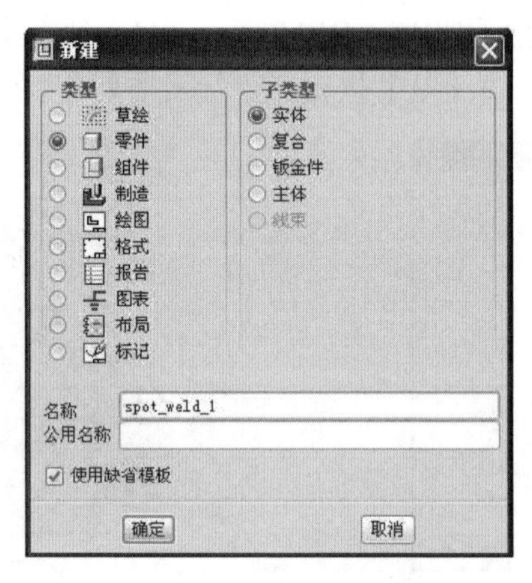

图 5-117　新建零件对话框

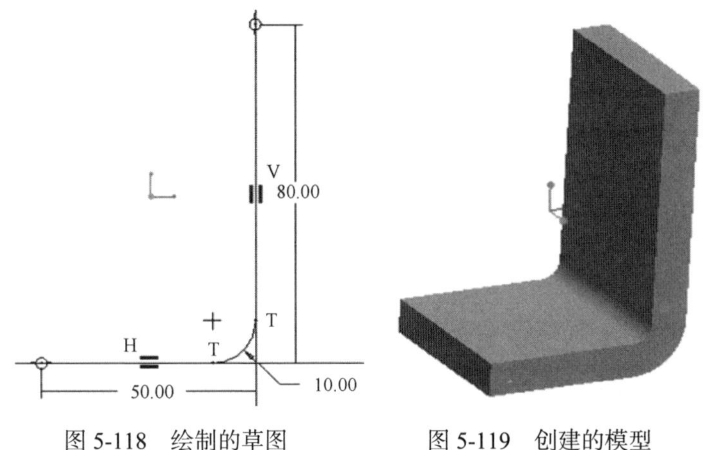

图 5-118　绘制的草图　　图 5-119　创建的模型

2)创建模型 spot_weld_2.prt

(1)单击【文件(F)】→【新建(N)】命令，选择零件类型，输入文件名 spot_weld_2，单击【确定】按钮。

(2)单击“基础特征”工具栏上的【拉伸】工具按钮，在控制面板中显示拉伸设置选项，单击【放置】选项卡中的【定义】按钮，系统弹出“草绘”对话框，在 3D 工作区中，选择 FRONT 草绘面，单击【草绘】按钮，进入草图绘制平台，绘制如图 5-120 所示草图，单击“草绘器”工具栏上的【完成】按钮。

(3)在控制面板中设置拉伸方式和拉伸长度，深度选项设置为“可变(盲孔)”，在深度值文本框中输入 20，单击其后的完成按钮，完成模型的设计，如图 5-121 所示。

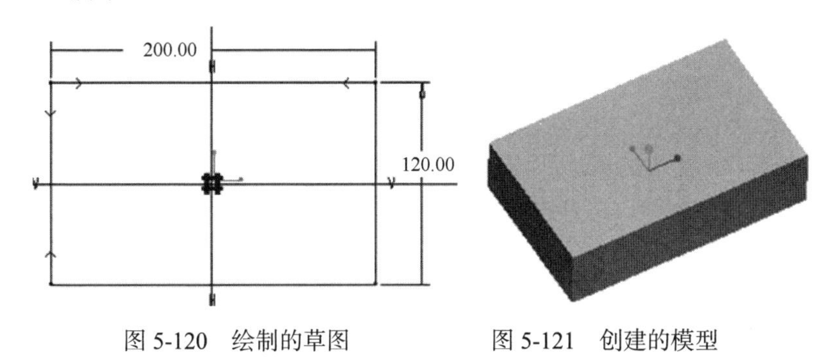

图 5-120　绘制的草图　　图 5-121　创建的模型

(4)单击基准工具栏上的【点】按钮，选取零件的上表面为参照平面，选取 RIGHT 面和 TOP 面为偏移参照，将 PNT0 与 RIGHT 面的偏移距离设为 0，与 TOP 面的偏移距离设为 20，如图 5-122 所示。点 PNT1 和点 PNT2 的设置分别参照图 5-123 和图 5-124。

(5)按住 Ctrl，选中点 PNT0 和 PNT1，单击工具栏上的【镜像】按钮，选取 TOP 面为镜像平面，单击其后的完成按钮，完成点 PNT3 和 PNT4 的创建，如图 5-125 所示。

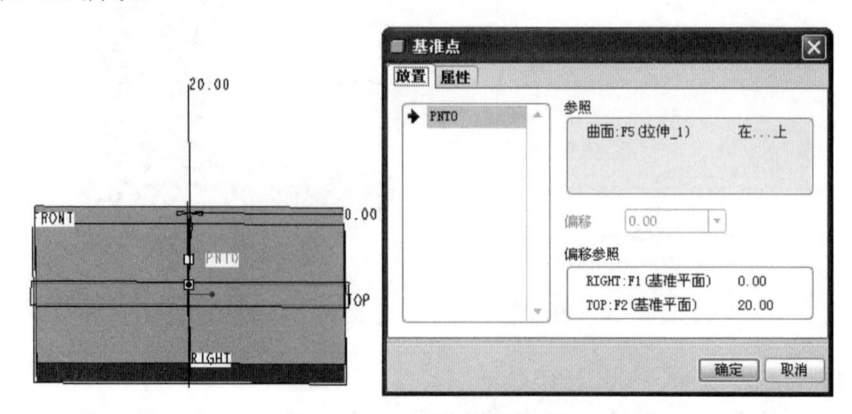

图 5-122　点 PNT0 的设置

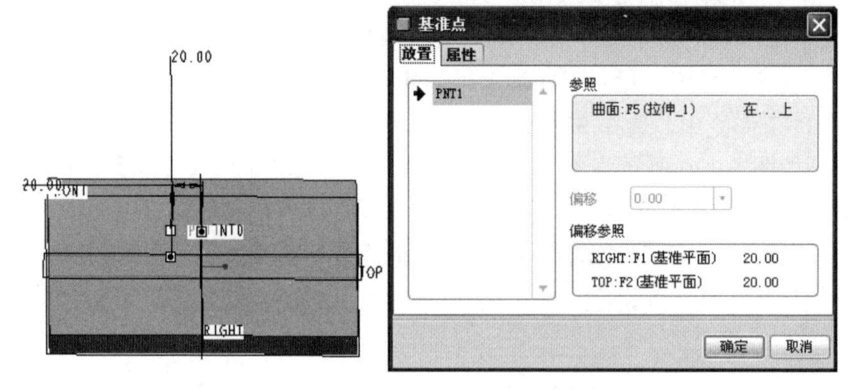

图 5-123　点 PNT1 的设置

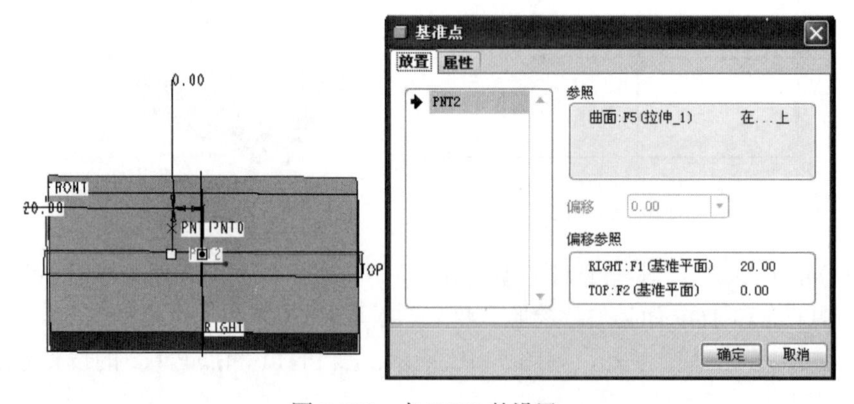

图 5-124　点 PNT2 的设置

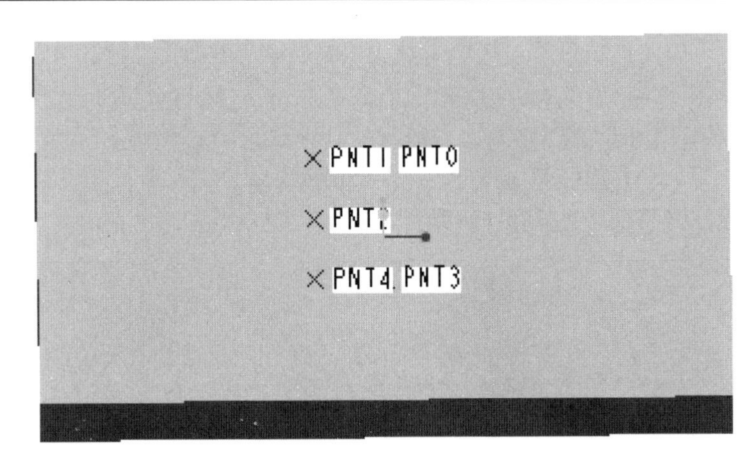

图 5-125　完成点的创建

3) 创建组件 spot_weld.asm

(1) 单击【文件(F)】→【新建(N)】命令，选择组件类型，输入文件名 spot_weld，取消【使用缺省模板】复选框，单击【确定】按钮，如图 5-126 所示。

(2) 系统弹出“新文件选项”对话框，在“新文件选项”对话框中的列表框中选中“mmns_asm_design”选项，单击【确定】按钮，进入组件设计平台。

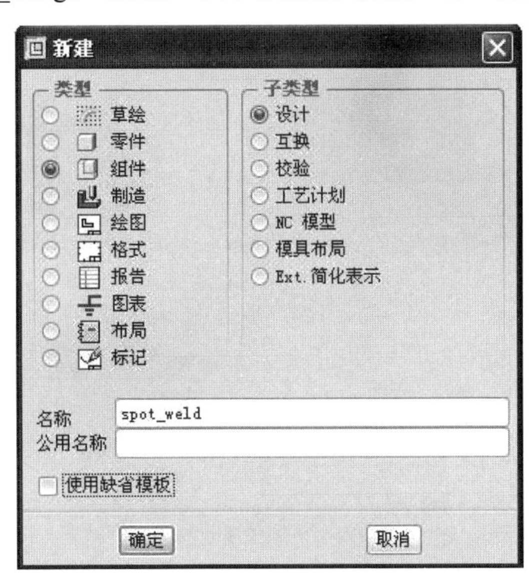

图 5-126　新建组件对话框

(3) 单击工具栏上的“添加元件”按钮，选取 spot_weld_2.prt，单击【打开】，设置约束类型为缺省 缺省 ，单击其后的完成按钮。

(4) 单击添加元件按钮，选取 spot_weld_1.prt，单击【打开】，按照图 5-127 所示进行装配。选取 spot_weld_1.prt 的下底面与 spot_weld_2.prt 的上平面配对，再将 spot_weld_1.prt 的 FRONT 面与 ASM_TOP 面对齐，最后将 spot_weld_1.prt 的 RIGHT 面与 ASM_RIGHT 面对齐，设置偏移距离为 15。单击其后的完成按钮，完成组件的装配，如图 5-128 所示。

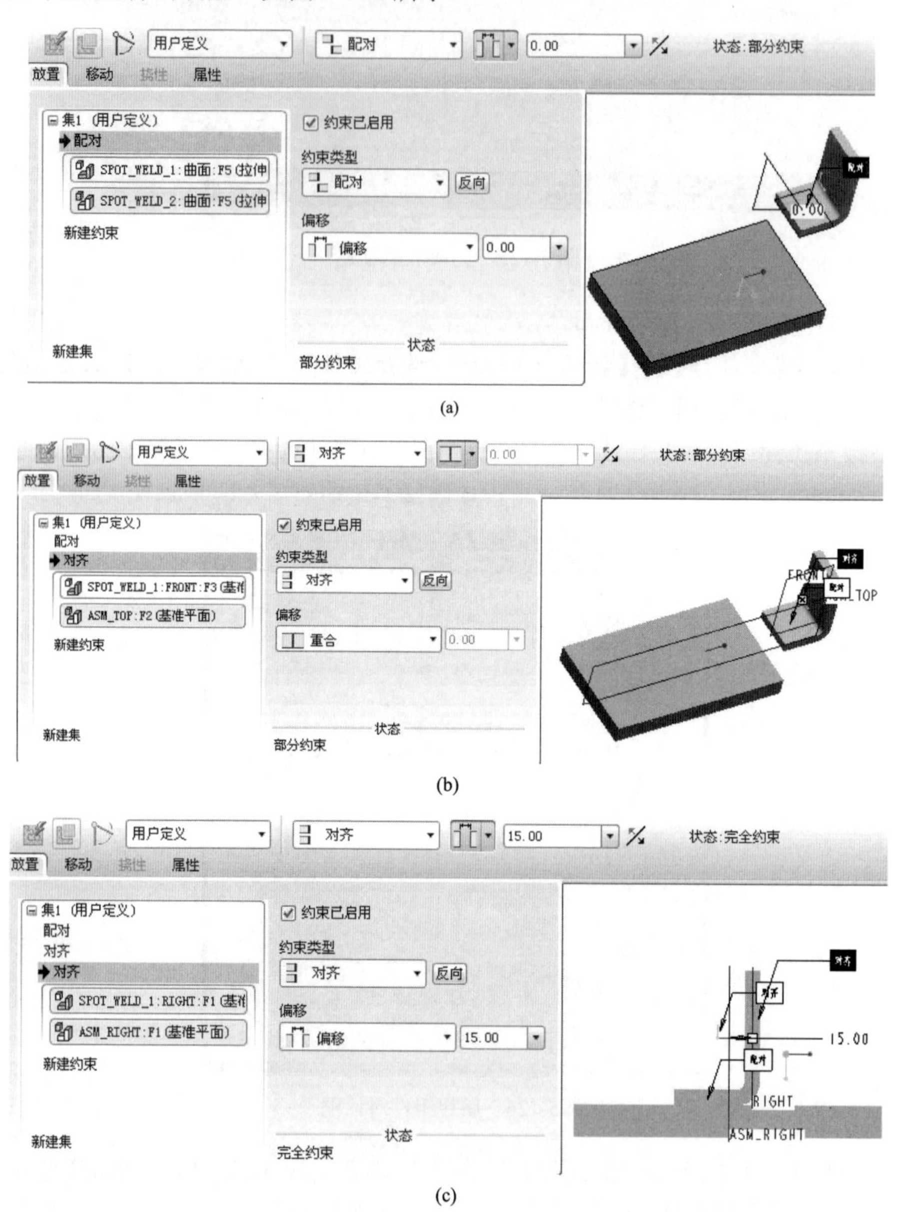

图 5-127　装配约束设置

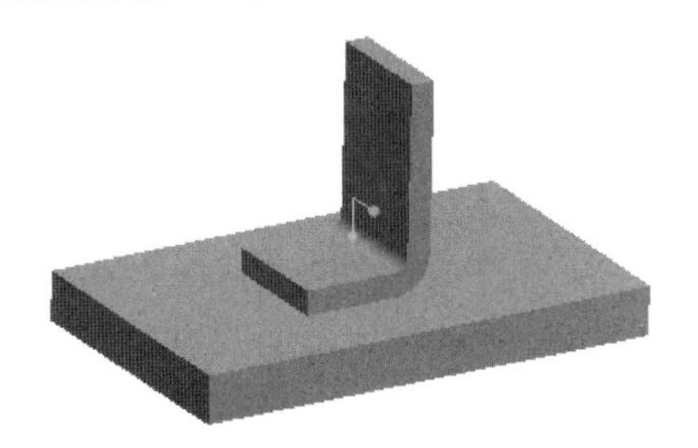

图 5-128　创建的组件模型

2. 添加材料

(1) 选择下拉式菜单【应用程序(P)】→【Mechanica(M)】，系统弹出“Mechanica 模型设置”对话框，在模型类型下拉列表框中选择“结构”选项，单击【确定】按钮，进入结构分析模块。

(2) 方法一：单击“Mechanica 对象”工具栏上的【材料】工具按钮，或选择菜单栏中的【属性(R)】→【材料(L)】，系统弹出“材料”对话框，如图 5-129 所示，选中【库中的材料】列表框中的“steel.mtl”选项，单击【向右添加】按钮，将选中的材料添加到模型中，单击【确定】按钮。然后单击“Mechanica 对象”工具栏上的【材料分配】工具按钮，或选择菜单栏中的【属性(R)】→【材料分配(A)】命令，系统弹出“材料指定”对话框，单击【确定】按钮，完成材料的添加。方法二：直接单击“Mechanica 对象”工具栏上的【材料分配】工具按钮，或选择菜单栏中的【属性(R)】→【材料分配(A)】命令，系统弹出“材料指定”对话框，如图 5-130 所示，单击【材料】选项中的【更多】按钮，系统弹出“材料”对话框，双击【库中的材料】列表框中的“steel.mtl”选项，将其加载到【模型中的材料】列表框中，单击【确定】按钮。

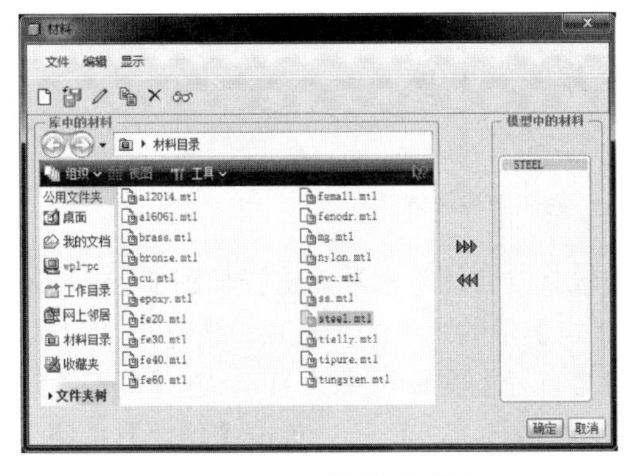

图 5-129　材料对话框

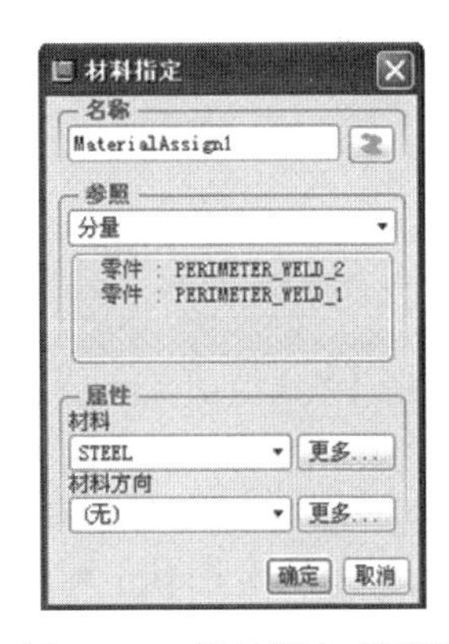

图 5-130　材料指定对话框

(3)按住 Ctrl，选中两个零件，单击【确定】按钮，材料添加到组件模型中，如图 5-131 所示。

图 5-131　添加材料

3. 创建点焊

(1)单击“Mechanica 对象”工具栏上的【焊缝】工具按钮，或选择菜单栏中的【插入(I)】→【连接(O)】→【焊缝(W)】命令，系统弹出“焊缝定义”对话框如图 5-132 所示。

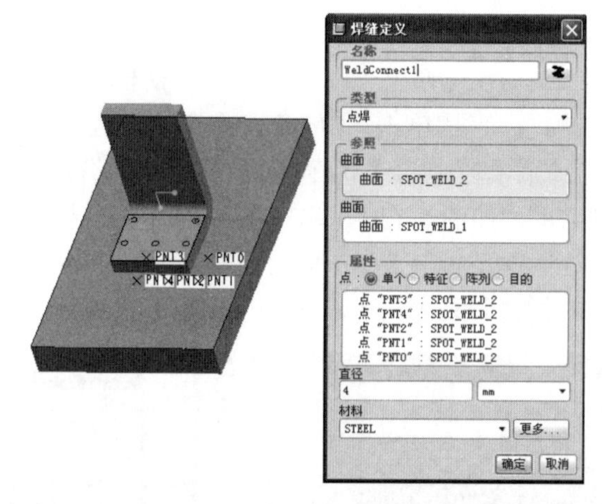

图 5-132　创建周边焊缝选项设置

(2)在【类型】下拉列表框中选择“点焊”选项，选择如图 5-132 所示的两平面作为参照。选中【属性】下的【点】中的“单个”选项，选择点 PNT0、PNT1、PNT2、PNT3、PNT4 五个点。将【直径】文本框中改为 4，在【材料】选项的下拉列表框中选择“STEEL”选项，如图 5-132 所示。单击【确定】按钮，完成周边焊缝的创建，效果如图 5-133 所示。

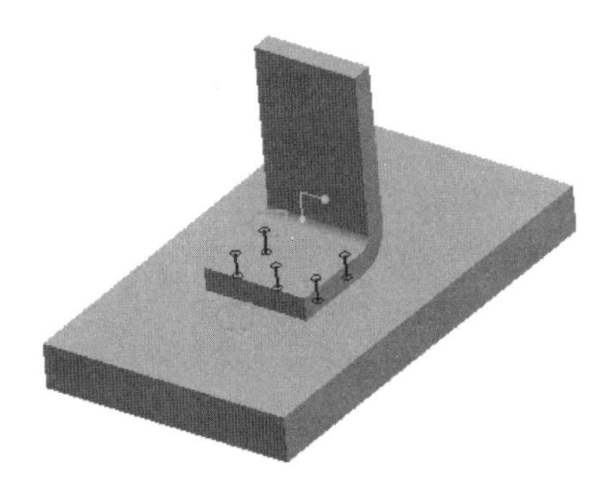

图 5-133　创建的点焊

4. 创建壳对

选择菜单栏中的【插入(I)】→【中间曲面(F)】→【自动检测壳对】，弹出“自动检测壳对”对话框，如图 5-134 所示，选中 spot_weld.asm 为检测元件，在【特性厚度】文本框中输入 10，单击【开始】按钮，结果如图 5-135 所示。

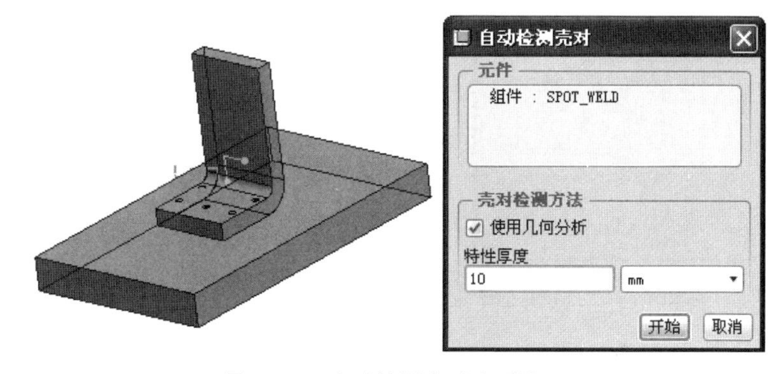

图 5-134　自动检测壳对选项设置

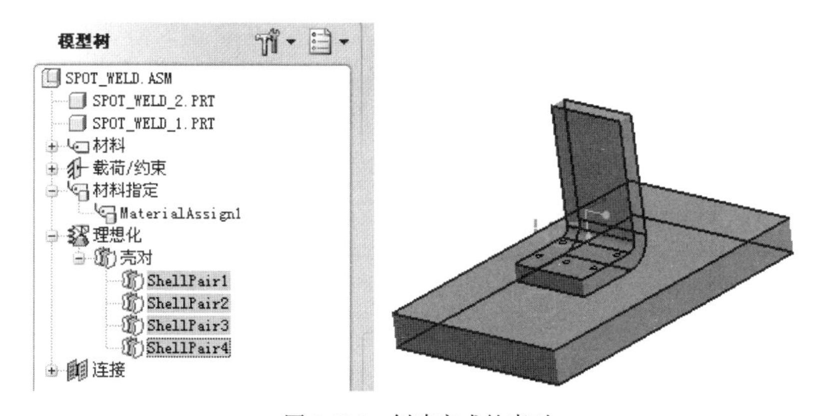

图 5-135　创建完成的壳对

5. 网格划分

(1)单击创建网格按钮，系统弹出“AutoGEM”对话框，单击【创建】按钮，系统弹出“诊断：AutoGEM 网格”对话框，如图 5-136 所示，所创建的网格的效果如图 5-137 所示。单击“诊断：AutoGEM 网格”对话框的【关闭】按钮及“AutoGEM 摘要”对话框的【关闭】按钮，系统弹出“AutoGEM”对话框，单击【关闭】按钮。

(2)右击模型树中创建的焊缝“WeldConnect1”，选择【隐含】命令，系统弹出“模拟确认”对话框，单击【是(Y)】按钮，进行网格划分后的效果如图 5-138 所示。

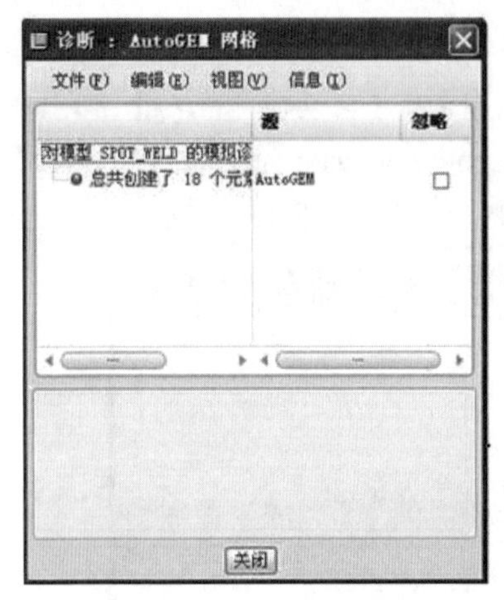

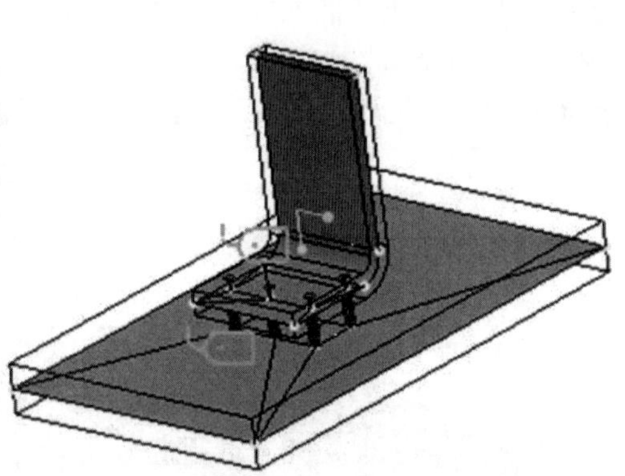

图 5-136　AutoGEM 网格对话框　　　　图 5-137　创建的网格

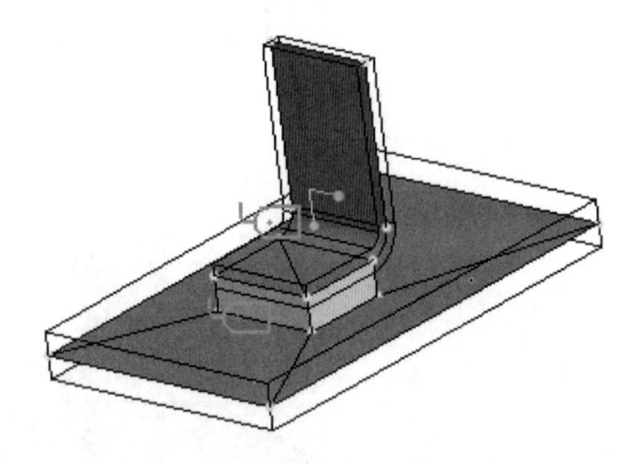

图 5-138　划分网格后无点焊情况

5.3　刚 性 连 接

刚性连接是 Mechanica 中提供的一种连接方式，它能够将参与刚性连接的几何视为整体，保持一致的运动状态。

刚性连接和焊接一样，可以用于零件模式和组件模式，但是在 Mechanica 中使用刚性连接应该注意以下几点：

(1) 刚性连接的几何应视为一个整体，所有几何具有相同的运动状态，而且这些几何不会发生变形。

(2) 无论小变形还是大变形，Mechanica 规定刚性连接的几何都只能发生微小的转动，如果查看结果发现刚性连接几何转角过大，则结果可能不准确。

1. 建立模型

完成文件见光盘\Source files\chapter5\links\rigid_link.prt.1。

(1) 单击【文件(F)】→【新建(N)】命令，选择零件类型，如图 5-139 所示，输入文件名 rigid_link，单击【确定】按钮。

(2) 单击“基础特征”工具栏上的【拉伸】工具按钮，在控制面板中显示拉伸设置选项，单击【放置】选项卡中的【定义】按钮，系统弹出“草绘”对话框，在 3D 工作区中，选择 FRONT 草绘面，单击【草绘】按钮，进入草图绘制平台，绘制如图 5-140 所示草图，单击“草绘器”工具栏上的【完成】按钮。

(3) 在控制面板中设置拉伸方式和拉伸长度，深度选项设置为“可变(盲孔)”，在深度值文本框中输入 300，单击其后的完成按钮，完成模型的设计，如图 5-141 所示。

图 5-139　新建零件对话框

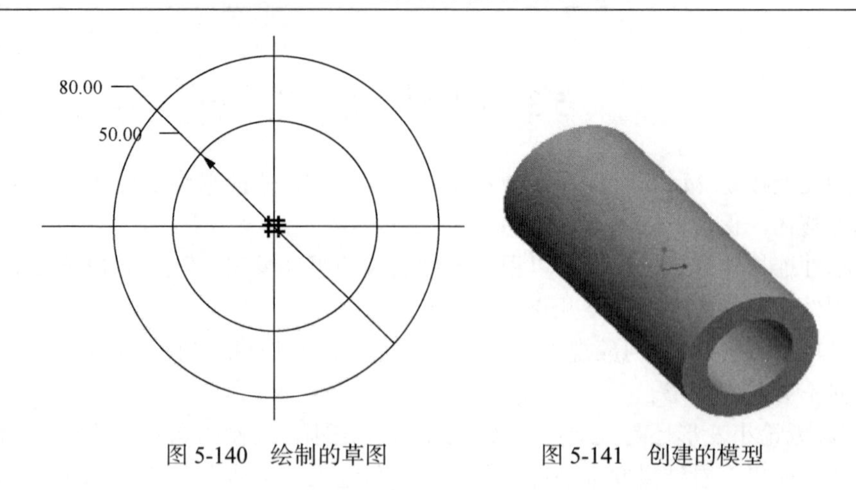

图 5-140　绘制的草图　　　　图 5-141　创建的模型

2. 创建点

(1)选择下拉式菜单【应用程序(P)】→【Mechanica(M)】，系统弹出“Mechanica 模型设置”对话框，在模型类型下拉列表框中选择“结构”选项，单击【确定】按钮，进入结构分析模块。

(2)单击工具栏上的【点】工具按钮，系统弹出“基准点”对话框，选取如图 5-142 所示平面为参照，在【放置】框内出现“PNT0”，单击【偏移参照】空白处，选择 TOP 面和 RIGHT 面，将偏移数值均改为“0”，如图 5-143 所示，单击【确定】按钮。

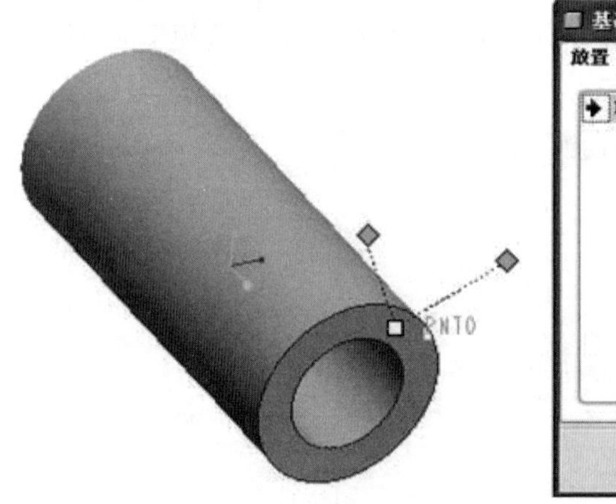

图 5-142　点的放置平面

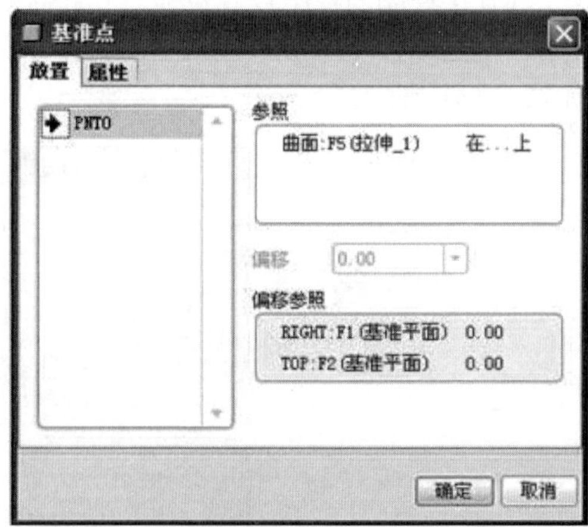

图 5-143　基准点对话框

3. 创建刚性连接

(1) 单击“Mechanica 对象”工具栏上的【刚性连接】工具按钮，或选择【插入(I)】→【连接(O)】→【刚性连接(R)】命令，系统弹出“刚性连接定义”对话框。

(2) 在【类型】下拉列表框中选择“简单”选项，按 Ctrl 键，在 3D 模型中选择点 PNT0 和创建该点的面，如图 5-144 所示，单击【确定】按钮，完成刚性连接的创建，效果如图 5-145 所示。

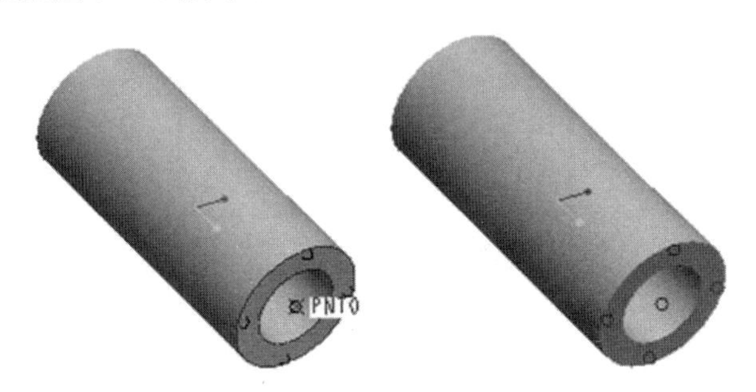

图 5-144　刚性连接的点和面　　图 5-145　创建的刚性连接点

5.4　受 力 连 接

受力连接是一种将载荷和质量单元均布分布的连接方法，受力连接比直接作用于几何的载荷(特别是质量单元)更加符合实际情况，同样，受力连接也可以用于零件模式和组件模式。

受力连接具有以下特征：

(1) 受力连接将以平衡的方式来分配质量或载荷。

(2) 受力连接将帮助我们控制分配到目标节点全局群组上的自由度分配。

(3) 受力连接将仅有一个来源结点，该来源结点将跟随目标结点群组而运动。下面通过实例说明受力连接的建立。

1. 建立模型

文件见光盘\Source files\chapter5\links\weighted_link_solid.prt.1。

(1) 单击【文件(F)】→【新建(N)】命令，选择零件类型，如图 5-146 所示，输入文件名 weighted_link_solid，单击【确定】按钮。

(2) 单击“基础特征”工具栏上的【拉伸】工具按钮，在控制面板中显示拉伸设置选项，单击【放置】选项卡中的【定义】按钮，系统弹出“草绘”对话框，在 3D 工作区中，选择 FRONT 草绘面，单击【草绘】按钮，进入草图绘制平台，绘制如图 5-147 所示草图，单击“草绘器”工具栏上的【完成】按钮。

(3) 在控制面板中设置拉伸方式和拉伸长度，深度选项设置为“可变(盲孔)”，在深度值文本框中输入 600，单击其后的完成按钮，完成模型的设计，如图 5-148 所示。

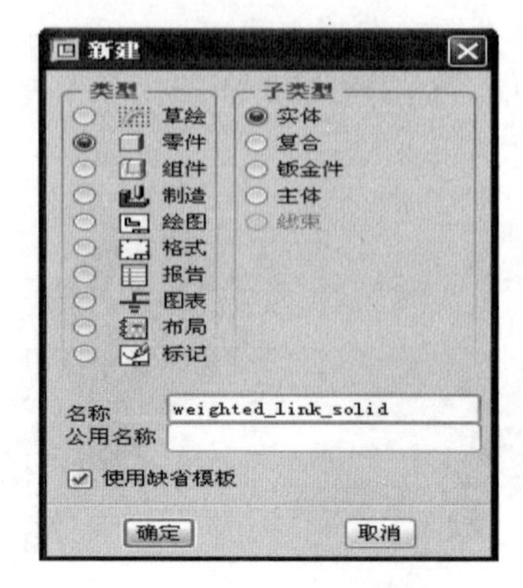

图 5-146　新建零件对话框

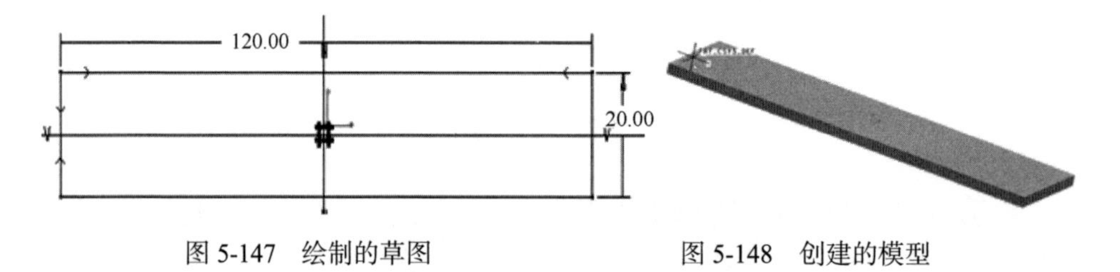

图 5-147　绘制的草图　　　　图 5-148　创建的模型

2. 创建曲面区域

(1) 选择下拉式菜单【应用程序(P)】→【Mechanica(M)】，系统弹出“Mechanica 模型设置”对话框，在模型类型下拉列表框中选择“结构”选项，单击【确定】按钮，进入结构分析模块。

(2) 单击“Mechanica 对象”工具栏上的【曲面区域】工具按钮，或选择菜单栏中的【插入(I)】→【曲面区域(U)】命令，控制面板中显示分割曲面控制项。

(3) 单击【参照】选项卡，选择下拉列表框中的“通过草绘分割”选项，单击【草绘】对话框中的【定义】按钮，系统弹出“草绘”对话框。

(4) 在 3D 模型中选择模型的上表面，单击“草绘”对话框中的【草绘】按钮，进入草图工作台。在草绘区绘制如图 5-149 所示的轮廓曲线，单击“草绘器”工具栏上的【完成】按钮，返回草绘控制面板。

(5) 单击【参照】选项卡中的【曲面】文本框，在 3D 模型中选择上表面，单击控制面板中的【完成】按钮✔，完成曲面区域的创建，效果如图 5-150 所示。

3. 创建点

(1) 单击工具栏上的【点】工具按钮，系统弹出“基准点”对话框。

(2) 选择零件的上表面作为参照，在【放置】框内出现“PNT0”，单击【偏移参照】空白处，选择 RIGHT 面和 FRONT 面，将偏移数值均改为 0 和 450，如图 5-151 所示，单击【确定】按钮。

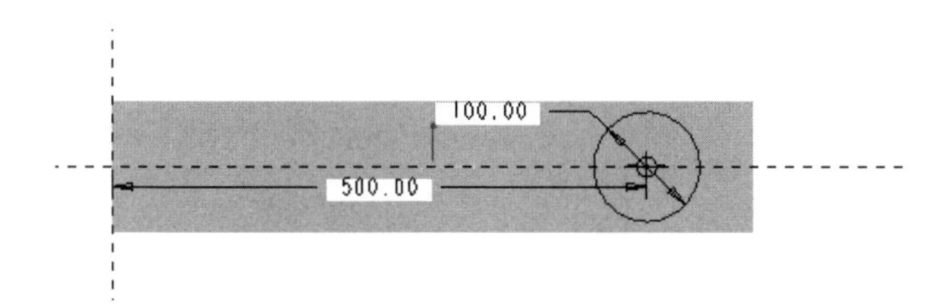

图 5-149　绘制的轮廓曲线

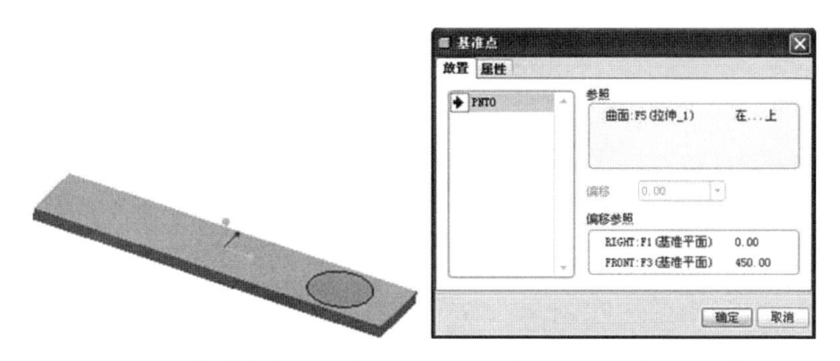

图 5-150　完成的曲面区域　　　　图 5-151　基准点对话框

(3) PNT1 和 PNT2 的创建步骤同 PNT0，其参数设置如图 5-152 和图 5-153 所示。PNT2 偏移参照其中一个平面为零件的上表面。

图 5-152　PNT1 的创建　　　　图 5-153　PNT2 的创建

4. 创建受力连接

(1) 单击“Mechanica 对象”工具栏上的【受力连接】工具按钮，或选择菜单栏中的【插入(I)】→【连接(O)】→【受力连接(L)】命令，系统弹出“受力连接定义”对话框，如图 5-154 所示。

(2) 在【独立侧】下拉列表框中选择“曲面”选项，选取所创建的曲面区域，选中【从属侧】选项组中的【点】文本框，在 3D 模型中选择点 PNT2。其他选项为默认值，单击【确定】按钮，完成受力连接的创建，效果如图 5-155 所示。

图 5-154　受力连接定义对话框

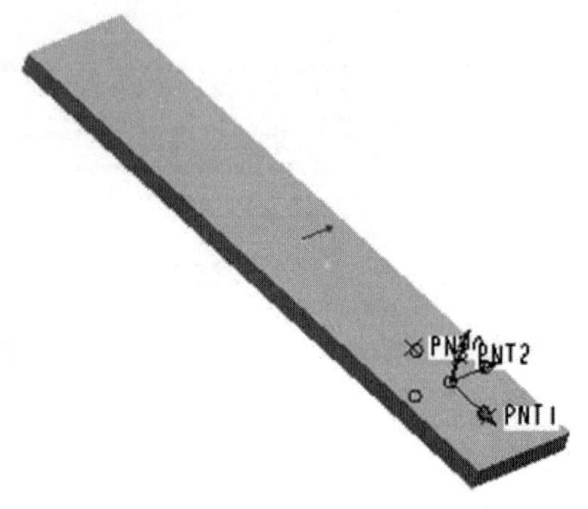

图 5-155　创建的受力连接

5.5　紧　固　件

紧固件是用来模拟类似螺栓或螺钉连接的单元，紧固件连接只能在集成模式下的组件下有效。Mechanica 中可以创建两种类型的紧固件：简单和高级。

简单紧固件：可以指定紧固件的材料属性以及螺栓或螺钉的直径。定义完成连接后，系统自动将两连接的元件分离一定距离，避免发生干涉。简单紧固件不能考虑摩擦，所有剪力都由螺栓承受。

高级紧固件：可以模拟各种复杂的螺栓或螺钉，不仅可以指定紧固件材料、直径，还可以输入刚度属性，指定转动情况、抗剪切属性及预紧力大小等。

紧固件连接并不是完全按照实际外形来定义的，有以下几点注意：

(1) 无论螺栓还是螺钉，其长度都要大于 0。

(2) 紧固件参照孔必须与侧面垂直。

(3) 定义螺栓连接时，孔必须穿透两个元件；定义螺钉连接时，螺钉头部必须为穿透孔而末梢部分没有穿透要求。

(4) 紧固件不能与元件发生干涉。

(5) 定义紧固件连接后，系统会自动将两连接元件分离一定距离避免干涉产生。

下面通过例子说明紧固件的连接方式。

1. 建立模型

文件见光盘\Source files\chapter5\fasteners\fastener.asm.1。

1) 新建模型 fastener_1.prt

(1) 单击【文件(F)】→【新建(N)】命令，选择零件类型，如图 5-156 所示，输入文件名 fastener_1，单击【确定】按钮。

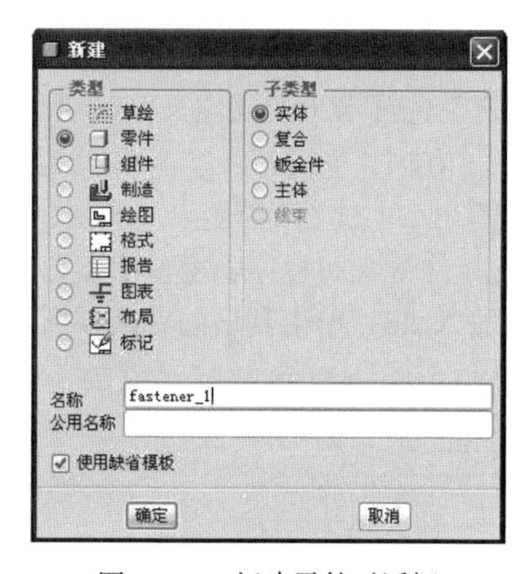

图 5-156　新建零件对话框

(2) 单击“基础特征”工具栏上的【拉伸】工具按钮，在控制面板中显示拉伸设置选项，单击【放置】选项卡中的【定义】按钮，系统弹出“草绘”对话框，在 3D 工作区中，选择 FRONT 草绘面，单击【草绘】按钮，进入草图绘制平台，绘制如图 5-157 所示草图，单击“草绘器”工具栏上的【完成】按钮✔。

(3) 在控制面板中设置拉伸方式和拉伸长度，深度选项设置为“可变(盲孔)”，在深度值文本框中输入 20。单击其后的完成按钮✔，完成模型的设计，如图 5-158 所示。

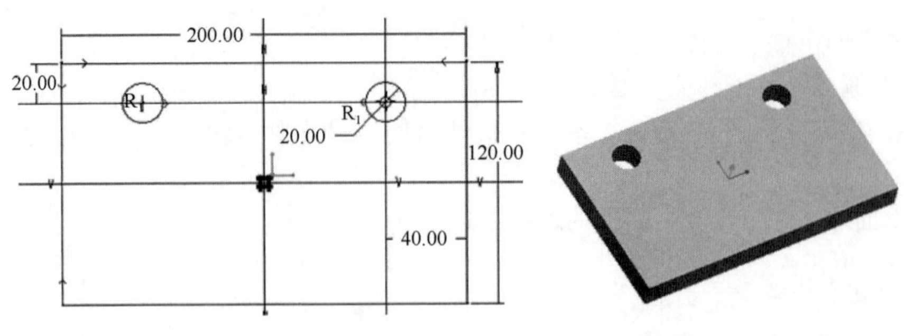

图 5-157　绘制的草图　　　　图 5-158　创建的模型

2) 新建模型 fastener_2.prt

(1) 单击【文件(F)】→【新建(N)】命令，选择零件类型，输入文件名 fastener_2，单击【确定】按钮。

(2) 单击“基础特征”工具栏上的【拉伸】工具按钮，在控制面板中显示拉伸设置选项，单击【放置】选项卡中的【定义】按钮，系统弹出“草绘”对话框，在 3D 工作区中，选择 FRONT 草绘面，单击【草绘】按钮，进入草图绘制平台；绘制如图 5-159 所示草图，单击“草绘器”工具栏上的【完成】按钮。

(3) 在控制面板中设置拉伸方式和拉伸长度，深度选项设置为“可变(盲孔)”，在深度值文本框中输入 20。单击其后的完成按钮，完成模型的设计，如图 5-160 所示。

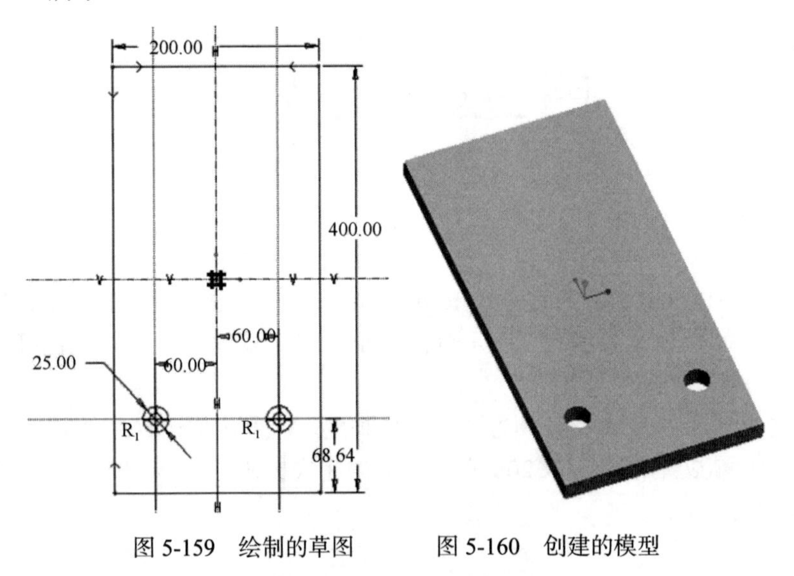

图 5-159　绘制的草图　　　　图 5-160　创建的模型

3) 新建组件模型 fastener.asm

(1) 单击【文件(F)】→【新建(N)】命令，选择组件类型，输入文件名 fastener，取消【使用缺省模板】复选框，单击【确定】按钮，如图 5-161 所示。

(2) 系统弹出“新文件选项”对话框，在“新文件选项”对话框中的列表框中选中“mmns_asm_design”选项，单击【确定】按钮，进入组件设计平台。

(3) 单击工具栏上的“添加元件”按钮，选取 fastener_1.prt，单击【打开】，设置约束类型为缺省 缺省 ，单击其后的完成按钮。

(4) 单击添加元件按钮，选取 fastener_2.prt，单击【打开】，依次选取 fastener_1.prt 的上表面和 fastener_2.prt 的下表面。此时在【状态】选项组中显示【部分约束】，如图 5-162 所示。

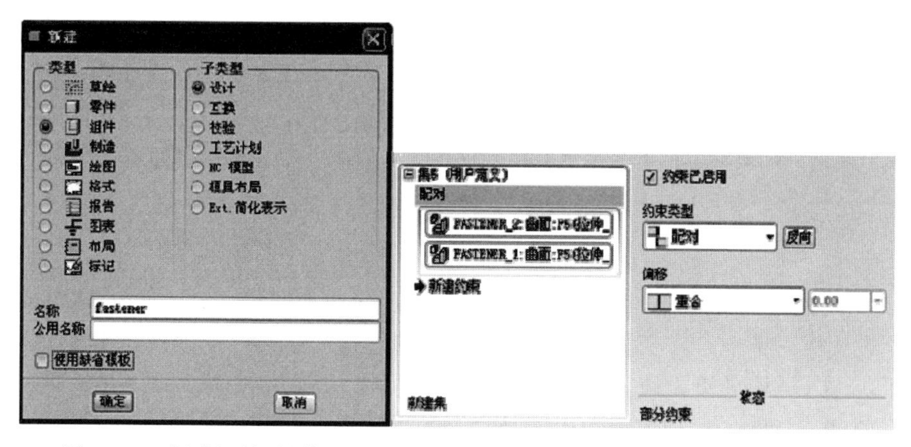

图 5-161　新建组件对话框　　　　图 5-162　设置约束类型

(5) 在【放置】下滑面板中选择【新建约束】选项，依次选取两零件孔的轴线 A_1，此时在【状态】选项组中显示【完全约束】，如图 5-163 所示。但由于现组件形成如图 5-164 所示装配形式，不能满足我们的装配要求，仍需继续对其进行约束，直至完成。

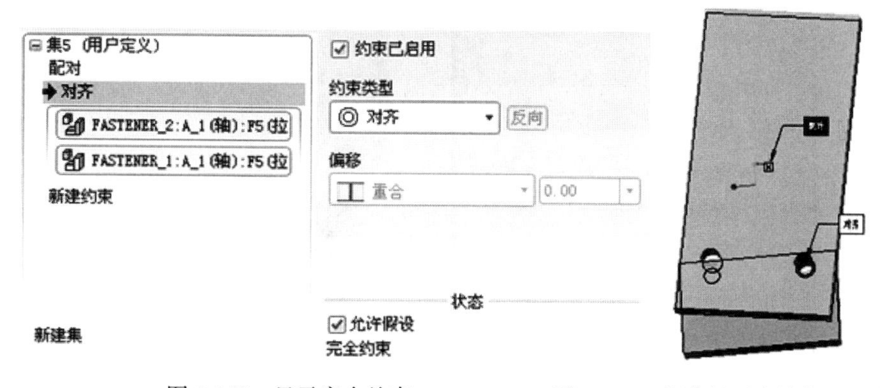

图 5-163　显示完全约束　　　　图 5-164　未满足要求的装配形式

(6) 在【放置】下滑面板中选择【新建约束】选项，依次选取两零件孔的 RIGHT 面，此时在【状态】选项组中显示【完全约束】，如图 5-165 所示。单击其后的完成按钮✔，完成组件的装配，如图 5-166 所示。

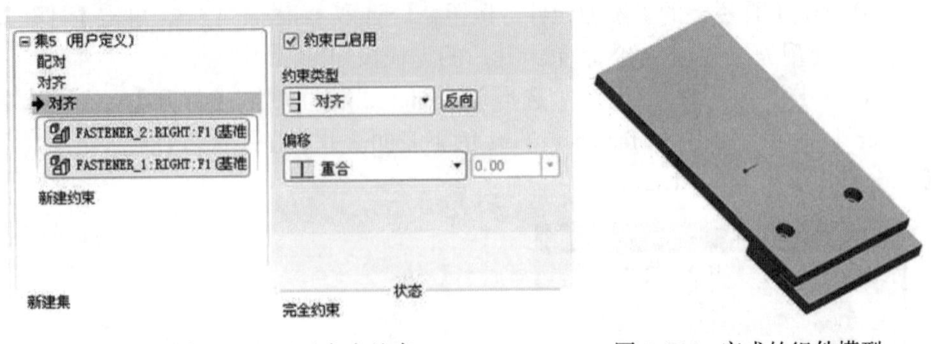

图 5-165　显示完全约束　　图 5-166　完成的组件模型

2. 创建竖固件连接

(1) 选择下拉式菜单【应用程序(P)】→【Mechanica(M)】，系统弹出“Mechanica 模型设置”对话框，在模型类型下拉列表框中选择“结构”选项，单击【确定】按钮，进入结构分析模块。

(2) 单击“Mechanica 对象”工具栏上的【紧固件】工具按钮，或选择菜单栏中的【插入(I)】→【连接(O)】→【紧固件(F)】命令，系统弹出“紧固件定义”对话框，如图 5-167 所示。

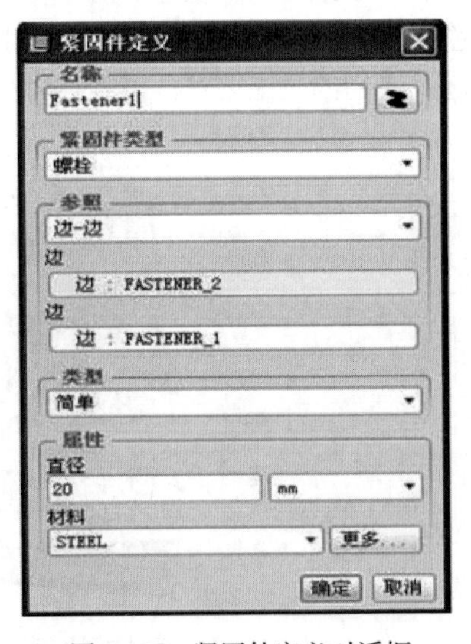

图 5-167　紧固件定义对话框

图 5-168　选择的边线

(3)在【紧固件类型】下拉列表框中选择“螺栓”选项，【参照】下拉列表框中选择“边-边”选项，选择孔的上下边线。

(4)在【类型】下拉列表框中选择“简单”选项，单击【材料】文本框后的【更多】按钮，系统弹出“材料”对话框，将库中的材料“STEEL”添加到模型中，单击【确定】按钮，返回“紧固件定义”对话框，其他选项为默认值，单击【确定】按钮，完成紧固件的创建。

另外一个孔的紧固件连接与前面的操作类似，不再赘述。完成紧固件的创建，效果如图 5-168 所示。

第 6 章　结构分析实例

6.1　概　　述

Mechanica 结构分析包括静态分析(含预应力静态)、模态分析(含预应力模态)、屈曲分析、疲劳分析和振动分析，这些分析功能能够得出结构的强度、刚度、稳定性等特性，除了接触分析和大变形分析以外，所有的分析均为线性分析。

6.2　静 态 分 析

6.2.1　静态分析简介

静态分析分为线性静态分析和非线性静态分析两种。线性静态分析是指材料在外载荷作用下产生的应力小于材料本身的弹性极限 σ_e 时，材料的变形和载荷呈线性关系，在此时进行的静态分析就是线性静态分析。非线性静态分析是指构件的变形超出了材料的线性区，载荷和变形不再呈线性关系。

由于工程实际中大部分的零部件都处在材料的线性区，线性静态分析在工程中有着极为广泛的应用，同时也是最为基础的一类分析方法。

静态分析是用于计算结构在固定不变载荷作用下的结构的响应。一般不考虑惯性与阻尼的影响，它不能计算载荷随时间变化的情况，但是，对于那些固定不变的惯性载荷(如重力、离心力)是可以等效为静态分析进行计算的。

6.2.2　线性静态分析实例

本节将通过对一个平板的分析让读者掌握线性静态分析的基本流程。

如图 6-1 所示的 12mm×100mm×330mm 的平板，一端固定，一端受拉力作用，求平板的应力和变形分布。

本实例完成文件见光盘\Source files\chapter6\static\static\static.prt.1。

详细操作步骤如下。

1. 模型建立

1)新建文件

(1)单击【文件(F)】→【新建(N)】→弹出“新建”对话框→输入新文件名

称“static”→“使用缺省模板”复选框不打钩，如图 6-2 所示。

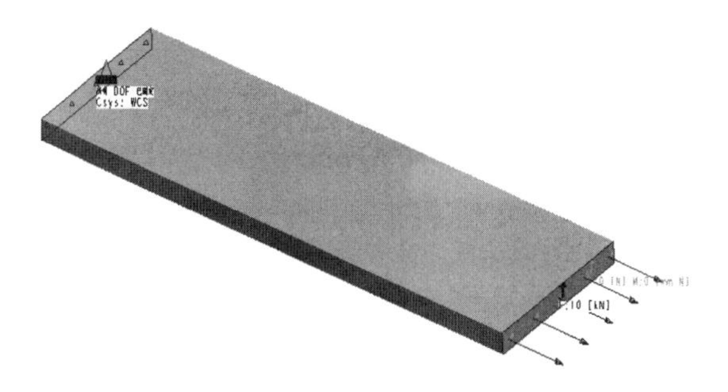

图 6-1　一端固定一端受拉的平板模型

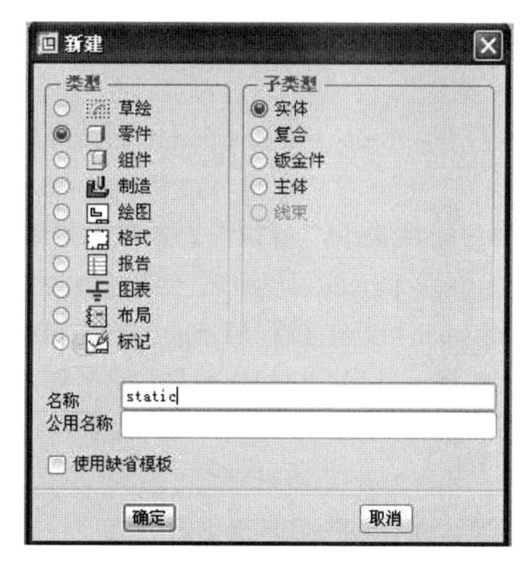

图 6-2　新建对话框

(2) 单击【确定】按钮→打开“新文件选项”对话框→选择“mmns_part_solid”模板→单击【确定】按钮完成新文件的建立。

2) 拉伸实体

(1) 单击拉伸工具按钮(或者选择【插入(I)】→【拉伸(E)】)→单击【放置】→单击【定义】按钮→弹出“草绘”对话框→选择绘图窗口中的 FRONT 面作为草绘基准平面→单击【草绘】按钮，进入草绘模式。

(2) 单击创建 2 点中心线按钮，绘制水平和竖直的中心线→单击创建矩形按钮在绘图区域绘制长为 100 宽为 12 的矩形，绘制完成后如图 6-3 所示→单击退出草绘按钮，退出草绘窗口。

(3) 设置拉伸长度为 330→单击完成按钮完成实体模型的创建。

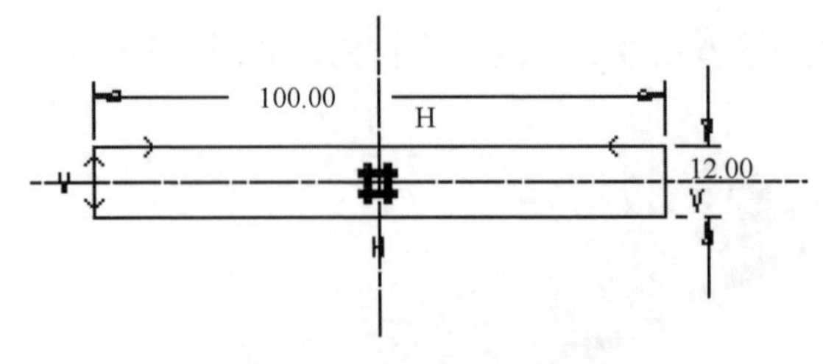

图 6-3　建立完成的草图

2. 前处理

1) 进入 Mechanica 环境

(1) 选择【应用程序(P)】→【Mechanica(M)】→打开“Mechanica 模型设置”对话框→模型类型选择“结构”，缺省界面选择“连接”，其他采用默认设置。

(2) 单击【确定】按钮进入 Mechanica Structure 分析环境。

2) 设置材料

(1) 单击定义材料按钮→弹出“材料”对话框→双击“steel.mtl”(或单击“steel.mtl”→单击按钮)→将 steel 材料加入“模型中的材料”栏如图 6-4 所示→单击【确定】按钮，将 steel 材料加载到当前的分析项目中。

(2) 单击材料分配按钮→弹出“材料指定”对话框如图 6-5 所示→参照选择“分量”，材料选择刚刚加载的“steel”→单击【确定】按钮，自动将材料赋予整个实体模型。

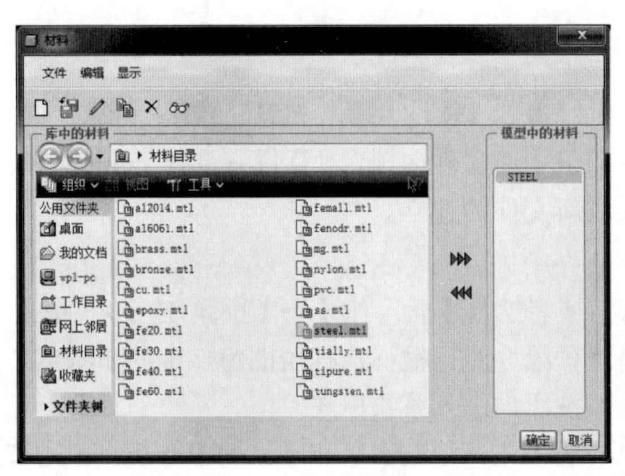

图 6-4　材料对话框　　图 6-5　材料指定对话框

(3) 或者直接单击材料分配按钮→弹出“材料指定”对话框如图 6-5 所示→单击【更多】按钮→弹出“材料”对话框→双击“steel.mtl”(或单击“steel.mtl”→单击按钮)→将 steel 材料加入“模型中的材料”栏如图 6-4 所示→单击【确

定】按钮→回到“材料指定”对话框→单击【确定】按钮，完成模型的材料设置。

3)定义约束

(1)单击位移约束按钮(或者选择【插入(I)】→【位移约束(I)】命令)→弹出“约束”对话框。

(2)参照选择“曲面”→单击选择模型的左侧面→固定所有的平移和旋转自由度如图 6-6 所示→单击【确定】按钮完成约束的建立。

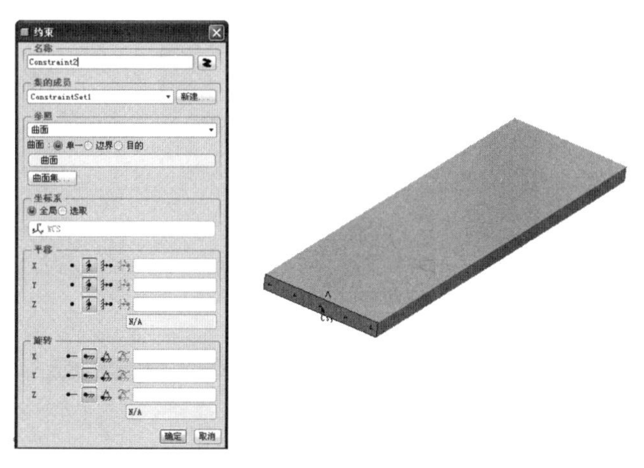

图 6-6　约束对话框和施加约束后的模型

4)施加载荷

(1)单击创建力/力矩载荷按钮(或者选择【插入(I)】→【力/力矩载荷(L)】命令)→弹出“力/力矩载荷”对话框。

(2)参照选择“曲面”→单击选择模型的右侧面→力的大小为：X=0kN，Y=0kN，Z=10kN，如图 6-7 所示→单击【确定】按钮完成载荷的施加。

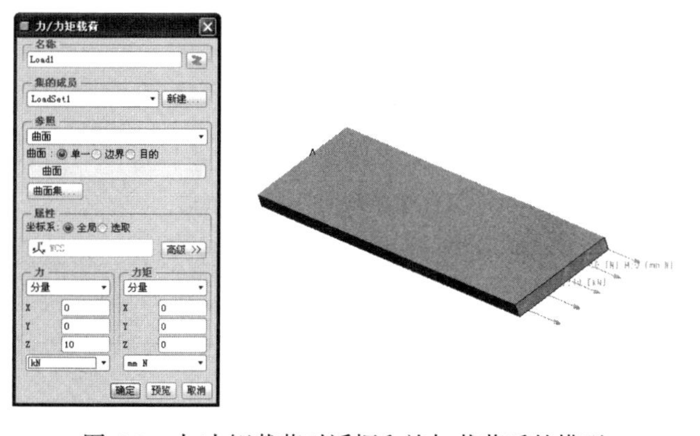

图 6-7　力/力矩载荷对话框和施加载荷后的模型

3. 网格划分

(1) 单击▦为几何元素创建 P 网格按钮(或者选择【AutoGEM】→【创建(C)】)→弹出“AutoGEM”对话框如图 6-8 所示。

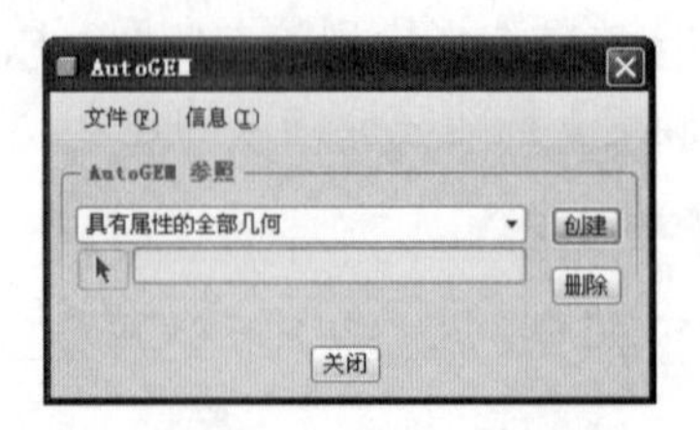

图 6-8　AutoGEM 对话框

(2) AutoGEM 参照选择“具有属性的全部几何”→单击【创建】按钮，创建网格→创建好的网格如图 6-9 所示。可以通过 AutoGEM 摘要查看划分后的网格的相关信息。

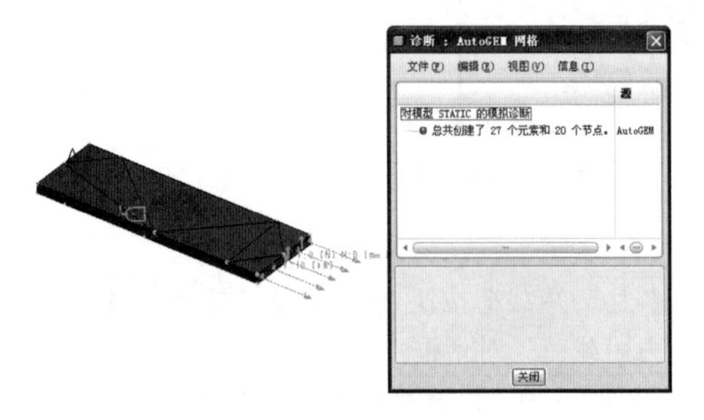

图 6-9　完成后的网格

4. 定义并执行静态分析

1) 定义静态分析

(1) 单击▣Mechanica 分析/研究按钮(或者选择【分析(A)】→【Mechanica 分析/研究(E)】命令)→弹出“分析和设计研究”对话框。

(2) 单击【文件(F)】→【新建静态分析】命令→弹出“静态分析定义”对话框如图 6-10 所示→在名称栏输入名称“Analysis_staic”→确定在约束栏中包含端面约束的约束组并且在载荷栏中包含端面拉力的载荷组。

(3) 在收敛方法栏选择“单通道自适应”收敛方式→其他选项按照默认设置→设置完成如图 6-10 所示→单击【确定】按钮完成静态分析定义。

2) 执行静态分析

(1) 在“分析和设计研究”对话框中确保定义的分析被选中→单击开始运行按钮(或者选择【运行(R)】→【开始】命令)开始执行分析。

(2) 单击显示研究状态按钮(或者选择【信息(I)】→【状态】命令)查看运行进度→完成后单击【关闭】按钮退出。

5. 结果查看

(1) 在“分析和设计研究”栏中单击查看设计或有限元分析结果按钮→打开“结果窗口定义”对话框→显示类型选择“条纹”，显示量为“应力”，显示分量选择“von Mises”，具体设置如图 6-11 所示→单击【确定并显示】按钮→应力分析结果就显示在窗口了。

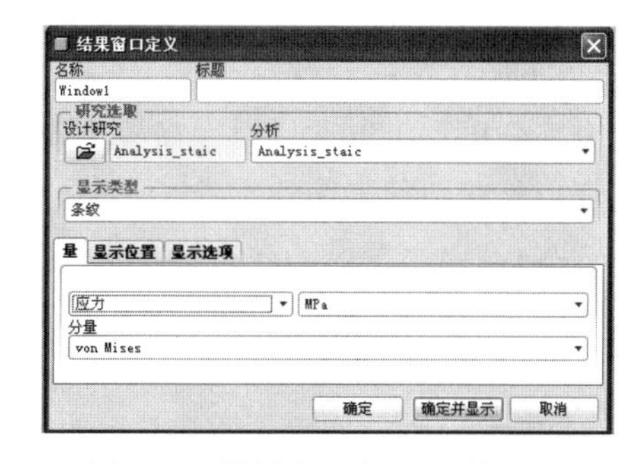

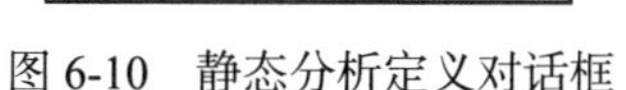
图 6-10　静态分析定义对话框　　图 6-11　结果窗口定义对话框设置

(2) 单击复制所选定义按钮→再次弹出“结果定义”对话框→显示类型选择“条纹”，显示量为“位移”，显示分量选择“模”→单击【确定并显示】按钮，最终显示结果如图 6-12 所示。

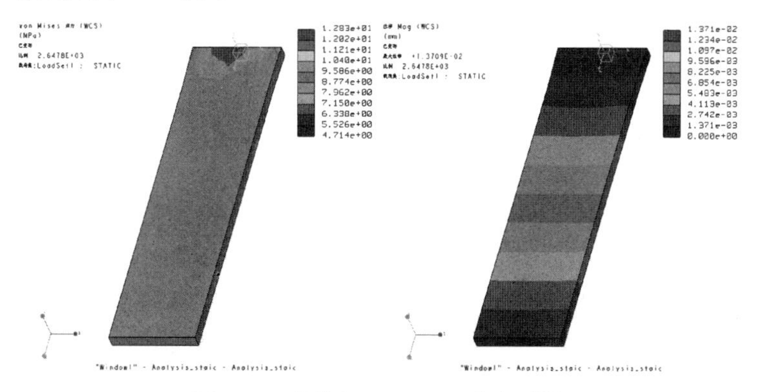

图 6-12　位移和 von Mises 应力云图

6.3　大变形问题分析

6.3.1　大变形分析简介

大变形分析是一种非线性分析，它分析结构在外载荷作用下由于结构形状变化导致的非线性响应。结构变形很大，已经不符合线性静态分析所设定的结构在载荷作用下变形很小的假设，这导致了非线性，因此大变形也称为几何非线性。在实际中有很多这样的例子，例如，钓鱼竿在末端受鱼的重力作用发生弯曲，随着竿的不断弯曲，以致力臂明显减少，导致杆端显示出在较高载荷作用下不断增长的刚性。还有，弓在拉力作用下发生大变形，线性分析下的小变形假设已不再适用。

Mechanica 执行大变形分析时，对约束和载荷有所规定。

(1)激活大变形选项时，如果存在强迫位移，可以不需要载荷，否则至少需要一个或一个以上的载荷组。

(2)大变形分析不可以选择惯性释放选项。

(3)大变形存在两种载荷状态：与位移无关载荷和与位移有关载荷。这两种载荷主要是从载荷方向来考虑的。结构发生大变形，将导致与作业面垂直的载荷方向发生改变，如悬臂梁，在载荷作用下发生大变形而导致载荷方向发生改变。

例如，对于 6.3.2 节中的例子中受力的平板，首先需要判定这一平板是使用线性分析还是大变形分析。如果使用线性分析，则可以将平板简化为壳单元，这可以大大减少分析的时间而不影响精度；如果使用大变形分析，则只能采用实体模型，因为 Mechanica 的大变形分析不允许有壳单元和梁单元，只支持实体单元和质量单元。很明显，对于这个直径 200mm、厚度 1mm 的中间镂空(尺寸见图 6-13)的平板，使用实体单元将导致大量的网格，大大增加了分析的时间和收敛的难度。为此需要判定结构是否为线性。

为了判定结构使用线性静态分析还是使用非线性静态分析，执行下面所述的 4 个步骤。

(1)建立模型，使用壳单元来执行一个线性静态分析，得出最大位移为 1.237mm。

(2)将线性分析得到的位移反映至模型，得到一个中心突起 1.237mm 的锥形板。

(3)采用相同的设置，执行静态分析得到最大位移为 0.61mm。

(4)对比两次分析结果，发现使用相同的载荷，得到的位移结果相差一倍多，很显然，这已经不符合线性的假设。虽然使用实体单元会导致大量的网格和增加分析时间，但是要得到更准确的结果，应该使用大变形分析。

6.3.2　大变形分析实例

本节将通过对一个圆盘的大变形分析让读者了解 Pro/E 做大变形分析的基本流程。

如图 6-13 所示，直径为 200mm，厚度为 1mm 的圆形对称平板，材料为 Al6061，平板受到 0.005MPa 的均匀压力载荷，要求求出平板在这一载荷下的变形。

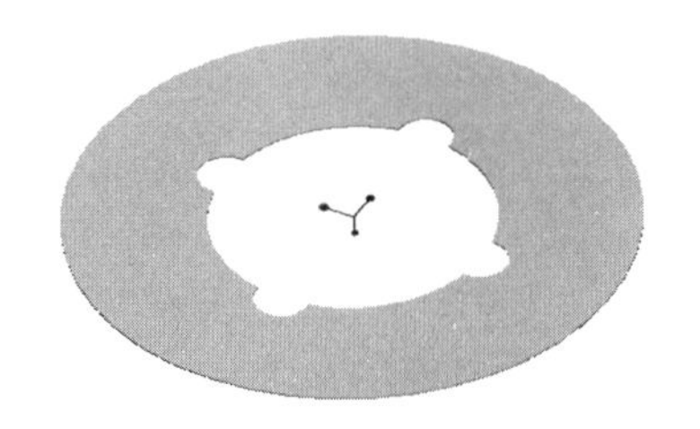

图 6-13　承受均匀压力载荷的圆形平板

本实例完成文件见光盘\Source files\chapter6\static，依次建立的模型为：large_deformation.prt.1、large_deformation_1.prt.1、large_deformation_analysis.prt.1。

详细操作步骤如下。

1. 模型建立

1) 新建文件

(1) 单击【文件(F)】→【新建(N)】→弹出“新建”对话框→输入新文件名称“larger_deformation”→“使用缺省模板”复选框不打钩，如图 6-14 所示。

(2) 单击【确定】按钮→打开“新文件选项”对话框→选择“mmns_part_solid”模板→单击【确定】按钮完成新文件的建立。

2) 拉伸实体

(1) 单击拉伸工具按钮(或者选择【插入(I)】→【拉伸(E)】)→单击【放置】→单击【定义】按钮→弹出“草绘”对话框→选择绘图窗口中的 FRONT 面作为草绘基准平面→单击【草绘】按钮，进入草绘模式。

(2) 单击通过拾取圆心和圆上一点来创建圆按钮→在绘图区域绘制直径为 200、小圆直径为 20、内圆直径为 100 的对称图形→绘制完成后如图 6-15 所示→单击退出草绘按钮，退出草绘窗口。

(3) 设置拉伸长度为“1”→单击完成按钮完成实体模型的创建。

图 6-14　新建对话框

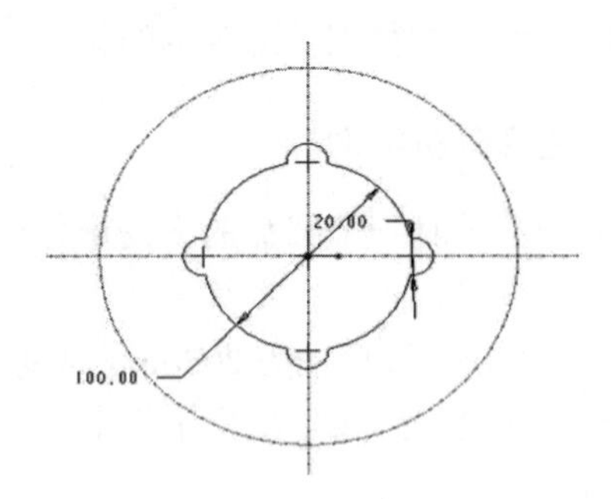

图 6-15　建立完成的草图

2. 前处理

1) 进入 Mechanica 环境

(1) 选择【应用程序(P)】→【Mechanica(M)】→打开“Mechanica 模型设置”对话框→模型类型选择“结构”，缺省界面选择“连接”，其他采用默认设置。

(2) 单击【确定】进入 Mechanica Structure 分析环境。

2) 定义壳单元

(1) 单击创建壳对按钮(或者选择【插入(I)】→【中间曲面(F)】→【壳对】命令)→弹出“壳对定义”对话框如图 6-16 所示。

(2) 勾选“自动选取相对曲面”复选框→点选模型上表面如图 6-16 所示→单击✔按钮，完成壳对的定义。

图 6-16　壳对定义对话框设置及模型曲面的选取

3) 设置材料

(1) 单击定义材料按钮→弹出“材料”对话框→双击“Al6061.mtl”（或单击“Al6061.mtl”→单击⏩按钮）→将 Al6061 材料加入“模型中的材料”栏如图 6-17 所示→单击【确定】按钮将 Al6061 材料加载到当前的分析项目中。

(2) 单击材料分配按钮→弹出“材料指定”对话框如图 6-17 所示→参照选择“分量”，材料选择刚刚加载的“Al6061”→单击【确定】按钮，自动将材料赋予整个实体模型。

(3) 或者直接单击材料分配按钮→弹出“材料指定”对话框如图 6-18 所示→单击【更多】按钮→弹出“材料”对话框→双击“Al6061.mtl”（或单击“Al6061.mtl”→单击⏩按钮）→将 Al6061 材料加入“模型中的材料”栏如图 6-17 所示→单击【确定】按钮→回到“材料指定”对话框→单击【确定】按钮，完成模型的材料设置。

图 6-17　材料对话框　　　　　　　　图 6-18　材料指定对话框

4) 定义约束

(1) 单击位移约束按钮（或者选择【插入(I)】→【位移约束(I)】命令）→弹出“约束”对话框。

(2) 参照选择“曲面”→单击选择模型的圆周边→固定所有的平移和旋转自由度如图 6-19 所示→单击【确定】按钮完成约束的建立。

5) 施加载荷

(1) 单击创建压力载荷按钮（或者选择【插入(I)】→【压力载荷(P)】命令）→弹出“压力载荷”对话框。

(2) 参照栏勾选“单一”复选框→单击选择模型的上表面→压力大小为 0.005MPa 如图 6-20 所示→单击【确定】按钮完成载荷的施加。

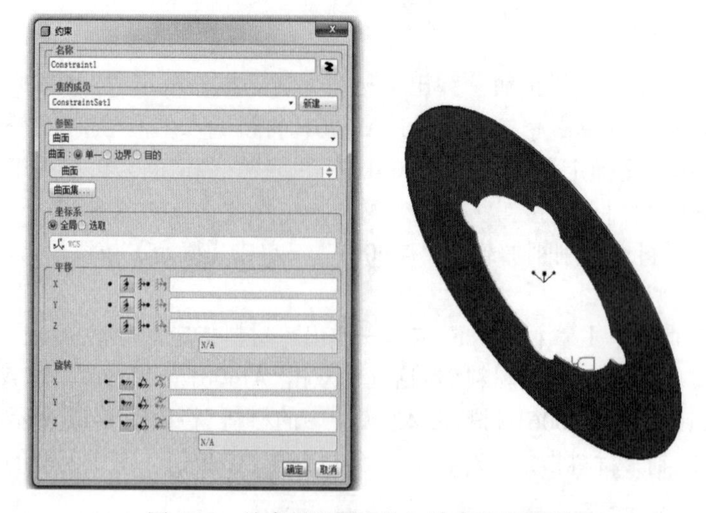

图 6-19　约束对话框和施加约束后的模型

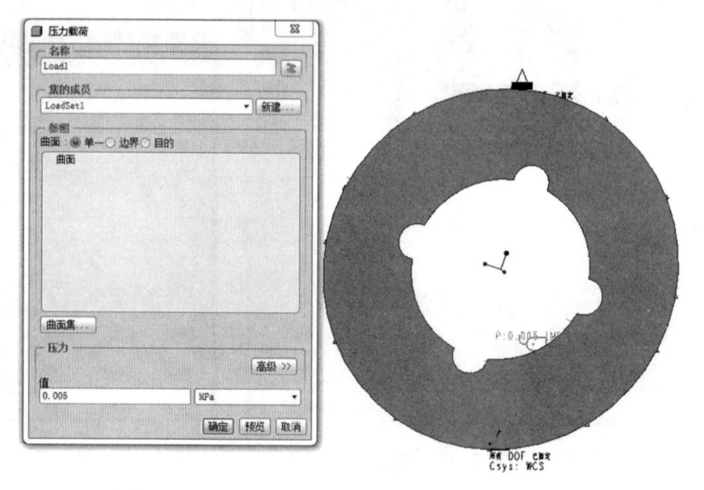

图 6-20　压力载荷对话框和施加载荷后的模型

3. 网格划分

1）设置网格尺寸

（1）单击创建 AutoGEM 控制按钮（或者选择【AutoGEM】→【控制(O)】）→弹出“AutoGEM 控制”对话框如图 6-21 所示。

（2）“元素尺寸”栏输入 20→单击选择模型如图 6-21 所示→完成网格尺寸设置。

2）划分网格

（1）单击为几何元素创建 P 网格按钮（或者选择【AutoGEM】→【创建(C)】）→弹出“AutoGEM”对话框如图 6-22 所示。

(2) AutoGEM 参照选择“具有属性的全部几何”→单击【创建】按钮创建网格→创建好的网格如图 6-23 所示。可以通过 AutoGEM 摘要查看划分后的网格的相关信息。

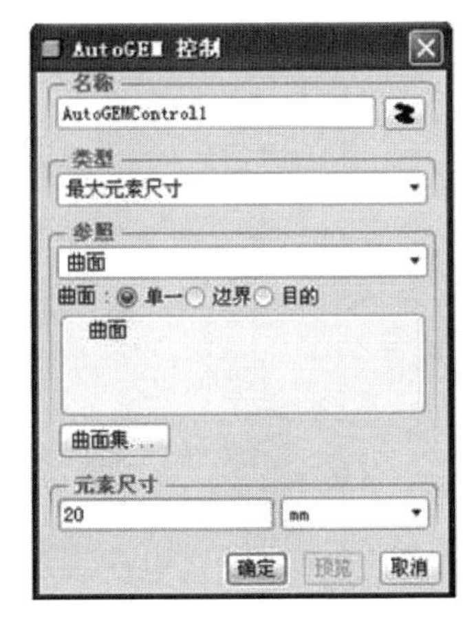

图 6-21　AutoGEM 控制对话框

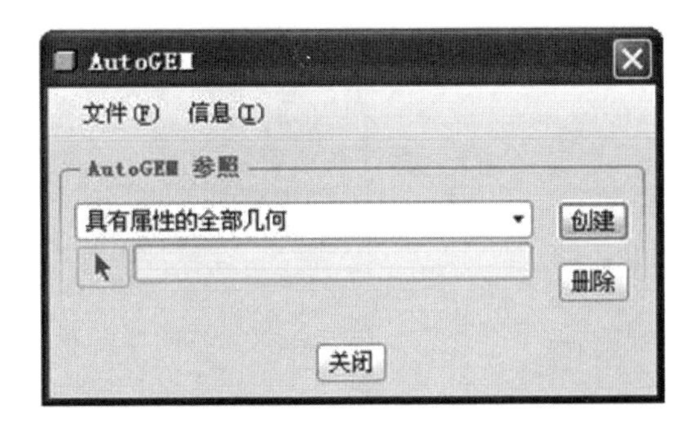

图 6-22　AutoGEM 对话框

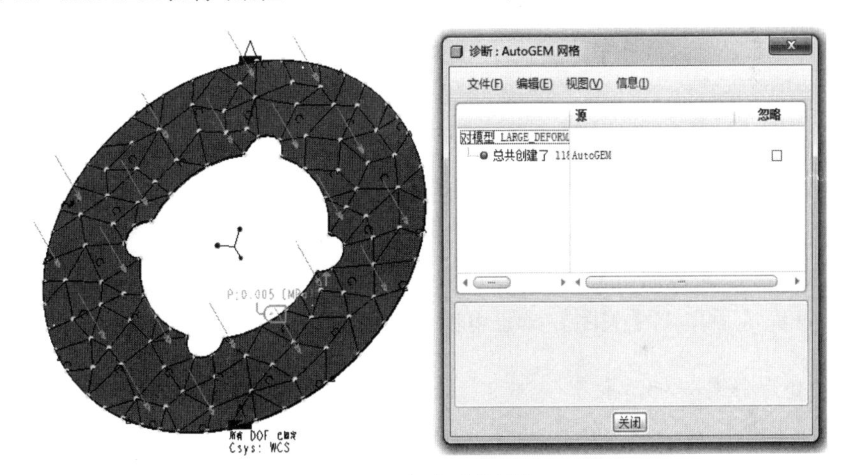

图 6-23　完成后的网格

4. 定义并执行静态分析

1) 定义静态分析

(1) 单击 Mechanica 分析/研究按钮(或者选择【分析(A)】→【Mechanica 分析/研究(E)】命令)→弹出“分析和设计研究”对话框。

(2) 单击【文件(F)】→【新建静态分析】命令→弹出“静态分析定义”对话框如图 6-24 所示→在名称栏输入名称“Analysis_largel”→确定在约束栏中包含已

定义的约束组并且在载荷栏中包含已定义的载荷组。

(3) 在收敛方法栏选择“单通道自适应”收敛方式→其他选项按照默认设置→单击【确定】按钮完成静态分析定义。

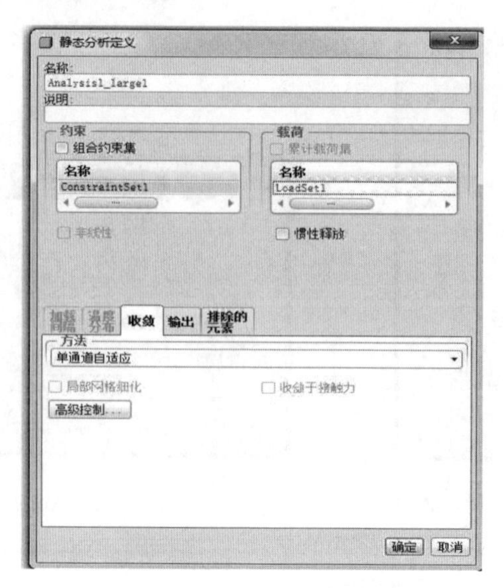

图 6-24　静态分析定义对话框

2) 执行静态分析

(1) 在“分析和设计研究”对话框中确保定义的分析被选中→单击开始运行按钮(或者选择【运行(R)】→【开始】命令)开始执行分析。

(2) 单击显示研究状态按钮(或者选择【信息(I)】→【状态】命令)查看运行进度→完成后单击【关闭】按钮退出。

5. 查看静态分析结果

1) 查看分析结果

(1) 在“分析和设计研究”栏中单击查看设计或有限元分析结果按钮→打开“结果窗口定义”对话框。

(2) 显示类型选择“条纹”→“量”栏为“位移”，显示分量选择“模”→“显示选项”栏勾选“已变形”、“叠加未变形的”选项→具体设置如图 6-25 所示→单击【确定并显示】按钮，应力分析结果就显示在窗口了。

(3) 单击复制所选定义按钮→再次弹出“结果定义”对话框→显示类型选择“条纹”，显示量为“应力”，显示分量选择“von Mises”→“显示选项”栏勾选“已变形”、“叠加未变形”选项→单击【确定并显示】按钮，最终显示结果如图 6-26 所示。

2) 结果分析

根据图 6-26 可得出变形后的最大位移值为 0.394mm 的锥形板，为了验证零件发生非线性位移，可以建立一个最大位移值为 0.394mm 的锥形板，重新进行静态分析。

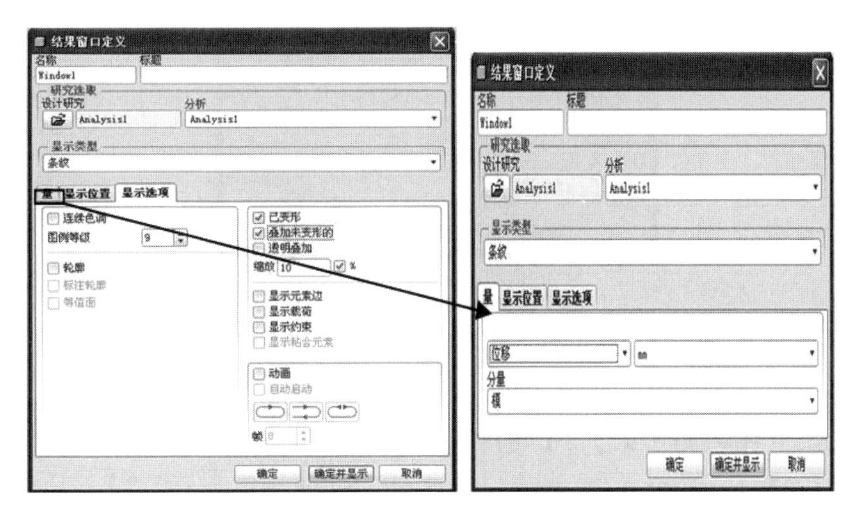

图 6-25　结果窗口定义对话框

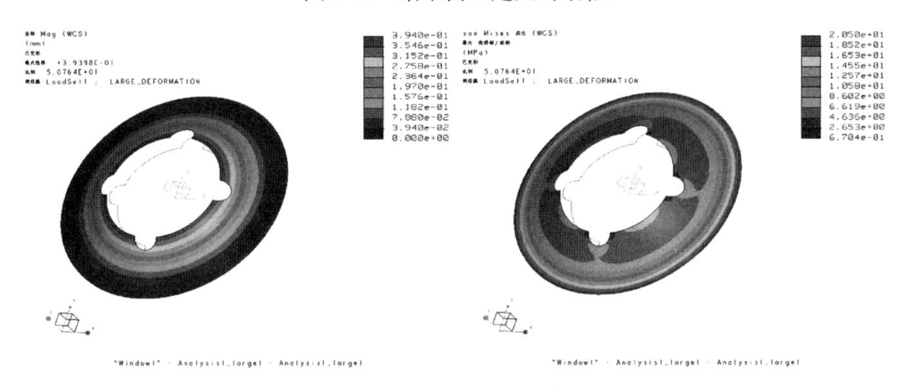

图 6-26　位移和 von Mises 应力云图

6. 建立变形后的模型

1) 新建文件

(1) 单击【文件(F)】→【新建(N)】→弹出“新建”对话框→输入新文件名称“large_deformation_1”→“使用缺省模板”复选框不打钩，如图 6-27 所示。

(2) 单击【确定】按钮→打开“新文件选项”对话框→选择“mmns_part_solid”模板→单击【确定】按钮完成新文件的建立。

图 6-27 新建对话框

2）建立旋转曲面

(1) 单击旋转工具按钮（或选择【插入(I)】→【旋转(R)】命令）→单击作为曲面旋转按钮→单击【定义】按钮→弹出“草绘”对话框→单击【放置】按钮→单击【草绘】按钮→选择绘图窗口中的 FRONT 面→单击【草绘】按钮，进入草绘模式。

(2) 单击创建 2 点中心线按钮，绘制一条竖直中心线→选中中心线按住鼠标右键不放显示出下拉列表框→选择【中心线(C)】命令将中心线设置为旋转轴。

(3) 单击创建点按钮在绘图区域绘制距离中心线直径距离为 200，距离 X 轴距离为 0.394mm 的点→单击用 3 点创建一个弧或创建一个在其端点相切于图元的弧按钮→建立一个经过原点和刚刚创建的点并和 X 轴大致相切的圆弧。

(4) 单击使两图元相切按钮，约束曲线与 X 轴相切如图 6-28 所示→单击按钮，退出草绘窗口。

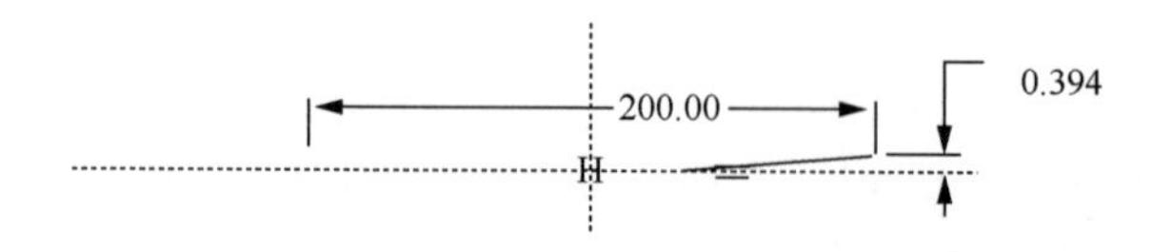

图 6-28 建立完成的草图

(5) 拉伸长度为 1→单击完成曲面模型的建立，内部与上述的切割一致。

7. 变形后模型的前处理

1）定义壳单元

(1) 单击创建壳理想化按钮（或者单击【插入(I)】→【壳(S)】）→弹出“壳

定义”对话框如图 6-29 所示→单击“参照”栏，选择模型窗口中创建的曲面→“属性”栏厚度选项输入“1”，单位为 mm。

(2) 单击“壳定义”对话框的【更多】按钮→打开“材料”对话框如图 6-30 所示→双击 Al6061.mtl→确定“模型中的材料”栏含有 Al6061 材料→单击【确定】按钮，回到“壳定义”对话框→单击【确定】完成壳单元的定义。

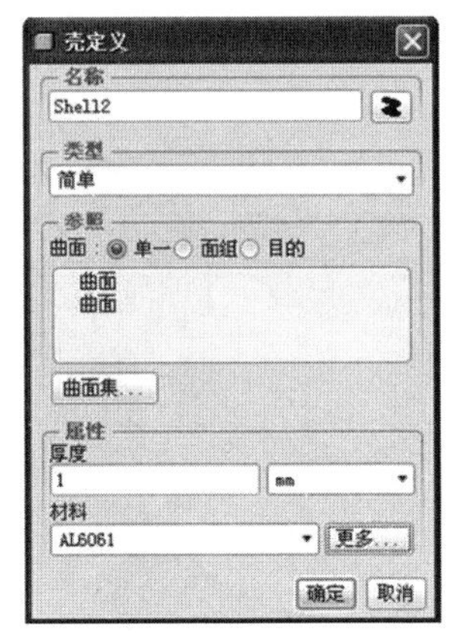

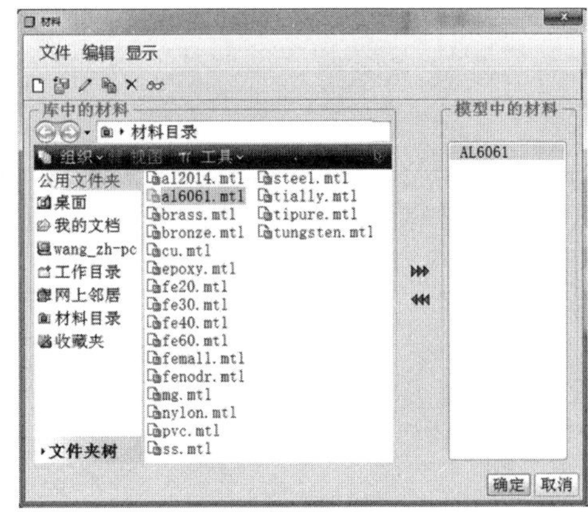

图 6-29　壳定义对话框　　　　图 6-30　材料对话框

2) 定义约束

(1) 单击位移约束按钮(或者选择【插入(I)】→【位移约束(I)】命令)→弹出“约束”对话框如图 6-31 所示。

(2) 参照选择“边/曲线”→单击选择模型的圆周边→固定所有的平移和旋转自由度如图 6-31 所示→单击【确定】按钮完成约束的建立。

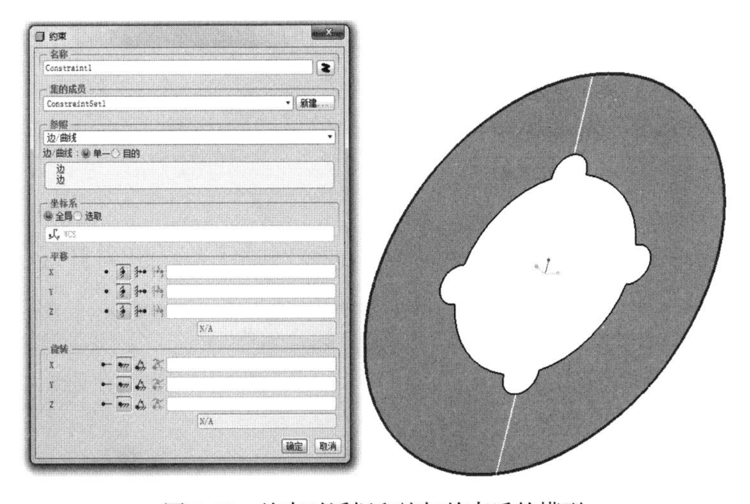

图 6-31　约束对话框和施加约束后的模型

3）施加载荷

⑴单击创建压力载荷按钮（或者选择【插入(I)】→【压力载荷(P)】命令）→弹出“压力载荷”对话框。

⑵参照栏勾选“单一”复选框→单击选择模型的上表面（内凹的面）→压力大小为–0.005MPa，如图 6-32 所示→单击【确定】按钮完成载荷的施加。

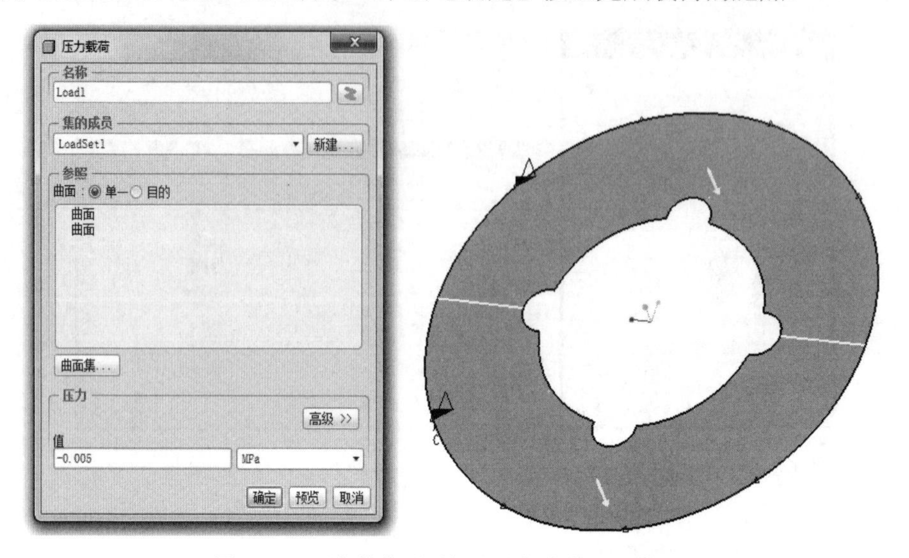

图 6-32　压力载荷对话框和施加载荷后的模型

8. 变形后模型的网格划分

1）设置网格尺寸

⑴单击创建 AutoGEM 控制按钮（或者选择【AutoGEM】→【控制(O)】）→打开“AutoGEM 控制”对话框如图 6-33 所示。

⑵“元素尺寸”栏输入 20→单击选择模型如图 6-33 所示→完成网格尺寸设置。

2）划分网格

⑴单击为几何元素创建 P 网格按钮（或者选择【AutoGEM】→【创建(C)】）→弹出“AutoGEM”对话框如图 6-34 所示。

⑵AutoGEM 参照选择“具有属性的全部几何”→单击【创建】按钮创建网格→创建好的网格如图 6-35 所示。可以通过 AutoGEM 摘要查看划分后的网格的相关信息。

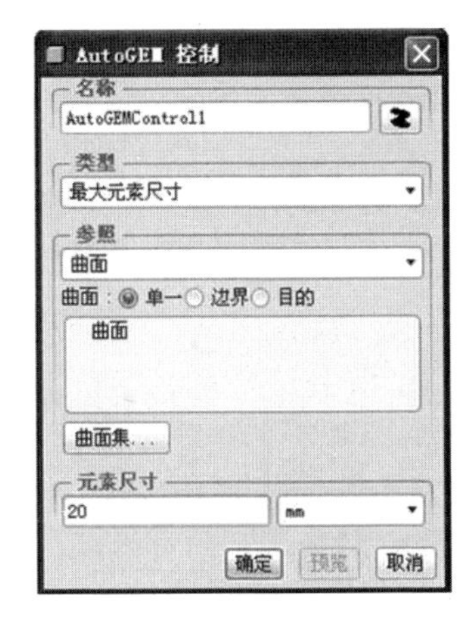

图 6-33　AutoGEM 控制对话框

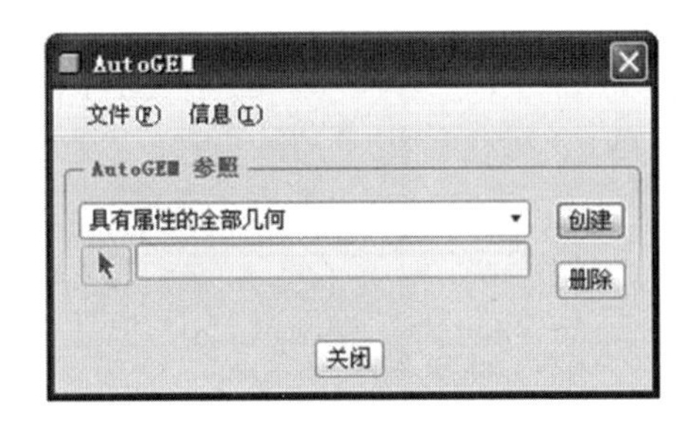

图 6-34　AutoGEM 对话框

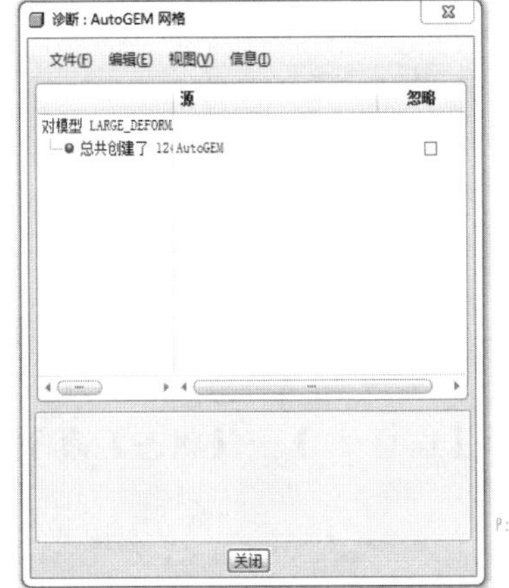

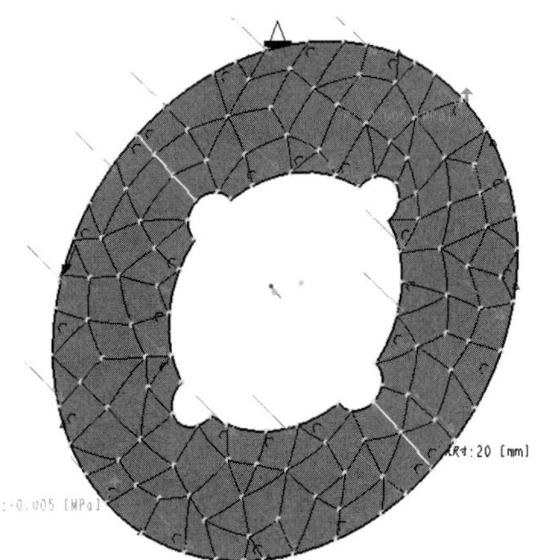

图 6-35　完成后的网格

9. 定义并执行变形后零件的静态分析

1) 定义静态分析

(1) 单击 Mechanica 分析/研究按钮(或者选择【分析(A)】→【Mechanica 分析/研究(E)】命令)→弹出“分析和设计研究”对话框。

(2) 单击【文件(F)】→【新建静态分析】命令→弹出“静态分析定义”对话框如图 6-36 所示→在名称栏输入名称“Analysis_large_z”→确定在约束栏中包含已定义的约束组并且在载荷栏中包含已定义的载荷组。

(3) 在收敛方法栏选择“单通道自适应”收敛方式→其他选项按照默认设置→单击【确定】按钮完成静态分析定义。

图 6-36　静态分析定义对话框

2) 执行静态分析

(1) 在“分析和设计研究”对话框中确保定义的静态分析被选中→单击开始运行按钮(或者选择【运行(R)】→【开始】命令)开始执行分析。

(2) 单击显示研究状态按钮(或者选择【信息(I)】→【状态】命令)查看运行进度→完成后单击【关闭】按钮退出。

10. 查看变形后的模型静态分析结果

1) 查看分析结果

(1) 在“分析和设计研究”栏中单击查看设计或有限元分析结果按钮→打开“结果窗口定义”对话框。

(2) 显示类型选择“条纹”→“量”栏为“位移”，显示分量选择“模”→“显示选项”栏勾选“已变形”、“叠加未变形的”选项→具体设置如图 6-37 所示→单击【确定并显示】按钮，应力分析结果就显示在窗口了。

(3) 单击复制所选定义按钮→再次弹出“结果定义”对话框→显示类型选择“条纹”，显示量为“应力”，显示分量选择“von Mises”→“显示选项”栏勾选“已变形”、“叠加未变形的”选项→单击【确定并显示】按钮，最终显示结果如图 6-38 所示。

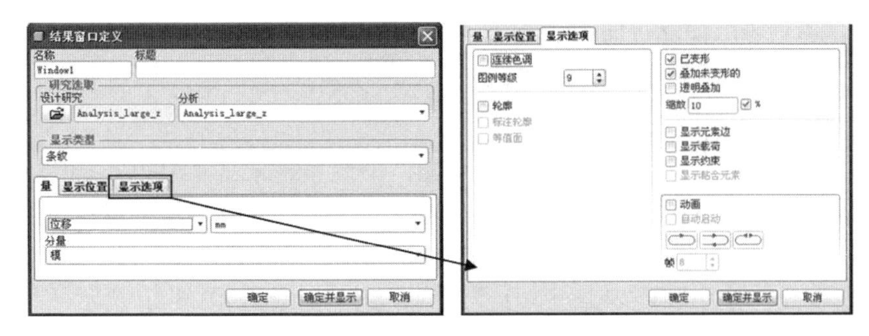

图 6-37　结果窗口定义对话框

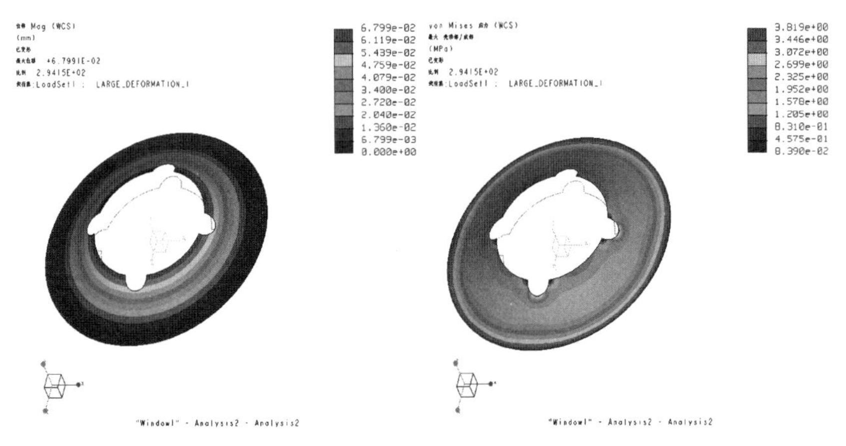

图 6-38　变形后的模型位移和应力分析结果

2) 结果分析

(1) 变形后的模型采用与静态分析相同的设置，执行静态分析得到的最大位移为 0.068mm，与变形前的模型静态分析最大位移 0.394mm 对比可以看出，使用相同的载荷，得到的位移值相差几倍多。

(2) 很显然，这已经不符合线性的假设。因此，要得到更准确的结果，应该使用大变形分析。

11. 大变形分析模型建立和前处理

1) 模型建立

(1) 大变形分析的模型名称为“large_deformation_analysis”。

(2) 模型建立过程和建立后的模型同第 1 步的模型建立过程以及最终所建立的模型完全相同。

2) 进入 Mechanica 环境

(1) 选择【应用程序(P)】→【Mechanica(M)】→打开“Mechanica 模型设置”

对话框→模型类型选择“结构”，缺省界面选择“连接”，其他采用默认设置。

(2)单击【确定】进入 Mechanica Structure 分析环境。

3)设置材料

(1)单击定义材料按钮→弹出“材料”对话框→双击“Al6061.mtl”（或单击“Al6061.mtl”→单击按钮)→将 Al6061 材料加入“模型中的材料”栏如图 6-39 所示→单击【确定】按钮将 Al6061 材料加载到当前的分析项目中。

(2)单击材料分配按钮→弹出“材料指定”对话框如图 6-40 所示→参照选择“分量”，材料选择刚刚加载的“Al6061”→单击【确定】按钮，自动将材料赋予整个实体模型。

(3)或者直接单击材料分配按钮→弹出“材料指定”对话框如图 6-40 所示→单击【更多】按钮→弹出“材料”对话框→双击“Al6061.mtl”（或者单击“Al6061.mtl”→单击按钮)→将 Al6061 材料加入“模型中的材料”栏如图 6-39 所示→单击【确定】按钮→回到“材料指定”对话框→单击【确定】按钮，完成模型的材料设置。

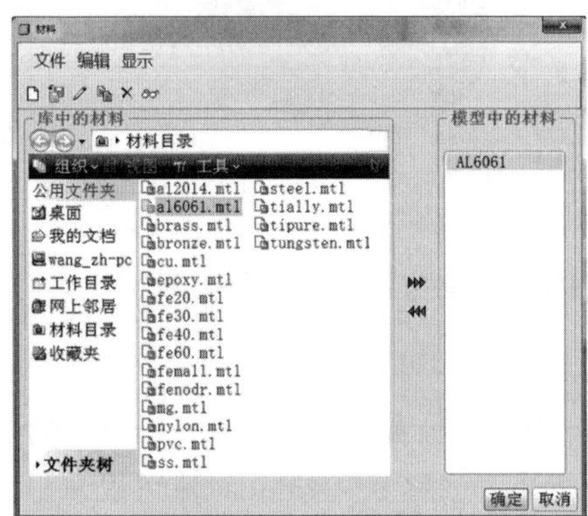

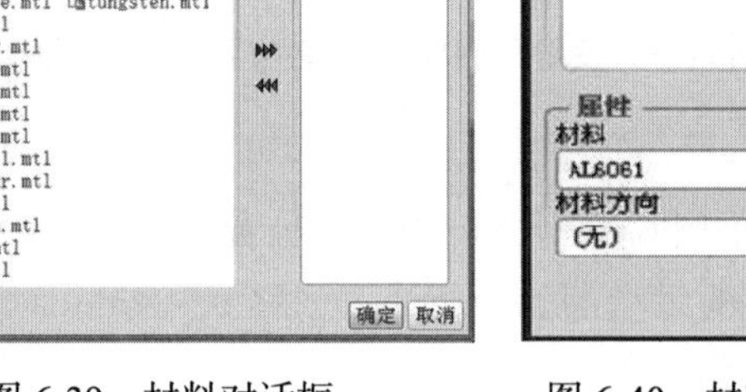

图 6-39　材料对话框　　　　图 6-40　材料指定对话框

4)其他前处理设置

约束定义、载荷施加以及网格划分方法及相关数据输入同第 2、第 3 步中相应的约束定义、载荷施加以及网格划分方法完全相同。

12. 定义并执行大变形分析

1)定义大变形分析

(1)单击Mechanica 分析/研究按钮(或者选择【分析(A)】→【Mechanica 分析/研究(E)】命令)→弹出“分析和设计研究”对话框。

(2)单击【文件(F)】→【新建静态分析】命令→弹出“静态分析定义”对话

框→在名称栏输入名称“large_Analysis”→确定在约束栏中包含已定义的约束组并且在载荷栏中包含已定义的载荷组→勾选“非线性”的复选框及弹出的“计算大变形”复选框。

(3) 在加载间隔栏选择“间隔数”为 10，并单击【等间距】按钮，设置完成如图 6-41 所示→其他选项按照默认设置→单击【确定】按钮完成静态分析定义。

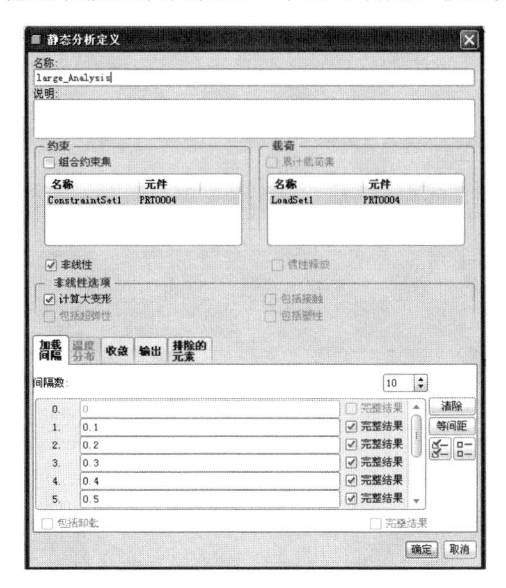

图 6-41　大变形分析的静态分析定义对话框

2) 执行大变形分析

(1) 在“分析和设计研究”对话框中确保定义的大变形分析被选中→单击开始运行按钮(或者选择【运行(R)】→【开始】命令)开始执行分析。

(2) 单击显示研究状态按钮(或者选择【信息(I)】→【状态】命令)查看运行进度→完成后单击【关闭】按钮退出。

13. 大变形分析结果查看

(1) 在“分析和设计研究”栏中单击查看设计或有限元分析结果按钮→打开“结果窗口定义”对话框。

(2) 显示类型选择“条纹”→“量”栏为“位移”，显示分量选择“模”→“显示选项”栏勾选“已变形”、“叠加未变形的”选项→具体设置如图 6-42 所示→单击【确定并显示】按钮，应力分析结果就显示在窗口了。

(3) 单击复制所选定义按钮→再次弹出“结果定义”对话框→显示类型选择“条纹”，显示量为“应力”，显示分量选择“von Mises”→“显示选项”栏勾选

“已变形”、“叠加未变形的”选项→单击【确定并显示】按钮，最终显示结果如图 6-43 所示。

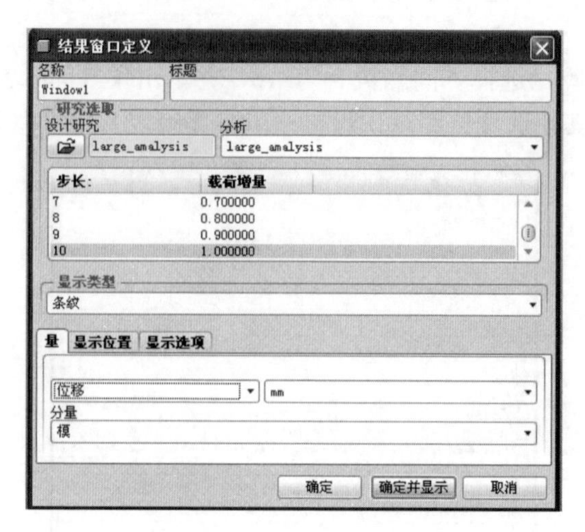

图 6-42　结果窗口定义对话框

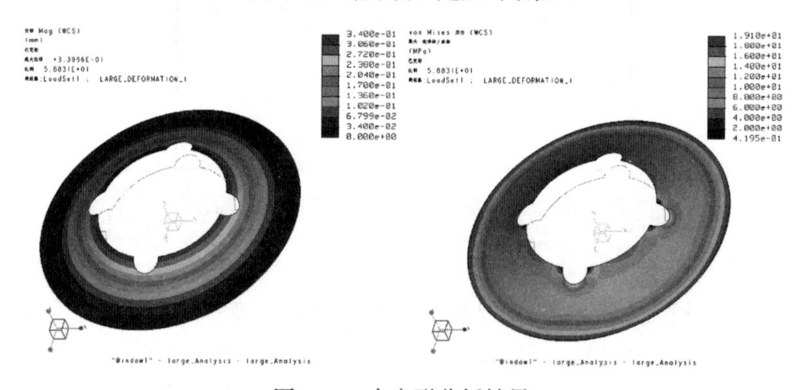

图 6-43　大变形分析结果

6.4　模 态 分 析

6.4.1　模态分析简介

模态分析可以用来解决结构振动特性问题，它可以计算出结构的固有频率和振型。在 Mechanica 中，模态分析是基于无阻尼的线性系统的假设，是振动分析的基础。通过模态分析，可以为设计避免结构发生共振或得到共振提供参考，可以判断出结构对不同动力载荷是如何响应的。

模态分析不需要定义载荷，但是可以分析有预应力的模态。模态分析模式栏有两种方式来提取模态数据：模式数和频率范围内所有模式。选择模式数需要制定模态阶数和最小频率(可以选择默认 0)，选择频率范围内所有模式需要制定最小频率和最大频率，来确定模态搜索范围。

在模态分析中，前面几阶模态对系统影响最大。因此，一般在工程中考虑前 10 阶模态即可。越是前面的模态，对系统振动影响最大。在机械设计中，至少应该避开前面 3 阶振型的频率。在 Pro/E 中，模态分析还有一个重要意义，那就是模态分析是 Pro/E 进行动态分析的基础。所有的动态分析，不管时域还是频域，或是随机振动，都必须在模态分析的基础上进行。

6.4.2　模态分析实例

本节将通过对钢制门窗的模态分析让读者了解 Pro/E 做模态分析的基本流程。

如图 6-44 所示，一个钢制门窗的 6 个端点(图中 6 处黑点)固定在墙壁上，计算门窗的前 4 阶模态。

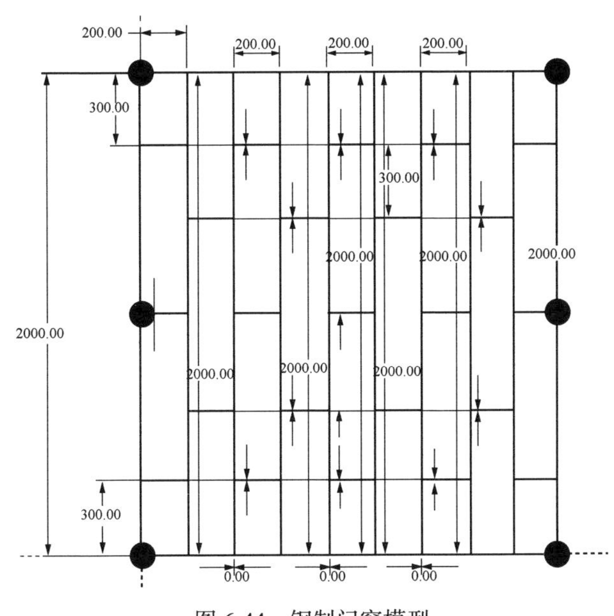

图 6-44　钢制门窗模型

本实例完成文件：光盘\Source files\chapter6\modal\ windows.prt.1。

详细操作步骤如下。

1. 模型建立

1) 新建文件

(1) 单击【文件(F)】→【新建(N)】→弹出“新建”对话框→输入新文件名

称“windows”→“使用缺省模板”复选框不打钩，如图 6-45 所示→单击【确定】按钮。

(2) 打开“新文件选项”对话框→选择“mmns_part_solid”模板→单击【确定】按钮完成新文件的建立。

2) 绘制曲线

(1) 单击草绘工具按钮(或者选择【插入(I)】→【模型基准(D)】→【草绘(S)】命令)→选择绘图窗口中的 FRONT 作为草绘基准平面→单击【草绘】按钮，进入草绘模式。

(2) 单击创建两点线按钮，绘制如图 6-46 所示尺寸的草图→单击退出草绘按钮完成草绘。

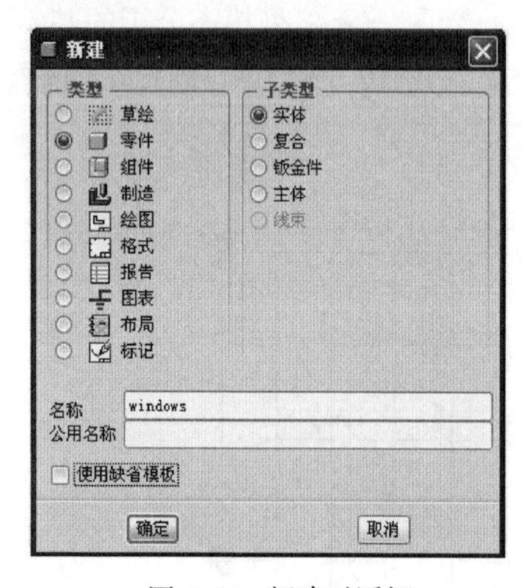

图 6-45　新建对话框

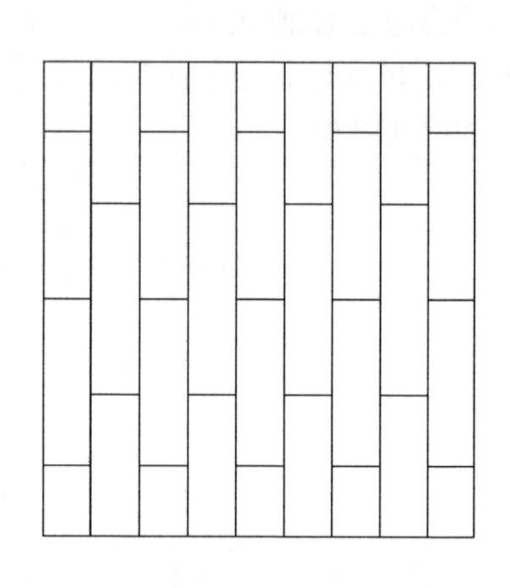

图 6-46　建立完成的草图

2. 前处理

1) 进入 Mechanica 环境

(1) 选择【应用程序(P)】→【Mechanica(M)】→打开“Mechanica 模型设置”对话框→模型类型选择“结构”，缺省界面选择“连接”，其他采用默认设置。

(2) 单击【确定】进入 Mechanica Structure 分析环境。

2) 建立梁单元

(1) 单击创建梁理想化按钮(或者选择【插入(I)】→【梁(E)】命令)→弹出“梁定义”对话框→在参照栏下拉列表选择“边/曲线”参考方式→按住鼠标左键框选所有基准曲线。

(2) 单击“材料”栏后的【更多】按钮→弹出“材料”对话框→双击“steel.mtl”(或单击“steel.mtl”→单击按钮)→将 steel 材料加入“模型中的材料”栏如图

6-47 所示→单击【确定】完成梁单元材料的设置。

(3) 在方向栏下拉列表选择“在 WCS 中由向量定义的 Y 方向”并输入 X=0，Y=0，Z=1。

(4) 单击“梁截面”栏后的【更多】按钮→弹出“梁截面”对话框→单击【新建】按钮→弹出“梁截面定义”对话框如图 6-48 所示→“类型”栏选择“矩形”，并设置 b=8，d=6。

(5) 单击【确定】按钮返回到“梁截面”对话框→单击【确定】按钮返回到“梁定义”对话框→“梁定义”对话框设置完成后如图 6-49 所示→单击【确定】按钮完成梁单元的创建→完成后的梁单元模型如图 6-50 所示。

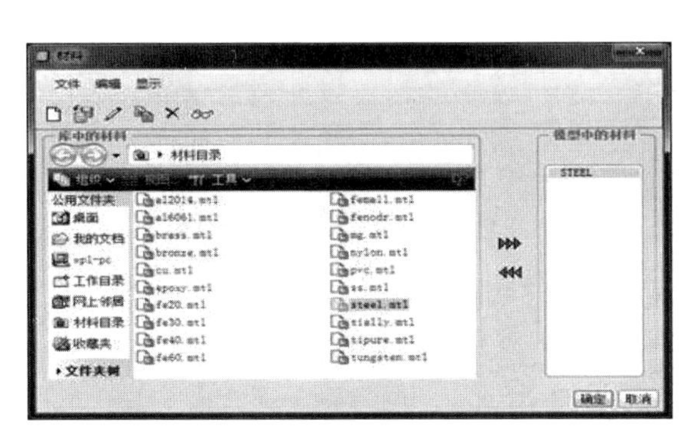

图 6-47　材料对话框

图 6-48　梁截面定义对话框

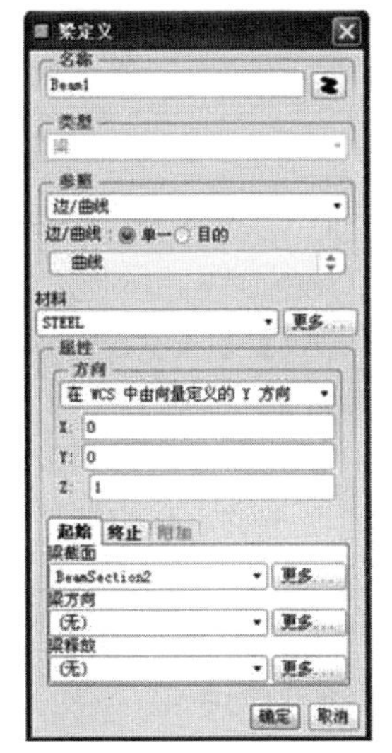

图 6-49　梁定义对话框

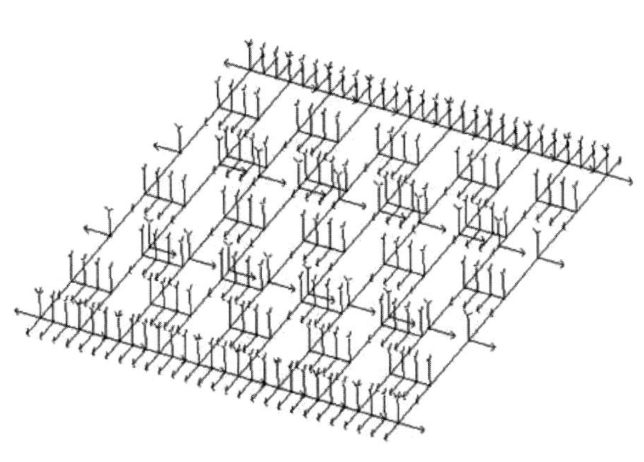

图 6-50　完成的梁单元模型

3) 定义约束

(1) 单击位移约束按钮(或者选择【插入(I)】→【位移约束(I)】命令)→弹出“约束”对话框。

(2) 参照选择“点”→选择图 6-44 所示的 6 个点→固定所有的平移和旋转自由度如图 6-51 所示→单击【确定】按钮完成约束的建立。

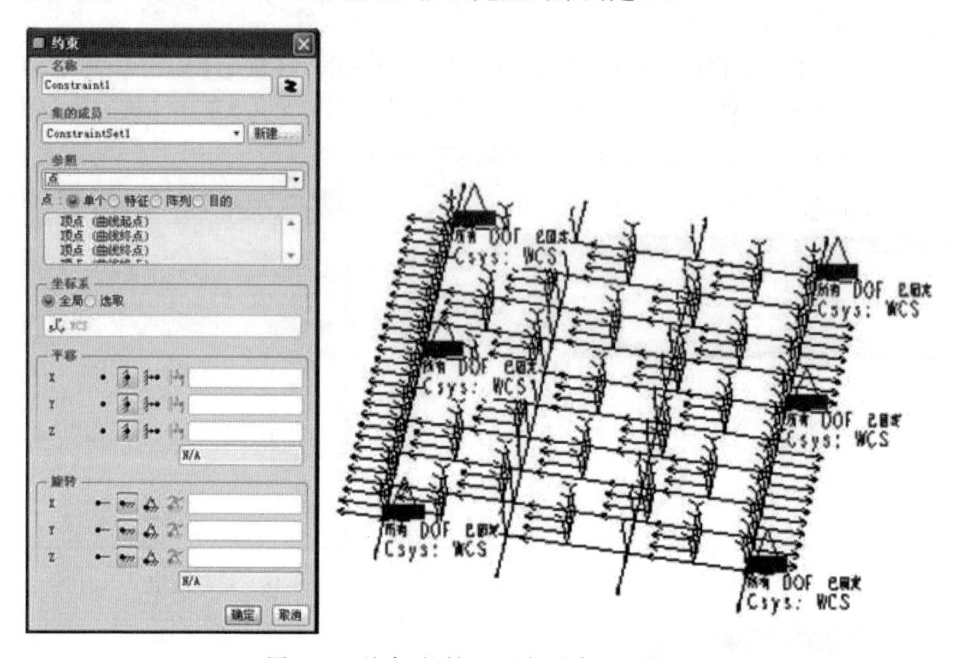

图 6-51　约束对话框和施加约束后的模型

3. 定义并执行模态分析

1) 定义模态分析

(1) 单击Mechanica 分析/研究按钮(或者选择【分析(A)】→【Mechanica 分析/研究(E)】命令)→弹出“分析和设计研究”对话框。

(2) 单击【文件(F)】→【新建模态分析】命令，弹出“模态分析定义”对话框，如图 6-52 所示→在名称栏输入名称“Windows_modal”→确定在约束栏中包含 6 个端点约束的约束组→在模式栏，输入模式数为 4。

(3) 在收敛方法栏选择“多通道自适应”收敛方式，多项式阶最大为 9，最小为 1→其他选项按照默认设置→单击【确定】按钮完成模态分析定义。

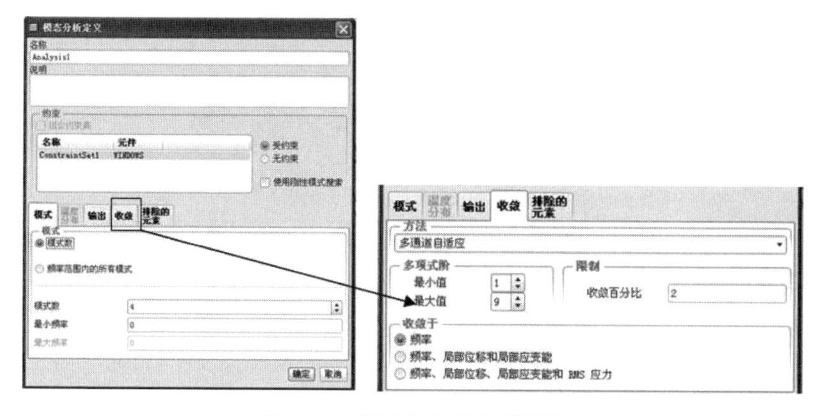

图 6-52　模态分析定义对话框

2) 执行模态分析

(1) 在“分析和设计研究”对话框中确保定义的分析被选中→单击开始运行按钮(或者选择【运行(R)】→【开始】命令)开始执行分析。

(2) 单击显示研究状态按钮(或者选择【信息(I)】→【状态】命令)查看运行进度→完成后单击【关闭】按钮退出。

4. 查看结果

(1) 单击显示研究状态按钮→可以在汇总栏中直接看到门窗的前 4 阶固有频率→在“分析和设计研究”栏中单击查看设计或有限元分析结果按钮→打开“结果窗口定义”对话框。

(2) 模式栏选择“模式 1”，显示选项中勾选“已变形”和“动画”→单击【确定并显示】按钮，具体设置如图 6-53 所示。

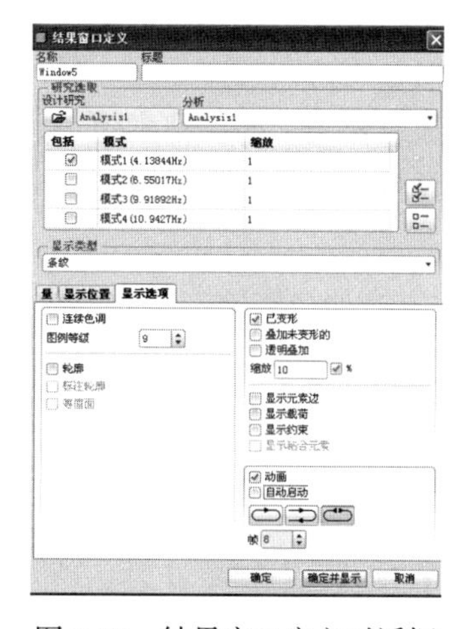

图 6-53　结果窗口定义对话框

(3)单击复制所选定义按钮→再次弹出“结果窗口定义”对话框→模式栏选择“模式 2”，其他选项同第(2)步中一样，将二阶模态显示在结果窗口。

(4)采用和第(3)步中相同的步骤，将第 3 阶和第 4 阶模态显示在结果窗口→最终结果显示如图 6-54 所示。

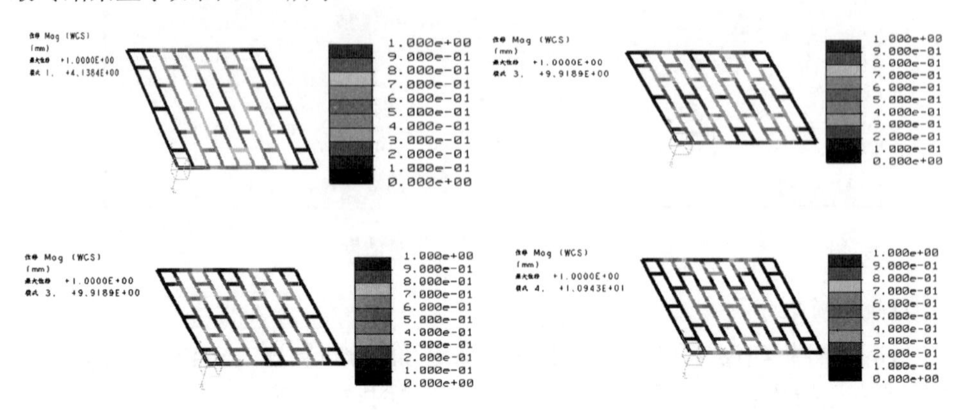

图 6-54　最终结果显示效果

6.5　预应力静态分析

6.5.1　预应力静态分析简介

预应力静态分析实际上就是在静态分析的基础上增加预应力导致的应力刚化矩阵的影响，许多结构或多或少都存在着预应力效应，有时候该效应过大而不能忽略，这时就需要运行预应力分析了。

一个预应力静态分析，实际上相当于两个静态分析的叠加，它能够计算出结构在预应力效应作用下的变形、应力和应变结果。预应力静态分析能够计算出结构在预应力作用下导致的加强或软化，如高空索道在预紧力作用下的响应。

Pro/MECHANICA 中预应力静态分析基本步骤如下。

(1)运行一个静态分析。

(2)执行一个预应力静态分析加入先前的静态分析。

预应力静态分析的设置，除了定义分析时有所区别，其他设置和静态分析无异，定义预应力分析必须先运行一个静态分析。

6.5.2　预应力静态分析实例

本节将通过对一个简支梁的预应力静态分析让读者了解 Pro/E 做预应力静态分析的基本流程。

如图 6-55 所示的简支圆管形截面梁，安装时在端部施加大小为 50000N 拉力将梁张紧，梁承受大小为 2N/mm 的均布载荷。圆管截面规格为：D=60mm，d=48mm，梁长度为 5000mm，梁材料使用 Mechanica 材料库中的 Steel。

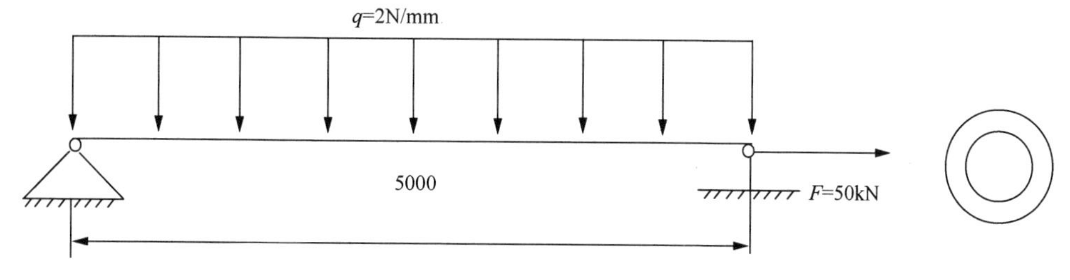

图 6-55 圆管截面梁简图

本实例完成文件：光盘\Source files\chapter6\pre_static\guan.prt.1。

详细操作步骤如下。

1. 模型建立

1) 新建文件

(1) 单击【文件(F)】→【新建(N)】→弹出“新建”对话框→输入新文件名称“guan”→“使用缺省模板”复选框不打钩，如图 6-56 所示。

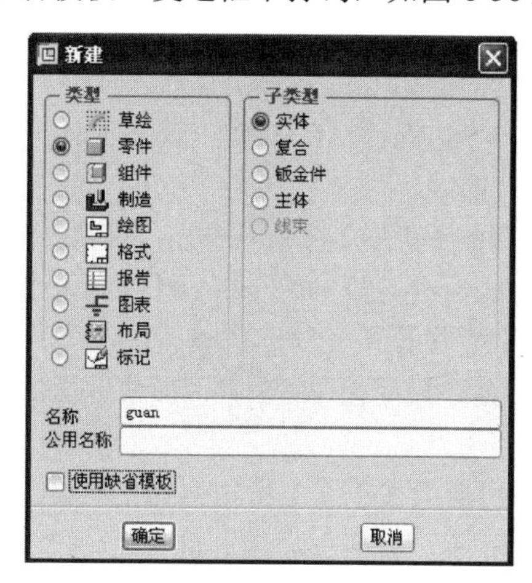

图 6-56 新建对话框

(2) 单击【确定】按钮→打开“新文件选项”对话框→选择“mmns_part_solid”模板→单击【确定】按钮完成新文件的建立。

2) 绘制草图

(1) 单击草绘工具按钮(或者选择【插入(I)】→【模型基准(D)】→【草绘

(S)】命令)→选择绘图窗口中的 FRONT 作为草绘基准平面→单击【草绘】按钮，进入草绘模式。

(2) 单击＼创建两点线按钮→绘制如图 6-57 所示长度 5000 的直线→单击✔退出草绘按钮完成草绘。

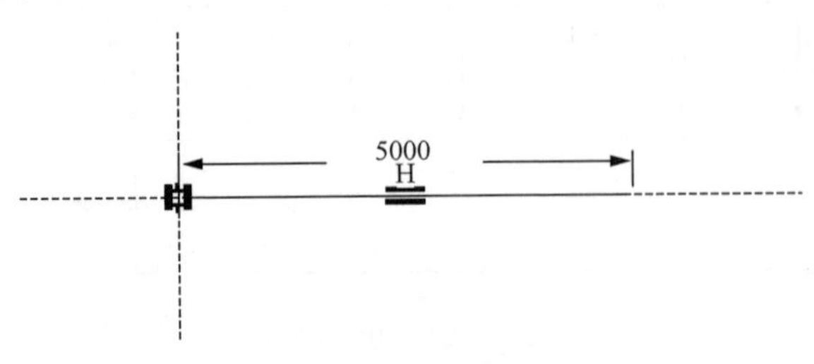

图 6-57　建立完成的草图

2. 前处理

1) 进入 Mechanica 环境

(1) 选择【应用程序(P)】→【Mechanica(M)】→打开“Mechanica 模型设置”对话框→模型类型选择“结构”，缺省界面选择“连接”，其他采用默认设置。

(2) 单击【确定】进入 Mechanica Structure 分析环境。

2) 建立梁单元

(1) 单击创建梁理想化按钮(或者选择【插入(I)】→【梁(E)】命令)→弹出“梁定义”对话框如图 6-58 所示→在参照栏下拉列表选择“边/曲线”参考方式→按住鼠标左键选择基准曲线。

(2) 单击“材料”栏后的【更多】按钮→弹出“材料”对话框→双击“steel.mtl”(或单击“steel.mtl”→单击⏩按钮)→将 steel 材料加入“模型中的材料”栏如图 6-59 所示→单击【确定】完成梁单元材料的设置。

(3) 在方向栏下拉列表选择“在 WCS 中由向量定义的 Y 方向”并输入 X=0，Y=1，Z=0。

(4) 单击“梁截面”栏后的【更多】按钮→弹出“梁截面”对话框→单击【新建】按钮→弹出“梁截面定义”对话框如图 6-60 所示→“类型”栏选择“空心圆”，并设置 R=60，Ri=48。

(5) 单击【确定】按钮返回到“梁截面”对话框→单击【确定】按钮返回到“梁定义”对话框→“梁定义”对话框设置完成后如图 6-58 所示→单击【确定】按钮完成梁单元的创建→创建完成的梁单元如图 6-61 所示。

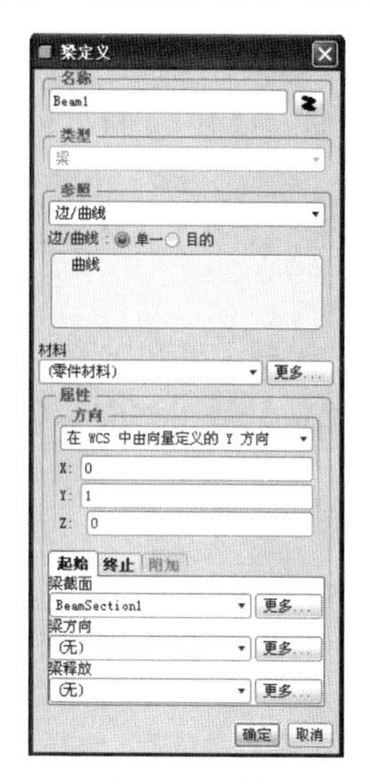

图 6-58　梁定义对话框

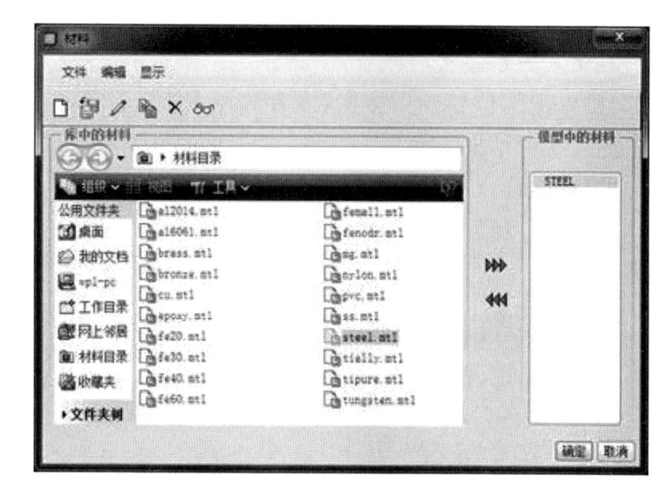

图 6-59　材料对话框

图 6-60　梁截面定义对话框

图 6-61　创建完成的梁单元

3)定义约束 1

(1)单击位移约束按钮(或者选择【插入(I)】→【位移约束(I)】命令)→弹出“约束”对话框。

(2)参照选择“点”选择梁的左端点→固定 3 个平移自由度和 X、Y 轴转动自由度，释放绕 Z 轴转动自由度如图 6-62 所示→单击【确定】按钮完成约束 1 的建立。

4)定义约束 2

(1)单击位移约束按钮(或者选择【插入(I)】→【位移约束(I)】命令)→弹出“约束”对话框。

(2)参照选择“点”选择梁的右端点→固定 Y、Z 方向平移自由度和 X、Y 轴转动自由度，释放 Z 轴转动自由度如图 6-63 所示→单击【确定】按钮完成约束 2 的建立。

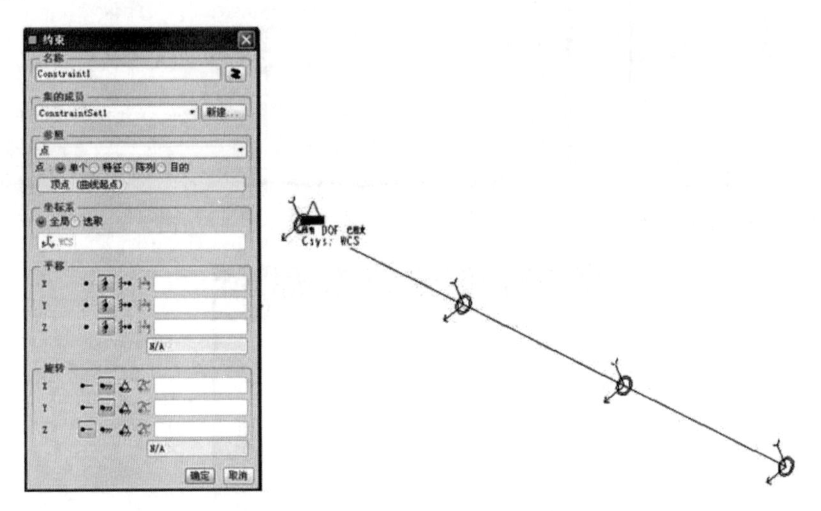

图 6-62　约束 1 的约束对话框和施加约束 1 后的模型

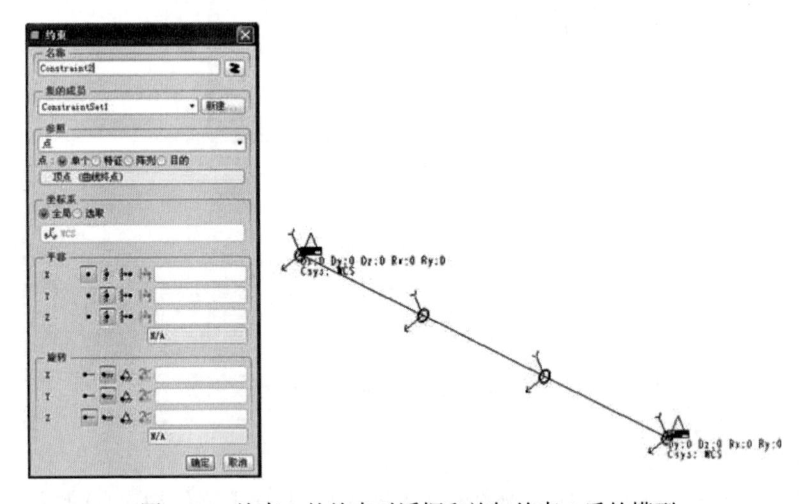

图 6-63　约束 2 的约束对话框和施加约束 2 后的模型

5) 施加均布力载荷 q

(1) 单击 创建力/力矩载荷按钮(或者选择【插入】→【力/力矩载荷】命令)→弹出“力/力矩载荷”对话框。

(2) 单击“集的成员”栏后的【新建】按钮→弹出“载荷集定义”对话框→在名称栏输入名称“q”→单击【确定】按钮返回“力/力矩载荷”对话框。

(3) 参照选择“边/曲线”→单击选择模型→单击属性栏后的“高级”选项→分布栏选择“单位长度上的力”→力的大小设置为 X=0N/mm，Y= –2N/mm，Z=0N/mm 如图 6-64 所示→单击【确定】按钮，完成均布力载荷施加。

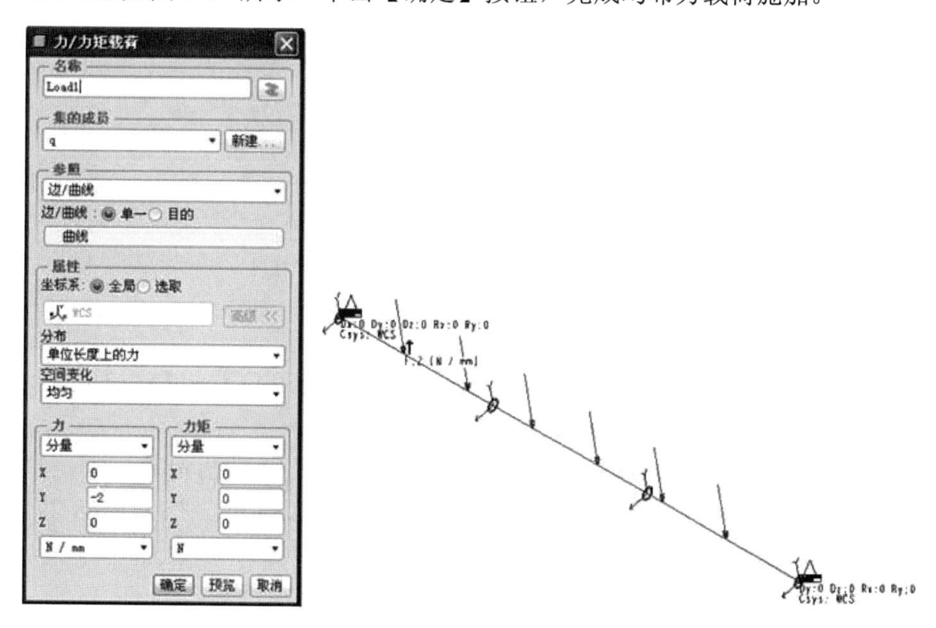

图 6-64　均布载荷施加的对话框和施加均布载荷后的模型

6) 施加张紧力载荷 F

(1) 单击 创建力/力矩载荷按钮(或者选择【插入(I)】→【力/力矩载荷(L)】命令)→弹出“力/力矩载荷”对话框。

(2) 单击“集的成员”栏后的【新建】按钮→弹出“载荷集定义”对话框→在名称栏输入名称“F”→单击【确定】按钮返回“力/力矩载荷”对话框。

(3) 参照选择“点”→单击选择模型右侧点(与施加约束 2 的点重合)→力的大小设置为 X=50kN，Y=0kN，Z=0kN，如图 6-65 所示→单击【确定】按钮，完成张紧力载荷施加。

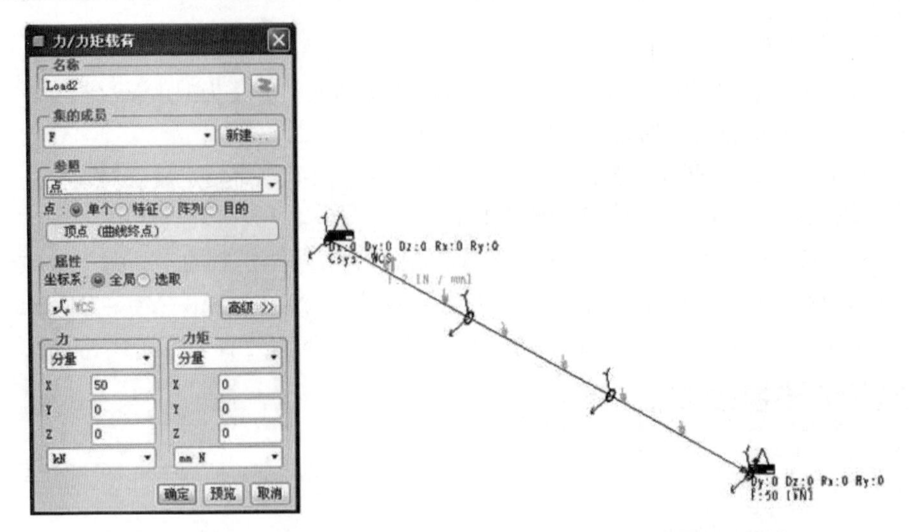

图 6-65　张紧力载荷施加的力/力矩载荷对话框和施加张紧力后的模型

3. 定义并执行载荷组 F 的静态分析

1) 定义载荷组 F 的静态分析

(1) 单击Mechanica 分析/研究按钮(或者选择【分析(A)】→【Mechanica 分析/研究(E)】命令)→弹出“分析和设计研究”对话框。

(2) 选择【文件】→【新建静态分析】命令→弹出“静态分析定义”对话框如图 6-66 所示→在名称栏输入名称“Analysis_F”→确定在约束栏中包含梁约束的约束组→在载荷栏中选中载荷组 F。

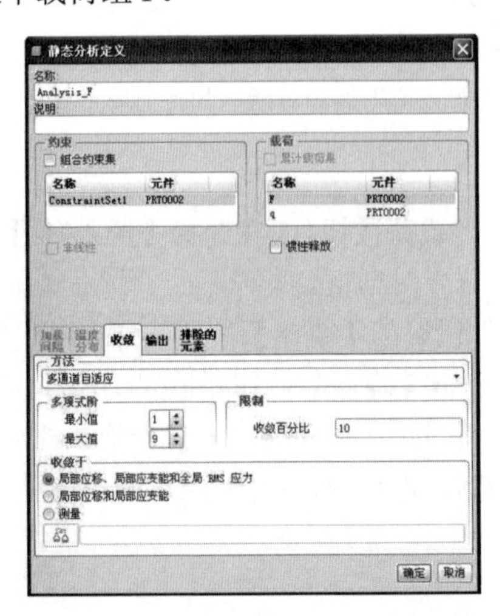

图 6-66　载荷组 F 的静态分析定义对话框

(3) 在收敛方法栏选择“多通道自适应”收敛方式，多项式阶最大为 9，最小为 1→其他选项按照默认设置→单击【确定】按钮完成载荷组 F 的静态分析定义。

2) 执行载荷组 F 的静态分析

(1) 在“分析和设计研究”对话框中确保定义的分析被选中→单击开始运行按钮(或者选择【运行(R)】→【开始】命令)开始执行分析。

(2) 单击显示研究状态按钮(或者选择【信息(I)】→【状态】命令)查看运行进度→完成后单击【关闭】按钮退出。

4. 定义并执行载荷组 F 和 q 共同作用下的静态分析

1) 定义载荷组 F 和 q 共同作用下的静态分析

(1) 在“分析和设计研究”对话框中单击复制研究(或者选择【编辑(E)】→【复制(C)】命令)→将刚刚建立“Analysis_F”进行复制。

(2) 双击复制的分析项目→打开“静态分析定义对话框”如图 6-67 所示→在名称栏输入名称“Analysis_F_and_q”→确定在约束栏中包含梁约束的约束组→在载荷栏中同时选中载荷组 F 和 q。

(3) 在收敛方法栏选择“多通道自适应”收敛方式，多项式阶最大为 9，最小为 1→其他选项按照默认设置→单击【确定】按钮完成载荷组 F 和 q 共同作用下的静态分析定义如图 6-67 所示。

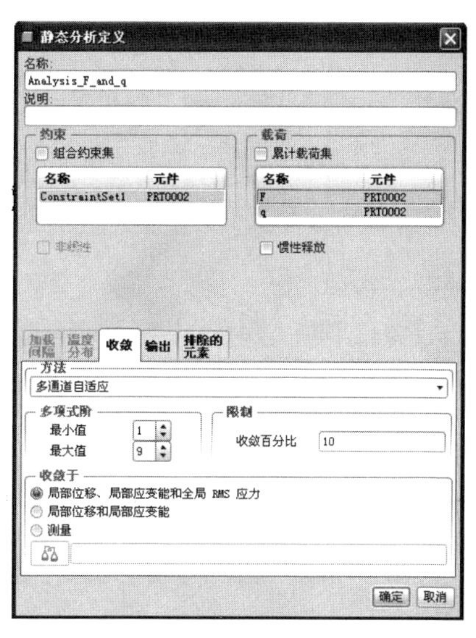

图 6-67　载荷组 F 和 q 共同作用下的静态分析定义对话框

2) 执行载荷组 F 和 q 共同作用下的静态分析

(1) 在“分析和设计研究”对话框中确保定义的分析被选中→单击开始运行

按钮(或者选择【运行(R)】→【开始】命令)开始执行分析。

(2)单击显示研究状态按钮(或者选择【信息(I)】→【状态】命令)查看运行进度→完成后单击【关闭】按钮退出。

5. 定义并执行预应力分析

1)定义预应力分析

(1)在“分析和设计研究”对话框中单击【文件(F)】→【新建预应力分析】→【静态】命令→弹出“预应力静态分析定义”对话框。

(2)在名称栏输入名称“Analysis_pre”→确定在约束栏中包含梁约束的约束组→在载荷栏中选中载荷组 q→在前一分析栏，点选“使用来自前一设计研究的静态分析结果”复选框，并在设计研究栏下拉列表框中选择“Analysis_F”。

(3)在收敛方法栏选择“多通道自适应”收敛方式，多项式阶最大为 9，最小为 1→其他选项按照默认设置→单击【确定】按钮完成载荷组 q 作用下的预应力静态分析定义如图 6-68 所示。

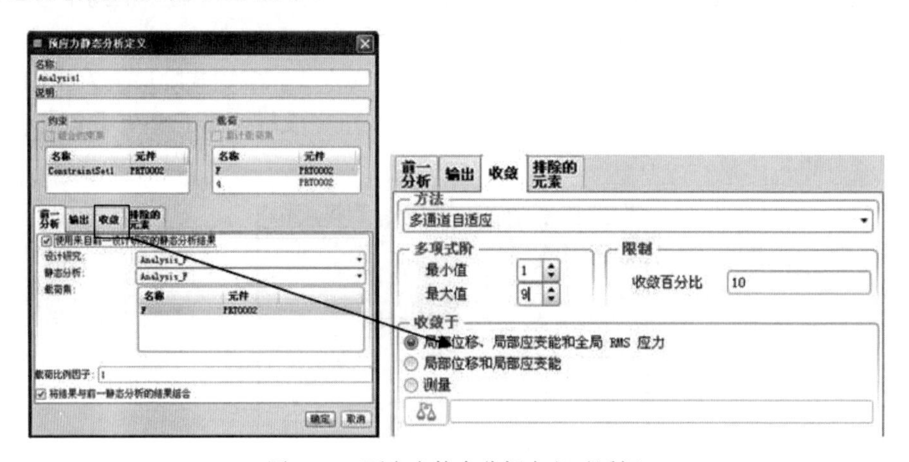

图 6-68 预应力静态分析定义对话框

2)执行预应力分析

(1)在“分析和设计研究”对话框中确保定义的分析被选中→单击开始运行按钮(或者选择【运行(R)】→【开始】命令)开始执行分析。

(2)单击显示研究状态按钮(或者选择【信息(I)】→【状态】命令)查看运行进度→完成后单击【关闭】按钮退出。

6. 结果查看

(1)在“分析和设计研究”栏中选择“Analysis_F_and_q”分析结果→单击

查看设计或有限元分析结果按钮→打开“结果窗口定义”对话框→载荷集选择“q”→显示类型选择“条纹”→显示量为“位移”→显示分量选择“模”→显示选项栏点选“已变形”和“叠加未变形的”选项如图 6-69 所示→单击【确定并显示】→载荷集“q”作用下的位移分析结果就显示在窗口了。

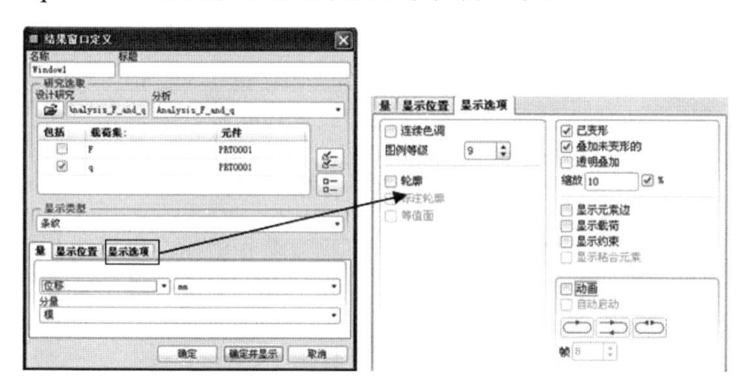

图 6-69　显示载荷 q 作用下的位移分析结果的结果窗口定义对话框

(2) 单击复制所选定义按钮，再次弹出“结果定义”对话框→载荷集同时选择“q”和“F”→显示类型选择“条纹”→显示量为“位移”→显示分量选择“模”→显示选项栏点选“已变形”和“叠加未变形的”→单击【确定并显示】载荷集“q”和“F”共同作用下的位移分析结果就显示在窗口了。

(3) 单击复制所选定义按钮，再次弹出“结果定义”对话框→在“设计研究”栏打开“Analysis_pre”分析结果→显示类型选择“条纹”→显示量为“位移”→显示分量选择“模”→显示选项栏点选“已变形”和“叠加未变形的”→单击【确定并显示】，载荷集“q”在载荷集“F”预应力作用下的位移分析结果就显示在窗口了→最终结果显示如图 6-70 所示。

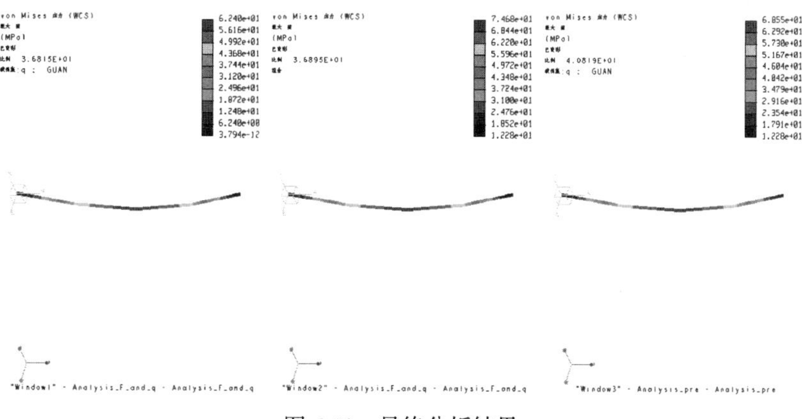

图 6-70　最终分析结果

6.6 预应力模态分析

6.6.1 预应力模态分析简介

预应力模态分析是指考虑了结构预应力作用的模态分析，模态分析可以计算出结构不受外界干扰作用的固有频率(即自振频率)和振型。由下面公式可知，模态分析得到的固有频率和振型与刚度矩阵和质量矩阵有关。

$$([\boldsymbol{K}]-\omega_i^2[\boldsymbol{M}])\cdot\{\boldsymbol{\phi}_i\}=0$$

实际上，结构的固有频率和振型是与某种载荷相关的，这种载荷引起内在的应力与应变，导致了结构刚度发生改变，引入了应力刚化效应，表现为

$$([\boldsymbol{K}+\boldsymbol{S}]-\omega_i^2[\boldsymbol{M}])\cdot\{\boldsymbol{\phi}_i\}=0$$

这一表达式就是预应力模态分析的一般方程，预应力模态分析与预应力静态分析类似，首先运行一个静态分析得出预应力载荷导致的应力刚化效应，然后执行模态分析。预应力模态分析典型的应用包括旋转机械的模态分析(如涡轮叶片)、有张紧力的结构(如琴弦)等。

6.6.2 预应力模态分析实例

本节将通过对一个简支梁的预应力模态分析让读者了解 Pro/E 做预应力模态分析的基本流程。

如图 6-71 所示的薄钢板，长度为 300mm，宽度为 200mm，厚度为 4mm，一端固定，一端承受 24000N 的拉力作用，试计算薄钢板在拉力作用下的前 10 阶自振频率和振型。已知钢板弹性模量 E=206GPa，密度 ρ=7.85e-09tonne/mm^3，泊松比 μ=0.3。

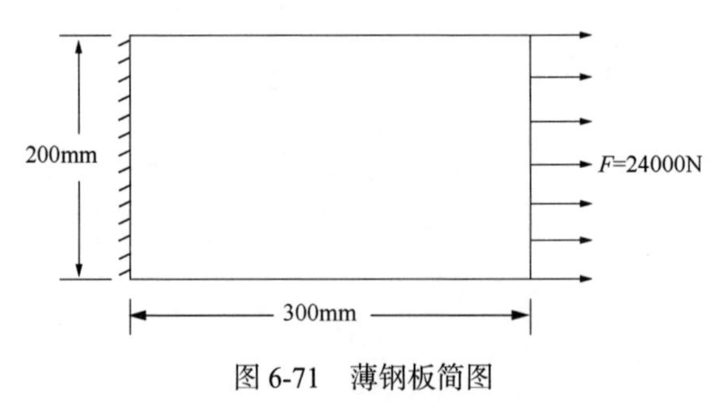

图 6-71 薄钢板简图

本实例完成文件：光盘\Source files\chapter6\pre_modal \ ban.prt.1。

详细操作步骤如下。

1. 模型建立

1) 新建文件

(1) 单击【文件(F)】→【新建(N)】→弹出“新建”对话框→输入新文件名称“ban”→“使用缺省模板”复选框不打钩，如图 6-72 所示。

(2) 单击【确定】按钮→打开“新文件选项”对话框→选择“mmns_part_solid”模板→单击【确定】按钮完成新文件的建立。

2) 创建曲面

(1) 单击草绘工具按钮(或者选择【插入(I)】→【模型基准(D)】→【草绘(S)】命令)→选择绘图窗口中的 FRONT 作为草绘基准平面→单击【草绘】按钮，进入草绘模式。

(2) 单击创建 2 点中心线按钮，绘制水平和竖直的中心线→单击创建矩形按钮在绘图区域绘制长为 300、宽为 200 的矩形如图 6-73 所示→单击退出草绘按钮完成草绘。

(3) 选择草绘基准曲线(即矩形截面)→选择【编辑(E)】→【填充(L)】命令，建立填充曲面。

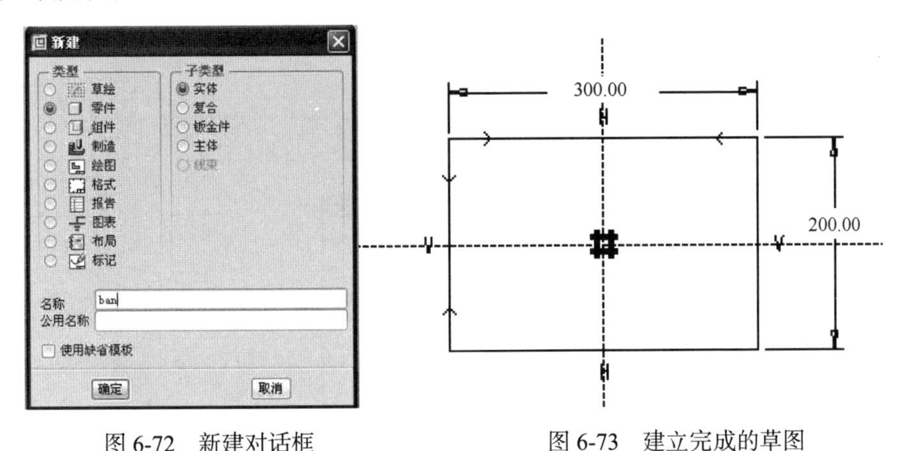

图 6-72　新建对话框　　图 6-73　建立完成的草图

2. 前处理

1) 进入 Mechanica 环境

(1) 选择【应用程序(P)】→【Mechanica(M)】→打开“Mechanica 模型设置”对话框→模型类型选择“结构”，缺省界面选择“连接”，其他采用默认设置。

(2) 单击【确定】按钮进入 Mechanica Structure 分析环境。

2)定义壳单元

(1)单击创建壳理想化按钮(或者单击【插入(I)】→【壳(S)】)→弹出“壳定义”对话框如图 6-74 所示→单击“参照”栏，选择模型窗口中创建的曲面→“属性”栏厚度选项输入“4”，单位为 mm。

(2)单击“壳定义”对话框的【更多】按钮→打开“材料”对话框如图 6-75 所示→双击 steel.mtl→确定“模型中的材料”栏中有“steel”材料。

(3)右击“模型中的材料”栏中的 steel 材料→选择【属性】打开“材料定义”对话框如图 6-76 所示→将密度修改为 7.85e-09tonne/mm^3，泊松比修改为 0.3，杨氏模量修改为 206000MPa→单击【确定】按钮，回到“材料”对话框→单击【确定】按钮，回到“壳定义”对话框→单击【确定】完成壳单元的定义。

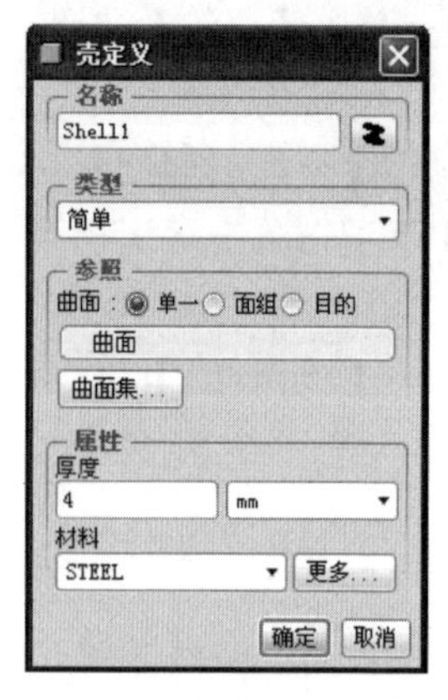

图 6-74　壳定义对话框

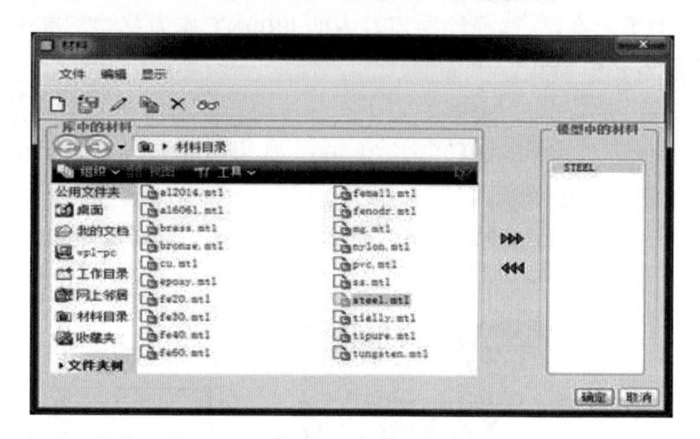

图 6-75　材料对话框

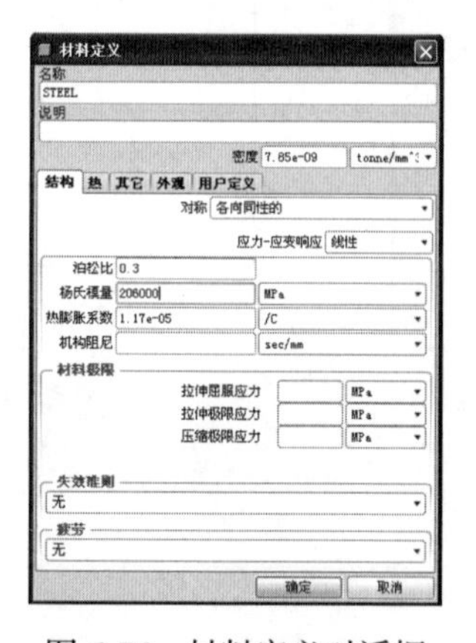

图 6-76　材料定义对话框

3)定义约束

(1)单击位移约束按钮(或者选择【插入(I)】→【位移约束(I)】命令)→弹

出“约束”对话框。

(2)参照选择“边/曲线”→单击选择模型的左侧面(长度为 200mm 的两条短边中任选一条)→固定所有的平移和旋转自由度如图 6-77 所示→单击【确定】按钮完成约束的建立。

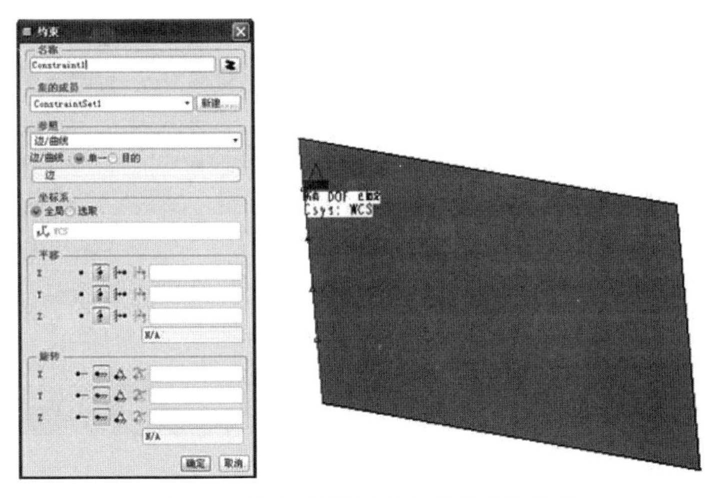

图 6-77　约束对话框和施加约束后的模型

4)施加载荷

(1)单击创建力/力矩载荷按钮(或者选择【插入(I)】→【力/力矩载荷(L)】命令)→弹出“力/力矩载荷”对话框。

(2)参照选择“边/曲线”→单击选择模型的右侧面→力的大小为：X=24000N，Y=0N，Z=10N，如图 6-78 所示→单击【确定】按钮完成载荷的施加。

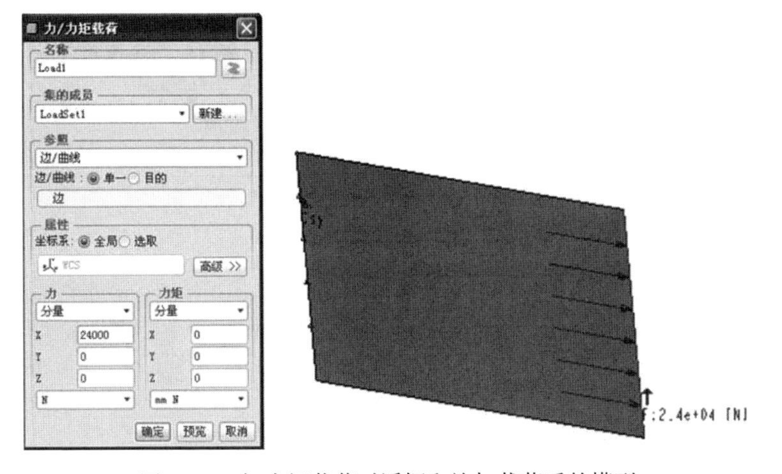

图 6-78　力/力矩载荷对话框和施加载荷后的模型

3. 网格划分

1)设置网格尺寸

(1)单击创建 AutoGEM 控制按钮(或者选择【AutoGEM】→【控制(O)】)→弹出“AutoGEM 控制”对话框如图 6-78 所示。

(2)“元素尺寸”栏输入 10→单击选择模型如图 6-79 所示→完成网格尺寸设置。

2)划分网格

(1)单击为几何元素创建 P 网格按钮(或者选择【AutoGEM】→【创建(C)】)→弹出“AutoGEM”对话框如图 6-80 所示。

(2)AutoGEM 参照选择“具有属性的全部几何”→单击【创建】按钮创建网格→创建好的网格如图 6-81 所示。可以通过 AutoGEM 摘要查看划分后的网格的相关信息。

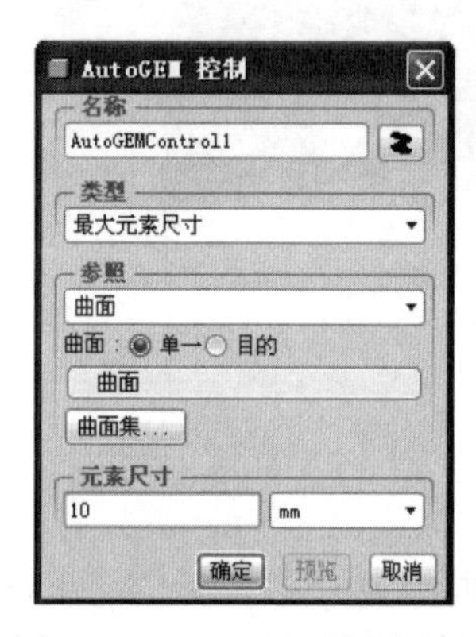

图 6-79 AutoGEM 控制对话框

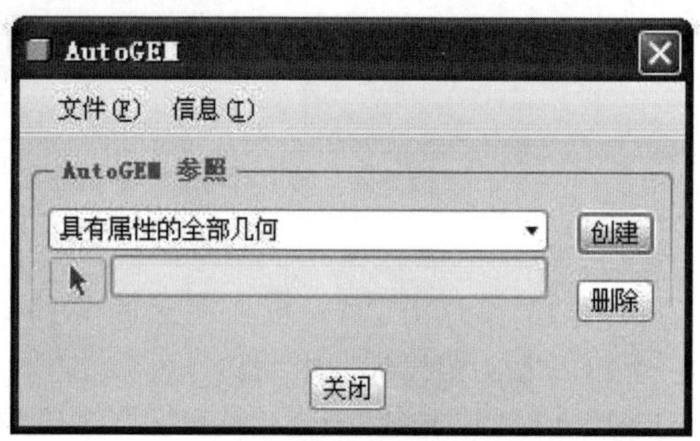

图 6-80 AutoGEM 对话框

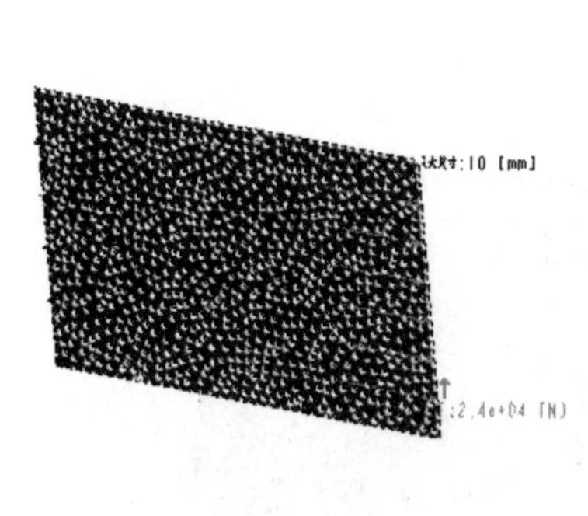

图 6-81 完成后的网格

4. 定义并执行静态分析

1) 定义静态分析

(1) 单击Mechanica分析/研究按钮(或者选择【分析(A)】→【Mechanica分析/研究(E)】命令)→弹出“分析和设计研究”对话框。

(2) 单击【文件(F)】→【新建静态分析】命令→弹出“静态分析定义”对话框如图6-82所示→在名称栏输入名称“static_p”→确定在约束栏中包含端面约束的约束组并且在载荷栏中包含端面拉力的载荷组。

(3) 在收敛方法栏选择“单通道自适应”收敛方式→其他选项按照默认设置→单击【确定】按钮完成静态分析定义。

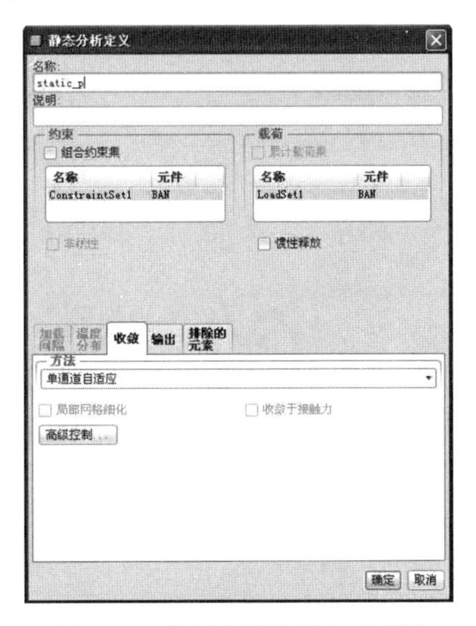

图 6-82　分析和设计研究对话框

2) 执行静态分析

(1) 在“分析和设计研究”对话框中确保定义的分析被选中→单击开始运行按钮(或者选择【运行(R)】→【开始】命令)开始执行分析。

(2) 单击显示研究状态按钮(或者选择【信息(I)】→【状态】命令)查看运行进度→完成后单击【关闭】按钮退出。

5. 定义并执行模态分析

1) 定义模态分析

(1) 单击Mechanica分析/研究按钮(或者选择【分析(A)】→【Mechanica分析/研究(E)】命令)→弹出“分析和设计研究”对话框。

(2)单击【文件(F)】→【新建预应力分析】→【模态】命令，弹出“预应力模态分析定义”对话框，如图 6-83 所示→在名称栏输入名称“pre_modal”→确定在约束栏中包含已定义的约束组→在模式栏，输入模式数为 10。

(3)在收敛方法栏选择“单通道自适应”收敛方式→前一分析栏勾选“使用来自前一设计研究的静态分析结果”复选框→其他选项按照默认设置，如图 6-82 所示→单击【确定】按钮完成模态分析定义。

2)执行模态分析

(1)在“分析和设计研究”对话框中确保定义的分析被选中→单击开始运行按钮(或者选择【运行(R)】→【开始】命令)开始执行分析。

(2)单击显示研究状态按钮(或者选择【信息(I)】→【状态】命令)查看运行进度→完成后单击【关闭】按钮退出。

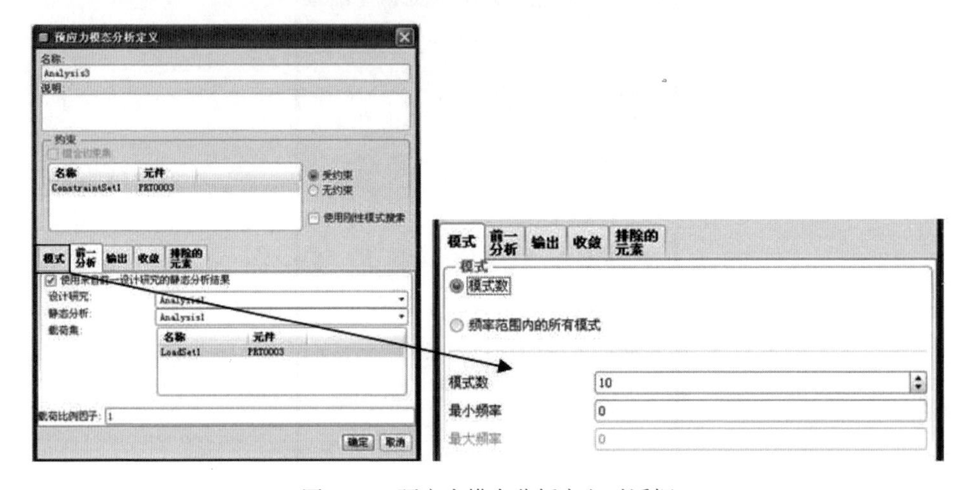

图 6-83 预应力模态分析定义对话框

6. 结果查看

1)结果显示

(1)在“分析和设计研究”栏中选择“pre_modal”→单击查看设计或有限元分析结果按钮→打开“结果窗口定义”对话框→模式栏选择“模式 1”，显示选项中勾选“已变形”和“动画”→单击【确定并显示】按钮，具体设置将预应力模态分析结果显示在结果窗口。

(2)单击复制所选定义按钮，再次弹出“结果窗口定义”对话框→单击打开按钮→选择“modal”文件→其他选项同第(1)步中设置一样，将模态分析结果显示在结果窗口。

2) 结果分析

对比模态分析结果和预应力模态分析结果，可以发现两者频率值的不同，如图 6-84 所示。

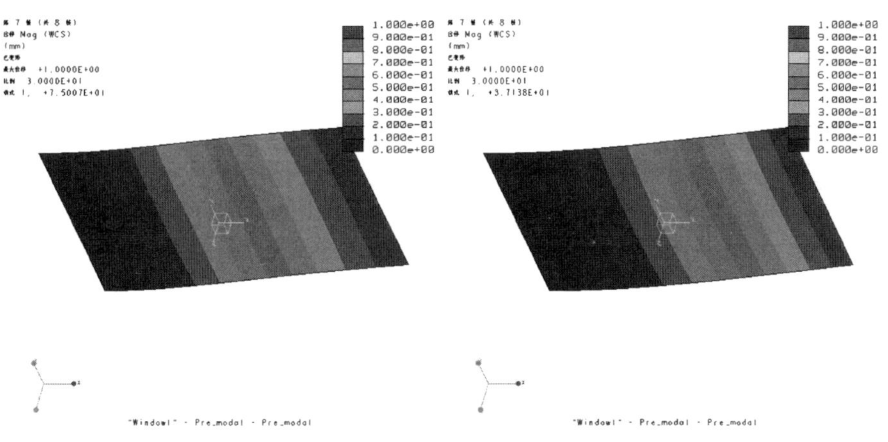

图 6-84　模态分析结果和预应力模态分析结果对比

6.7　屈 曲 分 析

6.7.1　屈曲分析简介

一个可靠的产品设计，不仅强度要满足设计要求，而且结构要有足够的刚度来保证产品性能。现代电子产品(其他产品也一样)已经越来越小，电子元件之间的空隙非常狭小，在刚度不够的情况下往往导致零部件之间的干涉。例如，手机从高处坠落，有可能会出现摔坏的情况，这可能是因为外壳变形过大破坏了内部结构。通常，运行一个静态分析就可以得到结构在载荷作用下的变形。在某些结构，如承受压应力的部件，在压力载荷到达一定程度以后会发生与静态分析相比大得多的不可思议的变形，这就是由于结构已经在这一载荷作用下发生了失稳，这时就需要稳定性分析即屈曲分析。

实际上结构发生失稳也是由于应力刚度矩阵的影响，应力刚度矩阵可以加强或减弱结构刚度，这与应力是拉应力还是压应力有关。正如前面计算出的结果一样，拉应力会使结构的横向刚度增强；结构受压时，会导致结构的刚度减弱，当压力越来越大时，刚度弱化超出了结构固有的刚度，结构就表现得很脆弱，位移急剧增大，发生屈曲。

屈曲分析即稳定性分析，用来计算结构的稳定性，在 Mechanica 中主要用来判断结构是否发生失稳，并计算临界载荷系数(BLF)和屈曲振型。Mechanica 的屈曲分析属于特征值屈曲分析，即线性屈曲分析，结构到达屈曲之前位移和载荷呈线性关系，而到达屈曲之前的结构处于几何非线性状态，这不太符合实际情况，线性屈曲分析得出的临界载荷系数是处于线性假设下的解，通常要比实际测得要大。

线性屈曲分析的一般方程为

$$[\boldsymbol{K} + \lambda_i \cdot \boldsymbol{S}] \cdot \psi_i = 0$$

式中，λ_i 为临界屈曲载荷系数；ψ_i 为对应的屈曲振型。

在 Mechanica 中一个屈曲分析由两部分组成：首先运行一个线性静态分析得到整体刚度矩阵[***K***]和应力刚度矩阵[***S***]，然后运行线性屈曲分析得到临界屈曲载荷系数。

屈曲分析一般应用于受压缩应力作用的薄壁圆筒、薄板、欧拉梁等结构。

6.7.2 屈曲分析实例

本节将通过对一个钢制薄壁圆筒的屈曲分析让读者了解 Pro/E 做屈曲分析的基本流程。

如图 6-85 所示钢质薄壁圆筒，外径为 400mm，厚度为 6mm，高度为 2000mm，一端固定，一端承受压力均布载荷 *P*，试分析薄壁在压力载荷作用下发生屈曲的可能，已知钢板弹性模量 *E*=206GPa，密度为 7.85e-09tonne/mm^3，泊松比 μ=0.3，*P*=150000N。

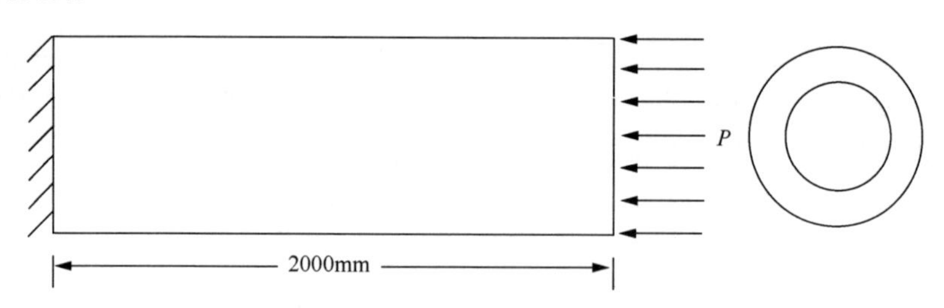

图 6-85 钢制薄壁圆筒模型

本实例完成文件：光盘\Source files\chapter6\buckling\yuantong.prt.1。

问题分析：要求解钢制薄壁圆筒在一端固定，一端受压下的稳定性，在 Mechanica 中可以分两步：首先执行一个静态分析，得出薄壁圆筒对压力载荷 *P* 的响应，然后执行屈曲分析计算临界屈曲载荷系数。由于模型为薄壁圆筒，为了减少单元数量而不减少分析精度，可以选择壳来模拟薄壁圆筒，初步使用自动网格划分，如果收敛率达不到要求，则可以考虑将网格细化。执行屈曲分析时，为了保证精度，使用多通道自适应方式收敛，收敛率设置为 4%以内，需要指出的是，计算得到的临界屈曲载荷系数通常是非保守值，比实际值要大，故以此数据作为设计参考应调低临界屈曲载荷系数。

详细操作步骤：

1. 模型建立

1)新建文件

(1)单击【文件(F)】→【新建(N)】→弹出“新建”对话框→输入新文件名称“yuantong”→“使用缺省模板”复选框不打钩，如图6-86所示。

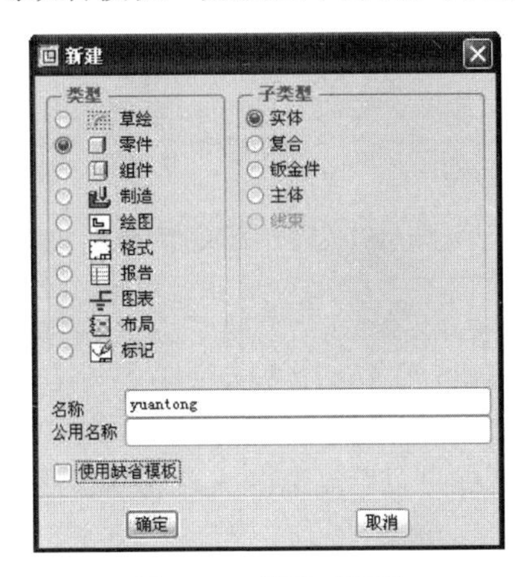

图6-86　新建对话框

(2)单击【确定】按钮→打开“新文件选项”对话框→选择“mmns_part_solid”模板→单击【确定】按钮完成新文件的建立。

2)拉伸实体

(1)单击拉伸工具按钮(或者选择【插入(I)】→【拉伸(E)】)→单击【放置】→单击【定义】按钮→弹出“草绘”对话框→选择绘图窗口中的FRONT面作为草绘基准平面→单击【草绘】按钮，进入草绘模式。

(2)单击通过拾取圆心和圆上一点来创建圆按钮→在绘图区域绘制外径为400和厚度为6的圆环，绘制完成后如图6-87所示→单击退出草绘按钮，退出草绘窗口。

(3)设置拉伸长度为2000→单击完成按钮完成实体模型的创建。

2. 前处理

1)进入Mechanica环境

(1)选择【应用程序(P)】→【Mechanica(M)】→打开“Mechanica模型设置”对话框→模型类型选择“结构”，缺省界面选择“连接”，其他采用默认设置。

(2)单击【确定】按钮进入 Mechanica Structure 分析环境。

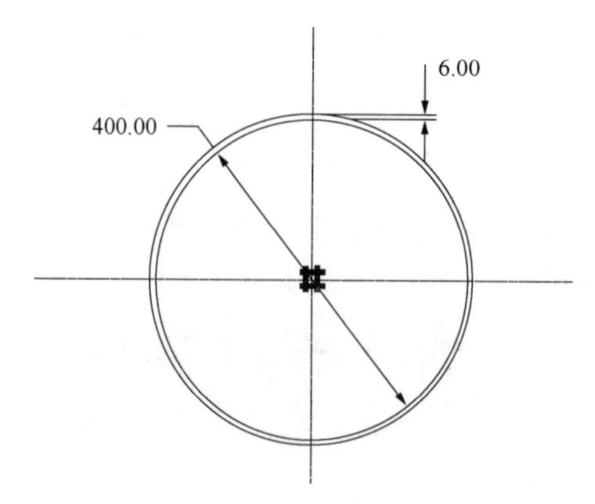

图 6-87　建立完成的草图

2)建立壳单元

(1)单击创建壳对按钮(或者选择【插入(I)】→【中间曲面(F)】→【壳对】命令)→弹出“壳对定义”对话框如图 6-88 所示。

(2)勾选“自动选取相对曲面”复选框→点选模型外表面如图 6-88 所示→单击按钮，完成壳对的定义。

图 6-88　壳对定义对话框设置及模型曲面的选取

3)设置材料

(1)单击定义材料按钮→弹出“材料”对话框→双击“steel.mtl”(或单击“steel.mtl”→单击按钮)→将 steel 材料加入“模型中的材料”栏如图 6-89 所示。

(2)右击“模型中的材料”栏中的 steel 材料→选择【属性】打开“材料定义”对话框如图 6-90 所示→将密度修改为 7.85e-09tonne/mm^3，泊松比修改为 0.3。杨氏模量修改为 206000MPa→单击【确定】按钮，回到“材料”对话框→单击【确定】按钮，将 steel 材料加载到当前的分析项目中。

(3) 单击材料分配按钮→弹出“材料指定”对话框如图 6-91 所示→参照选择“分量”，材料选择刚刚加载的“steel”→单击【确定】按钮，自动将材料赋予整个实体模型。

图 6-89　材料对话框

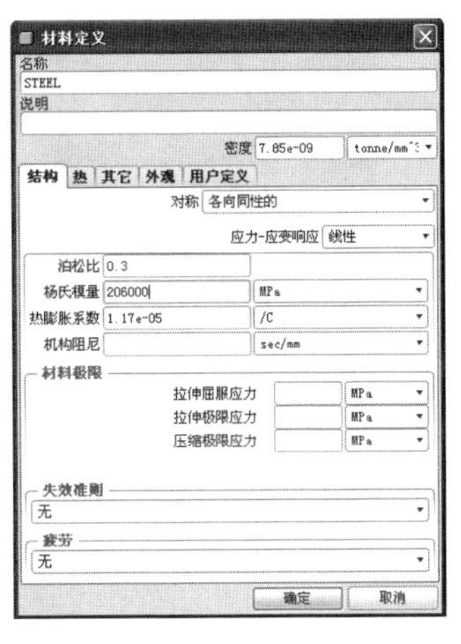

图 6-90　材料定义对话框

图 6-91　材料指定对话框

4) 定义约束

(1) 单击位移约束按钮(或者选择【插入(I)】→【位移约束(I)】命令)→弹出“约束”对话框。

(2) 参照选择“曲面”→单击选择模型的左端面(任选一端面即可)→固定所有的平移和旋转自由度如图 6-92 所示→单击【确定】按钮完成约束的建立。

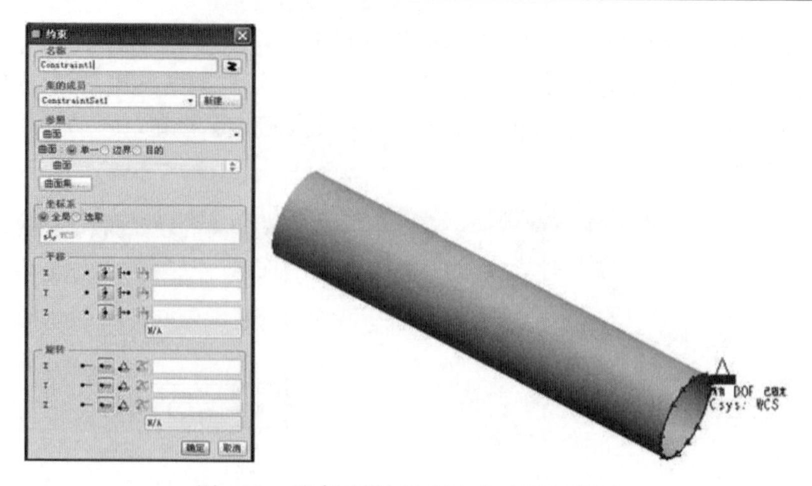

图 6-92　约束对话框和施加约束后的模型

5）施加载荷

（1）单击创建力/力矩载荷按钮（或者选择【插入(I)】→【力/力矩载荷(L)】命令）→弹出“力/力矩载荷”对话框。

（2）参照选择“曲面”→单击选择模型的右端面→力的大小为：X=0kN，Y=–150kN，Z=0kN，如图 6-93 所示→单击【确定】按钮完成载荷的施加。

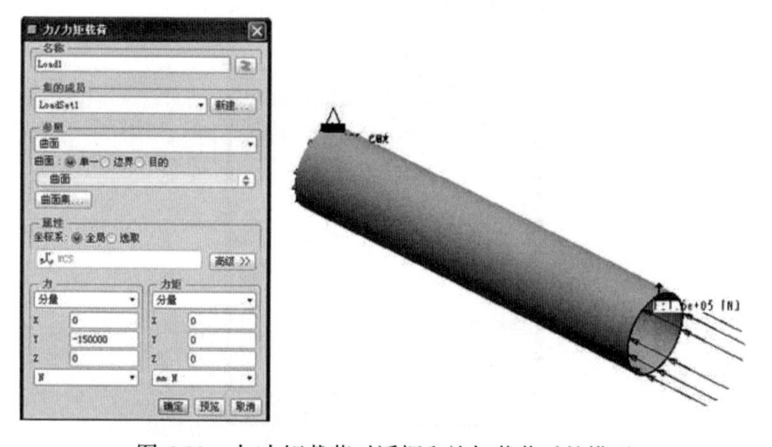

图 6-93　力/力矩载荷对话框和施加载荷后的模型

3. 网格划分

1）设置网格尺寸

（1）单击创建 AutoGEM 控制按钮（或者选择【AutoGEM】→【控制(O)】）→弹出“AutoGEM 控制”对话框如图 6-94 所示。

(2)“元素尺寸”栏输入 50→单击选择模型如图 6-94 所示→完成网格尺寸设置。

2) 划分网格

(1) 单击为几何元素创建 P 网格按钮(或者选择【AutoGEM】→【创建(C)】)→弹出“AutoGEM”对话框如图 6-95 所示。

(2) AutoGEM 参照选择“具有属性的全部几何”→单击【创建】按钮创建网格→创建好的网格如图 6-96 所示。可以通过 AutoGEM 摘要查看划分后的网格的相关信息。

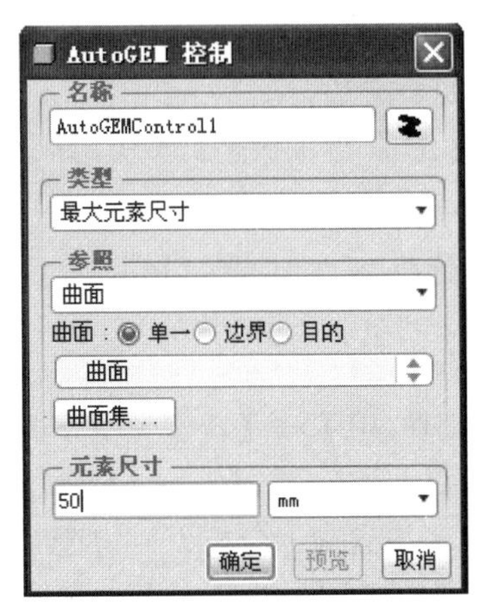

图 6-94　AutoGEM 控制对话框

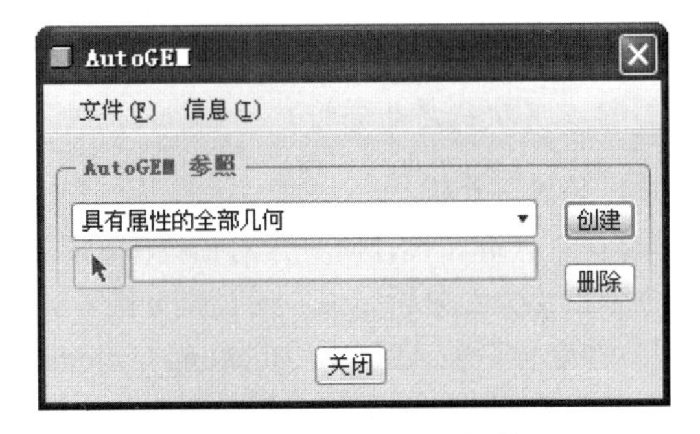

图 6-95　AutoGEM 对话框

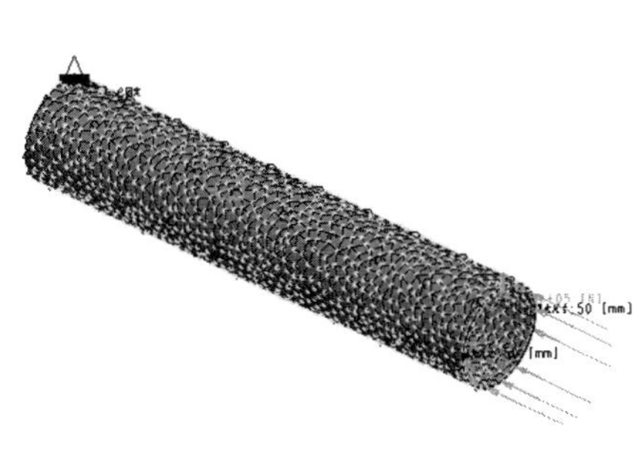

图 6-96　完成后的网格

4. 定义并执行静态分析

1) 定义静态分析

(1) 单击Mechanica 分析/研究按钮(或者选择【分析(A)】→【Mechanica 分

析/研究(E)】命令)→弹出“分析和设计研究”对话框。

(2)单击【文件(F)】→【新建静态分析】命令→弹出“静态分析定义”对话框如图 6-97 所示→在名称栏输入名称“static_yuanguan”→确定在约束栏中包含端面约束的约束组，并且在载荷栏中包含端面压力的载荷组。

(3)在收敛方法栏选择“单通道自适应”收敛方式→其他选项按照默认设置→单击【确定】按钮完成静态分析定义。

2)执行静态分析

(1)在“分析和设计研究”对话框中确保定义的分析被选中→单击开始运行按钮(或者选择【运行(R)】→【开始】命令)开始执行分析。

(2)单击显示研究状态按钮(或者选择【信息(I)】→【状态】命令)查看运行进度→完成后单击【关闭】按钮退出。

5. 定义并执行屈曲分析

1)定义屈曲分析

(1)在“分析和设计研究”对话框中，单击【文件(F)】→【新建失稳分析】命令→弹出“失稳分析定义”对话框如图 6-98 所示。

(2)在名称栏输入名称“Buckling_cylinder”→“设置前一分析”栏勾选“使用来自前一设计研究的静态分析结果”复选框，失稳模式数为“4”→其他选项按照默认设置→单击【确定】按钮完成屈曲分析定义。

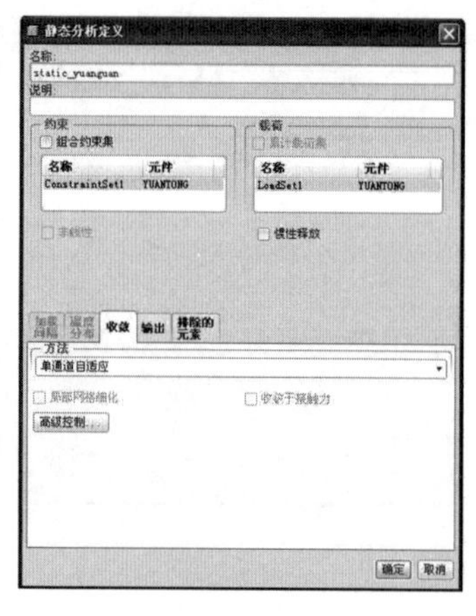

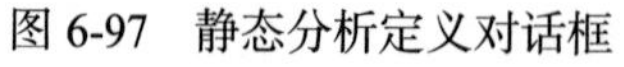
图 6-97　静态分析定义对话框

图 6-98　失稳分析定义对话框

2)执行屈曲分析

(1)在“分析和设计研究”对话框中确保定义的分析被选中→单击开始运行按钮(或者选择【运行(R)】→【开始】命令)开始执行分析。

(2) 单击显示研究状态按钮(或者选择【信息(I)】→【状态】命令)查看运行进度→完成后单击【关闭】按钮退出。

6. 查看结果

(1) 在“分析和设计研究”栏中单击查看设计或有限元分析结果按钮→打开“结果窗口定义”对话框→模式栏选择“模式 1”→“显示选项”栏勾选“已变形”，如图 6-99 所示→单击【确定并显示】按钮，→1 阶载荷屈曲分析结果就显示在窗口了。

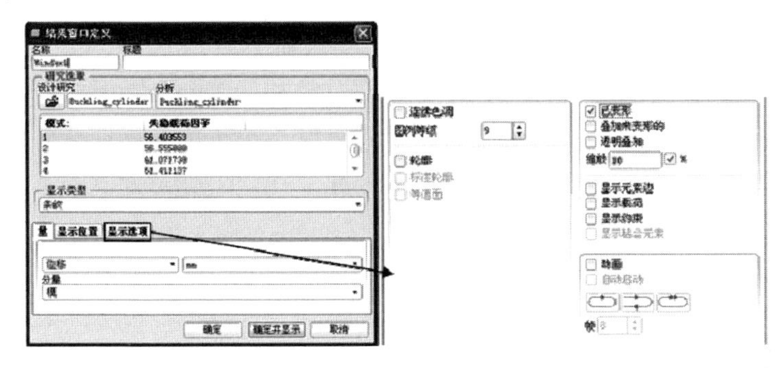

图 6-99　结果窗口定义对话框

(2) 单击复制所选定义按钮，再次弹出“结果窗口定义”对话框→模式栏选择“模式 2”，其他选项同第(2)步中一样，将 2 阶载荷屈曲显示在结果窗口。

(3) 采用和第(3)步中相同的步骤，将第 3 阶和第 4 阶模态显示在结果窗口。最终结果显示如图 6-100 所示。

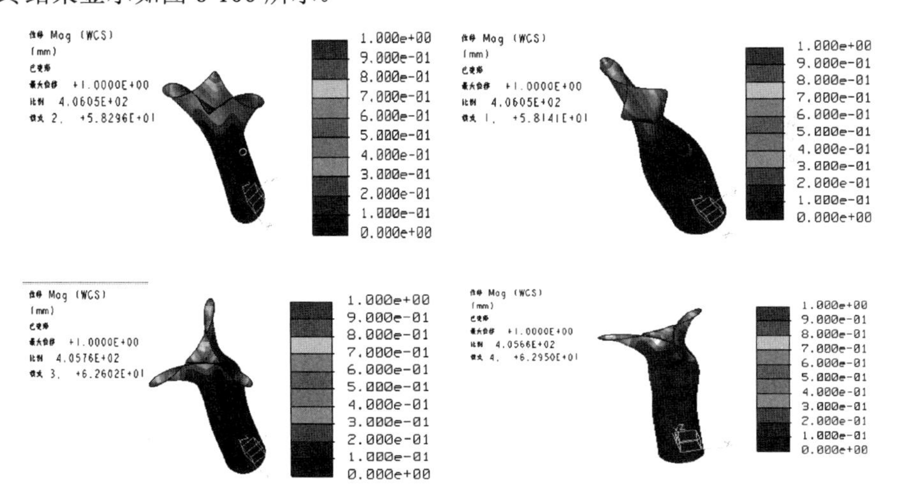

图 6-100　薄壁圆筒前 4 阶屈曲模态振型

6.8 疲劳分析

6.8.1 疲劳分析简介

疲劳是指结构在低于静态极限强度的连续重复载荷的作用下，当循环次数达到某定值时将发生断裂破坏的现象。疲劳 S-N 曲线表明了材料随循环次数的增加，结构发生破坏的应力变化情况。疲劳多发生在应力比较集中的区域，如截面突变处、加工时造成的孔洞、裂纹、焊缝及其热影响区。疲劳导致的破坏属于突然性的脆性断裂。影响疲劳寿命的因素很多，包括载荷类型、元件尺寸、表面光洁度、表面处理工艺、材料的内部缺陷等。

在 Mechanica 中，使用疲劳分析用来计算结构由于承受周期载荷而导致的疲劳损伤。在 Mechanica 中定义疲劳分析需要建立在一个静态分析的基础上，因此运行一个疲劳分析分两个步骤。

(1)定义并运行一个静态分析。

(2)提取静态分析结果并运行疲劳分析。

在存在一个线性静态分析的基础上，可以定义疲劳分析。使用 Mechanica 做疲劳分析，需要主要为材料定义疲劳属性，并且只能使用正交各向同性材料。Mechanica 使用一个统一的材料法则(UML)来定义疲劳属性，包括材料极限、材料类型、表面光洁度和失效强度衰减因子。

其中材料极限和材料类型定义了材料的基本特性，表面光洁度指定了材料的表面粗糙度和表面处理工艺，失效强度衰减因子是一个大于 1 的数，用来降低应力集中区域的疲劳强度极限。失效强度衰减因子与零件尺寸、载荷类型、表面光洁度(包括表面处理)、表面刻痕等有关。失效强度衰减因子可以表达为

$$K_f = \frac{1}{C_{\text{size}} \cdot C_{\text{Load}} \cdot C_{\text{notch}} \cdot C_{\text{Surf}}}$$

式中，C_{size} 表示零件尺寸影响系数；C_{Load} 表示载荷类型影响系数；C_{notch} 表示表面刻痕影响系数；C_{Surf} 表示表面光洁度影响系数。

以圆柱形钢制试件为例，当试件直径 d<6mm 时，$C_{\text{size}}=1$；当试件是 6mm<d<250mm 时，$C_{\text{size}}=1.189d^{-0.09}$，其他截面类型的构件可以按照当量直径来计算。其他影响因子可以查阅相关资料。

6.8.2 疲劳分析实例

本节将通过对一个连接环的疲劳分析让读者了解 Pro/E 做疲劳分析的基本

流程。

图 6-101 所示为一个长期承受交变载荷的连接环，承受载荷的面为环的左内侧半个圆环面，载荷大小为 100N，该零件材料为热轧低碳钢。低碳钢的最大抗拉强度为 400MPa，零件设计疲劳寿命为 10^5 次。

图 6-101　连接环示意图

本实例完成文件：光盘\Source files\chapter6\fatigue \fatigue.prt.1。

详细操作步骤如下。

1. 模型打开

单击【文件(F)】→【打开(O)】→弹出“打开”对话框→打开光盘目录下的\fatigue.prt.1 文件→单击【打开】按钮完成模型的打开。

2. 前处理

1) 进入 Mechanica 环境

(1) 选择【应用程序(P)】→【Mechanica(M)】→打开“Mechanica 模型设置”对话框→模型类型选择“结构”，缺省界面选择“连接”，其他采用默认设置。

(2) 单击【确定】按钮进入 Mechanica Structure 分析环境。

2) 设置材料

(1) 单击材料分配按钮→弹出“材料指定”对话框如图 6-102 所示→单击【更多】按钮→弹出“材料”对话框如图 6-103 所示→双击“steel.mtl”(或单击“steel.mtl”→单击按钮)→将 steel 材料加入“模型中的材料”栏如图 6-103 所示。

(2) 右击“模型中的材料”栏中的 steel 材料→选择【属性】打开“材料定义”对话框如图 6-104 所示→“疲劳”栏选择“统一材料法则”，拉力极限应力为 400MPa→“材料类型”栏选择“非合金钢”，“表面光洁度”栏选择“热轧”，失效强度衰减因子为 2→单击【确定】按钮，回到“材料”对话框→单击【确定】按钮完成模型的材料设置。

图 6-102　材料指定对话框

图 6-103　材料对话框

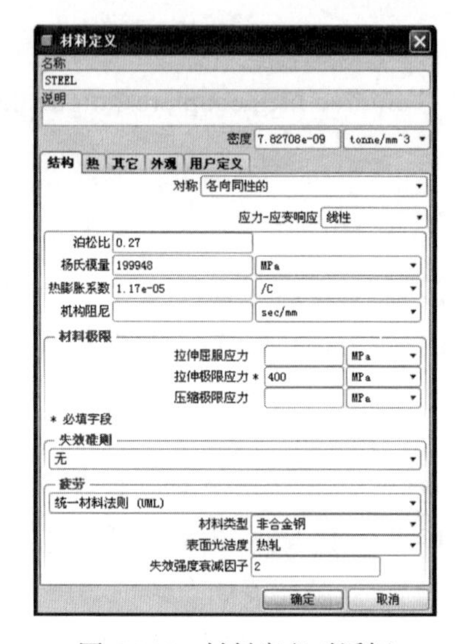

图 6-104　材料定义对话框

3) 定义约束

(1) 单击位移约束按钮(或者选择【插入(I)】→【位移约束(I)】命令)→弹出“约束”对话框。

(2) 参照选择“曲面”→单击选择模型的平端面→固定所有的平移和旋转自由度如图 6-105 所示→单击【确定】按钮完成约束的建立。

4) 施加载荷

(1) 单击创建模拟曲面区域按钮(或选择【插入(I)】→【曲面区域(U)】命令)→单击【参照】→单击【定义】→弹出“草绘”对话框→单击选择模型的上表面→单击【草绘】按钮，进入草绘环境。

图 6-105　约束对话框和施加约束后的模型

(2) 单击通过边创建图元按钮，点选零件的内孔边→单击创建两点线按钮→绘制一条过 Y 轴的直线，如图 6-106 所示→单击通过选取弧圆心和端点来创建圆弧命令绘制一个半圆→单击动态修剪剖面图元命令修剪掉多余线段完成草图如图 6-106 所示→单击退出草绘按钮，退出草绘窗口→选择内圆面为修剪曲面→单击完成按钮完成曲面区域的创建如图 6-107 所示。

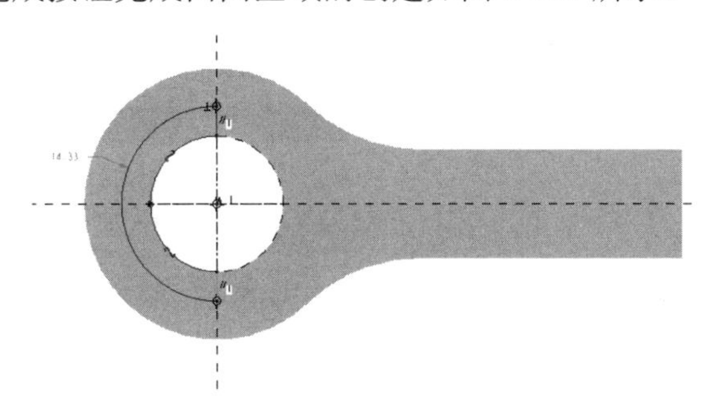

图 6-106　完成的草图

图 6-107　修剪后的曲面

(3) 单击创建力/力矩载荷按钮 (或者选择【插入 (I)】→【力/力矩载荷 (L)】

命令）→弹出“力/力矩载荷”对话框。

（4）参照选择“曲面”→单击选择图 6-108 所示的曲面→力的大小为：X=–100N，Y=0N，Z=10N，如图 6-108 所示→单击【确定】按钮完成载荷的施加。

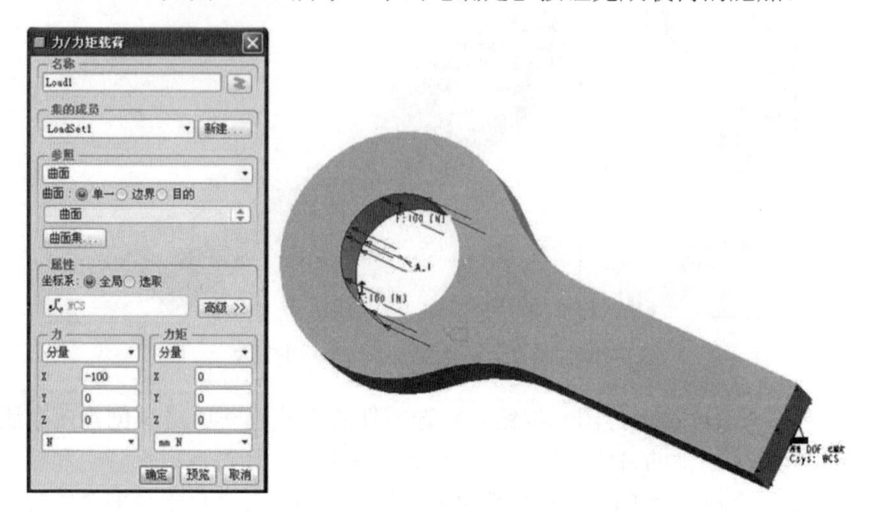

图 6-108　力/力矩载荷对话框和施加载荷后的模型

3. 网格划分

（1）单击 为几何元素创建 P 网格按钮（或者选择【AutoGEM】→【创建(C)】）→弹出“AutoGEM”对话框如图 6-109 所示。

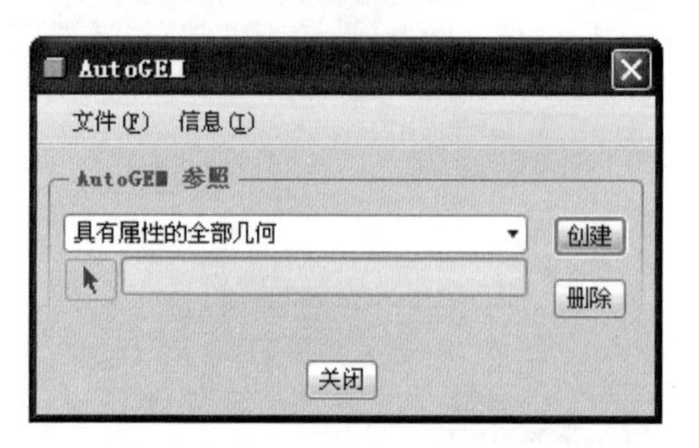

图 6-109　AutoGEM 对话框

（2）AutoGEM 参照选择“具有属性的全部几何”→单击【创建】按钮，创建网格→创建好的网格如图 6-110 所示。可以通过 AutoGEM 摘要查看划分后的网格的相关信息。

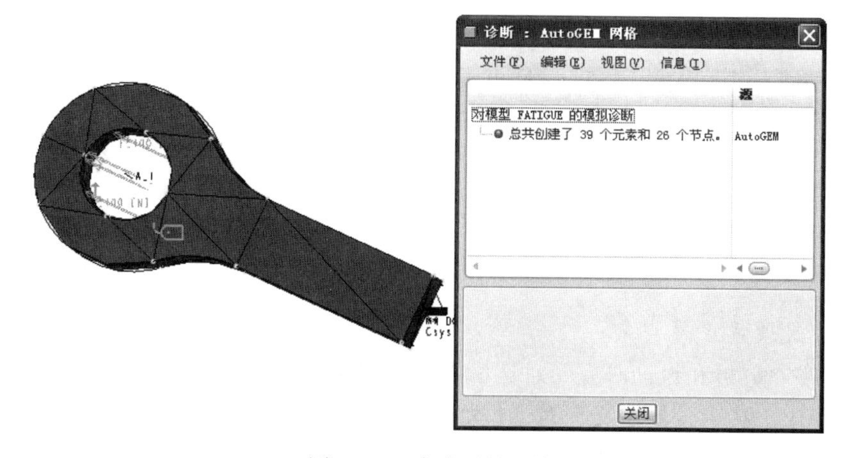

图 6-110　完成后的网格

4. 定义并执行静态分析

1) 定义静态分析

(1) 单击 Mechanica 分析/研究按钮(或者选择【分析(A)】→【Mechanica 分析/研究(E)】命令)→弹出“分析和设计研究”对话框。

(2) 单击【文件(F)】→【新建静态分析】命令→弹出“静态分析定义”对话框如图 6-111 所示→在名称栏输入名称“Analysis_static”→确定在约束栏中包含已定义的约束组，并且在载荷栏中包含已定义的载荷组。

(3) 在收敛方法栏选择“单通道自适应”收敛方式→其他选项按照默认设置→单击【确定】按钮完成静态分析定义。

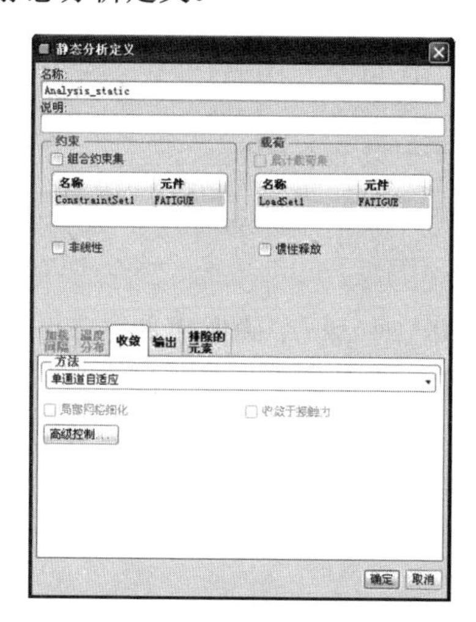

图 6-111　静态分析定义对话框

2) 执行静态分析

(1) 在“分析和设计研究”对话框中确保定义的分析被选中→单击开始运行按钮(或者选择【运行(R)】→【开始】命令)开始执行分析。

(2) 单击显示研究状态按钮(或者选择【信息(I)】→【状态】命令)查看运行进度→完成后单击【关闭】按钮退出。

5. 定义并执行疲劳分析

1) 定义疲劳分析

(1) 在“分析和设计研究”对话框中，单击【文件(F)】→【新建疲劳分析】命令→弹出“疲劳分析定义”对话框如图 6-112 所示。

(2) 在名称栏输入名称“Analysis1”→确定在约束栏中包含端面约束的约束组，并且在载荷栏中包含相应的载荷组。

(3) 在“载荷历史”栏输入“寿命”栏中所需强度为 100000，勾选“计算安全系数”复选框。

(4) 在“前一分析”栏勾选“使用来自前一设计研究的静态分析结果”复选框→其他选项按照默认设置如图 6-112 所示→单击【确定】按钮完成静态分析定义。

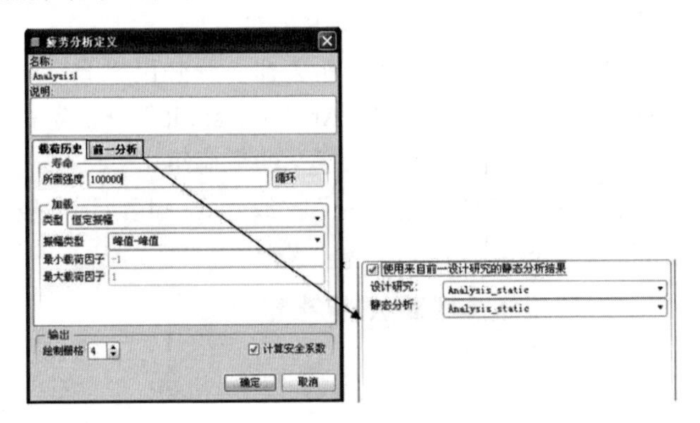

图 6-112　疲劳分析定义对话框

2) 执行疲劳分析

(1) 在“分析和设计研究”对话框中确保定义的分析被选中→单击开始运行按钮(或者选择【运行(R)】→【开始】命令)开始执行分析。

(2) 单击显示研究状态按钮(或者选择【信息(I)】→【状态】命令)查看运行进度→完成后单击【关闭】按钮退出。

6. 结果查看

(1) 在“分析和设计研究”栏中单击查看设计或有限元分析结果按钮→打开

“结果窗口定义”对话框→显示类型选择“条纹”，显示量为“疲劳”，显示分量选择“日志寿命”，具体设置如图 6-113 所示→单击【确定并显示】按钮→寿命分析结果就显示在窗口了。

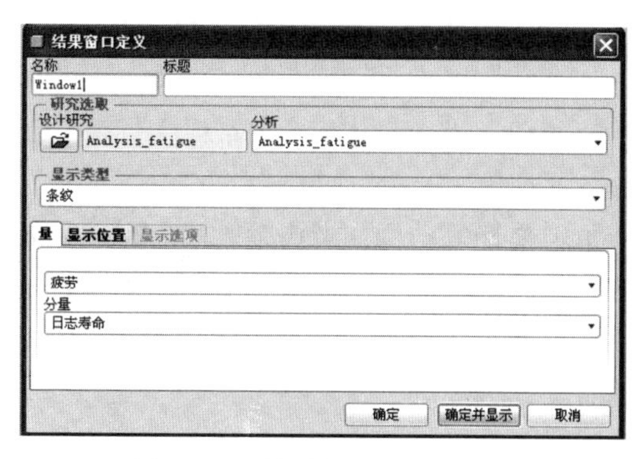

图 6-113　结果窗口定义对话框

(2) 单击复制所选定义按钮→再次弹出“结果窗口定义”对话框→显示类型选择“条纹”，显示量为“疲劳”，显示分量选择“日志破坏”→单击【确定并显示】按钮→破坏分析结果就显示在窗口了。

(3) 单击复制所选定义按钮→再次弹出“结果窗口定义”对话框→显示类型选择“条纹”，显示量为“疲劳”，显示分量选择“安全系数”→单击【确定并显示】按钮→安全系数分析结果就显示在窗口了。

(4) 单击复制所选定义按钮→再次弹出“结果窗口定义”对话框→显示类型选择“条纹”，显示量为“疲劳”，显示分量选择“寿命置信度”→单击【确定并显示】按钮→寿命置信度分析结果就显示在窗口了，最终结果显示如图 6-114 所示。

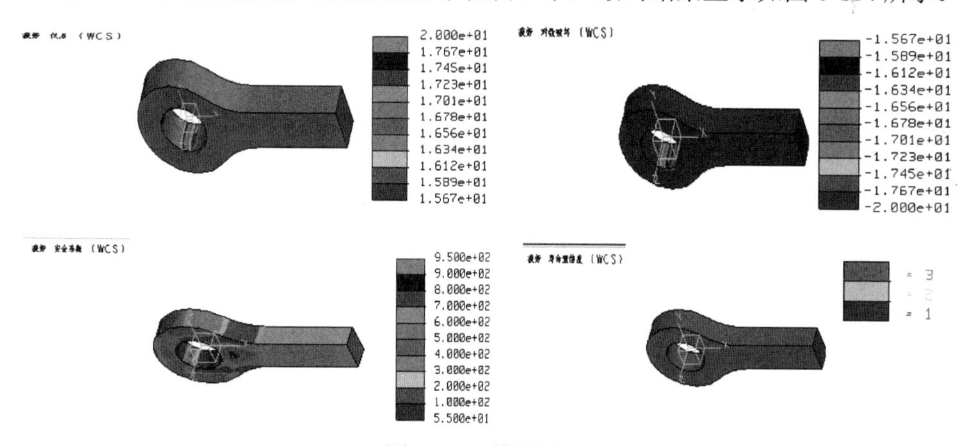

图 6-114　结果显示

第7章　振 动 分 析

7.1　概　　述

结构动力学分析是用来计算结构在考虑惯性(质量属性)和阻尼影响下的变化载荷导致的结构动力学特性响应的方法。振动分析是结构动力学分析的一种，在 Mechanica 中振动分析包括 4 种类型：动态时域分析、动态频域分析、动态冲击响应分析和动态随机响应分析。

结构动力学分析与静力学分析的最大区别在于，动力学考虑结构惯性和阻尼的影响，可以计算随时间变化的载荷作用，对于动载荷作用下的机构，动力学分析比静力学更符合实际情况，但是动力学分析(特别是瞬态动力学分析)往往需要比静力学分析更长的计算时间。静态分析能够确定结构在稳态作用下的承载条件，但是在动载荷条件下，使用静态分析往往得不到结构真实的承载能力和其他结构特性。因此，对于承受动载荷作用的结构，有必要使用动力学分析来确定结构动态特性。

7.2　动态时域分析

7.2.1　动态时域分析简介

结构动力学分析能够分析如振动、随机振动、冲击、交变载荷等动力学问题，不同的动力学问题可以使用不同的动力学分析来计算。动态时域分析用来计算结构在与时间相关的非周期性载荷或冲击载荷作用下的结构响应，属于瞬态动力学分析，常用于需要随时间变化结果的问题。动态频域分析也称为谐分析，用来计算结构在与频域相关的周期性载荷作用下的结构响应，如旋转机械对轴承等支撑结构的动力学分析。动态随机响应分析，用来计算结构在一定频率范围内的力或加速度功率谱密度函数表示载荷作用下的响应。动态冲击计算在以位移、速度或加速度响应谱表示的基础激励下的结构响应。

动态时域分析用来计算在与时间相关的非周期性载荷作用下的动态特性，如位移、速度、加速度或应力分布随时间变化的关系。Mechanica 使用动态时域分析可以得到瞬态或非稳态响应结果，如模拟结构加载的过程。

7.2.2　动态时域分析实例

本节将通过对一个铝合金跳板的动态时域分析让读者了解 Pro/E 做动态时域分析的基本流程。

如图 7-1 所示，一端固定铝合金跳板，运动员在跳板末端施加在 0.2s 内均匀增加至 800N 的载荷，试绘制跳板最大 von Mises 应力与加载时间的关系曲线。假设忽略跳板重力和系统阻尼，已知铝合金弹性模量 E=137GPa，泊松比 μ 为 0.33，密度 ρ=2.8e-09tonne/mm^3，跳板长度为 1000mm，宽度为 300mm，厚度为 20mm。

本实例完成文件：光盘\Source files\chapter7\dynamic_time\time.prt.1。

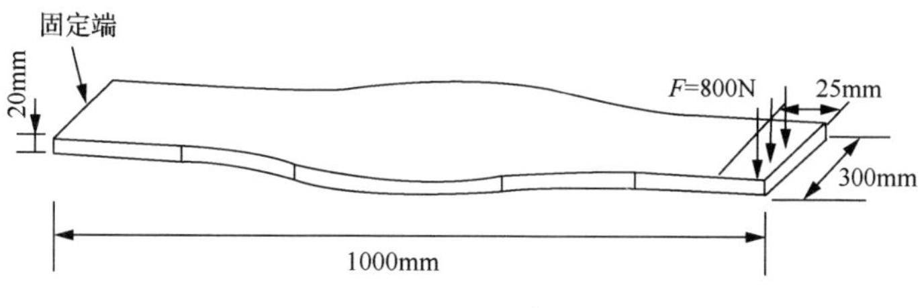

图 7-1　跳板模型

问题分析：首先，分析此类问题的目的是得到结构在时间变化载荷作用下的响应，属于动力学分析。对于动力学分析，一般以一个模态分析为基础，然后运行动力学分析。为了得到各部分的应力分布，可以使用实体模型来模拟模型，在跳板末端施加集中载荷会导致应力集中，按照实际情况，可以在末端建立一个曲面区域来作为载荷的作用区域。需要注意的是，模型无论载荷、约束还是几何都具备对称性，在静态分析中，可以建立对称性简化模型，但是在动力学分析下，简化模型会丢失模态，因此不应该建立对称性简化模型。

1. 模型建立

1) 新建文件

(1) 单击【文件(F)】→【新建(N)】→弹出“新建”对话框→输入新文件名称“time”,“使用缺省模板”复选框不打钩，如图 7-2 所示。

(2) 单击【确定】按钮→打开“新文件选项”对话框→选择“mmns_part_solid”模板→单击【确定】按钮完成新文件的建立。

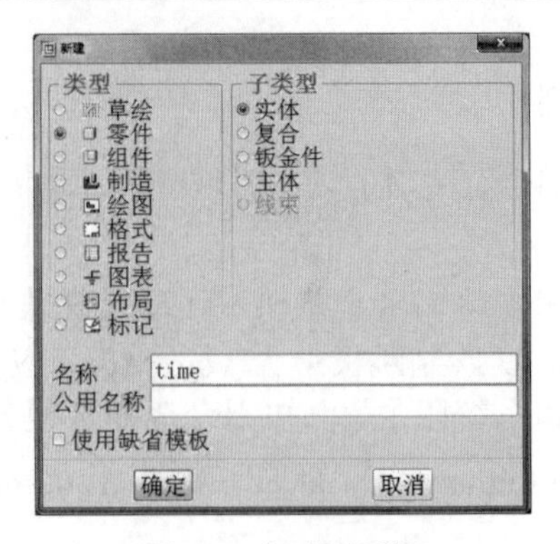

图 7-2　新建对话框

2) 拉伸实体

(1) 单击拉伸工具按钮（或者选择【插入(I)】→【拉伸(E)】）→单击【放置】→单击【定义】按钮→弹出“草绘”对话框→选择绘图窗口中的 FRONT 面作为草绘基准平面→单击【草绘】按钮，进入草绘模式。

(2) 单击创建 2 点中心线按钮，绘制水平和竖直的中心线→单击创建矩形按钮在绘图区域绘制长为 1000，宽为 300 的矩形，以坐标原点为圆心绘制半径为 250 的圆，在长方形与圆边相交处绘制半径为 300 的圆角，裁减掉多余的线段，绘制完成后如图 7-3 所示→单击退出草绘按钮，退出草绘窗口。

(3) 设置拉伸长度为 20→单击完成按钮完成实体模型的创建。

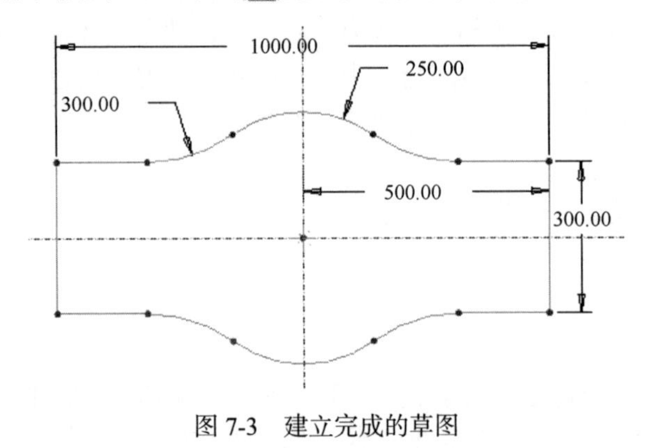

图 7-3　建立完成的草图

2. 前处理

1) 进入 Mechanica 环境

(1) 选择【应用程序(P)】→【Mechanica(M)】→打开“Mechanica 模型设置”对话框→模型类型选择“结构”，缺省界面选择“连接”，其他采用默认设置。

(2) 单击【确定】按钮进入 Mechanica Structure 分析环境。

2) 设置材料

(1) 单击定义材料按钮→单击【文件 (F)】→【新建 (N)】打开“材料定义”对话框如图 7-4 所示。

(2) 输入材料名称“Al”→设置密度为 2.8e-09tonne/mm^3，泊松比为 0.33，弹性模量为 137000MPa→其他采用默认值，设置完成后如图 7-5 所示→单击【保存到模型】按钮，回到“材料”对话框→单击【确定】按钮将新建的 Al 材料加载到当前的分析项目中。

(3) 单击材料分配按钮→弹出“材料指定”对话框如图 7-6 所示→参照选择“分量”材料选择新建的“Al”→单击【确定】按钮，自动将材料赋予整个实体模型。

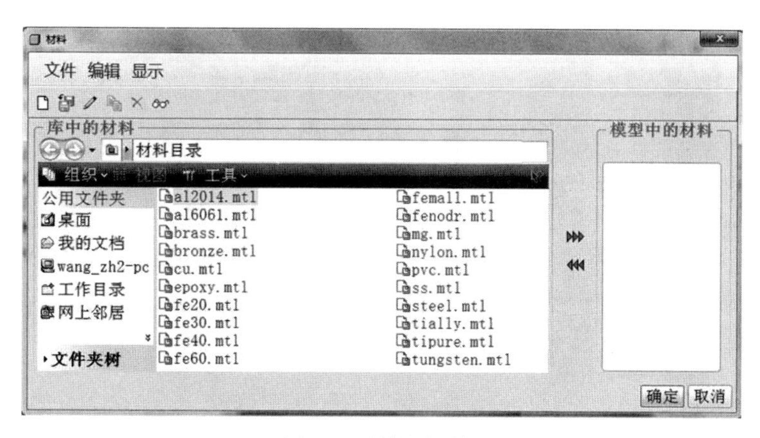

图 7-4　材料对话框

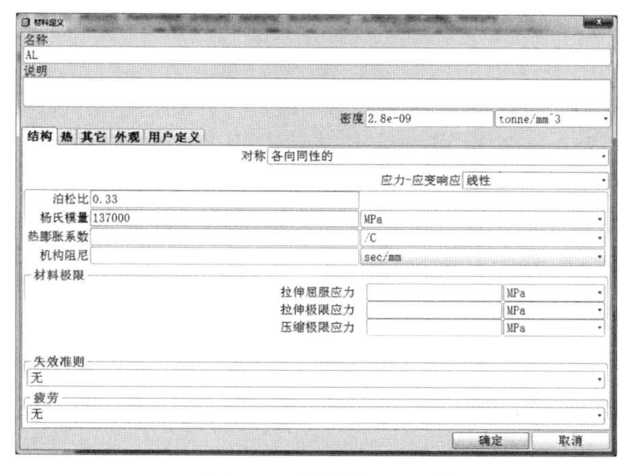

图 7-5　材料定义对话框

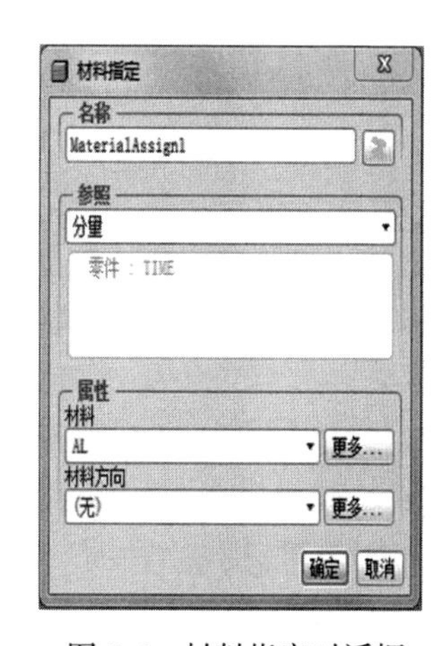

图 7-6　材料指定对话框

3) 定义约束

(1) 单击位移约束按钮(或者选择【插入(I)】→【位移约束(I)】命令)→弹出“约束”对话框。

(2) 参照选择“曲面”→单击选择模型的左侧面→固定所有的平移和旋转自由度如图 7-7 所示→单击【确定】按钮完成约束的建立。

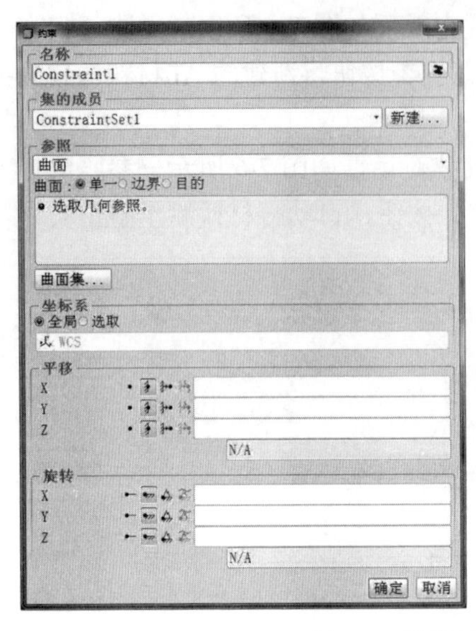

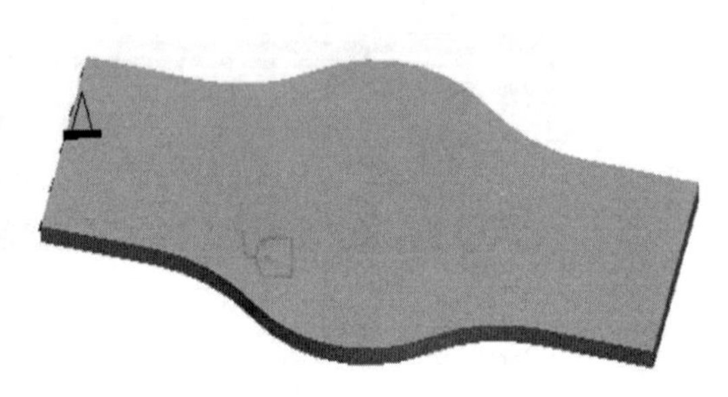

图 7-7　约束对话框和施加约束后的模型

4) 施加载荷

(1) 单击创建模拟曲面区域按钮(或选择【插入(I)】→【曲面区域(U)】命令)→单击【参照】→单击【定义】→弹出“草绘”对话框→单击选择模型的上表面→单击【草绘】按钮，进入草绘环境。

(2) 单击通过边创建图元按钮，点选零件的右侧边和上下侧边→单击创建两点线按钮→绘制距离右端面 25mm 的直线→单击动态修剪剖面图元命令修剪掉多余线段完成草图，如图 7-8 所示→单击退出草绘按钮，退出草绘窗口→选择模型上表面为修剪曲面→单击完成按钮完成曲面区域的创建，如图 7-9 所示。

(3) 单击创建力/力矩载荷按钮(或者选择【插入(I)】→【力/力矩载荷(L)】命令)→弹出“力/力矩载荷”对话框。

(4) 参照选择“曲面”→单击选择图 7-9 所示的曲面→力的大小为：X=0N，Y=–800N，Z=0N，如图 7-10 所示→单击【确定】按钮完成载荷的施加。

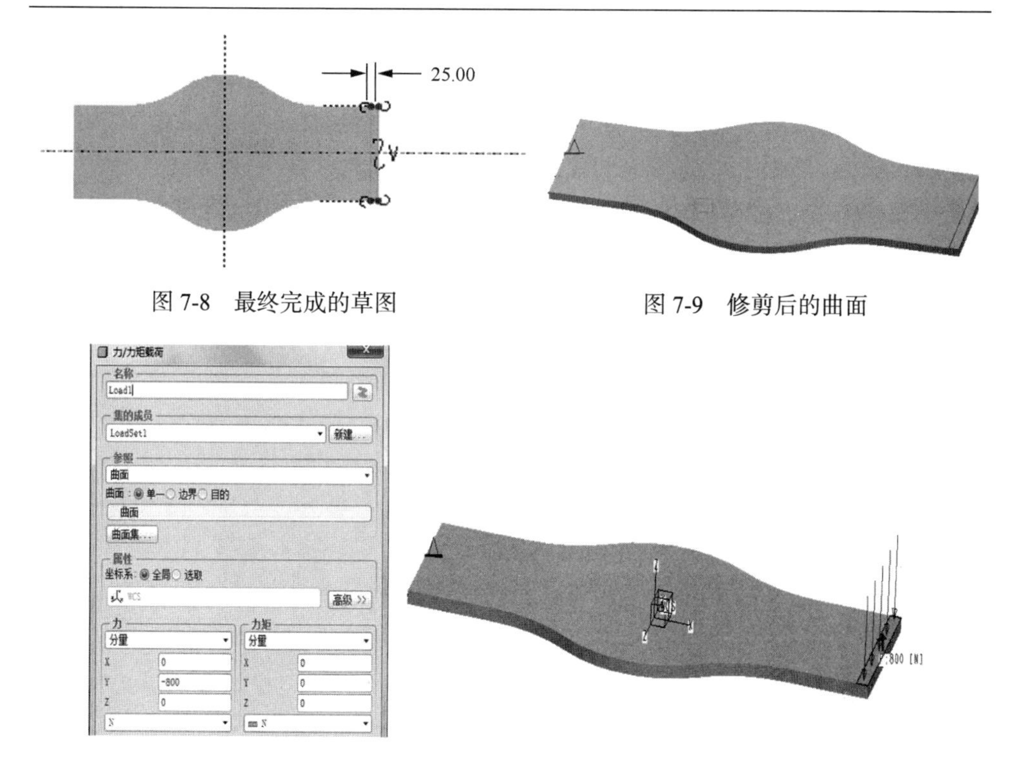

图 7-8　最终完成的草图

图 7-9　修剪后的曲面

图 7-10　力/力矩载荷对话框和施加载荷后的模型

3. 网格划分

(1)单击▦为几何元素创建 P 网格按钮(或者选择【AutoGEM】→【创建(C)】)→弹出“AutoGEM”对话框如图 7-11 所示。

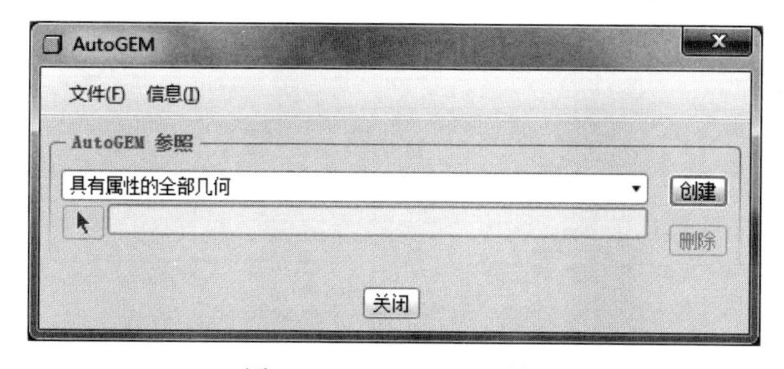

图 7-11　AutoGEM 对话框

(2)AutoGEM 参照选择“具有属性的全部几何”→单击【创建】按钮，创建网格→创建好的网格如图 7-12 所示。可以通过 AutoGEM 摘要查看划分后的网格的相关信息。

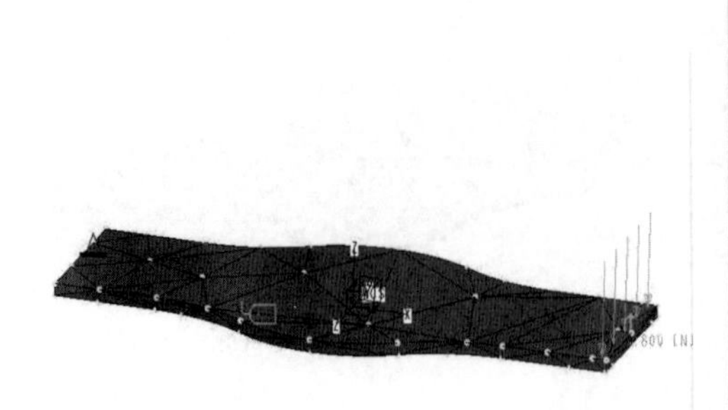

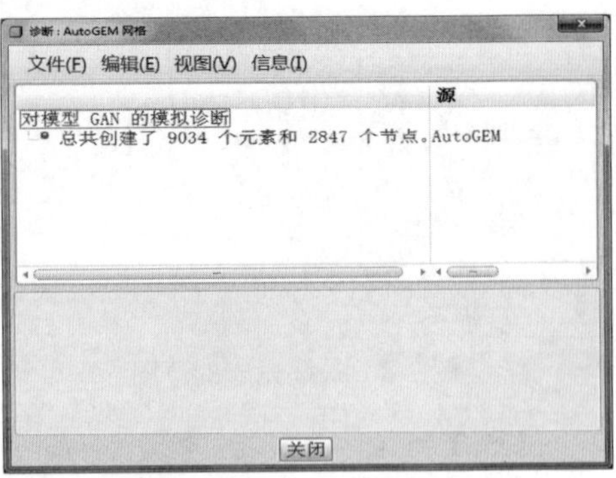

图 7-12　完成后的网格

4. 定义并执行模态分析

1) 定义模态分析

(1) 单击Mechanica 分析/研究按钮(或者选择【分析(A)】→【Mechanica 分析/研究(E)】命令)→弹出“分析和设计研究”对话框。

(2) 单击【文件(F)】→【新建模态分析】命令，弹出“模态分析定义”对话框，如图 7-13 所示→在名称栏输入名称“Analysis_model”→确定在约束栏中包含已定义的约束组→在模式栏，输入模式数为 10→其他选项按照默认设置如图 7-13 所示→单击【确定】按钮完成模态分析定义。

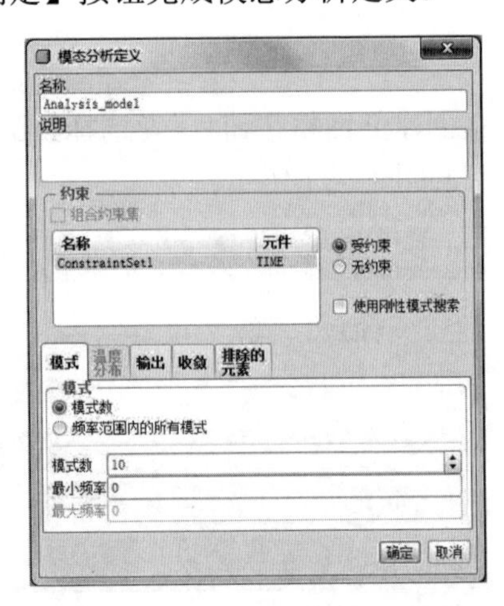

图 7-13　模态分析定义对话框

2) 执行模态分析

(1) 在“分析和设计研究”对话框中确保定义的分析被选中→单击开始运行按钮(或者选择【运行(R)】→【开始】命令)开始执行分析。

(2) 单击显示研究状态按钮 (或者选择【信息(I)】→【状态】命令) 查看运行进度→完成后单击【关闭】按钮退出。

5. 定义、执行动态时域分析 1 并查看分析结果

1) 定义动态时域响应分析

(1) 在“分析和设计研究”对话框中，单击【文件(F)】→【新建动态分析】→【时间】命令→弹出“动态时间分析定义”对话框，如图 7-14 所示。

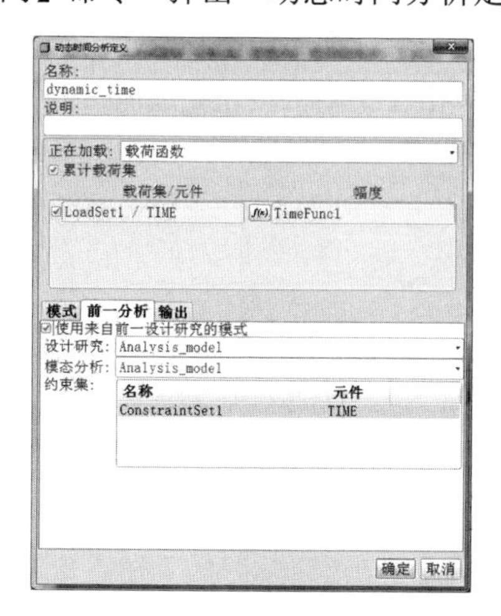

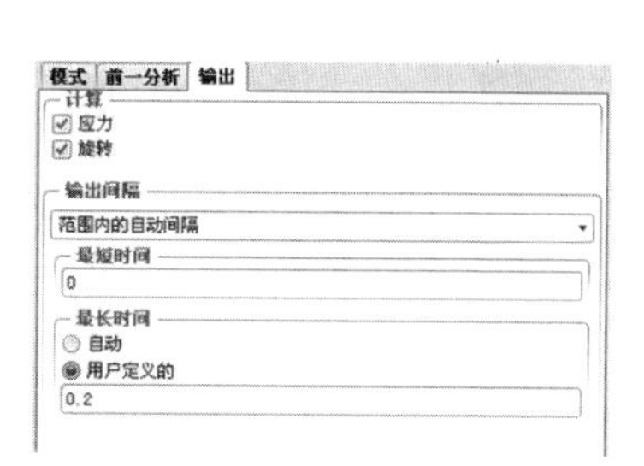

图 7-14　动态时间分析定义对话框

(2) 在名称栏输入名称“dynamic_time”→单击定义振幅函数按钮→弹出“函数”对话框→单击【新建】按钮弹出“函数定义”对话框，如图 7-15 所示→在定义栏输入“5*time”→单击【确定】按钮返回“函数”对话框→单击【确定】按钮返回“动态时间分析定义”对话框。

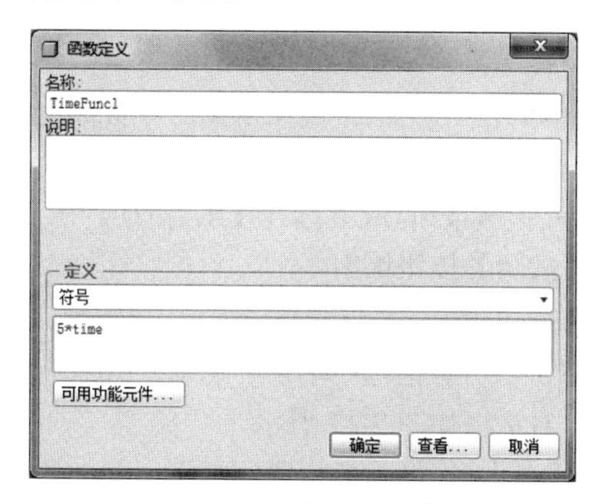

图 7-15　函数定义对话框

(3) 设置“前一分析”栏勾选“使用来自前一设计研究的模式”复选框→“设计研究栏”中选中“Analysis_model”分析项目。

(4) “输出”栏勾选“应力”复选框→“最长时间”栏选择为“用户定义的”值为 0.2→其他选项按照默认设置→单击【确定】按钮完成动态时域分析定义。

2) 为动态时间分析建立测量

(1) 单击定义模拟测量按钮(或选择【插入(I)】→【模拟测量(A)】)→打开“测量”对话框→单击【新建】按钮打开“测量定义”对话框如图 7-16 所示。

(2) 勾选“时间/频率评估”复选框→“动态评估”栏选择“每个步骤处”→单击【确定】按钮返回“测量”对话框→单击【关闭】按钮完成测量的定义。

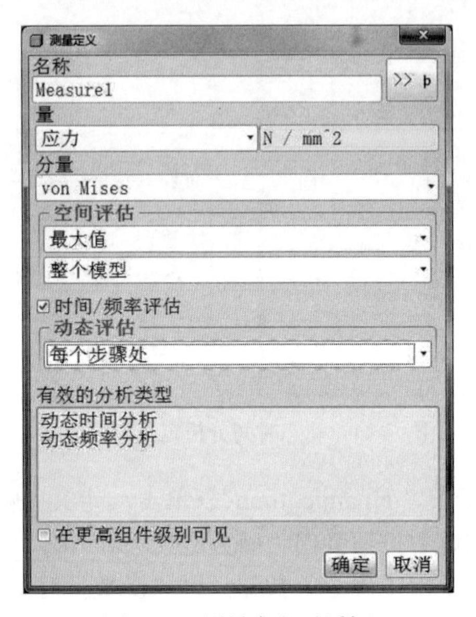

图 7-16　测量定义对话框

3) 执行动态时域分析

(1) 在“分析和设计研究”对话框中确保定义的分析被选中→单击开始运行按钮(或者选择【运行(R)】→【开始】命令)开始执行分析。

(2) 单击显示研究状态按钮(或者选择【信息(I)】→【状态】命令)查看运行进度→完成后单击【关闭】按钮退出。

4) 结果显示

(1) 在“分析和设计研究”对话框中单击查看设计或有限元分析结果按钮→打开“结果窗口定义”对话框如图 7-17 所示。

(2) 显示类型选择“图形”，显示量为“测量”→单击按钮打开“测量”对话框→选择前面定义的测量“measure1”→单击【确定】按钮返回“结果窗口定义”对话框如图 7-17 所示→单击【确定并显示】按钮，应力与加载时间的关系曲线就显示在窗口了，如图 7-18 所示。

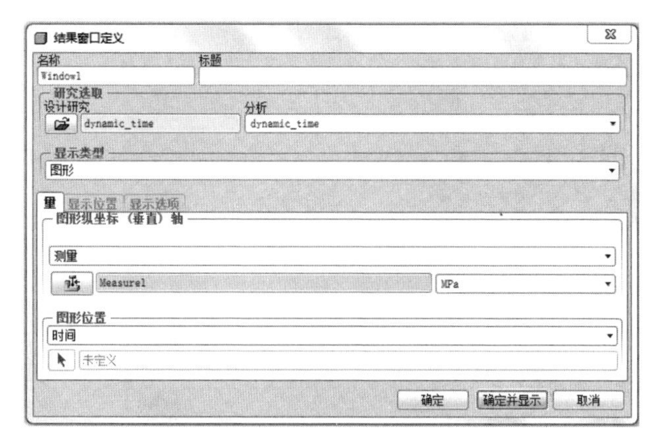

图 7-17　结果窗口定义对话框

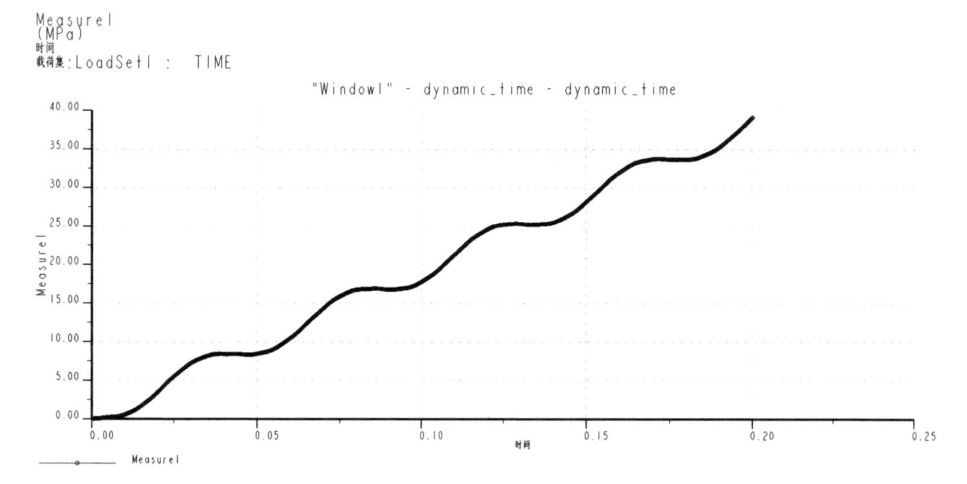

图 7-18　应力与加载时间的关系曲线

6. 定义、执行动态时域分析 2 并查看分析结果

1) 定义动态时域

(1) 在“分析和设计研究”对话框中确定选中已定义的动态时间分析项目→单击复制所选定义按钮将所选项目进行复制→双击复制后的项目(或者单击选择复制后的项目→单击编辑研究按钮)→弹出“动态时间分析定义”对话框。

(2) 在“输出”栏中“输出间隔”选择“用户定义的输出间隔”→主间隔数为 10，单击【等间距】按钮，测量每个主间隔的输出间隔为 5，如图 7-19 所示→单击【确定】按钮，返回“分析和设计研究”对话框。

图 7-19　动态时间分析定义对话框

2) 执行动态时域分析

(1) 在“分析和设计研究”对话框中确保定义的分析被选中→单击开始运行按钮(或者选择【运行(R)】→【开始】命令)开始执行分析。

(2) 单击显示研究状态按钮(或者选择【信息(I)】→【状态】命令)查看运行进度→完成后单击【关闭】按钮退出。

3) 结果查看

(1) 在“分析和设计研究”对话框中单击查看设计或有限元分析结果按钮→打开“结果窗口定义”对话框如图 7-20 所示。

(2) 显示类型选择“条纹”，步长选择 10，在“量”栏中选择“位移”，分量选择“模”，在“显示选项”栏中勾选“已变形”、“叠加未变形的”复选框，如图 7-20 所示→单击【确定并显示】按钮→位移分析结果就显示在窗口了。

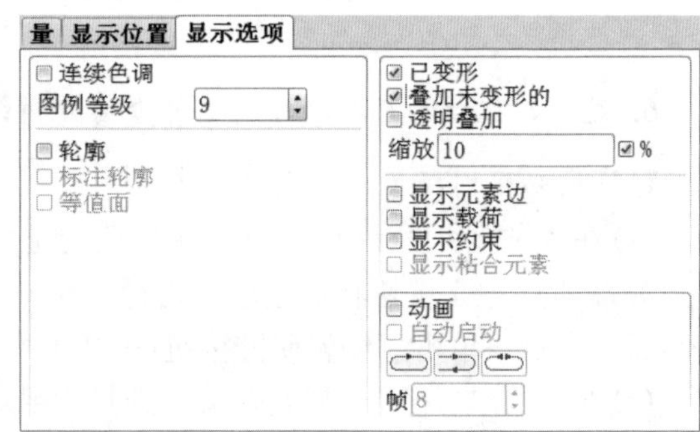

图 7-20　结果窗口定义对话框

(3) 单击复制所选定义按钮→再次弹出“结果定义”对话框→将显示量改为“应力”，其他保持不变→单击【确定并显示】→应力分析结果就显示在窗口了。

(4) 单击复制所选定义按钮→再次弹出“结果定义”对话框→将显示量依次改为“应变”、“应变能”、“速度”、“加速度”，其他保持不变→单击【确定并显示】按钮→应变、应变能、速度和加速度的分析结果就都显示在窗口了→最终显示效果如图 7-21 所示。

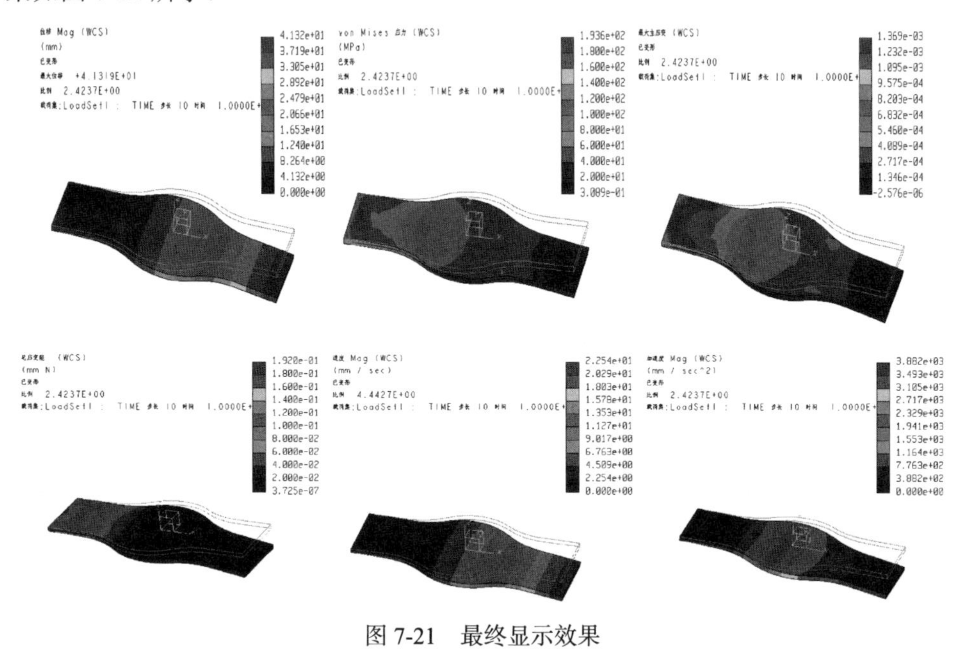

图 7-21　最终显示效果

7.3　动态频域分析

7.3.1　动态频域分析简介

动态频域分析也称为谐分析，用来计算结构在与频率相关的周期性载荷作用下的结构响应，如位移、速度、加速度的振幅和相位。动态频域分析与动态时域分析相比，动态频域分析是计算与频率相关载荷导致的动力学效应，通常载荷为稳定的周期性载荷。

7.3.2　动态频域分析实例

本节将通过对一个机床工作台的动态频域分析让读者了解 Pro/E 做动态频域分析的基本流程。

如图 7-22 所示的机床工作台，工作台的变形对产品精度影响很大，工作时在工作台中心处直径为 56mm 的圆形范围内均匀承受大小为 650N 的周期性载荷作用。试分析，工作台在载荷频率不同时工作台的最大变形。已知工作台材料为 steel，弹性模量为 206GPa，泊松比为 0.3，密度为 7.85e-09tonne/mm^3。

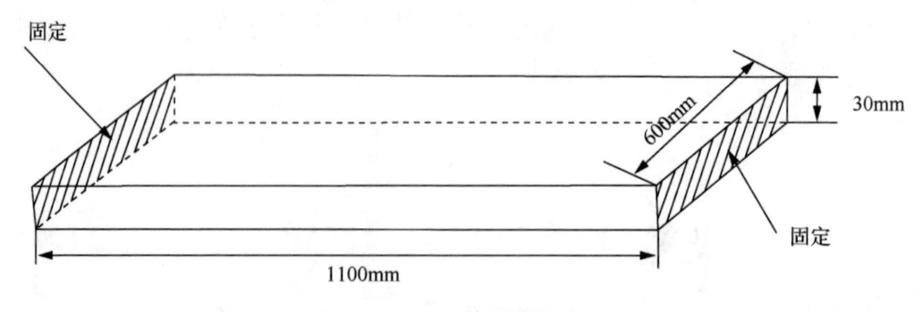

图 7-22　机床工作台尺寸

本实例完成文件：光盘\Source files\chapter7\dynamic_frequency \ frequence.prt.1。

问题分析：此问题是需要求解工作台在不同频率载荷作用下的最大变形，可以使用动态频域来分析：首先执行一个模态分析，然后执行动态频域分析。在模型简化方面，可以使用壳单元来模拟工作台模型，对于求解工作台位移来说很适合；在材料属性方面，输入弹性模量、泊松比和密度；载荷作用区域为位于工作台中心的直径为 56mm 的圆形区域，因此需要定义一个曲面区域作为载荷作用区域，约束按照一般需求设定。

详细操作步骤如下。

1. 模型建立

1) 新建文件

(1) 单击【文件(F)】→【新建(N)】→弹出“新建”对话框→输入新文件名称“frequence”，“使用缺省模板”复选框不打钩，如图 7-23 所示。

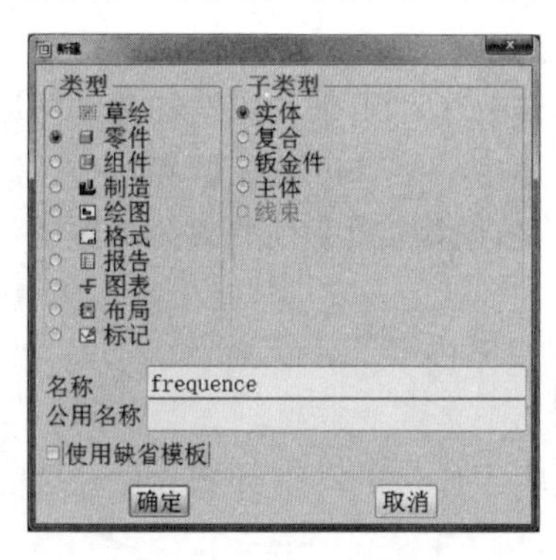

图 7-23　新建对话框

(2) 单击【确定】按钮→打开“新文件选项”对话框→选择“mmns_part_solid”模板→单击【确定】按钮完成新文件的建立。

2) 创建曲面

(1) 单击草绘工具按钮(或者选择【插入(I)】→【模型基准(D)】→【草绘(S)】命令)→选择绘图窗口中的FRONT作为草绘基准平面→单击【草绘】按钮，进入草绘模式。

(2) 单击创建2点中心线按钮，绘制水平和竖直的中心线→单击创建矩形按钮在绘图区域绘制长为1100、宽为600的矩形，如图7-24所示→单击退出草绘按钮完成草绘。

(3) 选择草绘基准曲线(即矩形截面)→选择【编辑(E)】→【填充(L)】命令，建立填充曲面。

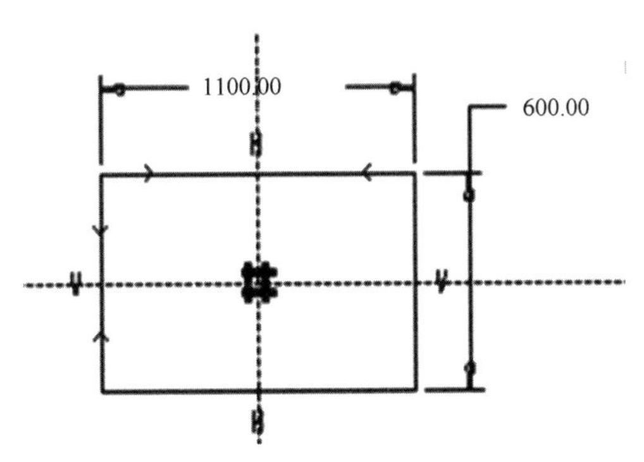

图7-24　建立完成的草图

2. 前处理

1) 进入Mechanica环境

(1) 选择【应用程序(P)】→【Mechanica(M)】→打开“Mechanica模型设置”对话框→模型类型选择“结构”，缺省界面选择“连接”，其他采用默认设置。

(2) 单击【确定】按钮进入Mechanica Structure分析环境。

2) 定义壳单元

(1) 单击创建壳理想化按钮(或者单击【插入(I)】→【壳(S)】)→弹出“壳定义”对话框如图7-25所示→单击“参照”栏，选择模型窗口中创建的曲面→“属性”栏厚度选项输入“30”，单位为mm。

(2) 单击“壳定义”对话框的【更多】按钮→打开“材料”对话框如图7-26所示→双击steel.mtl→确定“模型中的材料”栏中有“steel”材料。

(3) 右击“模型中的材料”栏中的steel材料→选择【属性】打开“材料定义”

对话框如图 7-27 所示→将密度修改为 7.85e-09tonne/mm^3，泊松比修改为 0.3，杨氏模量修改为 206000MPa→单击【确定】按钮，回到“材料”对话框→单击【确定】按钮，回到“壳定义”对话框→单击【确定】完成壳单元的定义。

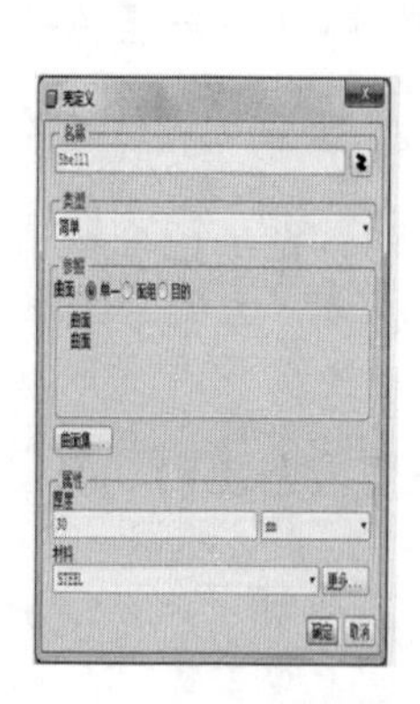

图 7-25　壳定义对话框

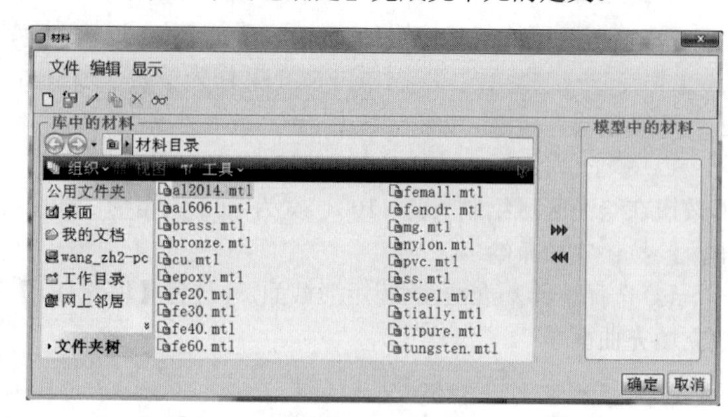

图 7-26　材料对话框

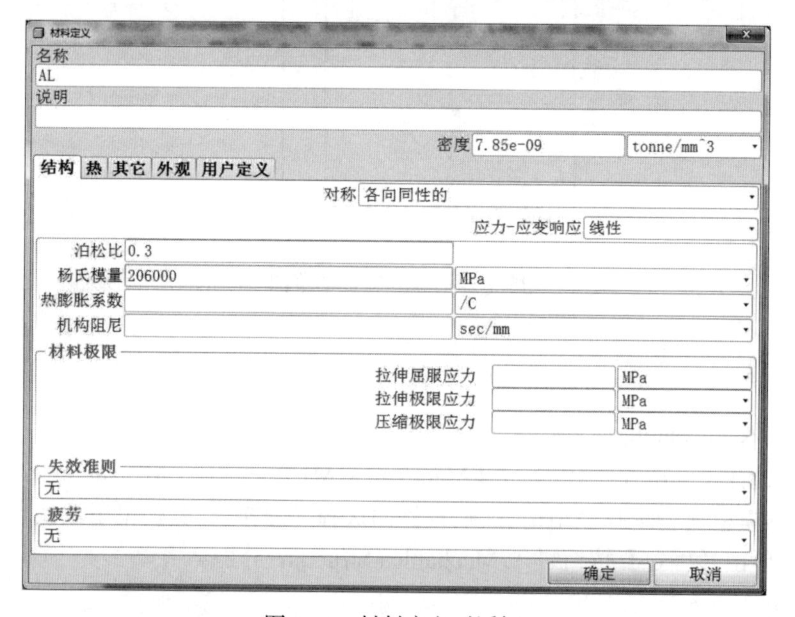

图 7-27　材料定义对话框

3）定义约束

（1）单击位移约束按钮（或者选择【插入（I）】→【位移约束（I）】命令）→弹出“约束”对话框。

（2）参照选择“边/曲线”→单击选择模型的左右两侧边（长度为 600mm 的两条短边）→固定所有的平移和旋转自由度如图 7-28 所示→单击【确定】按钮完成

约束的建立。

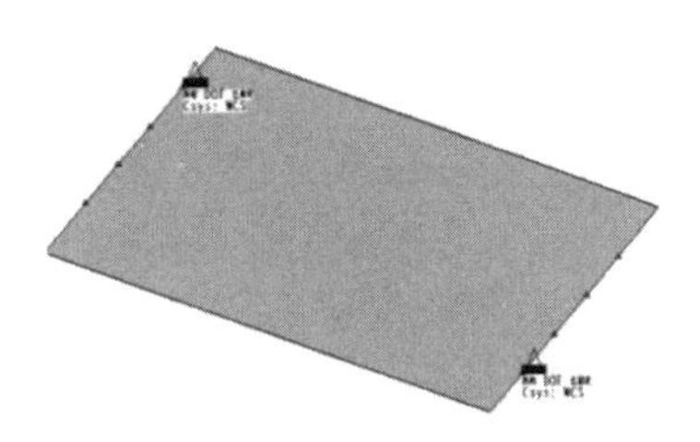

图 7-28　约束对话框和施加约束后的模型

4) 施加载荷

(1) 单击创建模拟曲面区域按钮(或选择【插入(I)】→【曲面区域(U)】命令)→单击【参照】→单击【定义】→弹出“草绘”对话框→单击选择模型的上表面→单击【草绘】按钮，进入草绘环境。

(2) 单击通过拾取圆心和圆上一点来创建圆按钮→在壳表面建立一个直径56mm 的圆，如图 7-29 所示→单击退出草绘按钮，退出草绘窗口→选择绘图区域中的曲面为修剪曲面→单击完成按钮完成曲面区域的创建如图 7-30 所示。

(3) 单击创建力/力矩载荷按钮(或者选择【插入(I)】→【力/力矩载荷(L)】命令)→弹出“力/力矩载荷”对话框。

(4) 参照选择“曲面”→单击选择图 7-30 所示的圆形曲面→力的大小为：X=0N，Y=0N，Z= –650N，如图 7-31 所示→单击【确定】按钮完成载荷的施加。

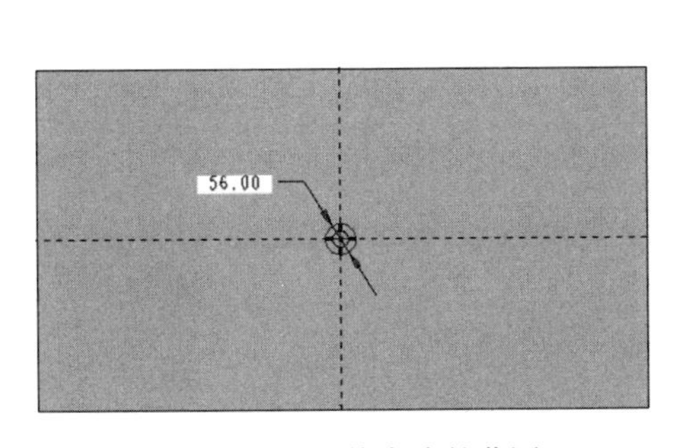

图 7-29　最终完成的草图

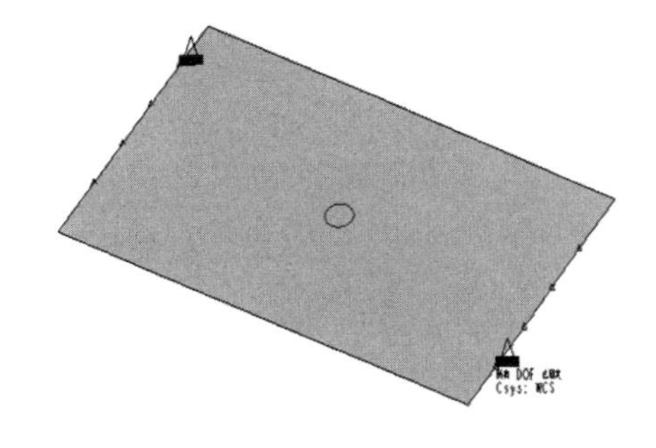

图 7-30　修剪后的曲面

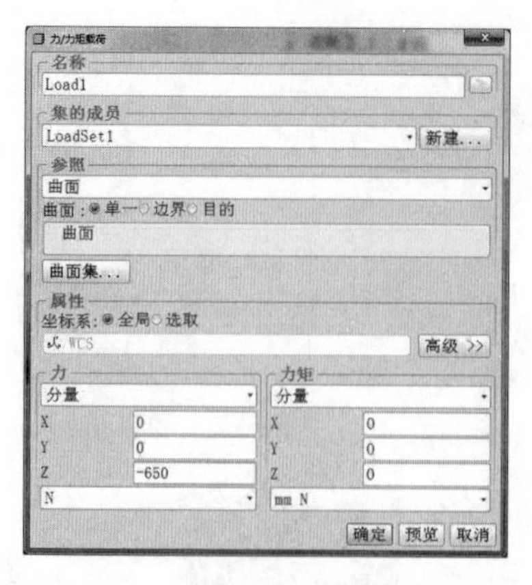

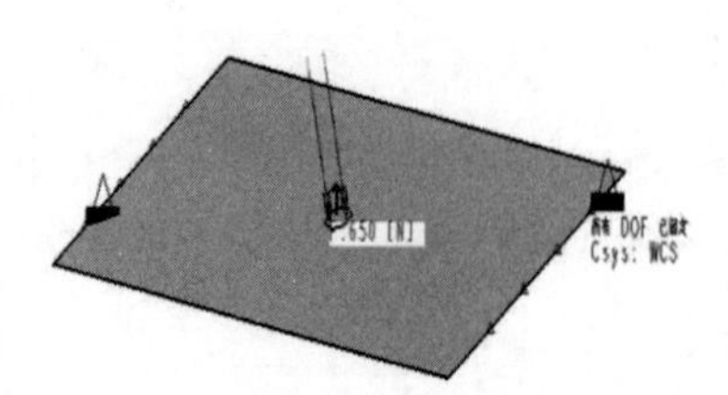

图 7-31　力/力矩载荷对话框和施加载荷后的模型

3. 网格划分

1)设置网格尺寸

(1)单击创建 AutoGEM 控制按钮(或者选择【AutoGEM】→【控制(O)】)→弹出“AutoGEM 控制”对话框如图 7-32 所示。

(2)“元素尺寸”栏输入 25→单击选择模型，如图 7-32 所示→完成网格尺寸设置。

2)划分网格

(1)单击为几何元素创建 P 网格按钮(或者选择【AutoGEM】→【创建(C)】)→弹出“AutoGEM”对话框如图 7-33 所示。

(2)AutoGEM 参照选择“具有属性的全部几何”→单击【创建】按钮创建网格→创建好的网格如图 7-34 所示。可以通过 AutoGEM 摘要查看划分后的网格的相关信息。

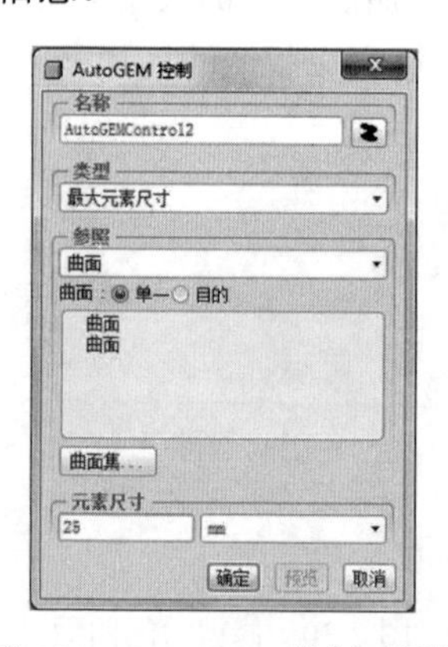

图 7-32　AutoGEM 控制对话框

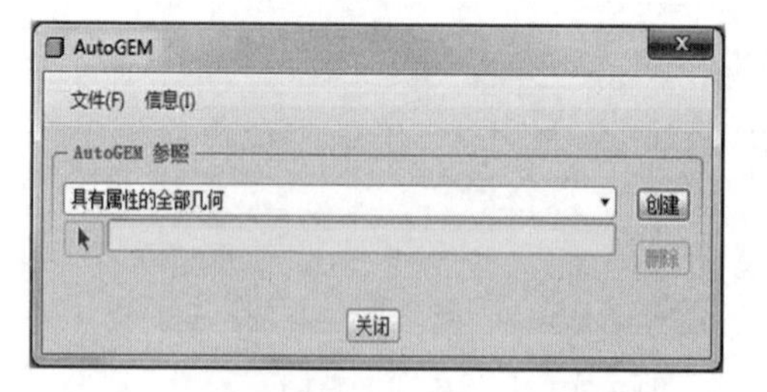

图 7-33　AutoGEM 对话框

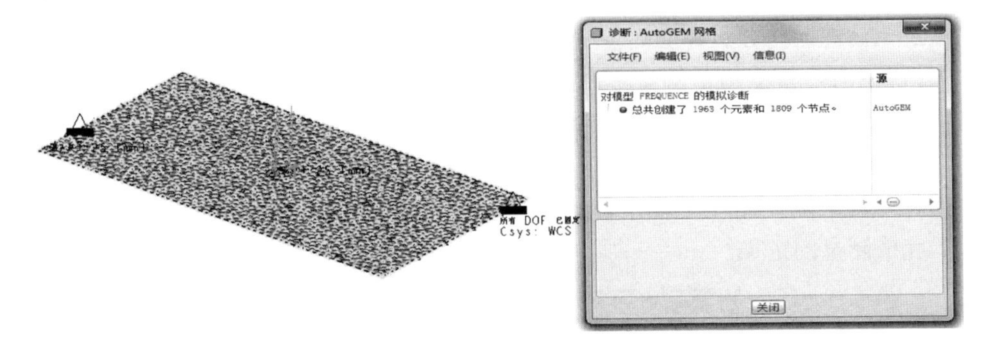

图 7-34　完成后的网格

4. 定义并执行模态分析

1) 定义模态分析

(1) 单击 Mechanica 分析/研究按钮(或者选择【分析(A)】→【Mechanica 分析/研究(E)】命令)→弹出“分析和设计研究”对话框。

(2) 单击【文件(F)】→【新建模态分析】命令，弹出“模态分析定义”对话框，如图 7-35 所示→在名称栏输入名称“Analysis_model”→确定在约束栏中包含端面约束的约束组→在模式栏，输入模式数为 10→其他选项按照默认设置→单击【确定】按钮完成模态分析定义。

图 7-35　模态分析定义对话框

2）为动态时间分析建立测量

(1)单击定义模拟测量按钮(或选择【插入(I)】→【模拟测量(A)】)→打开“测量”对话框→单击【新建】按钮→打开“测量定义”对话框如图 7-36 所示。

(2)“量”栏中选择“位移”→勾选“时间/频率评估”复选框→“动态评估”栏选择“每个步骤处”→单击【确定】按钮回到“测量”对话框→单击【关闭按钮】完成测量的定义。

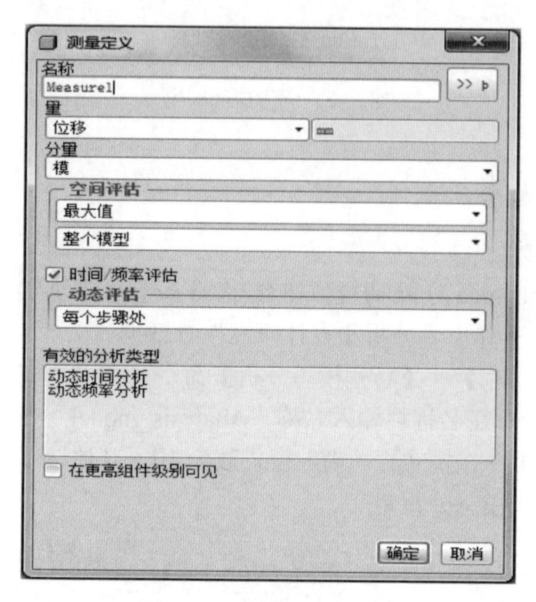

图 7-36　测量定义对话框

3)执行模态分析

(1)在“分析和设计研究”对话框中确保定义的分析被选中→单击开始运行按钮(或者选择【运行(R)】→【开始】命令)开始执行分析。

(2)单击显示研究状态按钮(或者选择【信息(I)】→【状态】命令)查看运行进度→完成后单击【关闭】按钮退出。

5. 定义、执行动态频域分析 1 并查看结果

1)定义动态频域分析

(1)在“分析和设计研究”对话框中，单击【文件(F)】→【新建动态分析】→【频率】命令→弹出“动态频率分析”对话框，如图 7-37 所示。

(2)在名称栏输入名称“dynamic_frequency”→单击列出可用函数按钮→弹出“函数”对话框→单击【新建】按钮弹出“函数定义”对话框，如图 7-38 所示→在定义栏输入“1”→单击【确定】按钮退出函数定义对话框→单击【确定】按

钮退出函数定义对话框，回到动态时间分析定义对话框。

(3) 设置前一分析栏勾选“使用来自前一设计研究的模式”复选框→输出栏勾选“应力”复选框→其他选项按照默认设置→单击【确定】按钮完成动态频域分析定义。

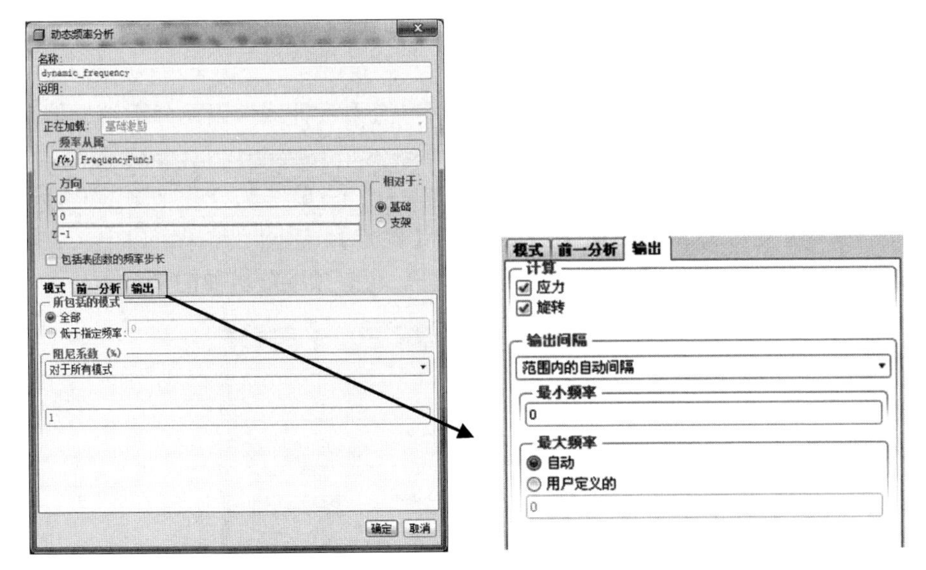

图 7-37　动态频率分析对话框

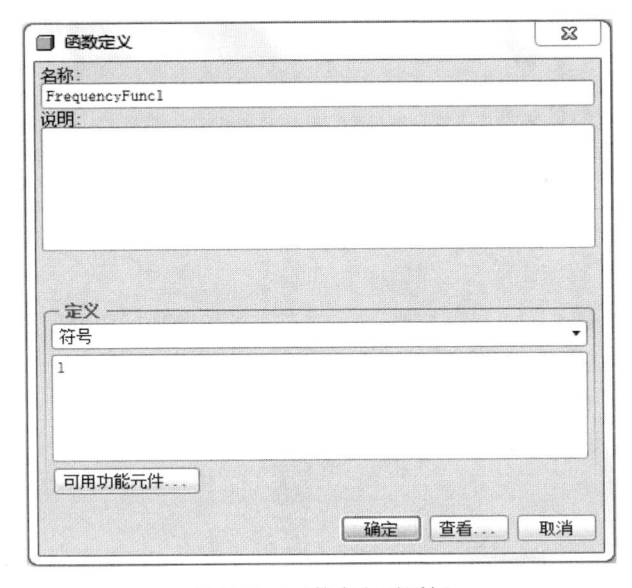

图 7-38　函数定义对话框

2) 执行动态频域分析

(1) 在“分析和设计研究”对话框中确保定义的分析被选中→单击开始运行按钮(或者选择【运行(R)】→【开始】命令)开始执行分析。

(2) 单击显示研究状态按钮(或者选择【信息(I)】→【状态】命令)查看运行进度→完成后单击【关闭】按钮退出。

3) 结果显示

(1) 在“分析和设计研究”对话框中单击查看设计或有限元分析结果按钮→打开“结果窗口定义”对话框如图 7-39 所示。

(2) 显示类型选择“图形”，显示量为“测量”→单击打开“测量”对话框→选择前面定义的测量“measure1”→单击【确定】，返回“结果窗口定义”对话框如图 7-39 所示→单击【确定并显示】按钮→动态频域分析如图 7-40 所示。

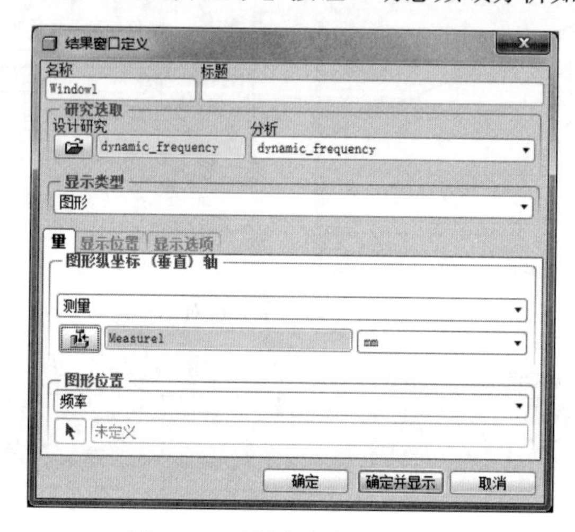

图 7-39　结果窗口定义对话框

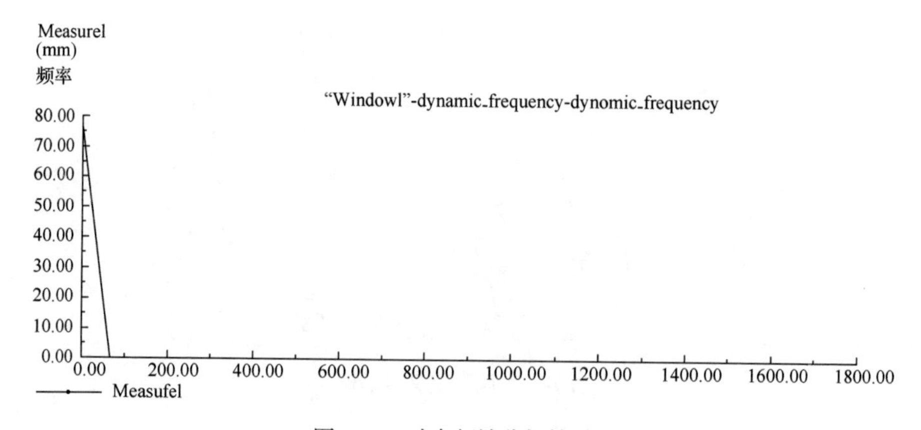

图 7-40　动态频域分析结果 1

6. 定义、执行动态频域分析2并查看结果

1)定义动态频域分析

(1)在“分析和设计研究”对话框中确定选中已定义的动态频域分析1项目→单击复制所选定义按钮将所选项目进行复制→双击复制后的项目(或者单击选择复制后的项目→单击编辑研究按钮)→弹出“动态频率分析”对话框。

(2)在“输出”栏中“最大频率”选择“用户定义的”→输入用户定义的最大频率值为160，如图7-41所示→其他选项不更改→单击【确定】按钮，返回“分析和设计研究”对话框。

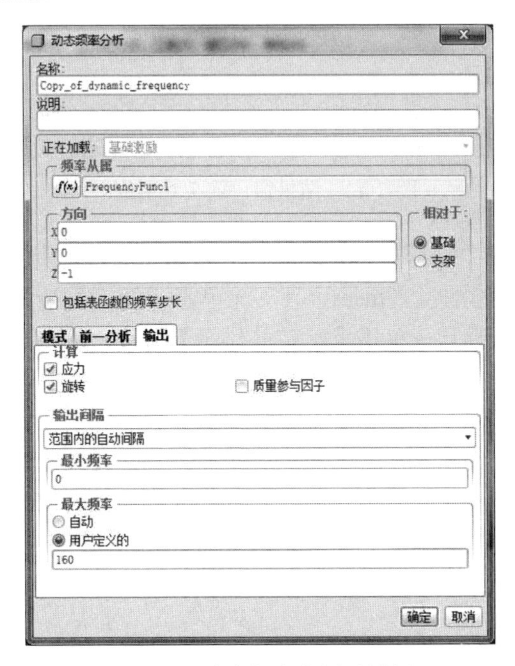

图7-41 动态频率分析对话框

2)执行动态频域分析

(1)在“分析和设计研究”对话框中确保定义的分析被选中→单击开始运行按钮(或者选择【运行(R)】→【开始】命令)开始执行分析。

(2)单击显示研究状态按钮(或者选择【信息(I)】→【状态】命令)查看运行进度→完成后单击【关闭】按钮退出。

3)结果显示

(1)在“分析和设计研究”对话框中单击查看设计或有限元分析结果按钮→打开“结果窗口定义”对话框如图7-42所示。

图 7-42 结果窗口定义对话框

(2) 显示类型选择“图形”，显示量为“测量”→单击按钮打开“测量”对话框→选择前面定义的测量“measure1”→单击【确定】按钮返回“结果窗口定义”对话框如图 7-42 所示→单击【确定并显示】按钮→动态频域分析结果 2 就显示在窗口了，如图 7-43 所示。

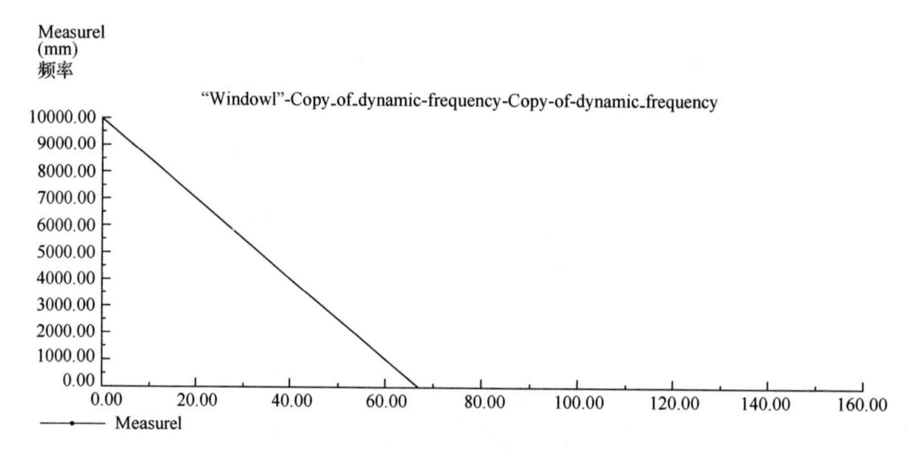

图 7-43 动态频域分析结果 2

7. 定义、执行动态频域分析 3 并查看结果

1) 定义动态频域分析

(1) 在“分析和设计研究”对话框中确定选中已定义的动态频域分析 1 项目→

单击复制所选定义按钮将所选项目进行复制→双击复制后的项目(或者单击选择复制后的项目→单击编辑研究按钮)→弹出“动态频率分析”对话框。

(2)在“输出”栏中“输出间隔”选择“用户定义的输出间隔”→主间隔数为12→将“主间隔数”栏中的各个间隔对应的数值输入如图7-44所示→设置“测量每个主间隔的输出间隔”为5，如图7-44所示→其他选项不更改→单击【确定】按钮，返回“分析和设计研究”对话框。

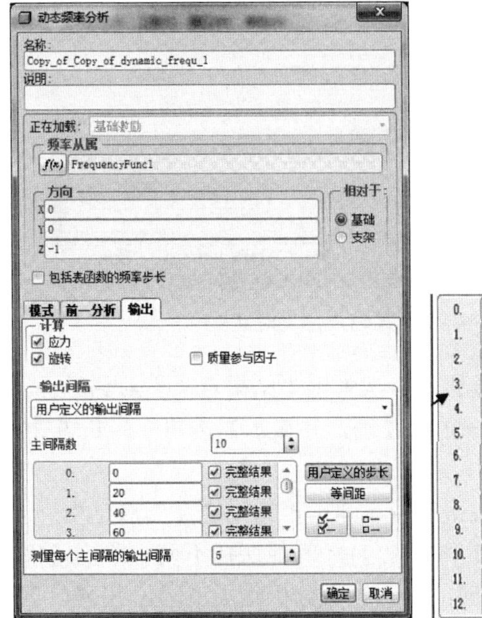

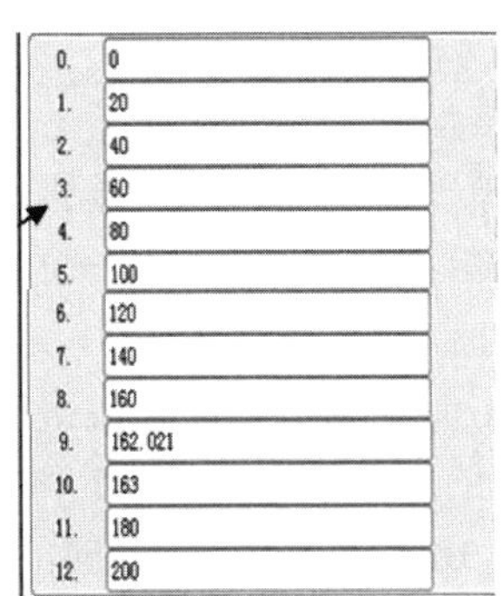

图7-44　动态频率分析对话框

2)执行动态频域分析

(1)在“分析和设计研究”对话框中确保定义的分析被选中→单击开始运行按钮(或者选择【运行(R)】→【开始】命令)开始执行分析。

(2)单击显示研究状态按钮(或者选择【信息(I)】→【状态】命令)查看运行进度→完成后单击【关闭】按钮退出。

3)结果显示

(1)在“分析和设计研究”对话框中单击查看设计或有限元分析结果按钮→打开“结果窗口定义”对话框如图7-45所示。

(2)“显示步长”栏选择步长2，显示类型选择“条纹”，显示量为“位移”，显示分量为“模”→其他采用默认设置如图7-45所示→单击【确定并显示】按钮→步长2对应的动态频域分析结果就显示在窗口了。

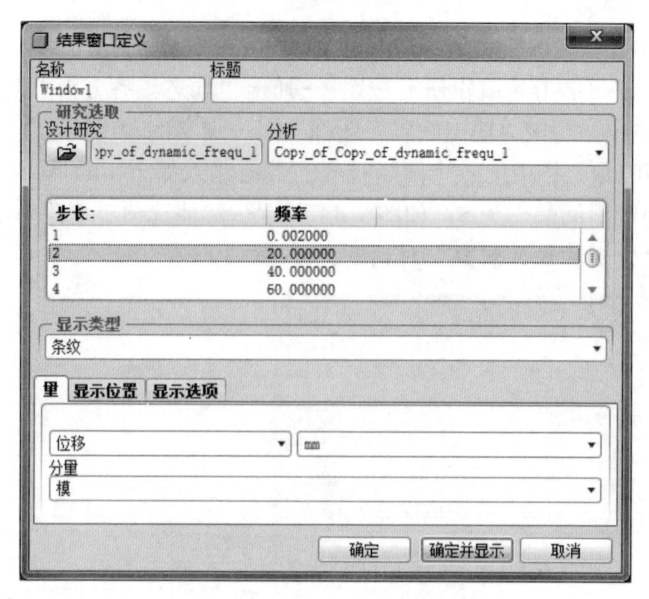

图 7-45　结果窗口定义对话框

(3) 单击复制所选定义按钮→再次弹出“结果定义”对话框→“显示步长”栏选择步长 9，其他保持不变→单击【确定并显示】按钮→步长 9 对应的动态频域分析结果就显示在窗口了。

(4) 单击复制所选定义按钮→再次弹出“结果定义”对话框→“显示步长”栏选择步长依次更改为步长 10 和步长 11，其他保持不变→单击【确定并显示】按钮→步长 10 和步长 11 所对应的动态频域分析结果就显示在窗口了→最终显示效果如图 7-46 所示。

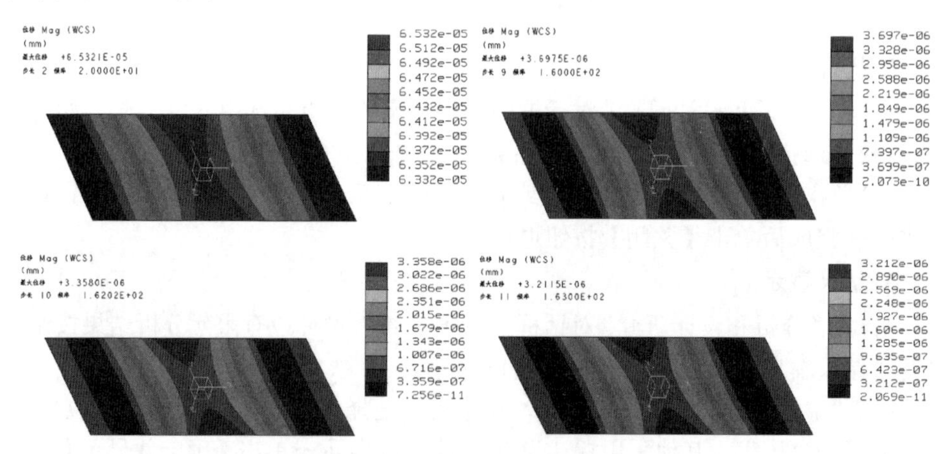

图 7-46　动态频域分析结果 3

7.4 动态冲击分析

7.4.1 动态冲击分析简介

在 Pro/MECHANICA 中，动态冲击分析是用来研究由于反应频谱所引起的系统反应，其载荷输入通常是一带有位移、速度或加速度等反应频谱的基本激发元素。因此，动态冲击分析不适合分析那些会因时间而变化的冲击载荷所引起的反应。

动态冲击分析中，系统可以计算通过反应频谱等基本激发元素所引起的最大位移和应力结果。我们可以通过动态冲击分析来研究类似地震的现象，但是不能将其用于脉冲输入所引起的反应。

运行动态冲击分析的条件如下。

(1) 先运行一个带约束的模态分析。

(2) 一个以上的约束或载荷集。

Mechanica 还自动计算对静态分析有效的所有测量。这与动态时间响应分析和动态频域分析需要手动创建测量项是不同的。

7.4.2 动态冲击分析实例

本节将通过对一个板-梁结构的动态冲击分析让读者了解 Pro/E 做动态冲击分析的基本流程。

某板-梁结构如图 7-47 所示，计算其在 Y 方向在地震位移激励谱作用下整个结构的响应情况。地震频谱如图 7-48 所示。材料属性及几何特性如下：材料 steel，杨氏模量 210GPa，泊松比 0.3，板壳厚度 2mm，梁几何特性为矩形，边长 3mm。

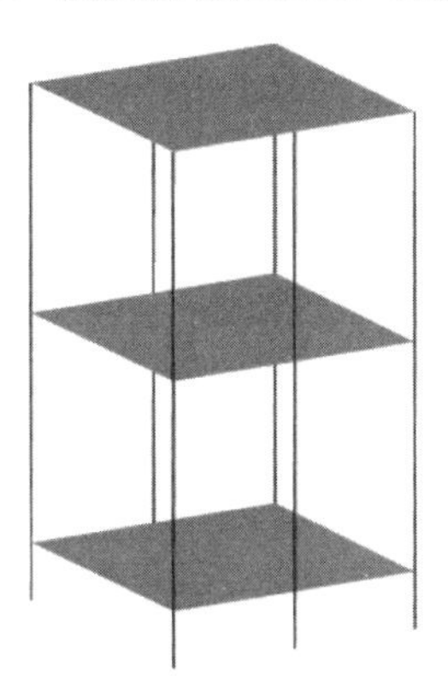

图 7-47 板-梁结构简图

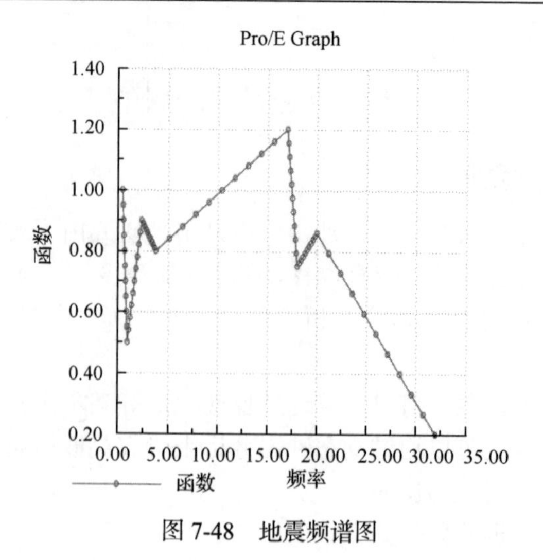

图 7-48　地震频谱图

本实例完成文件：光盘\Source files\chapter7\shock\shock.prt.1。

详细操作步骤如下。

1. 模型打开

单击【文件(F)】→【打开(O)】→弹出“打开”对话框→打开光盘目录下\shock.prt.1 文件→单击【打开】按钮。

2. 前处理

1）进入 Mechanica 环境

(1) 选择【应用程序(P)】→【Mechanica(M)】→“Mechanica 模型设置”对话框→模型类型选择“结构”，缺省界面选择“连接”，其他采用默认设置。

(2) 单击【确定】按钮进入 Mechanica Structure 分析环境。

2）定义壳单元

(1) 单击创建壳理想化按钮(或者单击【插入(I)】→【壳(S)】)→弹出“壳定义”对话框如图 7-49 所示→单击“参照”栏，依次选择模型窗口中的 3 个曲面如图 7-50 所示→“属性”栏厚度选项输入“2”，单位为 mm。

(2) 单击“壳定义”对话框的【更多】按钮→打开“材料”对话框如图 7-51 所示→双击 steel.mtl→确定“模型中的材料”栏中有“steel”材料。

(3) 右击“模型中的材料”栏中的 steel 材料→选择【属性】打开“材料定义”对话框如图 7-52 所示→在“材料定义”对话框中将泊松比修改为 0.3，杨氏模量修改为 210000MPa→单击【确定】按钮，回到“材料”对话框→单击【确定】按钮，回到“壳定义”对话框→单击【确定】完成壳单元的定义。

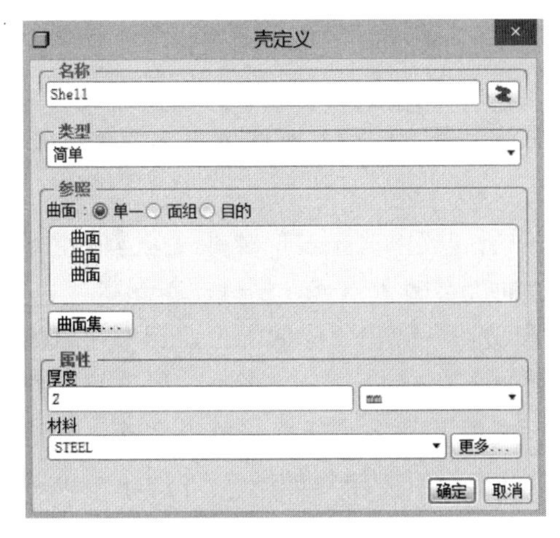

图 7-49　壳定义对话框

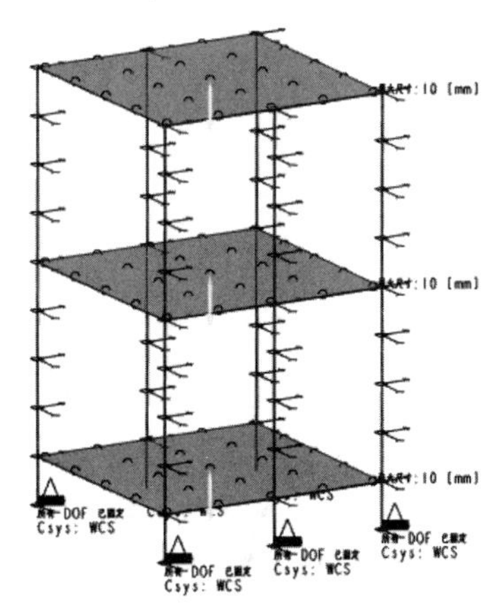

图 7-50　选择定义壳单元的曲面

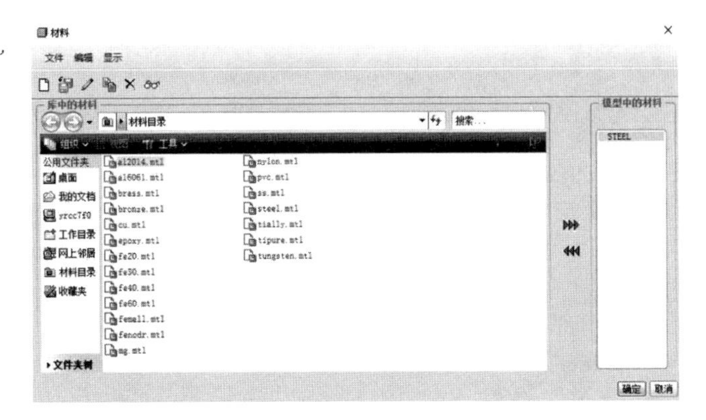

图 7-51　材料对话框

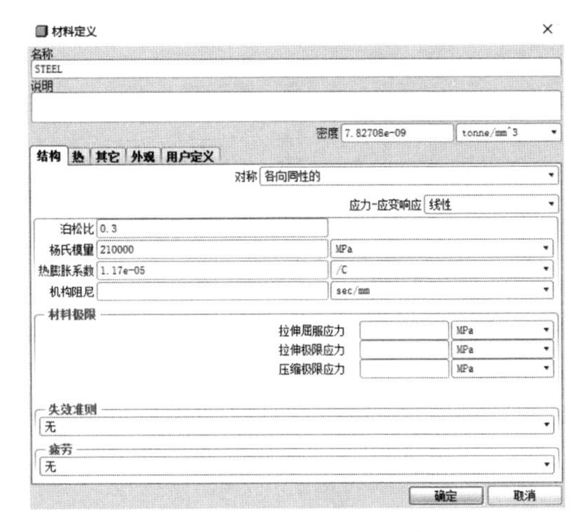

图 7-52　材料定义对话框

3)建立梁单元

(1)单击创建梁理想化按钮(或者选择【插入(I)】→【梁(E)】命令)→弹出“梁定义”对话框如图 7-53 所示→在参照栏下拉列表选择“边/曲线”参考方式→按住鼠标左键选择 6 条支架直线。

(2)单击“材料”栏→选择壳单元中所定义的“steel”材料，在方向栏下拉列表选择“在 WCS 中由向量定义的 Y 方向”并输入 X=0，Y=1，Z=0。

(3)单击“梁截面”栏后的【更多】按钮→弹出“梁截面”对话框→单击【新建】按钮→弹出“梁截面定义”对话框如图 7-54 所示→“类型”栏选择“方形”，并设置 a=3→单击【确定】按钮返回到“梁截面”对话框→单击【确定】按钮返回到“梁定义”对话框→“梁定义”对话框设置完成后如图 7-53 所示→单击【确定】按钮完成梁单元的创建→完成后的梁单元模型如图 7-55 所示。

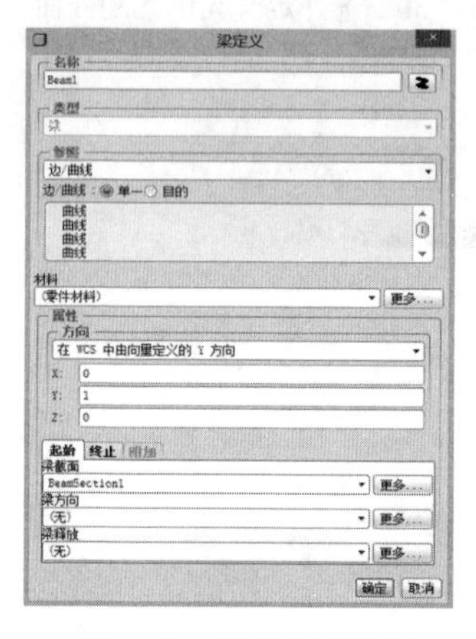

图 7-53　梁定义对话框

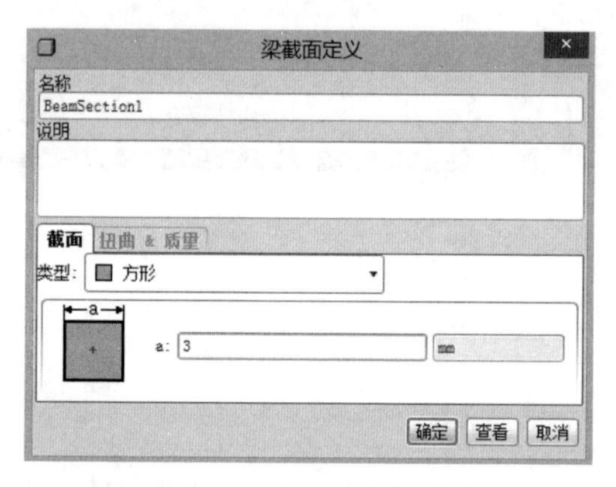

图 7-54　梁截面定义对话框

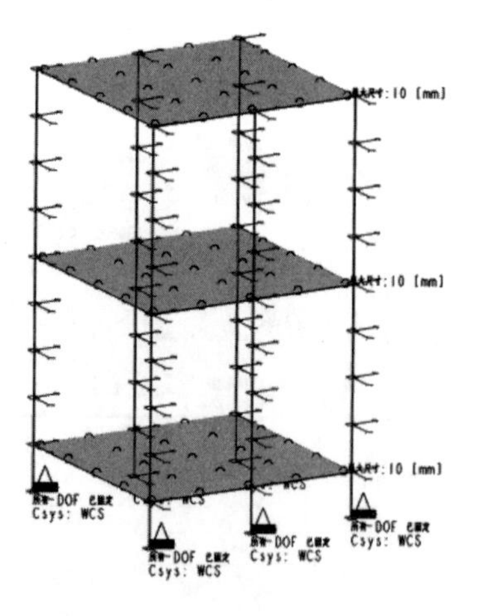

图 7-55　完成的梁单元模型

4)定义约束

(1)单击位移约束按钮(或者选择【插入(I)】→【位移约束(I)】命令)→弹出“约束”对话框。

(2)参照选择“点”→支架结构的6个支角→固定所有的平移和旋转自由度如图7-56所示→单击【确定】按钮完成约束的建立。

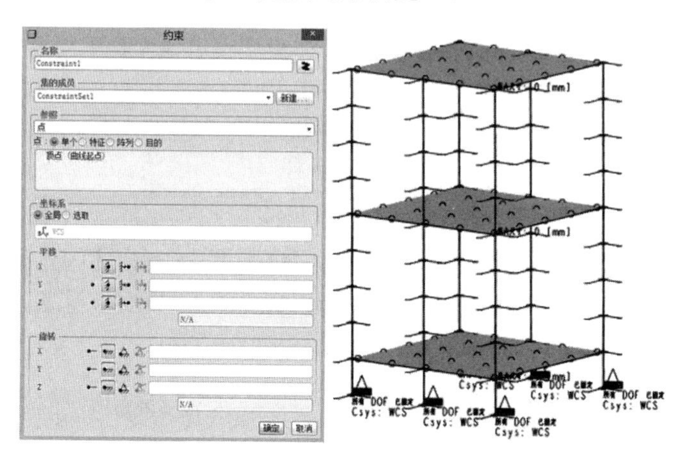

图7-56 约束对话框和施加约束后的模型

3. 网格划分

1)设置网格尺寸

(1)单击创建AutoGEM控制按钮(或者选择【AutoGEM】→【控制(O)】)→弹出“AutoGEM控制”对话框如图7-57所示。

(2)“元素尺寸”栏输入10→单击选择模型，如图7-57所示，完成网格尺寸设置。

图7-57 AutoGEM控制对话框

2) 划分网格

(1) 单击▦为几何元素创建 P 网格按钮（或者选择【AutoGEM】→【创建(C)】）→弹出“AutoGEM”对话框如图 7-58 所示。

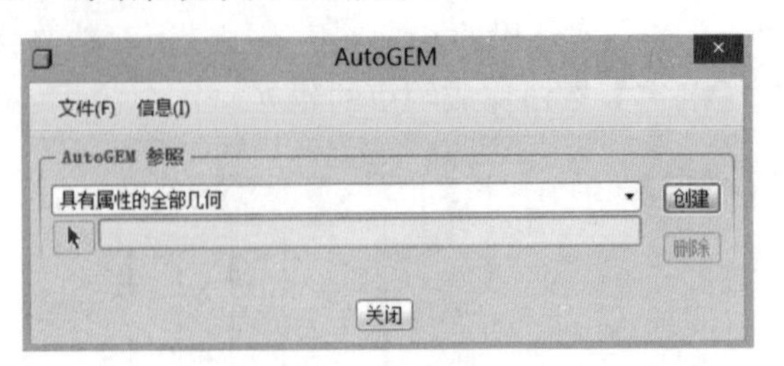

图 7-58　AutoGEM 对话框

(2) AutoGEM 参照选择“具有属性的全部几何”→单击【创建】按钮创建网格→创建好的网格如图 7-59 所示。可以通过 AutoGEM 摘要查看划分后的网格的相关信息。

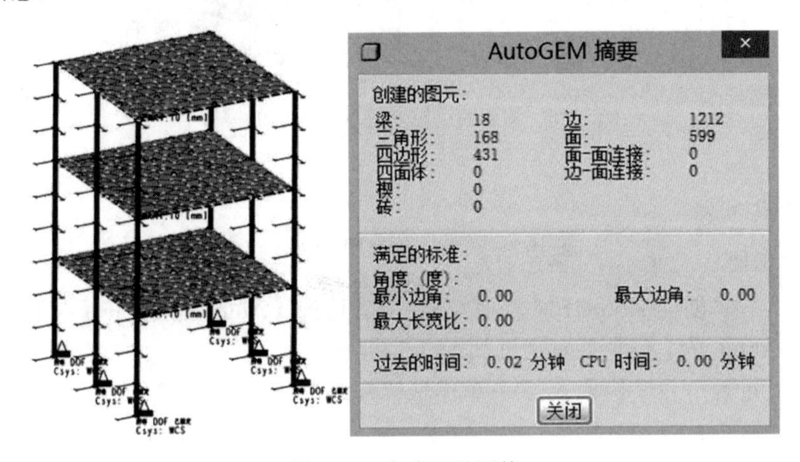

图 7-59　完成后的网格

4. 定义并执行模态分析

1) 定义模态分析

(1) 单击▦Mechanica 分析/研究按钮（或者选择【分析(A)】→【Mechanica 分析/研究(E)】命令）→弹出“分析和设计研究”对话框。

(2) 单击【文件(F)】→【新建模态分析】命令，弹出“模态分析定义”对话框，如图 7-13 所示→在名称栏输入名称“Analysis_model”→确定在约束栏中包含已定义的约束组→在模式栏，输入模式数为 10→其他选项按照默认设置如图 7-60 所示→单击【确定】按钮完成模态分析定义。

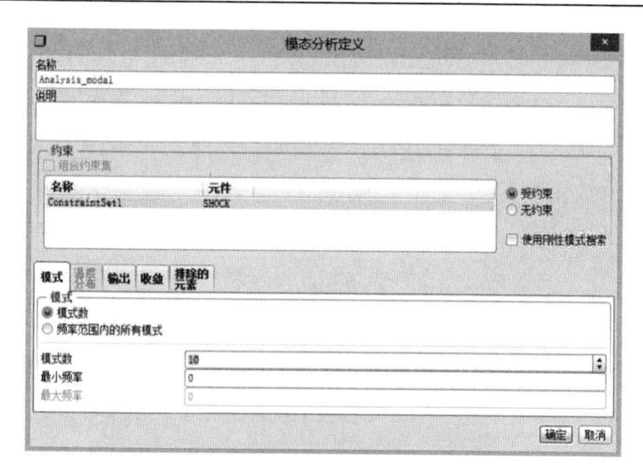

图 7-60 模态分析定义对话框

2)执行模态分析

(1)在“分析和设计研究”对话框中确保定义的分析被选中→单击开始运行按钮(或者选择【运行(R)】→【开始】命令)开始执行分析。

(2)单击显示研究状态按钮(或者选择【信息(I)】→【状态】命令)查看运行进度→完成后单击【关闭】按钮退出。

5. 定义、执行动态时间冲击分析 1 并查看分析结果

1)定义动态冲击响应分析

(1)在“分析和设计研究”对话框中，单击【文件(F)】→【新建动态分析】→【时间】命令→弹出“冲击分析定义”对话框，如图 7-61 所示。

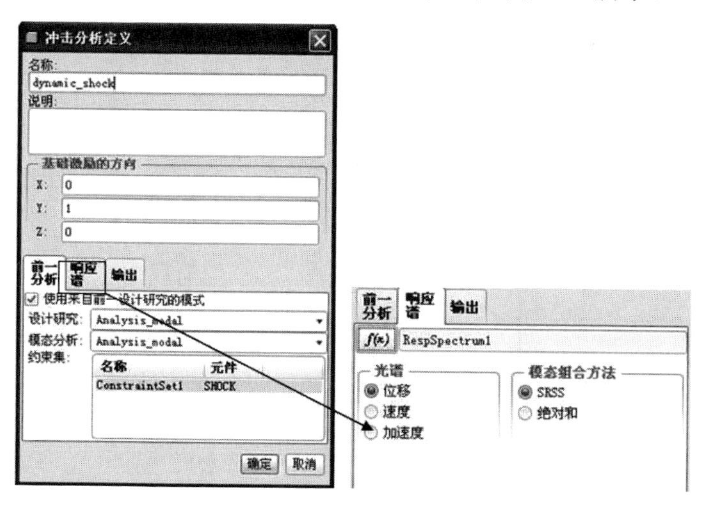

图 7-61 冲击分析定义对话框

(2) 在名称栏输入名称“dynamic_shock”→基础激励方向为“X=0,Y=1,Z=0”→“前一分析”勾选“使用来自前一设计研究的模式”复选框。

(3)“响应谱”栏单击f(x)列出可用函数按钮→弹出“函数”对话框→单击【新建】按钮弹出“函数定义”对话框，如图 7-62 所示→在定义栏选择“表”→单击【导入】选择 shock.txt 文件。

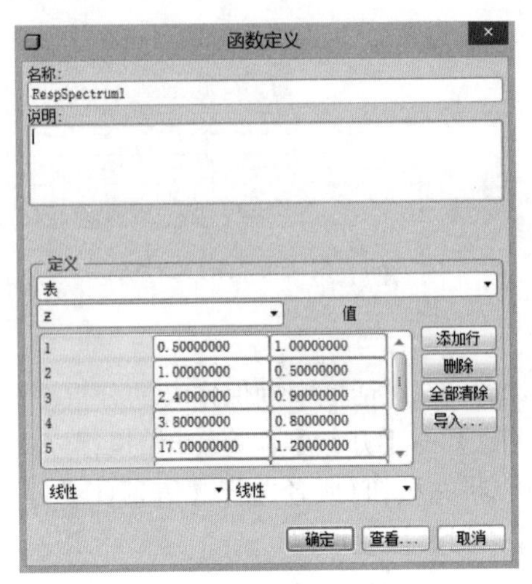

图 7-62　函数定义对话框

(4) 单击【查看】→弹出“图形函数对话框”→单击【图形】按钮，弹出“图形工具”对话框如图 7-63 所示→单击☒关闭按钮返回“图形工具”对话框→单击

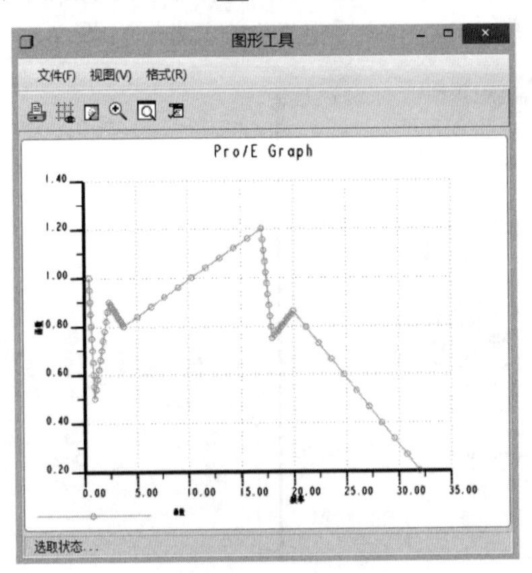

图 7-63　图形工具对话框

【完成】按钮返回“函数定义”对话框→单击【确定】按钮返回“函数”对话框→单击【确定】按钮返回“冲击分析定义”对话框→完成动态冲击分析定义。

2) 执行动态冲击响应分析

(1) 在“分析和设计研究”对话框中确保定义的分析被选中→单击开始运行按钮（或者选择【运行(R)】→【开始】命令）开始执行分析。

(2) 单击显示研究状态按钮（或者选择【信息(I)】→【状态】命令）查看运行进度→完成后单击【关闭】按钮退出。

3) 结果显示

(1) 在“分析和设计研究”对话框中单击查看设计或有限元分析结果按钮→打开“结果窗口定义”对话框如图 7-64 所示。

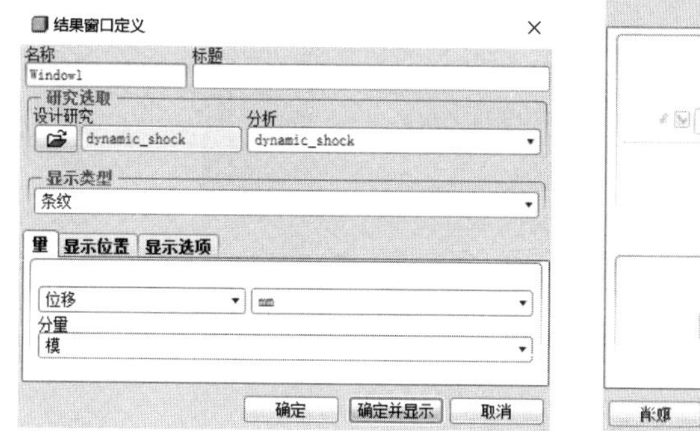

图 7-64　结果窗口定义对话框

(2) 显示类型选择“条纹”，显示量为“位移”，显示分量为“模”→“显示选项”栏勾选“已变形”和“叠加未变形的”复选框→单击【确定并显示】按钮，→动态冲击响应分析结果就显示在窗口了，如图 7-65 所示。

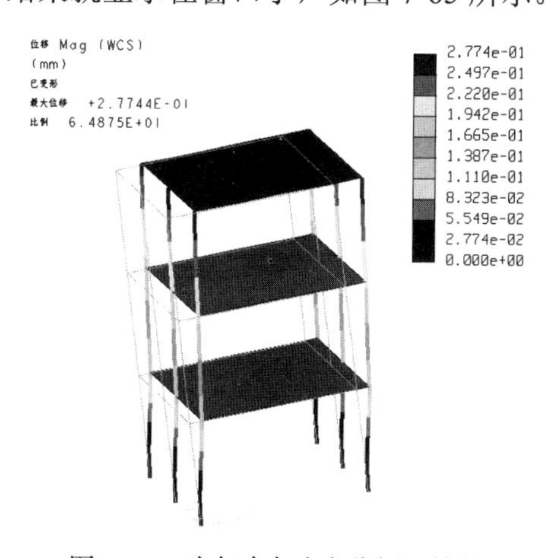

图 7-65　动态冲击响应分析 1 结果

6. 定义、执行动态冲击响应分析 2 并查看分析结果

1）定义冲击时间响应

(1) 在“分析和设计研究”对话框中确定选中已定义的动态冲击分析项目→单击复制所选定义按钮将所选项目进行复制→双击复制后的项目（或者单击选择复制后的项目→单击编辑研究按钮）→弹出“冲击分析定义”对话框。

(2) 在“响应谱”栏中“模态组合方法”选择“绝对和”，如图 7-66 所示→单击【确定】按钮，返回“分析和设计研究”对话框。

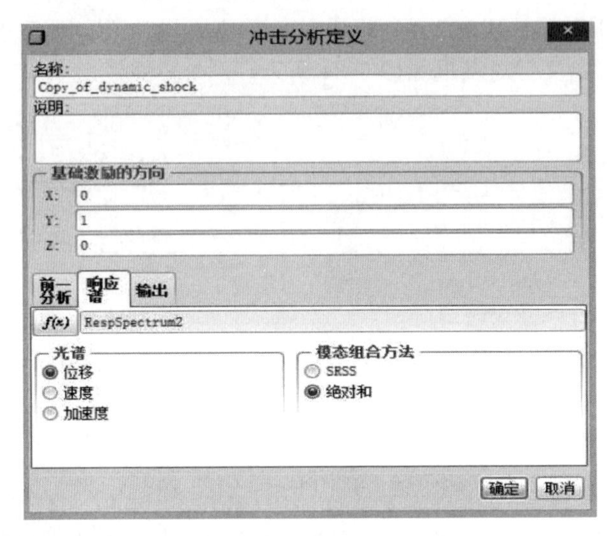

图 7-66　冲击分析定义对话框

2）执行冲击时间响应分析

(1) 在“分析和设计研究”对话框中确保定义的分析被选中→单击开始运行按钮（或者选择【运行(R)】→【开始】命令）开始执行分析。

(2) 单击显示研究状态按钮（或者选择【信息(I)】→【状态】命令）查看运行进度→完成后单击【关闭】按钮退出。

3）结果查看

(1) 在“分析和设计研究”对话框中单击查看设计或有限元分析结果按钮→打开“结果窗口定义”对话框如图 7-64 所示。

(2) 显示类型选择“条纹”，显示量为“位移”，显示分量为“模”→“显示选项”栏勾选“已变形”和“叠加未变形的”复选框如图 7-64 所示→单击【确定并显示】按钮→动态冲击响应分析结果就显示在窗口了，如图 7-67 所示。

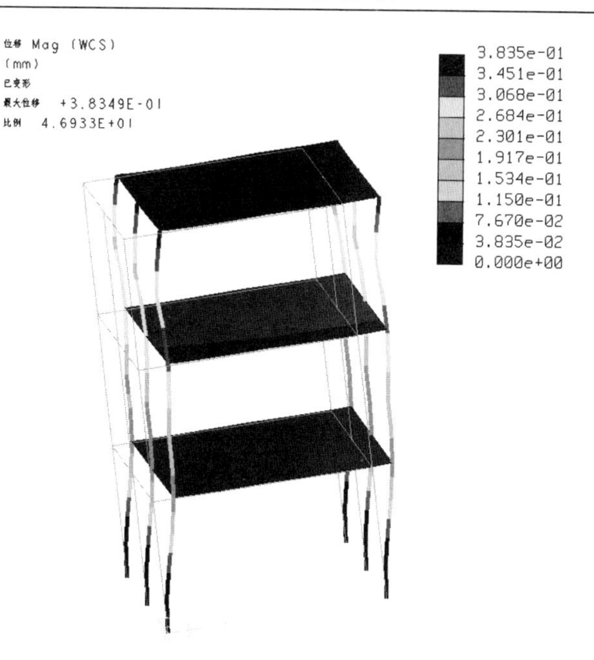

图 7-67　动态冲击响应分析 2 结果

7.5　随机振动分析

7.5.1　动态随机振动分析简介

在工业产品中，有很多零件会受随机振动影响的。例如，行驶在路面不平的汽车，汽车上的所有零件都会受到振动；风或气流引起的房屋和飞机的结构振动；海浪拍打引起的船舶的振动；噪声引起的工地结构振动等。在这些振动中，有些是确定的常态振动，有些是随机振动的。

在 Pro/MECHANICA 中，随机振动功能用来研究系统对一定功率谱密度函数(power spectral density，PSD)的反应。载荷输入的是：在一定频率范围内的力或加速度的频谱密度函数。由于频谱密度函数是根据时间取样的，所以取样时间越长，曲线的准确度就越高。功率谱密度是结构在随机动态载荷激励下响应的统计结果，是一条功率谱密度值-频率值的关系曲线，其中功率谱密度可以是位移功率谱密度、速度功率谱密度、加速度功率谱密度、力功率谱密度等形式。

在随机振动中，Pro/MECHANICA 能够根据指定的功率频谱函数载荷输入，来计算模型中指定点的位移、速度、加速度和应力等功率谱密度。

在以下情况中使用动态随机分析。

(1) 模型的载荷可以通过随机过程以统计方式描述时。

(2) 对计算 RMS 响应或功率谱密度关注时。

运行动态随机分析的条件如下。

(1) 先生成一个模态分析。

(2) 一个以上的约束或载荷集。

7.5.2 动态随机振动分析实例

本节将通过对一个 PCB 板的随机振动分析让读者了解 Pro/E 做随机振动分析的基本流程。

如图 7-68 所示，一块 PCB 光板，四周固定，功率谱密度曲线如图 7-69 所示，已知材料的弹性模量为 17600MPa，泊松比为 0.25，密度为 2.5e-09tonne/mm^3，求 PCB 板的随机振动响应(位移与应力值)。

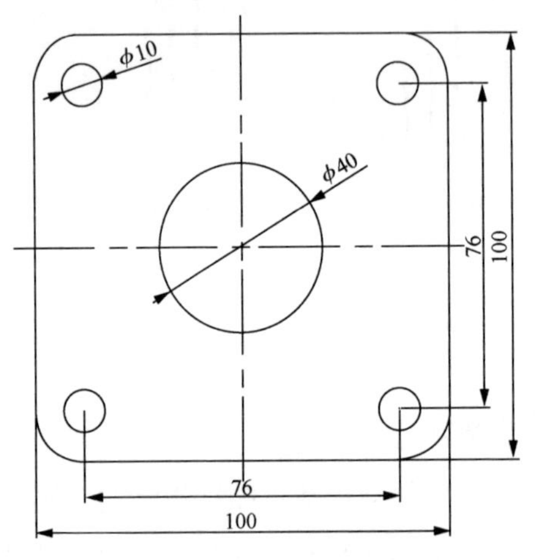

图 7-68　PCB 板随机振动尺寸

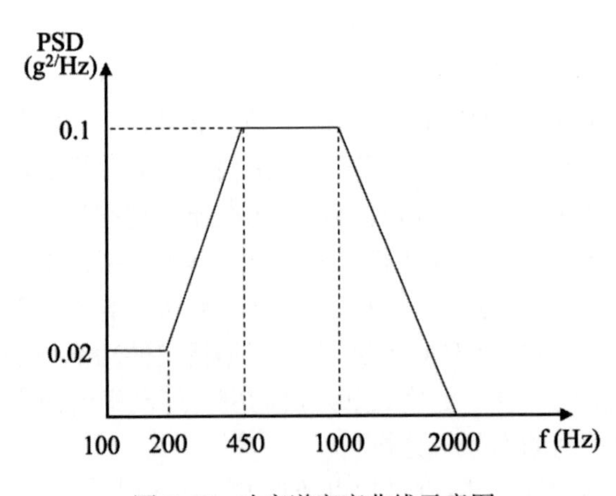

图 7-69　功率谱密度曲线示意图

本实例完成文件：光盘\Source files\chapter7\random\random.prt.1。

详细操作步骤如下。

1. 模型建立

1) 新建文件

(1) 单击【文件(F)】→【新建(N)】→弹出“新建”对话框→输入新文件名称“random”，“使用缺省模板”复选框不打钩，如图 7-70 所示。

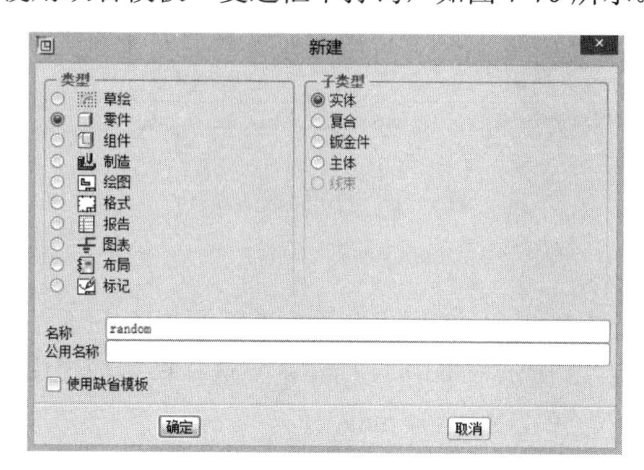

图 7-70　新建对话框

(2) 单击【确定】按钮→打开“新文件选项”对话框→选择“mmns_part_solid”模板→单击【确定】按钮完成新文件的建立。

2) 创建曲面

(1) 单击草绘工具按钮(或者选择【插入(I)】→【模型基准(D)】→【草绘(S)】命令)→选择绘图窗口中的 FRONT 作为草绘基准平面→单击【草绘】按钮，进入草绘模式。

(2) 单击创建 2 点中心线按钮，绘制水平和竖直的中心线→单击创建矩形按钮在绘图区域绘制如图 7-71 所示草图→单击退出草绘按钮完成草绘。

(3) 选择草绘基准曲线(即矩形截面)→选择【编辑(E)】→【填充(L)】命令，建立填充曲面。

2. 前处理

1) 进入 Mechanica 环境

(1) 选择【应用程序(P)】→【Mechanica(M)】→打开“Mechanica 模型设置”对话框→模型类型选择“结构”，缺省界面选择“连接”，其他采用默认设置。

(2) 单击【确定】按钮进入 Mechanica Structure 分析环境。

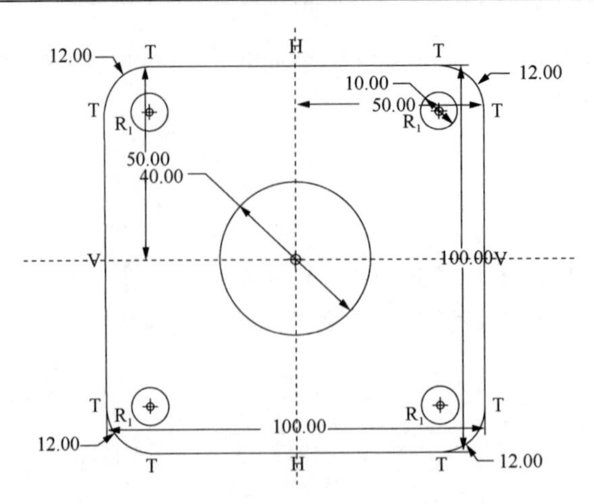

图 7-71　建立完成的草图

2) 定义壳单元

(1) 单击创建壳理想化按钮(或者单击【插入(I)】→【壳(S)】)→弹出“壳定义”对话框如图 7-72 所示→单击“参照”栏，选择模型窗口中创建的曲面→“属性”栏厚度选项输入“2”，单位为 mm。

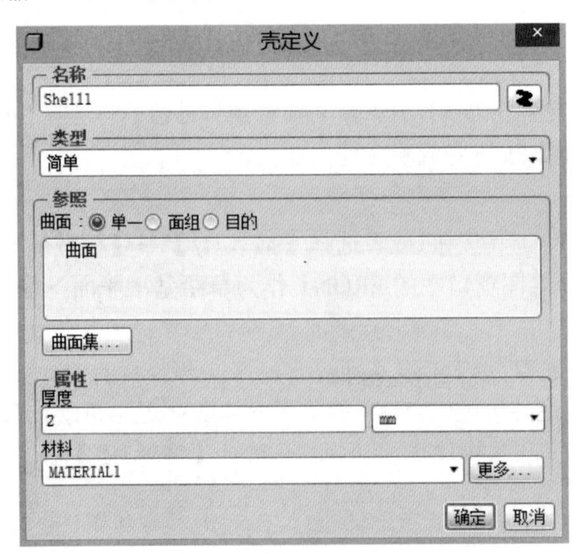

图 7-72　壳定义对话框

(2) 单击“壳定义”对话框的【更多】按钮→打开“材料”对话框如图 7-73 所示→单击创建新材料按钮(或者选择【文件】→【新建】命令)→弹出“材料定义”对话框如图 7-74 所示。

(3) 输入：密度为 2.5e-09tonne/mm^3，泊松比为 0.25，弹性模量为 17600MPa，

其他采用默认值，设置完成后如图 7-74 所示→单击【保存到模型】按钮，回到“材料”对话框→单击【确定】按钮，回到“壳定义”对话框→单击【确定】完成壳单元的定义。

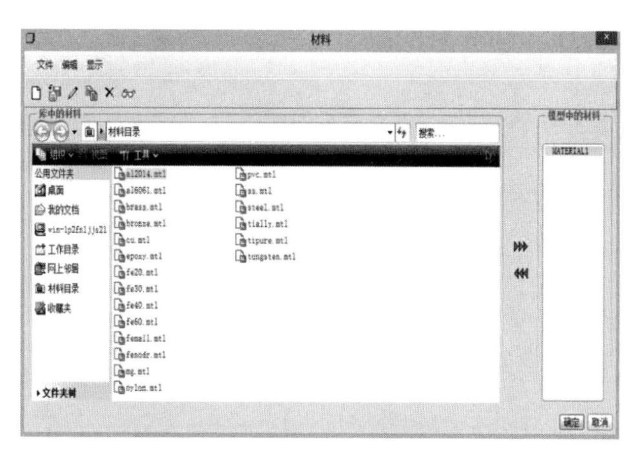

图 7-73 材料对话框

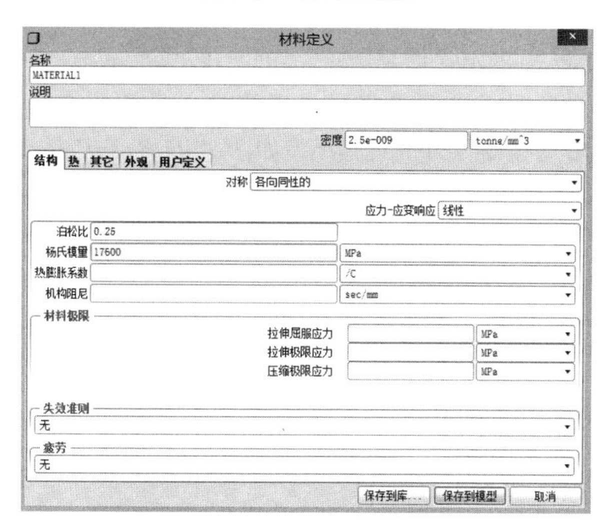

图 7-74 材料定义对话框

3) 定义约束

(1) 单击位移约束按钮（或者选择【插入(I)】→【位移约束(I)】命令）→弹出“约束”对话框。

(2) 参照选择“边/曲线”→单击模型的四条侧边→固定所有的平移和旋转自由度如图 7-75 所示→单击【确定】按钮完成约束的建立。

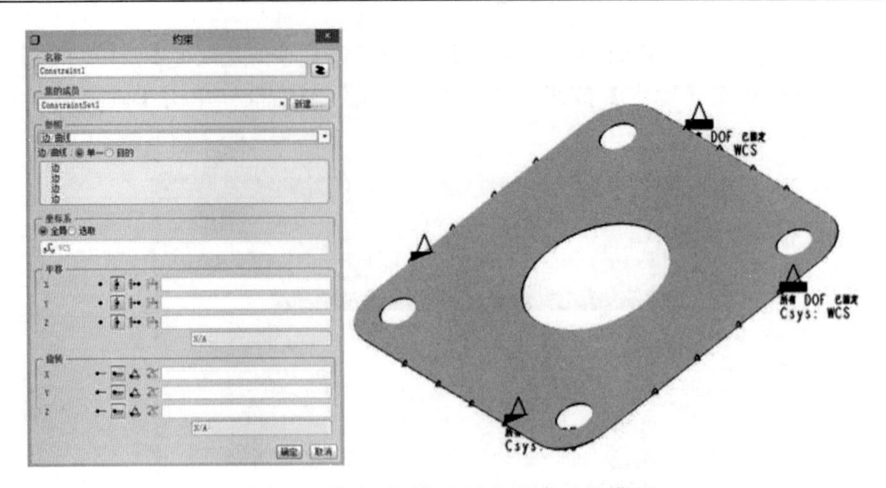

图 7-75　约束对话框和施加约束后的模型

3. 网格划分

1)设置网格尺寸

(1)单击创建 AutoGEM 控制按钮(或者选择【AutoGEM】→【控制(O)】)→弹出“AutoGEM 控制”对话框如图 7-76 所示。

(2)“元素尺寸”栏输入 10→选择模型如图 7-76 所示→完成网格尺寸设置。

图 7-76　AutoGEM 控制对话框

2)划分网格

(1)单击为几何元素创建 P 网格按钮(或者选择【AutoGEM】→【创建(C)】)→弹出“AutoGEM”对话框如图 7-77 所示。

(2)AutoGEM 参照选择“具有属性的全部几何”→单击【创建】按钮创建网格→创建好的网格如图 7-78 所示。可以通过 AutoGEM 摘要查看划分后的网格的相关信息。

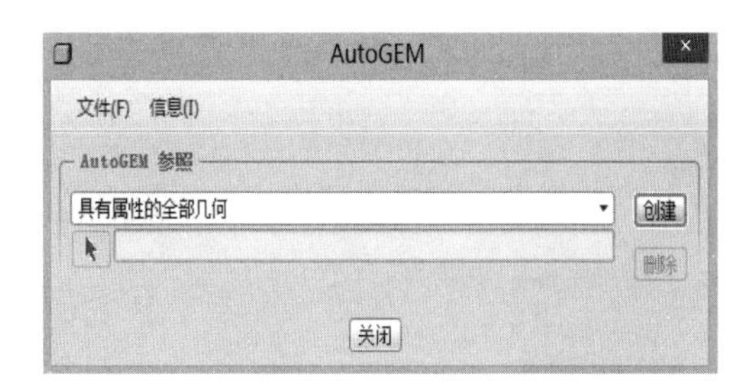

图 7-77　AutoGEM 对话框

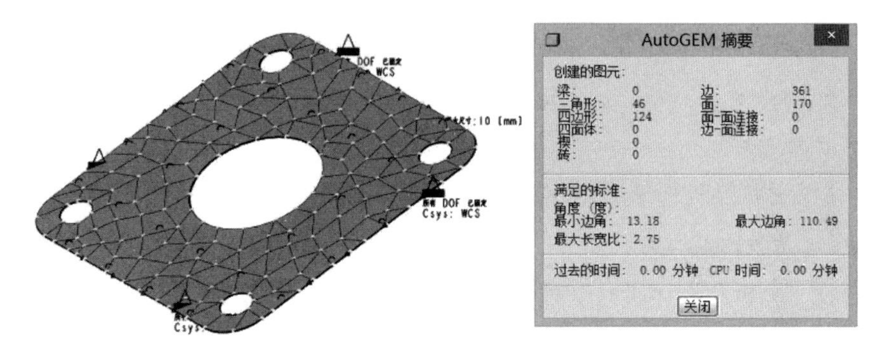

图 7-78　完成后的网格

4. 定义并执行模态分析

1) 定义模态分析

(1) 单击 Mechanica 分析/研究按钮(或者选择【分析(A)】→【Mechanica 分析/研究(E)】命令)→弹出“分析和设计研究”对话框。

(2) 单击【文件(F)】→【新建模态分析】命令，弹出“模态分析定义”对话框，如图 7-79 所示→在名称栏输入名称“Analysis_model”→确定在约束栏中包含已定义的约束组→在模式栏，输入模式数为 15→其他选项按照默认设置→单击【确定】按钮完成模态分析定义。

2) 执行模态分析

(1) 在“分析和设计研究”对话框中确保定义的分析被选中→单击 开始运行按钮(或者选择【运行(R)】→【开始】命令)开始执行分析。

(2) 单击 显示研究状态按钮(或者选择【信息(I)】→【状态】命令)查看运行进度→完成后单击【关闭】按钮退出。

图 7-79　模态分析定义对话框

5. 定义并执行随机振动分析

1) 定义随机振动分析

(1) 在“分析和设计研究”对话框中，单击【文件(F)】→【新建动态分析】→【时间】命令→弹出“动态随机分析”对话框，如图 7-80 所示。

(2) 在名称栏输入名称“radom_vibration”→方向为“X=0,Y=0,Z=1”→勾选“支架”和“包括表函数的频率步长”复选框→“模式”栏阻尼系数输入 5→“前一分析”勾选“使用来自前一设计研究的模式”复选框→“输出”栏勾选“位移和应力的完整 RMS 结果”和“质量参与因子”复选框，如图 7-80 所示。

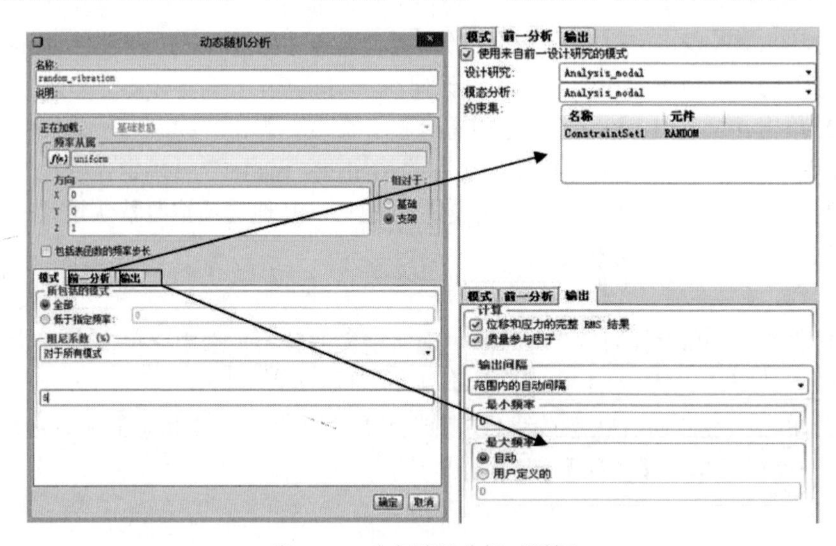

图 7-80　动态随机分析对话框

(3)在名称栏输入名称“radom_vibration”→单击f(x)列出可用函数按钮→弹出“函数”对话框→单击【新建】按钮弹出“函数定义”对话框，如图7-81所示→在定义栏选择“表”→单击【导入】按钮，导入“光盘目录下\random\random.txt”，如图7-81所示。

(4)单击【查看】→弹出“图形函数对话框”→单击【图形】按钮，弹出“图形工具”对话框如图7-82所示→单击☒关闭按钮返回“图形工具”对话框→单击【完成】按钮返回“函数定义”对话框→单击【确定】按钮返回“函数”对话框→单击【确定】按钮返回“动态随机分析”对话框→完成随机振动分析定义。

图7-81　函数定义对话框

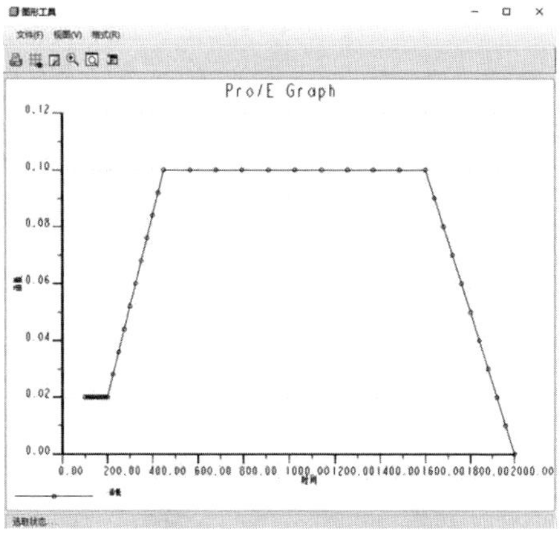

图7-82　图形工具对话框

2)执行随机振动分析

(1)在“分析和设计研究”对话框中确保定义的分析被选中→单击开始运行按钮(或者选择【运行(R)】→【开始】命令)开始执行分析。

(2)单击显示研究状态按钮(或者选择【信息(I)】→【状态】命令)查看运行进度→完成后单击【关闭】按钮退出。

6. 查看结果

(1)在“分析和设计研究”对话框中单击查看设计或有限元分析结果按钮→打开“结果窗口定义”对话框→量栏选择“位移”，分量选择“Z”，如图7-83所示→单击【确定并显示】按钮，分析结果显示在窗口。

(2)单击复制所选定义按钮→再次弹出“结果窗口定义”对话框→“量”栏选择“应力”，分量选择“XX”→单击【确定并显示】按钮。

(3)重复步骤(2)的过程，单击复制所选定义按钮→弹出“结果窗口定义”对话框→量栏选择“应力”，分量选择“YY”→单击【确定并显示】按钮。

图 7-83　结果窗口定义

(4) 重复步骤 (2) 的过程，单击复制所选定义按钮→弹出“结果窗口定义”对话框→量栏选择“应力”，分量选择“ZZ”→单击【确定并显示】按钮，→最终结果显示如图 7-84 所示。

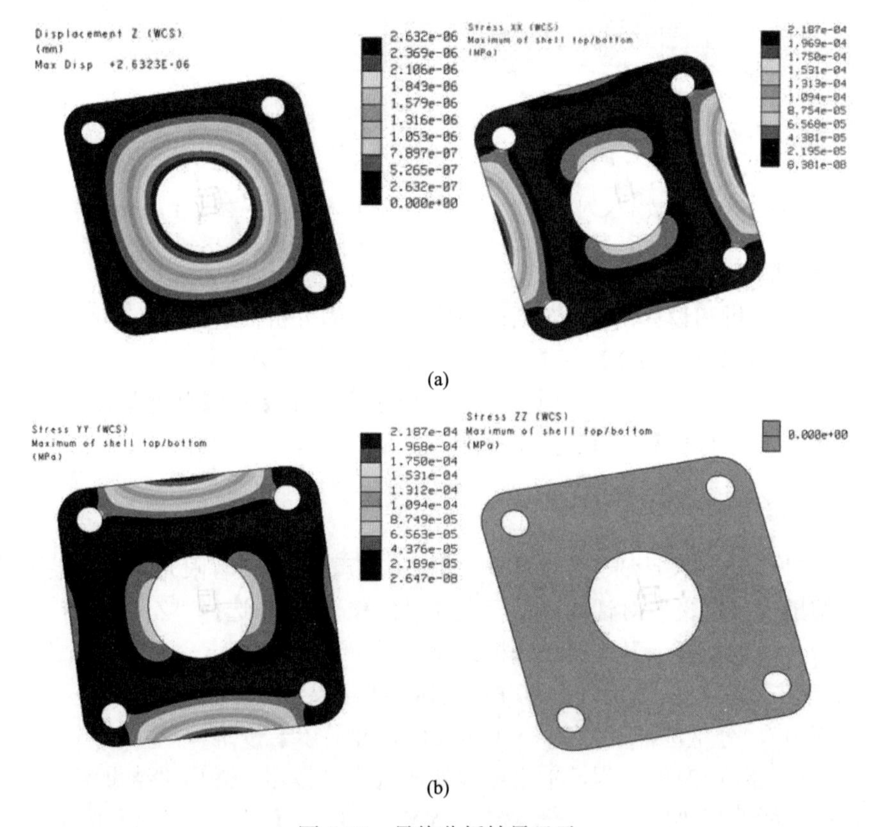

图 7-84　最终分析结果显示

第 8 章　灵敏度分析与优化设计研究

8.1　概　　述

前面几个章节主要介绍了如何通过仿真手段，分析设计出的零部件的受力变形等。了解零件如何作用是重要的，当需要变化模型的不同方面来降低重量、应力或其他目标以达到最佳设计时，如何实现？

本章主要讲解如何通过 Pro/ENGINEER Wildfire Mechanica 的灵敏度分析与优化设计功能来求解零件设计的最佳值。

8.2　标准设计研究

8.2.1　标准设计研究简介

对于一个项目的分析研究，往往会对一个零件或组件运行多个分析。如果每次都打开模型，分配材料、添加约束、载荷等重复性工作，效率很低，当需要分析一些尺寸改变时，分析结果的变化，需要做的工作会更多。在 Mechanica 中，提供了一种研究方式，让我们在一个研究下，将所有分析群聚在一起，然后再以批量工作的方式一起运行它们。此外，为了方便分析文件的管理，建议在分析项目研究时，创建一个设计研究，然后将所有的分析都放入这个研究中。

如 8.2.2 节中的例子，一般情况下，我们会分别建立并运行静态分析和模态分析，此时两个分析文件处于独立的文件夹内(默认情况)。若在标准设计研究中，则会建立一个独立的文件夹，包含上述两个分析的结果文件，如图 8-1 所示。Mechanica 在运行时，会分别计算标准设计研究中包含的分析，并在摘要中分别显示运算结果和相关提示。在查看结果时，可以通过下拉列表选择查看。

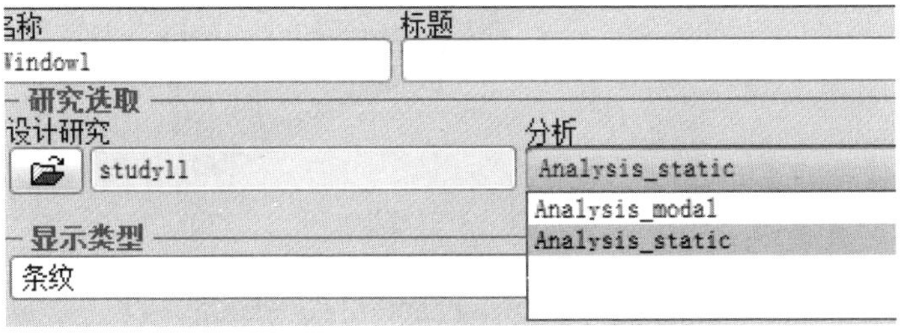

图 8-1　标准设计研究结果查看

在产品设计研究中，有时会变更一些地方的尺寸，然后再运行分析，观察变形或者应力有什么变化。若是单独建立的分析，则要先回到标准模块，再修改模型尺寸，然后返回到分析模块，建立新的分析，运行分析，查看结果。当尺寸变更较多时，就会出现大量的重复性工作。这时，如果采用建立标准设计研究的方法，则可以在建立分析的时候，选择需要变动的尺寸，指定改变值，运行分析以后可以自动完成指定的分析。

还是前面的悬臂梁例子，假如要把截面尺寸修改为 15mm×15mm，长度修改为 150mm，载荷不变，要分析改变以后的变形和模态值。通过前面已经建立的标准设计研究很快就可以完成，如图 8-2 所示。

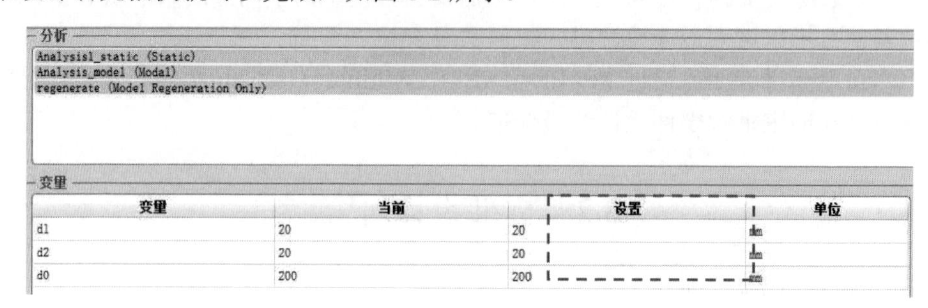

图 8-2　标准设计研究尺寸修改

8.2.2　标准设计研究的创建实例

本节将通过用一个简单实例，说明标准设计研究的用法。

如图 8-3 所示，一根截面 20mm×20mm，长 200mm 的悬臂梁，一端固定，一端自由，端面受向下的 200N 的力，求梁的变形，前 10 阶模态(材料 steel)。

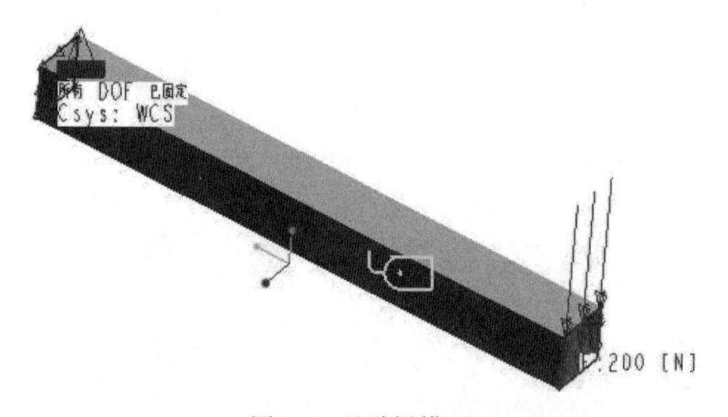

图 8-3　悬臂梁模型

本实例完成文件：光盘\Source files\chapter8\standard.prt.1。

详细操作步骤如下。

1. 有限元模型导入

单击【文件(F)】→【打开(O)】→弹出“打开”对话框→指定目录下的文件→单击【打开】按钮→打开后的模型如图 8-3 所示。此模型已经完成了材料属性赋予，约束建立和载荷施加。

2. 创建并执行标准设计研究

1)创建静态分析

(1)单击 Mechanica 分析/研究按钮(或者选择【分析(A)】→【Mechanica 分析/研究(E)】命令)→弹出“分析和设计研究”对话框。

(2)单击【文件(F)】→【新建静态分析】命令→弹出“静态分析定义”对话框→在名称栏中输入名称“Analysis_static”。

(3)在收敛方法栏选择“多通道自适应”收敛方式→多项式阶数最小值为 1，最大值为 9，收敛百分比为 2→其他选项按照默认设置→设置完成后如图 8-4 所示→单击【确定】按钮完成静态分析定义。

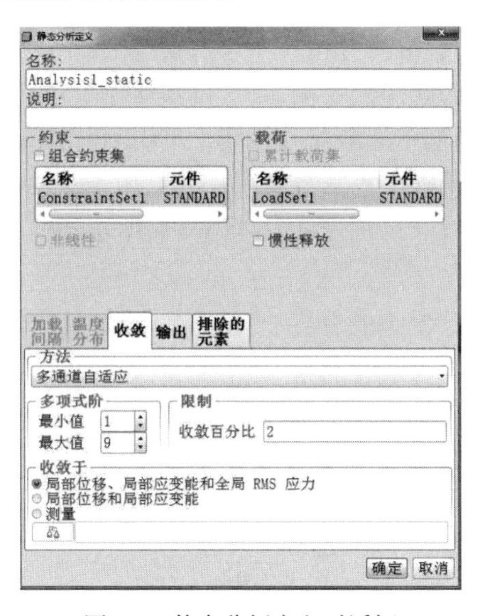

图 8-4　静态分析定义对话框

2)创建模态分析

(1)在“分析和设计研究”对话框中单击【文件(F)】→【新建模态分析】命令→弹出“模态分析定义”对话框→在名称栏中输入名称“Analysis_model”。

(2)在“模式”栏输入模式数为 10。

(3)在收敛方法栏选择“多通道自适应”收敛方式→多项式阶数最小值为 1，

最大值为 9，收敛百分比为 2→其他选项按照默认设置→设置完成后如图 8-5 所示→单击【确定】按钮完成模态分析定义。

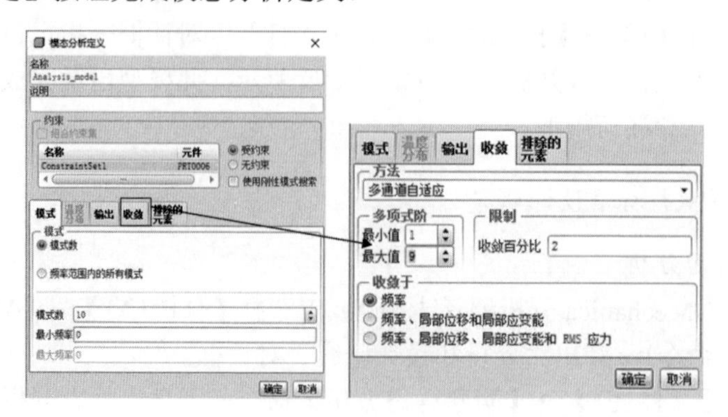

图 8-5　模态分析定义对话框

3）创建标准设计研究

（1）在“分析和设计研究”对话框中单击【文件（F）】→【新建标准设计研究】命令→弹出“标准研究定义”对话框→在名称栏中输入名称“Analysis_10X10”。

（2）单击从模型中选取尺寸按钮→进入模型空间→单击悬臂梁实体模型，显示模型长宽高尺寸→单击选择长度尺寸→自动返回到“标准研究定义”对话框。

（3）再次单击从模型中选取尺寸按钮→单击悬臂梁模型，显示长宽高尺寸→单击选择宽度尺寸→重复以上步骤将高度尺寸也加入变量栏→在分析栏通过按住 Ctrl 键单击全选 3 个项目→设置完成后如图 8-6 所示→单击【确定】按钮完成标准设计研究的创建。

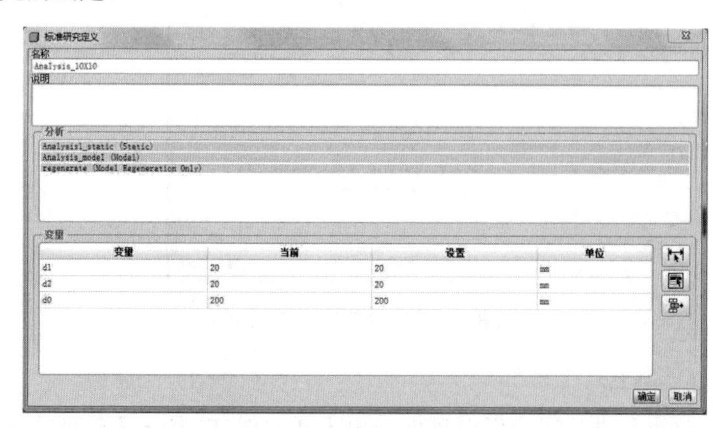

图 8-6　标准研究定义对话框

4）执行标准设计研究

（1）在“分析和设计研究”对话框中确保定义的标准设计研究被选中→单击

开始运行按钮(或者选择【运行(R)】→【开始】命令)开始执行分析。

(2)单击显示研究状态按钮(或者选择【信息(I)】→【状态】命令)查看运行进度→完成后单击【关闭】按钮退出。

3. 查看分析结果

(1)在“分析和设计研究”对话框中单击查看设计或有限元分析结果按钮→打开“结果窗口定义”对话框→分析类型选择“Analysis_static”。

(2)显示类型选择“条纹”，显示量为“位移”，显示分量选择“模”→“显示选项”栏勾选“已变形”和“叠加未变形的”复选框→设置完成后如图 8-7 所示→单击【确定并显示】按钮→位移分析结果就显示在窗口了，如图 8-8 所示。

图 8-7　结果窗口定义设置

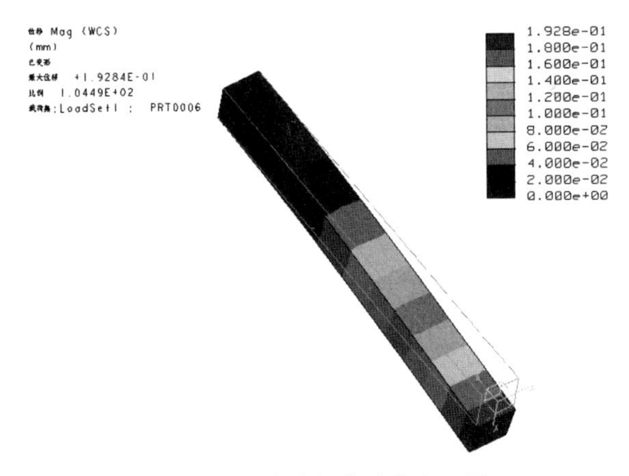

图 8-8　静态分析位移分布云图

(3)单击复制所选定义按钮→再次弹出“结果定义”对话框→分析类型选择“Analysis_model”→在模式栏可以看到零件的前 10 阶模态值，如图 8-9 所示。

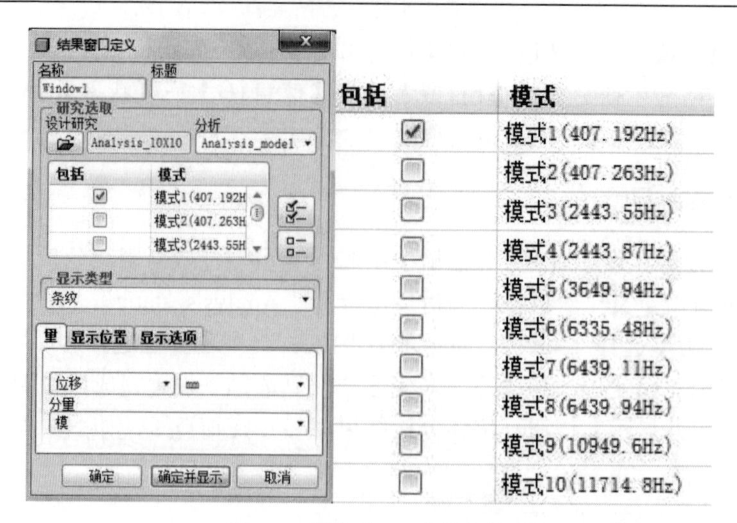

图 8-9　梁的前 10 阶模态值

4. 定义并运行修改尺寸的标准设计研究

1) 定义修改尺寸的标准设计研究

(1) 确认选中已定义的标准设计研究“Analysis_10X10”→单击复制研究按钮复制得到新的标准设计研究项目。

(2) 双击复制得到的标准设计研究项目(或者单击选中复制得到的新的标准设计研究项目→单击编辑研究按钮)→弹出“标准研究定义”对话框。

(3) 将名称修改为“Analysis_15X15”→在“设置”栏将尺寸修改为：d0=280，d1=25，d2=25→设置完成后如图 8-10 所示→单击【确定】按钮，完成新标准设计研究的定义。

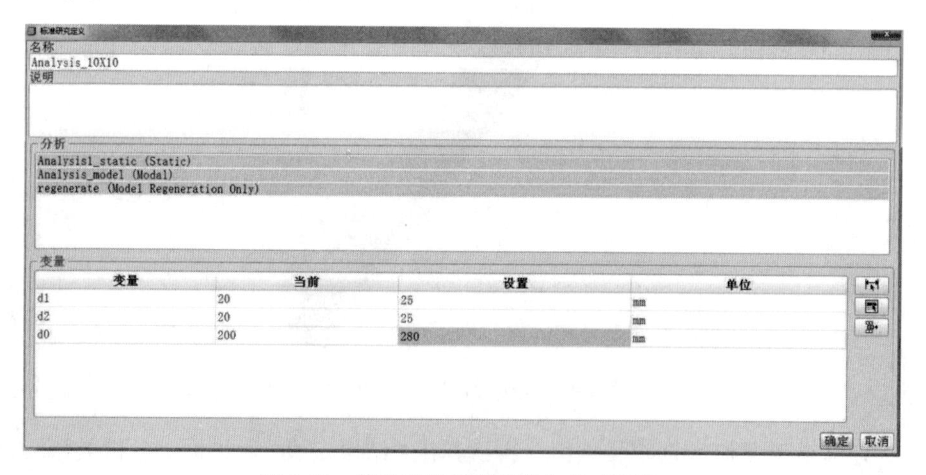

图 8-10　修改后的标准研究定义对话框

2) 执行标准设计研究

(1) 在“分析和设计研究”对话框中确保定义的标准设计研究被选中→单击开始运行按钮(或者选择【运行(R)】→【开始】命令)开始执行分析。

(2) 单击显示研究状态按钮(或者选择【信息(I)】→【状态】命令)查看运行进度→完成后单击【关闭】按钮退出。

5. 查看分析结果

(1) 在“分析和设计研究”对话框中单击查看设计或有限元分析结果按钮→打开“结果窗口定义”对话框→分析类型选择“Analysis_static”。

(2) 显示类型选择“条纹”，显示量为“位移”，显示分量选择“模”→“显示选项”栏勾选“已变形”和“叠加未变形的”复选框→设置完成后如图 8-11 所示→单击【确定并显示】按钮→位移分析结果就显示在窗口了，如图 8-12 所示。

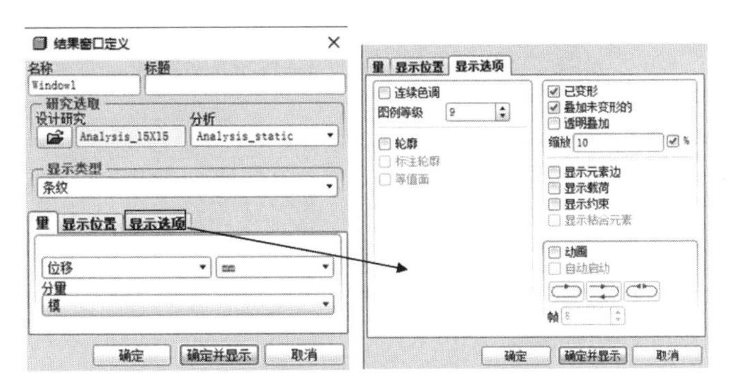

图 8-11　结果窗口定义设置

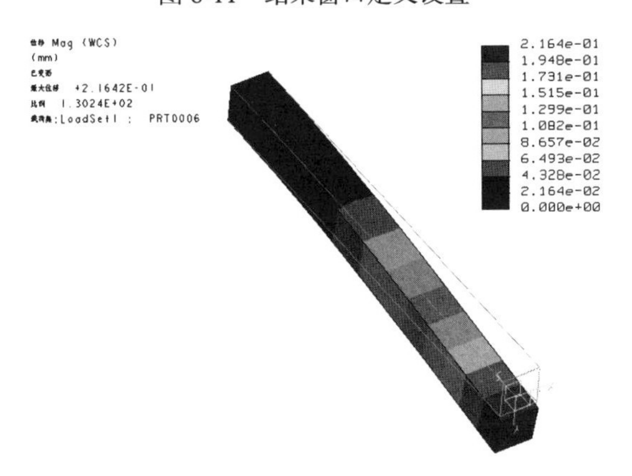

图 8-12　静态分析位移分布云图

(3) 单击复制所选定义按钮→再次弹出“结果定义”对话框→分析类型选择“Analysis_model”→在模式栏可以看到零件的前 10 阶模态值，如图 8-13 所示。

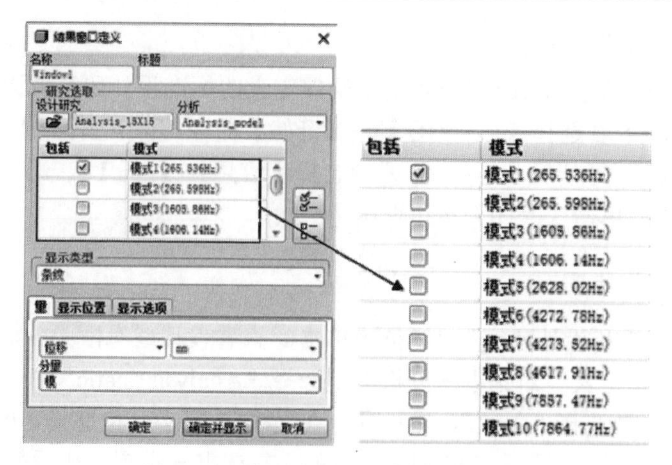

图 8-13　修改后的梁的前 10 阶模态值

8.3　敏感度分析和优化设计

8.3.1　敏感度分析和优化设计概念

在设计产品过程中，往往不会一次设计的尺寸就符合目标要求，中间经常要经过很多次修改，需要变换模型的不同方面以降低重量、应力或其他目标以达到最佳设计，如何实现最佳设计将是一个难点，一般都是根据经验去修改，但是经验修改并不能达到理想的最优化设计。

在分析计算过程中，最终目的就是帮助设计者找到一个最佳值，简单的静态、模态分析是远不够的。作为分析计算整体方案的重要部分，优化设计才是真正体现仿真分析价值的地方。

敏感度分析研究就是为优化设计而产生的一项工作。在设计产品中，一个模型肯定会有很多尺寸，但是哪些尺寸是对模型的行为产生重要影响，哪些是没有影响的，这些在分析之前可能没有任何概念，有经验的设计师可以凭借经验得出一个大概，哪些尺寸是重要的，哪些是不重要的，但是经验不是万能的，不可能做到百分之百的准确。如果要验证某个尺寸是对模型行为有影响的，则应该去变更这个尺寸，得到新的模型，然后运行静态分析得到应力和位移，或运行模态分析得到模型的振动形态，虽然这样重复性的摸索，但是可能会找到一个较理想的尺寸，使得模型重量最小(节省材料)，应力较小(强度要求)，变形也满足要求(刚度要求)。假如正好遇到了一个这么巧的尺寸，则设计工作基本大功告成了，如果没有遇到这么一个尺寸，则要重复改变尺寸，重生模型，再运行响应的分析。时间效率太低，重复劳动力过大，设计成本太高。

这就应运而生了一种分析研究——敏感度分析研究。所谓敏感度分析，简单来说，就是用来在以下两个方面过滤设计参数。

(1) 在众多的设计参数中，确定哪些设计参数才是重要的设计参数。

Mechanica(M)模块中使用“参数”功能来定义设计变量，这将是优化设计的重要依据。在建模过程中，一般会定义很多设计参数，当这些参数发生变化时，必然会对模型产生影响。如果将这些设计参数全部用于优化设计，则会导致系统的分析计算量非常庞大。由于不同设计参数对模型所产生的影响程度和面向都不同，如果能先对设计参数做定量分析，确定哪些是重要设计参数，排除那些影响程度较小的设计参数，则可以提高优化设计的分析效率，这种定量分析可以通过“局部敏感度分析”来完成。

(2) 再进一步研究那些重要设计参数，以确定它们适用于优化设计的变化范围。

在运行优化设计时，我们必须指定设计参数的变化范围。这样，系统可以在这些设计参数的变化范围内寻求最佳设计。如果设计参数变化范围取得不合适，则会造成优化设计效率降低，甚至发生偏差。因此，需要对用于优化设计的重要参数的敏感度，准确地描述模型性能，从而确定合理的参数变化范围，这些工作可以通过运行“全局敏感度分析”来完成。两种敏感度分析区别见表8-1。

表8-1 局部敏感度分析与全局敏感度分析区别

类型	作用
局部敏感度分析	局部敏感度分析用来对设计参数进行一种定量分析。它将对模型参数的动态变化过程(即瞬态变化过程)来进行分析，以研究参数对模型性能的影响情况。换句话说，就是研究模型特定变化对于参数变化的敏感度。同时，可显示特定设计参数的改变是否对研究目标有较大的影响，从而缩小研究范围
全局敏感度分析	使用这种方法可以选择一个或多个在一定范围内变化的模型参数进行敏感度分析，并以图形方式显示研究目标随着设计参数的变化情况。进行全局敏感度分析，可以用来确定参数对模型某一性能的整体影响。尤其对于参数在变化过程中可能引起的突变，这个分析方法就显得更为重要

8.3.2 加强筋敏感度分析和优化设计

本节将通过对一个加强筋的敏感度分析和优化设计让读者了解Pro/E做敏感度分析和优化设计的基本流程。

需要优化一加强筋，使其达到要求的应力与位移要求。如图8-14所示，在板上施加1000N的力，板会产生弯曲位移，并且在加强筋与板连接处会产生很大的应力。对加强筋的设计要求有：板的位移要小于4.5e-2mm，整体重量应小于7.4kg，并且得到优化范围内所能得到的最小应力。

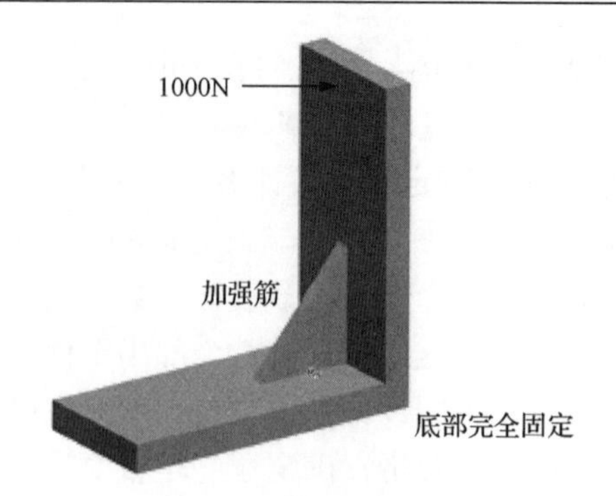

图 8-14　加强筋结构简图

本实例完成文件：光盘\Source files\chapter8\Stiffener\stiffener.prt.1。

问题分析：这个产品的造型是对称的，因此进行灵敏度分析时，只需取一半的模型进行分析优化，这样可以大大减少计算量。

详细操作步骤如下。

1. 文件导入

单击【文件(F)】→【打开(O)】→弹出“打开”对话框→打开光盘\Source files\chapter8\Stiffener\stiffener_origin.prt.1→单击【打开】按钮→打开加强筋的简化模型如图 8-15 所示。

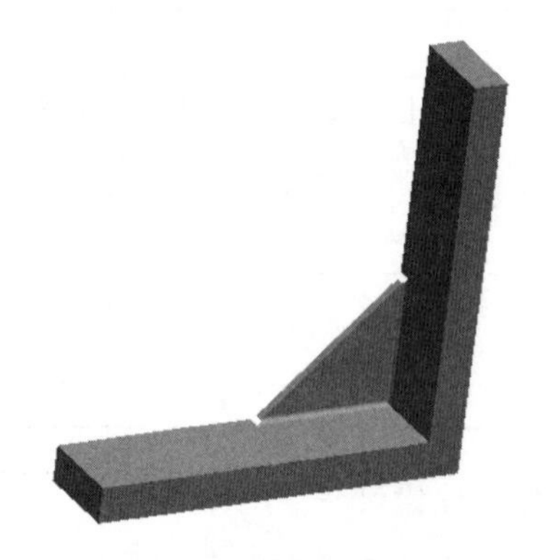

图 8-15　加强筋的简化模型

2. 前处理

1) 进入 Mechanica 环境

(1) 选择【应用程序(P)】→【Mechanica(M)】→打开“Mechanica 模型设置”对话框→模型类型选择“结构”，缺省界面选择“连接”，其他采用默认设置，如图 8-16 所示。

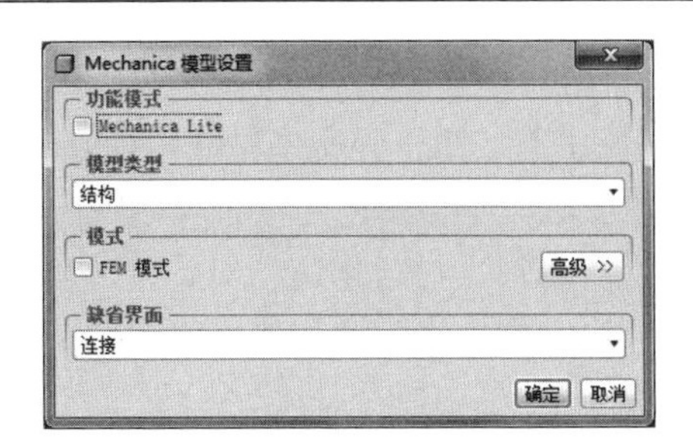

图 8-16　Mechanica 模型设置

(2) 单击【确定】进入 Mechanica Structure 分析环境。

2) 设置材料

(1) 单击定义材料按钮→弹出“材料”对话框→双击“steel.mtl”(或单击选择“steel.mtl”→单击按钮)→将 steel 材料加入“模型中的材料”栏，如图 8-17 所示→单击【确定】按钮，将 steel 材料加载到当前的分析项目中。

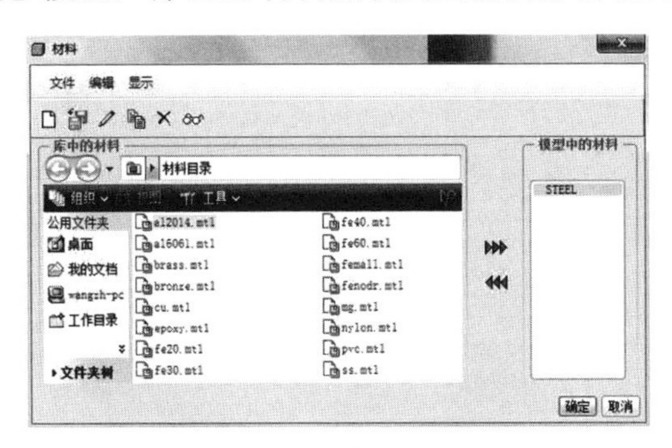

图 8-17　材料对话框

(2) 单击材料分配按钮→弹出“材料指定”对话框如图 8-18 所示→参照选择“分量”，材料选择刚刚加载的“steel”→单击【确定】按钮，自动将材料赋予整个实体模型。

图 8-18　材料指定对话框

(3) 或者直接单击材料分配按钮→弹出“材料指定”对话框如图 8-18 所示→单击“材料”栏后的【更多】按钮→弹出“材料”对话框→双击“steel.mtl”(或单击“steel.mtl”→单击按钮)→将 steel 材料加入“模型中的材料”栏，如图 8-17 所示→单击【确定】按钮→回到“材料指定”对话框→单击【确定】按钮→完成模型的材料设置。

3) 定义约束

(1) 单击位移约束按钮(或者选择【插入(I)】→【位移约束(I)】命令)→弹出“约束”对话框。

(2) 参照选择“曲面”→单击选择底面→固定所有的平移和旋转自由度如图 8-19 所示→单击【确定】按钮完成约束的建立。

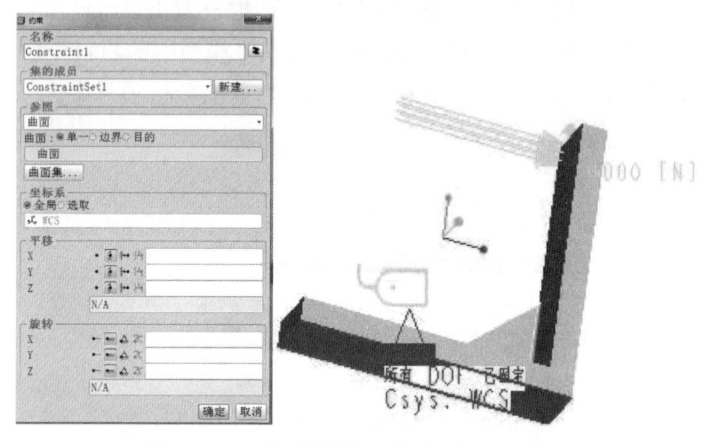

图 8-19　约束对话框和施加约束后的模型

(3) 单击创建对称约束按钮(或者选择【插入(I)】→【对称约束(Y)】命令)→弹出“对称约束”对话框。

(4) “参照栏”选择单击选择中间对称曲面，如图 8-20 所示→单击【确定】按钮完成对称约束的建立→完成后的模型如图 8-20 所示。

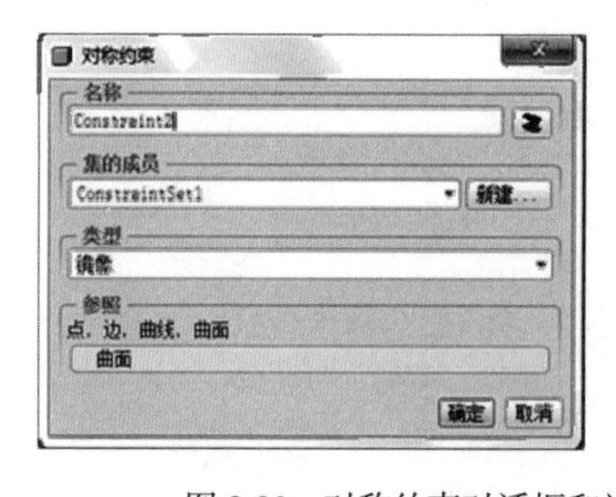

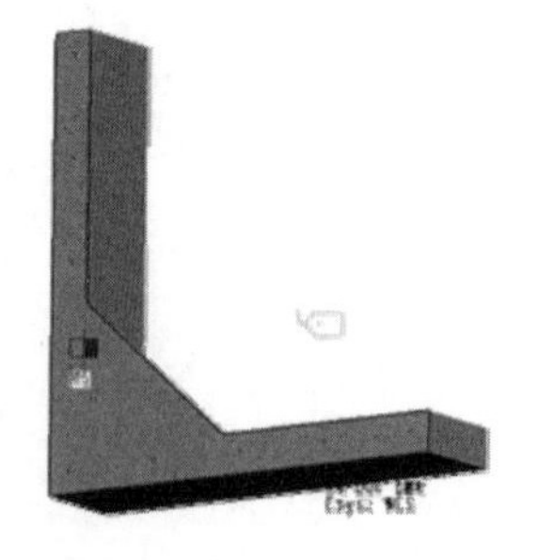

图 8-20　对称约束对话框和施加对称约束后的模型

4) 施加载荷

(1) 单击创建模拟曲面区域按钮(或选择【插入(I)】→【曲面区域(U)】命令)→单击【参照】→单击【定义】→弹出“草绘”对话框→单击选择模型的上表面→单击【草绘】按钮，进入草绘环境。

(2) 单击通过边创建图元按钮，点选板的上边缘→单击创建两点线按钮→绘制一个 15mm×10mm 的矩形→单击动态修剪剖面图元命令按钮修剪掉多余线段完成草图，如图 8-21 所示→单击退出草绘按钮，退出草绘窗口→选择模型上表面为修剪曲面→单击完成按钮完成曲面区域的创建，如图 8-22 所示。

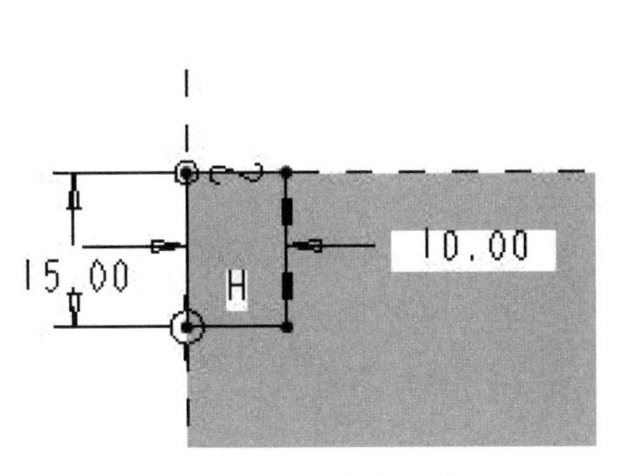

图 8-21　最终完成的草图

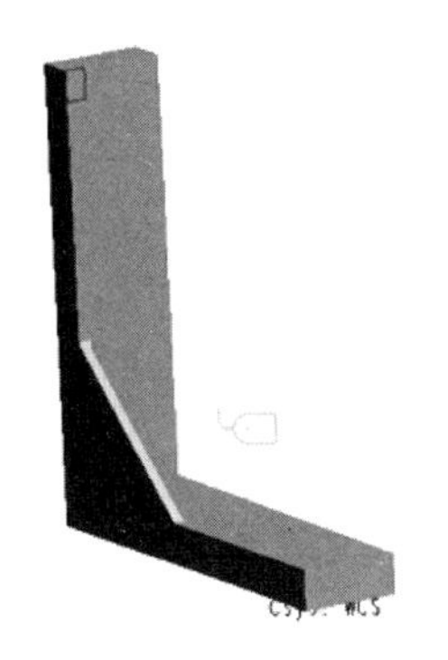

图 8-22　修剪后的曲面

(3) 单击创建力/力矩载荷按钮(或者选择【插入(I)】→【力/力矩载荷(L)】命令)→弹出“力/力矩载荷”对话框。

(4) 参照选择“曲面”→单击选择图 8-22 所示的曲面→力的大小为：X=1000N，Y=0N，Z=0N，如图 8-23 所示→单击【确定】按钮完成载荷的施加。

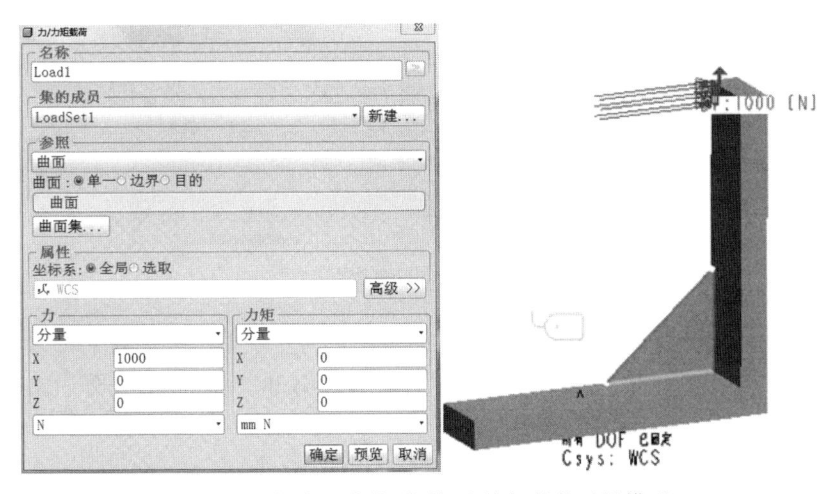

图 8-23　力/力矩载荷对话框和施加载荷后的模型

3. 网格划分

1)设置网格尺寸

(1)单击创建 AutoGEM 控制按钮(或者选择【AutoGEM】→【控制(O)】)→弹出“AutoGEM 控制”对话框如图 8-24 所示。

图 8-24　AutoGEM 控制对话框

(2)“参照”栏选择分量，“元素尺寸”栏输入 10→单击【确定】按钮→完成网格尺寸设置。

2)划分网格

(1)单击为几何元素创建 P 网格按钮(或者选择【AutoGEM】→【创建(C)】)→弹出“AutoGEM”对话框如图 8-25 所示。

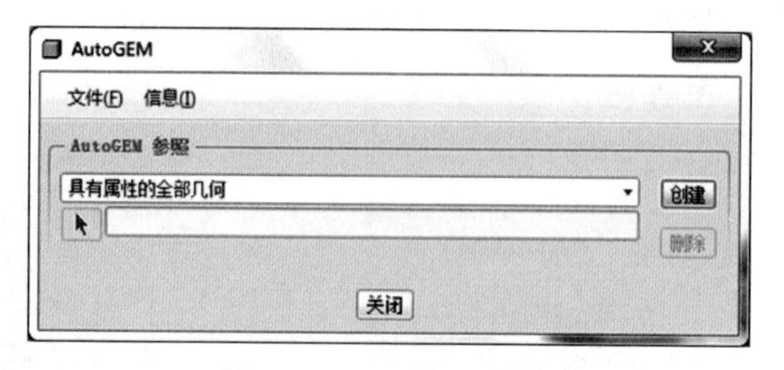

图 8-25　AutoGEM 对话框

(2)AutoGEM 参照选择“具有属性的全部几何”→单击【创建】按钮创建网格→创建好的网格如图 8-26 所示。可以通过 AutoGEM 摘要查看划分后的网格的相关信息。

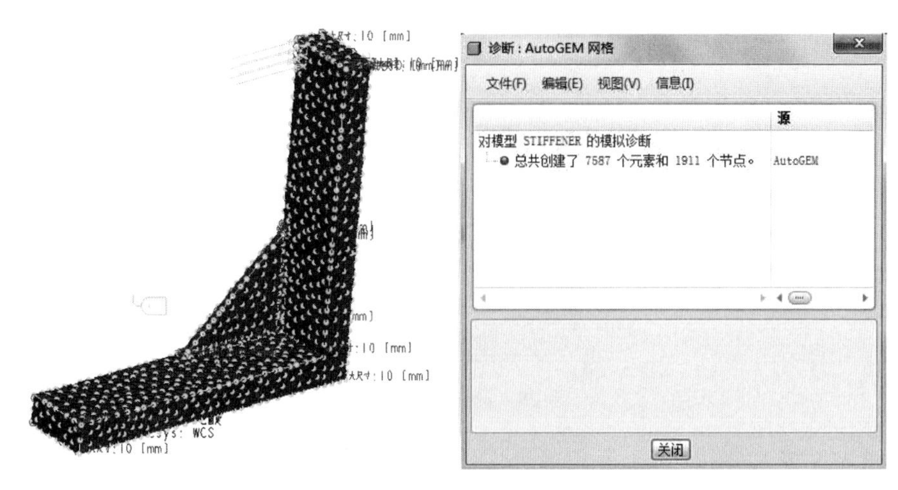

图 8-26　完成后的网格

4. 定义并执行静态分析

1) 定义测量

(1) 单击基准点工具→单击选择零件顶端外侧尖角处→完成基准点的创建如图 8-27 所示。

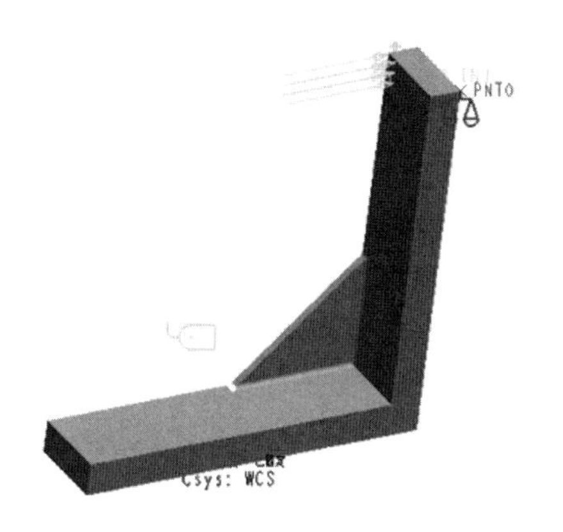

图 8-27　创建的基准点

(2) 单击定义模拟测量按钮→弹出“测量”对话框→单击【新建】按钮→弹出“测量定义”对话框。

(3) “量”栏选择“位移”，“空间评估”栏选择“在点处”→单击按钮弹出“选取”对话框→单击前面创建的点→单击“测量定义”对话框中的【确定】按钮→返回“测量”对话框→设置完成后如图 8-28 所示→单击【关闭】按钮，完成位移测量点的定义。

图 8-28　测量定义对话框

2) 定义静态分析

(1) 单击 Mechanica 分析/研究按钮(或者选择【分析(A)】→【Mechanica 分析/研究(E)】命令)→弹出“分析和设计研究”对话框。

(2) 单击【文件(F)】→【新建静态分析】命令→弹出“静态分析定义”对话框如图 8-29 所示→在名称栏输入名称“Analysis_static”→确定在约束栏中包含定义的约束组，在载荷栏中包含定义的载荷组。

图 8-29　静态分析定义对话框

(3) 在收敛方法栏选择“单通道自适应”收敛方式→其他选项按照默认设置→单击【确定】按钮完成静态分析定义。

3) 执行静态分析

(1) 在“分析和设计研究”对话框中确保定义的分析被选中→单击 开始运行按钮(或者选择【运行(R)】→【开始】命令)开始执行分析。

(2) 单击 显示研究状态按钮(或者选择【信息(I)】→【状态】命令)查看运行进度→完成后单击【关闭】按钮退出。

5. 查看静态分析结果

1) 查看分析结果

(1) 在“分析和设计研究”对话框中单击查看设计或有限元分析结果按钮→打开“结果窗口定义”对话框如图 8-30 所示→显示量为“应力”，显示分量选择“von Mises”→设置完成后如图 8-30 所示→单击【确定并显示】按钮，应力分析结果就显示在窗口了。

图 8-30　应力的结果窗口定义对话框

(2) 单击复制所选定义按钮→再次弹出“结果定义”对话框→显示类型选择“条纹”→“量”栏为“位移”，显示分量选择“模”→设置完成后如图 8-31 所示→单击【确定并显示】按钮，位移分析结果就显示在窗口了。

图 8-31　位移的结果窗口定义对话框

(3) 选择【信息(N)】→【测量(M)】→弹出“测量”对话框→测量名称选择“Measure1”→单击【创建注释】按钮→最终显示结果如图 8-32 所示。

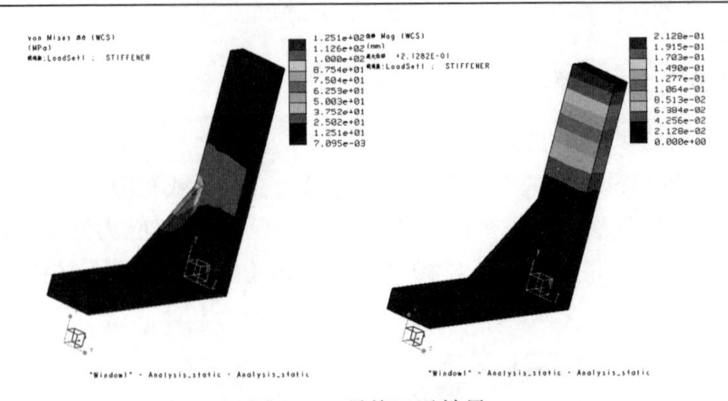

图 8-32　最终显示结果

2) 结果分析

(1) 从图 8-32 可以看到应力在加强筋与板的过渡圆角处产生应力集中，需要通过改变模型设计来降低模型所受的应力。

(2) 整个模型的最大位移值为 0.2128mm，根据要求需要将位移值减小到 0.015mm 以下。

6. 定义并执行局部敏感度分析

1) 定义局部敏感度分析

(1) 单击 Mechanica 分析/研究按钮(或者选择【分析(A)】→【Mechanica 分析/研究(E)】命令)→弹出“分析和设计研究”对话框。

(2) 单击【文件(F)】→【新建敏感度设计研究】命令→弹出“敏感度研究定义”对话框如图 8-33 所示→输入名称“study_local”→“类型”栏选择“局部敏感度”→“分析”栏选择“Analysis_static”分析项目。

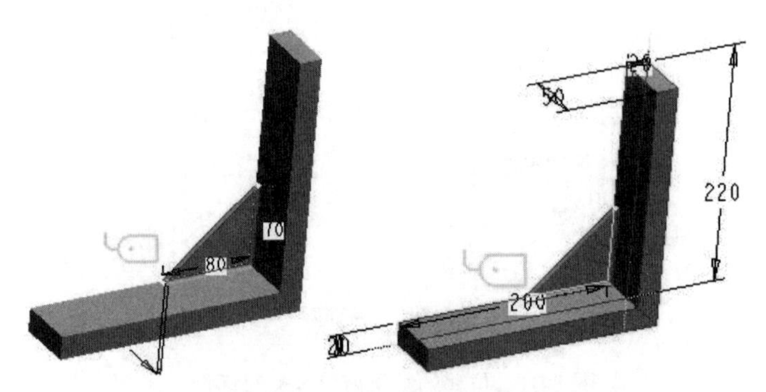

图 8-33　设置为变量的尺寸

(3) 单击 从模型中选取尺寸按钮→分别将图 8-33 中所示的尺寸 70、尺寸 80、尺寸 5 以及模型整体宽度尺寸 50 添加到“变量”栏→设置完成后如图 8-34 所示

→单击【确定】按钮完成局部敏感度分析定义。

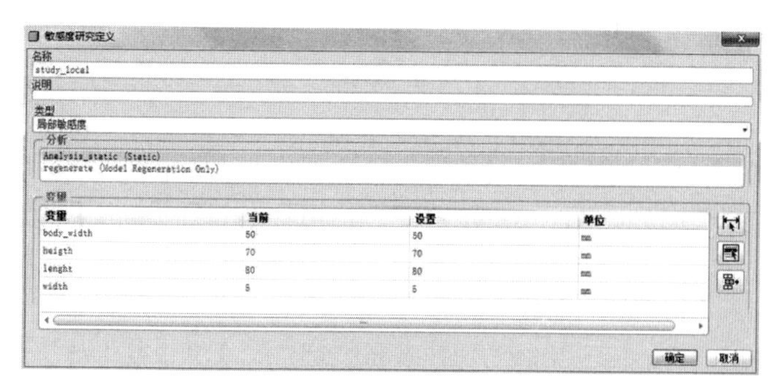

图 8-34　敏感度研究定义对话框

2）执行局部敏感度分析

（1）在“分析和设计研究”对话框中确保定义的局部敏感度分析项目被选中→单击开始运行按钮（或者选择【运行(R)】→【开始】命令）开始执行分析。

（2）单击显示研究状态按钮（或者选择【信息(I)】→【状态】命令）查看运行进度→完成后单击【关闭】按钮退出。

7. 查看局部敏感度分析结果

1）查看分析结果

（1）在“分析和设计研究”对话框中单击查看设计或有限元分析结果按钮→打开“结果窗口定义”对话框→单击按钮弹出“测量”对话框→选择“预定义”栏中的“max_stress_vm”选项→单击【确定】按钮返回“结果窗口定义”对话框。

（2）最后一个下拉列表栏选择“body_width:STIFFENER”→其他选项默认→设置完成如图 8-35 所示→单击【确定并显示】按钮→模型宽度与模型所受到的最大的 von Mises 应力之间的关系曲线就显示在结果窗口中。

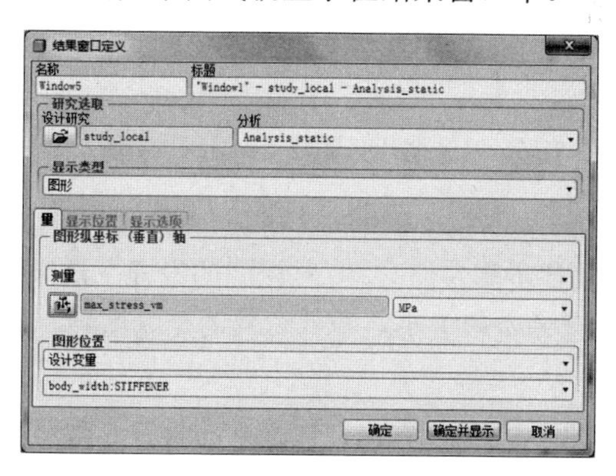

图 8-35　结果窗口定义对话框

(3) 单击复制所选定义按钮→再次弹出“结果定义”对话框→最后一个下拉列表栏选择“height: STIFFENER”→其他选项默认→单击【确定并显示】按钮→加强筋高度与模型所受到的最大的 von Mises 应力之间的关系曲线就显示在结果窗口中。

(4) 再次单击复制所选定义按钮→再次弹出“结果定义”对话框→最后一个下拉列表栏选择“length: STIFFENER”→其他选项默认→单击【确定并显示】按钮→加强筋长度与模型所受到的最大的 von Mises 应力之间的关系曲线就显示在结果窗口中。

(5) 再次单击复制所选定义按钮→再次弹出“结果定义”对话框→最后一个下拉列表栏选择“width: STIFFENER”→其他选项默认→单击【确定并显示】按钮→加强筋宽度与模型所受到的最大的 von Mises 应力之间的关系曲线就显示在结果窗口中。

(6) 依次选择各个视图→选择【实用工具(U)】→【连接(T)】→【制作量图(Q)】命令→更改比例使得它们具有相同的 Y 轴值→最终显示效果如图 8-36 所示。

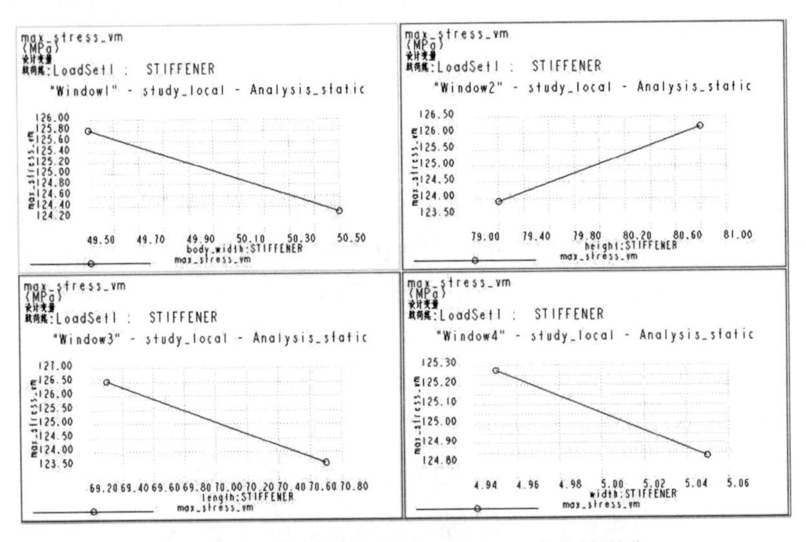

图 8-36　四个设计变量对 von Mises 应力的影响

(7) 将第(1)步中单击按钮弹出的“测量”对话框→选择“自定义”栏中的“measure1”选项，其他步骤参照(2)~(6)相同的设置→最终模型宽度，加强筋长度、加强筋高度、加强筋宽度大小对零件位移的影响结果，如图 8-37 所示。

2) 结果分析

(1) 从图 8-36 和图 8-37 可以看出，加强筋的长宽高都对零件整体位移的影响较大，增大加强筋的长宽高都能减小零件的位移和 von Mises 应力。

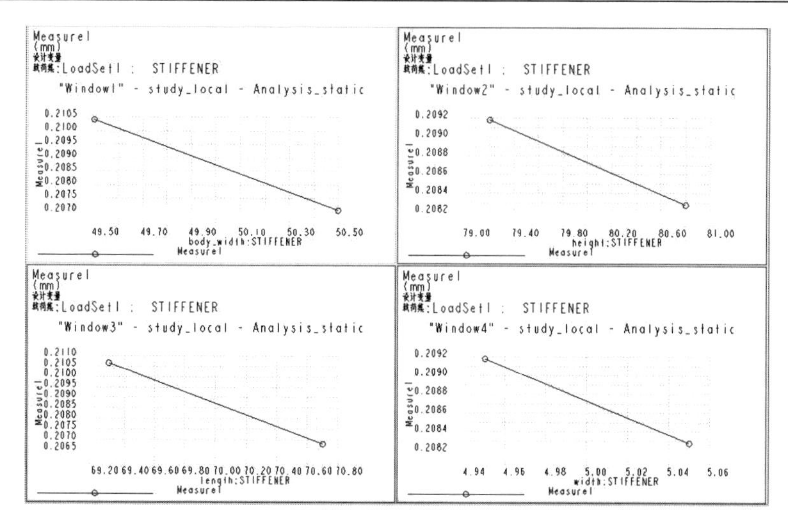

图 8-37　四个设计变量对板顶端点位移的影响

(2) 对于板的宽度，其对减小零件的位移以及 von Mises 应力同样有一定的影响。但是，整体宽度对位移与应力的影响相较于对整体质量的影响而言微乎其微，故在下面的研究中去除这一参数。

8. 定义并执行全局敏感度分析

1) 定义全局敏感度分析

(1) 单击 Mechanica 分析/研究按钮(或者选择【分析(A)】→【Mechanica 分析/研究(E)】命令)→弹出“分析和设计研究”对话框。

(2) 单击【文件(F)】→【新建敏感度设计研究】命令→弹出“敏感度研究定义”对话框→输入名称“study_global”→“类型”栏选择“全局敏感度”→“分析”栏选择“Analysis_static”分析项目。

(3) 单击 从模型中选取尺寸按钮→分别将图 8-38 中所示的尺寸 70、尺寸 80、

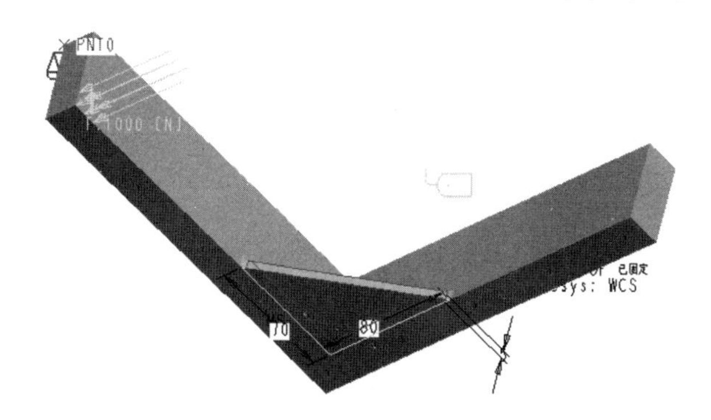

图 8-38　设置为变量的尺寸

尺寸 5 添加到“变量”栏，并将“length”变化范围设置为 50~160，将“height”变化范围设置为 50~160，“width”变化范围设置为 2~10。

(4) 单击【选项】按钮→弹出“设计研究选项”对话框→勾选“重复 P 环收敛”和“每次形状更新后进行网格重画”复选框。

(5) 单击【模型形状动画】按钮→弹出“是否继续执行步骤 2？”对话框→单击按钮→弹出“是否继续执行步骤 3？”对话框→单击按钮→…→弹出“是否继续执行步骤 10？”对话框→单击按钮→弹出“问题”对话框→单击【是(Y)】按钮→返回“设计研究选项”对话框→单击【关闭】按钮返回“敏感度研究定义”对话框设置完成如图 8-39 所示→单击【确定】按钮完成全局敏感度分析定义。

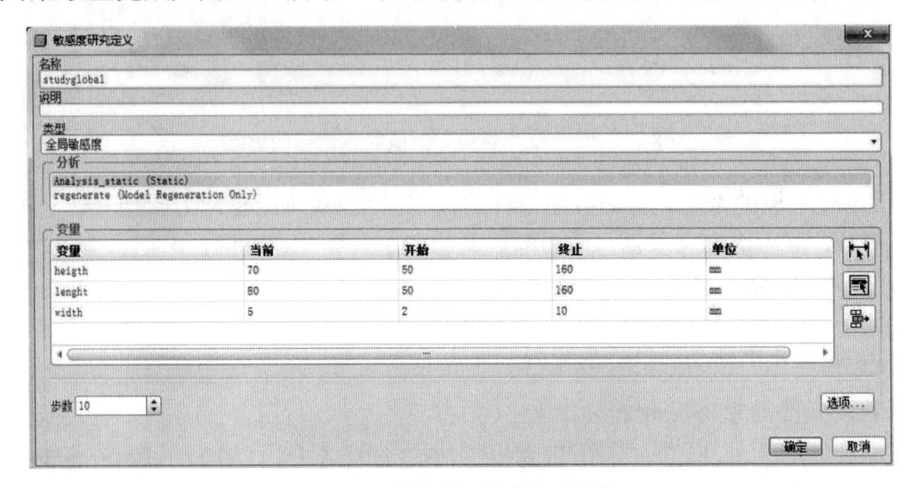

图 8-39　敏感度研究定义对话框

2) 执行全局敏感度分析

(1) 在“分析和设计研究”对话框中确保定义的全局敏感度分析项目被选中→单击开始运行按钮(或者选择【运行(R)】→【开始】命令)开始执行分析。

(2) 单击显示研究状态按钮(或者选择【信息(I)】→【状态】命令)查看运行进度→完成后单击【关闭】按钮退出。

9. 查看全局敏感度分析结果

1) 查看分析结果

(1) 在“分析和设计研究”对话框中单击查看设计或有限元分析结果按钮→打开“结果窗口定义”对话框→单击按钮弹出“测量”对话框→选择“预定义”栏中的“max_stress_vm”选项→单击【确定】按钮返回“结果窗口定义”对话框。

(2) 最后一个下拉列表栏选择“height:STIFFENER”→其他选项默认→设置完成如图 8-40 所示→单击【确定并显示】按钮→加强筋高度与模型所受到的最大的

von Mises 应力之间的关系曲线就显示在结果窗口中。

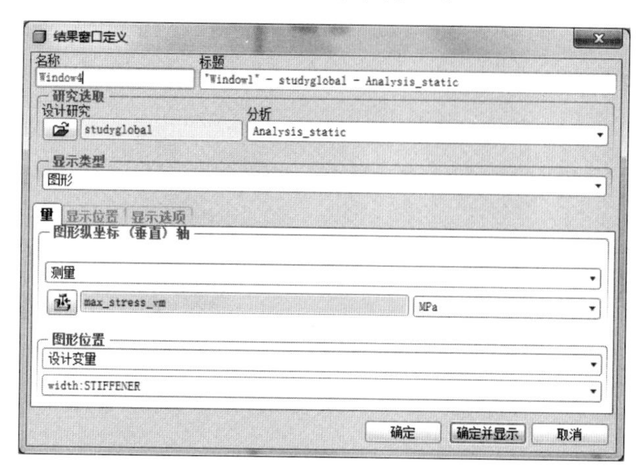

图 8-40　结果窗口定义对话框

(3) 单击复制所选定义按钮→再次弹出“结果窗口定义”对话框→最后一个下拉列表栏选择“length:STIFFENER”→其他选项默认→单击【确定并显示】按钮→加强筋长度与模型所受到的最大的 von Mises 应力之间的关系曲线就显示在结果窗口中。

(4) 再次单击复制所选定义按钮→再次弹出“结果窗口定义”对话框→最后一个下拉列表栏选择“width:STIFFENER”→其他选项默认→单击【确定并显示】按钮→加强筋宽度与模型所受到的最大的 von Mises 应力之间的关系曲线就显示在结果窗口中→最终显示效果如图 8-41 所示。

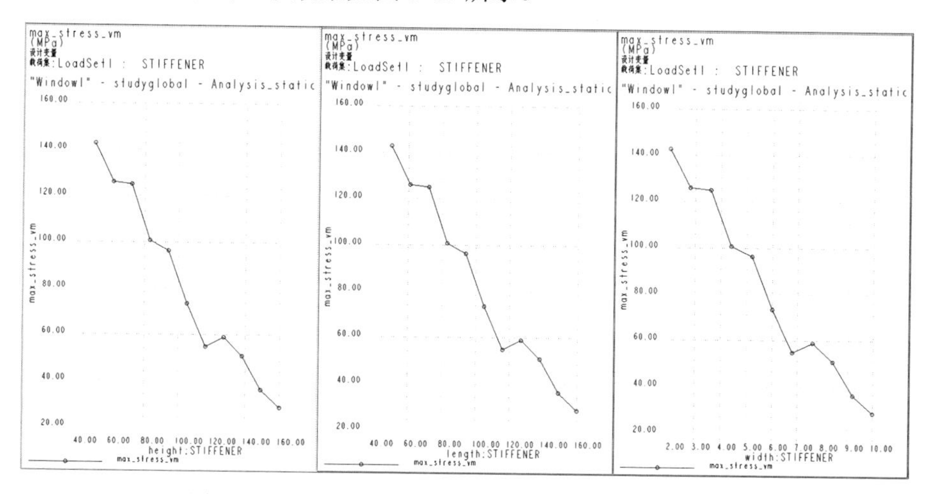

图 8-41　主要的三个设计变量对 von Mises 应力的影响

(5)将第(1)步中单击按钮弹出的“测量”对话框→选择“自定义”栏中的“measure1”选项，其他步骤参照(2)~(4)相同的设置→最终加强筋长度、加强筋高度、加强筋宽度大小对零件位移的影响曲线如图 8-42 所示。

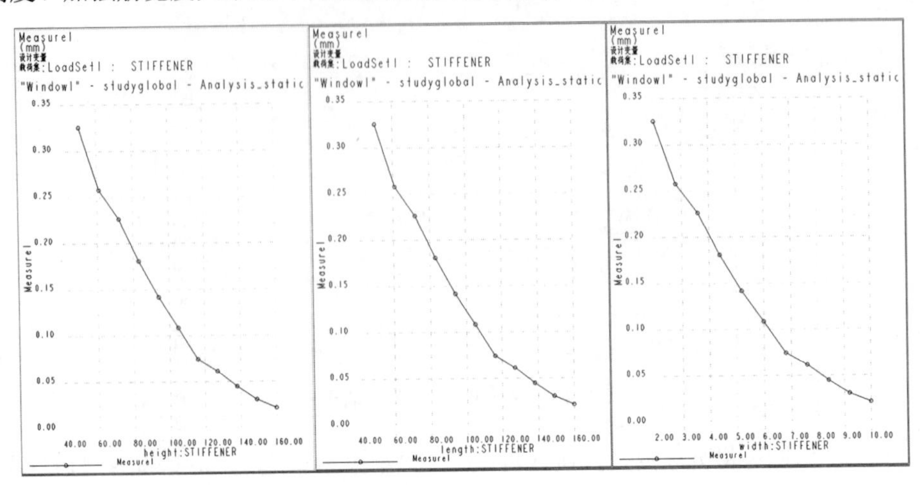

图 8-42　主要的三个设计变量对零件顶部端点位移的影响

(6)将第(1)步中单击按钮弹出的“测量”对话框→选择“预定义”栏中的“total_mass”选项，其他步骤参照(2)~(4)相同的设置→最终加强筋长度、加强筋高度、加强筋宽度大小对模型质量的影响曲线如图 8-43 所示。

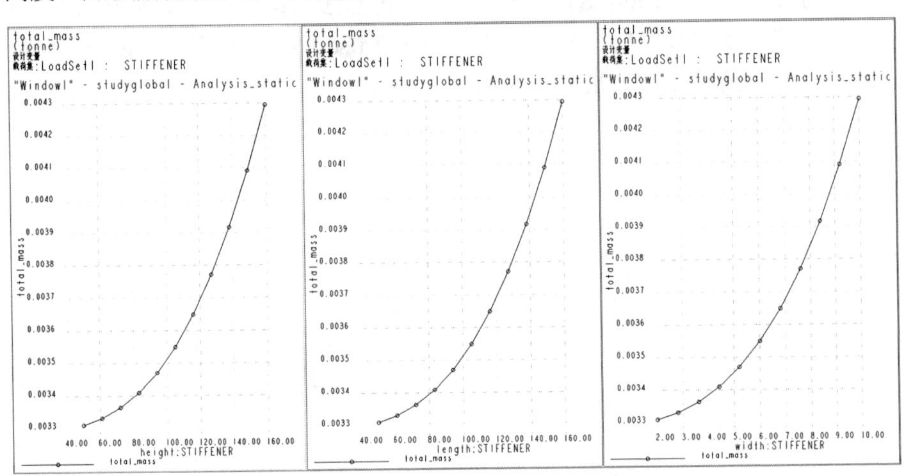

图 8-43　主要的三个设计变量对总质量的影响

2) 结果分析

(1)从图 8-41、图 8-42 和图 8-43 中可以看出，加强筋长度、加强筋高度、加强筋宽度参数的改变会对最大的 von Mises 应力、零件顶端位移和模型质量产生不同的影响。

(2) 如果模型仅改变一个设计参数，则会比较容易进行优化设计，但是实际情况往往不仅只有一个设计参数需要改变。从图 8-41、图 8-42 和图 8-43 中可以看出，三个设计变量对模型的最大的 von Mises 应力、零件最大位移和模型质量都会产生影响，为了在设计变量、应力、位移以及模型质量之间达到平衡，这就要用到下面进行的最优化设计研究来解决这个问题。

10. 最优化设计研究

1) 定义最优化设计研究

(1) 单击 Mechanica 分析/研究按钮 (或者选择【分析(A)】→【Mechanica 分析/研究(E)】命令)→弹出“分析和设计研究”对话框。

(2) 单击【文件(F)】→【新建优化设计研究】命令→弹出“优化研究定义”对话框→输入名称“study_optimization”。

(3) 在“设计极限”栏单击按钮→弹出测量对话框→单击选择“预定义”栏中的“total_mass”选项→单击【确定】按钮返回“优化研究定义”对话框→设置“total_mass” <0.003700tone。

(4) 再次单击按钮→弹出测量对话框→单击选择“自定义”栏中的“measure1”选项→单击【确定】按钮返回“优化研究定义”对话框→设置“measure1” <0.040mm→设置完成后如图 8-44 所示。

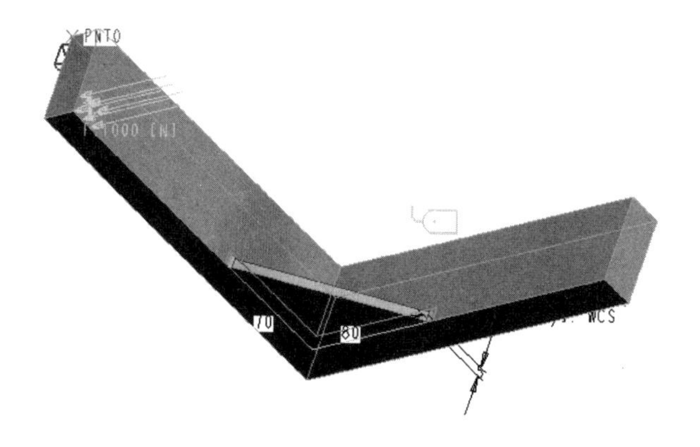

图 8-44　设置为变量的尺寸

(5) 在“变量”栏单击从模型中选取尺寸按钮→分别将图 8-44 中所示的尺寸 70、尺寸 80、尺寸 5 添加到“变量”栏→并将“height”变化范围设置为 50~160，将“length”变化范围设置为 50~160，“width”变化范围设置为 2~10→设置完成后如图 8-45 所示。

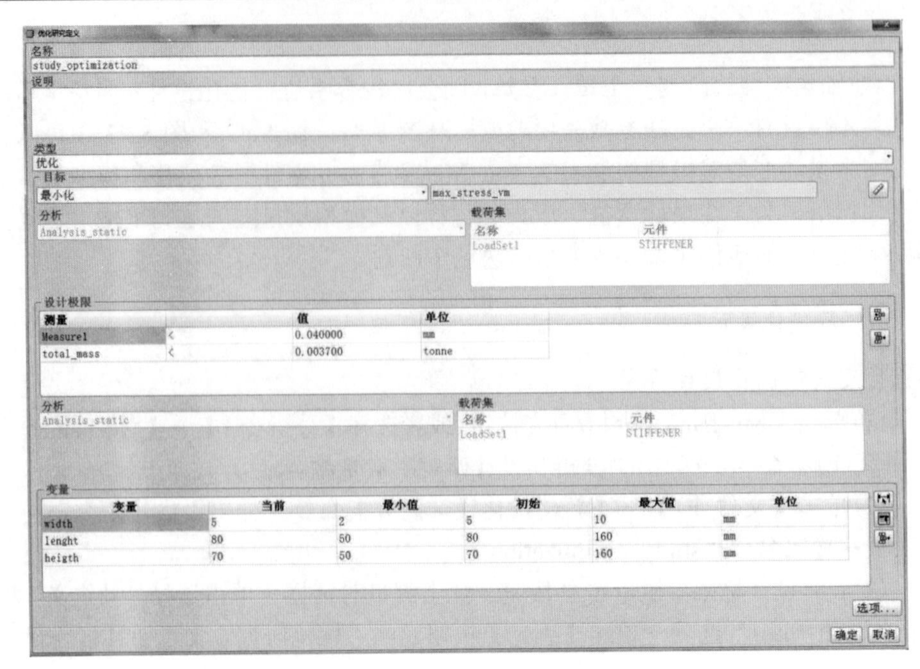

图 8-45　优化研究定义对话框

(6) 单击【选项】按钮→弹出“设计研究选项”对话框→勾选“重复 P 环收敛”和“每次形状更新后进行网格重画”复选框→单击【关闭】按钮返回“优化研究定义”对话框→设置完成后如图 8-45 所示→单击【确定】按钮，完成最优化设计研究的定义。

2) 执行最优化设计研究

(1) 在“分析和设计研究”对话框中确保定义的最优化设计研究项目被选中→单击开始运行按钮(或者选择【运行(R)】→【开始】命令)开始执行分析。

(2) 单击显示研究状态按钮(或者选择【信息(I)】→【状态】命令)查看运行进度→完成后单击【关闭】按钮退出。

11. 查看最优化设计研究分析结果

1) 查看优化过程曲线

(1) 在“分析和设计研究”对话框中单击查看设计或有限元分析结果按钮→打开“结果窗口定义”对话框→“显示类型”栏选择“图形”，“量”栏选择“测量”。

(2) 单击按钮弹出“测量”对话框→选择“预定义”栏中的“max_stress_vm”选项→单击【确定】按钮返回“结果窗口定义”对话框，设置完成后如图 8-46 所示→单击【确定并显示】按钮→分析结果显示在结果窗口。

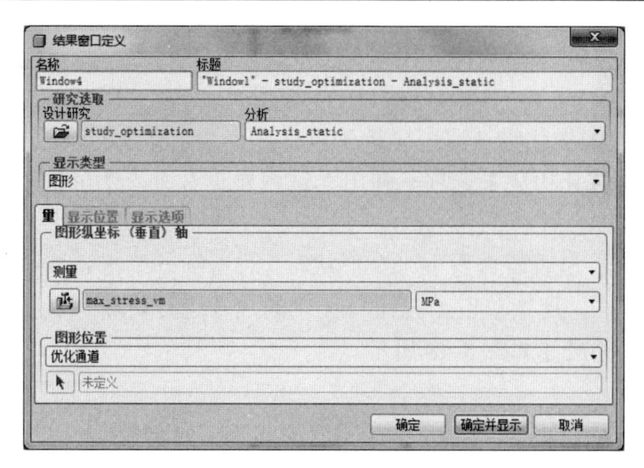

图 8-46　结果窗口定义对话框

(3) 单击复制所选定义按钮→再次弹出“结果定义”对话框→单击按钮弹出“测量”对话框→选择“预定义”栏中的“total_mass”选项→单击【确定】按钮返回“结果窗口定义”对话框→单击【确定并显示】按钮→分析结果显示在结果窗口。

(4) 再次单击复制所选定义按钮→再次弹出“结果定义”对话框→单击按钮弹出“测量”对话框→选择“自定义”栏中的“measure1”选项→单击【确定】按钮返回“结果窗口定义”对话框→单击【确定并显示】按钮→分析结果显示在结果窗口→最终显示效果如图 8-47 所示。

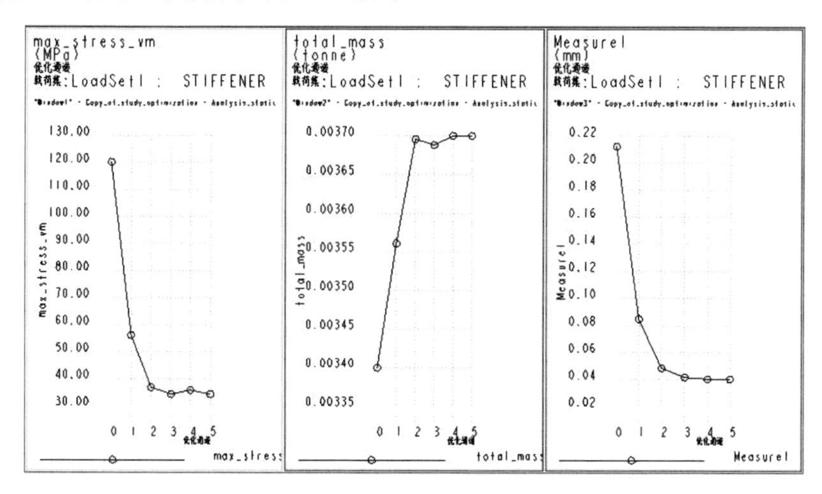

图 8-47　优化过程中各个目标的变化趋势

2) 结果分析

从图 8-47 可以看出，Pro/MECHANICA 是如何对各个参数进行优化使其逐渐接近目标和设计极限，从而实现最终优化的。

3) 更新模型尺寸

(1) 确认选中最优化设计研究分析项目→选择“分析和设计研究”对话框中的【信息(I)】→【优化历史】选项→弹出“是否要查看下一个形状？”对话框→单击按钮。

(2) 再次弹出“是否要查看下一个形状？”对话框→单击按钮→会循环出现 8 次类似的对话框，连续单击按钮将优化的尺寸进行更新→更新完成后，可以看到优化后的零件尺寸如图 8-48 所示。

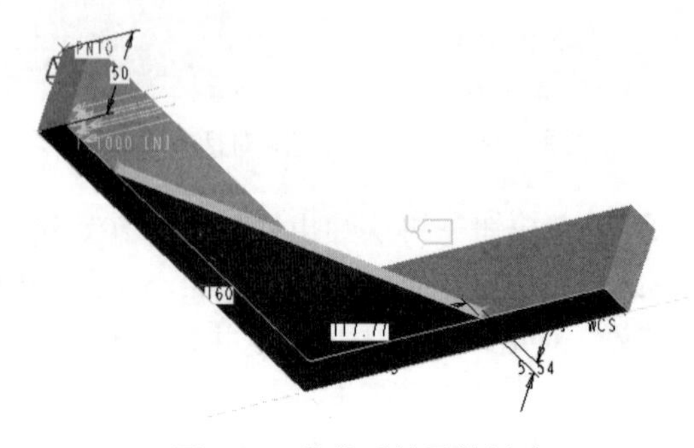

图 8-48　优化后的零件尺寸

4) 查看优化后应力应变云图

(1) 在“分析和设计研究”对话框确认选中最优化设计研究分析项目→单击查看设计或有限元分析结果按钮→打开“结果窗口定义”对话框如图 8-49 所示→显示量为“应力”，显示分量选择“von Mises”→设置完成后如图 8-49 所示→单击【确定并显示】按钮，应力分析结果就显示在窗口了。

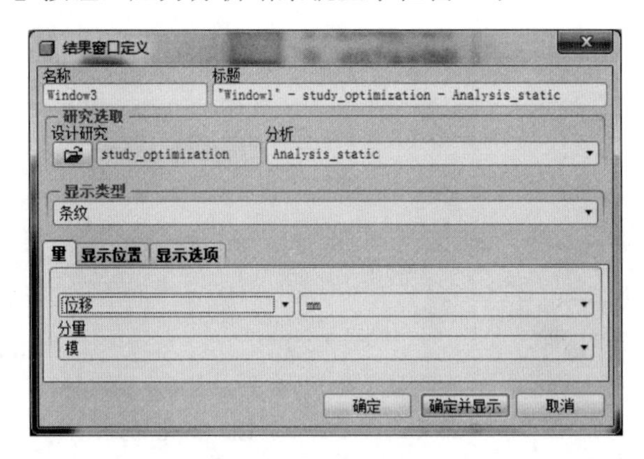

图 8-49　结果定义窗口

(2) 单击复制所选定义按钮→再次弹出“结果定义”对话框→显示类型选择

“条纹”→“量”栏为“位移”，显示分量选择“模”→单击【确定并显示】按钮，位移分析结果就显示在窗口了→最终显示效果如图 8-50 所示。

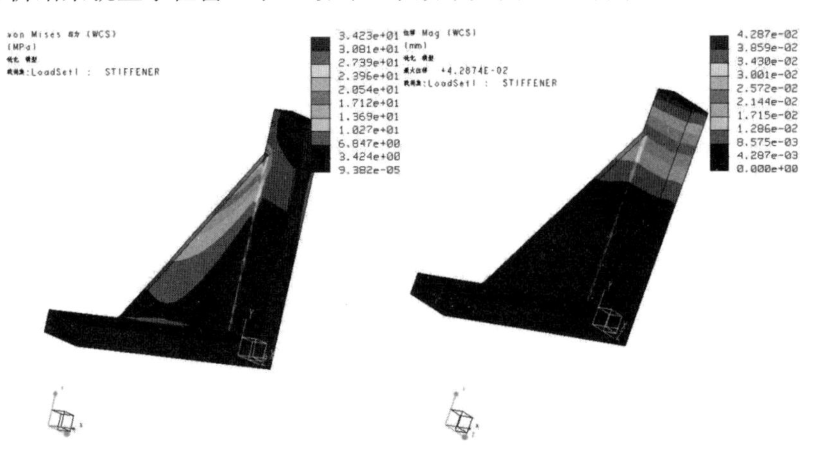

图 8-50　优化后的模型应力和位移分析结果

8.3.3　梁结构的敏感度分析和优化设计

如图 8-51 所示，已知梁的长度为 3000mm，在长度方向上截面相同，截面尺寸如图 8-52 所示，梁承受 10N/mm 的均布载荷作用，要求不改变截面形状，选择

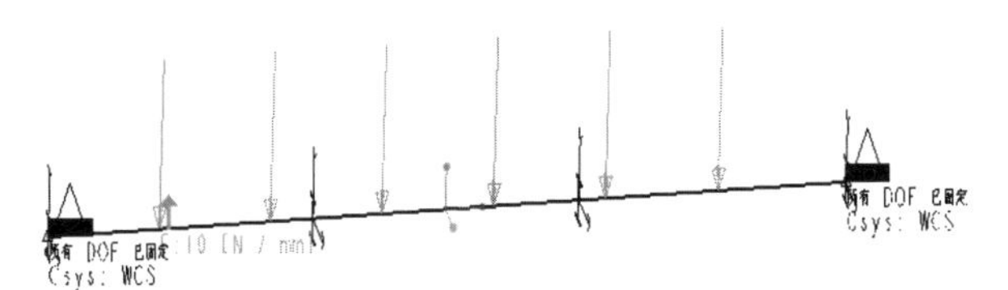

图 8-51　受均布力的梁

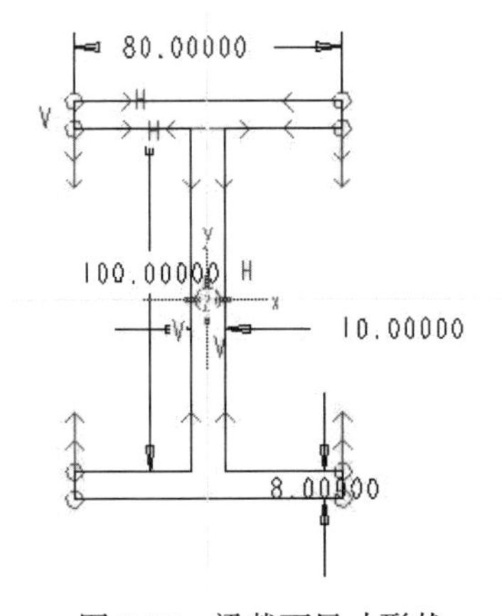

图 8-52　梁截面尺寸形状

合适的截面尺寸，在满足梁的最大位移小于 2mm，最大的 von Mises 应力小于 40MPa 的前提下优化梁的重量。材料为 steel，弹性模量为 206GPa，泊松比为 0.3，密度为 7.85e-09tonne/mm^3。

本实例完成文件：光盘\Source files\chapter8\Beam\beam.prt.1。

详细操作步骤如下。

1. 模型建立

1) 新建文件

(1) 单击【文件(F)】→【新建(N)】→弹出“新建”对话框→输入新文件名称“beam”，“使用缺省模板”复选框不打钩，如图 8-53 所示→单击【确定】按钮。

图 8-53　新建对话框

(2) 打开“新文件选项”对话框→选择“mmns_part_solid”模板→单击【确定】按钮完成新文件的建立。

2) 绘制曲线

(1) 单击草绘工具按钮(或者选择【插入(I)】→【模型基准(D)】→【草绘(S)】命令)→选择绘图窗口中的 FRONT 作为草绘基准平面→单击【草绘】按钮，进入草绘模式。

(2) 单击创建两点线按钮，绘制长度为 3000mm 的直线→单击退出草绘按钮完成草绘，如图 8-54 所示。

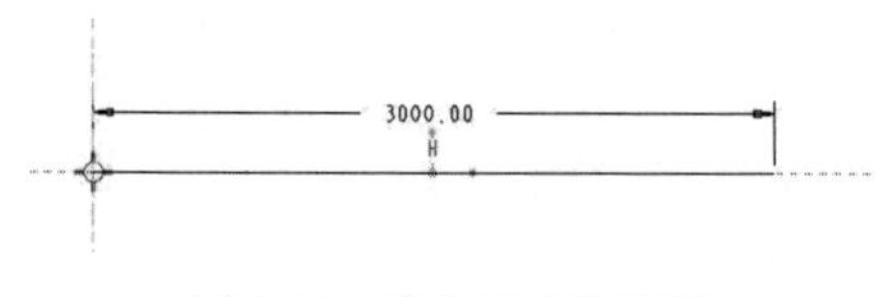

图 8-54　建立完成的草图

2. 前处理

1) 进入 Mechanica 环境

(1) 选择【应用程序(P)】→【Mechanica(M)】→打开“Mechanica 模型设置”

对话框→模型类型选择“结构”，缺省界面选择“连接”，其他采用默认设置。

(2) 单击【确定】进入 Mechanica Structure 分析环境。

2) 建立梁单元

(1) 单击创建梁理想化按钮(或者选择【插入(I)】→【梁(E)】命令)→弹出“梁定义”对话框如图 8-55 所示→在参照栏下拉列表选择“边/曲线”参考方式→按住鼠标左键选择刚刚建立的直线。

图 8-55　梁定义对话框

(2) 单击“材料”栏后的【更多】按钮→弹出“材料”对话框→双击“steel.mtl”(或单击“steel.mtl”→单击按钮)→将 steel 材料加入“模型中的材料”栏，如图 8-56 所示。

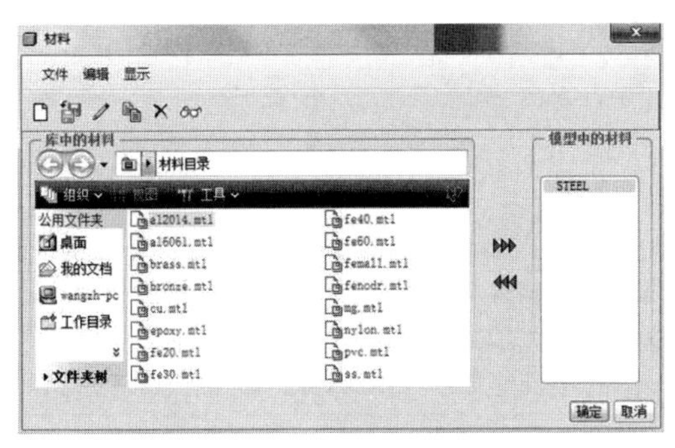

图 8-56　材料对话框

(3) 右击“模型中的材料”栏中的 steel 材料→选择【属性】打开“材料定义”

对话框如图 8-57 所示→将密度修改为 7.85e-09tonne/mm^3，泊松比修改为 0.3，杨氏模量修改为 206000MPa→单击【确定】按钮，回到“材料”对话框。

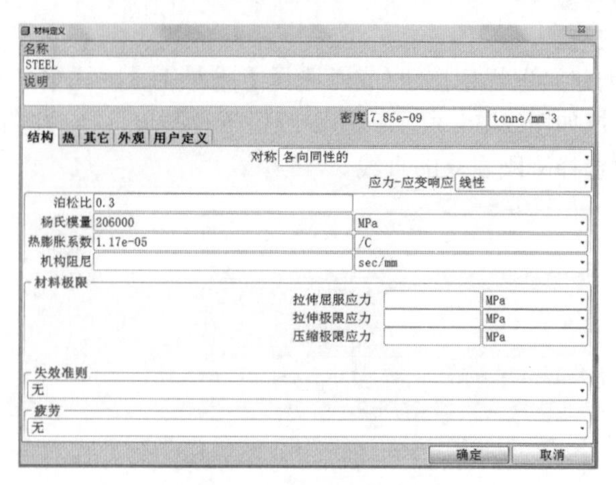

图 8-57　材料定义对话框

(4)在方向栏下拉列表选择“在 WCS 中由向量定义的 Y 方向”，并输入 X=0，Y=1，Z=0。

(5)单击“梁截面”栏后的【更多】按钮→弹出“梁截面”对话框→单击【新建】按钮→弹出“梁截面定义”对话框如图 8-58 所示→“类型”栏选择“草绘实体”→单击【草绘】按钮弹出“信息”对话框→单击【确定】进入草绘环境→绘制如图 8-59 所示的草图→单击创建点命令在图 8-59 中黑点处创建 9 个点→单击退出草绘按钮完成草绘并返回“梁截面定义”对话框→单击【确定】按钮返回“梁截面”对话框→单击【确定】按钮返回“梁定义”对话框→单击【确定】按钮完成梁单元的创建，创建完成的梁单元如图 8-60 所示。

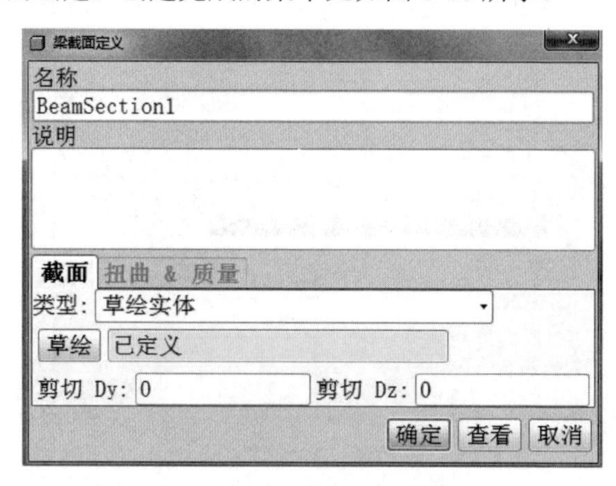

图 8-58　梁截面定义对话框

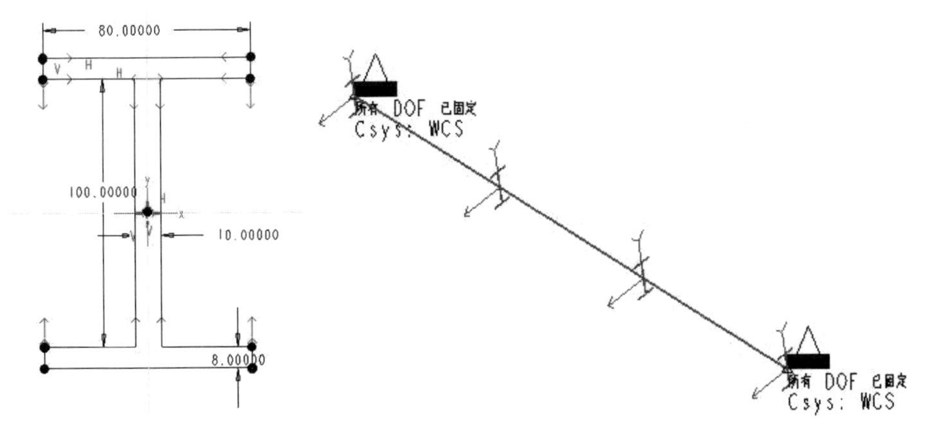

图 8-59 梁截面的形状尺寸　　　　图 8-60 创建完成的梁单元

3) 定义约束

(1) 单击位移约束按钮(或者选择【插入(I)】→【位移约束(I)】命令)→弹出“约束”对话框。

(2) 参照选择“点”→单击选择梁单元的左右两端点→固定所有的平移和旋转自由度如图 8-61 所示→单击【确定】按钮完成约束的建立。

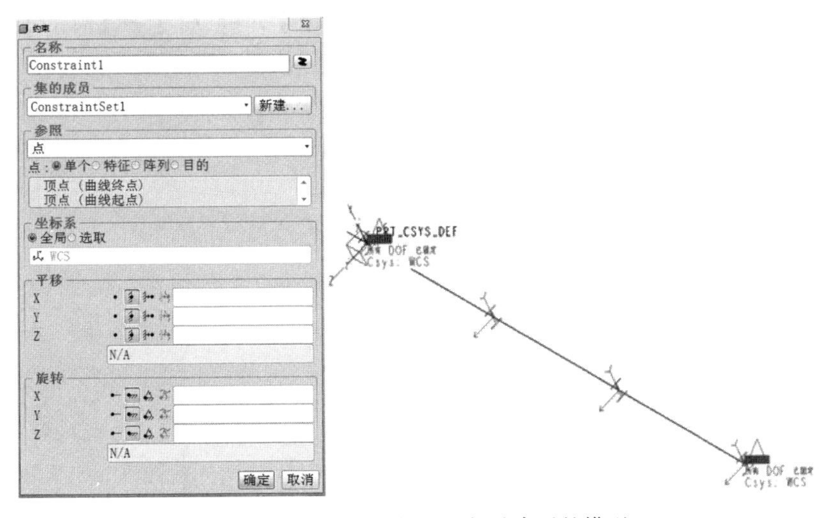

图 8-61 约束对话框和施加约束后的模型

4) 施加载荷

(1) 单击创建力/力矩载荷按钮(或者选择【插入(I)】→【力/力矩载荷(L)】命令)→弹出“力/力矩载荷”对话框。

(2) 参照选择“边/曲线”→单击选择建立的梁单元→单击属性栏后的“高级”

选项→“分布”栏选择“单位长度上的力”→力的大小设置为X=0N/mm，Y= –10N/mm，Z=0N/mm，如图 8-62 所示→单击【确定】按钮，完成均布力载荷的施加。

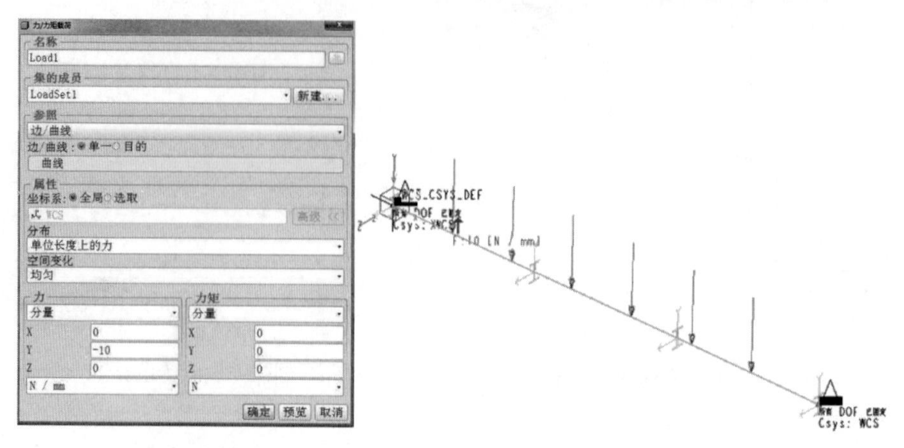

图 8-62　力/力矩载荷对话框和施加载荷后的模型

3. 定义并执行静态分析

1) 定义静态分析

(1) 单击Mechanica 分析/研究按钮(或者选择【分析(A)】→【Mechanica 分析/研究(E)】命令)→弹出“分析和设计研究”对话框。

(2) 单击【文件(F)】→【新建静态分析】命令→弹出“静态分析定义”对话框如图 8-63 所示→在名称栏输入名称“beam_static”→确定在约束栏中包含定义的约束组，在载荷栏中包含定义的载荷组。

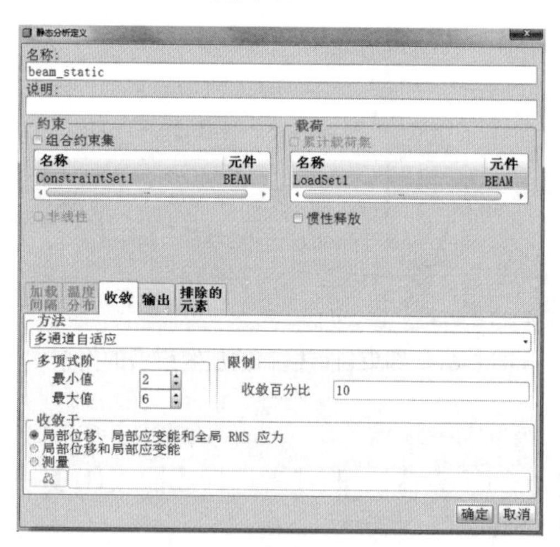

图 8-63　静态分析定义对话框

(3) 在收敛方法栏选择“多通道自适应”收敛方式→“多项式阶”栏，最小值为 2，最大值为 6→“限制”栏收敛百分比默认为 10→其他选项按照默认设置→设置完成后如图 8-63 所示→单击【确定】按钮完成静态分析定义。

2) 执行静态分析

(1) 在“分析和设计研究”对话框中确保定义的分析被选中→单击开始运行按钮(或者选择【运行(R)】→【开始】命令)开始执行分析。

(2) 单击显示研究状态按钮(或者选择【信息(I)】→【状态】命令)查看运行进度→完成后单击【关闭】按钮退出。

4. 查看静态分析结果

1) 查看分析结果

(1) 在“分析和设计研究”栏中单击查看设计或有限元分析结果按钮→打开“结果窗口定义”对话框如图 8-64 所示→显示量为“应力”，显示分量选择“von Mises”→设置完成后如图 8-64 所示→单击【确定并显示】按钮，应力分析结果就显示在窗口了。

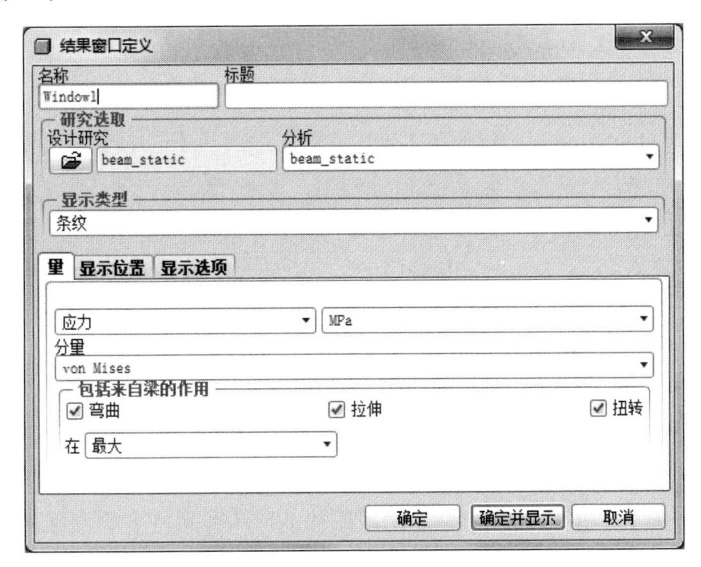

图 8-64　应力的结果窗口定义对话框

(2) 单击复制所选定义按钮→再次弹出“结果定义”对话框→显示类型选择“条纹”→“量”栏为“位移”，显示分量选择“模”→单击【确定并显示】按钮，位移分析结果就显示在窗口了→最终显示效果如图 8-65 所示。

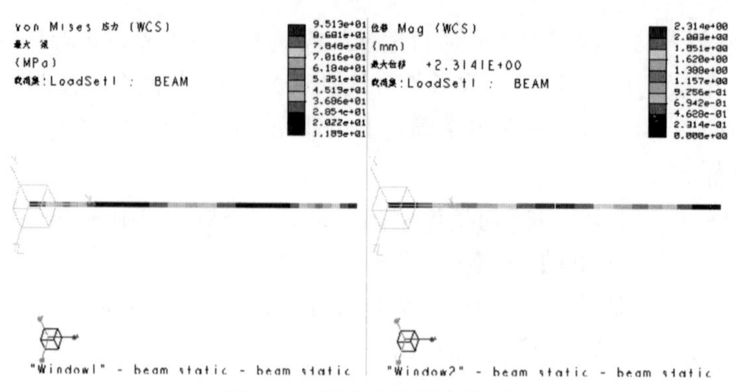

图 8-65　静态分析最终结果

2) 结果分析

(1) 从图 8-65 的静态分析结果中可以看到梁所受的最大的 von Mises 应力为 95.13MPa，远超过 40MPa，同时可以看到，梁的最大位移量为 2.314mm，大于 2mm。

(2) 梁本身达不到设计要求，我们需要执行敏感度分析来确定出影响梁的最大的 von Mises 应力和最大位移的模型尺寸。

5. 定义并执行全局敏感度分析

1) 定义全局敏感度分析

(1) 单击Mechanica 分析/研究按钮（或者选择【分析(A)】→【Mechanica 分析/研究(E)】命令）→弹出“分析和设计研究”对话框。

(2) 单击【文件(F)】→【新建敏感度设计研究】命令→弹出“敏感度研究定义”对话框→输入名称“study_global”→“类型”栏选择“全局敏感度”→“分析”栏选择“beam_static”分析项目。

(3) 单击从模型中选取尺寸按钮→弹出“尺寸选取”对话框→选择“梁截面”单选项并选中“梁截面”栏中的“BeamSection1”→单击【确定】按钮弹出梁截面草图→双击尺寸值为 10 的尺寸→返回到“敏感度研究定义”对话框。

(4) 采用 (3) 中所示方法，将尺寸 100、8、80 都导入“变量”栏中→设置尺寸 10 的变化范围为 5~20，尺寸 100 的变化范围为 60~200，尺寸 8 的变化范围为 5~20，尺寸 80 的变化范围为 60~140→设置完成后如图 8-66 所示。

(5) 单击【选项】按钮→弹出“设计研究选项”对话框→勾选“重复 P 环收敛”和“每次形状更新后进行网格重画”复选框。

(6) 单击【模型形状动画】按钮→弹出“是否继续执行步骤 2？”对话框→单击按钮→弹出“是否继续执行步骤 3？”对话框→单击按钮→…→弹出“是否继续执行步骤 10？”对话框→单击按钮→弹出“问题”对话框→单击【是(Y)】按钮→返回“设计研究选项”对话框→单击【关闭】按钮返回“敏感度研究定义”

对话框设置完成如图 8-66 所示→单击【确定】按钮完成全局敏感度分析定义。

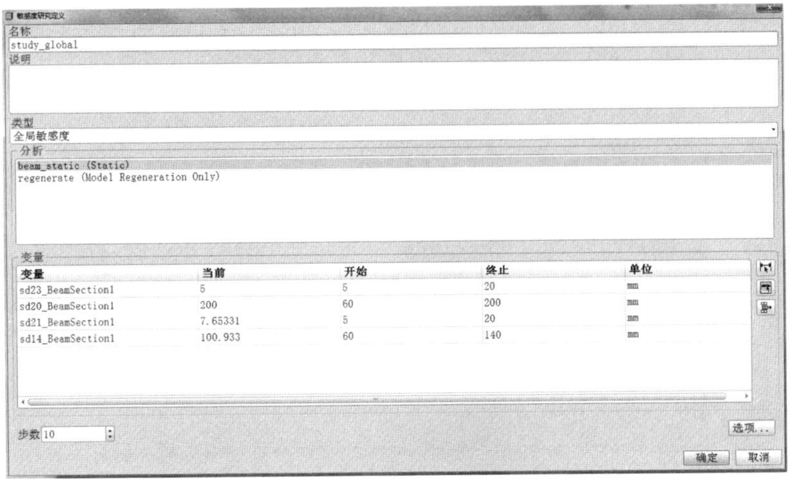

图 8-66　敏感度研究定义对话框

2) 执行全局敏感度分析

(1) 在“分析和设计研究”对话框中确保定义的全局敏感度分析项目被选中→单击开始运行按钮(或者选择【运行(R)】→【开始】命令)开始执行分析。

(2) 单击显示研究状态按钮(或者选择【信息(I)】→【状态】命令)查看运行进度→完成后单击【关闭】按钮退出。

6. 查看全局敏感度分析结果

1) 查看分析结果

(1) 在“分析和设计研究”栏中单击查看设计或有限元分析结果按钮→打开“结果窗口定义”对话框→单击按钮弹出“测量”对话框→选择“预定义”栏中的“max_stress_vm”选项→单击【确定】按钮返回“结果窗口定义”对话框。

(2) 最后一个下拉列表栏选择“sd14_BeamSection1:BEAM”→其他选项默认→设置完成如图 8-67 所示→单击【确定并显示】按钮→尺寸 10 发生变化与模型所受到的最大的 von Mises 应力之间的关系曲线就显示在结果窗口中。

(3) 单击复制所选定义按钮→再次弹出“结果窗口定义”对话框→最后一个下拉列表栏选择“sd20_BeamSection1:BEAM”→其他选项默认→单击【确定并显示】按钮→尺寸 100 发生变化与模型所受到的最大的 von Mises 应力之间的关系曲线就显示在结果窗口中。

(4) 再次单击复制所选定义按钮→再次弹出“结果窗口定义”对话框→最后一个下拉列表栏选择“sd21_BeamSection1:BEAM”→其他选项默认→单击【确定

并显示】按钮→尺寸 8 发生变化与模型所受到的最大的 von Mises 应力之间的关系曲线就显示在结果窗口中。

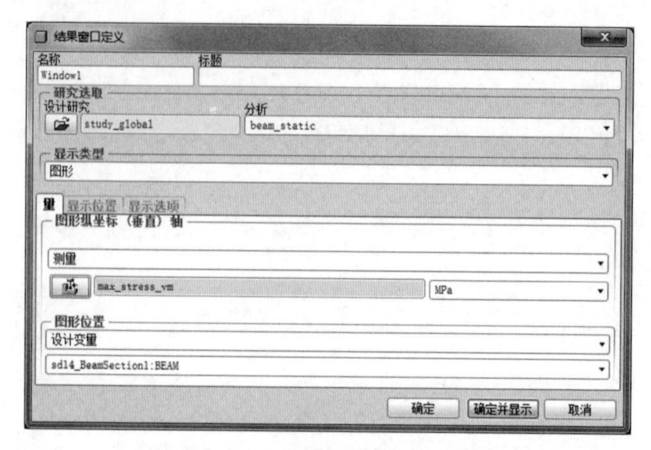

图 8-67　结果窗口定义对话框

(5) 再次单击复制所选定义按钮→再次弹出“结果窗口定义”对话框→最后一个下拉列表栏选择“sd23_BeamSection1:BEAM”→其他选项默认→单击【确定并显示】按钮→尺寸 80 发生变化与模型所受到的最大的 von Mises 应力之间的关系曲线就显示在结果窗口中→最终显示效果如图 8-68 所示。

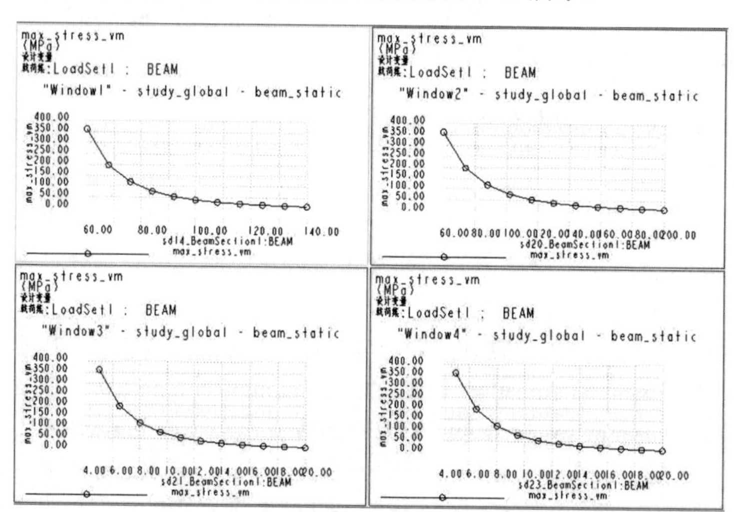

图 8-68　四个设计变量对 von Mises 应力的影响

(6) 将第 (1) 步中单击按钮弹出的“测量”对话框→选择“预定义”栏中的“max_disp_mag”选项，其他步骤参照 (2)~(5) 相同的设置→最终模型的尺寸 10、100、8、80 发生变化对模型最大位移的影响曲线如图 8-69 所示。

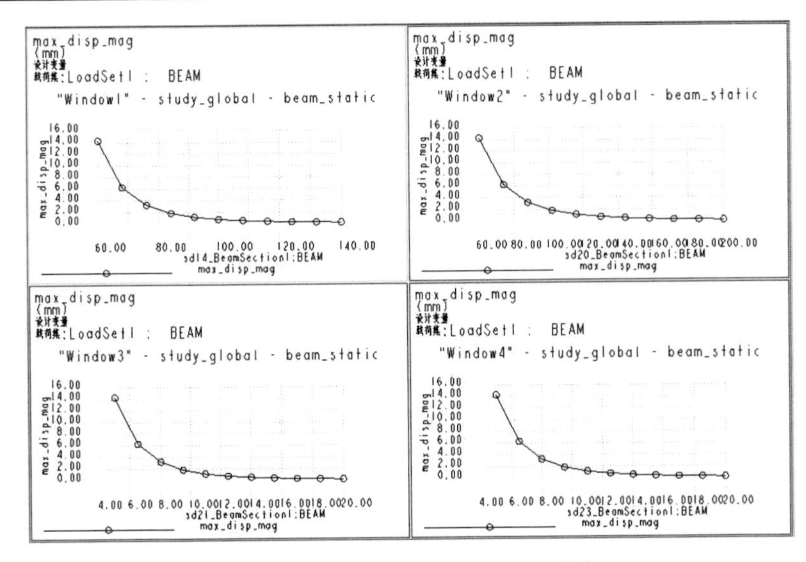

图 8-69　四个设计变量对位移的影响

2) 结果分析

从图 8-68 和图 8-69 可以看出，梁截面的各个尺寸对梁所受的 von Mises 应力和梁的最大位移都有影响，因此，需要同时变更梁截面的各尺寸，综合达到优化的目的。

7. 最优化设计研究

1) 定义最优化设计研究

(1) 单击 Mechanica 分析/研究按钮(或者选择【分析(A)】→【Mechanica 分析/研究(E)】命令)→弹出“分析和设计研究”对话框。

(2) 单击【文件(F)】→【新建优化设计研究】命令→弹出“优化研究定义”对话框→输入名称“study_optimization”。

(3) 在“设计极限”栏单击按钮→弹出测量对话框→单击选择“预定义”栏中的“max_disp_mag”选项→单击【确定】按钮返回“优化研究定义”对话框→设置“max_disp_mag”<2mm。

(4) 再次单击按钮→弹出测量对话框→单击选择“预定义”栏中的“max_stress_vm”选项→单击【确定】按钮返回“优化研究定义”对话框→设置“max_stress_vm”<40N/mm^2→设置完成后如图 8-70 所示。

(5) 在“变量”栏单击从模型中选取尺寸按钮→弹出“尺寸选取”对话框→选择“梁截面尺寸”选项，并选中“梁截面”栏中的“BeamSection1”→单击【确定】按钮→弹出草绘窗口，双击尺寸 10，将尺寸 10 加入“参数”栏，同样的方法把尺寸 100、8、80 加入“参数”栏→分别将尺寸 10 的变化范围设置为 5~20，将尺寸 100 的变化范围设置为 60~200，尺寸 8 的变化范围设置为 5~20，尺寸 80 的变化范围设置为 60~140→设置完成后如图 8-70 所示。

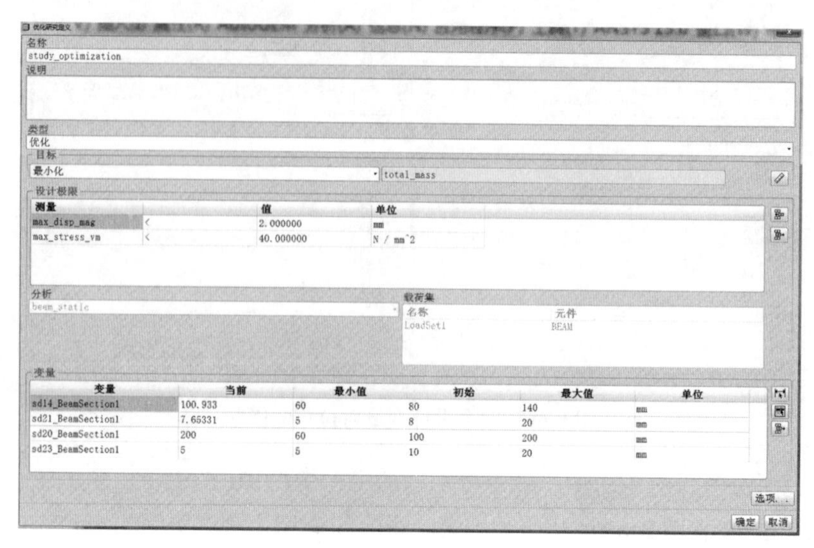

图 8-70 优化研究定义对话框

(6) 单击【选项】按钮→弹出“设计研究选项”对话框→勾选“重复 P 环收敛”和“每次形状更新后进行网格重画”复选框→单击【关闭】按钮返回“优化研究定义”对话框→设置完成后如图 8-70 所示→单击【确定】按钮，完成最优化设计研究的定义。

2) 执行最优化设计研究

(1) 在“分析和设计研究”对话框中确保定义的最优化设计研究项目被选中→单击开始运行按钮(或者选择【运行(R)】→【开始】命令)开始执行分析。

(2) 单击显示研究状态按钮(或者选择【信息(I)】→【状态】命令)查看运行进度→完成后单击【关闭】按钮退出。

8. 查看最优化设计研究分析结果

(1) 在“分析和设计研究”栏中单击查看设计或有限元分析结果按钮→打开“结果窗口定义”对话框。

(2) “显示类型”栏选择“条纹”→“量”栏选择“应力”，分量选择“von Mises”→单击【确定并显示】按钮→分析结果显示在结果窗口。

(3) 单击复制所选定义按钮→再次弹出“结果窗口定义”对话框→“显示类型”栏选择“条纹”→“量”栏选择“位移”，分量选择“模”→“显示选项”栏勾选“已变形”和“叠加未变形的”复选框→设置完成后如图 8-71 所示→单击【确定并显示】按钮→分析结果显示在结果窗口→最终显示效果如图 8-72 所示。

图 8-71　结果窗口定义对话框

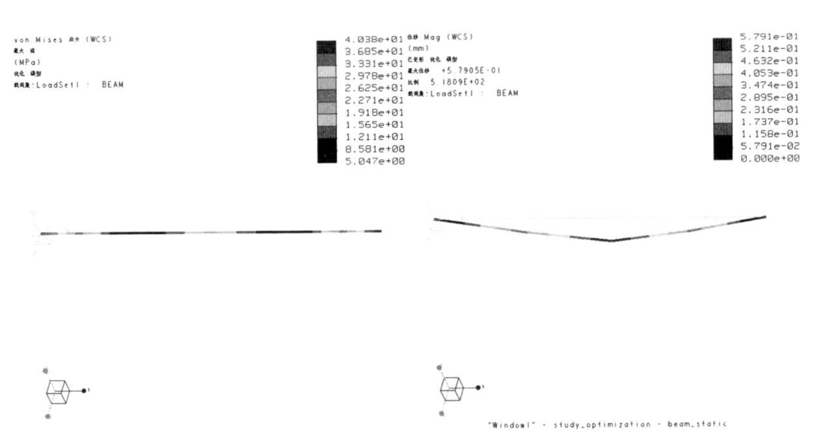

图 8-72　最终显示效果

结果分析：从图 8-72 可以看出，优化后的梁所受的最大的 von Mises 应力为 40.38MPa，与 40MPa 近似(属于公差范围内)，最大位移为 0.5791mm，小于 2mm，达到了优化目标。

8.4　批处理简介

8.4.1　批处理简介

通常一件产品的分析过程都是非常耗时的，有时候一些分析要不断变化一些约束或载荷，逐次修改计算的工作量会非常巨大，这样，时间效率就有些低了，如何利用空闲时间来运算呢？

Pro/MECHANICA 提供了一种批处理的方法以便能够在晚上或者其他空闲时间来执行耗时比较长的设计研究。Pro/MECHANICA 可以把分析内容自动写入一个*.bat 的批处理文件内，运行这个批处理可以不打开软件，但是计算机上必须要在对应的目录里安装 Pro/E 软件以及分析模块。批处理在运行时会自动去调用相应的进程完成分析。

因此，对于耗时比较长的分析，或者一些在下班前要分析的项目都可以做成批处理，下班时双击运行批处理，程序自动运行，第二天上班查看结果。根据分析结果进行相应的修改和调整。

8.4.2　批处理简介实例

本节将通过对一个悬臂梁的批处理分析让读者了解 Pro/E 做批处理的基本流程。

一个截面为 20mm×20mm，长度为 200mm 的悬臂梁，一端全部约束，一端在端面上承受 200N 的载荷，如图 8-73 所示，分别完成载荷为 200N、300N、400N 和模型修改为长度 400，中间面约束，两端面各受 200N 载荷时的最大主应力和位移变化结果，以及模型的前 10 阶模态分析情况。

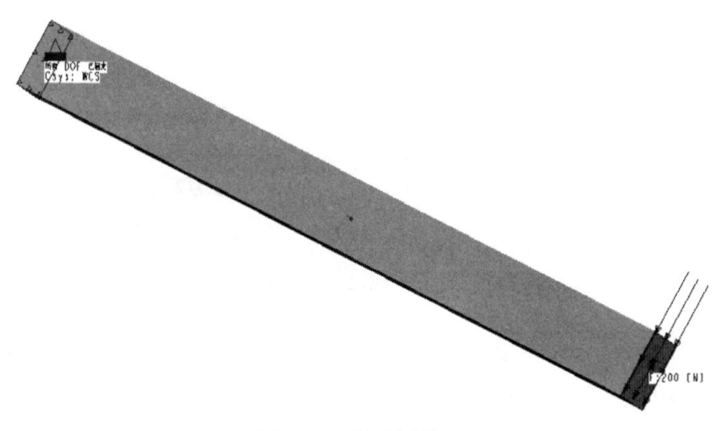

图 8-73　悬臂梁模型

本实例完成文件：光盘\Source files\chapter8\bat 文件夹。

1. 模型建立

1) 新建文件

(1) 单击【文件(F)】→【新建(N)】→弹出“新建”对话框→输入新文件名称“prt0006”，“使用缺省模板”复选框不打钩，如图 8-74 所示。

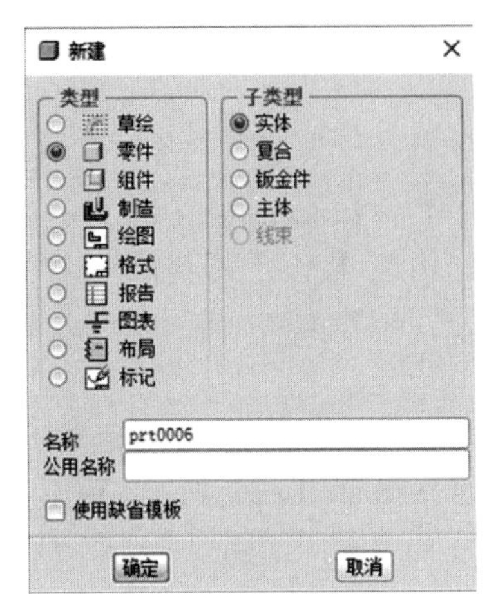

图 8-74　新建对话框

(2) 单击【确定】按钮→打开“新文件选项”对话框→选择“mmns_part_solid”模板→单击【确定】按钮完成新文件的建立。

2) 拉伸实体

(1) 单击拉伸工具按钮(或者选择【插入(I)】→【拉伸(E)】)→单击【放置】→单击【定义】按钮→弹出“草绘”对话框→选择绘图窗口中的 FRONT 面作为草绘基准平面→单击【草绘】按钮，进入草绘模式。

(2) 单击创建 2 点中心线按钮，绘制水平和竖直的中心线→单击创建矩形按钮在绘图区域绘制长为 20、宽为 20 的矩形，绘制完成后如图 8-75 所示→单击退出草绘按钮，退出草绘窗口。

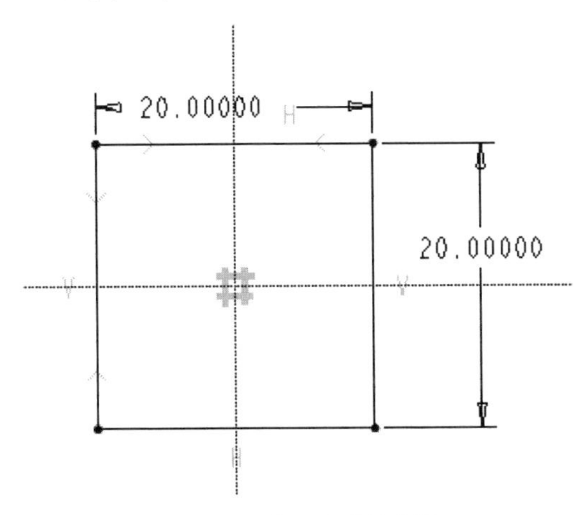

图 8-75　建立完成的草图

(3) 设置拉伸长度为 200→单击完成按钮完成实体模型的创建。

2. 前处理

1) 进入 Mechanica 环境

(1) 选择【应用程序(P)】→【Mechanica(M)】→打开“Mechanica 模型设置”对话框→模型类型选择“结构”，缺省界面选择“连接”，其他采用默认设置。

(2) 单击【确定】按钮进入 Mechanica Structure 分析环境。

2) 设置材料

(1) 单击定义材料按钮→弹出“材料”对话框→双击“steel.mtl”(或单击“steel.mtl”→单击按钮)→将 steel 材料加入“模型中的材料”栏如图 8-76 所示→单击【确定】按钮，将 steel 材料加载到当前的分析项目中。

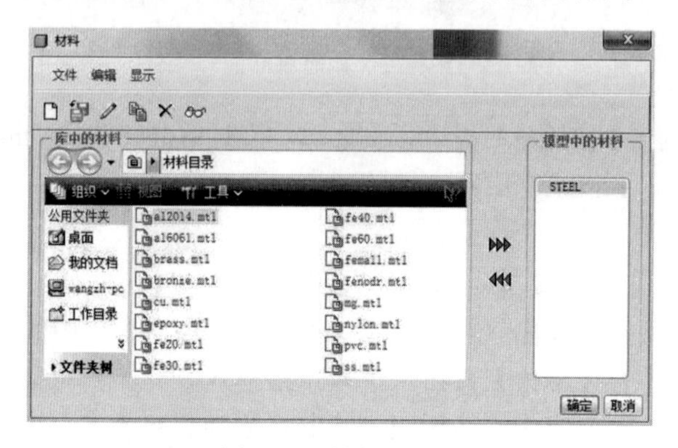

图 8-76　材料对话框

(2) 单击材料分配按钮→弹出“材料指定”对话框如图 8-77 所示→参照选择“分量”，材料选择刚刚加载的“steel”→单击【确定】按钮，自动将材料赋予整个实体模型。

图 8-77　材料指定对话框

(3) 或者直接单击材料分配按钮→弹出“材料指定”对话框如图 8-77 所示→单击【更多】按钮→弹出“材料”对话框→双击“steel.mtl”(或单击“steel.mtl”→单击按钮)→将 steel 材料加入“模型中的材料”栏如图 8-76 所示→单击【确定】按钮→回到“材料指定”对话框→单击【确定】按钮，完成模型的材料设置。

3) 定义约束

(1) 单击位移约束按钮(或者选择【插入(I)】→【位移约束(I)】命令)→弹出“约束”对话框。

(2) 参照选择“曲面”→单击选择模型的左侧面→固定所有的平移和旋转自由度如图 8-78 所示→单击【确定】按钮完成约束的建立。

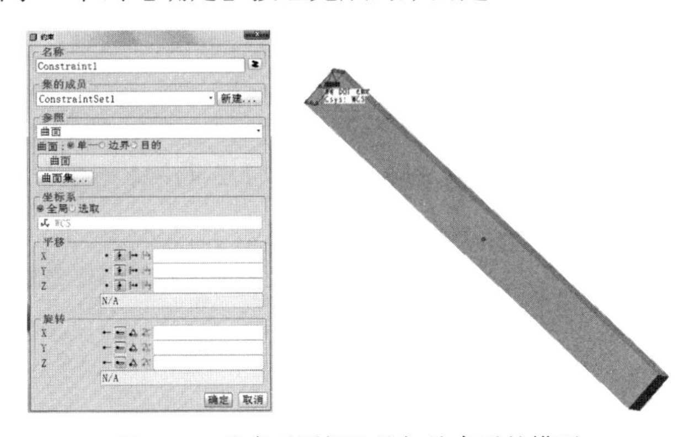

图 8-78　约束对话框和施加约束后的模型

4) 施加载荷

(1) 单击创建力/力矩载荷按钮(或者选择【插入(I)】→【力/力矩载荷(L)】命令)→弹出“力/力矩载荷”对话框。

(2) 参照选择“曲面”→单击选择模型的右侧面→力的大小为：X=0N，Y= –200N，Z=0N，如图 8-79 所示→单击【确定】按钮完成载荷的施加。

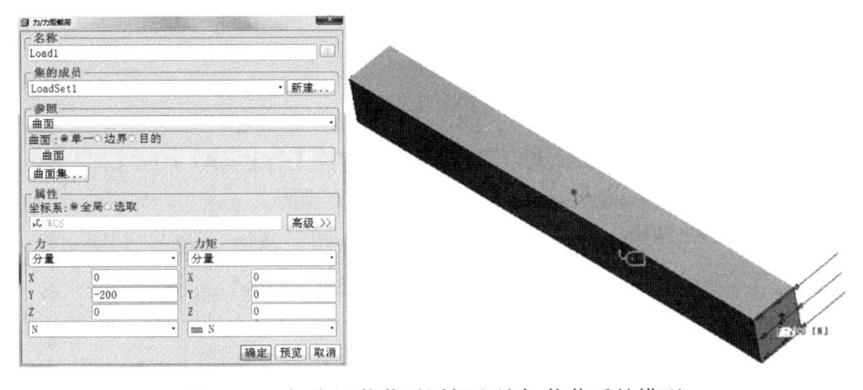

图 8-79　力/力矩载荷对话框和施加载荷后的模型

3. 网格划分

(1)单击为几何元素创建 P 网格按钮(或者选择【AutoGEM】→【创建(C)】)→弹出“AutoGEM”对话框如图 8-80 所示。

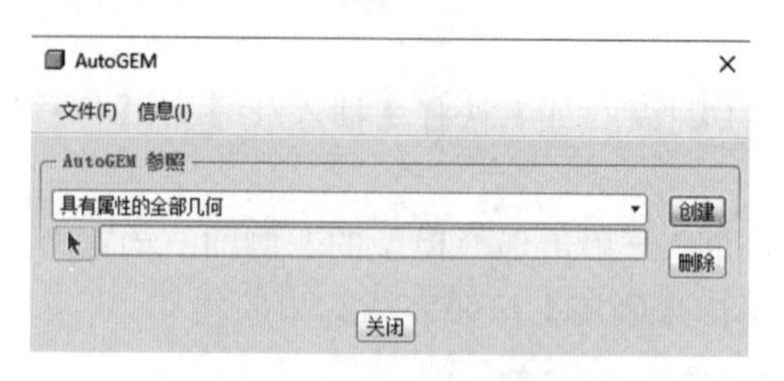

图 8-80　AutoGEM 对话框

(2)AutoGEM 参照选择“具有属性的全部几何”→单击【创建】按钮，创建网格→创建好的网格如图 8-81 所示。可以通过 AutoGEM 摘要查看划分后的网格的相关信息。

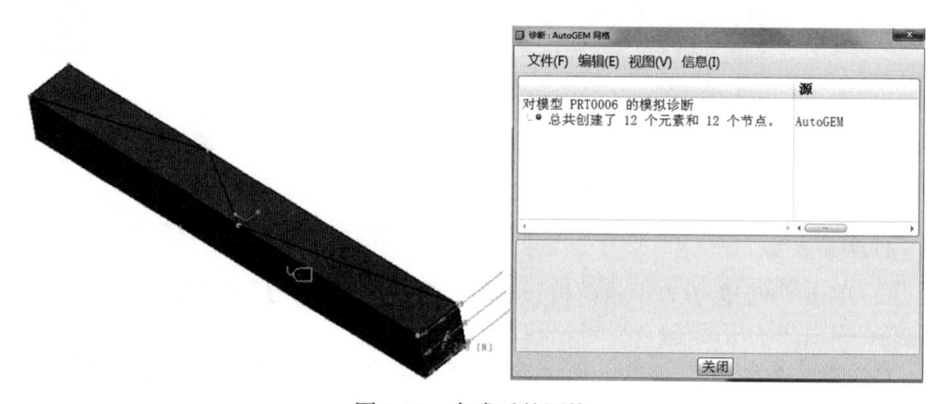

图 8-81　完成后的网格

4. 定义模型的批处理分析 1

1)定义静态分析 1

(1)单击Mechanica 分析/研究按钮(或者选择【分析(A)】→【Mechanica 分析/研究(E)】命令)→弹出“分析和设计研究”对话框。

(2)单击【文件(F)】→【新建静态分析】命令→弹出“静态分析定义”对话框如图 8-82 所示→在名称栏输入名称“Analysis200”→确定在约束栏中包含端面约束的约束组，并且在载荷栏中包含端面拉力的载荷组。

(3)在收敛方法栏选择“单通道自适应”收敛方式→其他选项按照默认设置→单击【确定】按钮完成静态分析定义。

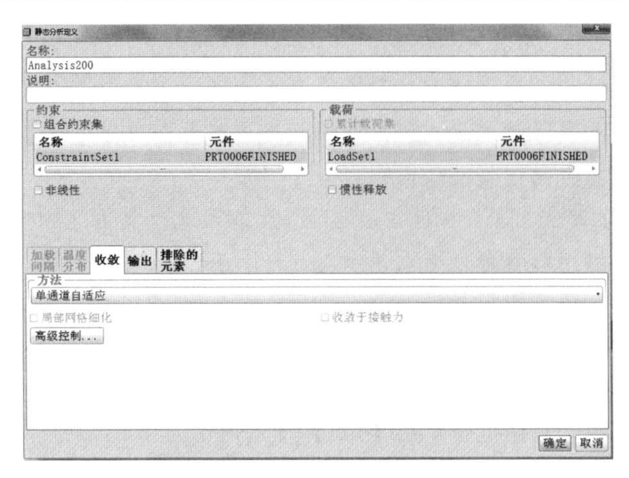

图 8-82　静态分析定义对话框

2) 定义静态分析 1 的批处理

在“分析和设计研究”对话框中确保定义的分析被选中→选择【运行(R)】→【批处理】命令→弹出“批处理”对话框→选择批处理文件存放的路径→单击【确定】按钮→弹出“问题”对话框→单击【是(Y)】按钮。

3) 定义静态分析 2

(1) 双击模型上的载荷图标→弹出“力/力矩载荷”对话框→修改“力”栏为 X=0，Y= –300，Z=0。

(2) 单击 Mechanica 分析/研究按钮(或者选择【分析(A)】→【Mechanica 分析/研究(E)】命令)→弹出“分析和设计研究”对话框。

(3) 单击【文件(F)】→【新建静态分析】命令→弹出“静态分析定义”对话框→在名称栏输入名称“Analysis300”→确定在约束栏中包含已定义的约束组，并且在载荷栏中包含已定义的载荷组。

(4) 在收敛方法栏选择“单通道自适应”收敛方式→其他选项按照默认设置→单击【确定】按钮完成静态分析定义。

4) 定义静态分析 2 的批处理

在“分析和设计研究”对话框中确保定义的分析被选中→选择【运行(R)】→【批处理】命令→弹出“批处理”对话框→选择上述相同的路径→单击【确定】按钮→弹出“问题”对话框→单击【是(Y)】按钮。

5) 定义静态分析 3

(1) 双击模型上的载荷图标→弹出“力/力矩载荷”对话框→修改“力”栏为 X=0，Y= –400，Z=0。

(2) 单击 Mechanica 分析/研究按钮(或者选择【分析(A)】→【Mechanica 分

析/研究(E)】命令)→弹出“分析和设计研究”对话框。

(3)单击【文件(F)】→【新建静态分析】命令→弹出“静态分析定义”对话框→在名称栏输入名称“Analysis400”→确定在约束栏中包含已定义的约束组，并且在载荷栏中包含已定义的载荷组。

(4)在收敛方法栏选择“单通道自适应”收敛方式→其他选项按照默认设置→单击【确定】按钮完成静态分析定义。

6)定义静态分析 3 的批处理

在“分析和设计研究”对话框中确保定义的分析被选中→选择【运行(R)】→【批处理】命令→弹出“批处理”对话框→选择上述相同的路径→单击【确定】按钮→弹出“问题”对话框→单击【是(Y)】按钮。

7)定义模态分析 1

(1)单击Mechanica 分析/研究按钮(或者选择【分析(A)】→【Mechanica 分析/研究(E)】命令)→弹出“分析和设计研究”对话框。

(2)单击【文件(F)】→【新建模态分析】命令→弹出“模态分析定义”对话框如图 8-83 所示→在名称栏输入名称“Analysis_H”。

(3)在模式栏选择“模式数”修改为 10→其他选项按照默认设置→单击【确定】按钮完成静态分析定义。

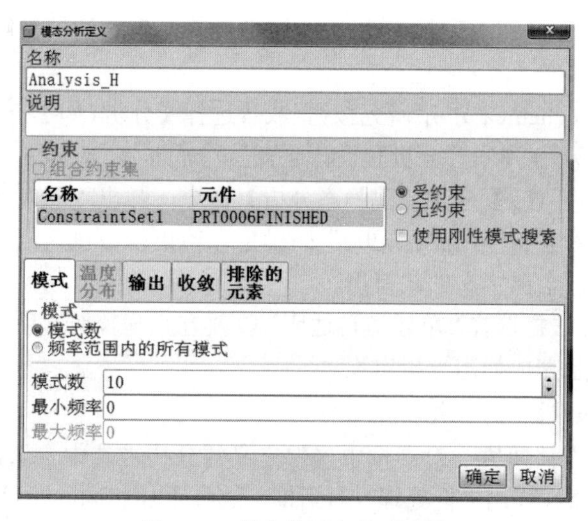

图 8-83　模态分析定义对话框

8)定义模态分析 1 的批处理

在“分析和设计研究”对话框中确保定义的分析被选中→选择【运行(R)】→【批处理】命令→弹出“批处理”对话框→选择上述相同的路径→单击【确定】按钮→弹出“问题”对话框→单击【是(Y)】按钮。

5. 修改模型及前处理条件

1) 返回标准环境

(1) 选择【应用程序(P)】→【标准(S)】→返回标准界面。

(2) “模型树”栏下的拉伸特征图标→右击选择“编辑定义”命令→单击图标右侧的下三角箭头→选择对称拉伸图标→修改拉伸长度为 400。

2) 进入 Mechanica 环境

(1) 选择【应用程序(P)】→【Mechanica(M)】→打开“Mechanica 模型设置”对话框→模型类型选择“结构”，缺省界面选择“连接”，其他采用默认设置。

(2) 单击【确定】按钮进入 Mechanica Structure 分析环境。

3) 定义约束

(1) 单击已建立的约束→右键选择“删除”命令删除约束→同样的方法删除已建立的载荷。

(2) 单击体积块区域的拉伸工具按钮→单击【放置】→【定义】按钮弹出“草绘”对话框→选择模型的左端面为草绘平面→单击【草绘】按钮进入草绘环境→单击通过边创建图元命令→选择端面的四条边，创建完成后如图 8-84 所示→单击按钮退出草绘→输入拉伸长度为 200，如图 8-85 所示→单击按钮完成体积块的创建。

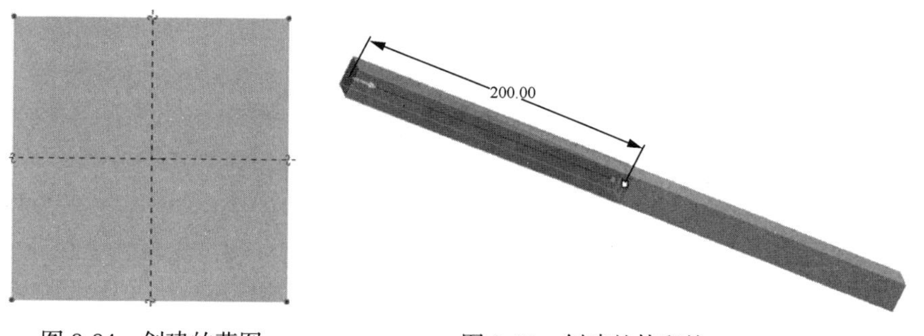

图 8-84　创建的草图　　图 8-85　创建的体积块

(3) 单击位移约束按钮(或者选择【插入(I)】→【位移约束(I)】命令)→弹出“约束”对话框。

(4) 参照选择“曲面”→单击选择模型长度方向的对称面→固定 Z 方向的平移自由度和 X,Y,Z 方向的旋转自由度如图 8-86 所示→单击【确定】按钮完成约束 1 的建立。

(5) 再次单击位移约束按钮(或者选择【插入(I)】→【位移约束(I)】命令)→弹出“约束”对话框。

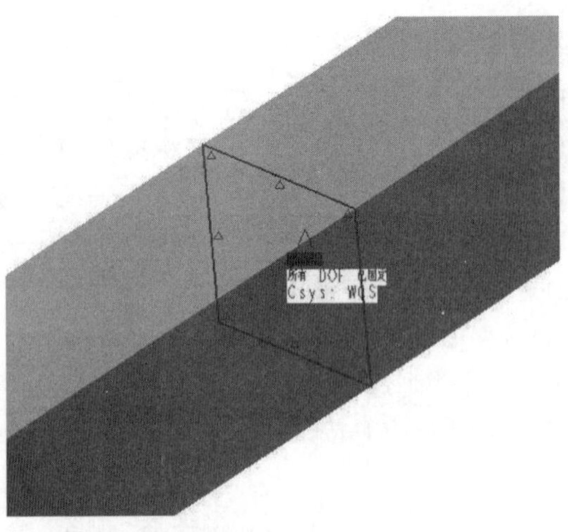

图 8-86　约束 1 的约束对话框和施加约束后的模型

(6) 参照选择“边/曲线”→单击选择模型长度方向的对称面 Y 方向的底侧边→固定所有的平移和旋转自由度如图 8-87 所示→单击【确定】按钮完成约束 2 的建立。

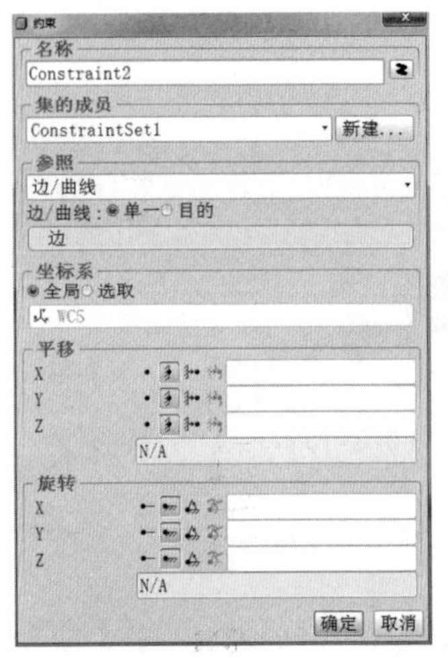

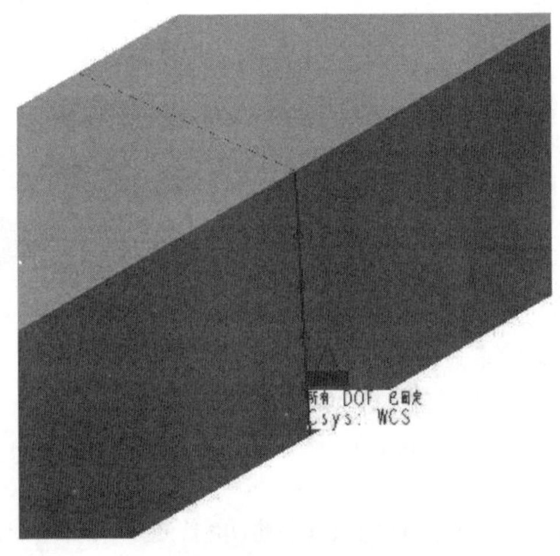

图 8-87　约束 2 的约束对话框和施加约束后的模型

4) 施加载荷

(1) 单击创建力/力矩载荷按钮(或者选择【插入(I)】→【力/力矩载荷(L)】命令)→弹出“力/力矩载荷”对话框。

(2) 参照选择“曲面”→单击选择模型的左侧面→力的大小为：X=0kN，Y= –200N，Z=0N，如图 8-88 所示→单击【确定】按钮完成载荷 1 的施加。

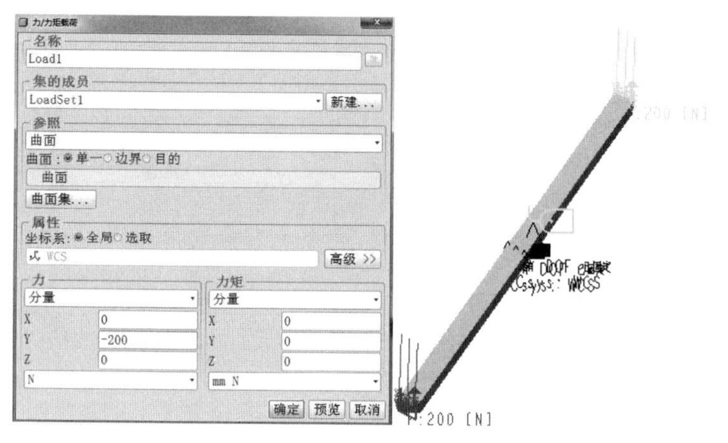

图 8-88　载荷 1 的力/力矩载荷对话框和施加载荷后的模型

(3) 单击创建力/力矩载荷按钮(或者选择【插入(I)】→【力/力矩载荷(L)】命令)→弹出“力/力矩载荷”对话框。

(4) 参照选择“曲面”→单击选择模型的右侧面→力的大小为：X=0N，Y= –200N，Z=0N，如图 8-89 所示→单击【确定】按钮完成载荷 2 的施加。

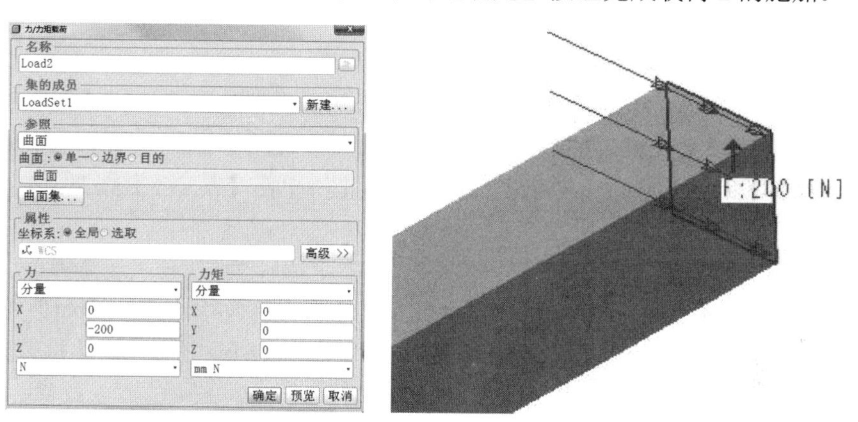

图 8-89　载荷 2 的力/力矩载荷对话框和施加载荷后的模型

6. 定义模型的批处理分析 2

1) 定义静态分析

(1) 单击Mechanica 分析/研究按钮(或者选择【分析(A)】→【Mechanica 分析/研究(E)】命令)→弹出“分析和设计研究”对话框。

(2) 单击【文件(F)】→【新建静态分析】命令→弹出“静态分析定义”对话框如图 8-90 所示→在名称栏输入名称“Analysis_change”→确定在约束栏中包含端面约束的约束组，并且在载荷栏中包含端面拉力的载荷组。

图 8-90　静态分析定义对话框

(3) 在收敛方法栏选择“单通道自适应”收敛方式→其他选项按照默认设置→单击【确定】按钮完成静态分析定义。

2) 定义静态分析的批处理

在“分析和设计研究”对话框中确保定义的分析被选中→选择【运行(R)】→【批处理】命令→弹出“批处理”对话框→存放路径与前面所选择的存放路径相同→单击【确定】按钮→弹出“问题”对话框→单击【是(Y)】按钮。

7. 执行批处理分析

打开前面选择的存放的路径→可以看到文件夹内包含“mecbatch.bat”文件以及已经定义的分析项目如图 8-91 所示→双击“mecbatch.bat”文件开始执行分析。

图 8-91　定义完成后产生的文件

8. 结果查看

(1) 单击查看设计或有限元分析结果按钮→打开结果窗口→再次单击查看设计或有限元分析结果按钮→找到前面存放的路径，如图 8-92 所示。

图 8-92　分析完成的结果

(2) 选择“Analysis200”→单击【打开】按钮弹出“结果窗口定义”对话框→显示类型选择“条纹”，显示量为“应力”，显示分量选择“最大主值”→具体设置如图 8-93 所示→单击【确定并显示】按钮→200N 所用力时最大主应力分析结果就显示在窗口了。

图 8-93　结果窗口定义设置

(3) 单击复制所选定义按钮→再次弹出“结果定义”对话框→显示类型选择“条纹”，显示量为“位移”，显示分量选择“模”→单击【确定并显示】按钮→200N 所用力时位移分析结果就显示在窗口了。

(4) 采用 (2) 和 (3) 相同的步骤，把“Analysis300”、“Analysis400”和“Analysis_change”的最大主应力分析结果和位移分析结果显示在结果窗口中→最终结果显示如图 8-94 所示。

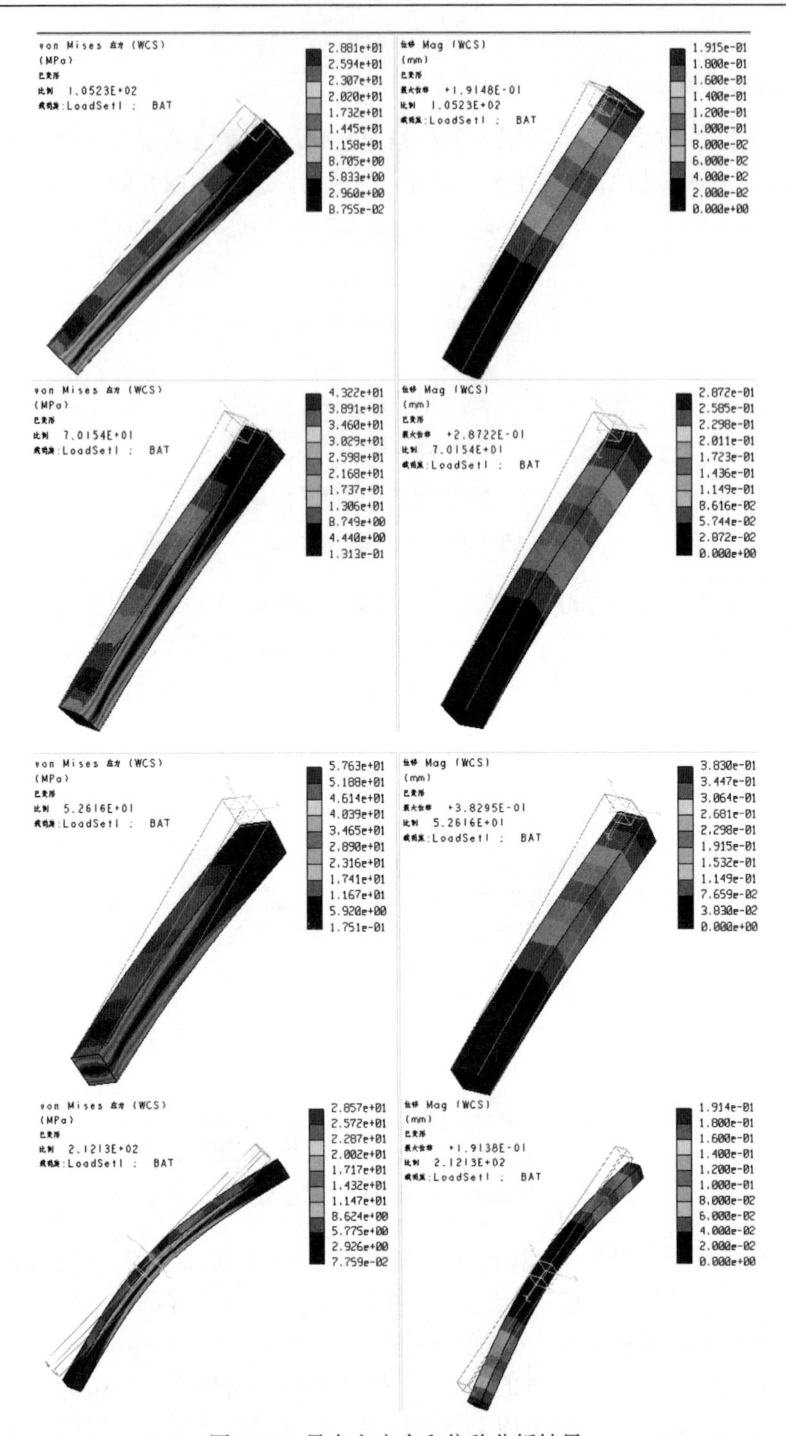

图 8-94　最大主应力和位移分析结果

(5)单击查看设计或有限元分析结果按钮→打开结果窗口→再次单击查看设计或有限元分析结果按钮→找到前面存放的路径→选择“Analysis_H”→单击显示研究状态→弹出运行状态对话框→可以看到模型的前 10 阶模态如图 8-95 所示。

Mode	Frequency (Hz)
1	4.166620e+02
2	4.169657e+02
3	2.499147e+03
4	2.501002e+03
5	3.684673e+03
6	6.471629e+03
7	6.590989e+03
8	6.598267e+03
9	1.105588e+04
10	1.226789e+04

图 8-95　模型的前 10 阶模态

第 9 章　二维平面问题分析

9.1　概　　述

平面问题包括平面应力、平面应变、2D 轴对称问题，平面应力问题和平面应变问题的力学模型是完全不同的。平面应力问题讨论的弹性体为薄板。薄壁厚度为 h，远小于结构另外两个方向的尺度。薄板的中面为平面，其所受外力，包括体力均平行于中面 Oxy 面内，并沿厚度方向 Oz 不变，而且薄板的两个表面不受外力作用。平面应变问题是指具有很长的纵向轴的柱形物体，横截面大小和形状沿轴线长度不变；作用外力与纵向轴垂直，并且沿长度不变；柱体的两端受固定约束的弹性体。这种弹性体的位移将发生在横截面内，可以简化为二维问题。

平面问题的分类：平面应力问题、平面应变问题、2D 轴对称问题。

9.2　平面应力问题概述

在平面应力问题方面，通常会假设那是一个很薄的薄板。薄板只在板边受到平行于板面，且不因厚度而变化的力的作用。由于板很薄，外力又不沿厚度方向变化，所以沿着薄板厚度方向的应力是连续分布的，板内单元体的 3 个应力分量都极小，可以认为小到零的程度，即可以认为在整个薄板上所有单元体 $\sigma_z=0$, $\tau_{zx}=0$, $\tau_{zy}=0$，这样，只剩下平行于 XY 平面的 3 个应力分量不为零，σ_x, σ_y, $\tau_{xy}=\tau_{yx}$ 不为零。同时也由于薄板很薄，这 3 个应力分量，以及在分析问题时需要考虑的变形分量和位移分量，都可以认为是不沿着厚度方向变化的。换句话说，它们只是 X 和 Y 的函数，而不随着 Z 变化。这样的问题就称为“平面应力”问题。

如图 9-1 所示，厚度为 3mm 的钢制托架，一端固定，一端开孔处承受 1000N 轴承载荷，求托架最大变形量和最大的 von Mises 应力值(弹性模量 E=206GPa，泊松比为 0.3，密度为 7.85e-09tonne/mm^3)。

一种方法是建立三维模型，选取面建立壳单元。

1. 建立模型

完成文件见光盘\Source files\chapter9\ Plane\ plane.prt.1。

(1) 单击【文件(F)】→【新建(N)】命令；选择零件类型，如图 9-2 所示；输入文件名 plane_stress，单击【确定】按钮。

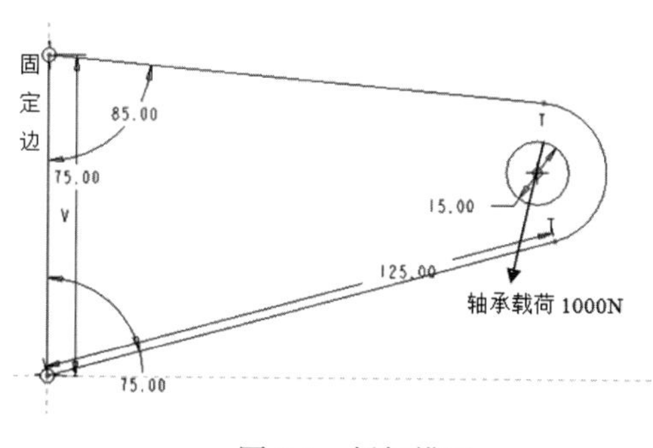

图 9-1　托架模型

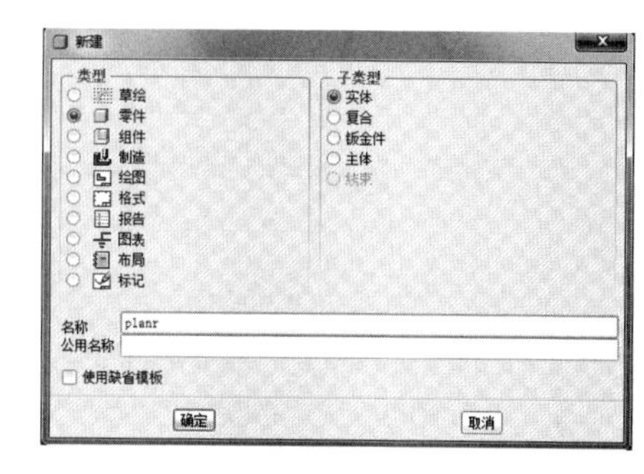

图 9-2　新建零件对话框

(2) 单击“基础特征”工具栏上的【拉伸(E)】工具按钮，在控制面板中显示拉伸设置选项，单击【放置】选项卡中的【定义】按钮，系统弹出“草绘”对话框，在 3D 工作区中，选择 FRONT 草绘面，单击【草绘】按钮，进入草图绘制平台；绘制如图 9-3 所示草图，单击“草绘器”工具栏上的【完成】按钮✔；在控制面板中设置拉伸方式和拉伸长度 3mm。单击完成按钮✔，如图 9-4 所示。

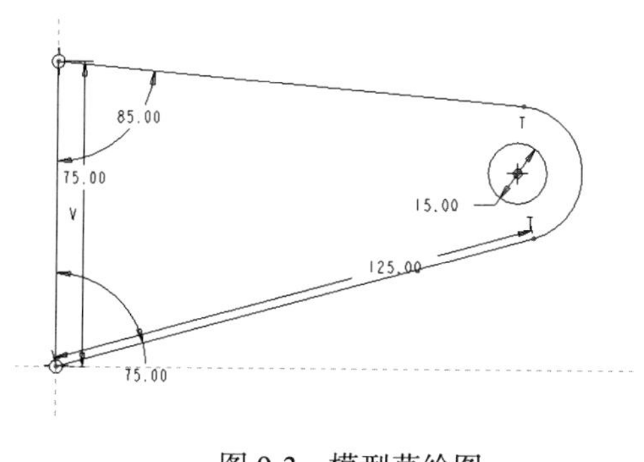

图 9-3　模型草绘图

图 9-4　模型实体

2. 前处理

1) 进入分析

(1) 单击菜单栏中的【应用程序(P)】→【Mechanica(M)】工具命令，系统弹出“Mechanica 模型设置”对话框。

(2) 单击【高级】按钮，选择 2D 平面应力(薄板)，坐标系单击图中模型的坐标系，曲面直接单击模型的前曲面即可→单击【确定】按钮，如图 9-5 所示。

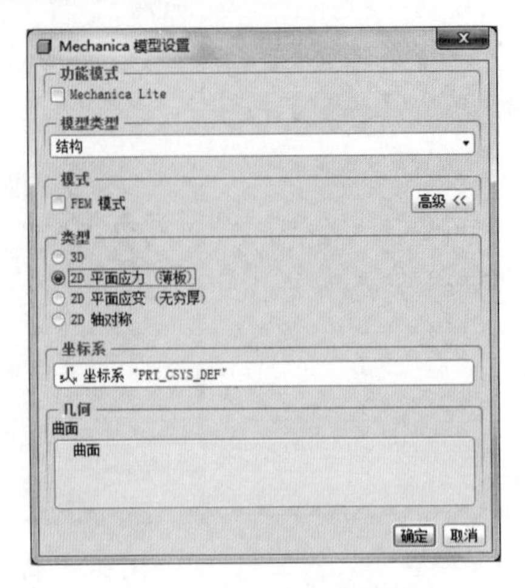

图 9-5 Mechanica 模型设置

2)建立壳单元

(1)单击→弹出“壳定义”对话框，单击选取模型上曲面和输入厚度值 3mm。

(2)在材料栏定义材料属性。单击【更多】按钮进入“材料属性定义”对话框。

(3)选择材料库中材料“steel”添加至模型中。

(4)“材料定义”对话框，修改材料属性：泊松比为 0.3，杨氏模量为 206000MPa，密度为 7.85e-09tonne/mm^3，如图 9-6 所示→单击【确定】按钮。

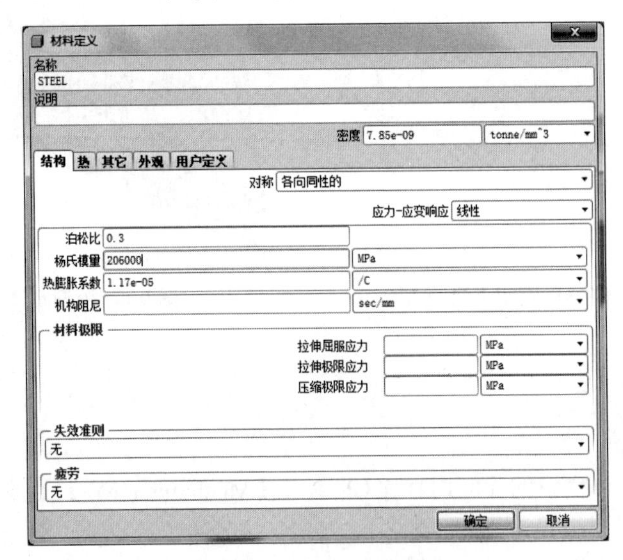

图 9-6 材料定义对话框

(5)单击【确定】按钮完成壳单元定义，如图 9-7 所示。

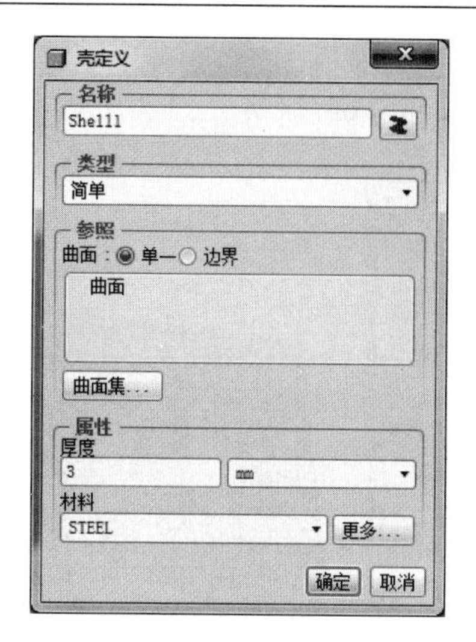

图 9-7　壳单元定义设置

3) 添加约束

(1) 单击“Mechanica 对象”工具栏上的【位移约束】工具按钮，或选择菜单栏中的【插入(I)】→【位移约束(I)】命令，系统弹出“约束”对话框。

(2) 弹出“约束”对话框→参照选择“边/曲线”→单击选择模型的左前边→单击【确定】按钮完成约束的建立，如图 9-8 所示。

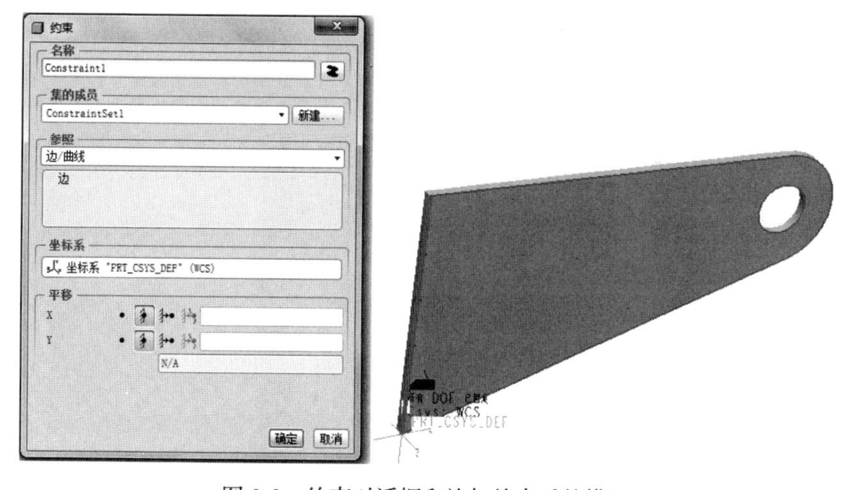

图 9-8　约束对话框和施加约束后的模型

4) 添加载荷

(1) 单击，创建承载载荷按钮(或者选择【插入(I)】→【承载载荷(P)】命令)→弹出“承载载荷”对话框。

(2) 单击“边/曲线”选择模型的开孔处圆边→在 Y 栏中输入值–1000→单击【确定】按钮完成载荷的施加，如图 9-9 所示。

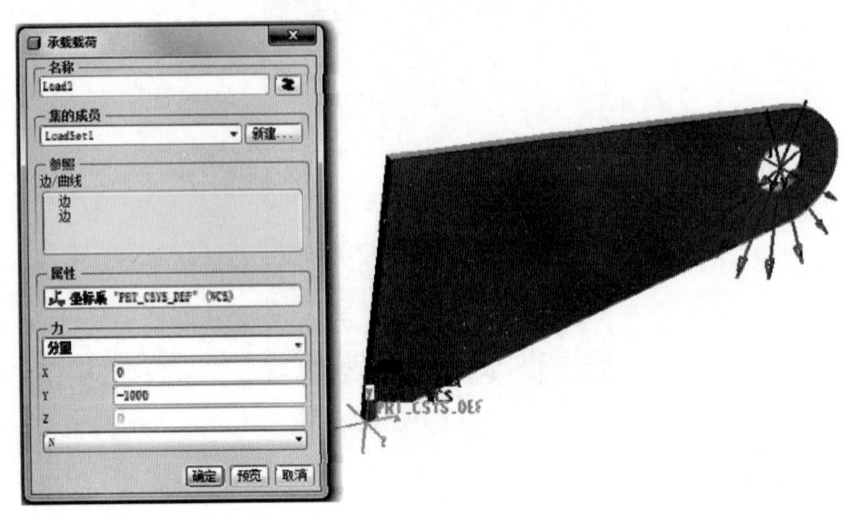

图 9-9　承载载荷对话框和施加载荷后的模型

3. 网格划分

(1) 设置网格尺寸：单击 AutoGEM 控制按钮(或者选择【AutoGEM】→【控制(O)】)→“元素尺寸”栏输入 5→单击选取模型上曲面为几何参照，如图 9-10 所示→完成网格尺寸设置。

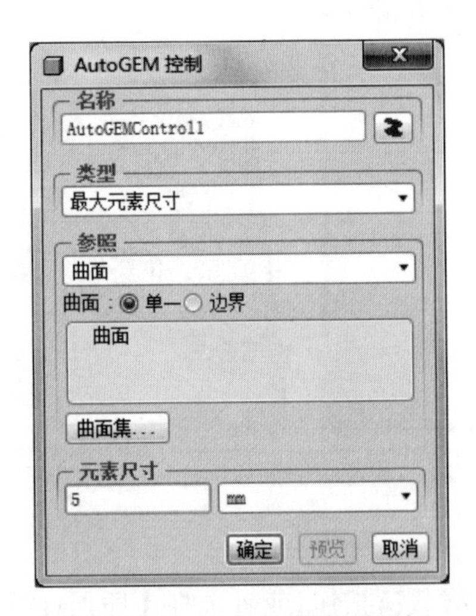

图 9-10　AutoGEM 控制对话框

(2) 划分网格：单击▦为几何元素创建 P 网格按钮 (或者选择【AutoGEM】→【创建 (C)】) →弹出“AutoGEM”对话框如图 9-11 所示→AutoGEM 参照选择“具有属性的全部几何”→单击【创建】按钮创建网格→创建好的网格如图 9-12 所示。可以通过 AutoGEM 摘要查看划分后的网格的相关信息。

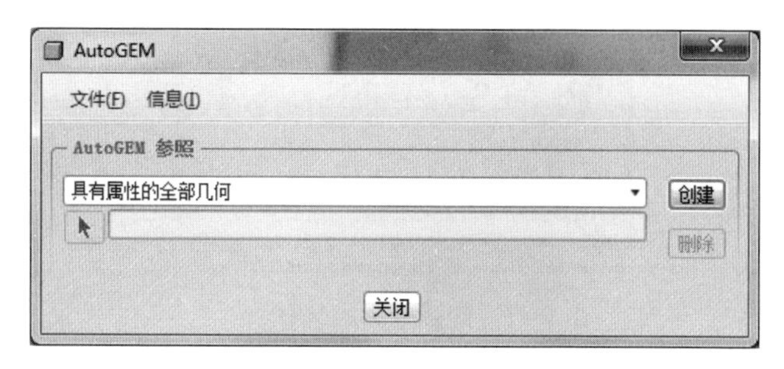

图 9-11　AutoGEM 对话框

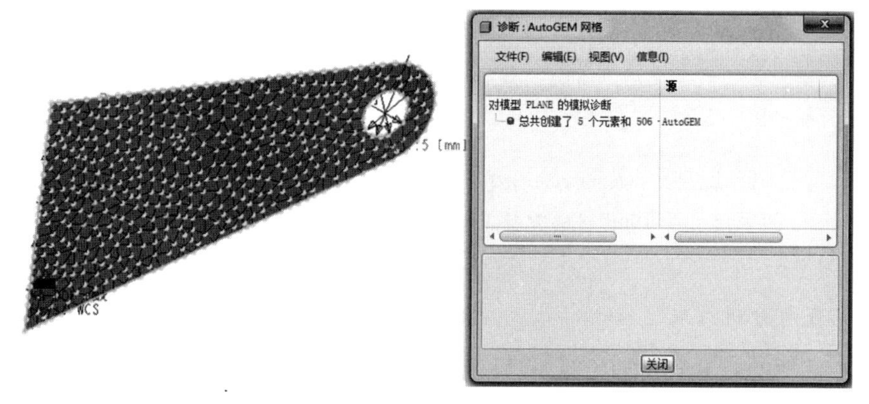

图 9-12　完成后的网格及诊断

4. 建立并运行分析

(1) 单击工具栏上的【Mechanica 分析/研究】工具按钮▣，或选择菜单栏中的【分析 (A)】→【Mechanica 分析/研究 (E)】命令，弹出“分析和设计研究”对话框。

(2) 在“分析和设计研究”对话框中，选择菜单栏中的【文件 (F)】→【新建静态分析】命令，系统弹出“静态分析定义”对话框，将名称修改为 exercise_1，单击【确定】按钮，返回“分析和设计研究”对话框，如图 9-13 所示。

(3) 单击工具栏上的【开始】按钮▲，或选择菜单栏中的【运行 (R)】→【开始】命令，系统弹出“问题”对话框，单击【是 (Y)】按钮，系统就开始计算，如图 9-14 和图 9-15 所示。

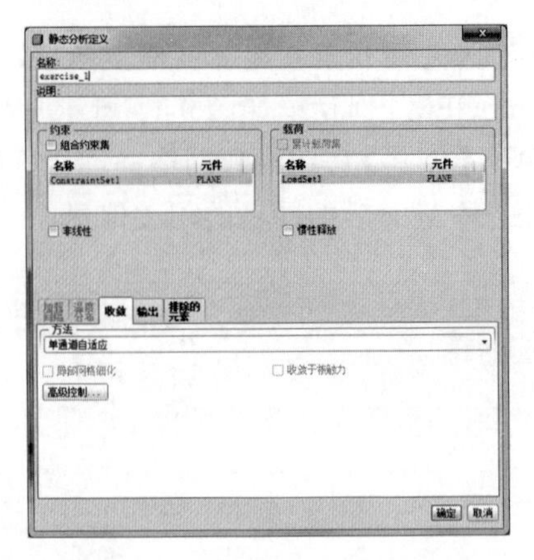

图 9-13　静态分析定义对话框

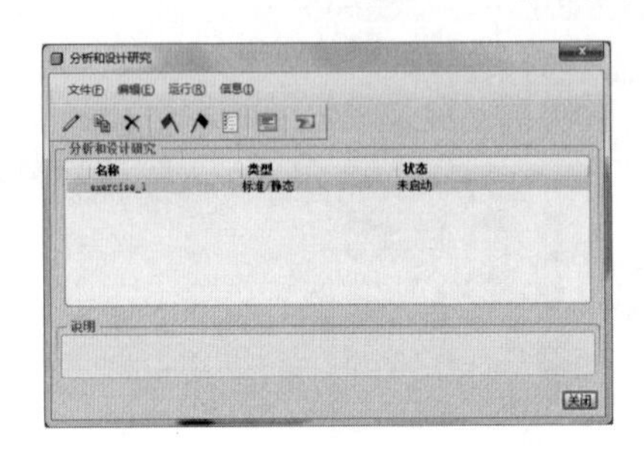

图 9-14　分析和设计研究对话框

图 9-15　询问对话框

5. 查看分析结果

(1) 在“分析和设计研究”对话框中，单击工具栏上的【查看设计研究或有限元分析结果】工具，系统弹出“结果窗口定义”对话框，如图 9-16 所示。

图 9-16　结果窗口定义对话框

(2) 单击【量】选项卡，在下拉列表框中选择“应力”选项。

(3) 单击【确定并显示】按钮，效果如图 9-17 所示，将结果窗口关闭。

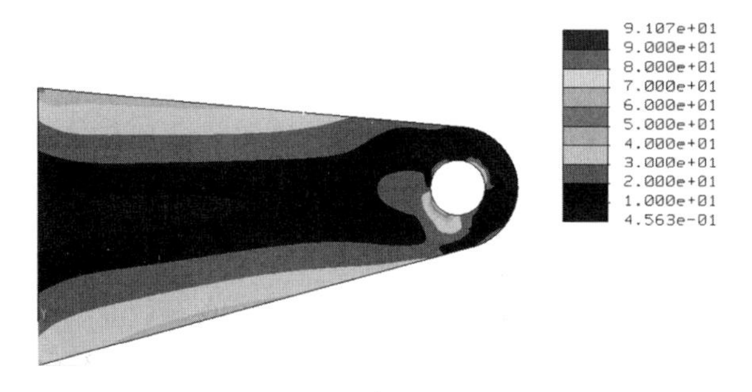

图 9-17　模型应力图

(4) 单击 →单击【量】选项卡，在下拉列表框中选择“位移”选项。

(5) 单击【确定并显示】按钮，效果如图 9-18 所示，将结果窗口关闭。

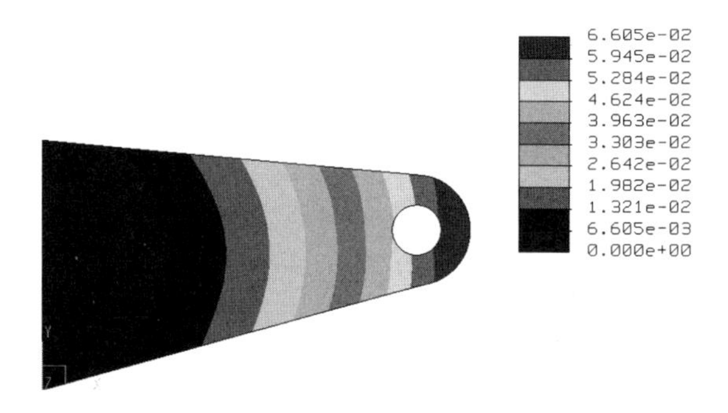

图 9-18　模型位移图

另一种方法是直接建立壳单元。

(1) 单击【文件(F)】→【新建(N)】命令；选择零件类型，如图 9-19 所示；输入文件名 plane_shell，单击【确定】按钮。

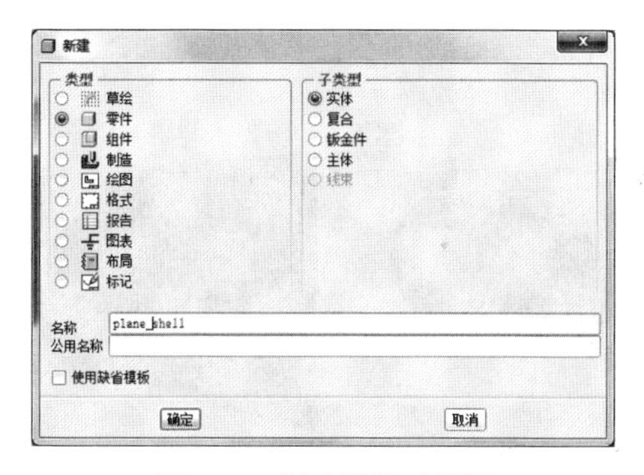

图 9-19　新建零件对话框

(2) 单击【草绘】→选取 FRONT 为草绘平面→绘制如图 9-20 所示草绘→单击✓按钮确定。

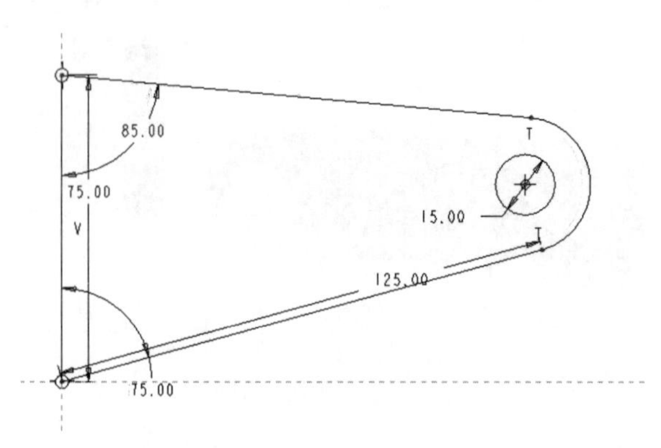

图 9-20　模型草绘图

(3) 单击菜单栏中的【编辑(E)】→单击【填充(L)】按钮，如图 9-21 所示。

图 9-21　三维模型

以下步骤和上例是类似的，这里不再重复，请参考方法一，两种方法得出的应力图和位移图基本相同，方法二得出的结果如图 9-22 和图 9-23 所示。

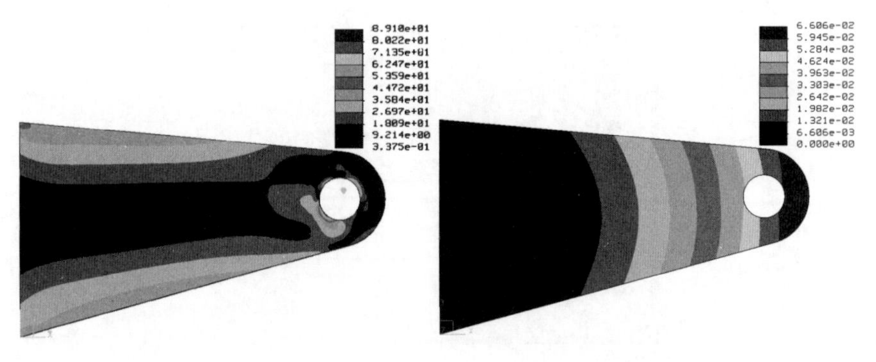

图 9-22　模型应力图　　　　图 9-23　模型位移图

9.3　平面应变问题

通常假设有一无限长柱体，横截面不变，在柱面上只受平行于截面，但又不随长度变化的力作用。

现在，以其任一截面为 XY 平面，任一纵线为 Z 轴，则所有一切应力分量、变形分量都不沿着 Z 轴变化，而只是 X 和 Y 的函数。此外，在这种情况下，由于截面对称，所有各点都只会沿着 X 和 Y 方向移动，而不会有 Z 方向的位移。因此，所有各位移矢量都平行于 XY 平面，所以这种问题也称为“平面位移”问题，但在理论上称为“平面应变”问题。

图 9-24 所示为公园长椅的横截面，长椅的长度为 2000mm，顶部承受 3000N 载荷作用，分析长椅变形和应力分布。假设长椅材料为钢材，弹性模量 E=206GPa，泊松比为 0.3，密度为 7.85e-09tonne/mm^3。

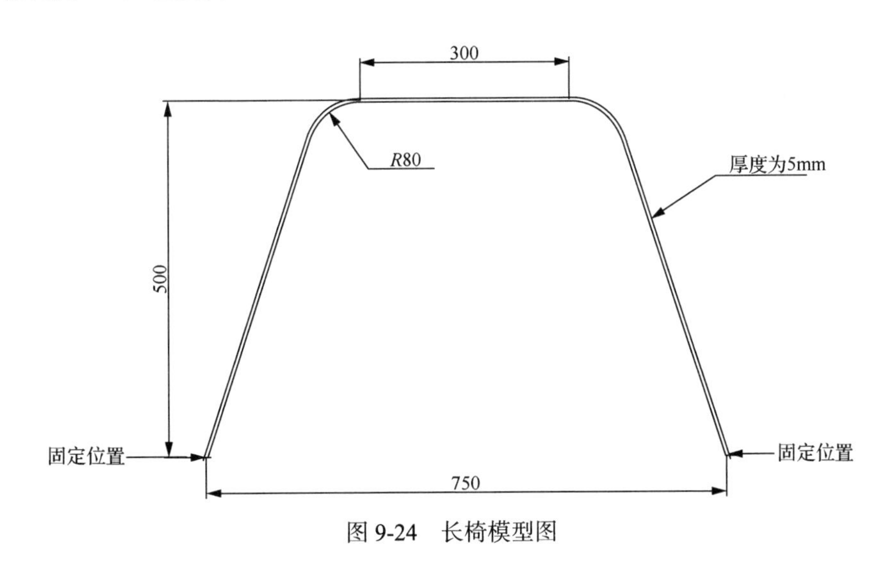

图 9-24　长椅模型图

方法一：实体单元直接分析。

1. 建立模型

完成文件见光盘\Source files\chapter9\plane_strain.prt.1。

(1) 单击【文件(F)】→【新建(N)】命令；选择零件类型，如图 9-25 所示；输入文件名 plane_strain，单击【确定】按钮。

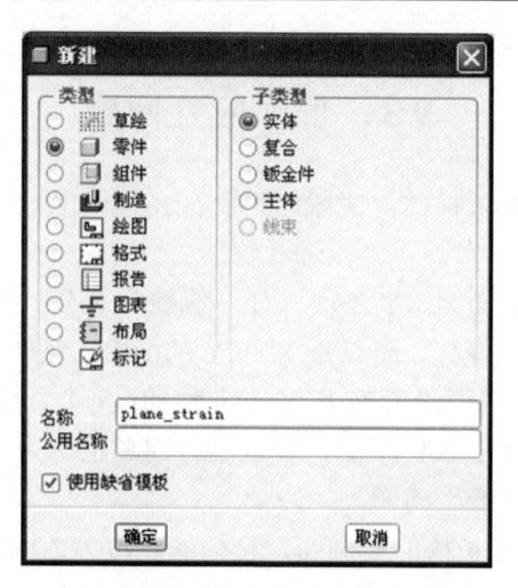

图 9-25　新建零件对话框

(2)单击“基础特征”工具栏上的【拉伸(E)】工具按钮，在控制面板中显示拉伸设置选项，单击【放置】选项卡中的【定义】按钮，系统弹出“草绘”对话框，在 3D 工作区中，选择 FRONT 草绘面，单击【草绘】按钮，进入草图绘制平台。

(3)绘制如图 9-26 所示草图，单击“草绘器”工具栏上的【完成】按钮；在控制面板中设置拉伸方式和拉伸长度 2000mm，单击其后的完成按钮，如图 9-27 所示。

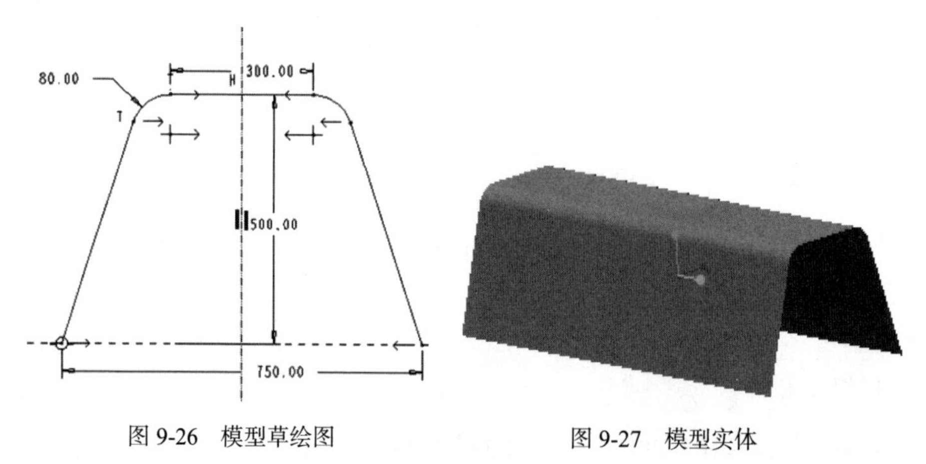

图 9-26　模型草绘图　　　　图 9-27　模型实体

(4)单击菜单栏中【拉伸(E)】→单击(加厚)沿两侧加厚→输入厚度值 5mm→单击按钮确定。

2. 前处理

1) 进入分析

单击菜单栏中的【应用程序(P)】→【Mechanica(M)】工具命令，系统弹出“Mechanica 模型设置”对话框→单击【确定】按钮。

2) 材料分配

(1) 单击定义材料→弹出“材料”对话框→双击“steel.mtl”(单击“steel.mtl”→单击按钮)将 steel 材料加入“模型中的材料”栏，如图 9-28 所示。

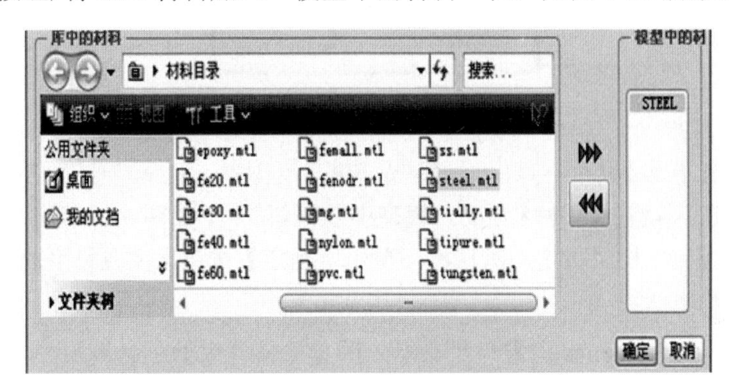

图 9-28　材料对话框

(2) “材料”对话框，修改材料属性：泊松比为 0.3，杨氏模量为 206000MPa，密度为 7.85e-09tonne/mm^3，如图 9-29 所示→单击【确定】按钮。

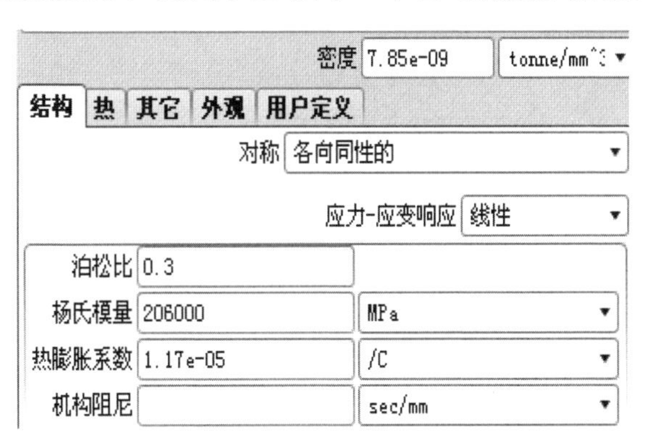

图 9-29　材料定义对话框

(3) 单击【确定】按钮，将 steel 材料加载到当前的分析项目中→单击材料分配按钮→弹出“材料指定”对话框，如图 9-30 所示→参照选择“分量”，材料选择刚刚加载的“steel”→单击【确定】按钮，自动将材料赋予整个实体模型，或者直接单击材料分配按钮→弹出“材料指定”对话框如图 9-30 所示。

图 9-30　材料指定对话框

(4) 单击【更多】按钮→弹出“材料”对话框→双击“steel.mtl”(或单击“steel.mtl”→单击按钮)→将 steel 材料加入“模型中的材料”栏，如图 9-28 所示→单击【确定】按钮→回到“材料指定”对话框→单击【确定】按钮，完成模型的材料设置。

3) 添加约束

(1) 单击“Mechanica 对象”工具栏上的【位移约束】工具按钮，或选择菜单栏中的【插入(I)】→【位移约束(I)】命令，系统弹出“约束”对话框。

(2) 弹出“约束”对话框→参照选择“曲面”→单击选择模型的两底面→单击【确定】按钮完成约束的建立，如图 9-31 所示。

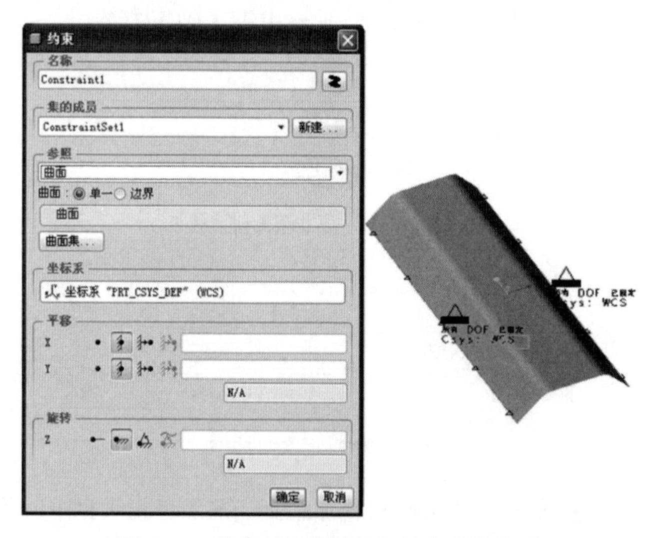

图 9-31　约束对话框和施加约束后的模型

4) 添加载荷

(1) 单击，创建力/力矩载荷按钮(或者选择【插入(I)】→【力/力矩载荷(L)】命令)→弹出“力/力矩载荷”对话框。

(2) 单击“曲面”选择模型的上端面→在 Y 栏中输入值 –3000→单击【确定】按钮完成载荷的施加，如图 9-32 所示。

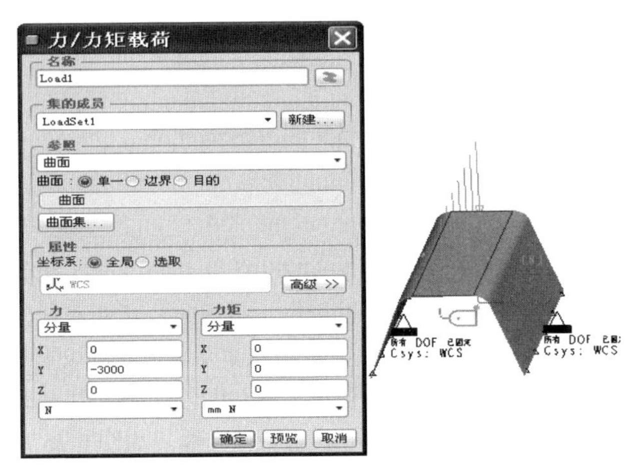

图 9-32　力/力矩载荷对话框和施加载荷后的模型

3. 网格划分

划分网格：单击为几何元素创建 P 网格按钮(或者选择【AutoGEM】→【创建(C)】)→弹出“AutoGEM”对话框如图 9-33 所示→AutoGEM 参照选择“具有属性的全部几何”→单击【创建】按钮创建网格→创建好的网格如图 9-34 所示。可以通过 AutoGEM 摘要查看划分后的网格的相关信息。

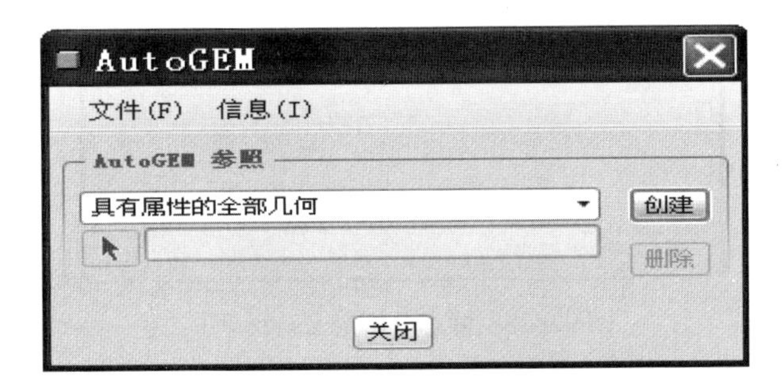

图 9-33　AutoGEM 对话框

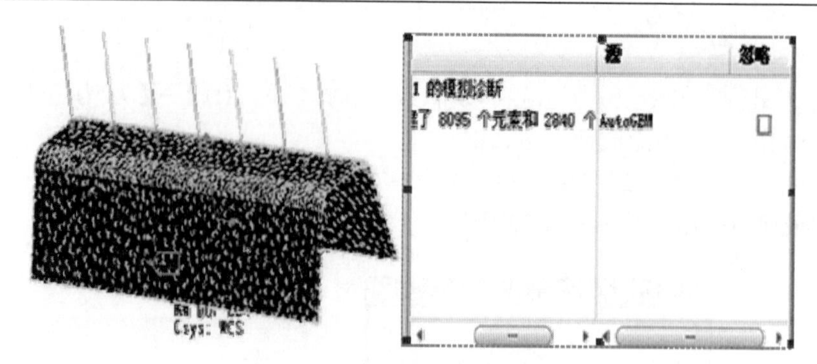

图 9-34　完成后的网格及诊断

4. 建立并运行分析

(1) 单击工具栏上的【Mechanica 分析/研究】按钮，或选择菜单栏中的【分析(A)】→【Mechanica 分析/研究(E)】命令，弹出“分析和设计研究”对话框。

(2) 在“分析和设计研究”对话框中，选择菜单栏中的【文件(F)】→【新建静态分析】命令，弹出“静态分析定义”对话框，将名称修改为 plane_strain_solid，单击【确定】按钮，返回“分析和设计研究”对话框，如图 9-35 所示。

图 9-35　静态分析定义对话框

(3) 单击工具栏上的【开始】按钮，或选择菜单栏中的【运行(R)】→【开始】命令，系统弹出“问题”对话框，单击【是(Y)】按钮，系统就开始计算，如图 9-36 和图 9-37 所示。

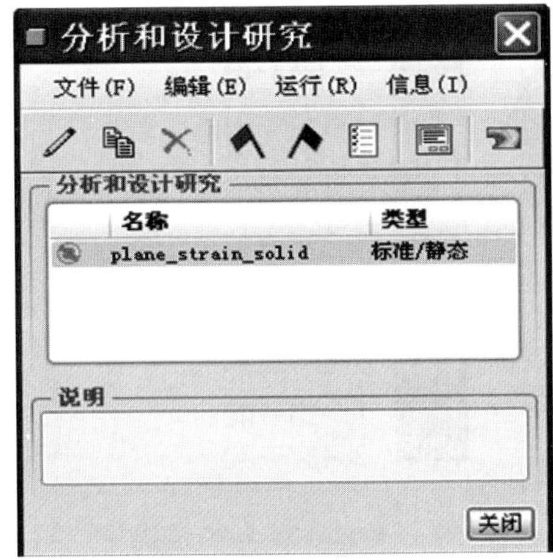

图 9-36　分析和设计研究对话框

图 9-37　询问对话框

5. 查看分析结果

(1) 在“分析和设计研究”对话框中，单击工具栏上的【查看设计研究或有限元分析结果】工具，系统弹出“结果窗口定义”对话框，如图 9-38 所示。

图 9-38　结果窗口定义

(2) 单击【量】选项卡，在下拉列表框中选择“应力”选项。

(3) 单击【确定并显示】按钮，效果如图 9-39 所示，将结果窗口关闭。

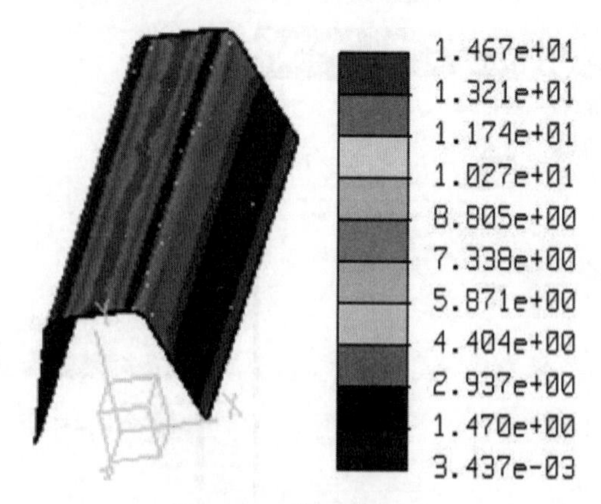

图 9-39　模型应力图

(4) 单击 →单击【量】选项卡，在下拉列表框中选择“位移”选项。

(5) 单击【确定并显示】按钮，效果如图 9-40 所示，将结果窗口关闭。

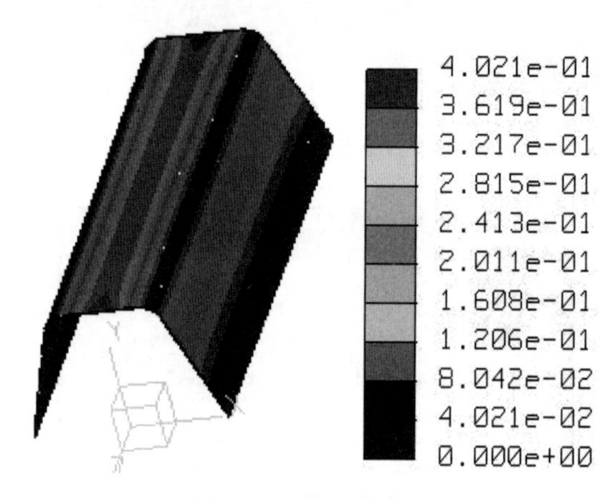

图 9-40　模型位移图

方法二：实体单元理想化为壳单元分析。

1. 建立模型

(1) 单击【文件(F)】→【新建(N)】命令；选择零件类型，如图 9-41 所示；输入文件名 plane_strain，单击【确定】按钮。

(2) 单击“基础特征”工具栏上的拉伸工具按钮，在控制面板中显示拉伸设置选项，单击【放置】选项卡中的【定义】按钮，系统弹出“草绘”对话框，在 3D 工作区中，选择 FRONT 草绘面，单击【草绘】按钮，进入草图绘制平台。

(3) 绘制如图 9-42 所示草图，单击“草绘器”工具栏上的【完成】按钮✔；

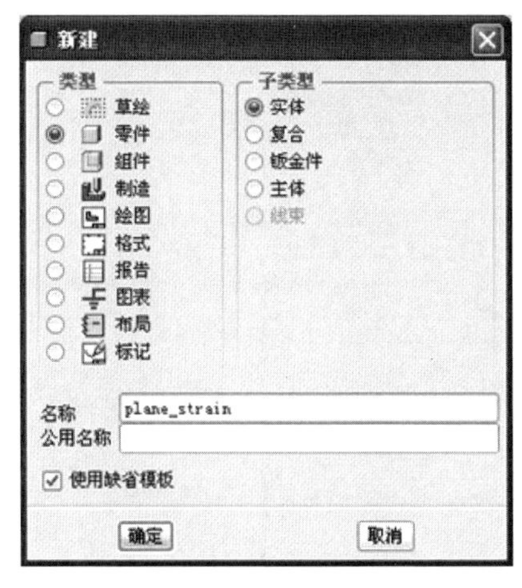

图 9-41　新建零件对话框

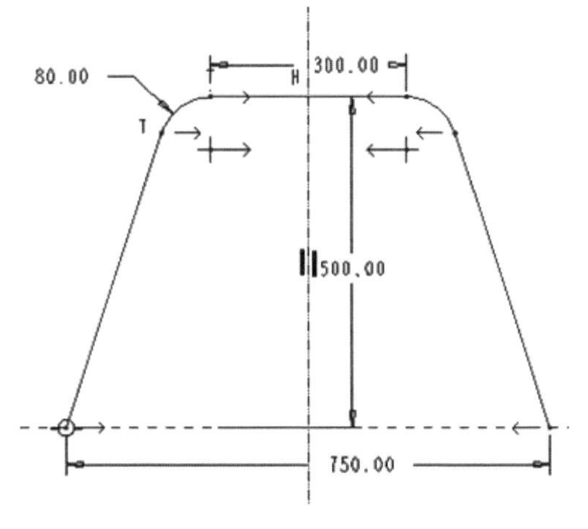

图 9-42　模型草绘图

在控制面板中设置拉伸方式和拉伸长度 2000mm。单击其后的完成按钮✔，如图 9-43 所示。

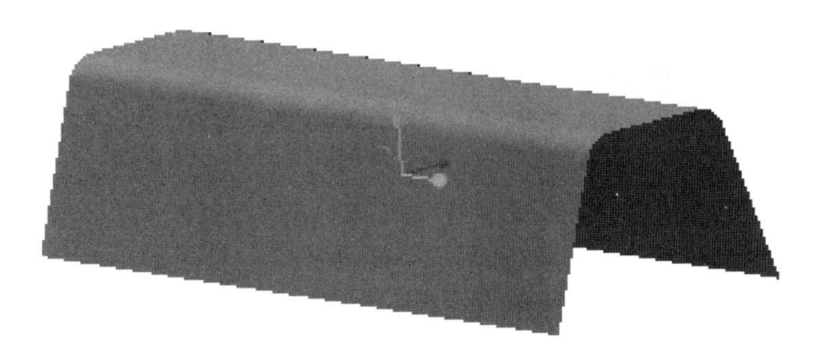

图 9-43　模型实体

2. 前处理

1) 进入分析

单击菜单栏中的【应用程序(P)】→【Mechanica(M)】工具命令，系统弹出“Mechanica 模型设置”对话框→单击【确定】按钮。

2) 建立壳单元

(1) 单击→弹出“壳定义”对话框，单击选取曲面和输入厚度值 5mm。

(2) 在材料栏定义材料属性。单击【更多】按钮进入“材料属性定义”对话框，如图 9-44 所示。

(3) 选择材料库中材料“steel”添加至模型中。

(4)“材料定义”对话框，修改材料属性：泊松比为 0.3，杨氏模量为 206000MPa，密度为 7.85e-09tonne/mm^3，如图 9-44 所示→单击【确定】按钮。

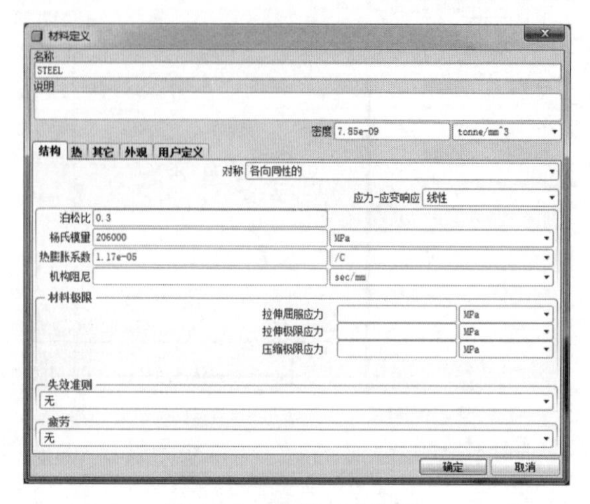

图 9-44　材料定义对话框

(5) 单击【确定】按钮完成壳单元定义，如图 9-45 所示。

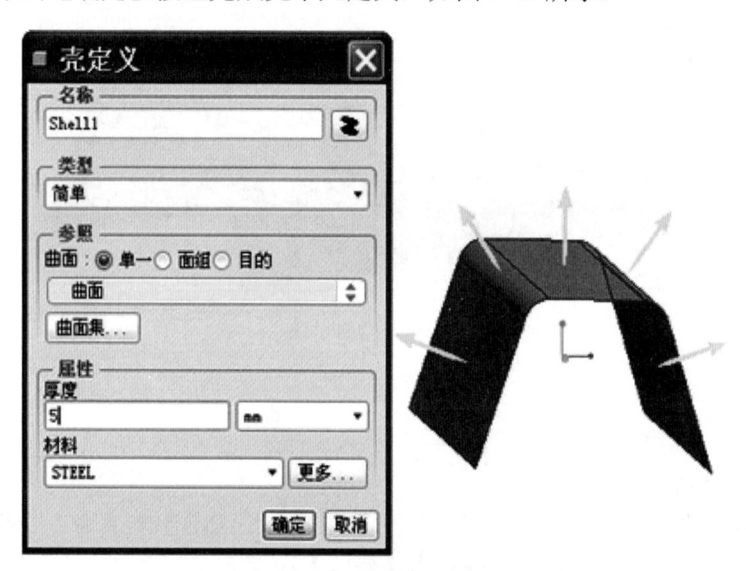

图 9-45　壳对定义对话框及模型曲面的选取

3) 添加约束

(1) 单击“Mechanica 对象”工具栏上的位移约束工具按钮，或选择菜单栏中的【插入(I)】→【位移约束(I)】命令，系统弹出“约束”对话框。

(2) 弹出“约束”对话框→参照选择“边/曲线”→单击选择模型的两边→单击【确定】按钮完成约束的建立，如图 9-46 所示。

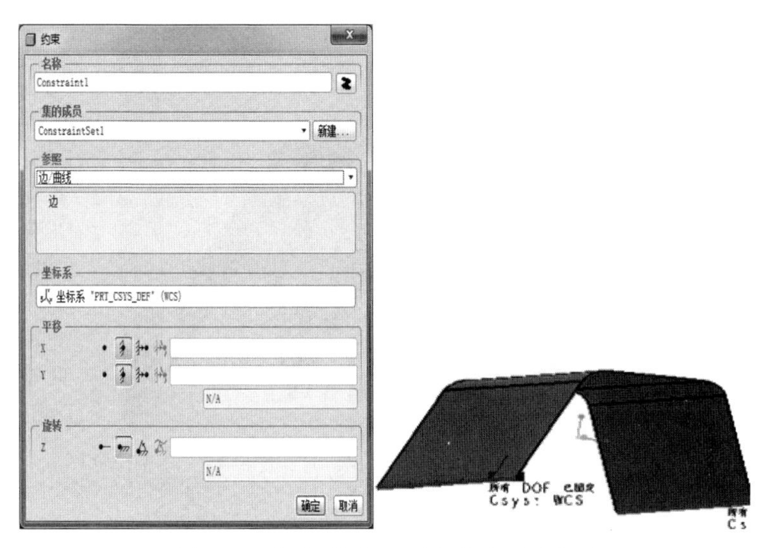

图 9-46　约束对话框和施加约束后的模型

4) 添加载荷

(1) 单击，创建力/力矩载荷按钮(或者选择【插入(I)】→【力/力矩载荷(L)】命令)→弹出“力/力矩载荷”对话框。

(2) 单击“曲面”选择模型的上端面→在 Y 栏中输入值–3000→单击【确定】按钮完成载荷的施加，如图 9-47 所示。

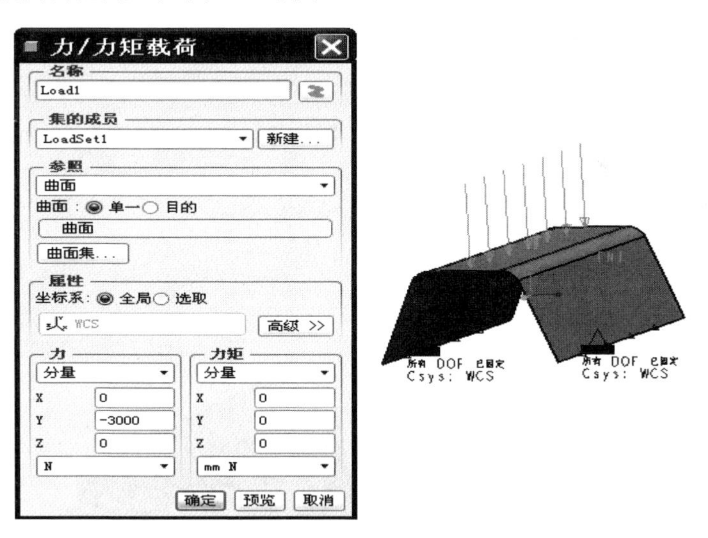

图 9-47　力/力矩载荷对话框和施加载荷后的模型

建立并运行分析与上面是类似的，请参考方法一，不再重复。给出结果分析如图 9-48 和图 9-49 所示。

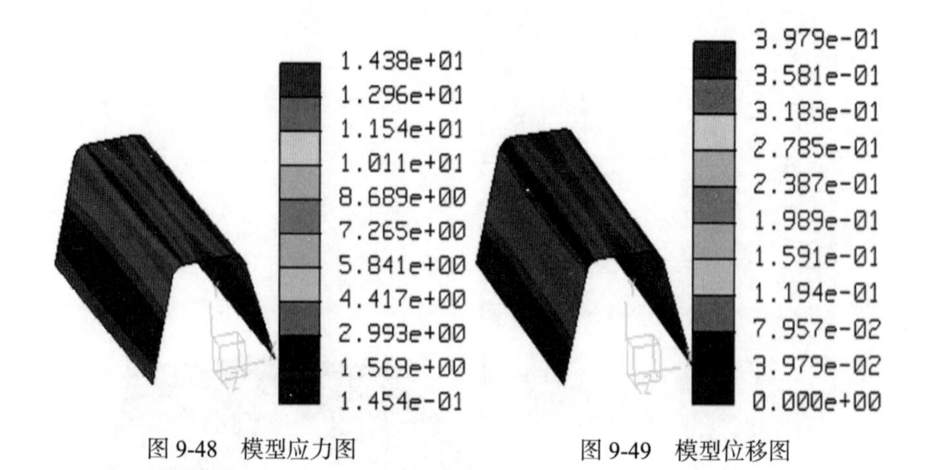

图 9-48　模型应力图　　　　图 9-49　模型位移图

方法三：平面应变问题分析。

1. 建立模型

建模过程与方法二一样，这里不再陈述。

2. 前处理

1) 进入分析

(1) 单击菜单栏中的【应用程序(P)】→【Mechanica(M)】工具命令，系统弹出“Mechanica 模型设置”对话框。

(2) 单击【高级】按钮，选择 2D 平面应变(无穷厚)，坐标系单击模型中的坐标系，曲面单击模型的上曲面即可→单击【确定】按钮，如图 9-50 所示。

图 9-50　Mechanica 模型设置

2) 材料分配

(1) 单击定义材料按钮→弹出“材料”对话框→双击“steel.mtl”（或单击“steel.mtl”→单击按钮）→将 steel 材料加入“模型中的材料”栏，如图 9-51 所示。

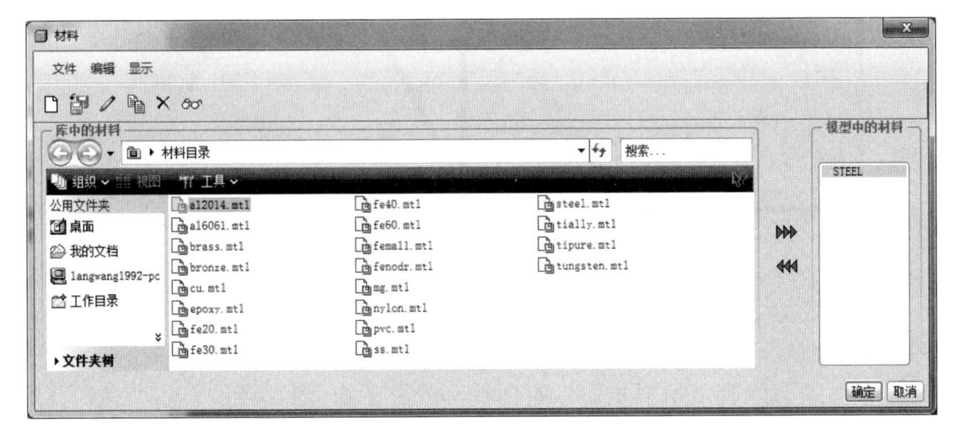

图 9-51　材料对话框

(2)“材料”对话框，修改材料属性：泊松比为 0.3，杨氏模量为 206000MPa，密度为 7.85e-09tonne/mm^3，如图 9-52 所示→单击【确定】按钮。

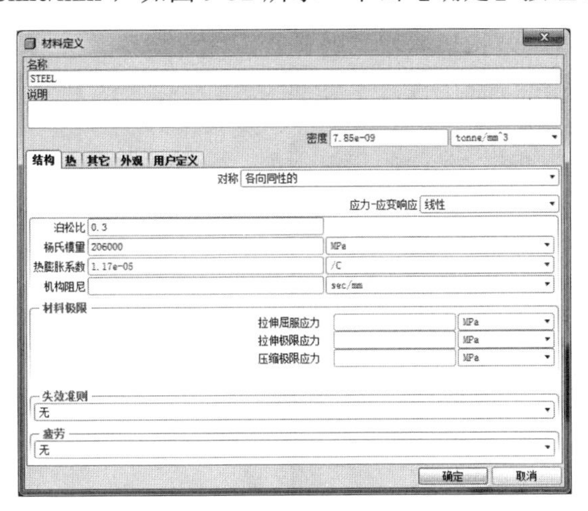

图 9-52　材料定义对话框

(3) 单击【确定】按钮，将 steel 材料加载到当前的分析项目中→单击材料分配按钮→弹出“材料指定”对话框如图 9-53 所示→参照选择“曲面”，材料选择刚刚加载的“steel”→单击【确定】按钮，自动将材料赋予该曲面，或者直接单击材料分配按钮→弹出“材料指定”对话框如图 9-53 所示。

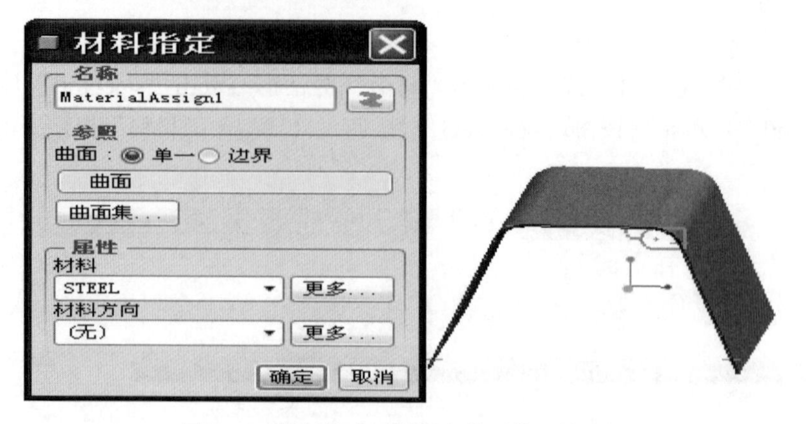

图 9-53　材料指定对话框和模型曲面的选择

(4) 单击【更多】按钮→弹出“材料”对话框→双击“steel.mtl”(或单击“steel.mtl”→单击⏩按钮)→将 steel 材料加入 “模型中的材料” 栏，如图 9-51 所示→单击【确定】按钮→回到“材料指定”对话框→单击【确定】按钮，完成模型的材料设置。

3) 添加约束

(1) 单击“Mechanica 对象”工具栏上的位移约束工具按钮，或选择菜单栏中的【插入(I)】→【位移约束(I)】命令，系统弹出“约束”对话框。

(2) 弹出“约束”对话框→参照选择“边/曲线”→单击选择模型的两底边→单击【确定】按钮完成约束的建立，如图 9-54 所示。

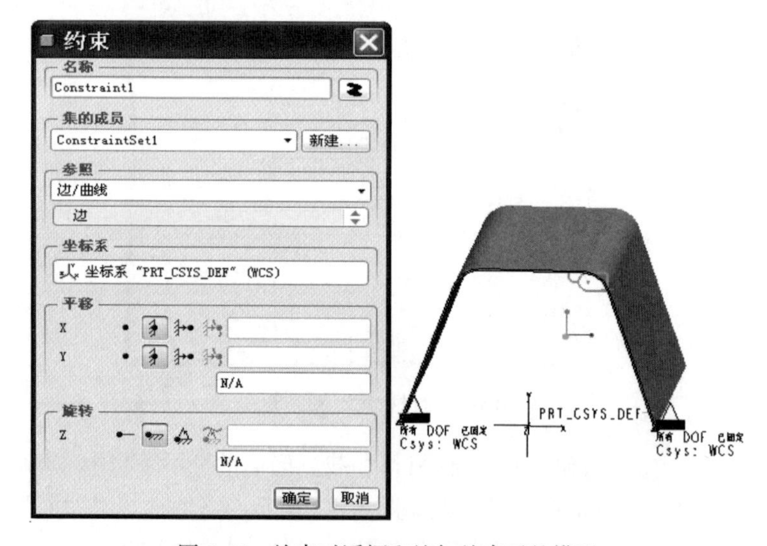

图 9-54　约束对话框和施加约束后的模型

4) 添加载荷

(1) 单击 [icon]，创建力/力矩载荷按钮(或者选择【插入(I)】→【力/力矩载荷(L)】命令)→弹出“力/力矩载荷”对话框。

(2) 单击“曲面”选择模型的上端面→【分布】选择单位面积上的力→空间变化选择均匀→在 Y 栏中输入值–5→单击【确定】按钮完成载荷的施加，如图 9-55 所示。

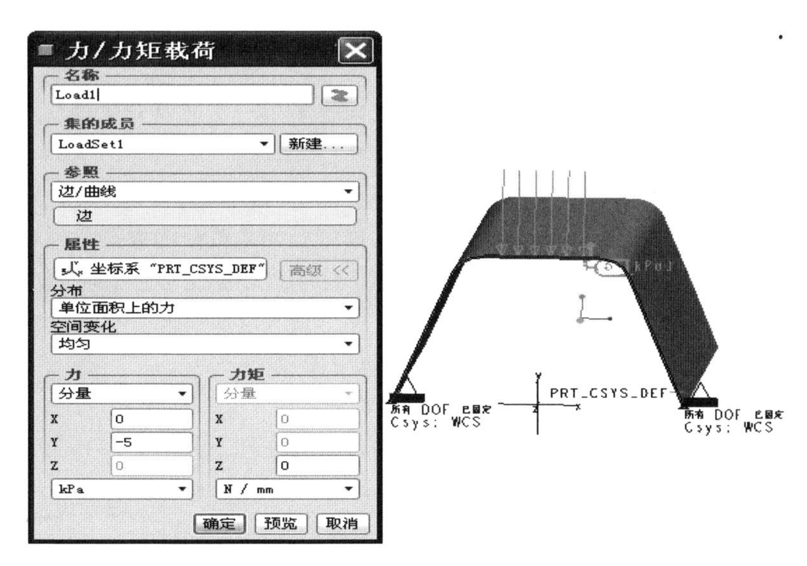

图 9-55　力/力矩载荷对话框和施加载荷后的模型

建立并运行分析与上面是类似的，请参考方法一，给出结果如图 9-56 和图 9-57 所示。

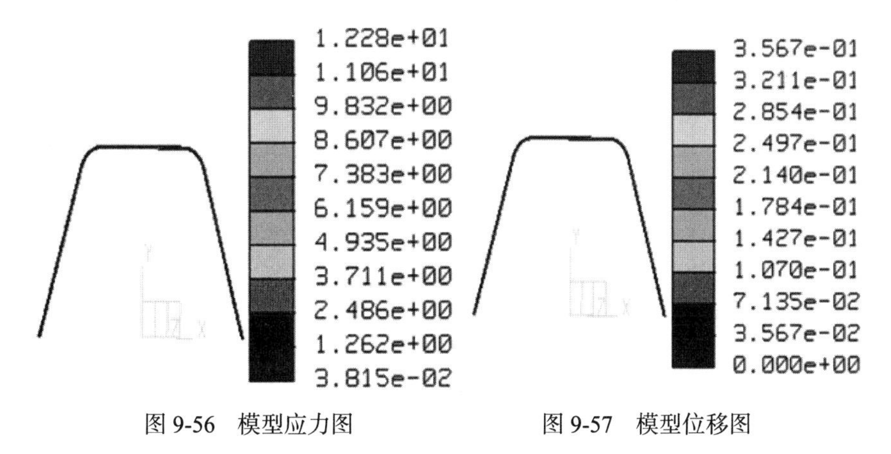

图 9-56　模型应力图　　　　图 9-57　模型位移图

9.4　2D 轴对称问题

在轴对称载荷和约束作用下的旋转体模型可以简化为轴对称问题，研究轴对称问题的应力分布具有很大的实际意义。通过旋转中心的任意旋转截面内的两个位移分量，就完全确定了旋转截面内的应变状态，这说明轴对称问题在数学上也属于二维问题。轴对称问题与平面应力和平面应变问题的最大区别在于：在轴对称情况下，任意径向位移都将导致非零的周向应变，轴对称具有 4 个应力应变分量，因此轴对称问题比平面应力和平面应变问题多了一个应变分量以及对应的应力分量。

在 Mechanica 中使用 2D 轴对称模型将使求解时间大大减少，并且得到比三维实体单元更准确的解。使用 2D 轴对称的模型必须是载荷约束及几何相对于中心轴对称的模型，例如，圆柱或圆锥形结构，这些模型都可以以旋转截面绕中心轴旋转得到。

在 Mechanica 中使用 2D 轴对称模型有以下限制。

(1) 旋转中心轴必须是笛卡儿坐标系的 Y 轴。

(2) 零件模型下几何必须位于 X-Y 平面，组件模型下几何必须共面并且位于与 X-Y 平面平行的平面内。

(3) 所有几何(旋转截面)必须位于 X-Y 平面的 $x \geqslant 0$ 区域内。

(4) 载荷与约束均位于 X-Y 平面内。

使用图 9-58 所示压力容器为例来说明 Mechanica 使用轴对称模型执行分析的操作过程。图中所示为带有加强筋的高压压力容器，承受 20MPa 的内压，求压力容器的应力分布(弹性模量 E=206GPa，泊松比为 0.3，密度为 7.85e-09tonne/mm^3)。

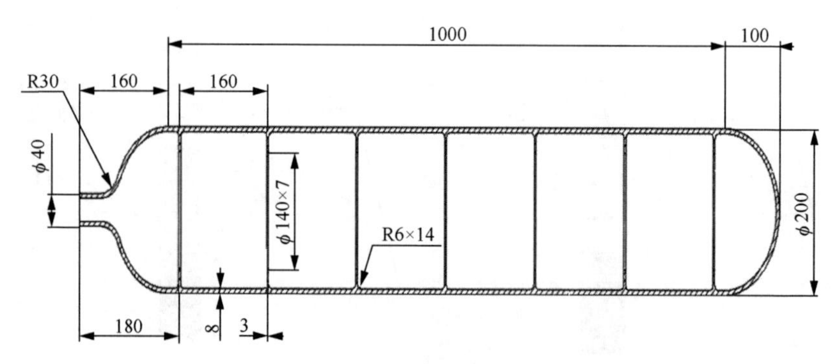

图 9-58　压力容器模型

1. 建立模型

完成文件见光盘\Source files\chapter9\axis_symmetry.prt.1。

(1) 单击【文件(F)】→【新建(N)】命令；选择零件类型，如图 9-59 所示；输入文件名 axis_symmetry，单击【确定】按钮。

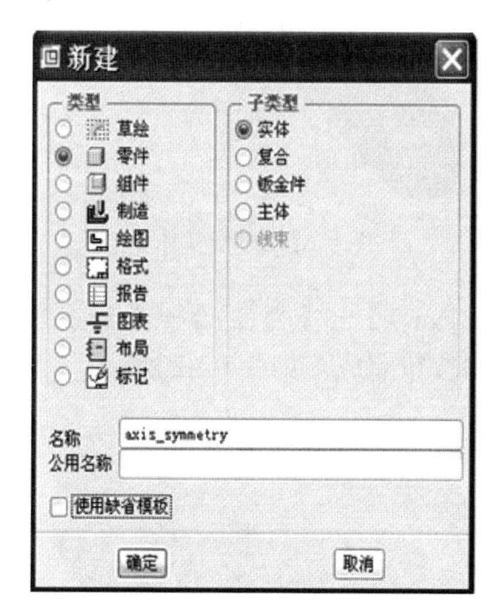

图 9-59　新建零件对话框

(2) 单击“基础特征”工具栏上的【旋转】工具按钮，在控制面板中显示旋转设置选项，单击【放置】选项卡中的【定义】按钮，系统弹出“草绘”对话框，在 3D 工作区中，选择 FRONT 草绘面，单击【草绘】按钮，进入草图绘制平台；绘制如图 9-60 所示草图，单击“草绘器”工具栏上的【完成】按钮；再单击其后的完成按钮，如图 9-61 所示。

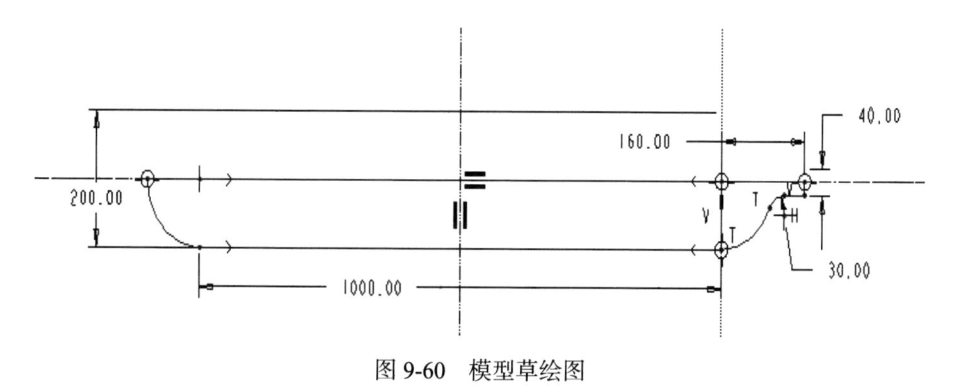

图 9-60　模型草绘图

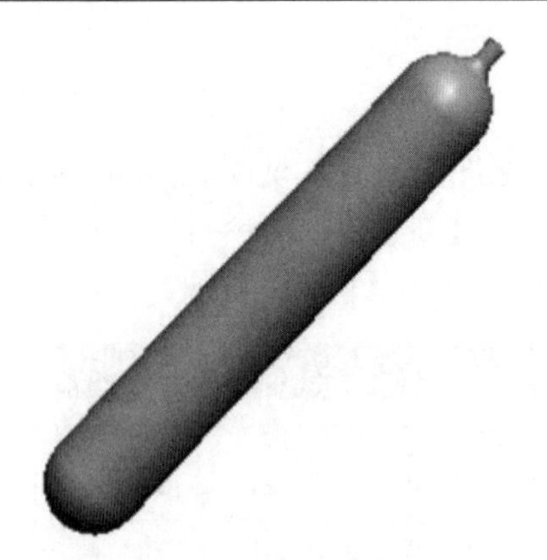

图 9-61　模型实体

(3) 单击菜单栏中【插入(I)】→【壳(L)】→单击参照按钮→选择移除曲面→输入厚度值 8mm→单击☑按钮完成，如图 9-62 所示。

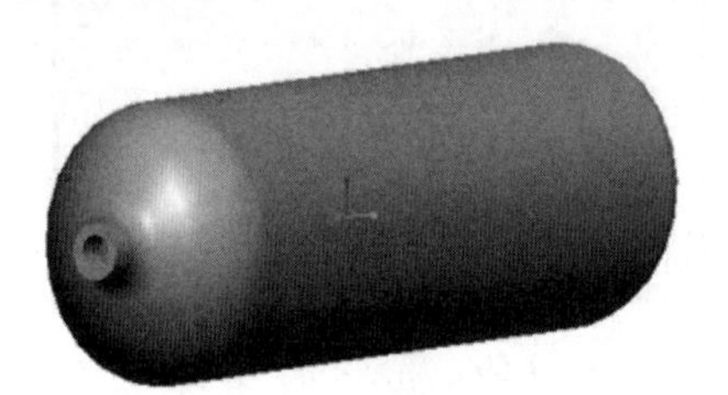

图 9-62　模型图

(4) 单击菜单栏中▣，如图 9-63 所示→单击剖面→新建名称→输入文件名 A→单击鼠标中键→弹出如图 9-64 所示→单击完成→选取 FRONT 面→单击确定，如图 9-65 所示。

图 9-63　视图管理器对话框

图 9-64　菜单管理器

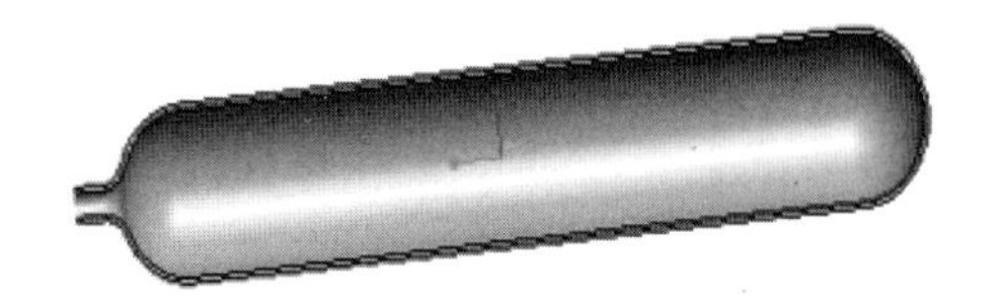

图 9-65　模型剖面图

(5) 单击“基础特征”工具栏上的【旋转(R)】工具按钮，在控制面板中显示旋转设置选项，单击【放置】选项卡中的【定义】按钮，系统弹出“草绘”对话框，在 3D 工作区中，选择 FRONT 草绘面，单击【草绘】按钮，进入草图绘制平台；绘制如图 9-66 所示草图，单击“草绘器”工具栏上的【完成】按钮；再单击其后的完成按钮，如图 9-67 所示。

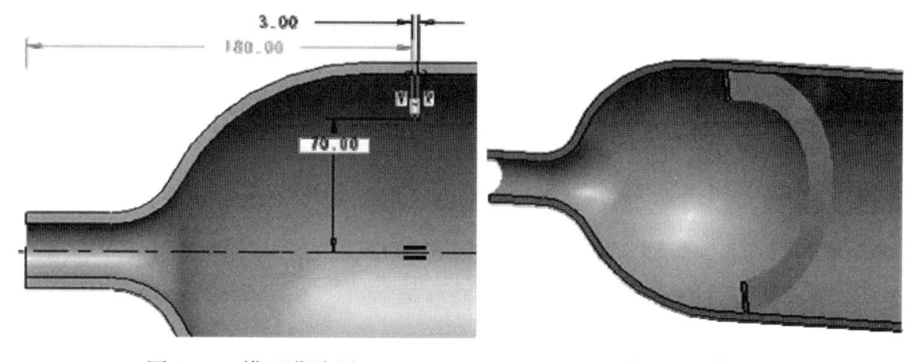

图 9-66　模型草绘图　　图 9-67　模型图

(6) 单击按钮（或者【插入(I)】→【倒圆角(O)】）命令，选取模型的边→如图 9-68 所示，输入值为 6→单击【确认】按钮。

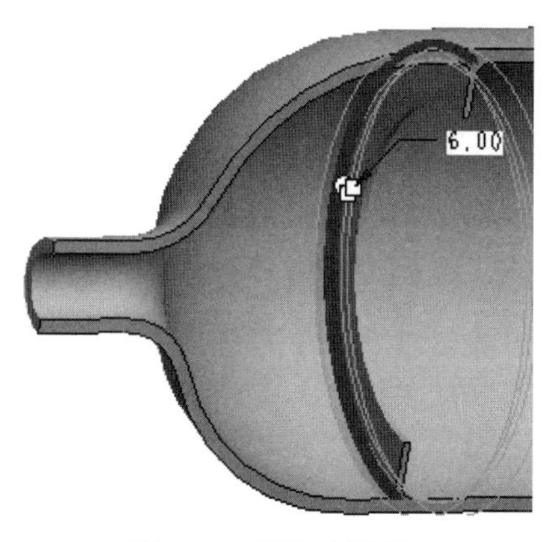

图 9-68　倒角后模型

(7)按住 Ctrl 选中“旋转 2”和“倒圆角 1”→右击选择“组”这个命令，如图 9-69 所示。

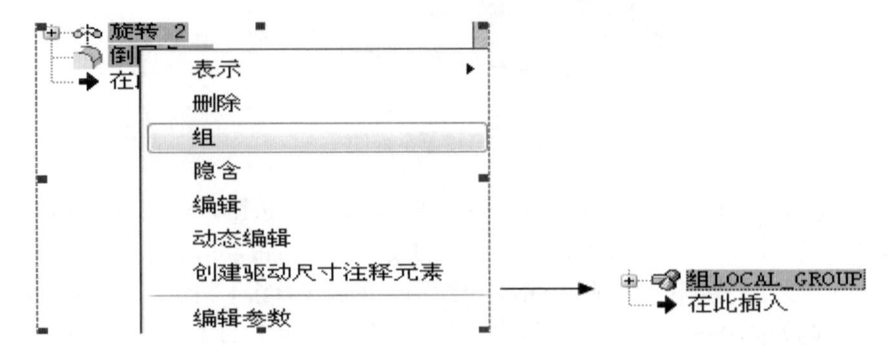

图 9-69　特征编辑为组

(8)单击(阵列)→单击【方向 1】“180”这个尺寸→输入增量 160→阵列成员数输入值 7→单击【确认】按钮，如图 9-70 所示。

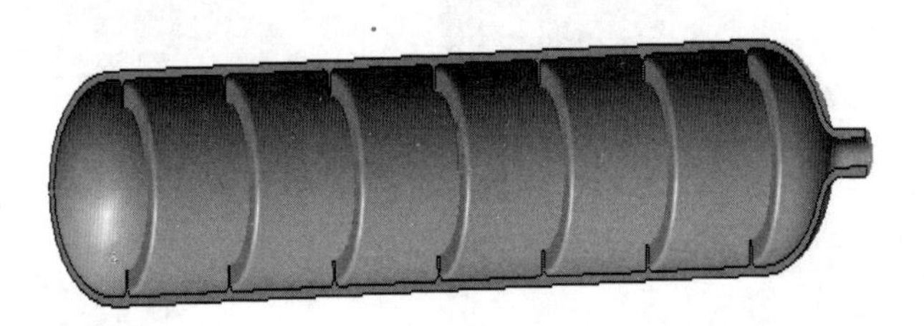

图 9-70　阵列后模型

(9)单击按钮，如图 9-71 所示，单击无剖面按钮→如图 9-72 所示→关闭。

图 9-71　视图管理器对话框　　图 9-72　无剖面的模型

(10) 单击“基础特征”工具栏上的【拉伸(E)】工具按钮，在控制面板中显示拉伸设置选项，单击【放置】选项卡中的【定义】按钮，系统弹出“草绘”对话框，在 3D 工作区中，选择草绘面，留下四分之一的模型分析即可，但是保证留下的部分中有 X 轴正半轴的部分；留下的截面绕 Y 轴转动 360º 可以得到完整模型，如图 9-73 所示。

图 9-73　四分之一模型

2. 前处理

1) 进入分析

(1) 单击菜单栏中的【应用程序(P)】→【Mechanica(M)】工具命令，系统弹出“Mechanica 模型设置”对话框。

(2) 单击【高级】按钮，选择 2D 轴对称，坐标系单击模型的默认坐标系，曲面单击模型的上曲面即可→单击【确定】按钮，如图 9-74 所示。

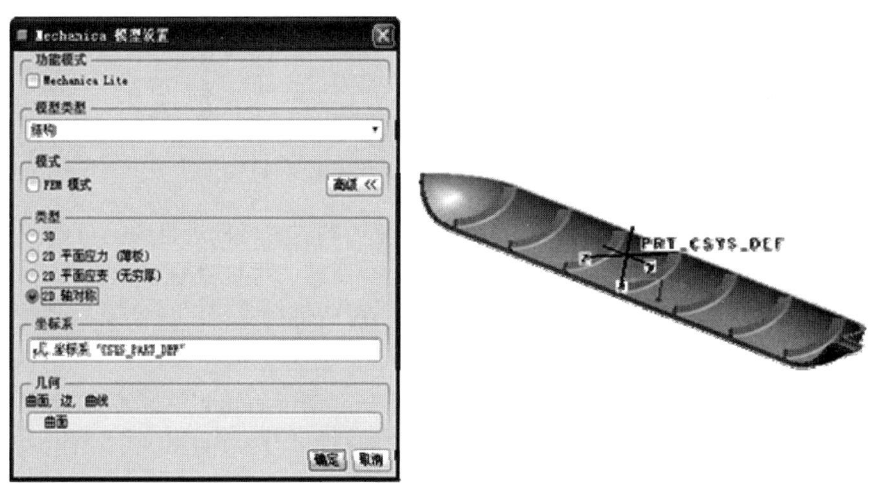

图 9-74　Mechanica 模型设置对话框

2) 材料分配

(1) 单击定义材料按钮→弹出“材料”对话框→双击“steel.mtl”（或单击“steel.mtl”→单击按钮）→将 steel 材料加入“模型中的材料”栏，如图 9-75 所示。

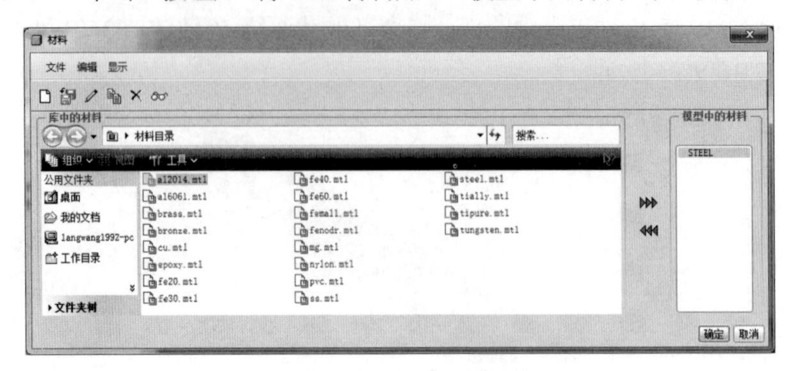

图 9-75　材料对话框

(2)“材料”对话框，修改材料属性：泊松比为 0.3，杨氏模量为 206000MPa，密度为 7.85e-09tonne/mm^3，如图 9-76 所示→单击【确定】按钮。

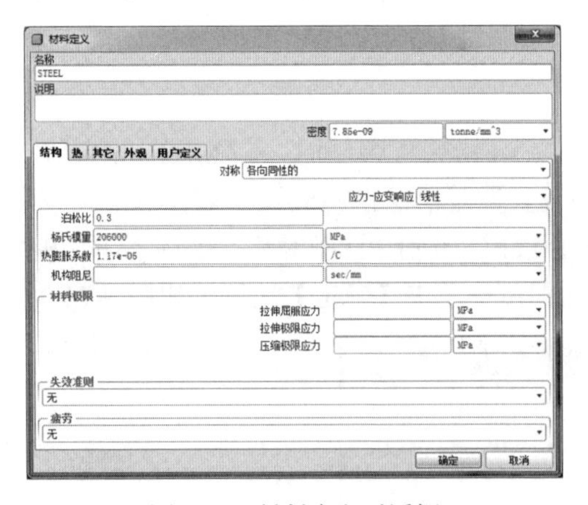

图 9-76　材料定义对话框

(3) 单击【确定】按钮，将 steel 材料加载到当前的分析项目中→单击材料分配按钮→弹出“材料指定”对话框如图 9-77 所示→参照选择“曲面”，材料选择刚刚加载的“steel”→单击【确定】按钮，自动将材料赋予该曲面，或者直接单击材料分配按钮→弹出“材料指定”对话框如图 9-76 所示。

(4) 单击【更多】按钮→弹出“材料”对话框→双击“steel.mtl”(或单击“steel.mtl”→单击按钮)→将 steel 材料加入 “模型中的材料”栏，如图 9-77 所示→单击【确定】按钮→回到“材料指定”对话框→单击【确定】按钮，完成模型的材料设置。

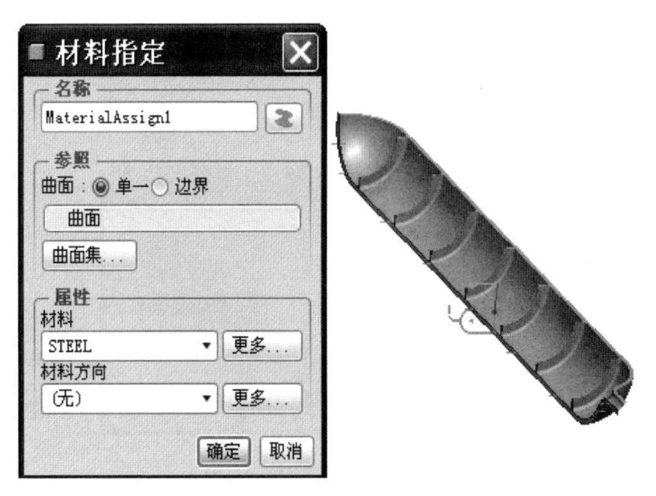

图 9-77　材料指定对话框和模型曲面的选择

3) 添加载荷

(1) 单击，创建压力载荷按钮(或者选择【插入(I)】→【压力载荷(P)】命令)→弹出“压力载荷”对话框。

(2) 单击“边/曲线”选择模型的曲线→在压力栏中输入值 20→单击【确定】按钮完成载荷的施加，如图 9-78 所示。

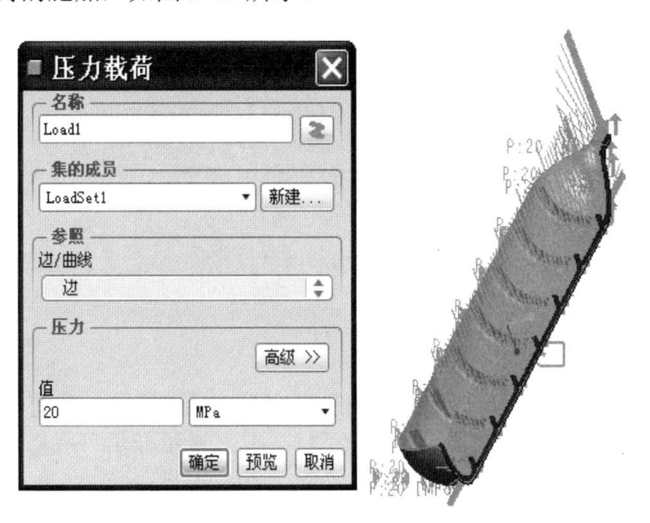

图 9-78　压力载荷对话框和施加载荷后的模型

3. 网格划分

划分网格：单击为几何元素创建 P 网格按钮(或者选择【AutoGEM】→【创

建(C)】)→弹出"AutoGEM"对话框如图 9-79 所示→AutoGEM 参照选择"具有属性的全部几何"→单击【创建】按钮创建网格→创建好的网格如图 9-80 所示。可以通过 AutoGEM 摘要查看划分后的网格的相关信息。

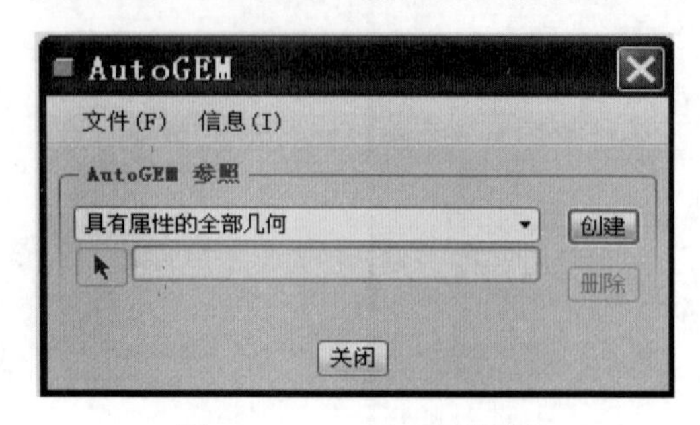

图 9-79 AutoGEM 对话框

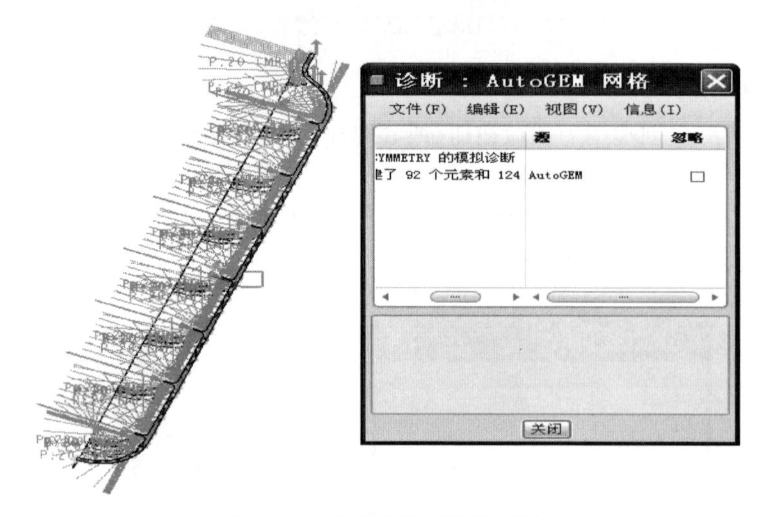

图 9-80 完成后的网格及诊断

4. 建立并运行分析

(1)单击工具栏上的【Mechanica 分析/研究】工具按钮，或选择菜单栏中的【分析(A)】→【Mechanica 分析/研究(E)】命令，系统弹出"分析和设计研究"对话框。

(2)在"分析和设计研究"对话框中，选择菜单栏中的【文件(F)】→【新建静态分析】命令，系统弹出"静态分析定义"对话框，将名称修改为 axis_symmetry，选择惯性释放，单击【确定】按钮，返回"分析和设计研究"对话框，如图 9-81 所示。

图 9-81　静态分析定义对话框

(3) 单击工具栏上的【开始】按钮，或选择菜单栏中的【运行(R)】→【开始】命令，系统弹出“问题”对话框，单击【是(Y)】按钮，系统就开始计算，如图 9-82 和图 9-83 所示。

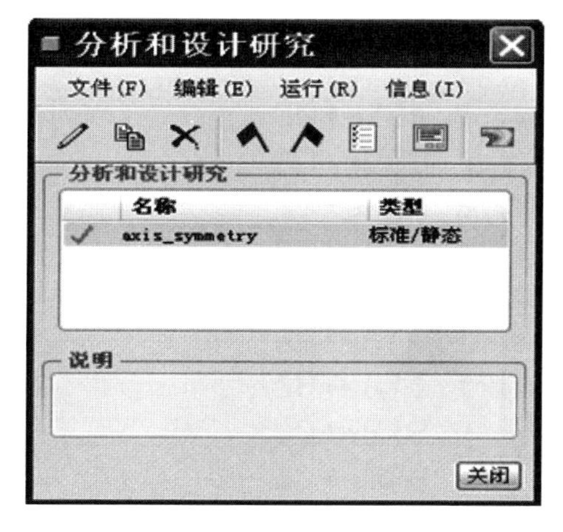

图 9-82　分析和设计研究　　　　图 9-83　询问对话框

5. 查看分析结果

(1) 在“分析和设计研究”对话框中，单击工具栏上的【查看设计研究或有限元分析结果】工具，系统弹出“结果窗口定义”对话框，如图 9-84 所示。

图 9-84　结果窗口定义对话框

(2) 单击【量】选项卡，在下拉列表框中选择“应力”选项。

(3) 单击【确定并显示】按钮，效果如图 9-85 所示，将结果窗口关闭。

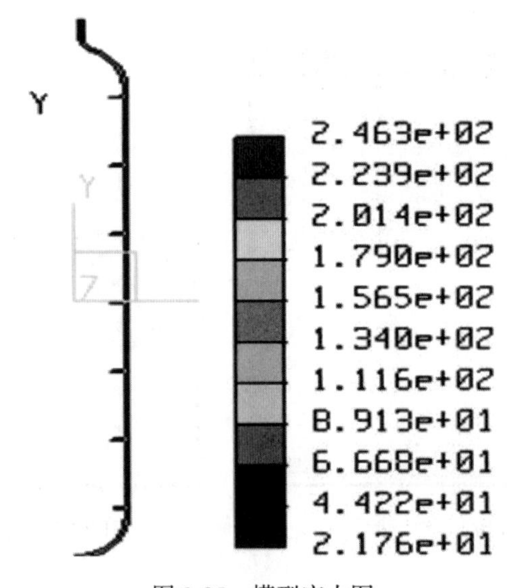

图 9-85　模型应力图

(4) 单击→单击【分量】选项卡，在下拉列表框中选择“最大剪应力”选项。

(5) 单击【确定并显示】按钮，效果如图 9-86 所示，将结果窗口关闭。

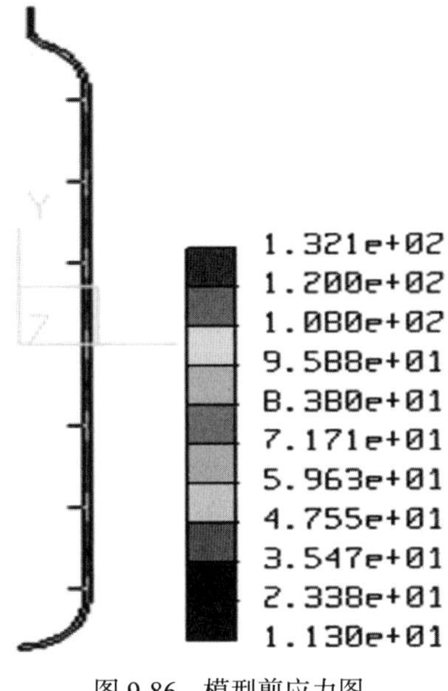

图 9-86　模型剪应力图

(6) 单击→单击【量】选项卡，在下拉列表框中选择“位移”选项。

(7) 单击【确定并显示】按钮，效果如图 9-87 所示，将结果窗口关闭。

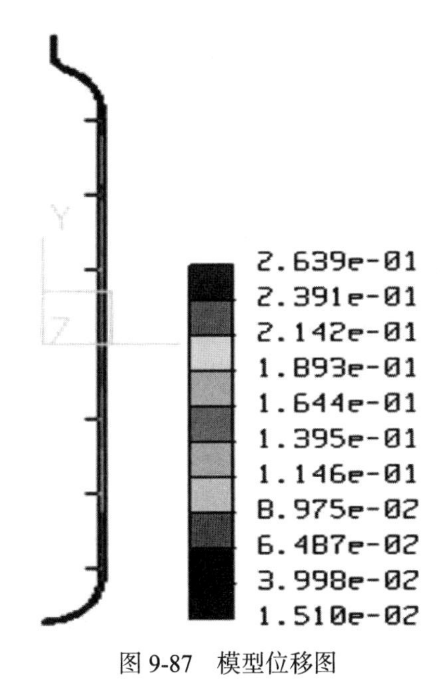

图 9-87　模型位移图

第 10 章　运动学分析初步

10.1　机构运动仿真简介

在 Pro/ENGINEER Wildfire 5.0 中，运动仿真和动态分析功能集成于机构模块中，包括运动学和动力学两方面的分析功能。运动学仿真是使用机械设计功能来创建机构，定义特定运动副，创建使其能够运动的伺服电动机，实现机构的运动模拟，并可以观察记录分析，进行测量位置、速度、加速度等运动特征，可以通过图形直观地显示这些测量值，也可以创建轨迹曲线和运动包络，用物理方法描述运动。动力学仿真分析是使用结构动态功能在机构上定义重力、力和力矩、弹簧、阻尼等特征，可以对机构设计材料、密度等基本属性特性，使其更加接近现实中的结构，达到真实模拟显示的目的。

机构运动学仅讨论与刚体运动本身有关的因素，而不讨论引起这些运动的因素(如重力、外力和摩擦力等)。因此，运动学属于空间和时间等基本概念及其导致的速度和加速度。运动仿真就是结构运动学分析，它是不考虑作用于机构系统上的力的情况下分析机构运动，并对主体位置、速度和加速度进行测量。如果还需要进一步分析机构在受到重力、外力和力矩、阻尼等参数影响下的仿真运动，则必须使用机械设计功能进行静态分析、动态分析来完成。

Pro/ENGINEER Mechanism 是完全集成在 Pro/ENGINEER 环境下的运动仿真模块，其用户界面与 Pro/ENGINEER 相似，但是增加了运动仿真模型树和运动仿真的主要工具栏，其界面如图 10-1 所示。

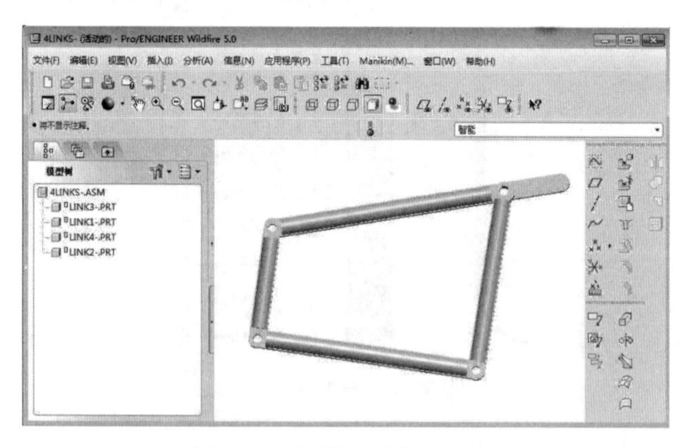

图 10-1　机构运动仿真界面

10.2　运动分析工作流程

使用 Pro/ENGINEER Mechanism 的基本流程主要包括模型创建、定义结构图元、分析准备、分析模型和结果查看，如图 10-2 所示。

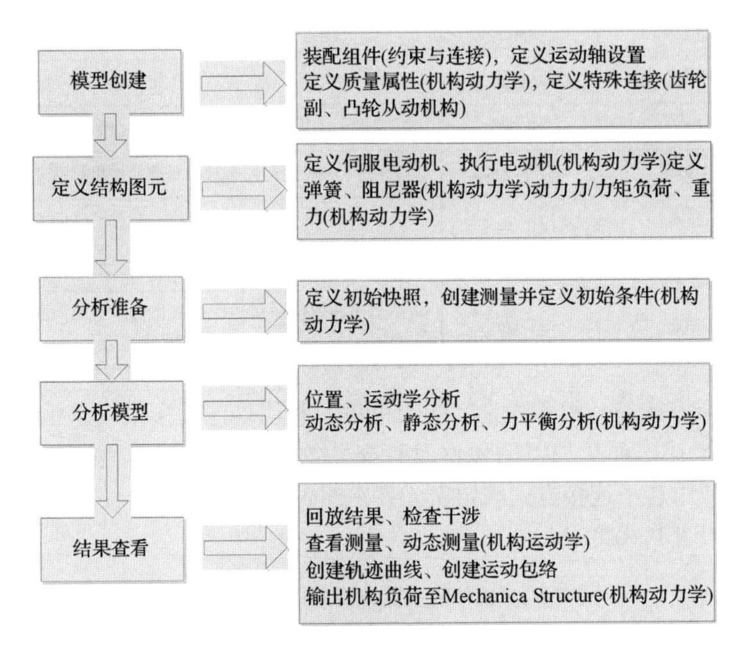

图 10-2　运动分析的基本流程

10.3　运动分析的连接

Pro/ENGINEER Mechanism 能够直接使用 Pro/ENGINEER 模型执行运动分析，机构运动仿真除了部分机构图元需在机构模块内设定外，主体模型可以由 Pro/ENGINEER 提供组件模型。Pro/ENGINEER 组件模型的装配方式有两种：约束装配方式和连接装配方式。使用约束装配方式，元件与参考元件之间相对位置不变，即相对固定；使用连接装配方式，可以允许元件与参考元件之间以一定方式发生相对运动，引入自由度。

在默认情况下，Pro/ENGINEER 的元件装配方式为用户自定义的约束集，包含的约束可以由表 10-1 所示的约束方式组成。

表 10-1　用户自定义约束集可包含的约束类型

	约束名称	图标	说明
用户自定义约束可包含的类型	缺省	缺省	用默认的组件坐标系对齐元件坐标系
	固定	固定	将被移动或封装的元件固定到当前位置
	曲面上的边	曲面上的边	在曲面上定位边
	曲面上的点	曲面上的点	在曲面上定位点
	直线上的点	直线上的点	在直线上定义点
	相切	相切	定义两种不同类型的参照，使彼此相向，接触点为切点
	坐标系	坐标系	用组件坐标系对齐元件坐标系
	插入	插入	将元件旋转曲面插入组件旋转曲面
	配对	配对	定位两个相同类型的参照，使彼此相向
	对齐	对齐	将两个平面定位在同一个平面上(重合且面向同一方向)两条轴同轴或两点重合

连接装配方式是一组预先定义的约束集，利用这些约束集可以预定义元件在组件中运动。使用连接放置的元件没有充分约束，保留了一个或多个自由度。Mechanism 使用若干连接方式来定义元件在组件中的运动，表 10-2 列出了其使用的连接方式及其自由度。

表 10-2　组件的主要连接方式及其自由度

连接类型	自由度		说明
	平移	旋转	
刚性	0	0	将元件与组件连接到一起
销钉	0	1	元件可以绕轴旋转
滑动杆	1	0	元件可沿轴平移
圆柱	1	1	元件可绕轴旋转同时可沿轴平移
平面	2	1	元件在平面内两个方向平移，绕垂直平面轴旋转
球	0	3	绕对齐点任意旋转
轴承	1	3	可沿轴线平移并任意方向旋转
焊缝	0	0	坐标系对齐，元件与组件连接到一起
6DOF	3	3	任意平移和旋转
槽	*	*	点-曲线连接。从动件上一点始终在主动件上一曲线(3D)上运动
一般	*	*	根据约束种类和数量决定

除了提供以上连接方式外，对于复杂的机构运动，Mechanism 提供了 4 种特殊的连接，分别为凸轮连接、3D 接触连接、齿轮连接、传动带连接。如表 10-3 所示，特殊机构要在机构工作平台中进行定义。

表 10-3　特殊连接的介绍

连接类型	说明
凸轮连接	用凸轮的轮廓去控制从动件的运动规律。凸轮连接只需要指定两个主体上的各一个(或一组)曲面或曲线就可以了
3D 接触连接	元件不作任何约束，只是对 3D 模型进行空间点重合来使元件与组件发生关联。元件可以任意旋转和平移
齿轮连接	用来控制两个旋转轴之间的速度的关系。分为标准齿轮和齿轮齿条两种类型。一个齿轮(或齿条)由两个主体和这两个主体之间的旋转轴构成。定义齿轮前，要先定义含有旋转轴的结构连接，如销钉
传动带连接	通过两带轮曲面与带平面重合连接的工具。带传动是由两个带轮和一根紧绕在两轮上的传动带组成的，靠带与带轮接触面之间的摩擦力来传递运动和动力的一种挠性摩擦传动

10.4　运动学仿真的前处理

10.4.1　伺服电动机

伺服电动机是运动学分析的动力源，也可以说是动力学分析的动力源。伺服电动机可以为连接接头设定各种位置、速度和加速度，使机构以特定方式运动。

伺服电动机施加位置、速度、加速度的方式是以时间函数的形式表达的，通过定义时间函数，如常函数、线性函数、自定义函数等可以得出每一时间各个主体的位置(轮廓)。

在 Mechanism 中，根据从动图元的不同，可以将伺服电动机分为两种：运动轴伺服电动机和几何伺服电动机。其中，运动轴伺服电动机用于建立某一方向上的明确定义运动，几何伺服电动机能够建立复杂的 3D 运动，如螺旋线运动。几何伺服电动机仅用于位置分析。

伺服电动机轮廓定义了运动的类型，在定义伺服电动机时，轮廓包括规范、初始位置、初始速度、模和图形。其中初始速度只有在规范选择为加速度时才出现，为一个实数；初始位置只有在规范选择为速度或加速度时才会出现，为一个实数。

根据将要在机构上施加的运动类型，可用多种方式定义伺服电动机或执行电动机的模。模是一个与时间相关的函数，在默认情况下，即模与时间相关，除了常数模之外，Mechanism 提供了大量的时间函数来定义各种运动类型。

10.4.2　建立运动特性测量

建立运动结果测量可以将机构运动分析得到的结果不仅使用动画的方式表现出来，而且可以使用图表的形式获取每一时间点的数据，使使用者可以准确地捕获用来改进机构设计的信息，甚至更重要的是，Mechanism 可以通过测量监理 Pro/ENGINEER 分析特征参数，这样，配合 Pro/ENGINEER 建模工具可以完成机构优化设计。

Mechanism 可以建立两种主要的测量：分析测量和结果测量，除此以外，还可以使用模型分析建立分析特征参数作为 Mechanism 的测量，如使用模型分析建立干涉大小的参数。结果测量根据模块不同，其功能也不同。机构运动学可以创建位置、速度、加速度和凸轮测量，也可以建立与质量、力无关的系统及主体测量；机构动力学分析可以建立包括机构运动学和动态测量在内的所有测量。

10.5　平面四连杆机构运动学仿真

1. 组装平面四连杆机构

(1) 将光盘\Source files\chapter10\4_bar_link\origin 中的文件复制到硬盘中，并将工作目录设置于此。

(2) 单击【文件(F)】→【新建(N)】命令，选择【组件】类型，如图 10-3 所示，输入文件名 4links，取消【使用缺省模板】复选框，单击【确定】按钮。

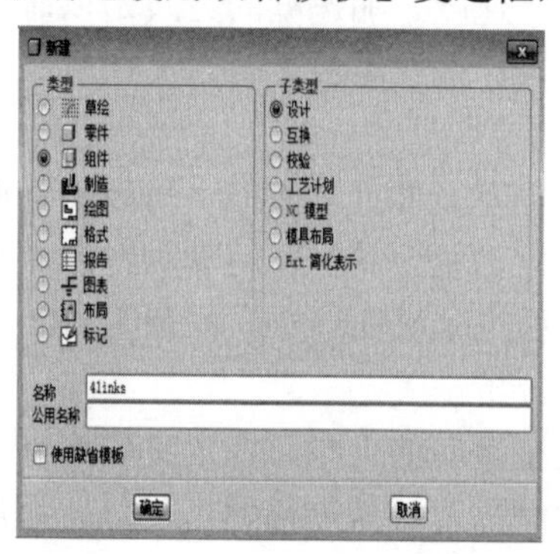

图 10-3　新建组件对话框

(3) 系统弹出“新文件选项”对话框，在“新文件选项”对话框中的列表框中选中“mmns_asm_design”选项，单击【确定】按钮，进入组件设计平台。

(4) 单击工具栏上的“添加元件”按钮，选取 link_3.prt，单击【打开】按钮，设置约束类型为缺省 缺省，单击其后的完成按钮。

(5) 单击工具栏上的“添加元件”按钮，选取 link_1.prt，单击【打开】按钮，按图 10-4 所示的操作，使用“销钉”连接来组装，首先选两轴对齐，再选如图 10-4 所示的两面平移，单击其后的完成按钮。

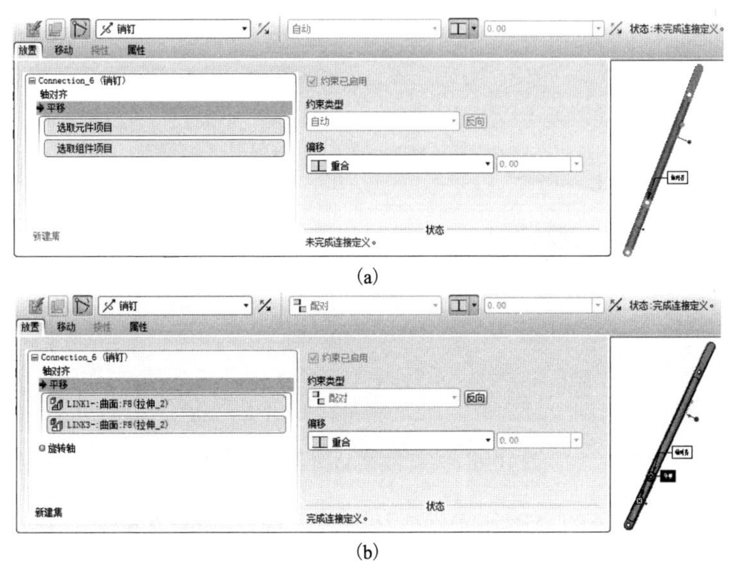

(a)

(b)

图 10-4　组装 link_1.prt

(6) 单击工具栏上的“添加元件”按钮，选取 link_4.prt，单击【打开】按钮，按图 10-5 所示的操作，使用“销钉”连接来组装 link_4.prt，首先选两轴对齐，再选择如图 10-5 所示两面平移。单击其后的完成按钮。

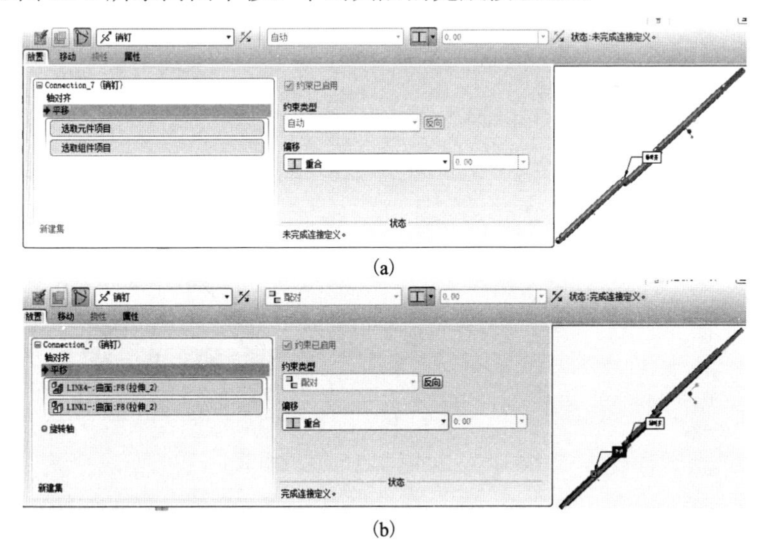

(a)

(b)

图 10-5　组装 link_4.prt

(7) 单击【视图】工具栏上的【拖动】工具按钮图标，系统弹出“拖动”对话框。选中拖动主体工具按钮，系统弹出“选取”对话框，选中 link_4.prt，将其移动到合适的位置，如图 10-6 所示。

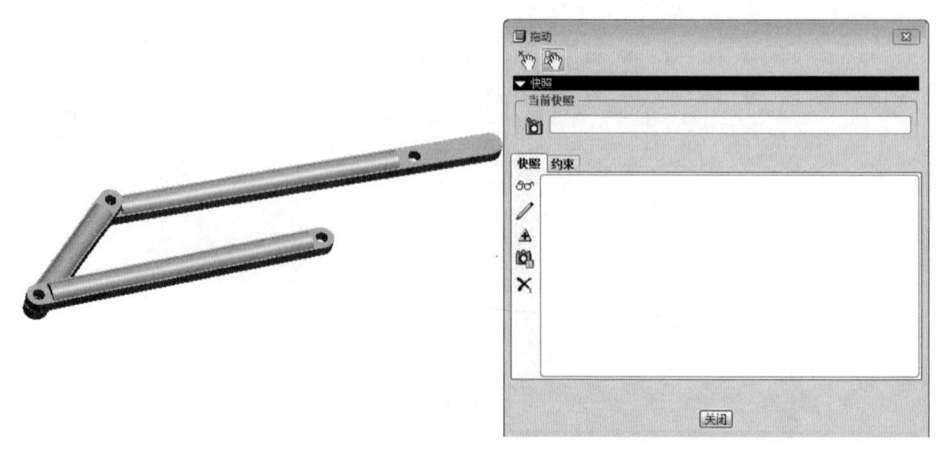

图 10-6　将杆件移动到合适的位置

(8) 单击工具栏上的“添加元件”按钮，选取 link_2.prt，单击【打开】按钮，按图 10-7 所示的操作，使用“销钉”连接来组装 link_2.prt，首先选两轴对齐，再选择如图 10-7 所示两面平移。

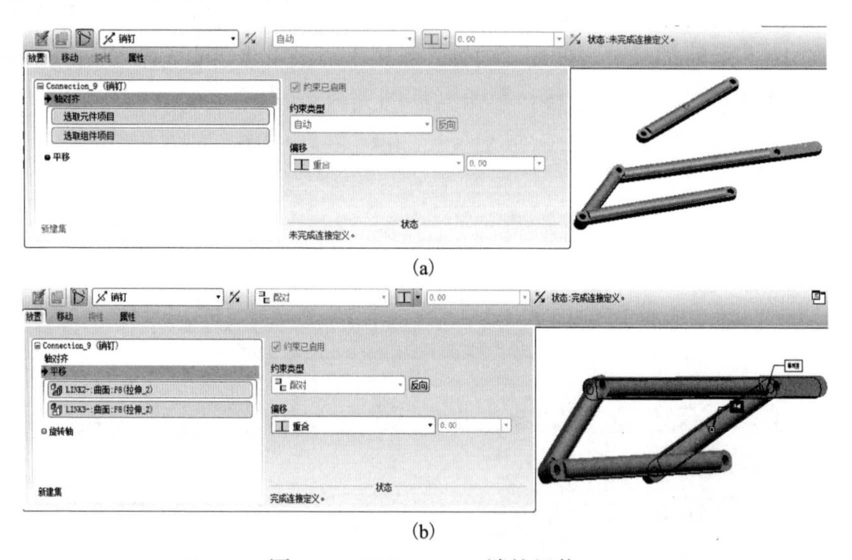

图 10-7　link_2.prt 一端的组装

(9) 单击“新建集”，首先选两轴对齐，再选择如图 10-8 所示两面平移，单击其后的完成按钮，完成平面四连杆机构的组装，效果如图 10-9 所示。

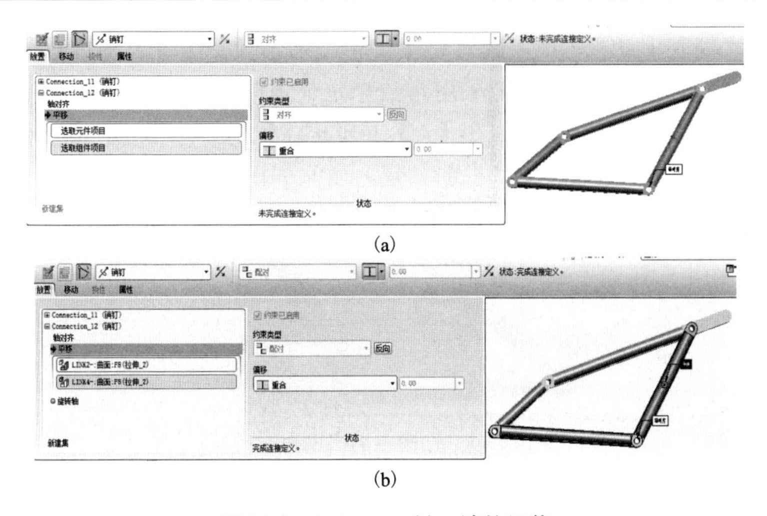

图 10-8　link_2.prt 另一端的组装

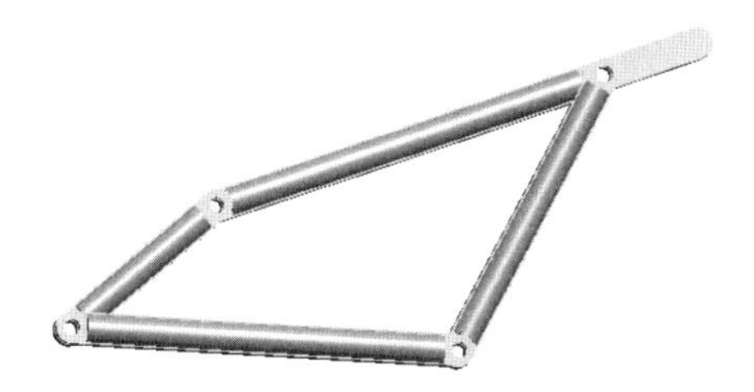

图 10-9　平面四连杆机构的组装完成结果

2. 机构设置

(1) 单击菜单栏中的【应用程序(P)】→【机构(E)】命令，系统自动进入机构平台。

(2) 单击【模型】工具栏上的【伺服电动机】工具按钮，系统弹出“伺服电动机定义”对话框，点选【从动图元】选项组中的【运动轴】单选按钮，单击【选取】按钮，在 3D 模型中选择图 10-10 所示旋转轴的轴线。

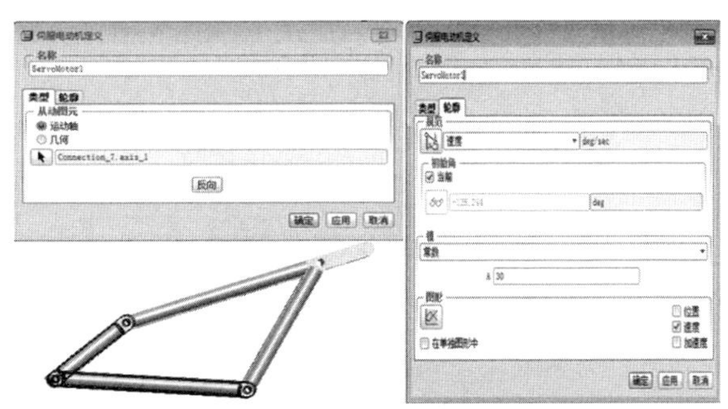

图 10-10　伺服电动机的设置

(3) 在“伺服电动机定义”对话框中，单击【轮廓】按钮，选择【规范】下拉列表框中的“速度”选项，我们采用常数来定义电动机的转动方式，选择【模】下拉列表框中的“常数”选项，在【A】文本框中输入 30，如图 10-10 所示，单击【确定】按钮，完成伺服电动机的创建。效果如图 10-11 所示。

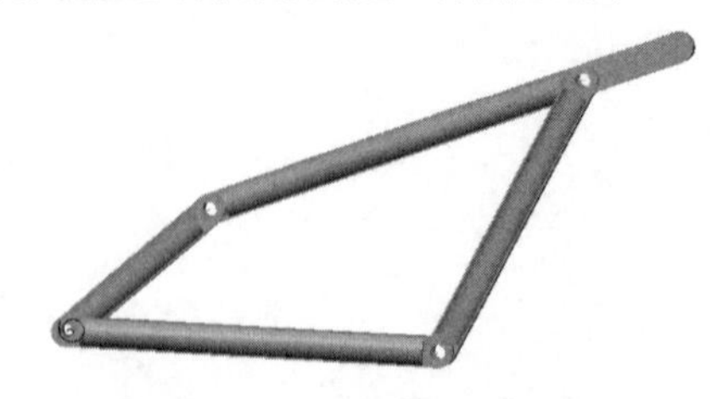

图 10-11　伺服电动机创建完成

(4) 选中如图 10-12 所示旋转轴，右击选择【编辑定义】，系统弹出“运动轴”对话框，在【旋转轴】下选中组件的 link_4 的 RIGHT 面以及 link_1 的 RIGHT 面，在当前位置文本框中输入–90，单击【预览特征几何】按钮，如图 10-12 所示，单击完成按钮。

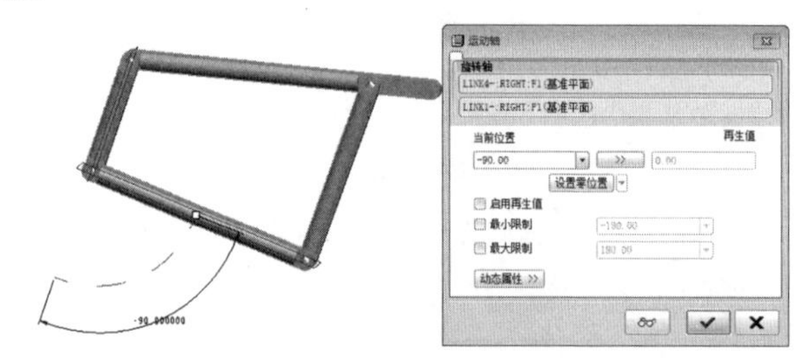

图 10-12　运动轴的设置

(5) 单击【视图】工具栏上的【拖动】工具按钮图标，系统弹出“拖动”对话框。单击【快照】左侧三角，展开快照选项卡，如图 10-13 所示。单击【拍下当前配置的快照】按钮拍成快照。单击【关闭】按钮，完成快照的设置。

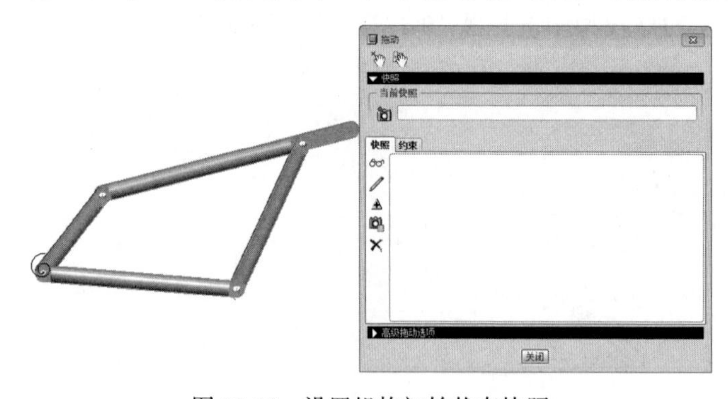

图 10-13　设置机构初始状态快照

3. 运动分析

单击“运动”工具栏上的【机构分析】工具按钮，系统弹出“分析定义”对话框，如图 10-14 所示，将名称改为“运动”，选择【类型】下拉列表框中的“运动学”选项，在【终止时间】文本框中输入 24，选中【初始配置】中的“快照”，其他选项为系统默认值，如图 10-14 所示，单击【运行】按钮，模型就开始运动，做机构的动态仿真。运动停止后，单击【确定】按钮。

图 10-14　分析定义对话框

4. 分析测量结果

(1) 单击“运动”工具栏上的【测量】工具按钮，系统弹出“测量结果”对话框，单击【创建新测量】工具按钮，系统弹出“测量定义”对话框，如图 10-15 所示。

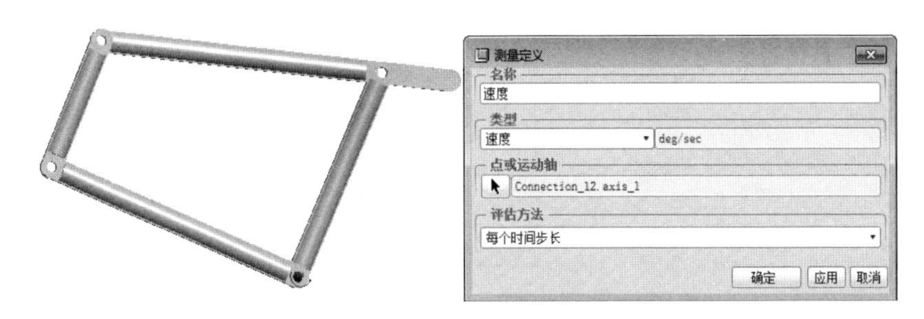

图 10-15　连杆的速度分析设置

(2) 在“测量定义”对话框中，在【名称】文本框中输入“速度”，选择【类型】下拉列表框中的“速度”选项，单击【选取】按钮，选择图 10-15 所示两杆相交轴线，如图 10-15 所示。单击【确定】按钮，返回“测量结果”对话框。

(3) 单击【创建新测量】工具按钮，系统弹出“测量定义”对话框，如图 10-16 所示。

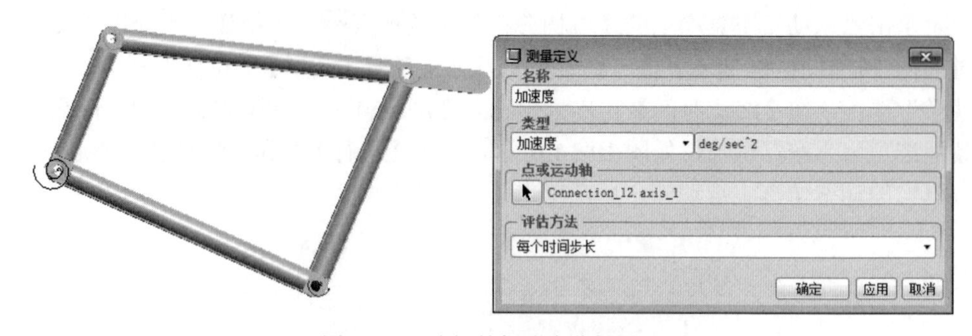

图 10-16　连杆的加速度分析设置

(4) 在“测量定义”对话框中，在【名称】文本框中输入“加速度”，选择【类型】下拉列表框中的“加速度”选项，单击【选取】按钮，选择如图 10-16 所示两杆相交轴线。单击【确定】按钮，返回“测量结果”对话框。

(5) 按住 Ctrl 键，选中【测量】列表框中的“速度”、“加速度”，勾选“分别绘制测量图形”复选框，选中【结果集】列表框中的“运动”选项，如图 10-17 所示。单击工具栏中的【绘制选定结果集所选测量的图形】按钮，系统弹出“图形工具”对话框，对话框中显示结果，如图 10-17 所示。单击退出图形工具窗口。

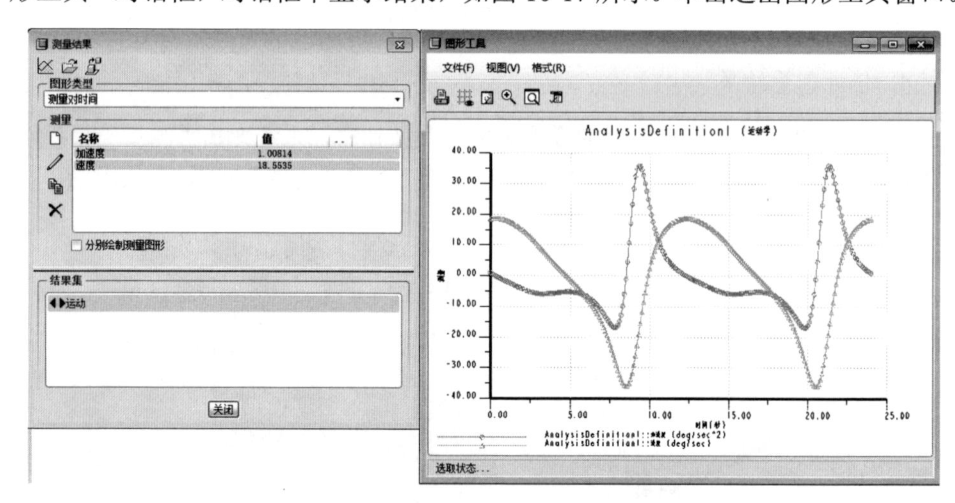

图 10-17　连杆速度、加速度分析完成结果

5. 包络分析

(1) 单击“运动”工具栏上的【回放】工具按钮，系统弹出“回放”对话框，

如图 10-18 所示。

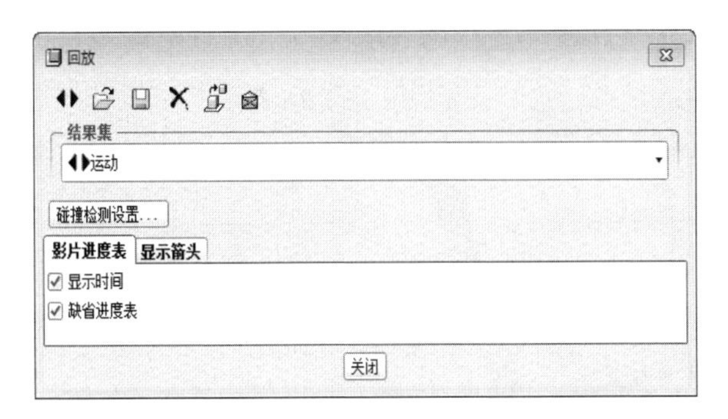

图 10-18　回放对话框

(2) 单击【创建运动包络】工具按钮，系统弹出“创建运动包络”对话框，如图 10-19 所示，单击【选取元件】选项组中的【选取】按钮，显示“选取了 4 个元件”，在【级】文本框中输入 3，单击【预览】，系统弹出“运动包络块警报”，单击【确定】，再单击“创建运动包络”对话框的【预览】，效果如图 10-19 所示。单击【关闭】按钮，系统返回“回放”对话框。

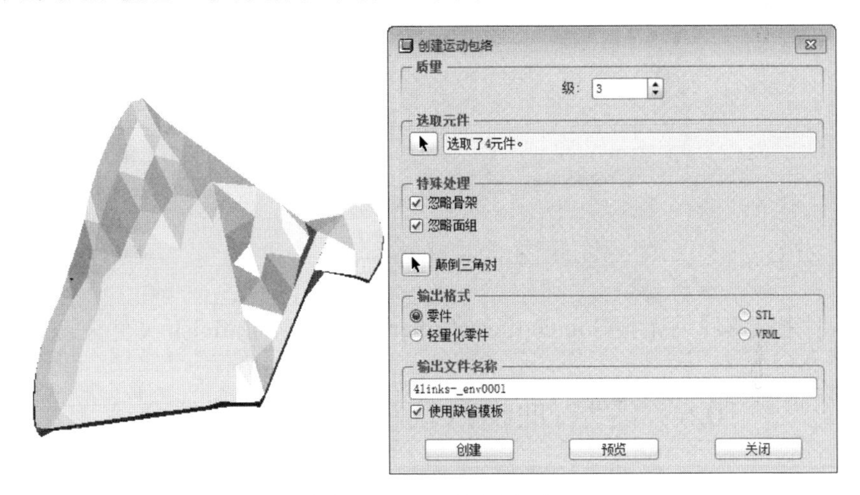

图 10-19　创建运动包络

(3) 单击“回放”对话框中的【碰撞检测设置】，系统弹出“碰撞检测设置”对话框，单击选中“全局碰撞检测”，单击【确定】按钮，系统返回“回放”对话框，单击【播放当前结果集】按钮，系统弹出“动画”对话框，机构开始运动。单击【关闭】按钮。

(4) 单击菜单栏中的【插入(I)】→【轨迹曲线(T)】，系统弹出“轨迹曲线”对话框，单击【纸零件】选项组中的【选取】按钮，选中 LINK3-，如图 10-20

所示。单击【点、顶点或曲线端点】选项组中的【选取】按钮，选中如图 10-20 所示的点。单击选中【结果集】中的“运动”，单击预览，效果如图 10-21 所示。

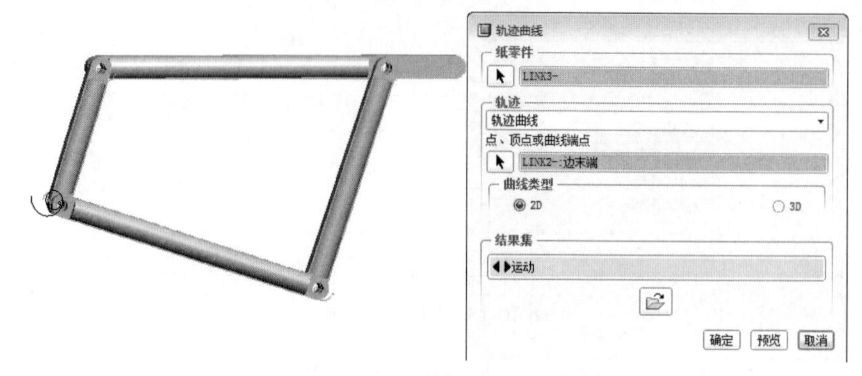

图 10-20　轨迹曲线零件及点的选取

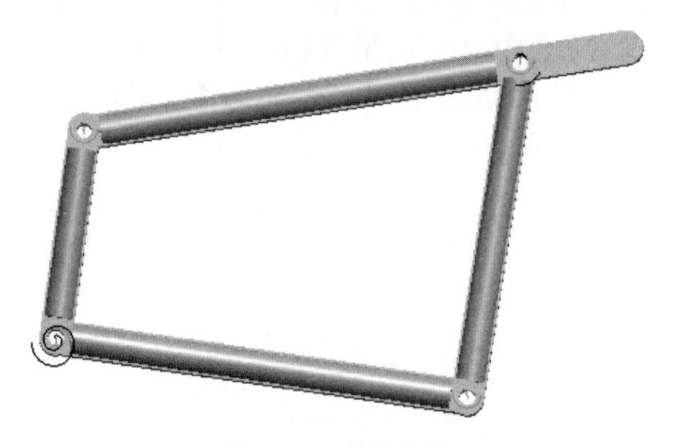

图 10-21　轨迹曲线

本例完成文件见光盘\Source files\chapter10\4_bar_link\finish 文件夹。

10.6　活塞(曲柄滑块机构)运动学仿真

1. 组装活塞

1) 组装 link.asm

(1) 将光盘\Source files\chapter10\Engine\origin 中的文件复制到硬盘中，并将工作目录设置于此。

(2) 单击【文件(F)】→【新建(N)】命令，选择组件类型，输入文件名 link，取消【使用缺省模板】复选框，单击【确定】按钮，如图 10-22 所示。

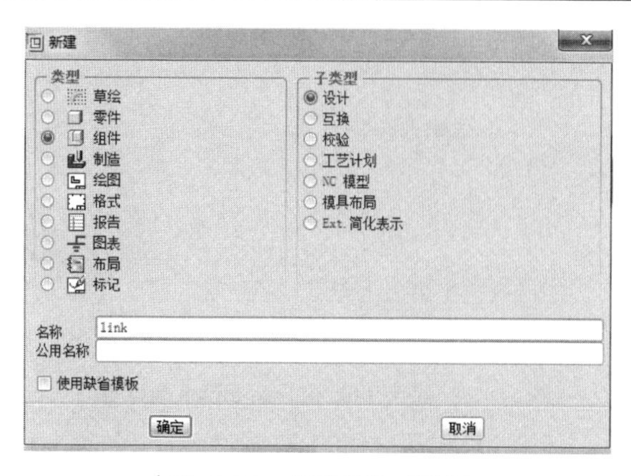

图 10-22　新建组件对话框

(3) 系统弹出“新文件选项”对话框，在“新文件选项”对话框中的列表框中选中“mmns_asm_design”选项，单击【确定】按钮，进入组件设计平台。

(4) 单击工具栏上的“添加元件”按钮，选取 link.prt，单击【打开】，设置约束类型为缺省 缺省，单击其后的完成按钮。

(5) 单击工具栏上的“添加元件”按钮，选取 link_cover.prt，单击【打开】，按图 10-23 所示的操作，选择两零件两面副配对，再选两零件侧面对齐，然后再选两轴对齐，单击其后的完成按钮，效果如图 10-24 所示。

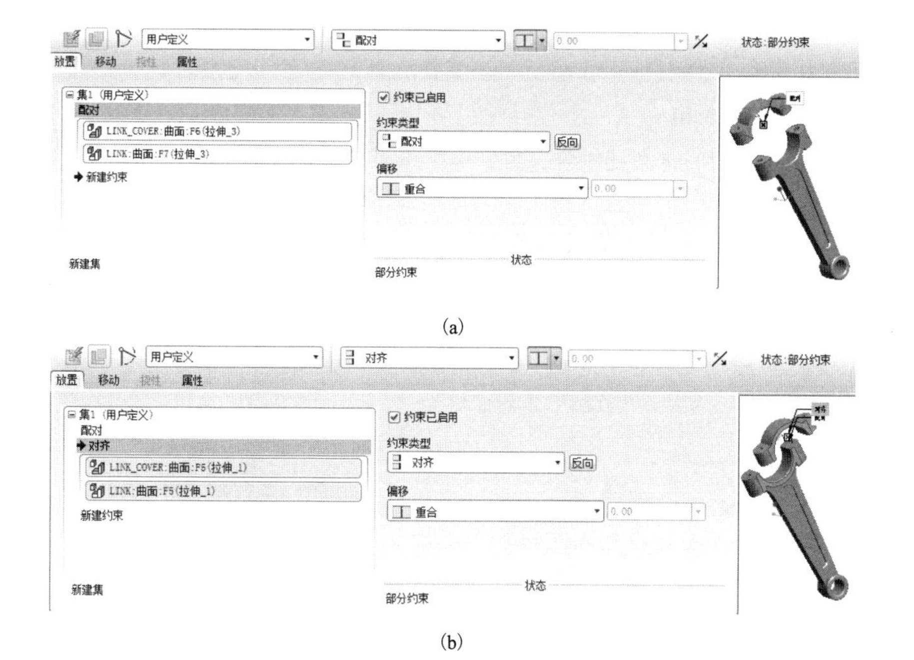

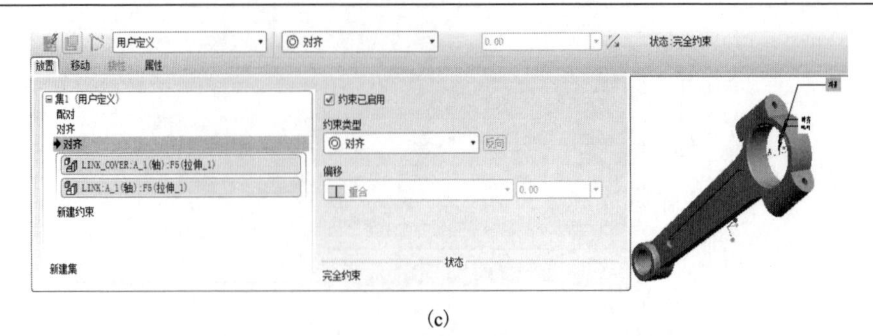

(c)

图 10-23　组装 link 和 link_cover 两零件

图 10-24　link.asm 的组装结果

(6) 将组装结果保存成 link.asm，并准备进行其他零件的组装。

2) 组装 engine.asm

(1) 以 engine 的名称新建组件文件。单击工具栏上的“添加元件”按钮，选取 shell.prt，单击【打开】，设置约束类型为缺省 缺省 ，单击其后的完成按钮。

(2) 单击工具栏上的“添加元件”按钮，选取 axis.prt，单击【打开】，按图 10-25 所示的操作，使用“销钉”连接来组装 axis.prt，首先选两轴对齐，再选择两面平移，偏距为 1mm。单击其后的完成按钮，效果如图 10-26 所示。

(a)

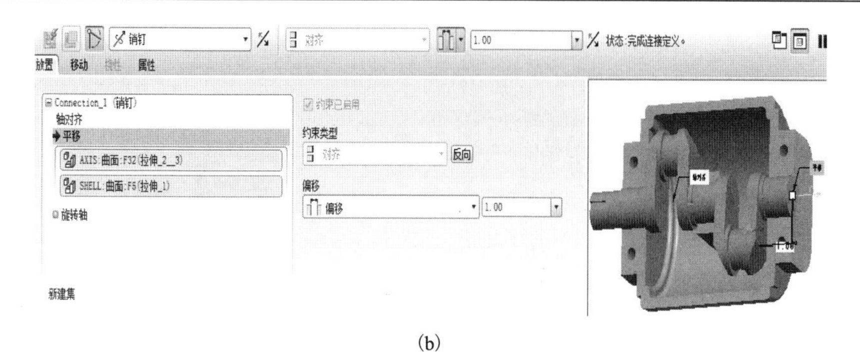

(b)

图 10-25　组装 shell 和 axis 两零件

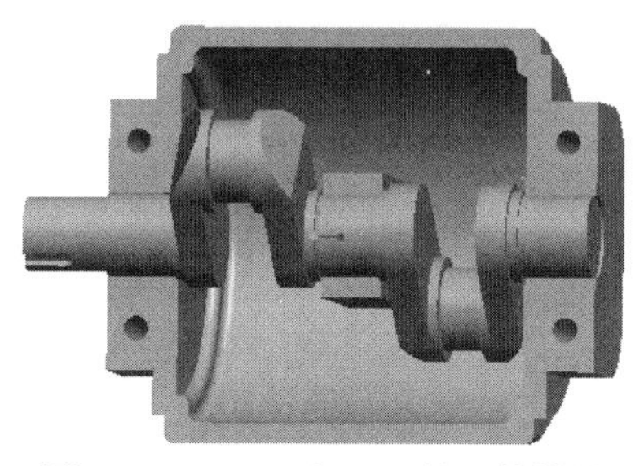

图 10-26　shell 和 axis 的组装结果

(3) 单击工具栏上的“添加元件”按钮，选取 link.asm，单击【打开】，按图 10-27 所示的操作，使用“销钉”连接来组装 axis.prt，首先选两轴对齐，再选择两面平移，两平面对齐后再偏移 5mm。单击其后的完成按钮。

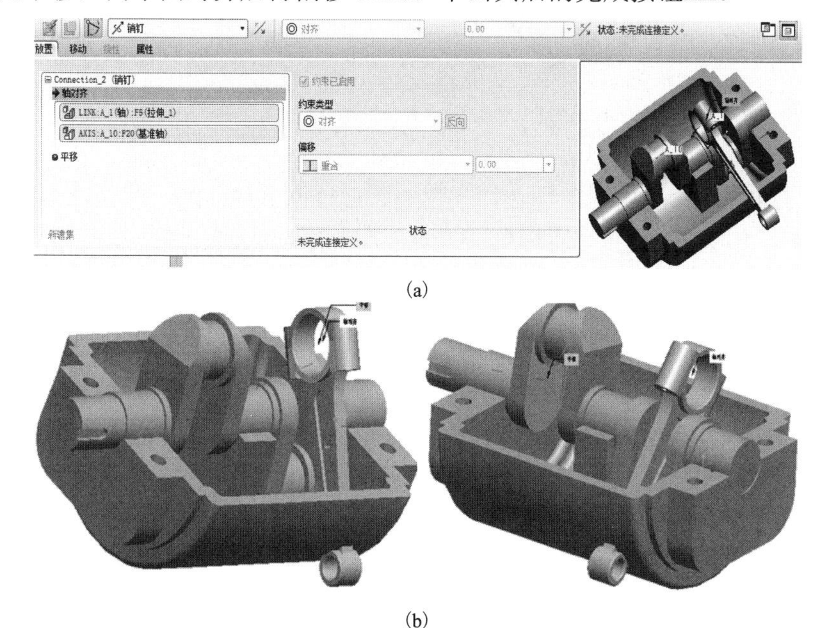

(a)

(b)

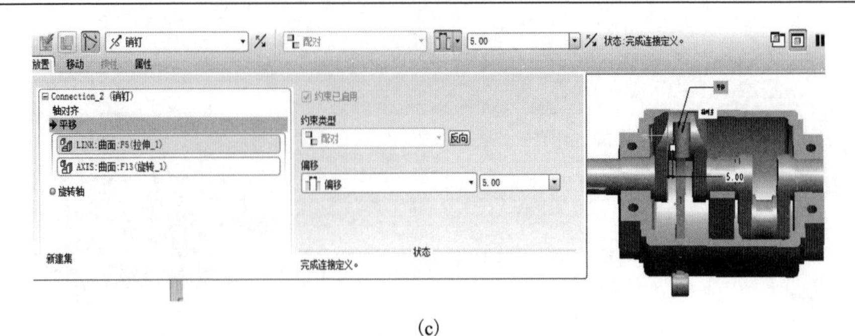

(c)

图 10-27　组装 link.asm 的设置

(4) 单击【视图】工具栏上的【拖动】工具按钮图标，系统弹出“拖动”对话框。选中拖动主体工具按钮，系统弹出“选取”对话框，选中 link.prt，将其移动到合适的位置，如图 10-28 所示。

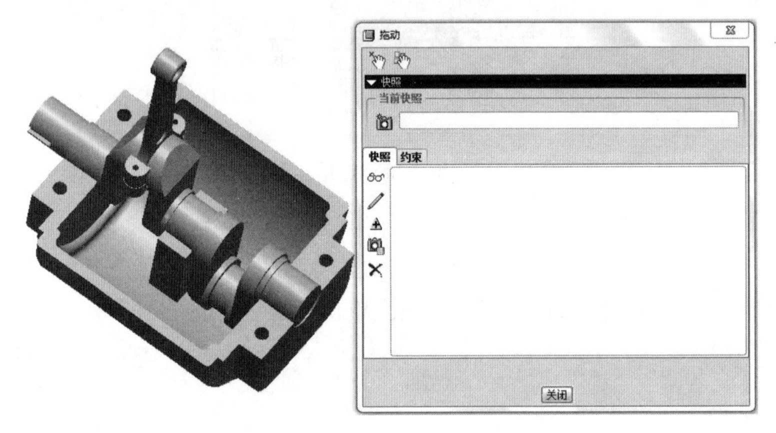

图 10-28　将 link 移动到合适的位置

(5) 单击工具栏上的“添加元件”按钮，选取 piston.prt，单击【打开】，按图 10-29 所示的操作，使用“圆柱”连接来组装 piston.prt，首先选两轴对齐，单击“新建集”再选择两轴对齐。单击其后的完成按钮，效果如图 10-30 所示。

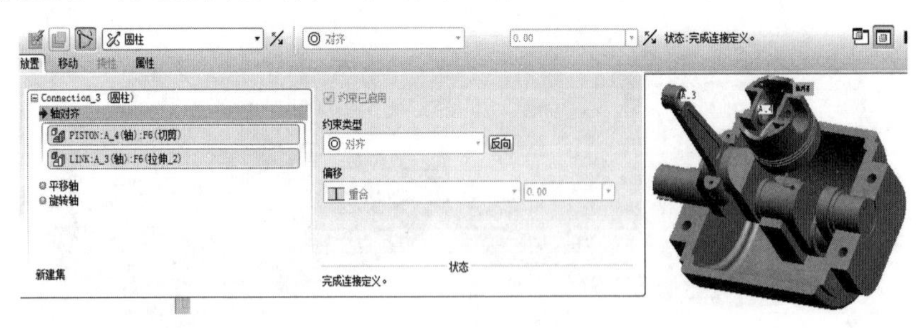

(a)

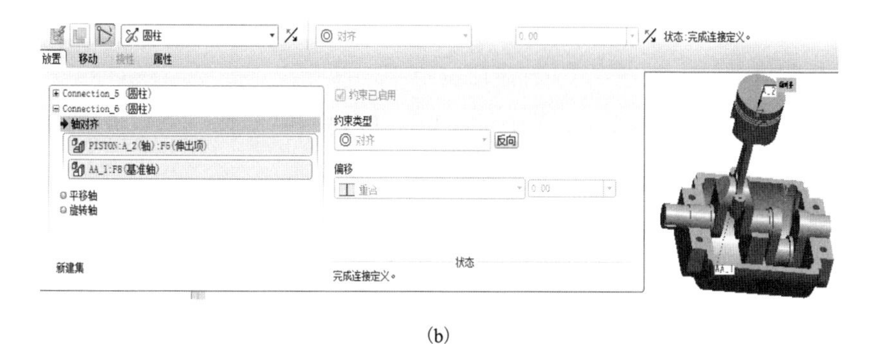

(b)

图 10-29　组装 piston.prt 的设置

图 10-30　engine.asm 单个活塞组装完成结果

(6) 重复上述装配过程(3)、(5)，效果图如图 10-31 所示。

图 10-31　engine.asm 组装完成结果

2. 机构设置

(1) 单击菜单栏中的【应用程序(P)】→【机构(E)】命令，系统自动进入机构平台。

(2) 单击【视图】工具栏上的【拖动】工具按钮图标，系统弹出“拖动”对话框。单击【快照】左侧三角，展开快照选项卡，如图 10-32 所示。单击【约束】，展开约束选项框，单击【配对两个图元】按钮，选取连杆的面和缸体的面做配对约束，以将活塞位移到上止点(或下止点)的初始位置上，并拍成快照。单击【关闭】按钮，完成快照的设置。

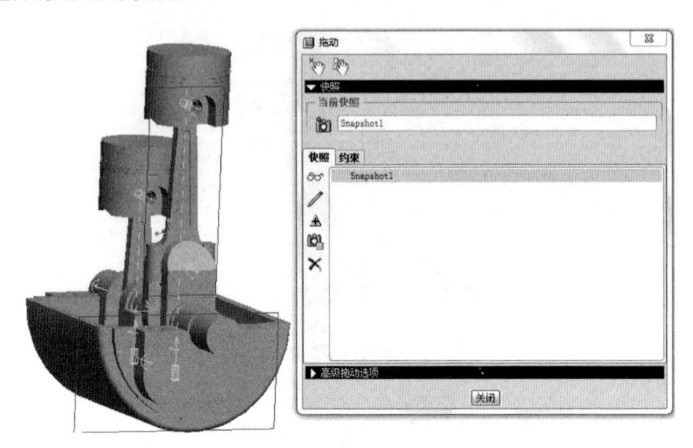

图 10-32　设置机构初始状态的快照

(3) 单击【模型】工具栏上的【伺服电动机】工具按钮，系统弹出“伺服电动机定义”对话框，点选【从动图元】选项组中的【运动轴】单选按钮，单击【选取】按钮，在 3D 模型中选择曲柄与轴的运动轴线，如图 10-33 所示。

图 10-33　伺服电动机的设置

(4) 在“伺服电动机定义”对话框中，单击【轮廓】按钮，选择【规范】下拉列表框中的“速度”选项，我们采用常数来定义电动机的转动方式，选择【模】下拉列表框中的“常数”选项，在【A】文本框中输入 30，如图 10-33 所示，单击【确定】按钮，完成伺服电动机的创建。效果如图 10-34 所示。

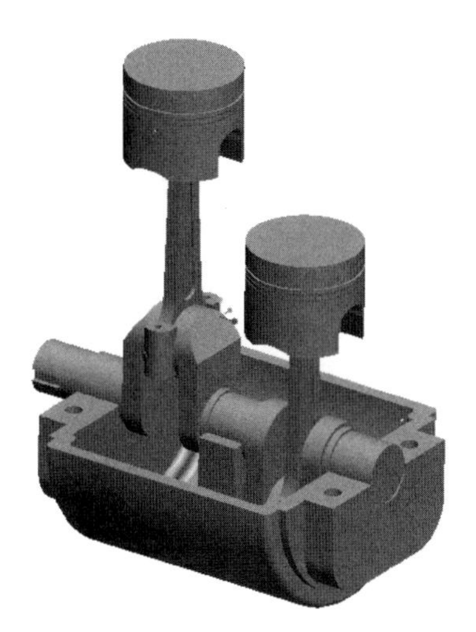

图 10-34　伺服电动机创建完成

3. 运动分析

单击“运动”工具栏上的【机构分析】工具按钮，系统弹出“分析定义”对话框，如图 10-35 所示，将名称改为“运动”，选择【类型】下拉列表框中的“运动学”选项，在【终止时间】文本框中输入 12，选中【初始配置】中的“快照”，其他选项为系统默认值，单击【运行】按钮，模型就开始运动，做机构的动态仿真。运动停止后，单击【确定】按钮。

4. 分析测量结果

(1) 单击“运动”工具栏上的【测量】工具按钮，系统弹出“测量结果”对话框，单击【创建新测量】工具按钮，系统弹出“测量定义”对话框，如图 10-36 所示。

(2) 在“测量定义”对话框中，在【名称】文本框中输入“活塞旋转轴线位置”，选择【类型】下拉列表框中的“位置”选项，单击【选取】按钮，选择活塞的旋转轴，如图 10-36 所示。单击【确定】按钮，返回“测量结果”对话框。

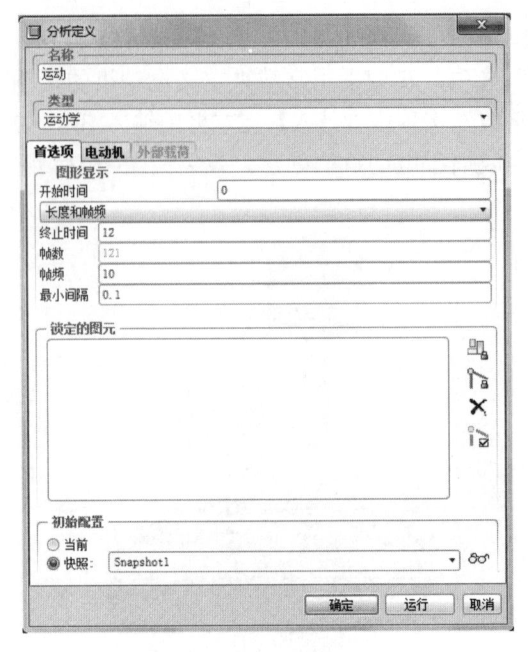

图 10-35　分析定义对话框

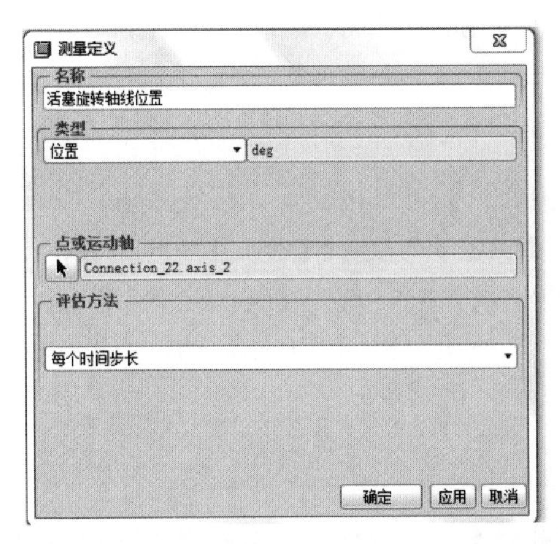

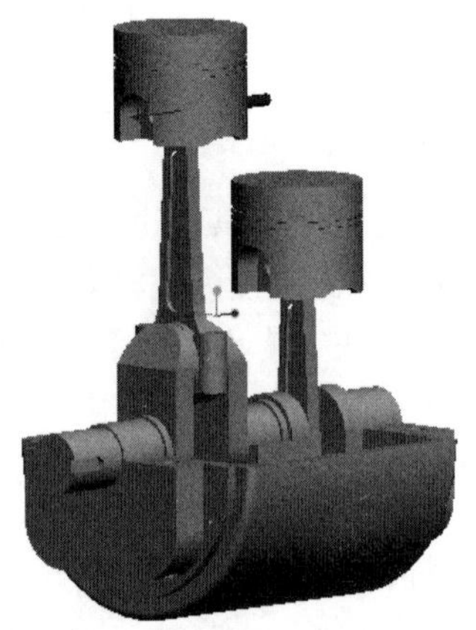

图 10-36　活塞位置分析设置

(3) 单击【创建新测量】工具按钮，系统弹出“测量定义”对话框，如图 10-37 所示。

(4) 在“测量定义”对话框中，在【名称】文本框中输入“活塞旋转轴线速度”，选择【类型】下拉列表框中的“速度”选项，单击【选取】按钮，选择活塞旋转轴线，如图 10-37 所示。单击【确定】按钮，返回“测量结果”对话框。

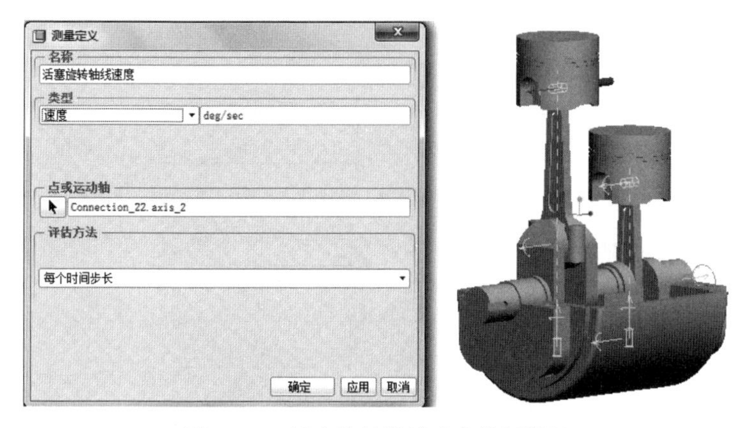

图 10-37　活塞旋转轴线速度分析设置

(5)单击【创建新测量】工具按钮，系统弹出“测量定义”对话框，如图 10-38 所示。

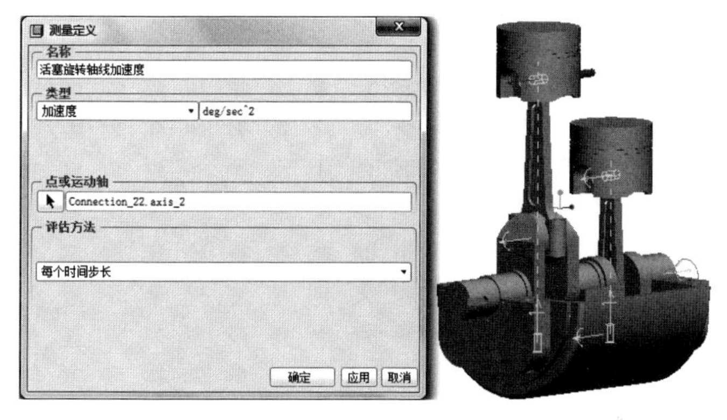

图 10-38　活塞旋转轴线加速度分析设置

(6)在“测量定义”对话框中，在【名称】文本框中输入“活塞旋转轴线加速度”，选择【类型】下拉列表框中的“加速度”选项，单击【选取】按钮，选择活塞旋转轴线，如图 10-38 所示。单击【确定】按钮，返回“测量结果”对话框。

(7)按住 Ctrl 键，选中【测量】列表框中的“活塞旋转轴线位置”、“活塞旋转轴线速度”、“活塞旋转轴线加速度”选项，勾选“分别绘制测量图形”复选框，选中【结果集】列表框中的“运动”选项，如图 10-39 所示。单击工具栏中的【绘制选定结果集所选测量的图形】按钮，系统弹出“图形工具”对话框，对话框中显示结果，如图 10-39 所示。单击退出图形工具窗口。

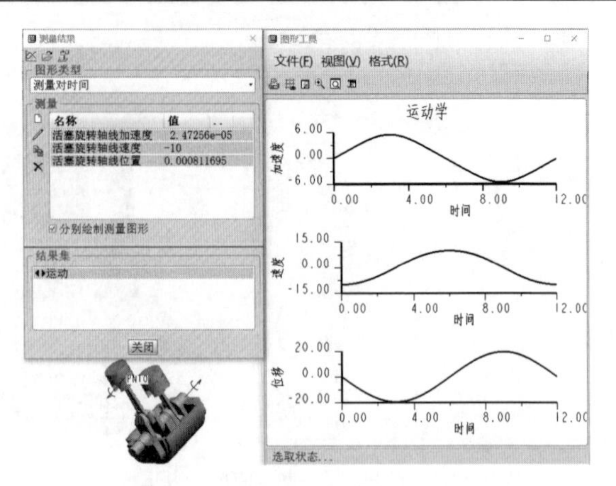

图 10-39　活塞旋转轴线的分析完成结果

下面将一道典型的曲柄滑块分析习题的理论解答和实际的软件操作结果对照，看是否一致。

1) 理论解答部分

已知曲柄(连杆 2)角速度为 10(°)/s，与水平线成 45°。其中，连杆 2 及连杆 3 分别为 50mm 与 150mm(实例中的实际值)，机构简图如图 10-40 所示，试分析连杆 2 在 45°的位置时，C 点的速度及加速度值。

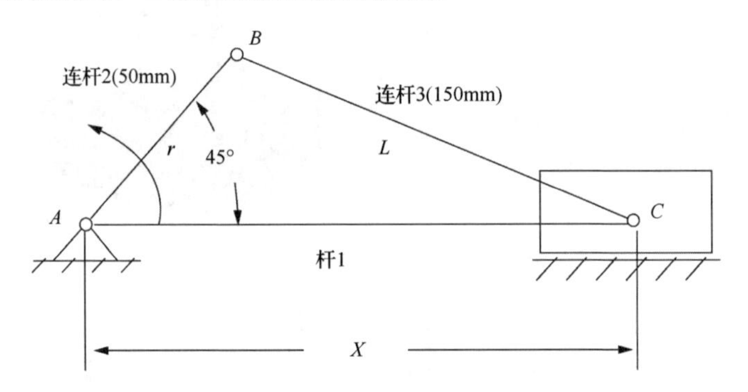

图 10-40　本例曲柄滑块机构简图

$X = L\left[1-\frac{1}{4}\left(\frac{r}{L}\right)^2\right]+r\left(\cos\theta+\frac{1}{4}\frac{r}{L}\cos 2\theta\right)$，代入数值得 X=181.18867mm。

$v=\frac{\mathrm{d}x}{\mathrm{d}t}=-r\omega\left(\sin\theta+\frac{1}{2}\frac{r}{L}\sin 2\theta\right)$，代入数值得 v= –7.62511mm，负号表示方向。

$a=\frac{\mathrm{d}v}{\mathrm{d}t}=-r\omega^2\left(\cos\theta+\frac{r}{L}\cos 2\theta\right)$，代入数值得 a= –1.0769852mm，负号表示方向。

2) 软件操作部分解答

(1) 单击【模型】工具栏上的【伺服电动机】工具按钮，系统弹出“伺服电动机定义”对话框，点选【从动图元】选项组中的【运动轴】单选按钮，单击【选取】按钮，在 3D 模型中选择曲柄与轴的运动轴线，如图 10-41 所示。

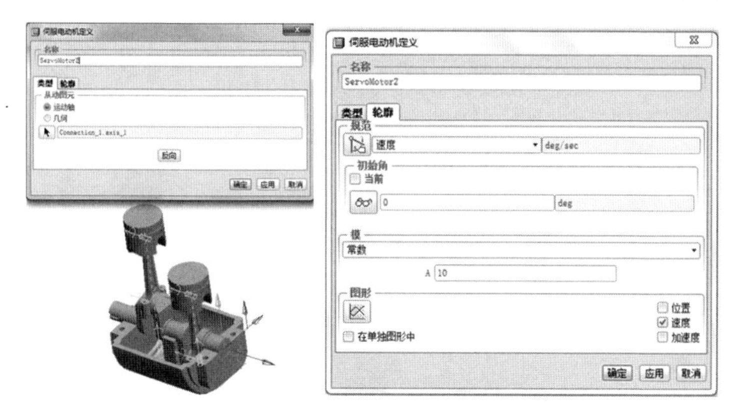

图 10-41　伺服电动机的设置

(2) 在“伺服电动机定义”对话框中，单击【轮廓】按钮，选择【规范】下拉列表框中的“速度”选项，我们采用常数来定义电动机的转动方式，选择【模】下拉列表框中的“常数”选项，在【A】文本框中输入 10，如图 10-41 所示，单击【确定】按钮，完成伺服电动机的创建。

(3) 单击“运动”工具栏上的【机构分析】工具按钮，系统弹出“分析定义”对话框，如图 10-42 所示，将名称改为“验证计算”，选择【类型】下拉列表框中

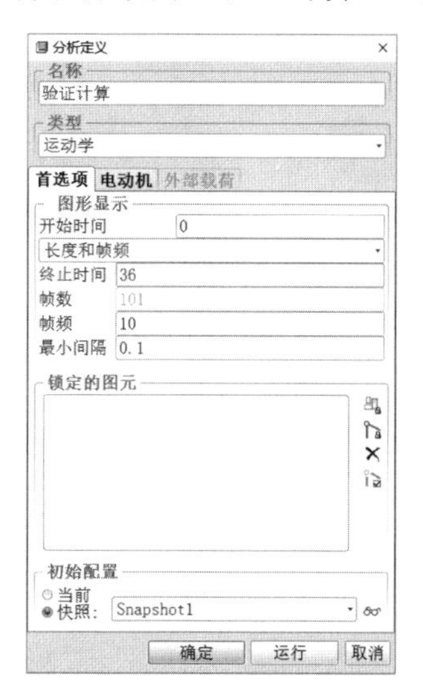

图 10-42　分析定义对话框

的“运动学”选项，在【终止时间】文本框中输入 36，选中【初始配置】中的“快照”，单击【预览指定的快照】按钮，其他选项为系统默认值。

(4) 单击“分析定义”对话框中的【电动机】选项卡，选中 ServoMotor1，单击【删除加亮的行】按钮，如图 10-43 所示。单击【运行】按钮，模型就开始运动，做机构的动态仿真。运动停止后，单击【确定】按钮。

图 10-43　删除伺服电动机 ServoMotor1

(5) 单击“运动”工具栏上的【测量】工具按钮，系统弹出“测量结果”对话框，单击【创建新测量】工具按钮，系统弹出“测量定义”对话框，如图 10-44 所示。在“测量定义”对话框中，在【名称】文本框中输入“曲柄位置”，选择【类型】下拉列表框中的“位置”选项，单击【选取】按钮，选择曲柄的旋转轴，如图 10-44 所示。单击【确定】按钮，返回“测量结果”对话框。

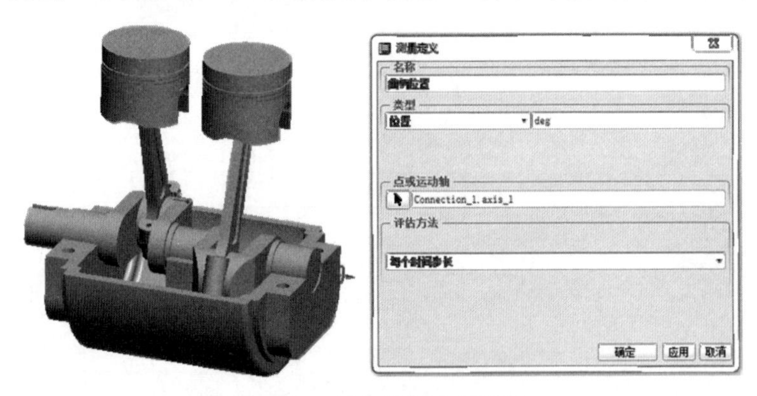

图 10-44　曲柄位置分析设置

(6) 单击“运动”工具栏上的【测量】工具按钮，系统弹出“测量结果”对话框，单击【创建新测量】工具按钮，系统弹出“测量定义”对话框，如图 10-45 所示。在“测量定义”对话框中，在【名称】文本框中输入“位置”，选择【类型】

下拉列表框中的“位置”选项，单击【选取】按钮，选择点 PNT0，如图 10-45 所示。单击【确定】按钮，返回“测量结果”对话框。

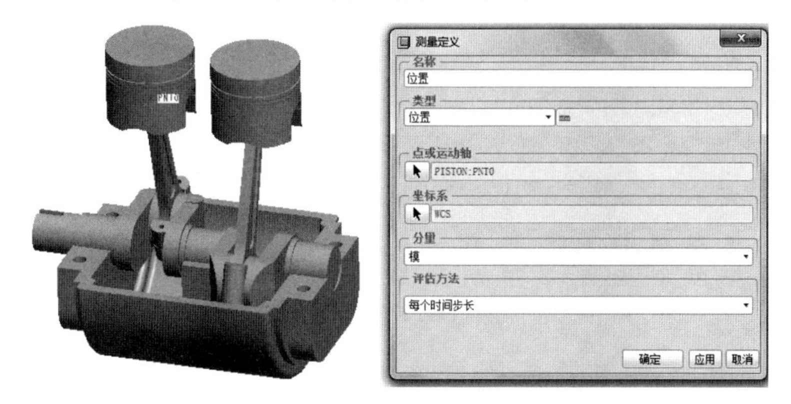

图 10-45　PNT0 位置分析设置

(7) 单击“运动”工具栏上的【测量】工具按钮，系统弹出“测量结果”对话框，单击【创建新测量】工具按钮，系统弹出“测量定义”对话框，如图 10-46 所示。在“测量定义”对话框中，在【名称】文本框中输入“速度”，选择【类型】下拉列表框中的“速度”选项，单击【选取】按钮，选择点 PNT0，如图 10-46 所示。单击【确定】按钮，返回“测量结果”对话框。

图 10-46　PNT0 速度分析设置

(8) 单击“运动”工具栏上的【测量】工具按钮，系统弹出“测量结果”对话框，单击【创建新测量】工具按钮，系统弹出“测量定义”对话框，如图 10-47 所示。在“测量定义”对话框中，在【名称】文本框中输入“加速度”，选择【类型】下拉列表框中的“加速度”选项，单击【选取】按钮，选择点 PNT0，如图 10-47 所示。单击【确定】按钮，返回“测量结果”对话框。

图 10-47　PNT0 加速度分析设置

(9) 在“测量结果”对话框中的【图形类型】下拉列表框中选择“测量对测量”，【测量 X 轴】选择“曲柄位置”，按住 Ctrl 键，选中【测量】列表框中的“位置”、“速度”、“加速度”选项，选中【结果集】列表框中的“验证计算”选项，如图 10-48 所示。单击工具栏中的【绘制选定结果集所选测量的图形】按钮，系统弹出“图形工具”对话框，单击“图形工具”对话框菜单栏中【格式(R)】，系统弹出“图形窗口选项”对话框，单击【X 轴】选项，在【范围】选项下的【最大】文本框中输入 45，得到的图形如图 10-48 所示。在曲柄位置 45°的条件下，PNT0 的位置值是 187.776，速度值是 7.66751，加速度值是 1.09232。

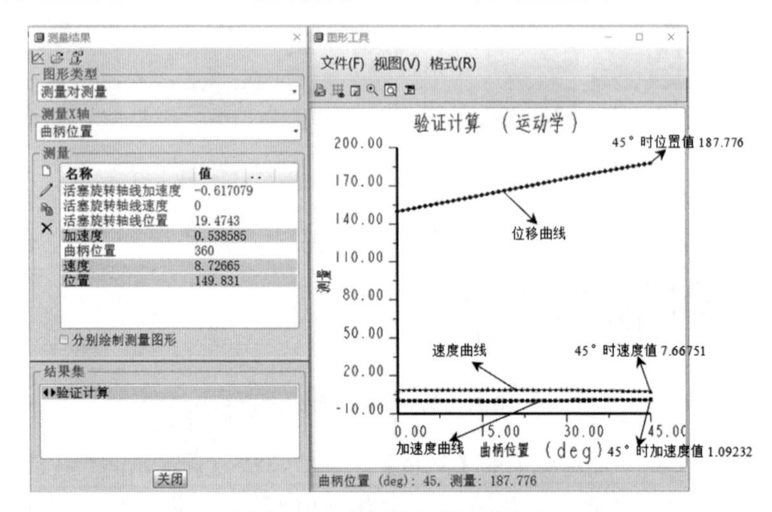

图 10-48　取得图表并得到答案

(10) 与上述理论计算值作对比，分析结果误差都很小，而用公式算的本来就是近似值，所以，Mechanism 所测量的应该更值得信赖。最后结果：验证成功。

本例完成文件见光盘\Source files\chapter10\Engine\finish 文件夹。

10.7　碟形凸轮运动学仿真

1. 组装碟形凸轮

1) 新建组件

(1) 将光盘\Source files\chapter10\Cam\origin 中的文件复制到硬盘中，并将工作目录设置于此。

(2) 单击【文件(F)】→【新建(N)】命令，选择【组件】类型，输入文件名 cam，取消【使用缺省模板】复选框，单击【确定】按钮，如图 10-49 所示。

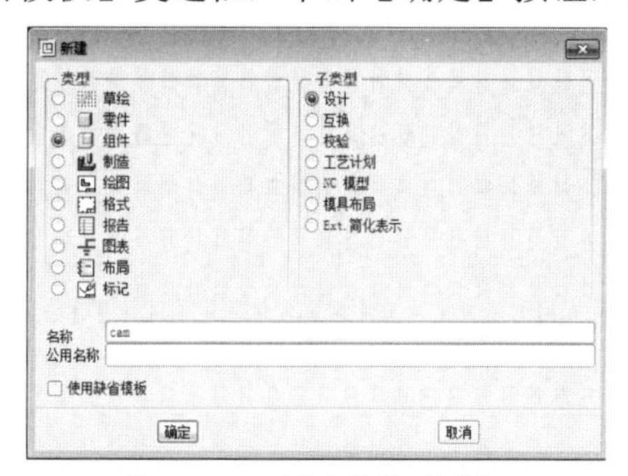

图 10-49　新建组件对话框

(3) 系统弹出“新文件选项”对话框，在“新文件选项”对话框中的列表框中选中“mmns_asm_design”选项，单击【确定】按钮，进入组件设计平台。

2) 组装凸轮盘

(1) 单击工具栏上的“添加元件”按钮，选取 cam_zuo.prt，单击【打开】，设置约束类型为缺省 缺省 ，单击其后的完成按钮。

(2) 单击工具栏上的“添加元件”按钮，选取 cam2.prt，单击【打开】，按图 10-50 所示的操作，使用“销钉”连接来组装凸轮盘，先将轴“对齐”，再将凸轮背面“平移”到固定板面。单击其后的完成按钮。

(a)

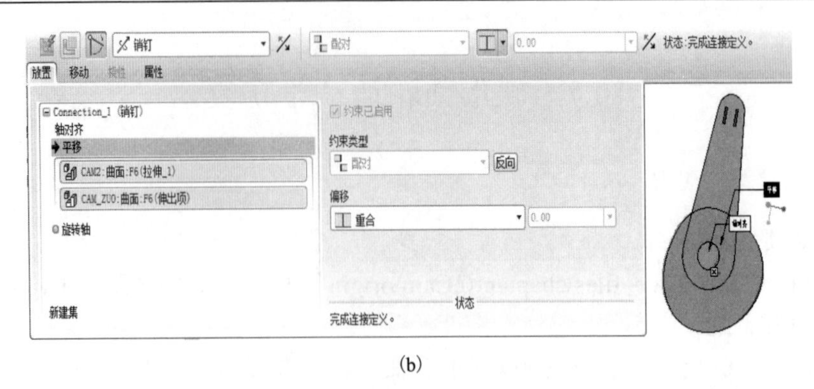

(b)

图 10-50　凸轮盘的组装过程

3) 组装从动件

单击工具栏上的“添加元件”按钮，选取 cam_bar.prt，单击【打开】，按图 10-51 所示的操作，使用“圆柱”连接来组装从动件，完成圆柱连接后，单击【平移】选项卡，选择从动件，按住左键不放，往上拉，拉到适当处后，放开左键，如图 10-51 所示。单击其后的完成按钮，效果如图 10-52 所示。

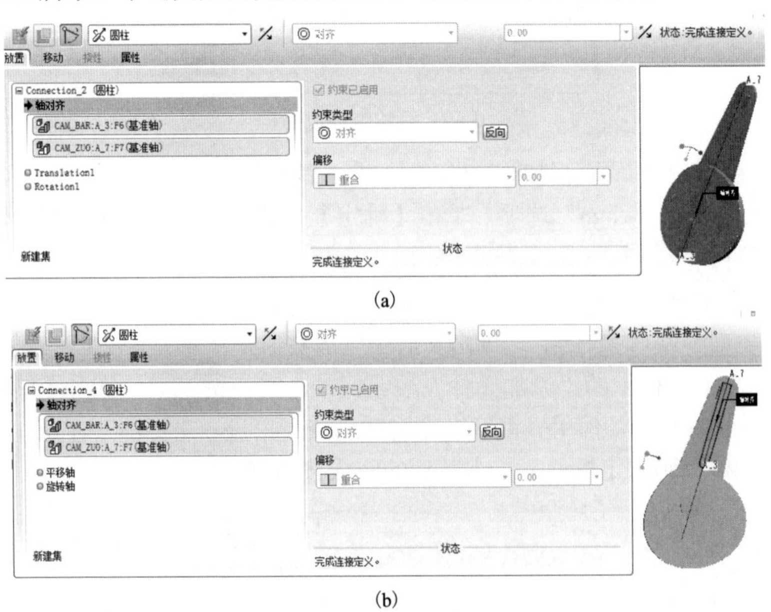

图 10-51　从动件的组装过程

2. 机构设置

(1) 单击菜单栏中的【应用程序(P)】→【机构(E)】命令，系统自动进入机构平台。

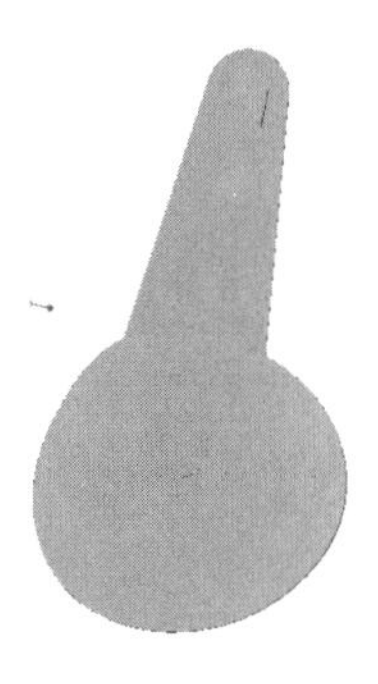

图 10-52　从动件的组装结果

(2) 单击【模型】工具栏上的【凸轮】工具按钮，系统弹出“凸轮从动件机构连接定义”对话框。单击【凸轮 1】选取按钮，按住 Ctrl 键，选取凸轮上会和从动件接触的面，如图 10-53 所示。

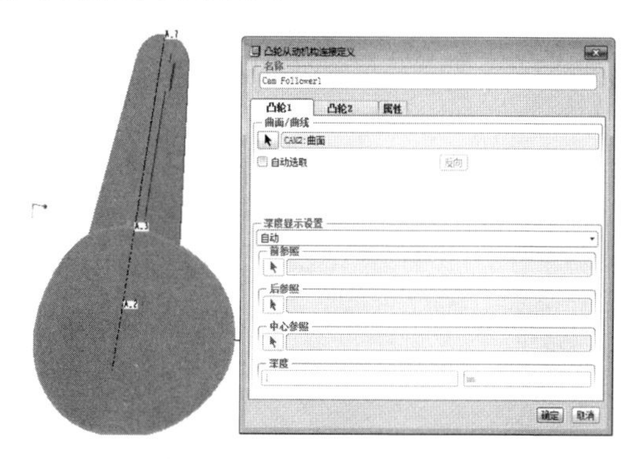

图 10-53　凸轮接触面的选取

(3) 单击【凸轮 2】选取按钮，按住 Ctrl 键，选取从动件上会和凸轮接触的面，如图 10-54 所示。单击【确定】按钮，如果设置成功，则系统会在两零件的接触点处画出一圆圈，效果如图 10-55 所示。

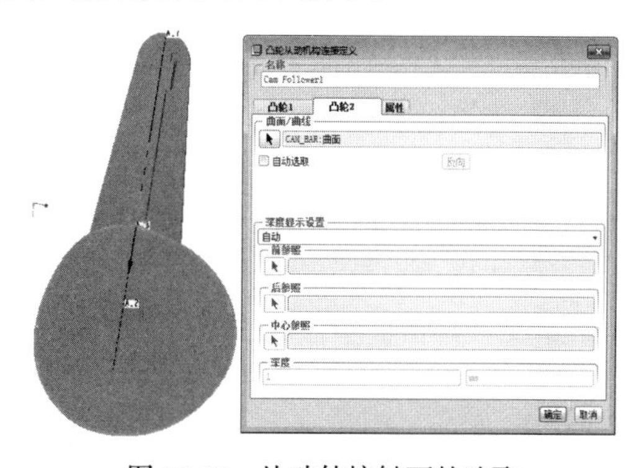

图 10-54　从动件接触面的选取

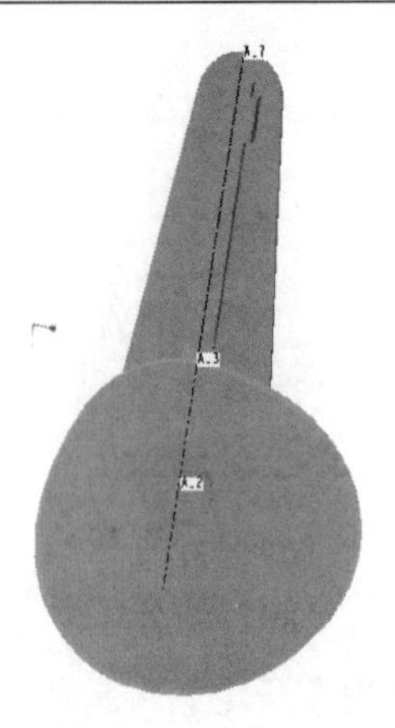

图 10-55　凸轮和从动件间的凸轮运动关系

(4) 单击【视图】工具栏上的【拖动】工具按钮图标，系统弹出“拖动”对话框。选中拖动主体工具按钮，系统弹出“选取”对话框，选中凸轮，将其旋转到合适的位置，如图 10-56 所示。

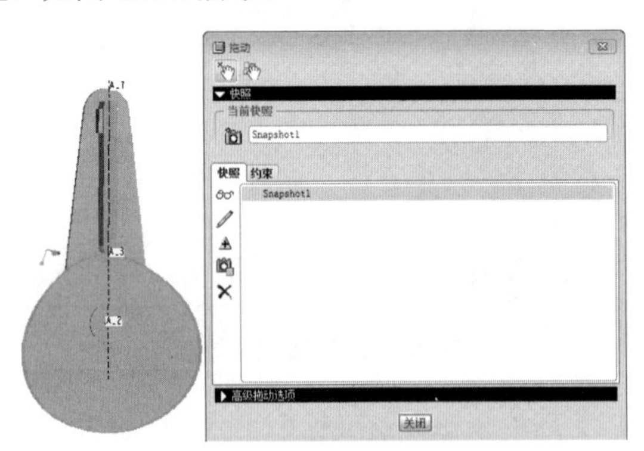

图 10-56　快照的构建

(5) 单击【快照】左侧三角，展开快照选项卡，如图 10-56 所示。单击【当前快照】选项组中的【拍下当前配置的快照】按钮，给机构拍照，在其后的文本框中显示快照的名称，单击【关闭】按钮，完成快照的设置。

(6) 单击【模型】工具栏上的【伺服电动机】工具按钮，系统弹出“伺服电动机定义”对话框，点选【从动图元】选项组中的【运动轴】单选按钮，单击【选取】按钮，在 3D 模型中选择伺服电动机旋转轴，如图 10-57 所示。

(7) 在“伺服电动机定义”对话框中，单击【轮廓】按钮，选择【规范】下拉列表框中的“速度”选项，我们采用常数来定义电动机的转动方式，选择【模】下拉列表框中的“常数”选项，在【A】文本框中输入 24，如图 10-57 所示，单击【确定】按钮，完成伺服电动机的创建。效果如图 10-58 所示。

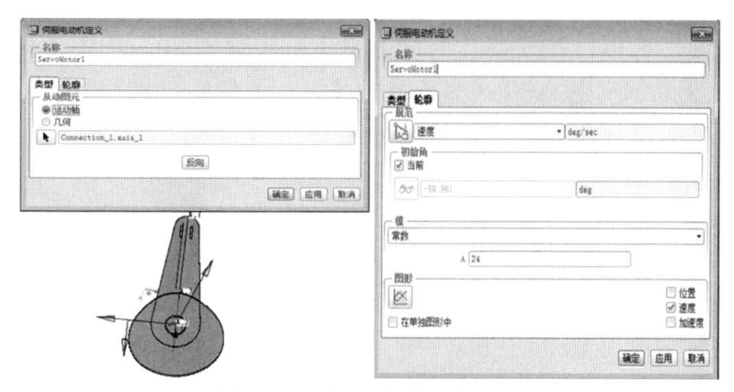

图 10-57　伺服电动机的设置

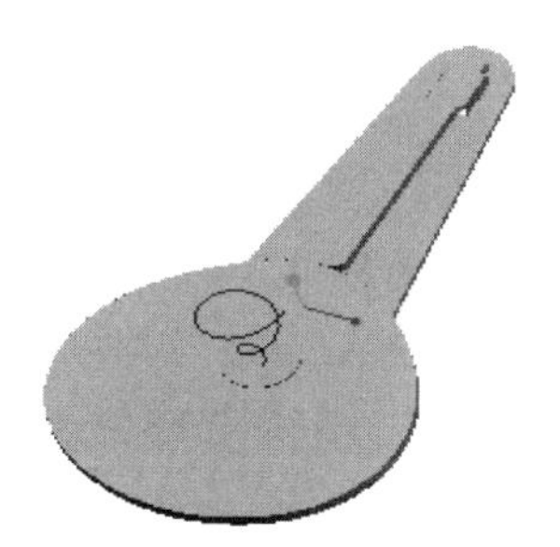

图 10-58　伺服电动机创建完成

3. 运动分析

单击“运动”工具栏上的【机构分析】工具按钮，系统弹出“分析定义”对话框，如图 10-59 所示，将名称改为“凸轮运动仿真”，选择【类型】下拉列表

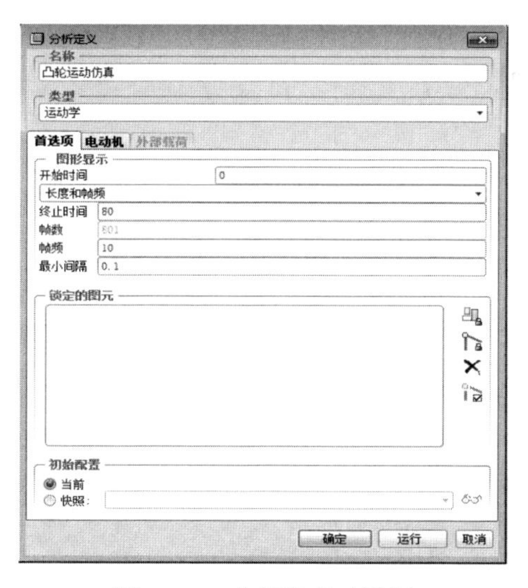

图 10-59　分析定义对话框

框中的“运动学”选项，在【终止时间】文本框中输入 80，选中【初始配置】中的“快照”，其他选项为系统默认值，单击【运行】按钮，模型就开始运动，做机构的动态仿真。运动停止后，单击【确定】按钮。

4. 分析测量结果

(1) 单击“运动”工具栏上的【测量】工具按钮，系统弹出“测量结果”对话框，单击【创建新测量】工具按钮，系统弹出“测量定义”对话框，如图 10-60 所示。

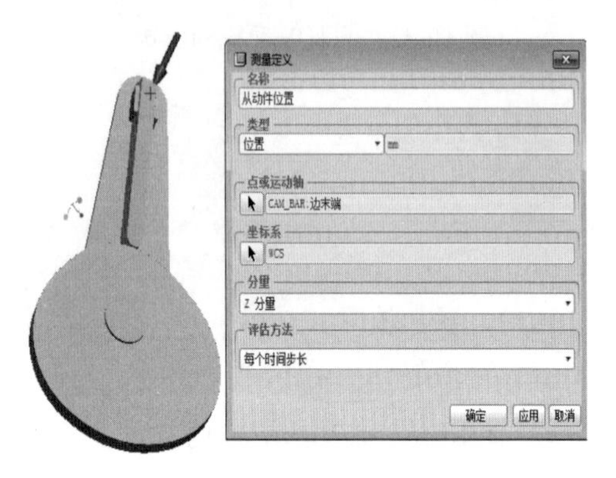

图 10-60　从动件位置分析设置

(2) 在“测量定义”对话框中，在【名称】文本框中输入“从动件位置”，选择【类型】下拉列表框中的“位置”选项，单击【选取】按钮，选择从动件边末端的一点，如图 10-60 所示，在【分量】下拉列表框中选择“Z 分量”。单击【确定】按钮，返回“测量结果”对话框。

(3) 单击【创建新测量】工具按钮，系统弹出“测量定义”对话框，如图 10-61 所示。

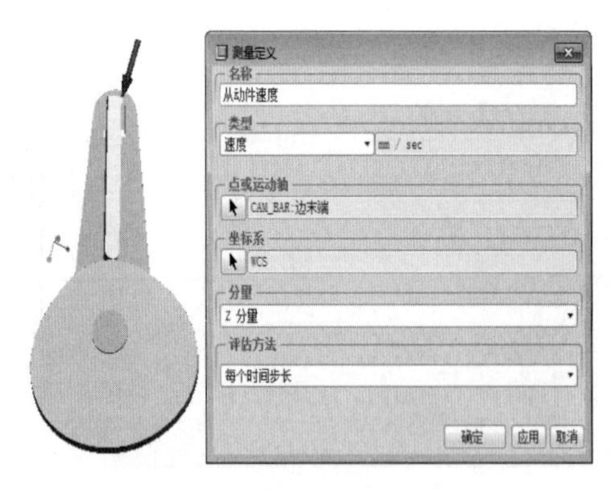

图 10-61　从动件速度分析设置

(4) 在“测量定义”对话框中，在【名称】文本框中输入“从动件速度”，选择【类型】下拉列表框中的“速度”选项，单击【选取】按钮，选择从动件边末端的一点，如图 10-61 所示。在【分量】下拉列表框中选择“Z 分量”。单击【确定】按钮，返回“测量结果”对话框。

(5) 单击【创建新测量】工具按钮，系统弹出“测量定义”对话框，如图 10-62 所示。

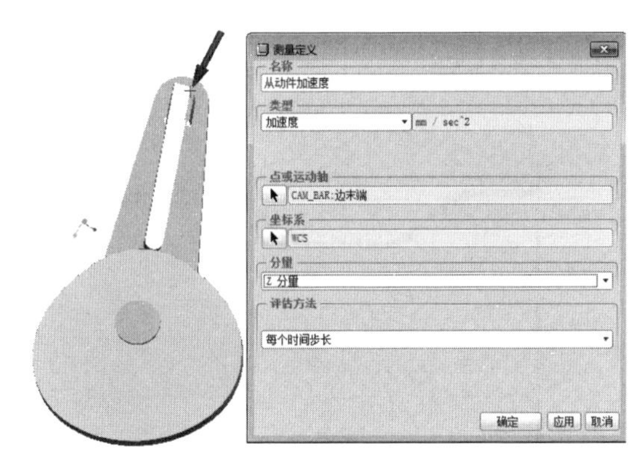

图 10-62 从动件加速度分析设置

(6) 在“测量定义”对话框中，在【名称】文本框中输入“从动件加速度”，选择【类型】下拉列表框中的“加速度”选项，单击【选取】按钮，选择从动件边末端的一点，如图 10-62 所示。在【分量】下拉列表框中选择“Z 分量”，单击【确定】按钮，返回“测量结果”对话框。

(7) 按住 Ctrl 键，选中【测量】列表框中的“从动件位置”、“从动件速度”、“从动件加速度”选项，勾选“分别绘制测量图形”复选框，选中【结果集】列表框中的“凸轮运动仿真”选项，如图 10-63 所示。单击工具栏中的【绘制选定结果集所选测量的图形】按钮，系统弹出“图形工具”对话框，对话框中显示结果，如图 10-63 所示。单击退出图形工具窗口。

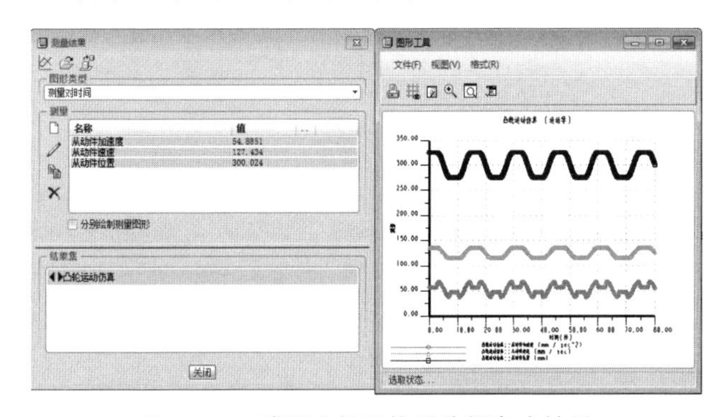

图 10-63 碟形凸轮机构的分析完成结果

(8)选中第一个图形，单击“图形工具”对话框菜单栏中【格式(R)】，系统弹出“图形窗口选项”对话框，单击【Y 轴】选项下的【图形】选项卡，选择“测量 1”，单击【X 轴】选项，在【范围】选项下的【最大】文本框中输入 10，按同样的方法设置“测量 2”和“测量 3”，单击【确定】按钮，得出的图形如图 10-64 所示。

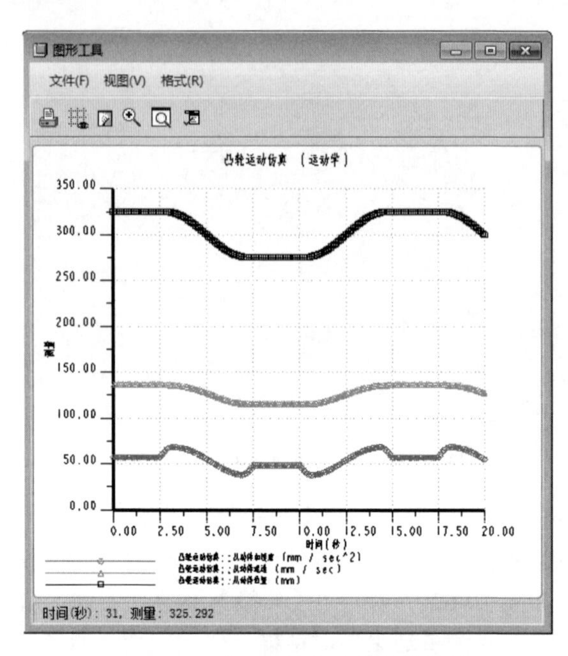

图 10-64　碟形凸轮的分析完成结果

本例完成文件见光盘\Source files\chapter10\Cam\finish 文件夹。

第 11 章 实战案例

本章将通过一个实战案例，通过对变速器壳体进行工程结构的有限元分析，来详细说明 Pro/MECHANICA 模块在工程结构分析中的应用。旨在帮助读者更好地熟悉在 Pro/MECHANICA 模块中的一些常用的操作。通过本章的实战操作，读者的学习目标是：能够在 Pro/MECHANICA 模块中独立完成工程结构分析。

11.1 问题描述

在汽车领域中，变速器是多个复杂构件组成的机械传动设备，尤其在传递功率、振动噪声、体积、重量等方面提出了越来越高的要求。变速器在工作的过程中会受到传动轴扭矩的作用，因而会发生变形。本部分以汽车变速器壳体为例，对其进行有限元分析，其模型如图 11-1 所示。

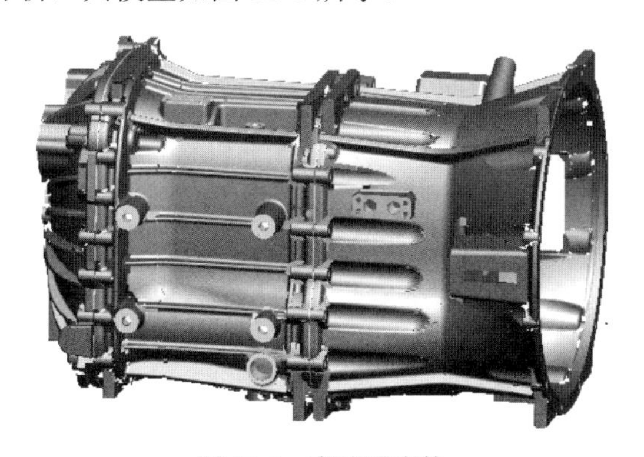

图 11-1 变速器壳体

11.2 工程结构分析

1. 模型导入与装配

1) 新建装配文件

(1) 单击【文件(F)】→【新建(N)】→弹出“新建”对话框→勾选“组件”复选框→输入新文件名称“gearbox_housing”→“使用缺省模板”复选框不打钩，如图 11-2 所示。

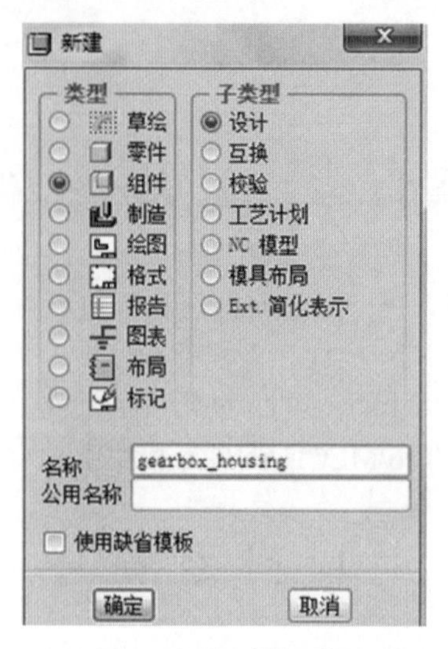

图 11-2 新建对话框

(2) 单击【确定】按钮→打开“新文件选项”对话框→选择“mmns_asm_design”模板→单击【确定】按钮完成新文件的建立。

2) 装配变速器壳体

(1) 单击【装配】，弹出导入零部件对话框，选择变速器壳体的 k1 部件，在装配类型中选择“缺省”，然后单击鼠标中键，完成 k1 部分的导入，如图 11-3 所示。

图 11-3 部件 k1 导入完成

(2) 单击【装配】，弹出导入零部件对话框，选择变速器壳体的 k2 部件，在装配类型中选择“配对”，然后依次选择 k1 的配对面与 k2 的配对面，如图 11-4 所示，选择偏移方式为“重合”；然后单击【放置】→【新建约束】→选择约束类型为“插入”，依次选择如图 11-5 所示的 k1、k2 所对应的圆周内表面半圆面，完成 k2 的装配。

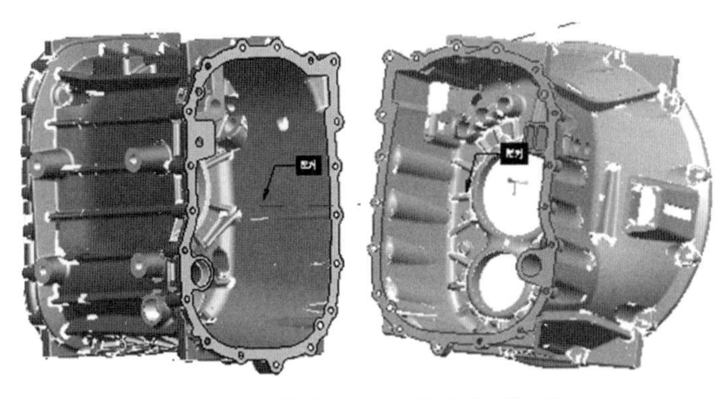

图 11-4 部件 k1、k2 的“配对”面

图 11-5 部件 k1、k2 的“插入”面

(3) 重复上述第(2)步操作，依次完成部件 k1 和 k3 的“配对”和“插入”操作，如图 11-6 和图 11-7 所示。

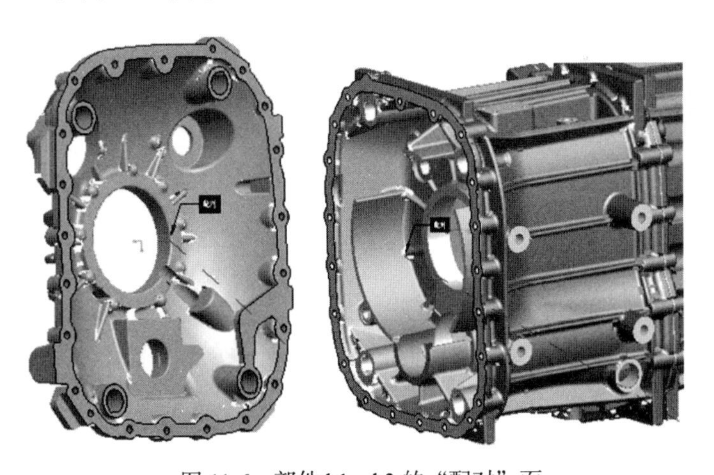

图 11-6 部件 k1、k3 的“配对”面

图 11-7 部件 k1、k3 的“插入”面

(4)再次重复上述第(2)步操作，依次完成部件 k2 和 k4 的一次“配对”和两次“插入”操作，如图 11-8 所示。

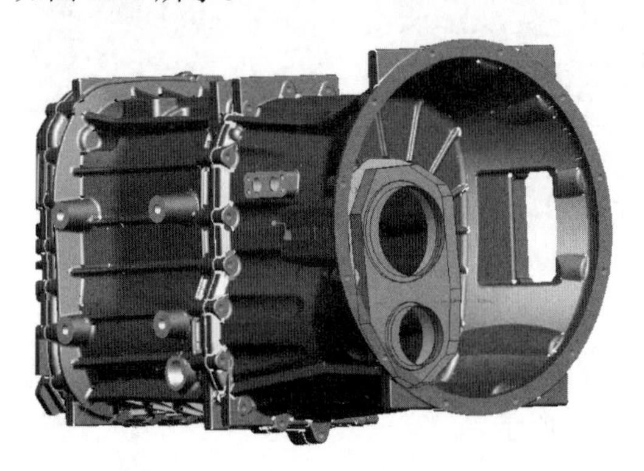

图 11-8 部件 k2、k4 装配完成图

(5)完成变速器壳体的装配，如图 11-1 所示。

2. 前处理

1)进入 Mechanica 环境

(1)选择【应用程序(P)】→【Mechanica(M)】→打开“Mechanica 模型设置”对话框→模型类型选择“结构”，缺省界面选择“连接”，其他采用默认设置。

(2)单击【确定】按钮进入 Mechanica Structure 分析环境。

2)设置材料

(1)单击定义材料按钮→弹出“材料”对话框→双击“steel.mtl”(或单击“steel.mtl”→单击按钮)→将 steel 材料加入“模型中的材料”栏，如图 11-9 所示→单击【确定】按钮，将 steel 材料加载到当前的分析项目中。

图 11-9　材料对话框

(2) 单击材料分配按钮→弹出“材料指定”对话框如图 11-10 所示→参照选择“分量”，材料选择刚刚加载的“steel”→单击【确定】按钮，自动将材料赋予整个装配体模型。

图 11-10　材料指定对话框

(3) 或者单击材料分配按钮→弹出“材料指定”对话框如图 11-10 所示→单击【更多】按钮→弹出“材料”对话框→双击“steel.mtl”(或单击“steel.mtl”→单击按钮)→将 steel 材料加入“模型中的材料”栏如图 11-9 所示→单击【确定】按钮→回到“材料指定”对话框→单击【确定】按钮，完成模型的材料设置。

3) 定义约束

(1) 单击位移约束按钮(或者选择【插入(I)】→【位移约束(I)】命令)→弹出“约束”对话框。

(2)【参照】选择“曲面”，选取如图 11-11 所示部件 k2 的曲面，设置约束类型为全约束→固定所有的平移和旋转自由度(即默认设置)，如图 11-12 所示，单击【确定】按钮完成约束的建立。同理，对部件 k3 进行约束，如图 11-13 所示，约束设置如图 11-14 所示。

图 11-11　部件 k2 约束曲面

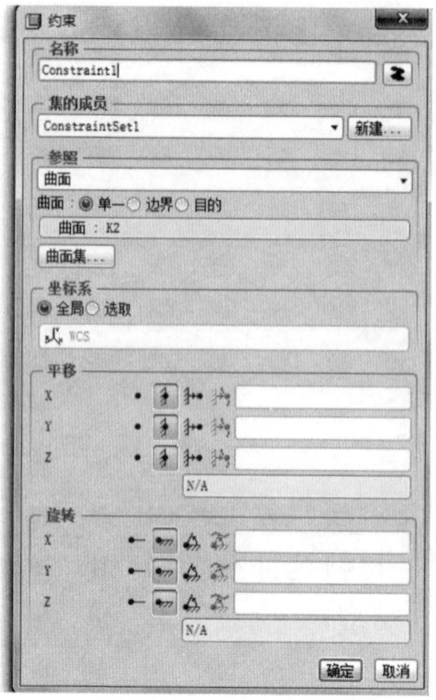

图 11-12　全约束设置

图 11-13　部件 k3 约束曲面

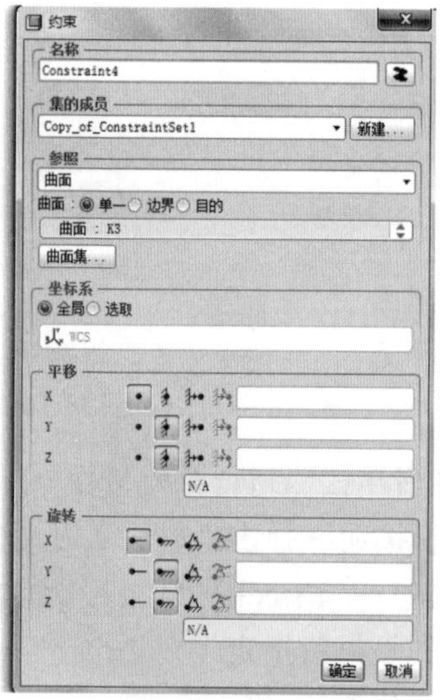

图 11-14　约束设置

4)施加载荷

(1)承载载荷的施加

①单击创建承载载荷按钮(或者选择【插入(I)】→【承载载荷(B)】命令)→

弹出“承载载荷”对话框。

②【参照】选择为“曲面”→单击选择部件 k2 的圆孔内表面，如图 11-15 所示，载荷数值的具体设置如图 11-16 所示。完成载荷 1 的施加。

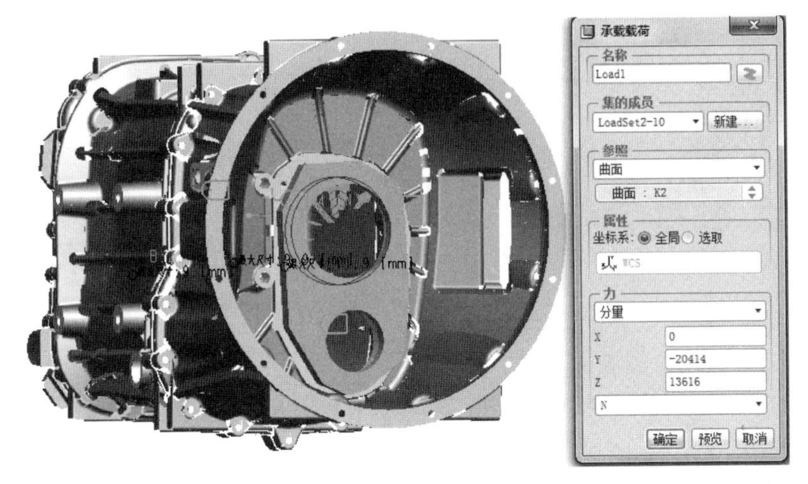

图 11-15 部件 k2 上载荷设置曲面　　图 11-16 承载载荷设置

③载荷 2 的施加。在对部件 k1 施加载荷时，由于待施加面在内部，如图 11-17 所示，所以需要先将部件 k3 进行隐藏操作，在左侧模型树 k3 处右击，单击“隐藏”选项。按照图 11-18 进行相关载荷数值的设置。

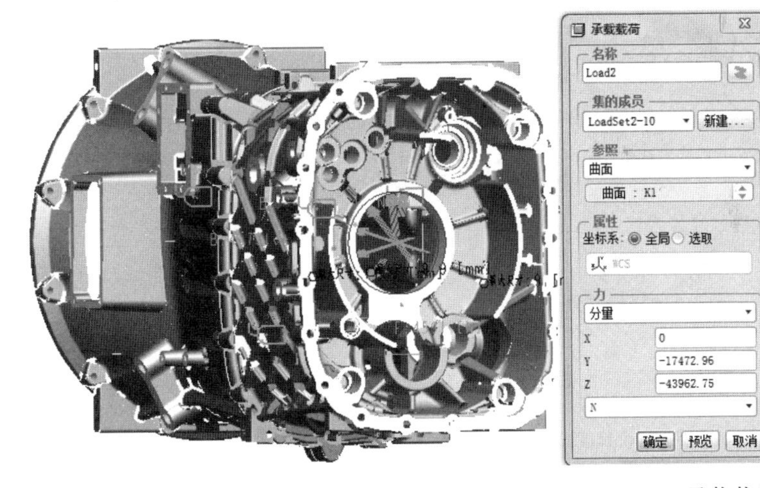

图 11-17 部件 k1 上载荷设置曲面　　图 11-18 承载载荷设置

④重复上述承载载荷施加步骤，依次完成载荷 3、载荷 4 以及载荷 7 的施加，加载完成后如图 11-19 所示。

图 11-19　完成承载载荷施加

(2) 力/力矩载荷的施加

①单击创建力/力矩载荷按钮(或者选择【插入(I)】→【力/力矩载荷(L)】命令)→弹出“力/力矩载荷”对话框。

②【参照】选择为“曲面”→单击选择部件 k1 内的圆环面，如图 11-20 所示；载荷数值的具体设置如图 11-21 所示。单击【确定】按钮，完成力/力矩载荷 5 的施加。

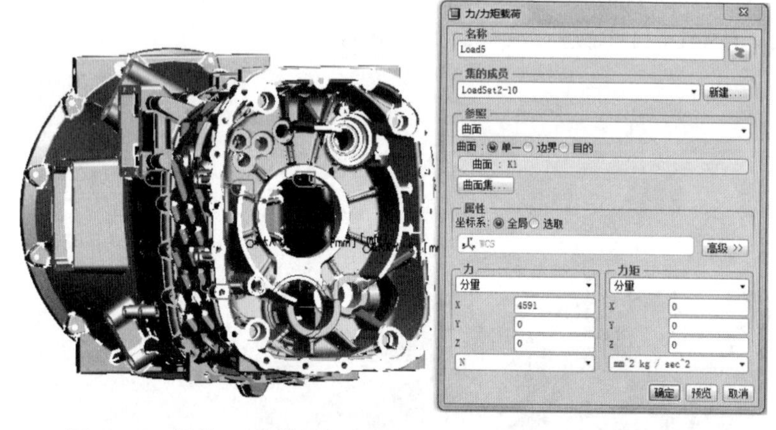

图 11-20　部件 k1 载荷施加位置　　　图 11-21　力载荷设置

③重复上述操作，完成部件 4 上的力/力矩载荷 6 的施加。施加部位如图 11-22 所示，力载荷设置按图 11-23 所示。

(3) 承载载荷施加完成以及力/力矩载荷施加完成后的变速器壳体的模型。

承载载荷施加完成以及力/力矩载荷施加完成后的变速器壳体的模型如图 11-24 所示。

图 11-22 部件 k4 载荷施加位置

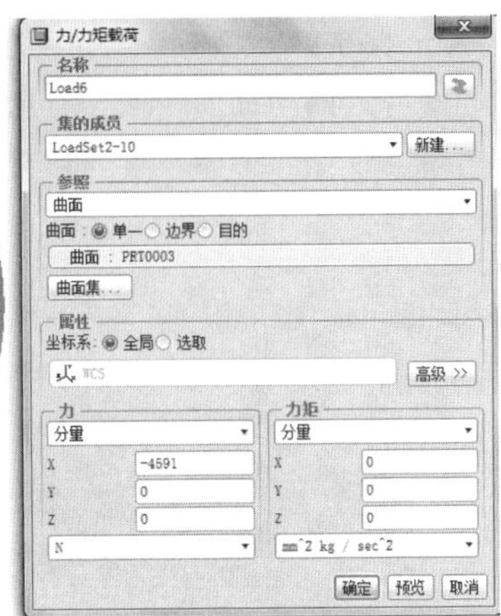

图 11-23 力载荷设置

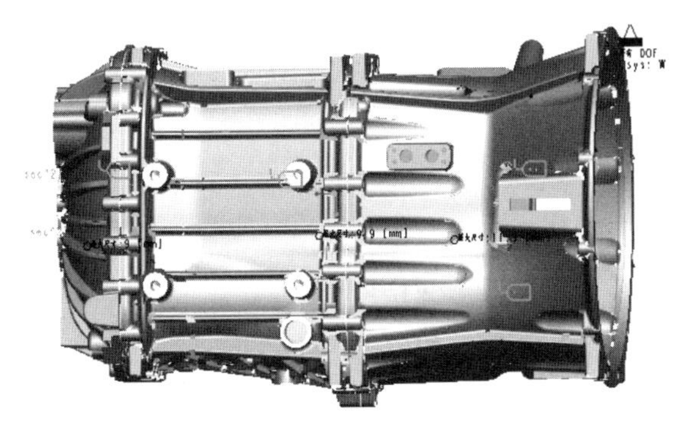

图 11-24 承载载荷、力/力矩载荷施加完成后的模型

3. 网格划分

(1) 单击▦为几何元素创建 P 网格按钮(或者选择【AutoGEM】→【创建(C)】)→弹出“AutoGEM”对话框如图 11-25 所示。

图 11-25 AutoGEM 对话框

(2) AutoGEM 参照选择“具有属性的全部几何”→单击【创建】按钮，创建网格→创建好的网格如图 11-26 所示。可以通过 AutoGEM 摘要查看划分后的网格的相关信息。

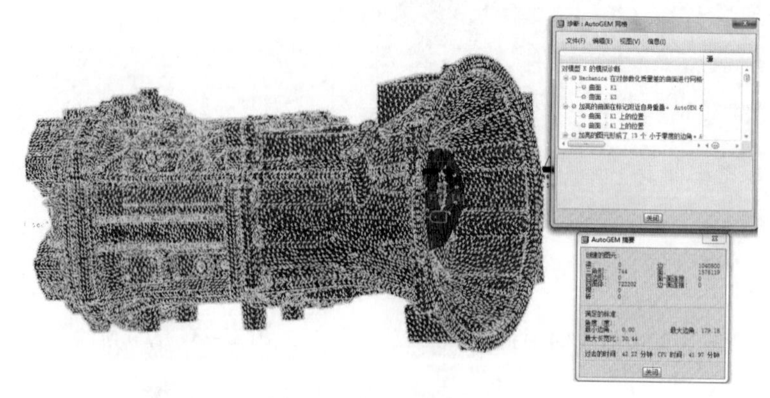

图 11-26　完成后的网格

4. 定义并执行静态分析

1) 定义静态分析

(1) 单击Mechanica 分析/研究按钮(或者选择【分析(A)】→【Mechanica 分析/研究(E)】命令)→弹出“分析和设计研究”对话框。

(2) 单击【文件(F)】→【新建静态分析】命令→弹出“静态分析定义”对话框如图 11-27 所示→在名称栏输入名称“Analysis_staic”→确定在约束栏中的约束和载荷栏中的载荷符合设定的要求。

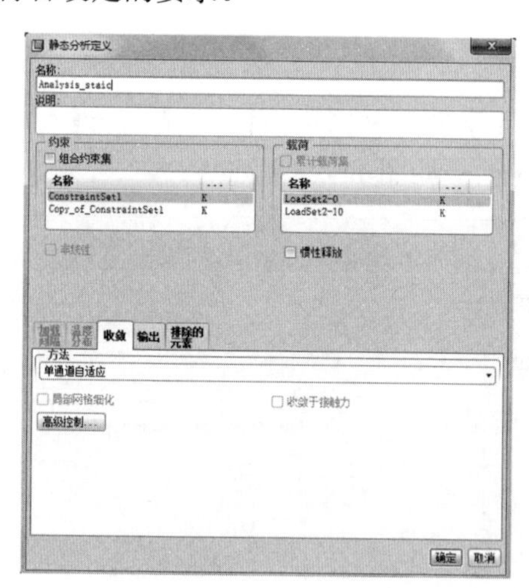

图 11-27　静态分析定义对话框

(3) 在收敛方法栏选择“单通道自适应”收敛方式→其他选项按照默认设置→设置完成如图 11-27 所示→单击【确定】按钮完成静态分析定义。

2) 执行静态分析

(1) 在“分析和设计研究”对话框中确保定义的分析被选中→单击开始运行按钮(或者选择【运行(R)】→【开始】命令)开始执行分析。

(2) 单击显示研究状态按钮(或者选择【信息(I)】→【状态】命令)查看运行进度→完成后单击【关闭】按钮退出。

5. 结果查看

在“分析和设计研究”栏中单击查看设计或有限元分析结果按钮→打开“结果窗口定义”对话框→显示类型选择“条纹”，显示量为“位移”，显示分量选择“模”，具体设置如图 11-28 所示→单击【确定并显示】按钮→应力分析结果就显示在窗口了，如图 11-29 所示。

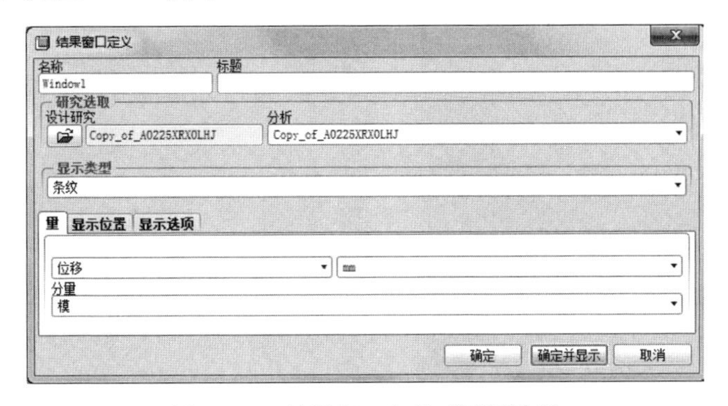

图 11-28　结果窗口定义对话框设置

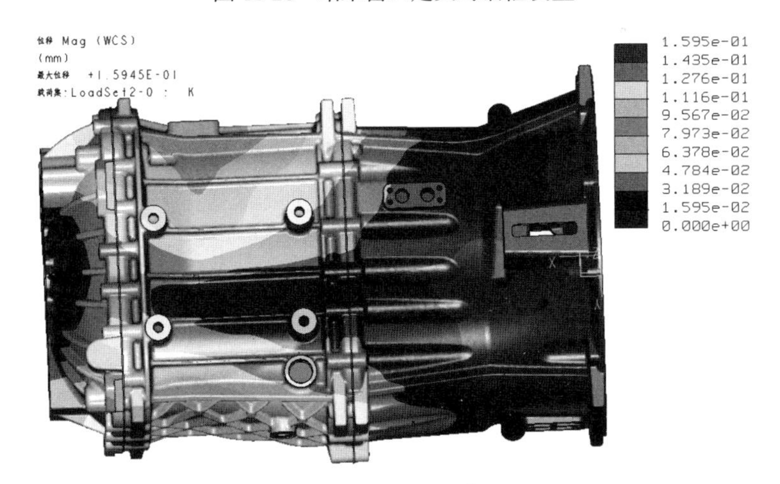

图 11-29　位移变化图

11.3 仿真结果与实验结果的对比

本部分通过将上述有限元仿真计算所得到的结果与实验所得到的结果进行对比，来验证该有限元分析结果的可靠性。

1. 实验介绍

设计实验为两台变速箱相对安装，使用传动轴进行连接。实验时一端加载扭矩，另一端加载反向扭矩，使用千分表测量箱体外侧各位置位移，如图 11-30 所示。方向标识如图 11-31 所示，此次分析不考虑前后方向上的位移。

图 11-30 实验台架

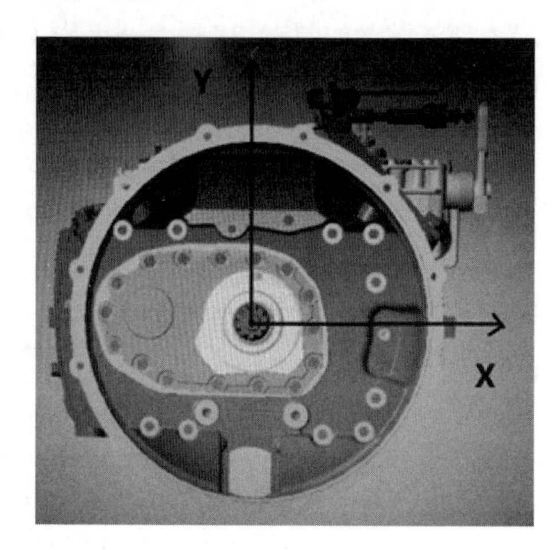

图 11-31 方向标识

2. 实验结果的对比——变形量的对比

本次仿真结果与实验结果的对比，为了能够更好地说明问题，因而选择了 2 处变形作为对比。

1) 1 号位置的变形量对比

图 11-32 所示为实验 1 号位置的测量点(单位为 μm，变形方向为 Y 轴正向)，分三次测量，其最大变形量分别为 10μm、11μm、13μm；图 11-33 所示为在有限元分析中与之所对应的 1 号测量点(单位为 μm，变形方向为 Y 轴正向，仿真中为 Z 轴负向)，取其仿真变形值为 11.89μm。实验数据与仿真数据数值相近。

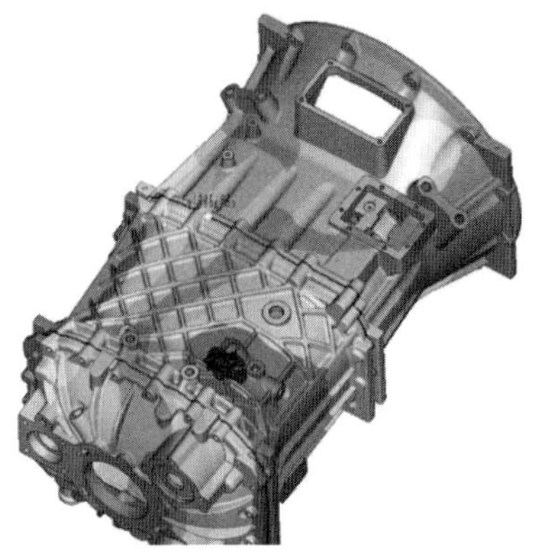

图 11-32　实验 1 号测量点　　　　图 11-33　仿真 1 号测量点

2)2 号位置的变形量对比

图 11-34 所示为实验 2 号位置的测量点(单位为 μm，变形方向为 Y 轴正向)，分三次测量，其最大变形量分别为 33μm、25μm、26μm；图 11-35 所示为在有限元分析中与之所对应的 2 号测量点(单位为 μm，变形方向为 Y 轴正向)，仿真数值为 28.3μm。实验数据与仿真数据数值相近、方向相同。

图 11-34　实验 2 号测量点　　　　图 11-35　仿真 2 号测量点

11.4　本 章 小 结

本章利用变速器壳体这一实例，详细介绍了在 Pro/MECHANICA 模块中进行有限元分析的具体操作步骤。然后通过把实验测量分析所得到的结果与有限元仿真分析所得到的结果进行对比，可知有限元分析所得到的结果虽然与实际情况存在一定的误差，但是均在可以接受的范围之内，有限元分析的结果具有一定的可靠性。

可以得到一般性的结论，在 Pro/MECHANICA 模块中进行有限元仿真分析时，应当尽可能建立与实际情况相符合的有限元模型，这样能够在很大程度上提高有限元分析结果的可靠性。

第 12 章　齿轮机构的运动学分析

12.1　概　　述

齿轮和凸轮机构在机械中有着广泛应用，尤其是齿轮机构，应用极其广泛，使用 Pro/MECHANICA 软件对齿轮机构进行运动分析和仿真也具有很强的实际应用价值。

12.2　齿轮机构运动仿真分析

12.2.1　齿轮机构简介

Pro/MECHANICA 软件做齿轮内外啮合的运动仿真分析相对简单，但是齿轮内外啮合的仿真分析也是空间轮系、周转轮系、行星轮系等的重要基础。希望读者能够认真学习本节的简单例子，为更复杂的齿轮机构运动分析奠定坚实的基础。

12.2.2　外啮合齿轮运动分析实例

本节将通过对一对外啮合的齿轮进行运动分析和仿真让读者掌握外啮合齿轮机构运动分析和仿真的基本流程。

图 12-1 所示一对外接正齿轮组，其模数 M=8。主动齿轮的齿数 Z_1=21，从动齿轮齿数 Z_2=15，主动齿轮的转速 ω_1=200°/s，两轴中心距离 a=144mm，试求从动齿轮的转速 ω_2(转速的单位通常是 rad/s，但 Pro/MECHANICA 中只能使用单位“度/秒”，因此需要将“rad/s”转换为“度/秒”）。

图 12-1　齿轮组外啮合模型

本例原始文件见光盘\Source files\chapter12\external toothing\origin 文件夹。

本例完成文件见光盘\Source files\chapter12\external toothing\finish 文件夹。

详细操作步骤如下。

1. 创建组件

1) 新建组件

(1) 单击【文件(F)】→【新建(N)】→弹出“新建”对话框→类型选择“组件”→输入组件名称“wainiehe”→“使用缺省模板”复选框不打钩，如图 12-2 所示。

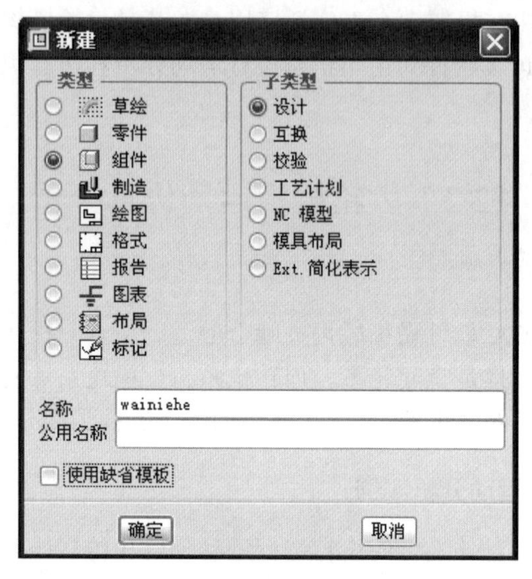

图 12-2 新建对话框

(2) 单击【确定】按钮→打开“新文件选项”对话框→选择“mmns_asm_design”模板→单击【确定】按钮完成新文件的建立。

2) 创建基准轴

(1) 单击 基准轴工具按钮(或者选择【插入(I)】→【模型基准(D)】→【轴(X)】按钮)→弹出“基准轴”对话框→按住 Ctrl 键，单击基准面 ASM_TOP 和 ASM_RIGHT→单击“基准轴”对话框的【确定】按钮→完成基准轴 1 的创建。

(2) 单击 基准平面工具按钮(或者选择【插入(I)】→【模型基准(D)】→【平面(L)】按钮)→弹出“基准平面”对话框→单击选择基准面 ASM_RIGHT→输入平移距离 144→单击【确定】按钮完成基准平面的创建。

(3) 单击 基准轴工具按钮(或者选择【插入(I)】→【模型基准(D)】→【轴(X)】按钮)→弹出“基准轴”对话框→按住 Ctrl 键，单击基准面 ASM_TOP 和新建立的 ADTM1→单击“基准轴”对话框的【确定】按钮→完成基准轴 2 的创建→创建完成后如图 12-3 所示。

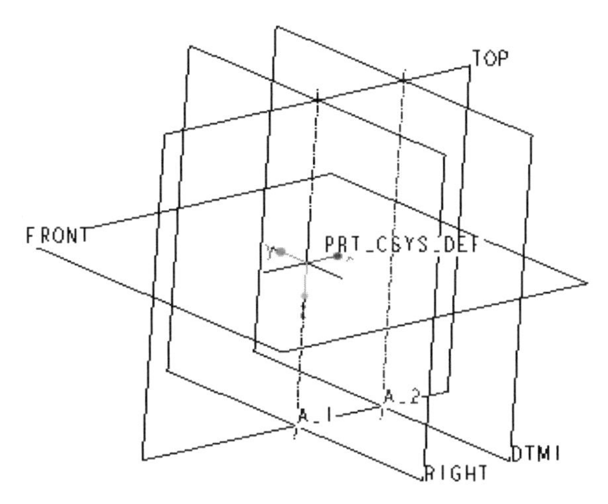

图 12-3　创建完成的基准轴

3) 组装零部件

(1) 单击将元件添加到组件按钮(或者选择【插入(I)】→【元件(C)】→【装配(A)】按钮)→弹出“打开”对话框→选择“large_gear.prt”→单击【打开】按钮→将大齿轮导入组件模型中。

(2) 装配类型选择 销钉 →单击选择“AA_1”轴，然后单击齿轮轴线→完成齿轮轴和 AA_1 轴的销钉连接→单击“ASM_FRONT”面，然后单击大齿轮零件的“FRONT”面→使得零件的 FRONT 面和组件的 FRONT 面对齐，如图 12-4 所示→大齿轮的装配完成。

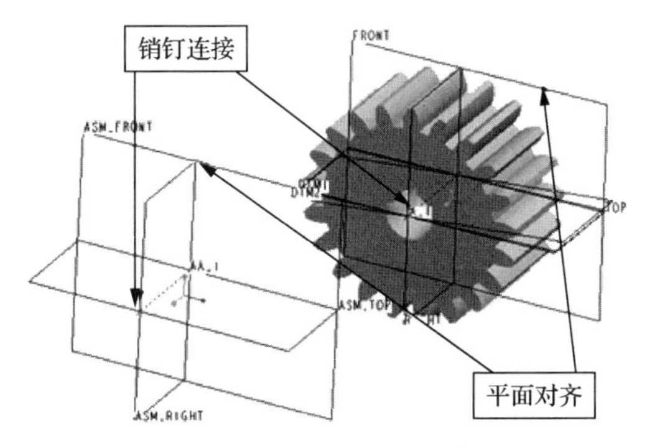

图 12-4　大齿轮的组装

(3) 单击将元件添加到组件按钮(或者选择【插入(I)】→【元件(C)】→【装配(A)】按钮)→弹出“打开”对话框→选择“small_gear.prt”→单击【打开】按钮→将小齿轮导入组件模型中。

(4)装配类型选择 销钉 →单击选择“AA_1”轴，然后单击齿轮轴线→完成齿轮轴和 AA_1 轴的销钉连接→单击“ASM_FRONT”面，然后单击小齿轮零件的“FRONT”面→使得零件的 FRONT 面和组件的 FRONT 面对齐，如图 12-5 所示→小齿轮的装配完成。

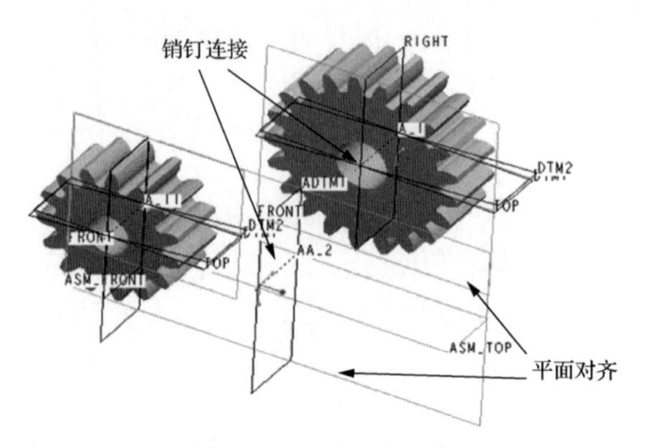

图 12-5　小齿轮的组装

4)轮齿对齐

(1)单击已命名的视图列表按钮的下三角→选择 FRONT 面→模型视图变为 FRONT 方向，如图 12-6 所示。

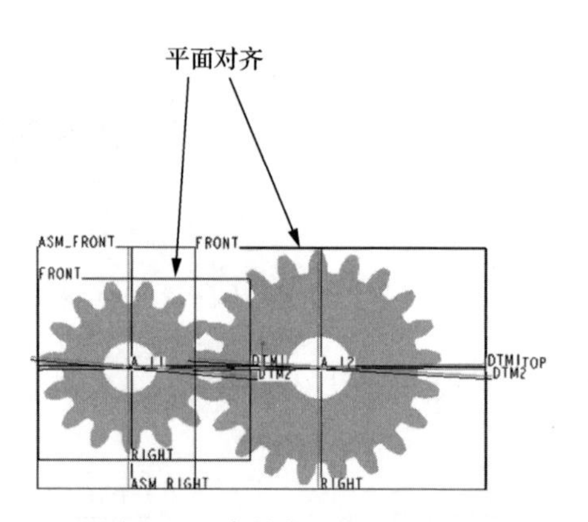

图 12-6　齿轮的 FRONT 视图

(2)单击拖动封装元件按钮→弹出“拖动”对话框如图 12-7 所示→单击“约束”栏对齐两个图元按钮→分别单击大齿轮的 RIGHT 面和小齿轮的 RIGHT 面，如图 12-6 所示→完成后如图 12-8 所示。

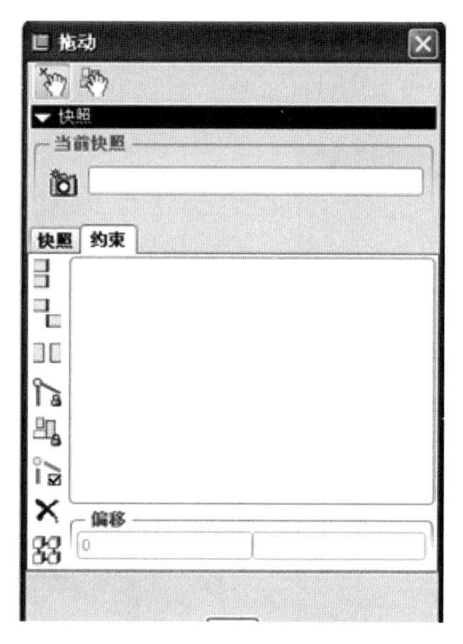

图 12-7　拖动对话框

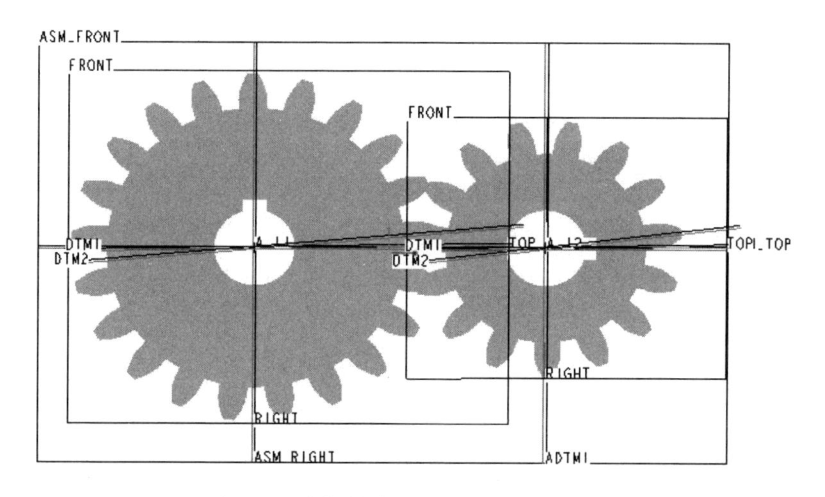

图 12-8　齿轮轮齿对齐后的 FRONT 视图

2. 创建动态分析

1) 进入机构分析

单击菜单栏中的【应用程序(P)】→【机构(E)】→进入机构分析模式。

2) 设置齿轮对

(1) 单击定义齿轮副连接按钮→弹出“齿轮副定义”对话框→类型选择“一

般”→单击打开“齿轮 1”栏→单击“运动轴”项下的按钮→选择大齿轮中心轴处的运动轴图标→完成大齿轮的选择，如图 12-9 所示。

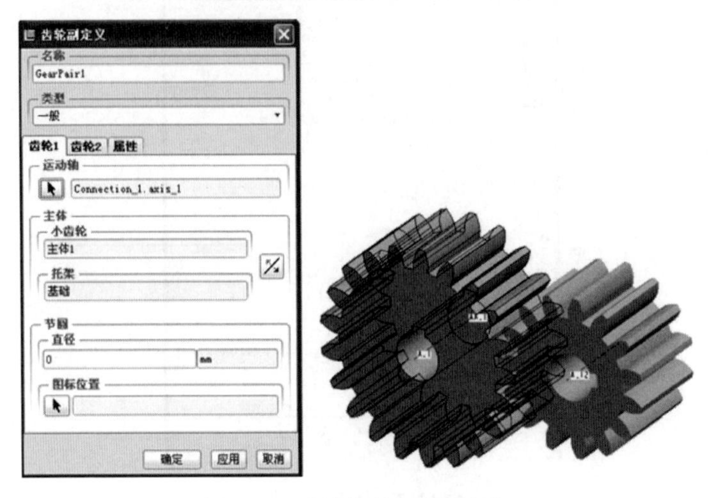

图 12-9　大齿轮的齿轮副定义

(2) 单击打开“齿轮 2”栏→单击“运动轴”项下的按钮→选择小齿轮中心轴处的运动轴图标→完成小齿轮的选择，如图 12-10 所示。

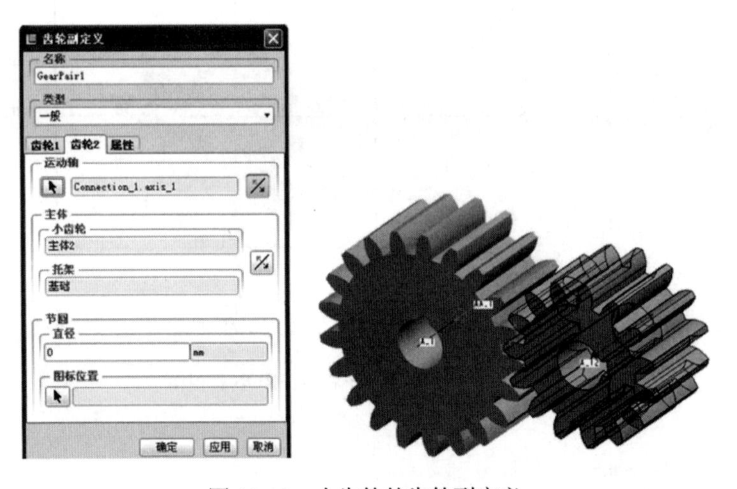

图 12-10　小齿轮的齿轮副定义

(3) 单击打开“属性”栏→单击“齿轮比”选项，选择“用户定义的”→输入 D1=21，D2=15→设置完成如图 12-11 所示→单击【确定】按钮完成齿轮机构的设置。

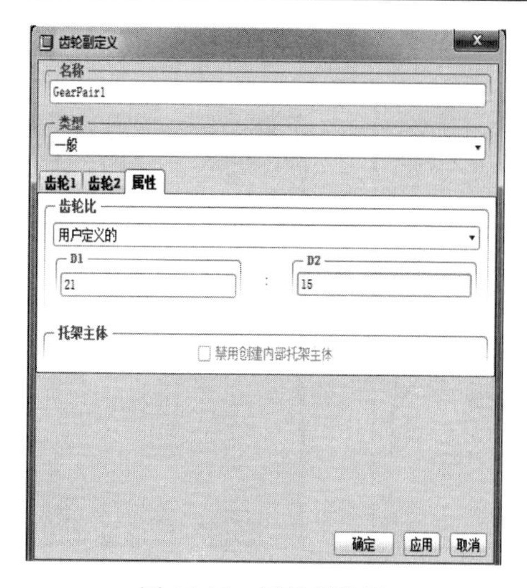

图 12-11　属性栏设置

3）创建伺服电机

(1) 单击定义伺服电机按钮→弹出"伺服电动机定义"对话框→单击打开"轮廓"栏→单击"规范"项选择"速度"→"模"项选择"常数"，并设置 A=200，如图 12-12 所示。

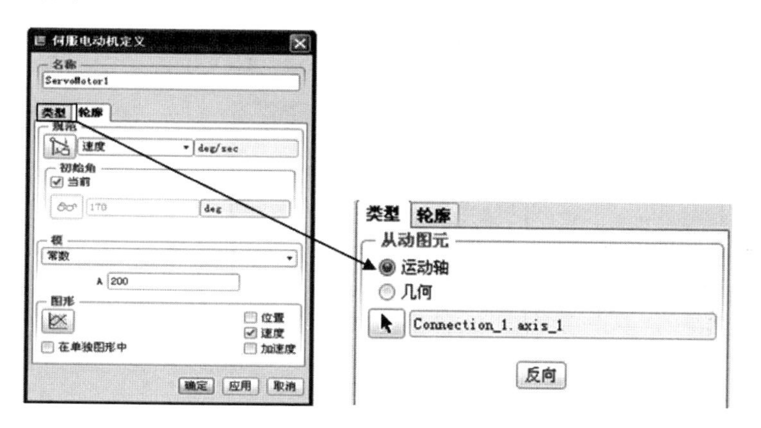

图 12-12　伺服电动机定义对话框

(2) 单击打开"类型"栏→选择大齿轮中心轴处的运动轴图标→单击【确定】按钮→完成的伺服电机的定义如图 12-12 所示。

3. 运行机构运动分析

1）定义测量

(1) 单击生成分析的测量结果按钮→弹出"测量结果"对话框如图 12-13 所

示→单击创建新测量按钮弹出设置“测量定义”对话框如图 12-14 所示。

图 12-13　测量结果对话框

图 12-14　测量定义对话框

(2)“类型”选择速度→单击选取点或运动轴按钮单击选择小齿轮的运动轴→其他采用默认设置→设置完成后如图 12-14 所示→单击【确定】按钮返回“测量结果”对话框→单击【关闭】按钮，完成测量量的定义。

2) 定义并执行机构运动分析

(1) 单击机构分析按钮→弹出“分析定义”对话框→设置“类型”为运动学→其他采用默认设置→设置完成后如图 12-15 所示。

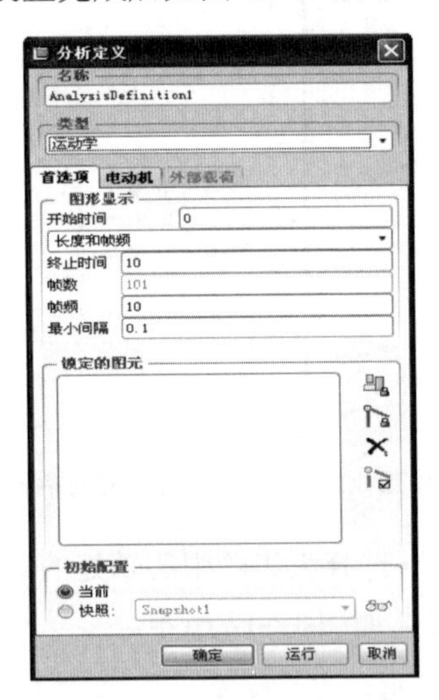

图 12-15　分析定义对话框

(2) 单击【运行】按钮运行运动学分析→分析完成后单击【确定】按钮→完成运动学分析。

4. 查看分析结果

单击生成分析的测量结果按钮→弹出“测量结果”对话框如图 12-16 所示→同时选中“measure1”和结果集中的“AnalysisDefinition1”→小齿轮的旋转速度就显示在窗口了。

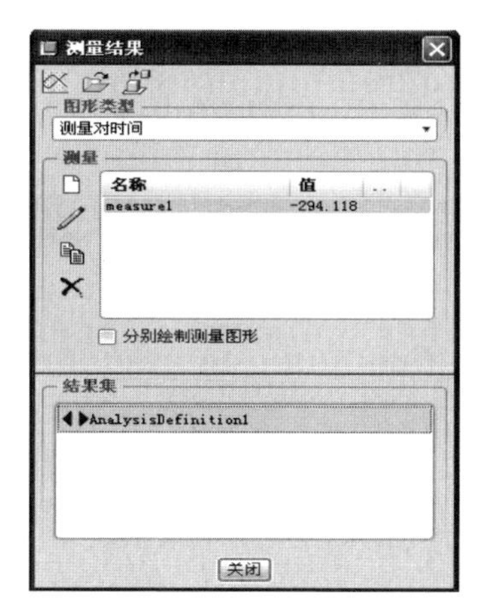

图 12-16　测量结果对话框

12.2.3　内啮合齿轮运动分析实例

本节将通过对一对内啮合的齿轮进行运动分析和仿真让读者掌握内啮合齿轮机构运动分析和仿真的基本流程。

图 12-17 所示为一对内接正齿轮组，其模数 M=3。大齿轮的齿数 Z_1=60，小齿轮的齿数 Z_2=15，大齿轮为主动轮且转速 ω_1=36°/s，两轴中心距离 a=67.5mm，试求从动齿轮的转速 ω_2(转速的单位通常是 rad/s，但 Pro/MECHANICA 中只能使用单位“度/秒”，因此需要将“rad/s”转换为“度/秒”)。

图 12-17　齿轮组内啮合模型

本例原始文件见光盘\Source files\chapter12\internal toothing\origin 文件夹。

本例完成文件见光盘\Source files\chapter12\internal toothing\finish 文件夹。

1. 创建组件

1) 新建组件

(1) 单击【文件(F)】→【新建(N)】→弹出“新建”对话框→类型选择“组件”→输入组件名称“neiniehe”→“使用缺省模板”复选框不打钩，如图 12-18 所示。

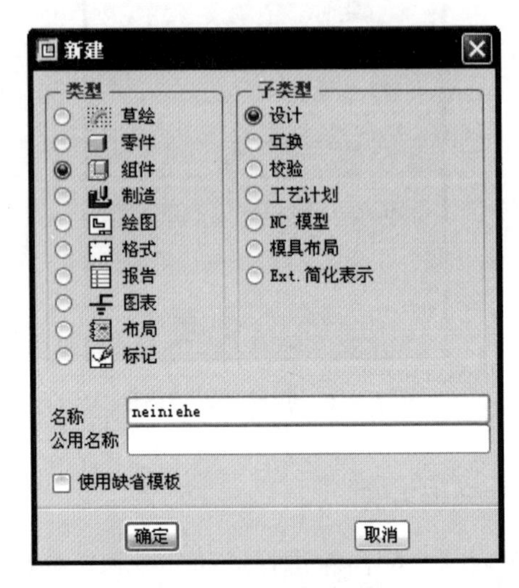

图 12-18 新建对话框

(2) 单击【确定】按钮→打开“新文件选项”对话框→选择“mmns_asm_design”模板→单击【确定】按钮完成新文件的建立。

2) 创建基准轴

(1) 单击基准轴工具按钮(或者选择【插入(I)】→【模型基准(D)】→【轴(X)】按钮)→弹出“基准轴”对话框→按住 Ctrl 键，单击基准面 ASM_TOP 和 ASM_RIGHT→单击“基准轴”对话框的【确定】按钮→完成基准轴 1 的创建。

(2) 单击基准平面工具按钮(或者选择【插入(I)】→【模型基准(D)】→【平面(L)】按钮)→弹出“基准平面”对话框→单击选择基准面 ASM_RIGHT→输入平移距离 67.5→单击【确定】按钮完成基准平面的创建。

(3) 单击基准轴工具按钮(或者选择【插入(I)】→【模型基准(D)】→【轴(X)】按钮)→弹出“基准轴”对话框→按住 Ctrl 键，单击基准面 ASM_TOP 和新建立的 ADTM1→单击“基准轴”对话框的【确定】按钮→完成基准轴 2 的创建→创建完成后如图 12-19 所示。

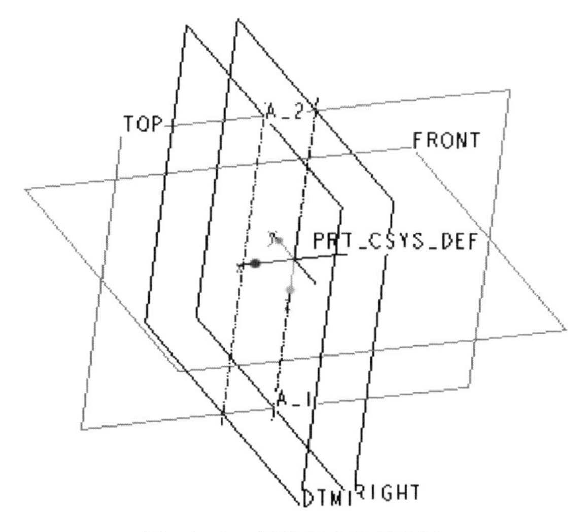

图 12-19　创建完成的基准轴

3) 组装零部件

(1) 单击将元件添加到组件按钮(或者选择【插入(I)】→【元件(C)】→【装配(A)】按钮)→弹出“打开”对话框→选择“large_gear.prt”→单击【打开】按钮→将大齿轮导入组件模型中。

(2) 装配类型选择 销钉 →单击选择“AA_1”轴，然后单击齿轮轴线→完成齿轮轴和 AA_1 轴的销钉连接→单击“ASM_FRONT”面，然后单击大齿轮零件的左侧面→使得零件的左侧面和组件的 FRONT 面对齐，如图 12-20 所示→大齿轮的装配完成。

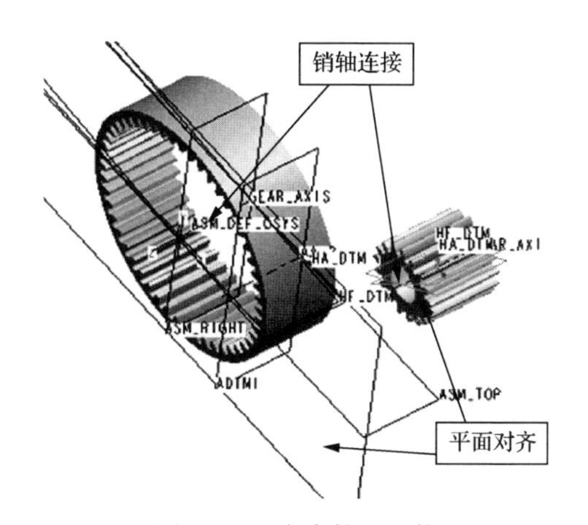

图 12-20　大齿轮的组装

(3) 单击将元件添加到组件按钮(或者选择【插入(I)】→【元件(C)】→【装配(A)】按钮)→弹出“打开”对话框→选择“small_gear.prt”→单击【打开】按钮→将小齿轮导入组件模型中。

(4) 装配类型选择 销钉 →单击选择“AA_2”轴，然后单击齿轮轴线→完成齿轮轴和 AA_2 轴的销钉连接→单击“ASM_FRONT”面，然后单击小齿轮零件的左端面→使得零件的左端面和组件的 FRONT 面对齐，如图 12-21 所示→小齿轮的装配完成。

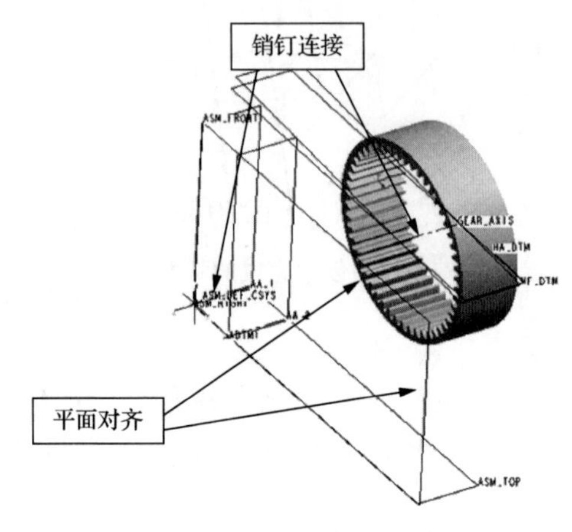

图 12-21 小齿轮的组装

4) 轮齿对齐

(1) 单击已命名的视图列表按钮的下三角→选择 FRONT 面→模型视图变为 FRONT 方向，如图 12-22 所示。

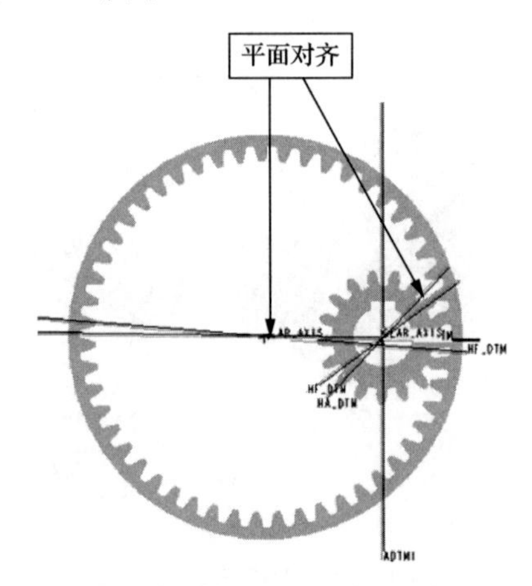

图 12-22 齿轮的 FRONT 视图

(2) 单击拖动封装元件按钮→弹出“拖动”对话框如图 12-23 所示→单击“约束”栏对齐两个图元按钮→分别单击大齿轮的 HF_DTM 面和小齿轮的 HF_DTM 面，如图 12-22 所示→完成后如图 12-24 所示。

图 12-23　拖动对话框

图 12-24　齿轮轮齿对齐后的 FRONT 视图

2. 创建动态分析

1) 进入机构分析

单击菜单栏中的【应用程序(P)】→【机构(E)】→进入机构分析模式。

2) 设置齿轮对

(1) 单击定义齿轮副连接按钮→弹出“齿轮副定义”对话框→类型选择“一般”→单击打开“齿轮 1”栏→单击“运动轴”项下的按钮→选择大齿轮中心轴处的运动轴图标→完成大齿轮的选择如图 12-25 所示。

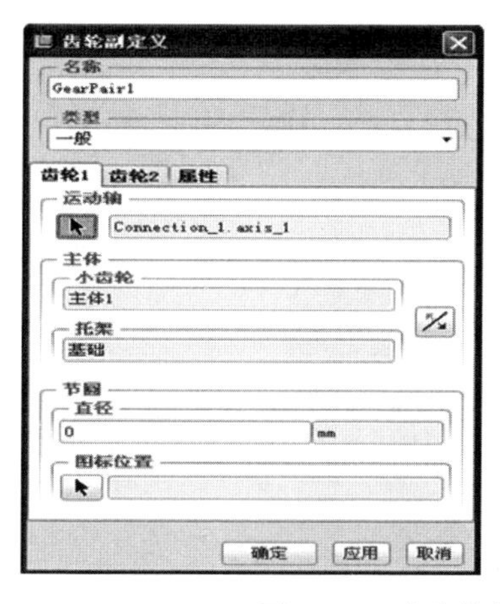

图 12-25　大齿轮的齿轮副定义

⑵ 单击打开“齿轮 2”栏→单击“运动轴”项下的按钮→选择小齿轮中心轴处的运动轴图标→单击反向两个齿轮间的相对旋转方向按钮→设置完成后如图 12-26 所示。

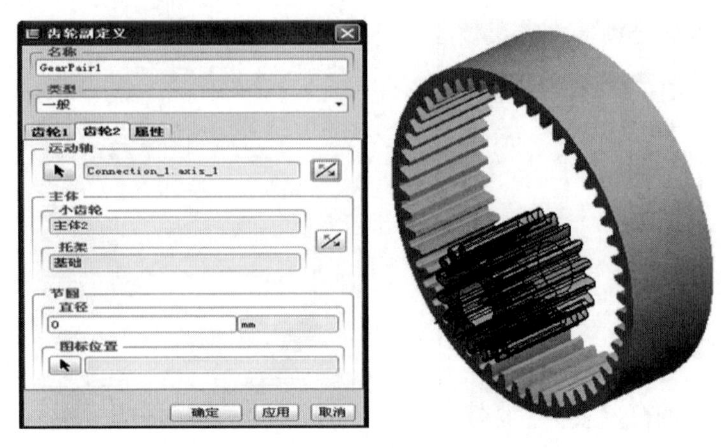

图 12-26　小齿轮的齿轮副定义

⑶ 单击打开“属性”栏→单击“齿轮比”选项，选择“用户定义的”→输入 D1=60，D2=15→设置完成如图 12-27 所示→单击【确定】按钮完成齿轮机构的设置。

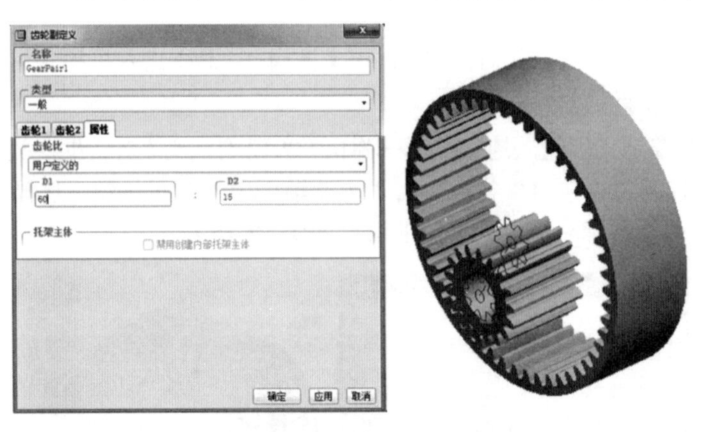

图 12-27　属性栏设置及最终结果

3) 创建伺服电机

⑴ 单击定义伺服电机按钮→弹出“伺服电动机定义”对话框→单击打开“轮廓”栏→单击“规范”项选择“速度”→“模”项选择“常数”，并设置 A=36，如图 12-28 所示。

⑵ 单击打开“类型”栏→选择大齿轮中心轴处的运动轴图标→单击【确定】按钮→完成大伺服电机的定义如图 12-28 所示。

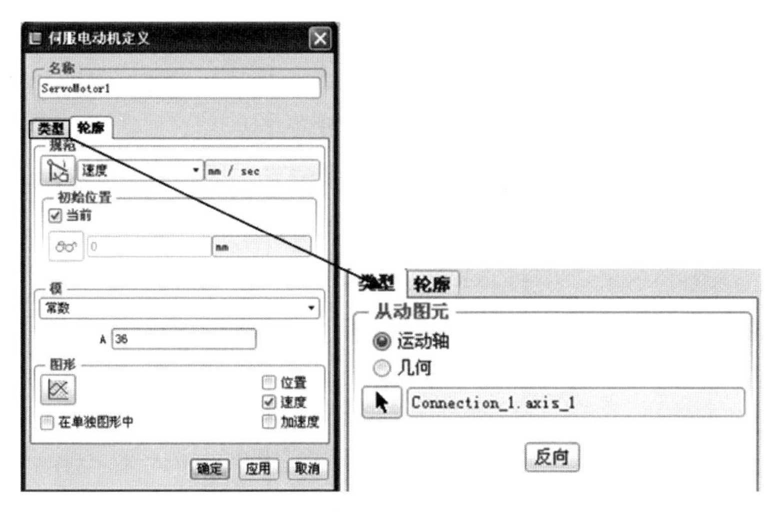

图 12-28　伺服电动机定义对话框

3. 运行机构运动分析

1) 定义测量

(1) 单击生成分析的测量结果按钮→弹出“测量结果”对话框如图 12-29 所示→单击创建新测量按钮弹出设置“测量定义”对话框如图 12-30 所示。

图 12-29　测量结果对话框　　图 12-30　测量定义对话框

(2)“类型”选择速度→单击选取点或运动轴按钮，单击选择小齿轮的运动轴→其他采用默认设置→设置完成后如图 12-30 所示→单击【确定】按钮返回“测量结果”对话框→单击【关闭】按钮，完成测量量的定义。

2)定义并执行机构运动分析

(1)单击机构分析按钮→弹出“分析定义”对话框→设置“类型”为运动学→其他采用默认设置→设置完成后如图 12-31 所示。

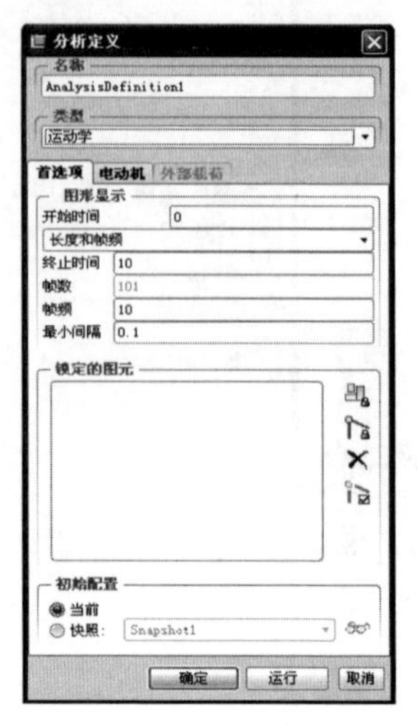

图 12-31　分析定义对话框

(2)单击【运行】按钮运行运动学分析→分析完成后单击【确定】按钮→完成运动学分析。

4. 查看分析结果

单击生成分析的测量结果按钮→弹出“测量结果”对话框→同时选中“measure1”和结果集中的“AnalysisDefinition1”→小齿轮的旋转速度就显示在窗口了，如图 12-32 所示。

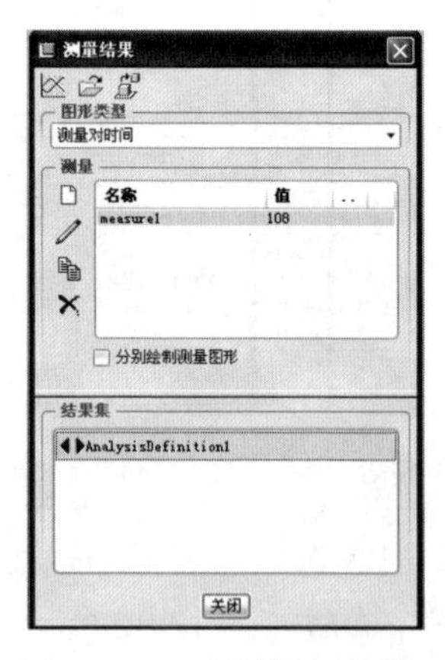

图 12-32　测量结果对话框

12.3　空间定轴轮系运动仿真分析

12.3.1　定轴轮系简介

定轴轮系的特点是：在传动中所有齿轮的回转轴线都有固定的位置，可做较远距离的传动，获得较大的传动比，可改变从动轴的转向，获得多种传动比。在很多需要大传动比而又要求结构紧凑的场合，定轴轮系往往是一个不错的选择。

定轴轮系在机械工业中有着广泛应用。本书将借助于 Pro/MECHANICA 软件运动学分析功能，来实施动态的分析定轴轮系的传动。由于前面已经学习了内外啮合的齿轮的运动学仿真方法，而平面定轴轮系的运动学仿真比较简单，所以本书的实例采用了一个空间的定轴轮系的运动学仿真，通过本实例不仅可以温习齿轮内外啮合的运动仿真，而且掌握了空间定轴轮系的运动仿真，平面定轴轮系的运动仿真自然就不在话下了。

12.3.2　空间定轴轮系运动分析实例

本节将通过对一空间定轴轮系机构进行运动分析和仿真让读者掌握空间定轴轮系机构运动分析和仿真的基本流程。

图 12-33 所示为空间定轴轮系机构，正齿轮部分模数 M_1=8mm，中心正齿轮齿数 Z_1=17，中心上方正齿轮齿数 Z_2=13，内齿轮齿数 Z_3=43；斜齿轮部分模数 M_2=6mm，小斜齿轮齿数 Z_4=20，大斜齿轮齿数 Z_5=30；蜗杆的模数 M_3=5mm，蜗轮的齿数 Z_6=41，蜗杆的头数 Z_7=2。求轮系的输入输出传动比。

图 12-33　空间定轴轮系机构

本例原始文件见光盘\Source files\chapter12\space_gear\origin 文件夹。

本例完成文件见光盘\Source files\chapter12\space_gear\finish 文件夹。

详细操作步骤如下。

1. 创建组件

1)新建组件

(1)单击【文件(F)】→【新建(N)】→弹出“新建”对话框→类型选择“组件”→输入组件名称“space_gear”→“使用缺省模板”复选框不打钩，如图 12-34 所示。

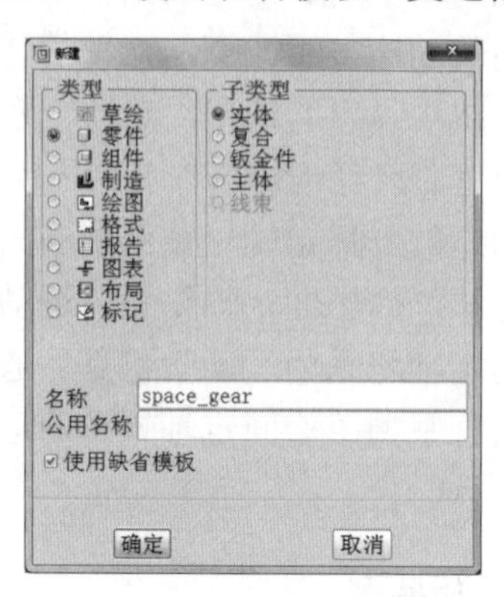

图 12-34 新建对话框

(2)单击【确定】按钮→打开“新文件选项”对话框→选择“mmns_asm_design”模板→单击【确定】按钮完成新文件的建立。

2)创建基准轴

(1)单击模型树上方的设置按钮→选择【树过滤器(F)】命令→弹出“模型树项目”对话框→勾选“特征”复选框→单击【确定】按钮→此时组件的基准轴和基准面就显示在模型树栏了。

(2)单击基准平面工具按钮(或者选择【插入(I)】→【模型基准(D)】→【平面(L)】按钮)→弹出“基准平面”对话框→单击选择基准面 ASM_TOP→输入平移距离 120→单击【确定】按钮完成基准平面 ADTM1 的创建。

(3)单击基准平面工具按钮(或者选择【插入(I)】→【模型基准(D)】→【平面(L)】按钮)→弹出“基准平面”对话框→单击选择基准面 ASM_FRONT→输入平移距离 158→单击【确定】按钮完成基准平面 ADTM2 的创建。

(4)单击基准平面工具按钮(或者选择【插入(I)】→【模型基准(D)】→【平面(L)】按钮)→弹出“基准平面”对话框→单击选择基准面 ASM_FRONT→输入平移距离 60→单击【确定】按钮完成基准平面 ADTM3 的创建。

(5)单击基准平面工具按钮(或者选择【插入(I)】→【模型基准(D)】→【平面(L)】按钮)→弹出“基准平面”对话框→单击选择基准面 ASM_TOP→输入平移距离 144→单击【确定】按钮完成基准平面 ADTM4 的创建。

(6)单击基准平面工具按钮(或者选择【插入(I)】→【模型基准(D)】→【平

面(L)】按钮)→弹出“基准平面”对话框→单击选择基准面 ASM_TOP→输入平移距离 77.5→单击【确定】按钮完成基准平面 ADTM5 的创建。

(7) 单击基准平面工具按钮(或者选择【插入(I)】→【模型基准(D)】→【平面(L)】按钮)→弹出“基准平面”对话框→单击选择基准面 ASM_FRONT→输入平移距离 423→单击【确定】按钮完成基准平面 ADTM6 的创建。

(8) 单击基准平面工具按钮(或者选择【插入(I)】→【模型基准(D)】→【平面(L)】按钮)→弹出“基准平面”对话框→单击选择基准面 ADTM4→输入平移距离 50→单击【确定】按钮完成基准平面 ADTM7 的创建→创建完成后如图 12-35 所示。

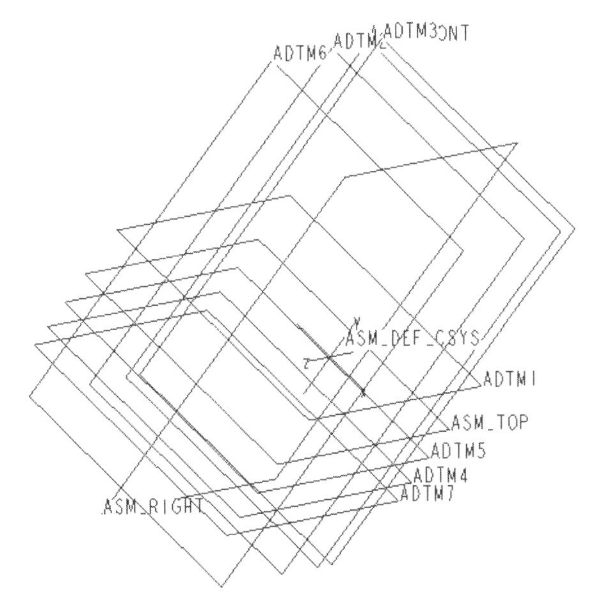

图 12-35　创建完成的基准平面

(9) 单击基准轴工具按钮(或者选择【插入(I)】→【模型基准(D)】→【轴(X)】按钮)→弹出“基准轴”对话框→按住 Ctrl 键，单击基准面 ASM_TOP 和 ASM_RIGHT→单击“基准轴”对话框的【确定】按钮→完成基准轴 AA_1 的创建。

(10) 单击基准轴工具按钮(或者选择【插入(I)】→【模型基准(D)】→【轴(X)】按钮)→弹出“基准轴”对话框→按住 Ctrl 键，单击基准面 ADTM1 和 ASM_RIGHT→单击“基准轴”对话框的【确定】按钮→完成基准轴 AA_2 的创建。

(11) 单击基准轴工具按钮(或者选择【插入(I)】→【模型基准(D)】→【轴(X)】按钮)→弹出“基准轴”对话框→按住 Ctrl 键，单击基准面 ADTM6 和 ADTM7→单击“基准轴”对话框的【确定】按钮→完成基准轴 AA_3 的创建→创建完成后如图 12-36 所示。

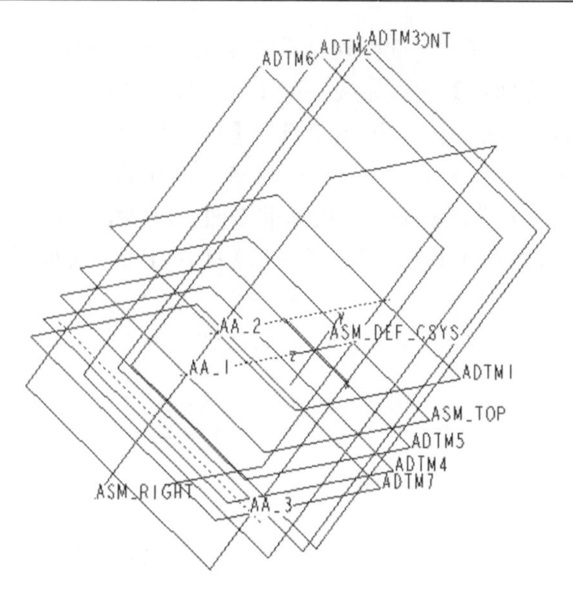

图 12-36　创建完成的基准轴

3) 组装结构零部件

(1) 单击将元件添加到组件按钮(或者选择【插入(I)】→【元件(C)】→【装配(A)】按钮)→弹出“打开”对话框→选择“fix_block.prt”→单击【打开】按钮→将模型导入组件中。

(2) 单击选择“AA_2”轴，然后单击导入的模型“A_2”轴线→两条轴线自动建立同轴约束→单击“ADTM3”面，然后单击零件的左侧面→选择 对齐 方式并选择距离为 12→零件的左侧面和组件的 ADTM3 面按照图 12-37 所示方位对齐→单击按钮，完成零件的装配。

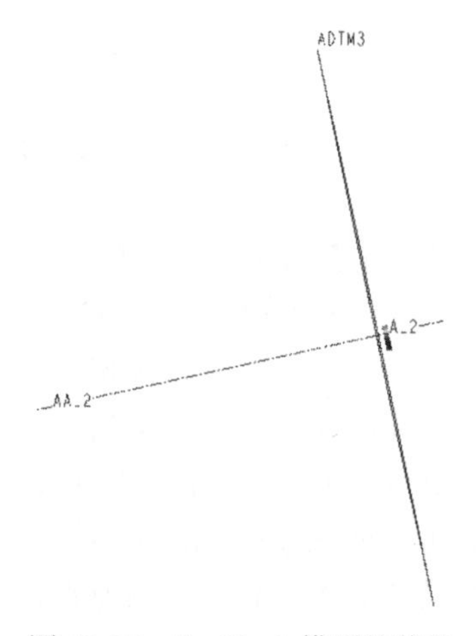

图 12-37　fix_block 模型的装配

(3) 单击将元件添加到组件按钮(或者选择【插入(I)】→【元件(C)】→【装配(A)】按钮)→弹出“打开”对话框→选择“fix_block.prt”→单击【打开】按钮→将模型导入组件中。

(4) 单击选择“AA_1”轴，然后单击导入的模型“A_2”轴线→两条轴线自动建立同轴约束→单击“ADTM3”面，然后单击零件的左侧面→选择对齐方式并选择距离为 12→零件的左侧面和组件的 ADTM3 面按照图 12-38 所示方位对齐→单击按钮，完成零件的装配。

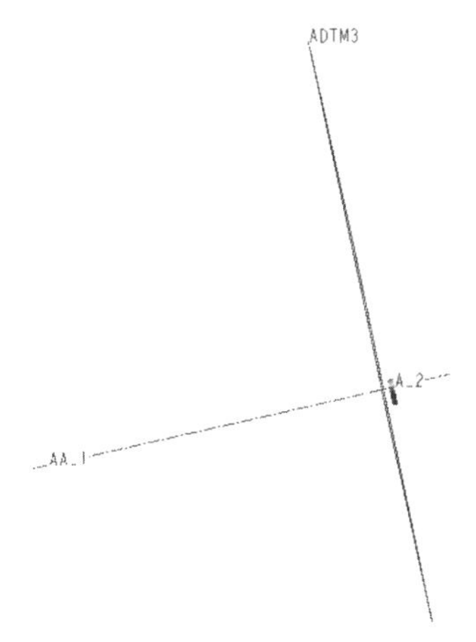

图 12-38　fix_block 模型的装配

(5) 单击将元件添加到组件按钮(或者选择【插入(I)】→【元件(C)】→【装配(A)】按钮)→弹出“打开”对话框→选择“fix_block2.prt”→单击【打开】按钮→将模型导入组件中。

(6) 单击选择“AA_1”轴，然后单击导入的模型“A_2”轴线→两条轴线自动建立同轴约束→单击零件右面，然后单击“ADTM2”面→选择配对方式并选择距离为零→单击“ADTM4”面，然后单击零件的下表面 DTM3→选择配对方式并选择距离为零→零件按照图 12-39 所示方位对齐→单击按钮，完成零件的装配。

4) 组装运动零部件

(1) 单击将元件添加到组件按钮(或者选择【插入(I)】→【元件(C)】→【装配(A)】按钮)→弹出“打开”对话框→选择“worm_cylinder_left1.prt”→单击【打开】按钮→将 worm_gear_cylinder_left1 蜗轮导入组件模型中。

(2) 装配类型选择销钉→单击选择“AA_3”轴，然后单击蜗轮轴线→完成蜗轮轴和 AA_3 轴的轴对齐连接→单击“ASM_RIGHT”面，然后单击蜗轮零件的中面 MID_DTM→并选择距离为零→worm_gear_cylinder_left1 蜗轮的装配完成如图 12-40 所示。

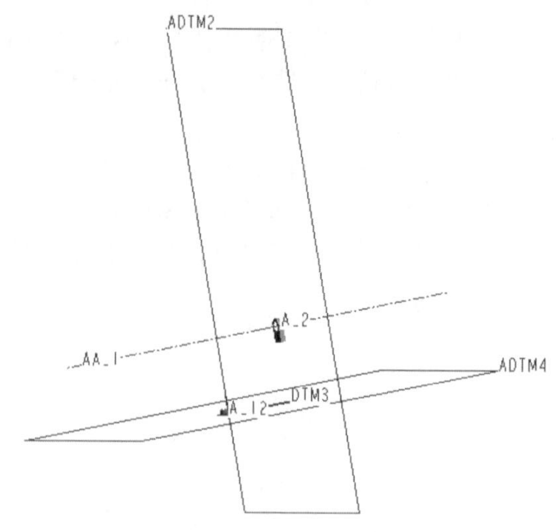

图 12-39　fix_block2 模型的装配

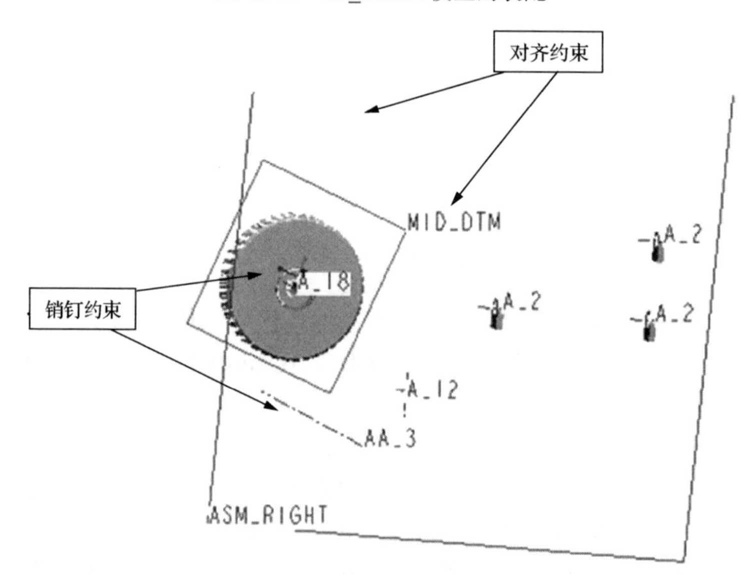

图 12-40　worm_gear_cylinder_left1 模型的装配

(3)单击将元件添加到组件按钮(或者选择【插入(I)】→【元件(C)】→【装配(A)】按钮)→弹出“打开”对话框→选择“mainshaft_gear.asm”→单击【打开】按钮→将 mainshaft_gear 齿轮导入组件模型中。

(4)装配类型选择 销钉 →单击选择“AA_1”轴，然后单击齿轮轴线“A_1”→完成齿轮轴和 AA_1 轴的轴对齐连接→单击 A_1 轴所在左侧支架的左侧面，然后单击选择齿轮轴上左侧凹槽的左端面→并选择距离为零→mainshaft_gear 齿轮的装配完成如图 12-41 所示。

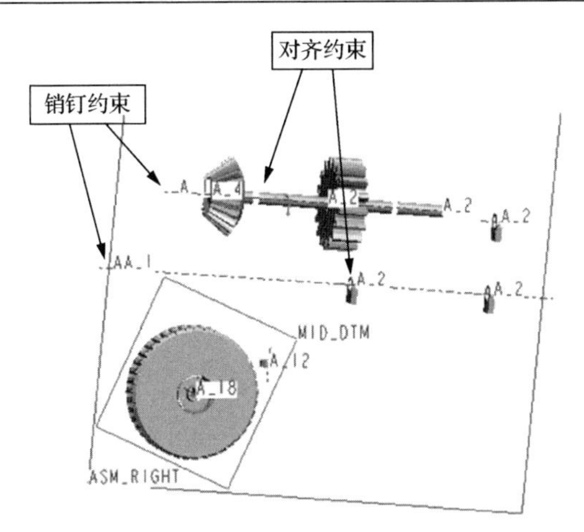

图 12-41　mainshaft_gear 齿轮的组装

(5) 单击将元件添加到组件按钮(或者选择【插入(I)】→【元件(C)】→【装配(A)】按钮)→弹出“打开”对话框→选择“top_gear.asm”→单击【打开】按钮→将 top_gear 齿轮导入组件模型中。

(6) 装配类型选择 销钉 →单击选择“AA_2”轴，然后单击齿轮轴线“A_2”→完成齿轮轴和 AA_2 轴的轴对齐连接→单击 AA_2 轴所在零件的右侧面，然后单击选择齿轮轴右侧凹槽面→并选择距离为零→top_gear 齿轮的装配完成如图 12-42 所示。

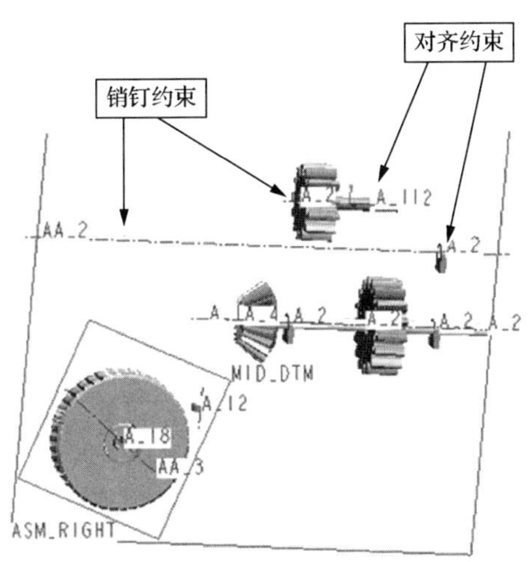

图 12-42　top_gear 齿轮的组装

(7) 单击将元件添加到组件按钮(或者选择【插入(I)】→【元件(C)】→【装配(A)】按钮)→弹出“打开”对话框→选择“base_gear.prt”→单击【打开】按钮→将 base_gear 齿轮导入组件模型中。

(8) 装配类型选择 销钉 →单击选择“AA_1”轴，然后单击齿轮轴线→完成齿轮轴和 AA_1 轴的销钉连接→单击“ADTM3”面，然后单击大齿轮零件的右侧面→并选择距离为零→使得零件的右侧面和组件的 ADTM3 面按照图 12-43 所示方位对齐→base_gear 齿轮的装配完成。

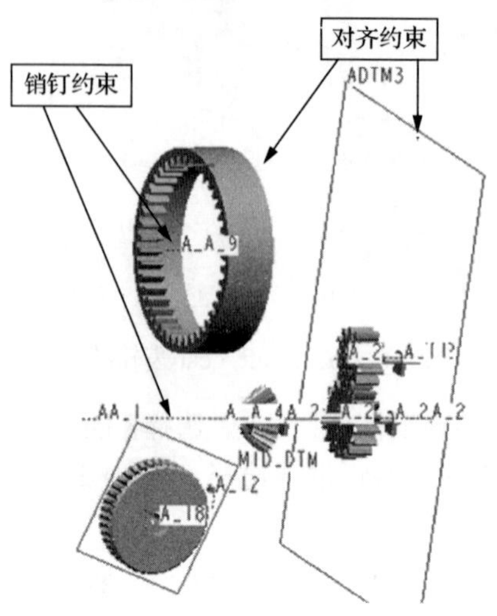

图 12-43　base_gear 齿轮的组装

(9) 单击将元件添加到组件按钮(或者选择【插入(I)】→【元件(C)】→【装配(A)】按钮)→弹出“打开”对话框→选择“bottom_gear.asm”→单击【打开】按钮→将 button_gear 齿轮导入组件模型中。

(10) 装配类型选择 销钉 →单击选择 fix_block2 中的“A_12”轴，然后单击蜗杆轴线 A_1→完成蜗杆轴和支架的销钉连接→单击支架的上表面，然后单击选择蜗轮轴上侧凹槽面→并选择距离为零→button_gear 齿轮的装配完成如图 12-44 所示。

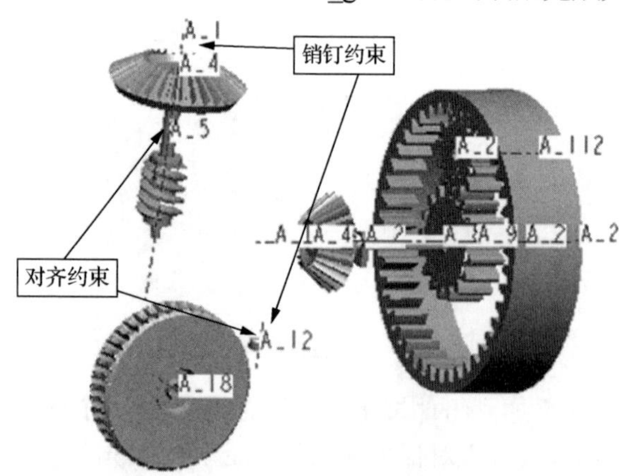

图 12-44　button_gear 齿轮的组装

5) 轮齿对齐

(1) 单击拖动封装元件按钮→弹出“拖动”对话框如图 12-45 所示→通过单击选中零部件→依次旋转各齿轮零部件，使各齿轮轮齿近似啮合状态→完成后如图 12-46 所示。

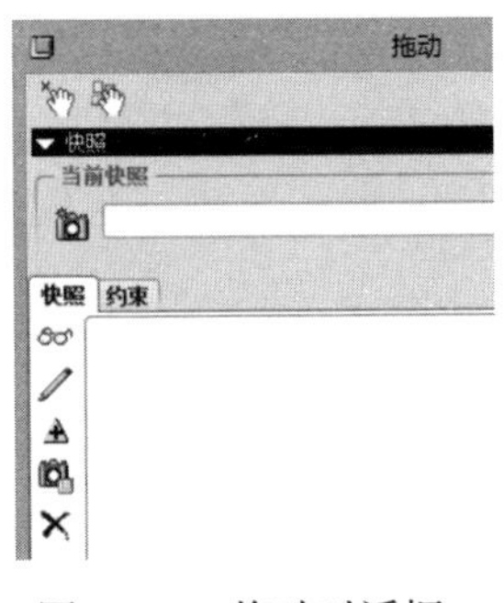

图 12-45 拖动对话框

图 12-46 齿轮调整后的最终状态

(2) 调整完成后单击按钮→保存当前快照。

2. 创建动态分析

1) 进入机构分析

单击菜单栏中的【应用程序(P)】→【机构(E)】→进入机构分析模式。

2) 设置齿轮对

(1) 单击定义齿轮副连接按钮→弹出“齿轮副定义”对话框→类型选择“一般”→单击打开“齿轮 1”栏→单击“运动轴”项下的按钮→选择与内齿轮相匹配的齿轮中心轴处的运动轴图标→输入节圆直径 104→完成齿轮 1 的选择如图 12-47 所示(齿轮黑色显示)。

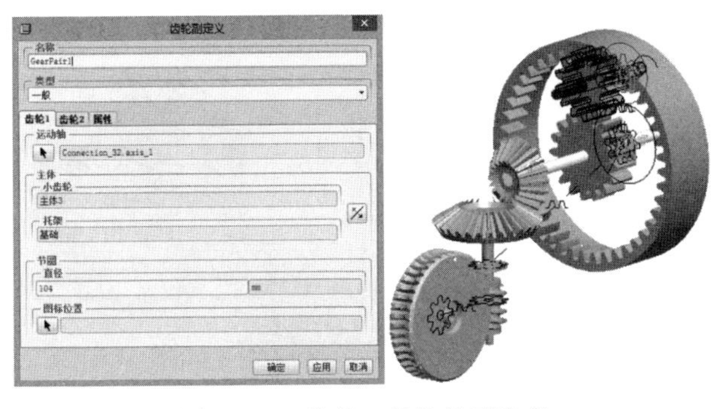

图 12-47 齿轮 1 的齿轮副定义

(2) 单击打开“齿轮 2”栏→单击“运动轴”项下的按钮→选择中间齿轮中心轴处的运动轴图标→输入节圆直径 136→完成齿轮 2 的选择如图 12-48 所示。

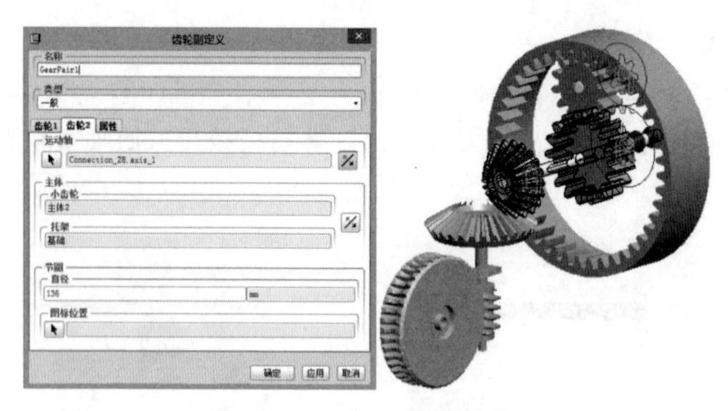

图 12-48　齿轮 2 的齿轮副定义

(3) 单击打开“属性”栏→单击【应用】按钮查看齿轮方向→通过单击图 12-48 中的按钮调整齿轮方向→再次单击【应用】按钮，直到齿轮方向如图 12-49 所示→单击【确定】按钮完成齿轮机构的设置。

图 12-49　属性栏设置

(4) 单击定义齿轮副连接按钮→弹出“齿轮副定义”对话框→类型选择“一般”→单击打开“齿轮 1”栏→单击“运动轴”项下的按钮→选择上面齿轮中心轴处的运动轴图标→输入节圆直径 104→完成齿轮 1 的选择如图 12-50 所示。

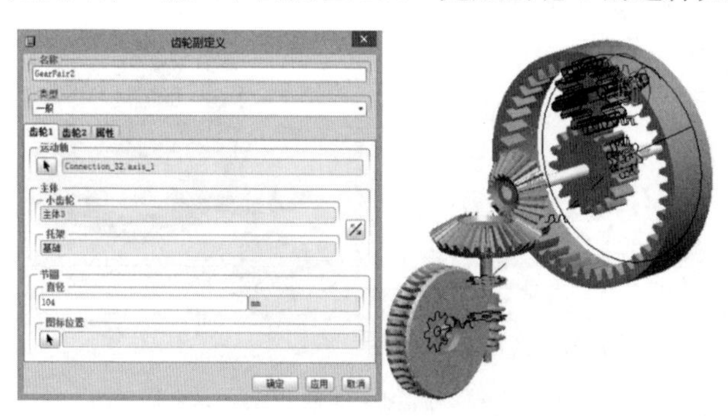

图 12-50　齿轮 1 的齿轮副定义

(5) 单击打开“齿轮 2”栏→单击“运动轴”项下的按钮→选择右边锥齿轮

中心轴处的运动轴图标→输入节圆直径344→完成齿轮2的选择如图12-51所示。

图 12-51 齿轮 2 的齿轮副定义

(6) 单击打开“属性”栏→单击【应用】按钮查看齿轮方向→通过单击图12-51中的按钮调整齿轮方向→再次单击【应用】按钮，直到齿轮方向如图12-52所示→单击【确定】按钮完成齿轮机构的设置。

图 12-52 属性栏设置

(7) 单击定义齿轮副连接按钮→弹出“齿轮副定义”对话框→类型选择“锥”→单击打开“齿轮 1”栏→单击“运动轴”项下的按钮→选择锥齿轮中心轴处的运动轴图标→输入节圆直径268→完成齿轮1的选择如图12-53所示。

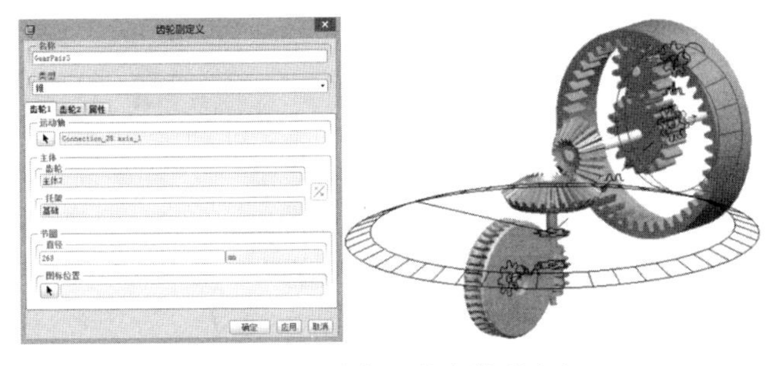

图 12-53 齿轮 1 的齿轮副定义

(8) 单击打开“齿轮 2”栏→单击“运动轴”项下的按钮→选择底下蜗杆中

心轴处的运动轴图标→完成齿轮 2 的选择如图 12-54 所示。

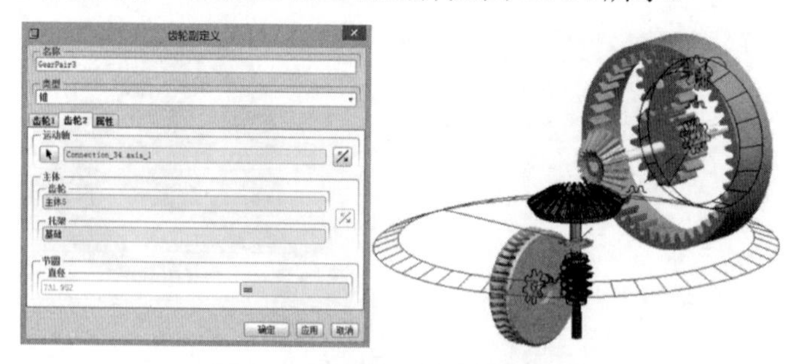

图 12-54　齿轮 2 的齿轮副定义

(9) 单击打开“属性”栏→单击如图 12-54 所示的按钮调整齿轮方向→单击【确定】按钮完成锥齿轮机构的设置如图 12-55 所示。

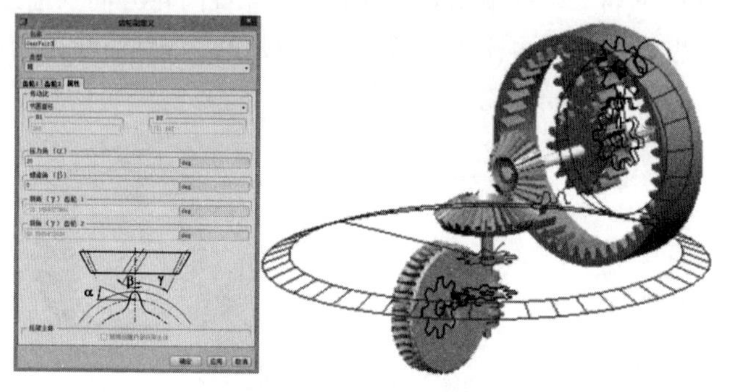

图 12-55　属性栏设置

(10) 单击定义齿轮副连接按钮→弹出“齿轮副定义”对话框→类型选择“蜗轮”→单击打开“齿轮 1”栏→单击“运动轴”项下的按钮→选择蜗轮中心轴处的运动轴图标→输入蜗轮节圆直径 205→完成齿轮 1 的选择如图 12-56 所示。

图 12-56　齿轮 1 的齿轮副定义

(11) 单击打开“齿轮 2”栏→单击“运动轴”项下的按钮→选择蜗杆中心轴处的运动轴图标→完成齿轮 2 的选择如图 12-57 所示。

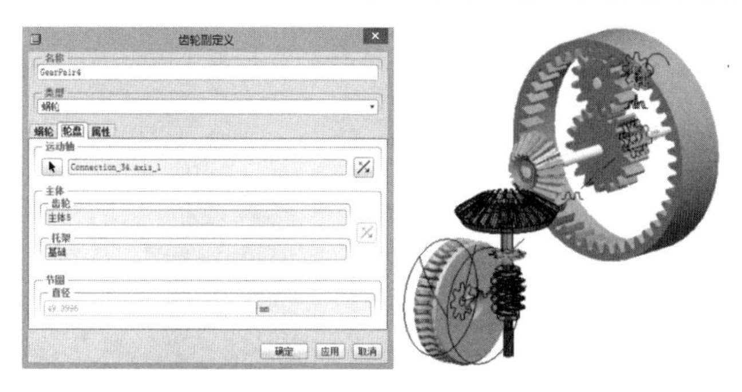

图 12-57　齿轮 2 的齿轮副定义

(12)单击打开“属性”栏→单击如图 12-57 所示的按钮调整齿轮方向→单击【确定】按钮完成蜗轮机构的设置如图 12-58 所示。

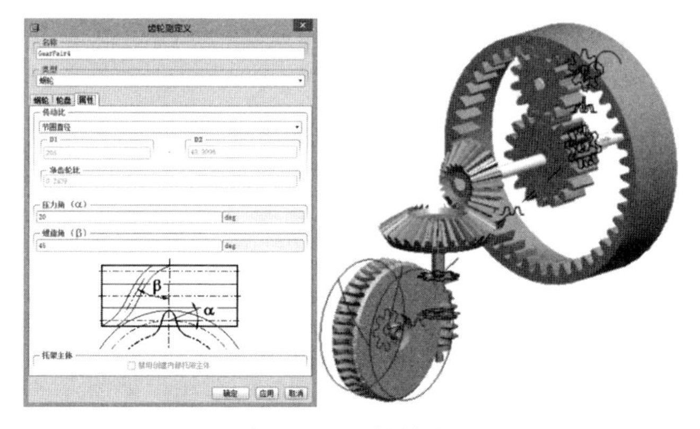

图 12-58　属性栏设置

3)创建伺服电机

(1)单击定义伺服电机按钮→弹出“伺服电动机定义”对话框→单击打开“轮廓”栏→单击“规范”项选择“速度”→“模”项选择“常数”，并设置 A=100，如图 12-59 所示。

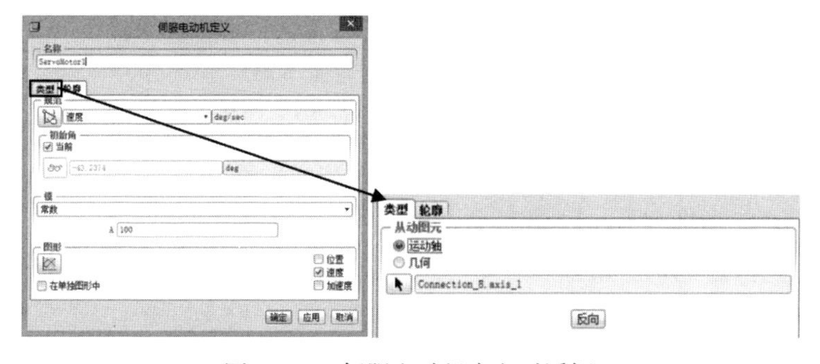

图 12-59　伺服电动机定义对话框

(2) 单击打开“类型”栏→选择上面齿轮中心轴处的运动轴图标→单击【确定】按钮→定义完如图 12-60 所示。

图 12-60　定义伺服电机

3. 运行机构运动分析

1) 定义测量

(1) 单击生成分析的测量结果按钮→弹出“测量结果”对话框如图 12-61 所示→单击创建新测量按钮弹出设置“测量定义”对话框如图 12-62 所示。

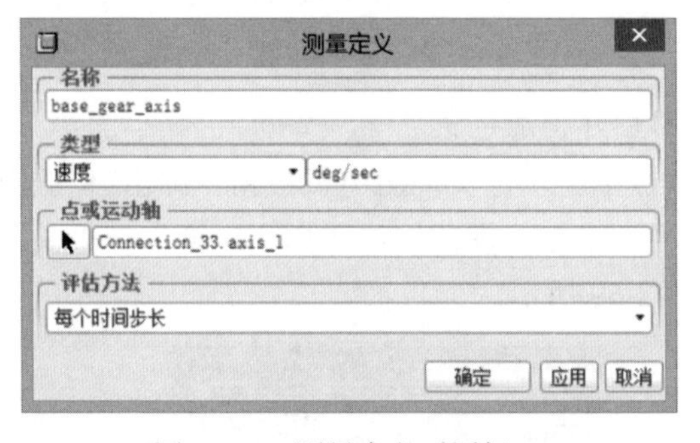

图 12-61　测量结果对话框　　　　图 12-62　测量定义对话框

(2) “名称”输入“base_gear_axis”→“类型”选择速度→单击选取点或运动轴按钮，单击选择 base_gear_axis 齿轮的运动轴→其他采用默认设置。

(3) 设置完成后如图 12-62 所示→单击【确定】按钮返回“测量结果”对话框→单击【关闭】按钮，完成测量量的定义。

(4) 同理，按照 (1)~(3) 的步骤建立“button_axis”、“main_axis”、“worm_axis”，

并对应选择相应名称的零件。

2) 定义并执行机构运动分析

(1) 单击机构分析按钮→弹出“分析定义”对话框→设置“类型”为运动学→其他采用默认设置→设置完成后如图 12-63 所示。

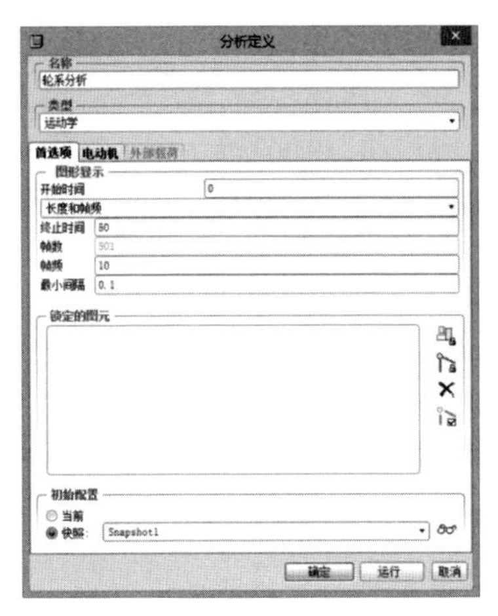

图 12-63　分析定义对话框

(2) 单击【运行】按钮运行运动学分析→分析完成后单击【确定】按钮→完成运动学分析。

4. 查看分析结果

单击生成分析的测量结果按钮→弹出“测量结果”对话框如图 12-61 所示→选中结果集中的“轮系分析”→各个齿轮的旋转速度就显示在窗口了，如图 12-64 所示。

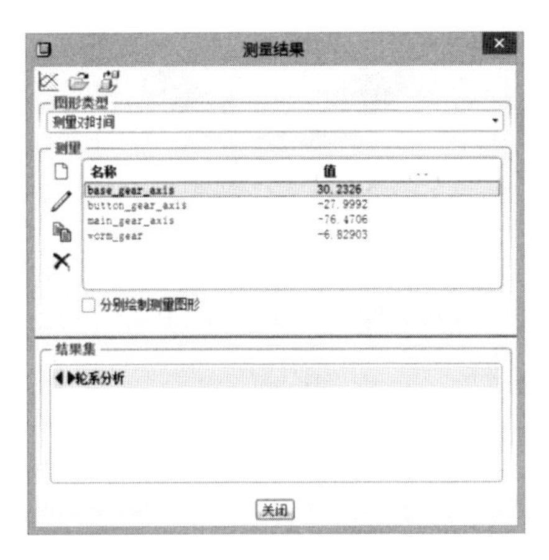

图 12-64　测量结果对话框

12.4　周转轮系运动仿真分析

12.4.1　周转轮系简介

齿轮传动时，轮系中至少有一个齿轮的几何轴线位置不固定，而是绕另一个齿轮的固定轴线回转，这种轮系被称为周转轮系。周转轮系是由中心轮、行星轮和行星架组成的。外齿轮、内齿轮(齿圈)位于中心位置绕着轴线回转称为中心轮；齿轮同时与中心轮和齿圈相啮合，其既做自转又做公转称为行星轮；支持行星轮的构件称为行星架。

周转轮系运动仿真具有很实际的应用价值，现代的变速箱中，经常出现周转轮系。因此，研究周转轮系的运动学仿真具有更好的实践载体。

12.4.2　行星轮周转轮系运动分析实例

本节将通过对一个行星周转轮系的运动仿真分析让读者了解 Pro/E 做行星周转轮系运动仿真分析的基本流程。

如图 12-65 所示，行星周转轮系机构的模数为 2mm，齿宽为 35mm，压力角为 20，行星轮齿数为 19，太阳轮齿数为 29，内齿轮齿数为 77。假设主动轮是中央的太阳轮，转速为 180°/s，求行星轮的转速。

图 12-65　行星齿轮机构

本例原始文件见光盘\Source files\chapter12\Planet Gears\origin 文件夹。

本例完成文件见光盘\Source files\chapter12\Planet Gears\finish 文件夹。

详细操作步骤如下。

1. 创建组件

1)新建组件

(1)单击【文件(F)】→【新建(N)】→弹出“新建”对话框→类型选择“组

件”→输入组件名称“planet_gear”→“使用缺省模板”复选框不打钩，如图 12-66 所示。

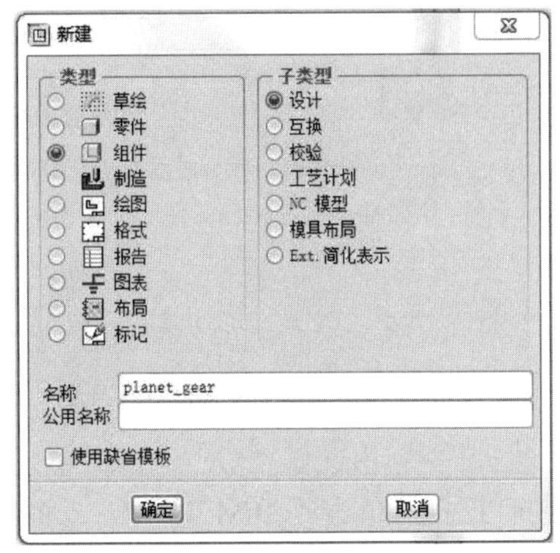

图 12-66　新建对话框

(2) 单击【确定】按钮→打开“新文件选项”对话框→选择“mmns_asm_design”模板→单击【确定】按钮完成新文件的建立。

2) 创建基准轴

(1) 单击模型树上方的设置按钮→选择【树过滤器(F)】命令→弹出“模型树项目”对话框→勾选“特征”复选框→单击【确定】按钮→此时组件的基准轴和基准面就显示在模型树栏了。

(2) 单击基准轴工具按钮(或者选择【插入(I)】→【模型基准(D)】→【轴(X)】按钮)→弹出“基准轴”对话框→按住 Ctrl 键单击基准面 ASM_TOP 和基准面 ASM_RIGHT→单击“基准轴”对话框的【确定】按钮→完成基准轴 AA_1 的创建。

(3) 单击基准轴工具按钮(或者选择【插入(I)】→【模型基准(D)】→【轴(X)】按钮)→弹出“基准轴”对话框→单击基准轴 AA_1→单击“基准轴”对话框的【确定】按钮→完成基准轴 AA_2 的创建。

(4) 单击基准轴工具按钮(或者选择【插入(I)】→【模型基准(D)】→【轴(X)】按钮)→弹出“基准轴”对话框→单击基准轴 AA_1→单击“基准轴”对话框的【确定】按钮→完成基准轴 AA_3 的创建→创建完成后如图 12-67 所示。

3) 组装零部件

(1) 单击将元件添加到组件按钮(或者选择【插入(I)】→【元件(C)】→【装配(A)】命令)→弹出“打开”对话框→选择“sun_gear.prt”→单击【打开】按钮→将太阳轮模型导入组件模型中。

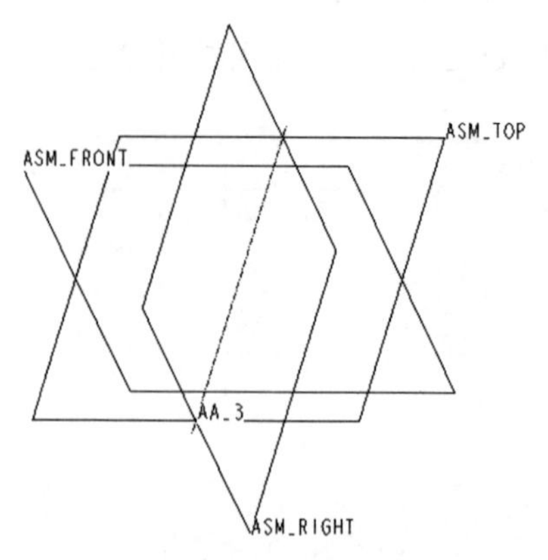

图 12-67　创建完成的基准面和基准轴

(2)装配类型选择 销钉 →单击选择“AA_1”轴，然后单击齿轮轴线→完成齿轮轴和 AA_1 轴的销钉连接→单击“ASM_FRONT”面，然后单击太阳轮零件的左侧面→并选择距离为零→使得零件的左侧面和组件的 FRONT 面按照图 12-68 所示方位对齐→sun_gear 齿轮的装配完成。

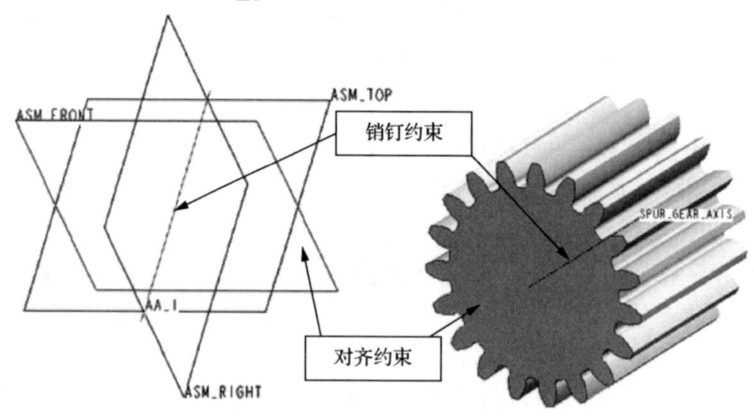

图 12-68　sun_gear 零件的装配

(3)单击将元件添加到组件按钮(或者选择【插入(I)】→【元件(C)】→【装配(A)】命令)→弹出“打开”对话框→选择“zhijia.prt”→单击【打开】按钮→将支架模型导入组件模型中。

(4)装配类型选择 销钉 →单击选择“AA_2”轴，然后单击支架开环一端的轴线→完成支架和 AA_2 轴的销钉连接→单击“ASM_FRONT”面，然后单击支架内侧面→并选择距离为零→使得支架的内侧面和组件的 FRONT 面按照图 12-69 所示方位对齐→zhijia 模型的装配完成。

(5)单击将元件添加到组件按钮(或者选择【插入(I)】→【元件(C)】→【装配(A)】命令)→弹出“打开”对话框→选择“chiquan_gear.prt”→单击【打开】

按钮→将齿圈模型导入组件模型中。

(6)装配类型选择 销钉 →单击选择“AA_3”轴，然后单击齿圈零件中心轴→完成齿圈轴和 AA_3 轴的销钉连接→单击“ASM_FRONT”面，然后单击齿圈左侧面→并选择距离为零→使得齿圈的左侧面和组件的FRONT 面按照图 12-70 所示方位对齐→chiquan_gear.prt 模型的装配完成。

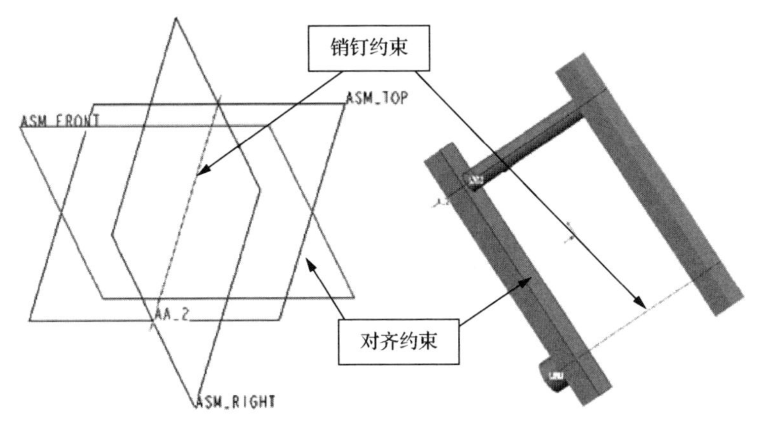

图 12-69　支架的装配

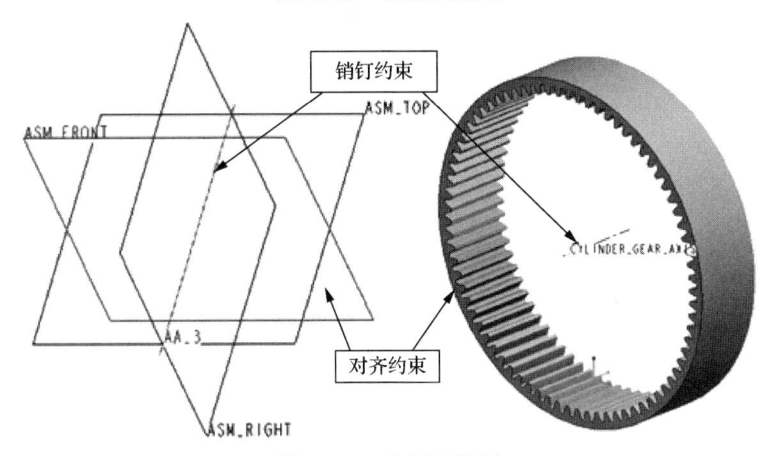

图 12-70　齿圈的装配

(7)单击将元件添加到组件按钮(或者选择【插入(I)】→【元件(C)】→【装配(A)】命令)→弹出“打开”对话框→选择“planet_gear.prt”→单击【打开】按钮→将行星轮模型导入组件模型中。

(8)装配类型选择 销钉 →单击选择支撑环闭环端轴线，然后单击行星轮零件中心轴→完成齿轮轴和支撑环的销钉连接→单击支撑环内侧面，然后单击齿轮左侧面→并选择距离为零→使得齿圈的左侧面和组件的FRONT 面按照图 12-71 所示方位对齐→planet_gear.prt 模型的装配完成。

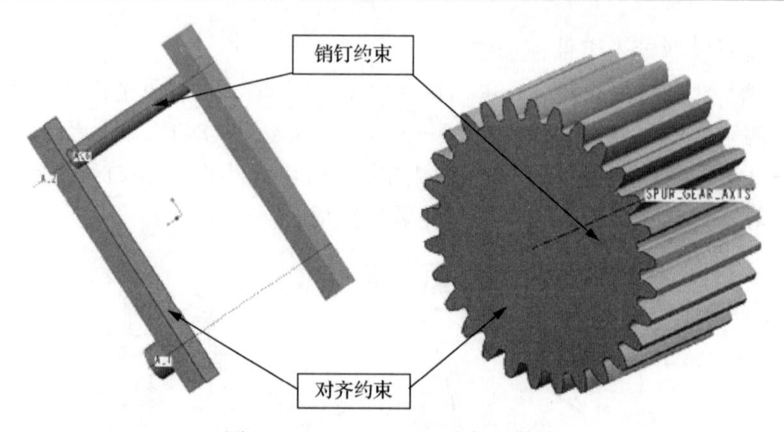

图 12-71　planet_gear 齿轮的装配

4) 轮齿对齐

(1) 单击拖动封装元件按钮→弹出"拖动"对话框如图 12-72 所示→单击"约束"栏对齐两个图元按钮→分别单击太阳轮的HF_DTM面和行星轮的HA_DTM面→两平面自动对齐。

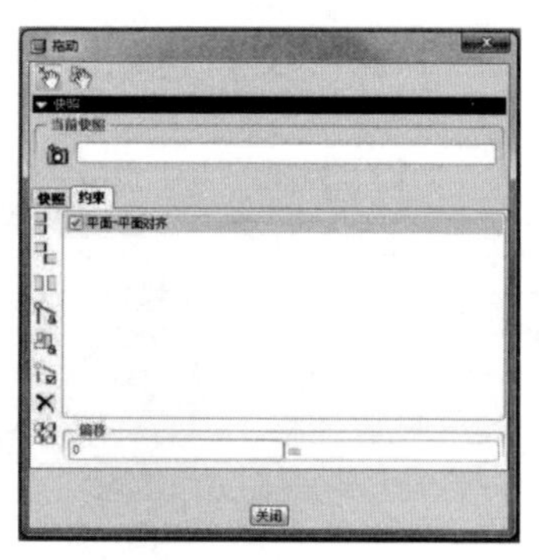

图 12-72　拖动对话框

(2) 按照 (1) 中相同的方法将行星轮的 HA_DTM 面和齿圈的 HF_DTM 面对齐→调整完成后单击按钮→保存当前快照→调整完成后如图 12-73 所示。

图 12-73　齿轮的 FRONT 视图

2. 创建动态分析

1) 进入机构分析

单击菜单栏中的【应用程序(P)】→【机构(E)】→进入机构分析模式。

2) 设置齿轮对

(1) 单击定义齿轮副连接按钮→弹出“齿轮副定义”对话框→类型选择“正”→单击打开“齿轮 1”栏→单击“运动轴”项下的按钮→选择太阳轮中心轴处的运动轴图标→完成齿轮 1 的选择如图 12-74 所示。

图 12-74　齿轮 1 的齿轮副定义

(2) 单击打开“齿轮 2”栏→单击“运动轴”项下的按钮→选择行星轮中心轴处的运动轴图标→完成齿轮 2 的选择如图 12-75 所示。

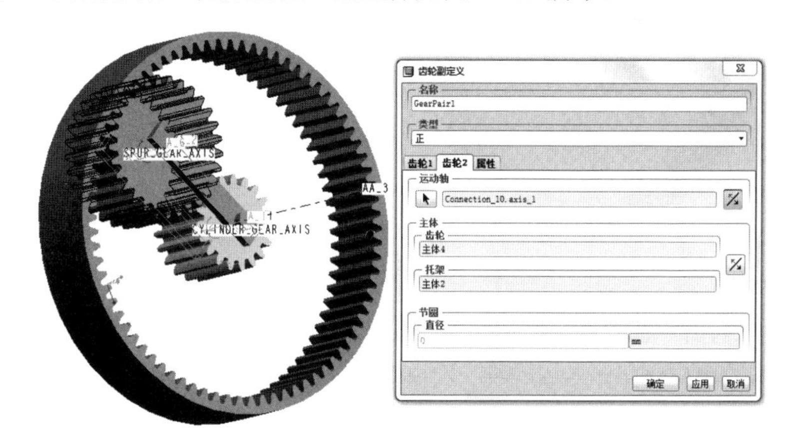

图 12-75　齿轮 2 的齿轮副定义

(3) 单击打开“属性”栏→单击“齿轮比”选项，选择“用户定义的”→输入 D1=19，D2=29→设置完成如图 12-76 所示→单击【确定】按钮完成齿轮机构的设置。

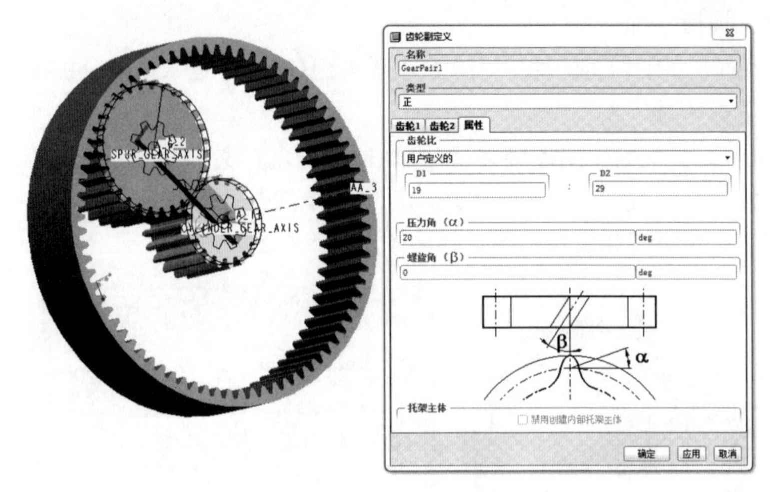

图 12-76　属性栏设置

(4) 单击定义齿轮副连接按钮→弹出“齿轮副定义”对话框→类型选择“正”→单击打开“齿轮 1”栏→单击“运动轴”项下的按钮→选择行星轮中心轴处的运动轴图标→完成齿轮 1 的选择如图 12-77 所示。

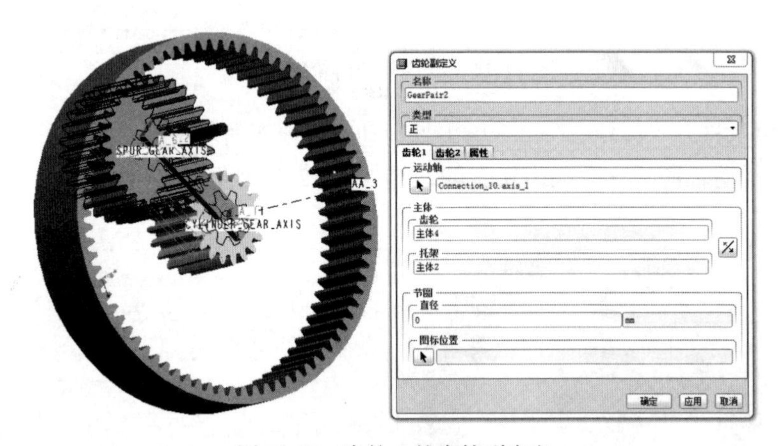

图 12-77　齿轮 1 的齿轮副定义

(5) 单击打开“齿轮 2”栏→单击“运动轴”项下的按钮→选择齿圈中心轴处的运动轴图标→单击“运动轴”栏后的按钮→完成齿轮 2 的选择如图 12-78 所示。

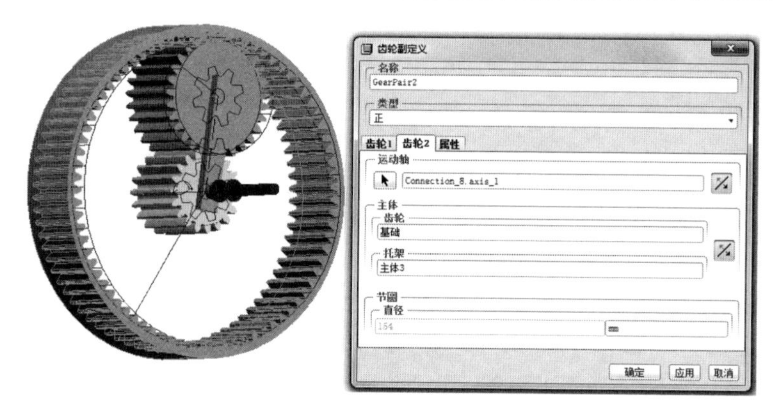

图 12-78　齿轮 2 的齿轮副定义

(6) 单击打开“属性”栏→单击“齿轮比”选项，选择“用户定义的”→输入 D1=29，D2=77→设置完成如图 12-79 所示→单击【确定】按钮完成齿轮机构的设置。

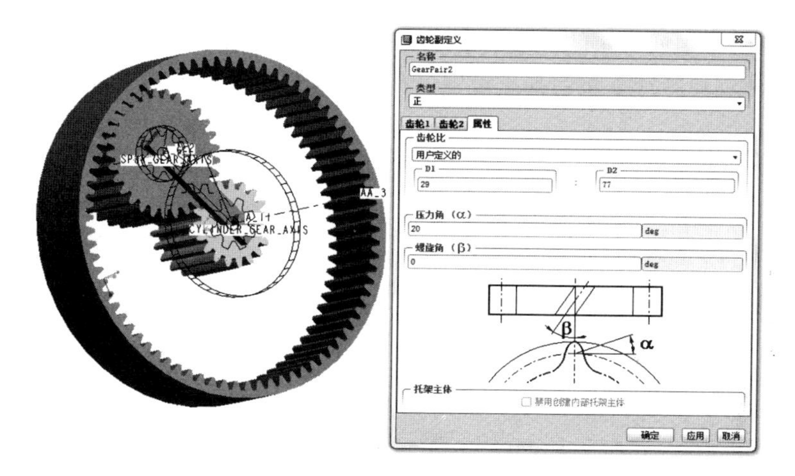

图 12-79　属性栏设置

3) 创建伺服电机

(1) 单击定义伺服电机按钮→弹出“伺服电动机定义”对话框→单击打开“轮廓”栏→单击“规范”项选择“速度”→“模”项选择“常数”，并，设置 A=180，如图 12-80 所示。

(2) 单击打开“类型”栏→选择太阳轮中心轴处的运动轴图标→单击【确定】按钮→完成伺服电机的定义如图 12-80 所示。

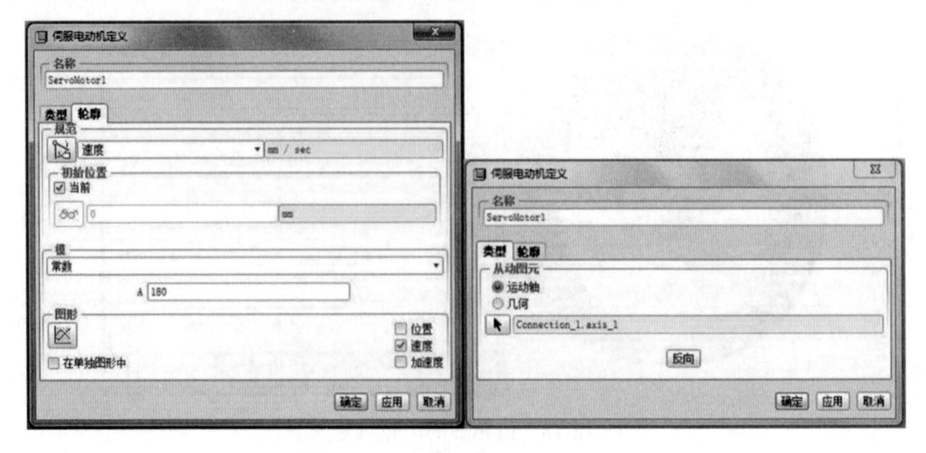

图 12-80　伺服电动机定义对话框

3. 运行机构运动分析

1) 定义测量

(1) 单击生成分析的测量结果按钮→弹出“测量结果”对话框如图 12-81 所示→单击创建新测量按钮弹出设置“测量定义”对话框如图 12-82 所示。

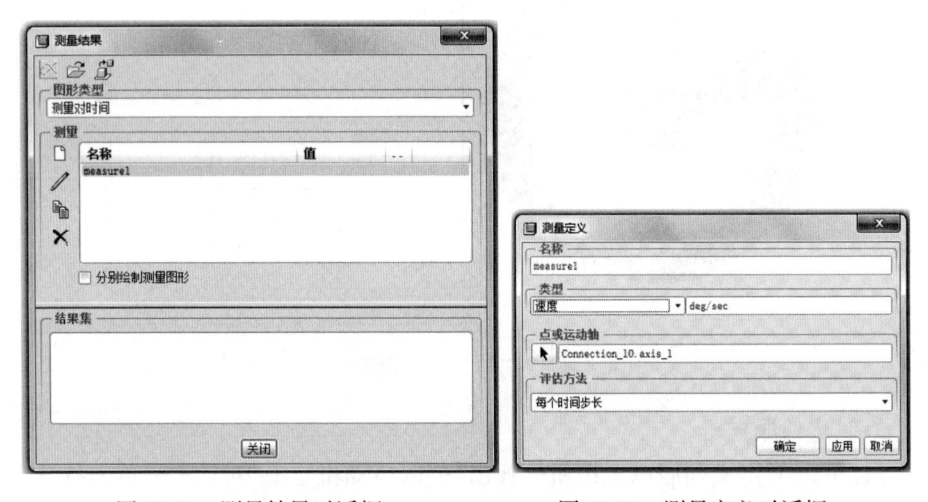

图 12-81　测量结果对话框　　　　图 12-82　测量定义对话框

(2) “类型”选择速度→单击选取点或运动轴按钮，单击选择行星轮的运动轴→其他采用默认设置→设置完成后如图 12-82 所示→单击【确定】按钮返回“测量结果”对话框→单击【关闭】按钮，完成测量量的定义。

2) 定义并执行机构运动分析

(1) 单击机构分析按钮→弹出“分析定义”对话框→设置“类型”为运动学→终止时间为 15→其他采用默认设置→设置完成后如图 12-83 所示。

图 12-83　分析定义对话框

(2) 单击【运行】按钮运行运动学分析→分析完成后单击【确定】按钮→完成运动学分析。

4. 查看分析结果

单击生成分析的测量结果按钮→弹出“测量结果”对话框→同时选中“measure1”和结果集中的“AnalysisDefinition1”→小齿轮的旋转速度就显示在窗口，如图 12-84 所示。

图 12-84　测量结果对话框

在测量结果窗口单击左上角，生成测量对象的测量结果曲线图，如图 12-85 所示。

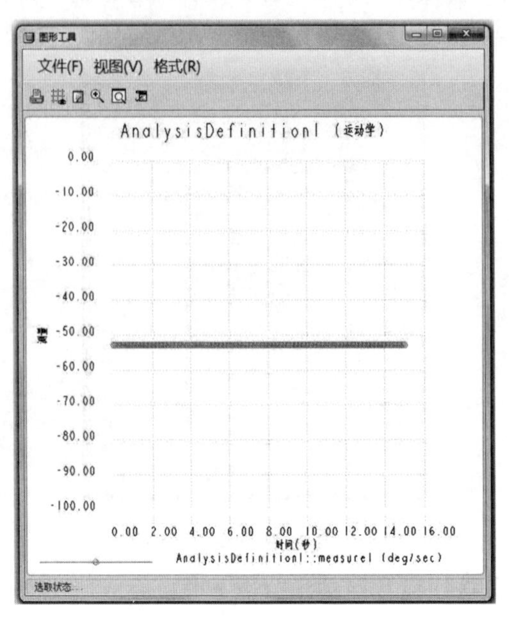

图 12-85　测量结果曲线图

12.5　行星轮系运动仿真分析

12.5.1　行星轮系简介

行星轮系是指只具有一个自由度的轮系。一个原动件即可确定执行(行星齿轮)的运动，原动件通常为中心轮或系杆。行星轮系是一种先进的齿轮传动机构，具有结构紧凑、体积小、质量小、承载能力大、传递功率范围及传动范围大、运行噪声小、效率高及寿命长等优点。

行星轮系在国防、冶金、起重运输、矿山、化工、轻纺、建筑工业等部门的机械设备中，得到越来越广泛的应用，因此对行星轮系进行运动学仿真和分析也就有了用武之地。

12.5.2　行星轮系运动分析实例

本节将通过对一个行星轮系机构的运动学分析让读者了解 Pro/E 做行星轮系机构的运动学分析的基本流程。

图 12-86 所示为三行星轮系机构，模数为 4mm，齿宽为 30mm，压力角为 20º，行星轮齿数为 29，太阳轮齿数为 19，齿圈齿数为 77，求行星齿轮的转速。

图 12-86　三行星轮系机构

本例原始文件见光盘\Source files\chapter12\Planer gears (3 planet) \origin 文件夹。

本例完成文件见光盘\Source files\chapter12\Planer gears (3 planet) \finish 文件夹。

详细操作步骤如下。

1. 创建组件

1) 新建组件

(1) 单击【文件(F)】→【新建(N)】→弹出“新建”对话框→类型选择“组件”→输入组件名称“3_planet_gears”→“使用缺省模板”复选框不打钩，如图 12-87 所示。

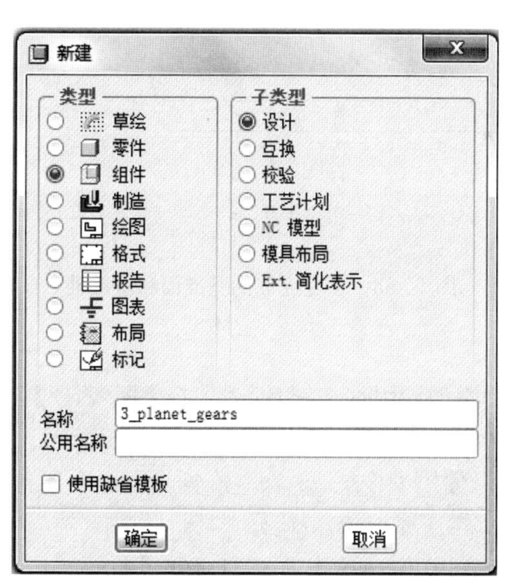

图 12-87　新建对话框

(2) 单击【确定】按钮→打开“新文件选项”对话框→选择“mmns_asm_design”模板→单击【确定】按钮完成新文件的建立。

2) 创建基准轴

(1) 单击模型树上方的设置按钮→选择【树过滤器(F)】命令→弹出“模型树项目”对话框→勾选“特征”复选框→单击【确定】按钮→此时组件的基准轴和基准面就显示在模型树栏了。

(2) 单击基准轴工具按钮(或者选择【插入(I)】→【模型基准(D)】→【轴(X)】按钮)→弹出“基准轴”对话框→按住 Ctrl 键单击基准面 ASM_RIGHT 和基准面 ASM_FRONT→单击“基准轴”对话框的【确定】按钮→完成基准轴 AA_1 的创建。

(3) 单击基准轴工具按钮(或者选择【插入(I)】→【模型基准(D)】→【轴(X)】按钮)→弹出“基准轴”对话框→单击基准轴 AA_1→单击“基准轴”对话框的【确定】按钮→完成基准轴 AA_2 的创建→创建完成后如图 12-88 所示。

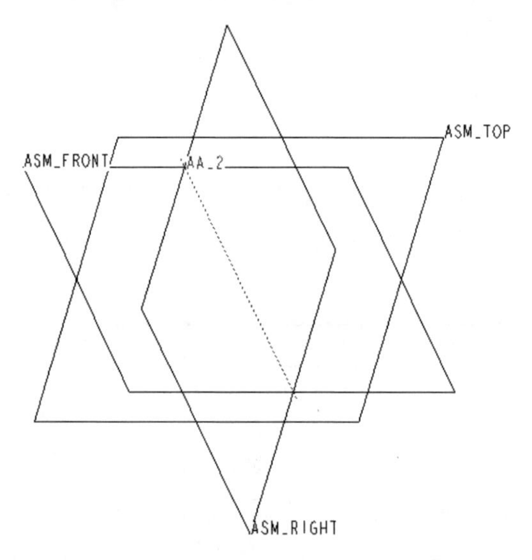

图 12-88　创建完成的基准面和基准轴

3) 组装零部件

(1) 单击将元件添加到组件按钮(或者选择【插入(I)】→【元件(C)】→【装配(A)】按钮)→弹出“打开”对话框→选择“sun_gear.prt”→单击【打开】按钮→将太阳轮模型导入组件模型中。

(2) 装配类型选择 销钉 →单击选择“AA_1”轴，然后单击齿轮轴线→完成齿轮轴和 AA_1 轴的销钉连接→单击“ASM_TOP”面，然后单击太阳轮零件的上表面→并选择距离为零→使得零件的上表面和组件的 TOP 面按照图 12-89 所示方位对齐→sun_gear 齿轮的装配完成。

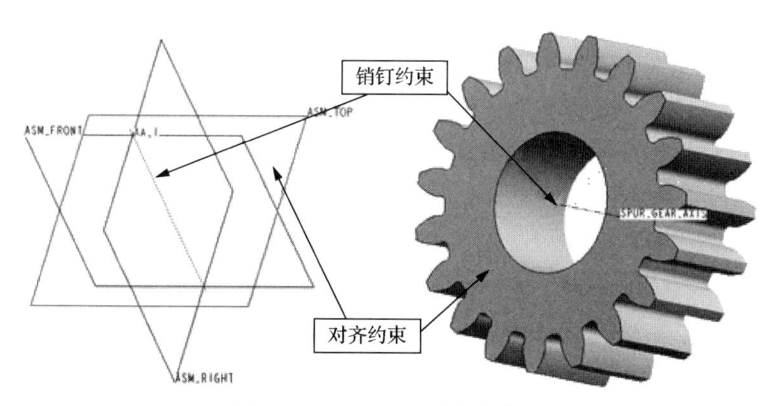

图 12-89　sun_gear 零件的装配

(3) 单击将元件添加到组件按钮(或者选择【插入(I)】→【元件(C)】→【装配(A)】按钮)→弹出“打开”对话框→选择“chiquan_gear.prt”→单击【打开】按钮→将齿圈模型导入组件模型中。

(4) 装配类型选择 销钉 →单击选择“AA_2”轴，然后单击齿圈轴线→完成齿圈轴和 AA_2 轴的销钉连接→单击“ASM_TOP”面，然后单击齿圈零件的上表面→并选择距离为零→使得零件的上表面和组件的 TOP 面按照图 12-90 所示方位对齐→chiquan_gear 的装配完成。

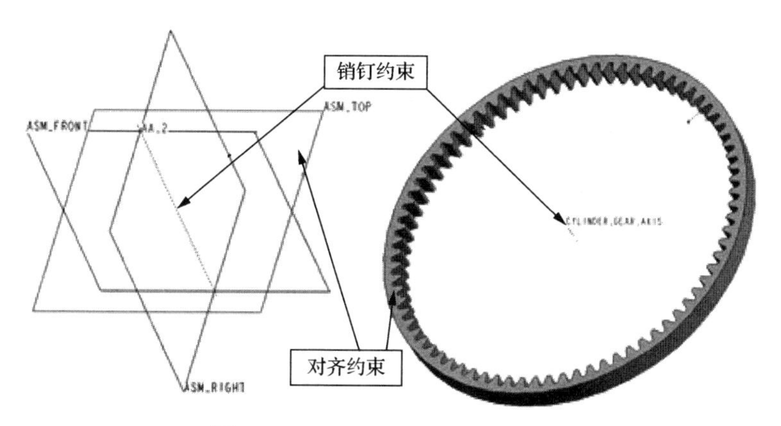

图 12-90　chiquan_gear 零件的装配

(5) 单击将元件添加到组件按钮(或者选择【插入(I)】→【元件(C)】→【装配(A)】按钮)→弹出“打开”对话框→选择“zhijia.prt”→单击【打开】按钮→将行星架模型导入组件模型中。

(6) 装配类型选择 销钉 →单击选择“A_9”行星架轴，然后单击太阳轮轴线→完成行星架轴和太阳轮轴的销钉连接→单击行星架上一个轴的右端面，然后单击太阳轮的右表面→并选择距离为零→使得零件的右端面和组件的表面按照图 12-91 所示方位对齐→zhijia 行星架的装配完成。

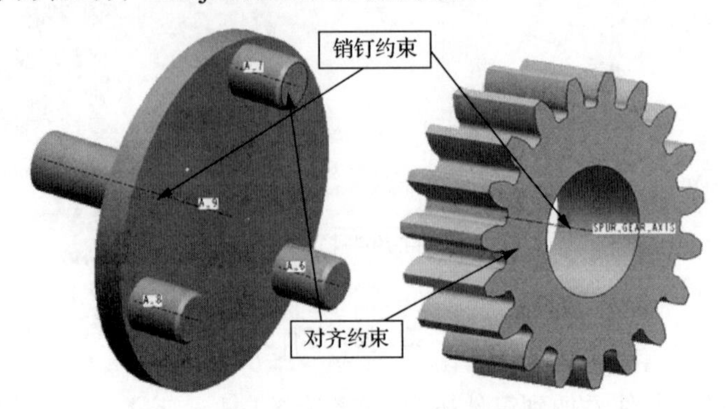

图 12-91　zhijia 零件的装配

(7) 单击将元件添加到组件按钮(或者选择【插入(I)】→【元件(C)】→【装配(A)】按钮)→弹出“打开”对话框→选择“planet_gear.prt”→单击【打开】按钮→将行星轮模型导入组件模型中。

(8) 装配类型选择 销钉 →单击选择行星轮轴线，然后单击行星架轴线→完成行星轮轴和行星架的销钉连接→单击行星架轴端面，然后单击行星轮零件的右表面→并选择距离为零→使得零件的右表面和组件的轴端面按照图 12-92 所示方位对齐→planet_gear 齿轮的装配完成。

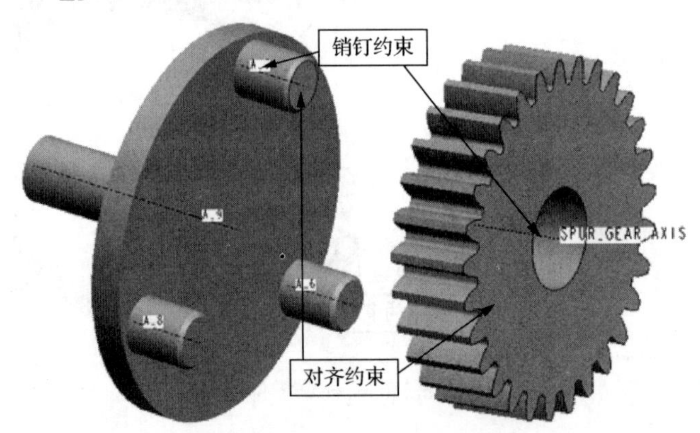

图 12-92　planet_gear 零件的装配

(9) 按照(7)、(8)所示步骤，将其他 2 个行星轮也装配到模型中→装配完成后如图 12-93 所示。

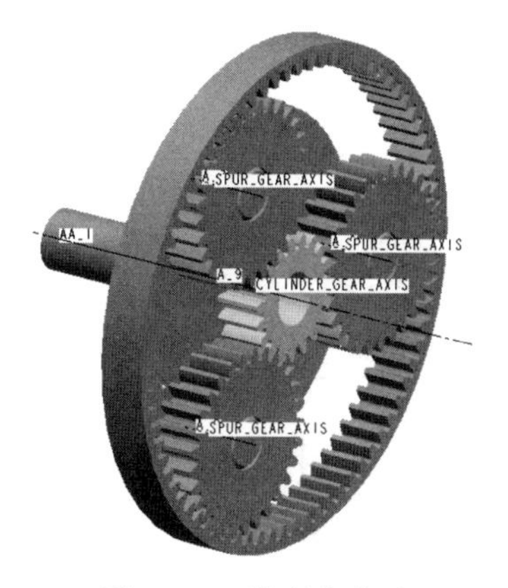

图 12-93　装配完成后

2. 创建动态分析

1) 进入机构分析

单击菜单栏中的【应用程序(P)】→【机构(E)】→进入机构分析模式。

2) 轮齿对齐

单击拖动封装元件按钮→弹出“拖动”对话框→单击“ ”点拖动，用鼠标拖动齿轮，使各个齿轮正确啮合→关闭“拖动”对话框。

3) 设置齿轮对

(1) 单击定义齿轮副连接按钮→弹出“齿轮副定义”对话框→类型选择“正”→单击打开“齿轮 1”栏→单击“运动轴”项下的按钮→选择太阳轮中心轴处的运动轴图标→完成齿轮 1 的选择如图 12-94 所示。

图 12-94　齿轮 1 的齿轮副定义

(2)单击打开“齿轮 2”栏→单击“运动轴”项下的按钮→选择行星轮中心轴处的运动轴图标→完成齿轮 2 的选择如图 12-95 所示。

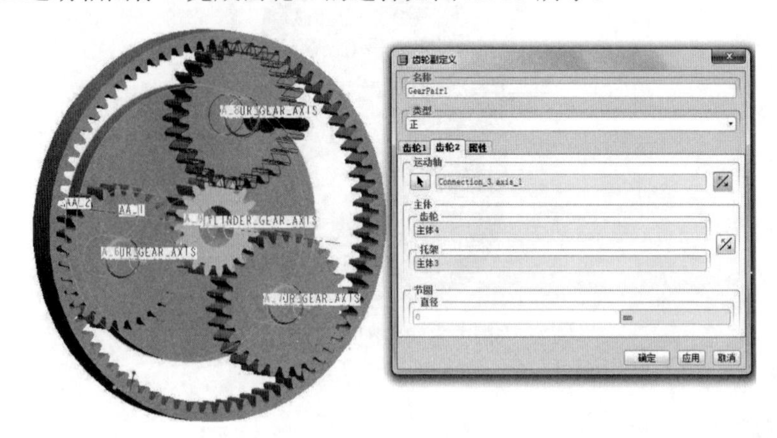

图 12-95　齿轮 2 的齿轮副定义

(3)单击打开“属性”栏→单击“齿轮比”选项，选择“用户自定义的”→输入 D1=19，D2=29→设置完成如图 12-96 所示→单击【确定】按钮完成齿轮机构的设置。

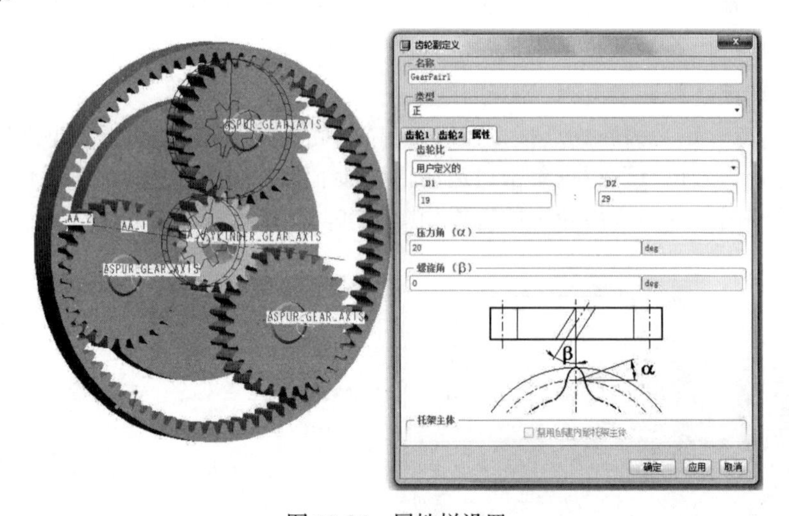

图 12-96　属性栏设置

(4)按照(1)~(3)所示的步骤，将其余 2 个行星轮和太阳轮建立相同的齿轮副连接→建立完成后如图 12-97 所示。

(5)单击定义齿轮副连接按钮→弹出“齿轮副定义”对话框→类型选择“正”→单击打开“齿轮 1”栏→单击“运动轴”项下的按钮→选择行星轮中心轴处的运动轴图标→完成齿轮 1 的选择如图 12-98 所示。

图 12-97　太阳轮与行星轮的齿轮副连接

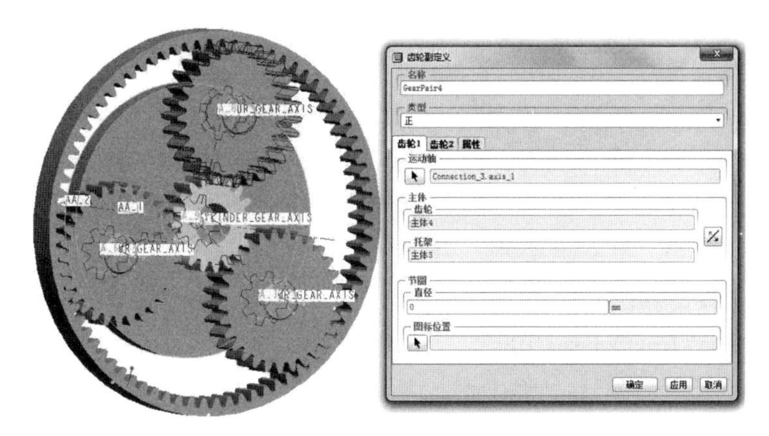

图 12-98　齿轮 1 的齿轮副定义

(6) 单击打开“齿轮 2”栏→单击“运动轴”项下的按钮→选择齿圈中心轴处的运动轴图标→单击“运动轴”栏后的按钮→完成齿轮 2 的选择如图 12-99 所示。

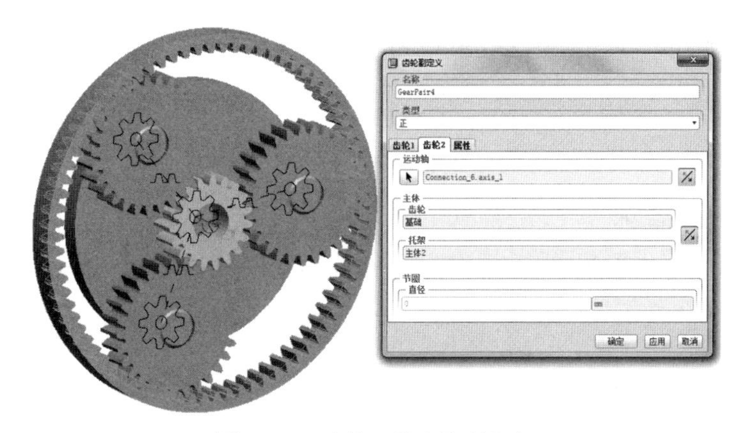

图 12-99　齿轮 2 的齿轮副定义

(7) 单击打开“属性”栏→单击“齿轮比”选项，选择“用户定义的”→输入 D1=29，D2=77→设置完成如图 12-100 所示→单击【确定】按钮完成齿轮机构的设置。

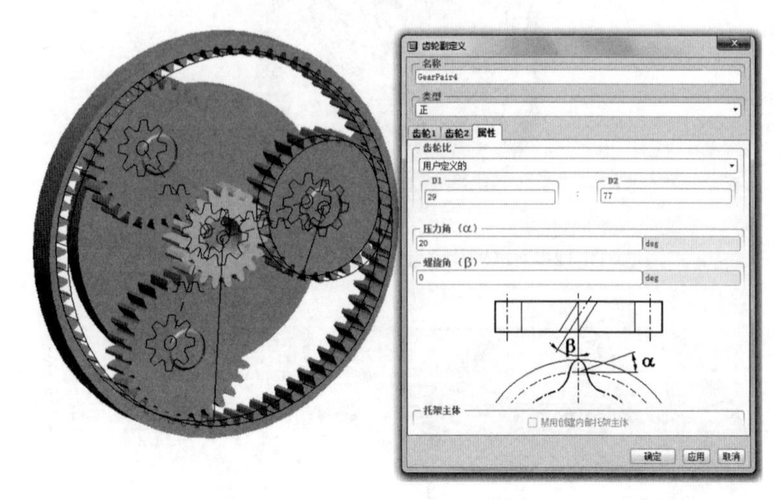

图 12-100　属性栏设置

(8) 按照 (5)~(7) 所示的步骤，将其余 2 个行星轮和齿圈建立相同的齿轮副连接→建立完成后如图 12-101 所示。

图 12-101　行星轮与齿圈的齿轮副连接

4) 创建伺服电机

(1) 单击定义伺服电机按钮→弹出“伺服电动机定义”对话框→单击打开“轮廓”栏→单击“规范”项选择“速度”→“模”项选择“常数”，并设置 A=18，如图 12-102 所示。

(2) 单击打开“类型”栏→选择太阳轮中心轴处的运动轴图标→单击【确定】按钮→完成伺服电机的定义如图 12-102 所示。

图 12-102　伺服电动机定义对话框

3. 运行机构运动分析

1) 定义测量

(1) 单击生成分析的测量结果按钮→弹出“测量结果”对话框如图 12-103 所示→单击创建新测量按钮弹出设置“测量定义”对话框如图 12-104 所示。

图 12-103　测量结果对话框　　　　图 12-104　测量定义对话框

(2)“类型”选择速度→单击选取点或运动轴按钮，单击选择行星轮的运动轴→其他采用默认设置→设置完成后如图 12-104 所示→单击【确定】按钮返回“测量结果”对话框→单击【关闭】按钮，完成测量量的定义。

2) 定义并执行机构运动分析

(1) 单击机构分析按钮→弹出“分析定义”对话框→设置“类型”为运动学

→终止时间为 30，帧频为 50→设置完成后如图 12-105 所示。

图 12-105　分析定义对话框

(2)单击【运行】按钮运行运动学分析→分析完成后单击【确定】按钮→完成运动学分析。

4. 查看分析结果

单击生成分析的测量结果按钮→弹出“测量结果”对话框如图 12-106 所示→同时选中“measure1”和结果集中的“AnalysisDefinition1”→小齿轮的旋转速度就显示在窗口，如图 12-106 所示。

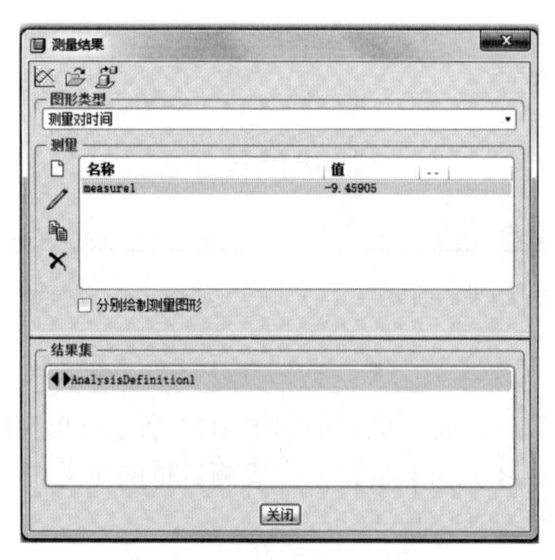

图 12-106　测量结果对话框

第13章　实战案例

本章将通过一个具体的实例，对模切机进行工程结构的运动学分析，来详细说明在Pro/ MECHANICA模块中进行工程动力学分析的具体操作流程。旨在帮助读者更好地熟悉在Pro/ MECHANICA模块中的一些常用的操作。在本章的实战操作中，读者的学习目标是能够在Pro/MECHANICA模块中独立完成机构动力学分析。

13.1　问题描述

运动是动力学的一个分支，它考虑除质量和力以外的所有方面的运动。运动分析可以仿真机械设备的运动，满足伺服电动机轮廓及任何接头、凸轮从动件、槽从动件或齿轮对连接的需求。但运动分析不会考虑力。因此，您无法使用执行电动机，且不用指定机械设备质量属性。模型中的动态图案，如弹簧、阻尼器、重力、力/扭矩以及执行电动机等，都不会影响运动分析。

要注意的是：如果伺服电动机有非连续性的轮廓，则MECHANICA在运行分析前会试着将轮廓连续化。如果无法将轮廓连续化，则无法使用该电动机来分析。本例中的模切机属于连续轮廓。图13-1所示为模切机组装完成图例。

图13-1　模切机装配图

13.2　工 程 分 析

1. 组装模切机

(1) 单击【文件(F)】→【新建(N)】命令，选择【组件】类型，输入文件名 Cutting-dizuo，取消【使用缺省模板】复选框，单击【确定】按钮，如图 13-2 所示。

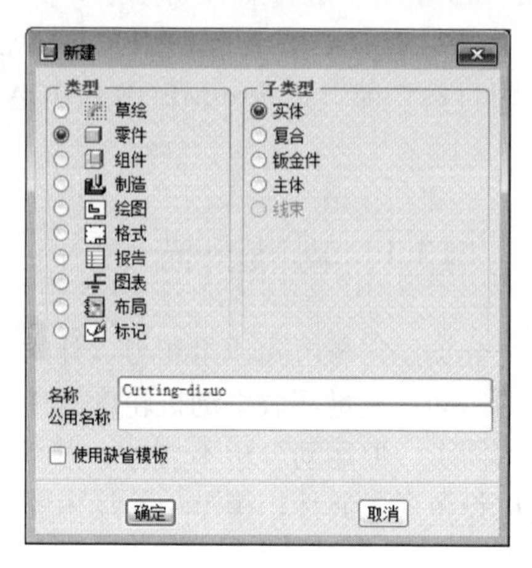

图 13-2　新建组件对话框

(2) 系统弹出“新文件选项”对话框，勾选在“新文件选项”对话框里的列表框中“mmns asm design”选项，单击【确定】按钮，进入组件设计平台。

(3) 单击工具栏上的“添加元件”按钮，选取 PEDESTAL.PRT，单击【打开】按钮，设置约束类型为缺省 缺省 ，单击其后的完成按钮。

(4) 单击工具栏上的“添加元件”按钮，选取 LIANJIEQI.PRT，单击【打开】按钮，按图 13-3 所示的操作，使用“刚性”来组装 LIANJIEQI.PRT。选择两面对齐，偏移选择重合，单击其后的完成按钮。

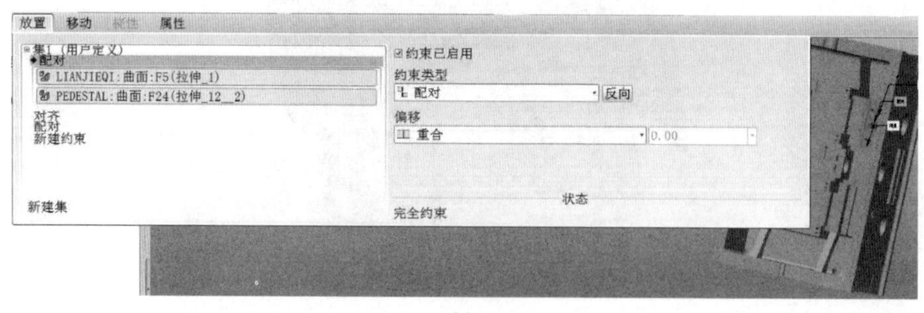

(a)

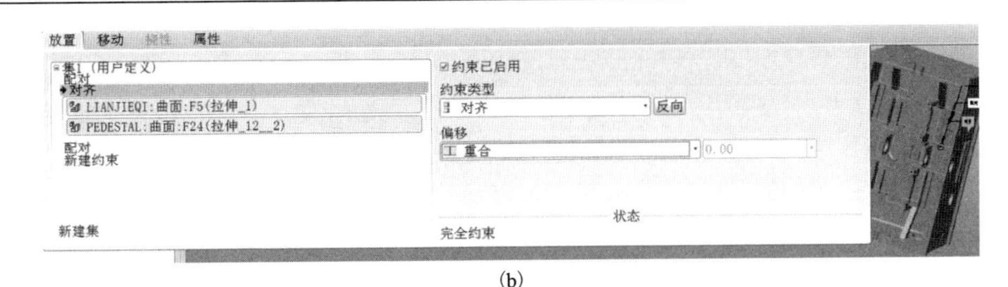

(b)

图 13-3　装配连接器

(5) 单击工具栏上的“添加元件”按钮，选取 WRIST.PRT，单击【打开】按钮，按图 13-4 所示的操作，使用“刚性”来组装 WRIST.PRT。选择两面配对，偏移选择重合，约束类型选择对齐，单击其后的完成按钮✔。

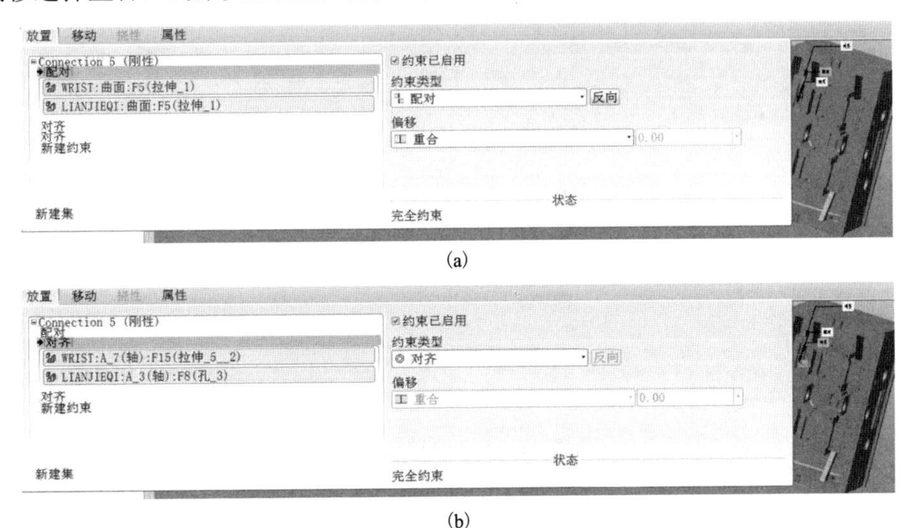

(b)

图 13-4　装配支撑座

(6) 单击工具栏上的“添加元件”按钮，选取 ZHOUZUO1.PRT，单击【打开】按钮。按图 13-5 所示的操作，使用“刚性”来组装 ZHOUZUO1.PRT。选择对齐，约束类型选择对齐，偏移选择重合，同理，其他零件装配，单击其后的完成按钮✔。

(a)

(b)

图 13-5　装配下轴座

(7) 单击工具栏上的“添加元件”按钮，选取 ZHOUZUO2.PRT，单击【打开】按钮，按图 13-6 所示的操作，使用“刚性”来组装 ZHOUZUO2.PRT。首先选择配对，偏移选择重合，然后偏移选择定向，同理，其他零件装配，单击其后的完成按钮✔。

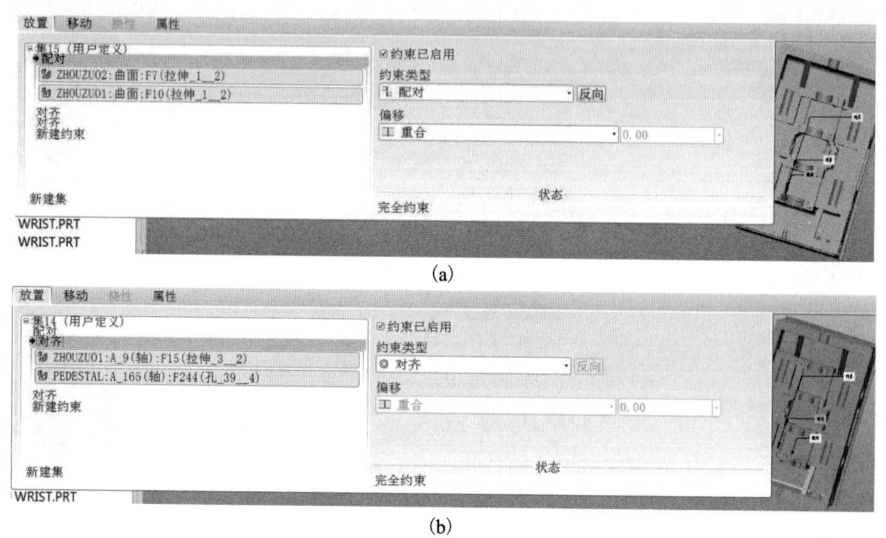

(a)

(b)

图 13-6　装配上轴座

(8) 单击工具栏上的“添加元件”按钮，选取 ZUOQIANGBAN.PRT，单击【打开】按钮，按图 13-7 所示的操作，使用“刚性”来组装。首先选择插入，偏移选择定向，然后偏移选择重合，同理，右墙板的装配，单击其后的完成按钮✔。

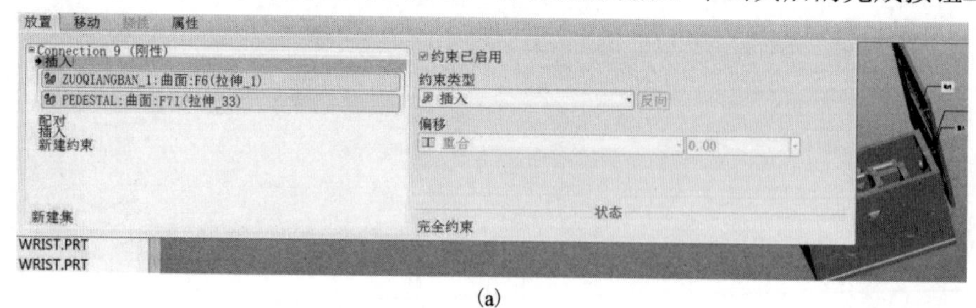

(a)

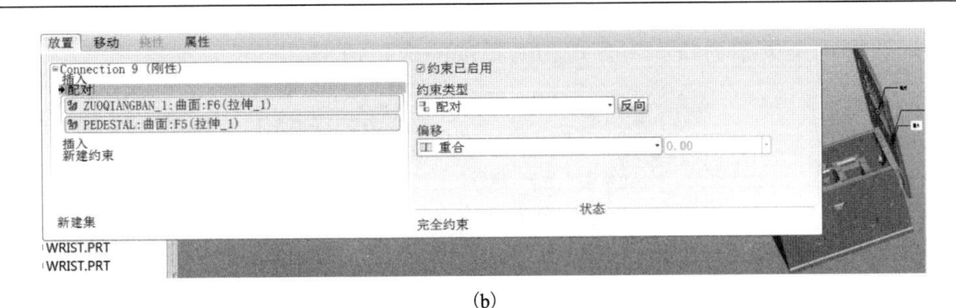

(b)

图 13-7 装配左墙板

(9) 单击工具栏上的“添加元件”按钮，选取 SHANGMOBAN.PRT，单击【打开】按钮，按图 13-8 所示的操作，使用“刚性”来组装。首先选择匹配，然后偏移选择重合，最后选择对齐，偏移方式选择偏移 344mm，单击其后的完成按钮✔。

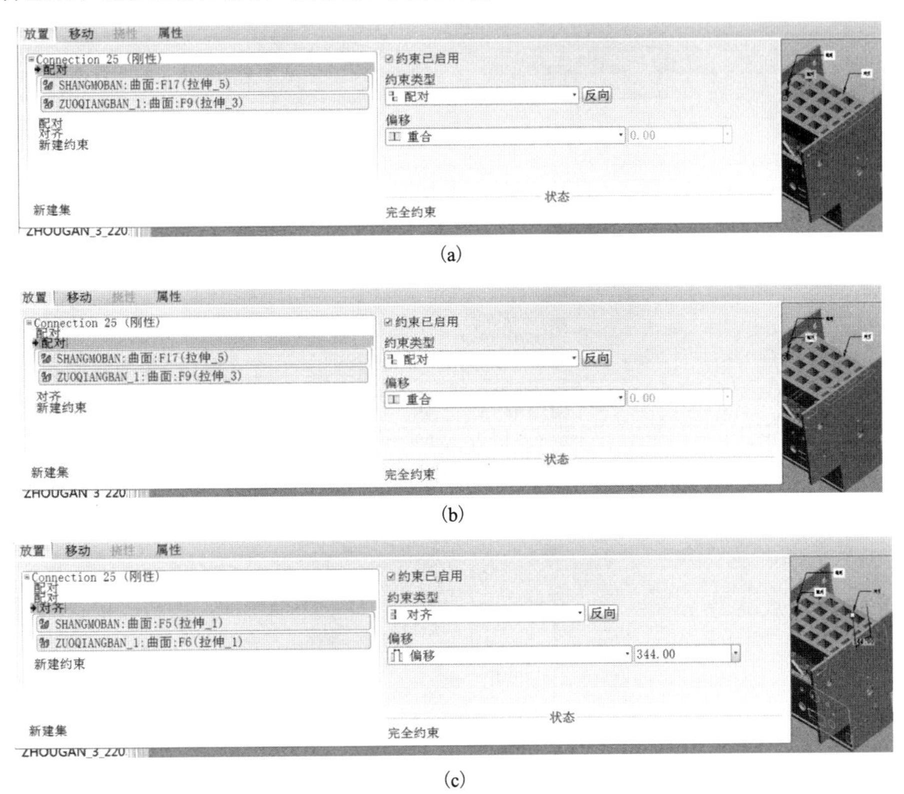

(a)

(b)

(c)

图 13-8 装配上模板

(10) 单击【文件(F)】→【新建(N)】命令，选择【组件】类型，输入文件名 Cutting，取消【使用缺省模板】复选框，单击【确定】按钮，如图 13-9 所示。单击工具栏上的“添加元件”按钮，在对话框中选择 Cutting 底座装配体。拖入窗体中。选择约束类型为缺省，单击其后的完成按钮✔。

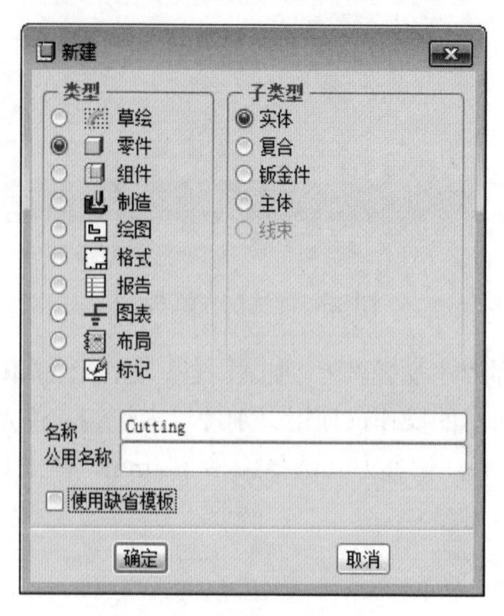

图 13-9　新建总体装配

(11)安装蜗杆，隐藏 Cuttingdizuo 的部分零件，以方便装配零件。选择需要隐藏的零件，鼠标右击选择隐藏，如图 13-10 所示。

图 13-10　隐藏部分零件

(12)单击工具栏上的“添加元件”按钮，选取 WOGAN.PRT，单击【打开】按钮，按图 13-11 所示的操作，使用“销钉”来组装。首先选择轴对齐，然后偏移选择重合，最后选择对齐，偏移方式选择重合，单击其后的完成按钮✔。

放置 移动 挠性 属性
Connection 22 (销钉)
轴对齐
WOGAN:A_1:F5(基准轴)
PEDESTAL:A_4:F46(基准轴)
平移
旋转轴
新建集
约束已启用
约束类型
对齐
反向
偏移
重合
0.00
状态
完成连接定义。
WRIST.PRT

(a)

放置 移动 挠性 属性
Connection 22 (销钉)
轴对齐
平移
WOGAN:RIGHT:F1(基准平面)
ZHOUZUO2:RIGHT:F1(基准平面)
旋转轴
新建集
约束已启用
约束类型
配对
反向
偏移
重合
0.00
状态
完成连接定义。

(b)

图 13-11　装配蜗杆

(13) 单击工具栏上的“添加元件”按钮，选取 ASM0002.ASM，单击【打开】按钮，按图 13-12 所示的操作，使用“销钉”来组装。首先选择轴对齐，然后偏移选择重合，单击其后的完成按钮✔。

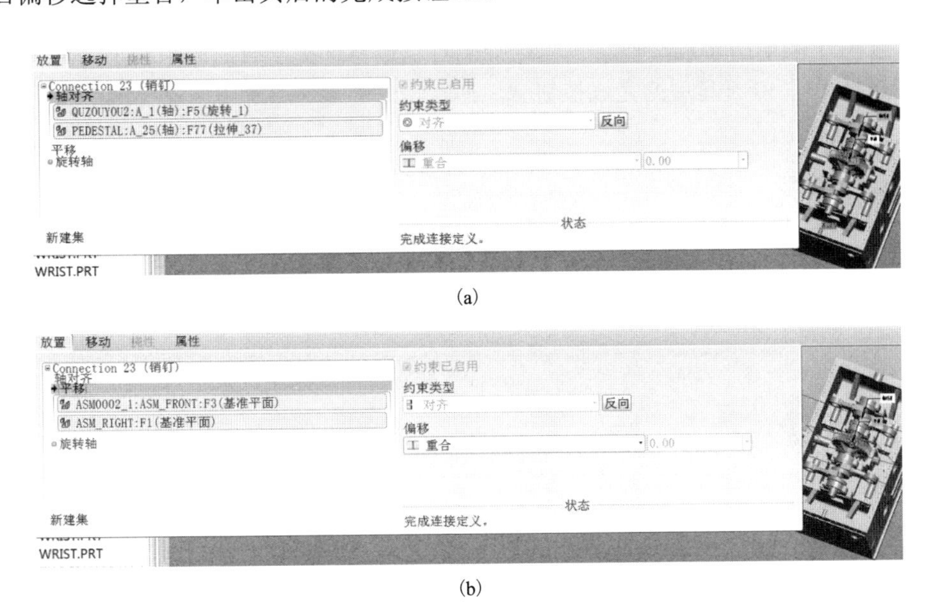

图 13-12　装配蜗轮

(14) 单击工具栏上的“添加元件”按钮，选取 XIAGONGZUOTAI.ASM，单击【打开】按钮，按图 13-13 所示的操作。首先选择对齐，偏移选择重合，然后偏移选择 50，单击其后的完成按钮✔。

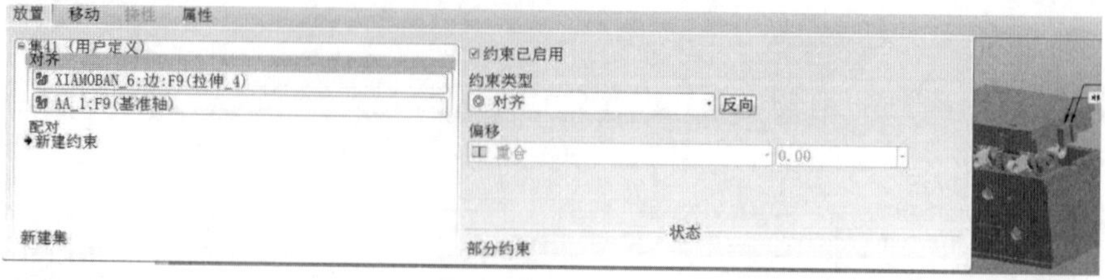

放置　移动　挠性　属性
集41（用户定义）
对齐
XIAMOBAN_6:边:F9(拉伸_4)
AA_1:F9(基准轴)
配对
新建约束
新建集
约束已启用
约束类型
对齐　反向
偏移
重合　0.00
状态
部分约束

(a)

放置　移动　挠性　属性
集41（用户定义）
对齐
配对
XIAMOBAN_6:曲面:F9(拉伸_4)
RIGHT_WALL:曲面:F6(伸出项)
新建约束
新建集
约束已启用
约束类型
配对　反向
偏移
偏移　50.00
状态
部分约束

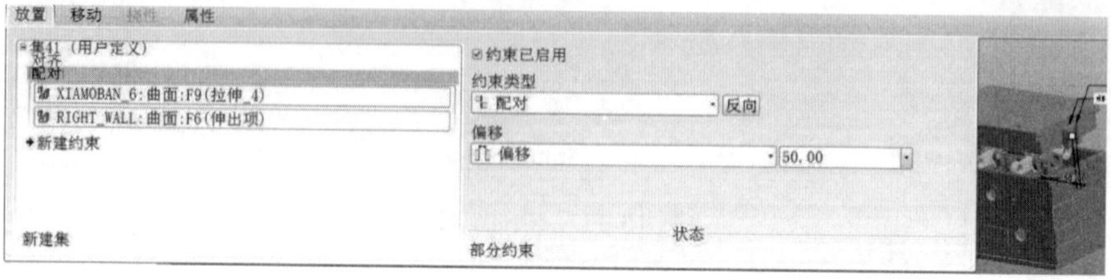

(b)

图 13-13　装配下模板

(15)单击工具栏上的“添加元件”按钮，选取 DAO.PRT，单击【打开】按钮，按图 13-14 所示的操作。首先选择配对，偏移选择重合，约束类型为对齐，偏移选择 15，单击其后的完成按钮✔。

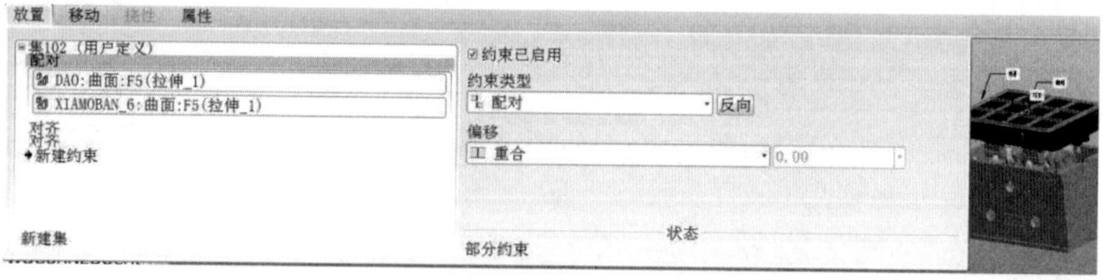

放置　移动　挠性　属性
集102（用户定义）
配对
DAO:曲面:F5(拉伸_1)
XIAMOBAN_6:曲面:F5(拉伸_1)
对齐
对齐
新建约束
新建集
约束已启用
约束类型
配对　反向
偏移
重合　0.00
状态
部分约束

(a)

放置　移动　挠性　属性
集102（用户定义）
配对
对齐
对齐
DAO:曲面:F5(拉伸_1)
XIAMOBAN_6:曲面:F5(拉伸_1)
新建约束
新建集
约束已启用
约束类型
对齐　反向
偏移
偏移　15.00
状态
部分约束

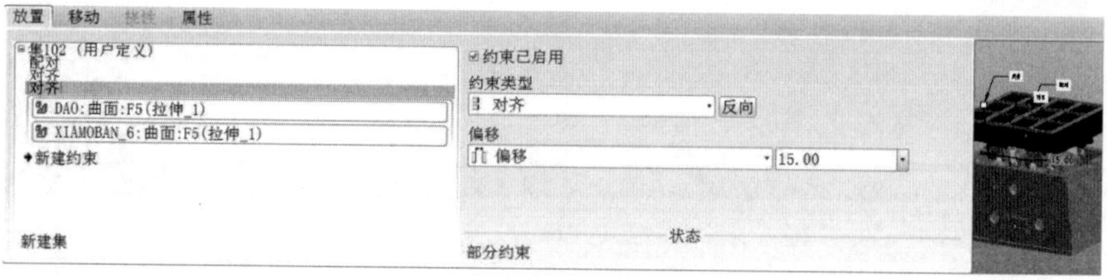

(b)

图 13-14　装配顶板

(16)取消隐藏零件，选中已经隐藏的零件，鼠标右击取消隐藏，如图 13-15 所示。

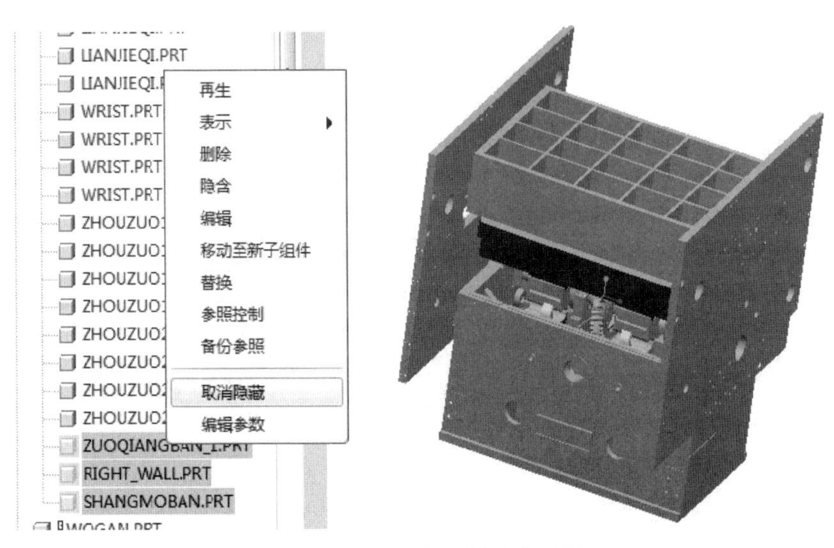

图 13-15 本范例组装完成图例

(17)总结：本例中模切机的底座位置固定，内部传动大部分采用销钉的方式进行连接，在装配过程中避免“欠约束”和“过约束”的现象出现，这样会影响后续的分析。与此同时，装配过程中，装配方式要选择恰当，装配过后，并不是“完全约束”就是正确的，也要考虑机构学中，各个机构运动的特点。若不考虑机构特点，则有可能在动力学分析过程中产生错误，使得装配体出现过约束。无法运动，或者计算结果有误的现象发生。

2. 模切机整体动力学分析

Pro/ENGINEER 提供的机构运动仿真分析，使得原来在二维图上难以表达和设计的运动变得非常直观和易于修改，并且大大简化了机构的设计开发过程，缩短了其开发周期，同时也提高了产品质量。

(1)单击工具栏上的【应用程序】→【机构】切换到机构分析模式。定义伺服电动机转轴为等速度方式，来设置机构的动力源以作为后续分析的基础。如图 13-16 所示，单击右边工具栏的执行电机，新建伺服电动机定义。在类型中选择运动轴。选择蜗杆与蜗轮的装配轴线，并在轮廓中选择速度。在模中选择常数，A 方框中添加 1080r/min。

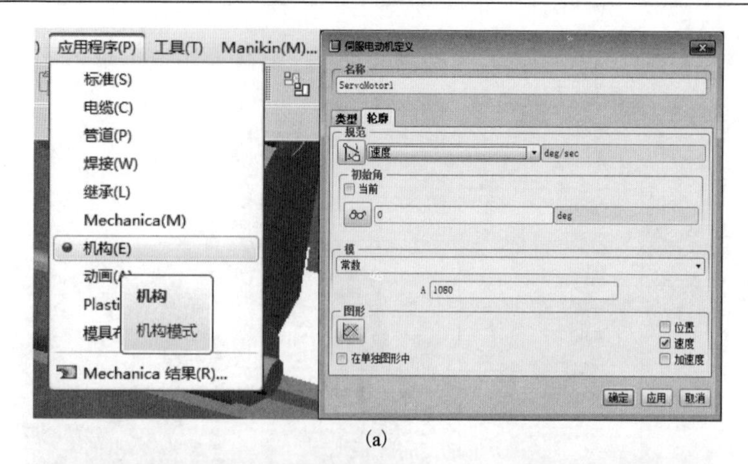

(a)

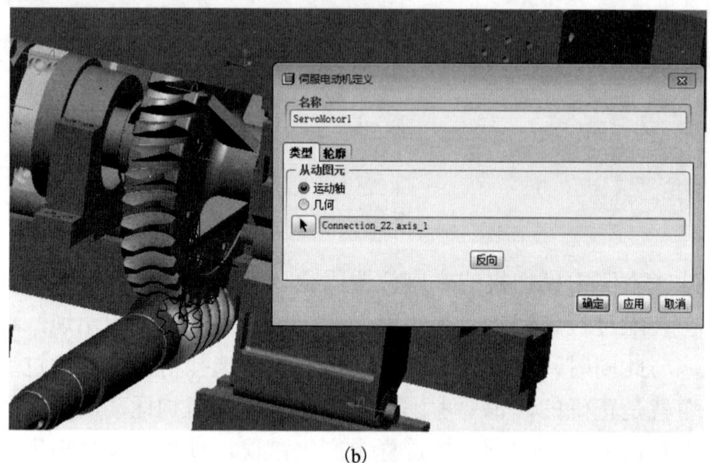

(b)

图 13-16　选择伺服电动机

(2) 设置运动分析功能来做机构仿真，单击右边工具栏的机构分析图标进行设置。设置参数如图 13-17 所示，并切换到 ServeMotor1 作为电动机，如图 13-18 所示。

图 13-17　运动学分析定义

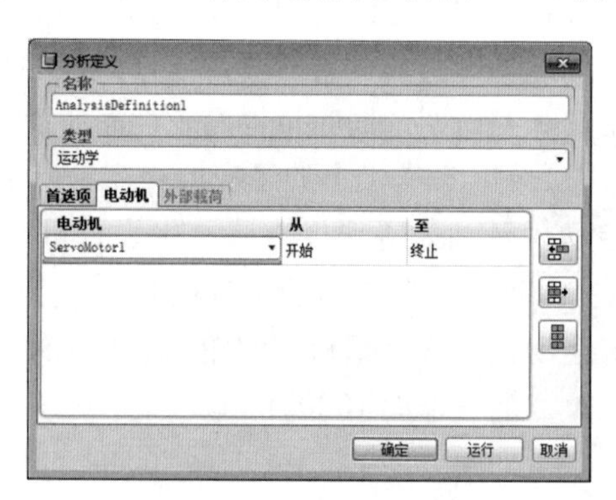

图 13-18　伺服电动机设置

(3)添加齿轮副运动，单击右边工具栏的齿轮副图表，运动轴选择蜗杆轴线，托架选择基础即模切机底座，齿轮选择蜗杆，直径为 50mm，轮盘选择蜗轮，托架选择基础即模切机底座，直径为 454mm，如图 13-19 所示。

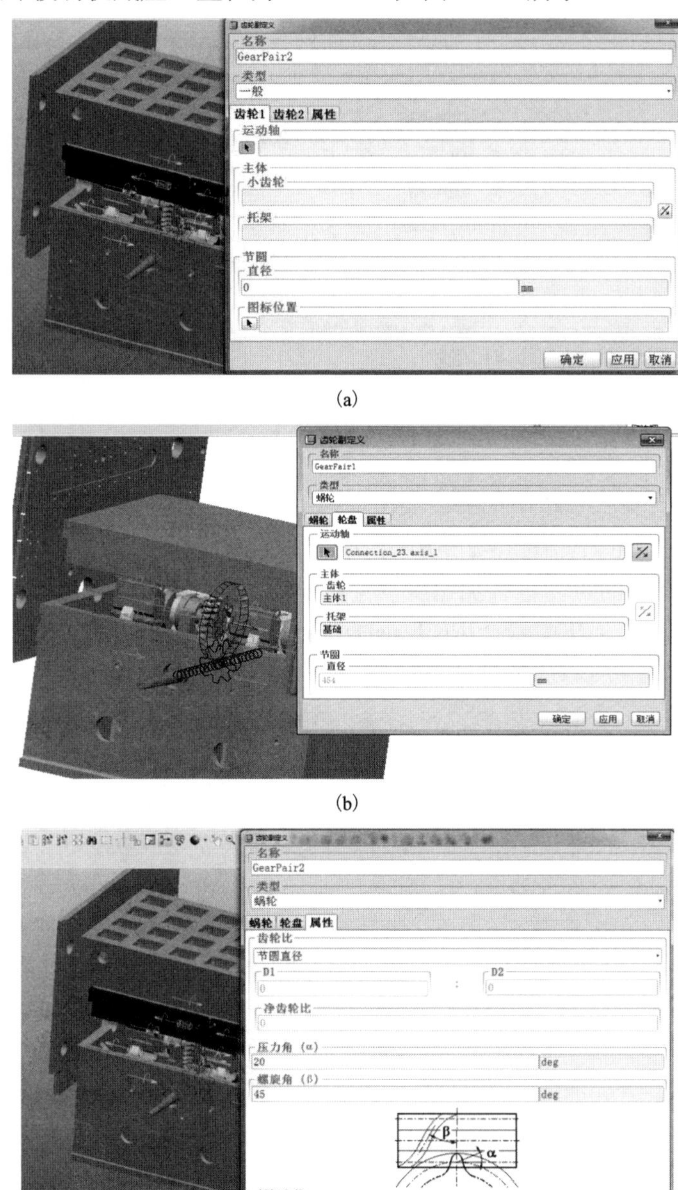

(a)

(b)

(c)

图 13-19　蜗杆蜗轮的啮合机构设置

(4)将右下角机构树点开并分析，鼠标右击运行，如图 13-20 所示。

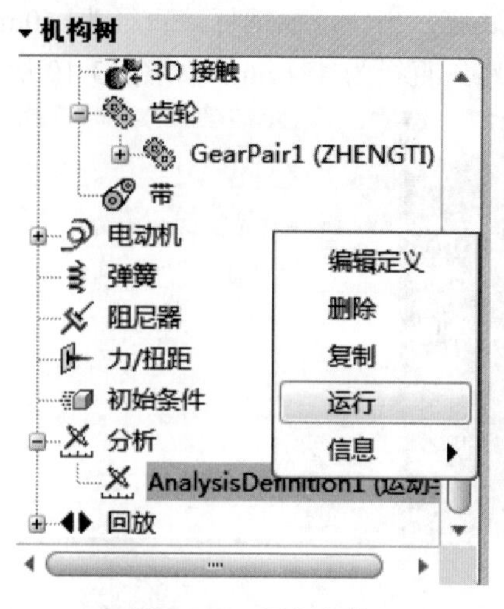

图 13-20　运行机构

(5)单击右侧工具栏中的，如图 13-21 所示，单击新建图标，在下模板处选择一点进行测量。如图 13-22 所示，选择加速度，单击应用，再单击确定，如图 13-23 所选择的点，进行加速度设置。如图 13-24 所示，分别选择测量中的 measure1，再在结果集中选择 AnalysisDefinition1。单击测量结果左上角的，即可出现如图 13-25 所示的测量结果。

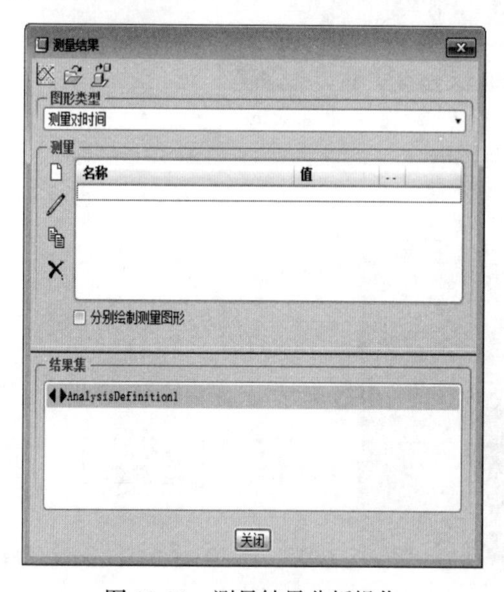

图 13-21　测量结果分析操作

顶点:边:F10(拉伸_3):WRIST
测量定义
名称
measure3
类型
位置
mm
点或运动轴
WRIST:边末端
坐标系
WCS
分量
模
评估方法
每个时间步长
确定
应用
取消

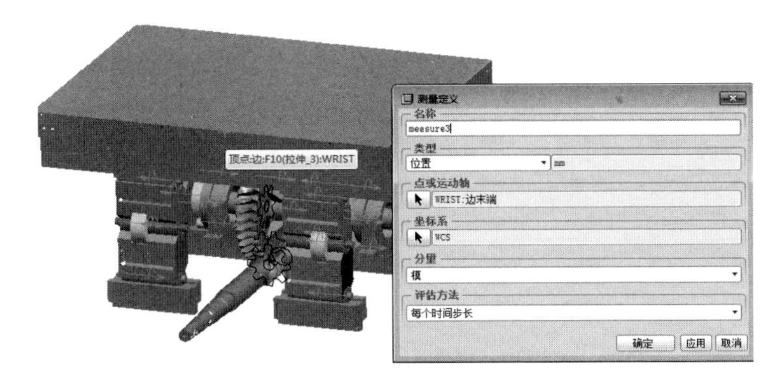

图 13-22　测量点选择

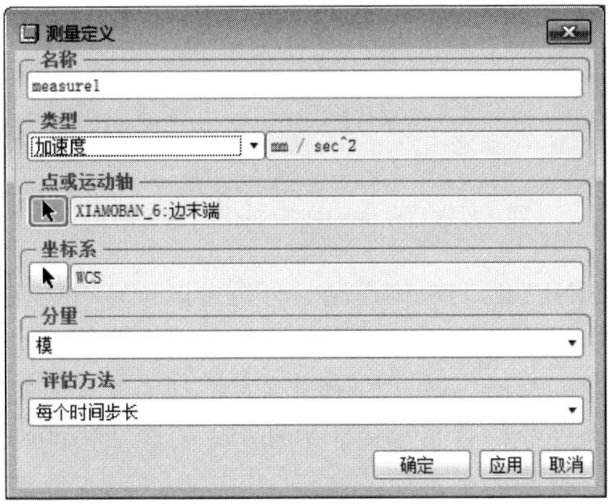

测量定义
名称
measure1
类型
加速度
mm / sec^2
点或运动轴
XIAMOBAN_6:边末端
坐标系
WCS
分量
模
评估方法
每个时间步长
确定
应用
取消

图 13-23　测量点加速度设置

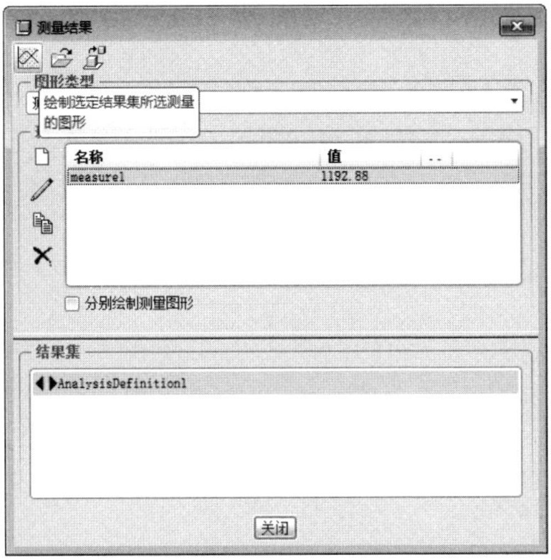

测量结果
图形类型
绘制选定结果集所选测量的图形
名称
值
measure1
1192.88
分别绘制测量图形
结果集
AnalysisDefinition1
关闭

图 13-24　测量结果显示

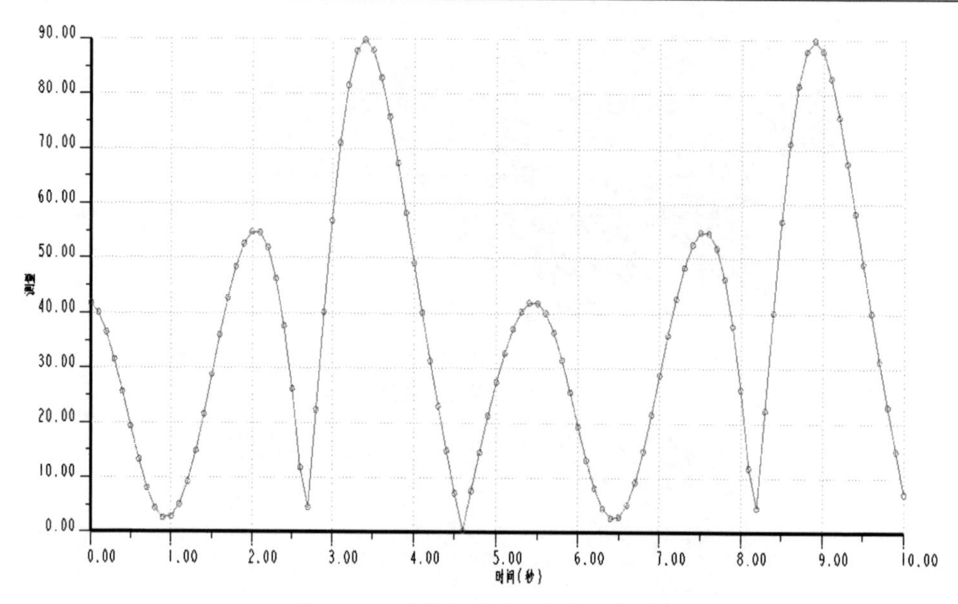

图 13-25　获取加速度变化的图表结果

总结：Pro/ENGINEER 的机构运动学分析可以预览机构在设计过程中是否有干涉，在整个模切机机构运动学分析中，首先创建机构模型组件，添加模型并定义运动轴，定义合适的连接。其次检测模型，拖动零件观察机构能否按照预期的要求进行运动。在合理的位置添加伺服电动机，设置适当的转速。最后选取工件上一点作为参考点，查看各个方向的速度、加速度等所需要的运动曲线。从本例中所生成的运动曲线来看，随着蜗轮蜗杆的配合，模切机的加速度运动在设定的 10s 运动中呈现周期性并符合要求。

第 14 章　Top-Down 设计

Top-Down 是自顶向下设计的简称，在组件设计中应用，其意义是先确定总体设计思路、总体设计布局，然后设计零部件，从而完成一个完整的设计。

14.1　Top-Down 设计概述

在 Pro/ENGINEER 中进行产品整体设计时，可以先把一个产品的每个零件都设计好，再分别拿到组件中进行装配，装配完成后再检查各零件的设计是否符合要求，是否存在干涉情况，如果确认需要修改，则分别更改单独的零件，然后再在组件中进行检测，直到最后完全符合设计要求。由于整个过程是自下(零件)而上(组件)的，所以无法从一开始对产品有很好的规划，产品到底有多少个零件只能到所有零件完成后才能确定。这种方法在修改中也会因为没有事前的仔细规划而事倍功半。这种自下而上的设计方法，在有现成的产品提供参考，且产品系列单一的情况下还是可以使用的。但在全新的产品设计或产品系列丰富多变的情况下就显得很不方便。

所以，Pro/ENGINEER 给我们提供了一种十分方便的设计方法——Top-Down 设计。Top-Down 设计是指从已完成的产品进行分析，然后向下设计。将产品的主框架作为主组件，并将产品分解为组件、子组件，然后标识主组件元件及其相关特征，最后了解组件内部及组件之间的关系，并评估产品的装配方式。掌握了这些信息，就能够规划设计并在模型中传递总体设计意图。

Top-Down 设计有很多优点，它既可以管理大型组件，又能有效地掌握设计意图，使组织结构明确，不仅能在同一设计小组间迅速传递设计信息、达到信息共享的目的，还能在不同设计小组同样传递相同的设计信息，达到协同作战的目的。这样在设计初期，通过严谨的沟通管理，能让不同的设计部门同步进行产品的设计和开发。

在 Pro/ENGINERR 平台下进行设计的过程中，系统提供了以下方法让我们进行 Top-Down 设计：二维布局(Layout)、骨架(Skeleton)模型、主控件(Master Part)。

14.2　Pro/ENGINEER 二维布局 Layout

在各种 Top-Down 工具中，二维布局(Layout)和骨架(Skeleton)是最重要的，是高级 Top-Down 必须采用的，是 Top-Down 的标志性工具。Top-Down 的主要工具如下。

二维布局(Layout)　定义设计产品最主要的参数和尺寸及其相互之间的关系。

骨架(Skeleton)　定义设计产品最主要的空间位置，它是对 Layout 定义思路的 3D 细化。

发布几何(Publish Geometry)　提取设计产品的重要原则和设计数据，并将它传递到整个产品的设计中。一般从 Skeleton 中提取。

复制几何(Copy Geometry)　提取和接受设计产品的重要数据。

关系(Relation)　设定各尺寸、各参数之间的关系。

14.2.1　二维布局(Layout)概述

Layout 的核心功能是定义产品的主要参数和主要尺寸，并且设定这些参数和尺寸之间的关系。然后通过声明，使其他设计部分同 Layout 关联，从而实现 Layout 对整个产品的控制。

Layout 的次要功能是勾画出产品的外形及组成部分，以形成对产品的直观认识，由于 Layout 的几何部分是非参数的，Layout 中的几何形状、外形等没有任何意义，只起一个视觉作用，就像手工设计中用到的草图一样。

Layout 中用到的工具手段如下。

2D 图元　这些图元(直线、圆弧、曲线等)是非参数化的，主要用来表示设计的主要形状、主要组成结构等。

尺寸和参数　Layout 的核心之一。Layout 中的尺寸和参数将传递到与 Layout 关联的其他文件中，如 Skeleton 文件、零件和装配中。

关系式　Layout 的核心之二。通过关系式约束尺寸和参数之间的关系，对于一个产品和设计，它的各种尺寸和参数总会有其内在的关系。

注释和球标　注释用来说明 Layout，包括对 Layout 的注释和技术说明，提供出图元外的文字说明；球标用来说明产品的结构和组成。

空间基准　Layout 为产品提供通用的空间基准平台，凡是与 Layout 关联的 Skeleton、零件、部件共用同一个空间基准。

参数表　通过表格的形式直观表示输入参数、输出参数、主参数、辅助参数等。

实例研究　参数化的 2D 图元，用于显示几何的尺寸大小。

图 14-1 所示为一个 Layout 文件的例子。此范例中，包含在 Layout 文件中用到的工具和方法。有 2D 图元、尺寸与参数及其参数表、球标和注释、空间基准

等，关系式和实例研究要在其他的窗口中才能反映出来。实际的 Layout 文件不一定需要使用所有的这些工具，可根据需要选用工具，满足使用需要。Layout 的核心是尺寸和参数，这些尺寸和参数将控制整个装配。

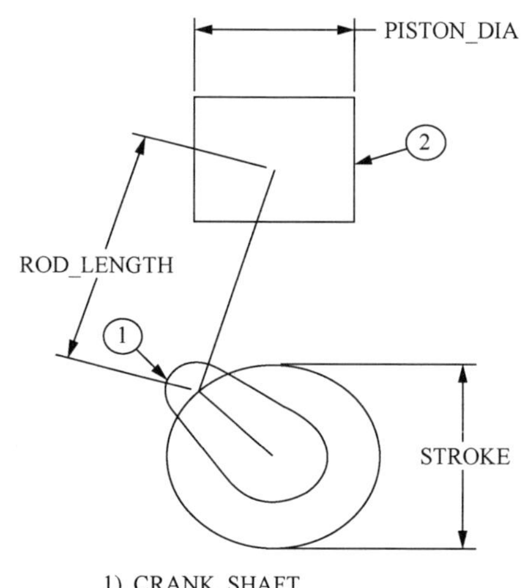

PARAMETERS	
STROKE	4.000
ROD LENGTH	6.000
PISTON DIA	3.000
CYL INDERS	2
DISPLACEMENT	56.549

图 14-1　Layout 文件范例与说明

当打开与 Layout 文件相关联的零件或者装配时，Layout 文件也将自动被调入内存中。因为 Pro/ENGINEER 系统需要读取 Layout 中的参数，来决定零件和装配中与 Layout 关联的参数的大小。当保存与 Layout 文件相关联的零件或者装配时，Layout 也将被自动保存，导致相关的工作目录和文件夹内会有多个同名的 Layout 文件存在。这个问题在使用中必须特别注意。

14.2.2　产生 2D 图元

Layout 中的 2D 图元是非参数化的，Layout 中的图只起示意的作用，除此之外，没有任何意义。这可能也是 Layout 中草图功能比 Sketch 的草图功能差的原因。为 Layout 产生图元的方式有多种，下面一一讲解。

1. 绘制 2D 图元

Pro/ENGINEER 的布局设计与工程图的草图绘制比较相似，它们都是绘制平面图形，操作界面和工具也很相似。Layout 可以套用为工程图准备的图框格式文件。

步骤 1：新建 Layout 文件。

(1) 设置工作目录到\Source files\chapter14\layout_skeleton。

(2)单击【文件(F)】→【新建(N)】命令。

(3)选择布局类型，创建 Layout 文件，如图 14-2 所示。

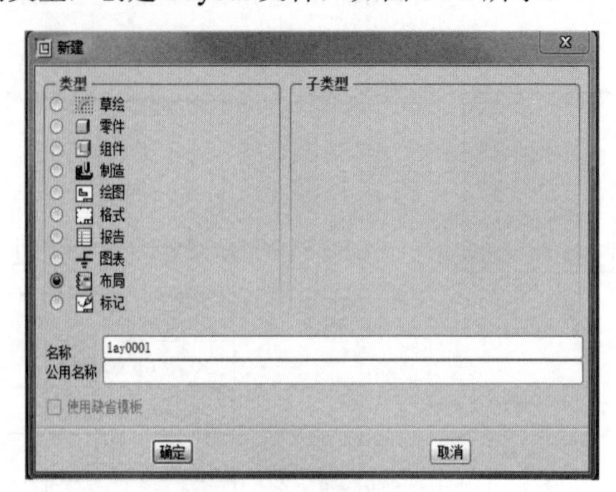

图 14-2　新建 Layout 文件

(4)输入文件名，然后单击【确定】按钮。

(5)系统进入如图 14-3 所示的对话框，可以选取格式为空为 Layout 文件制定图框格式，选取工作目录下的 lay_a3_fm.frm 图框文件作为格式。

图 14-3　指定 Layout 文件的格式

(6)信息窗口提示输入标题栏的相关数据，如设计者姓名、设计日期等，填入相关内容，如图 14-4 所示。

为参数"weight"输入文本[无]: <CR>
为参数"matl"输入文本[无]: <CR>
为参数"matl_form"输入文本[无]: <CR>
为参数"description"输入文本[无]: <CR>
为参数"Sub_assembly"输入文本[无]: <CR>
为参数"machine"输入文本[无]: <CR>
为参数"date_model"输入文本[无]: <CR>
为参数"Modeled_by"输入文本[无]: <CR>
为参数"date_drawn"输入文本[无]: <CR>
为参数"drawn_by"输入文本[无]: <CR>
为参数"date_check"输入文本[无]: <CR>
为参数"check_by"输入文本[无]: <CR>
为参数"approv_date"输入文本[无]: <CR>
为参数"approv_by"输入文本[无]: <CR>
为参数"proj_mgr"输入文本[无]: <CR>

图 14-4　输入格式文件的参数值

(7)进入 Layout 的工作窗口，如图 14-5 所示。

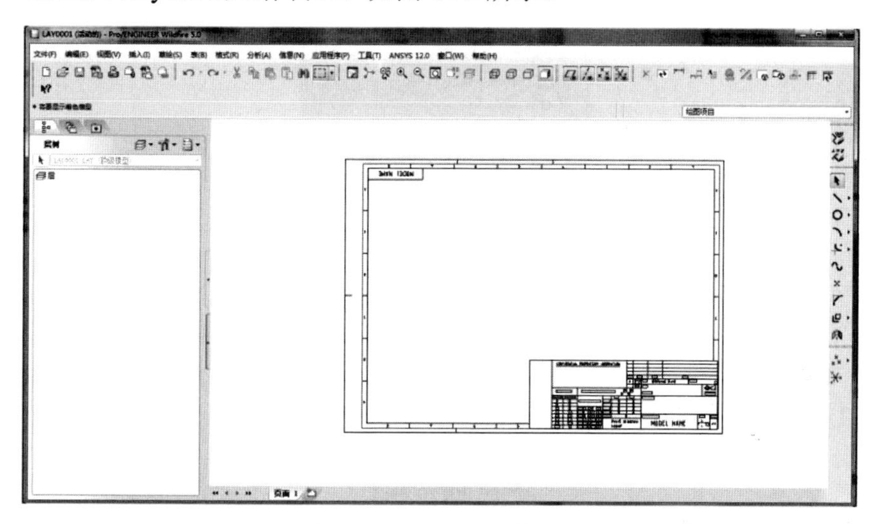

图 14-5　Layout 的工作界面

从图 14-5 可见，Layout 的工作界面与 Drawing 的工作界面是非常相似的，仔细观察右边的草图工具条，与 Sketch 工具条有些相同，也有些差别。总体来说，草图功能比建模的草图功能简单。

步骤 2：绘制 Layout 的栅格功能。

有两个工具可以帮助在 Layout 中绘制草图，它们是栅格功能和草绘参考。Pro/ENGINEER 打开网格并设置成对齐栅格后，绘图很方便。草图的栅格功能使用如下。

(1)单击菜单【视图(V)】→【绘制栅格(G)】命令打开网格菜单，如图 14-6 所示。

隐藏栅格：在屏幕上不显示栅格。类型：设置栅格类型，有直角坐标栅格和极坐标栅格两种。原点：设置栅格原点。栅格参数：设置栅格的间距。

图 14-6　Layout 草图栅格菜单

(2) 单击类型命令，设定栅格的坐标形式，如图 14-7 所示，共有两种形式的栅格，分别是笛卡儿直角坐标系和极坐标系。

图 14-7　栅格类型

(3) 单击【原点】命令设定栅格的原点，如图 14-8 所示。

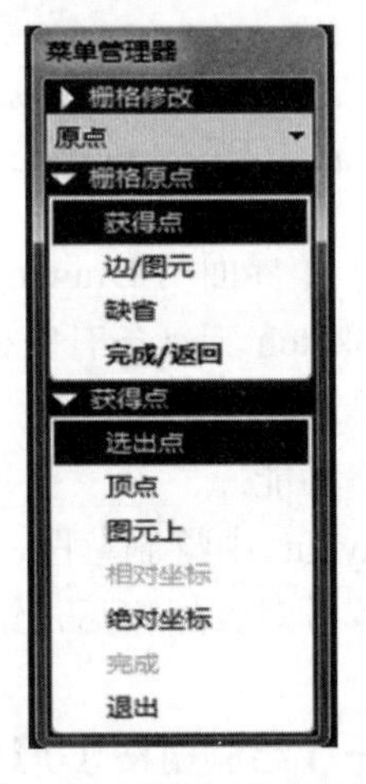

图 14-8　设定网格的原点

(4) 单击【获得点】→【选出点】命令，选取栅格坐标原点。

(5) 选取 Layout 绘图区域的左下角，则将栅格的原点定在左下角上，如图 14-9 所示。

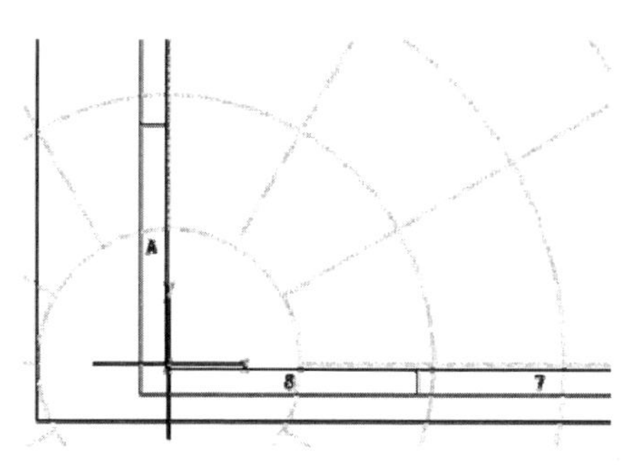

图 14-9　设定网格的坐标原点

(6) 单击栅格参数命令，可以设置栅格参数，包括疏密程度和栅格的角度等，如图 14-10 是直角坐标系的栅格。

图 14-10　设置栅格参数

X&Y 坐标单位：设置 X 坐标方向和 Y 坐标方向的间距。

X 轴坐标单位：设置 X 坐标方向的间距。

Y 轴坐标单位：设置 Y 坐标方向的间距。

角度：设置栅格角度。

(7) 单击角度命令，设置直角坐标系栅格的倾斜角度。

(8) 信息窗口提示输入角度。

(9) 输入 30，形成的坐标栅格如图 14-11 所示。

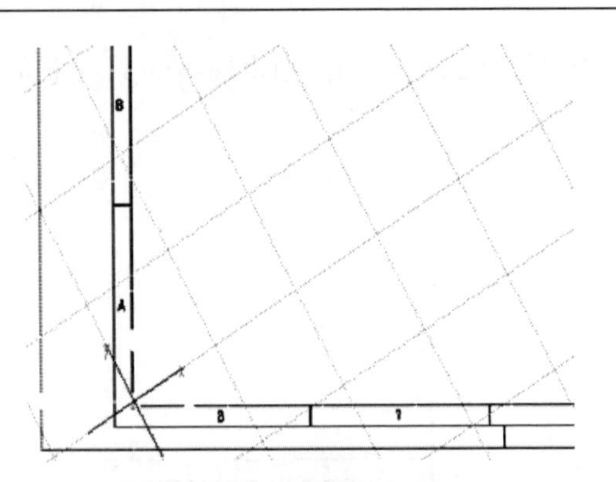

图 14-11　设置栅格的角度

显示栅格后，有时需要草图不受栅格控制。

(10) 单击菜单【工具(T)】→【环境(E)】命令，打开环境设置对话框。

(11) 选取或者取消栅格对齐复选框，如图 14-12 所示。

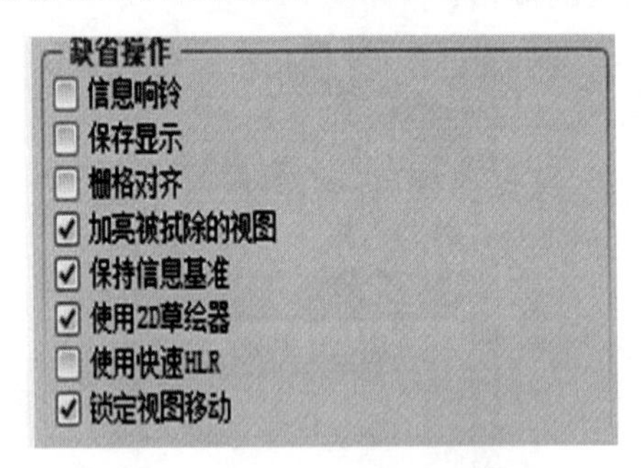

图 14-12　草图时是否受栅格控制

步骤 3：草绘参考功能。

在绘制草图时，单击按钮，打开如图 14-13 所示的参照窗口。

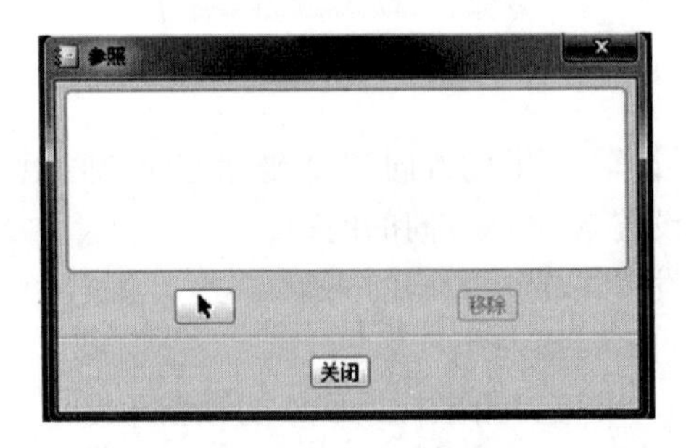

图 14-13　草图参照

单击按钮，选取要作为参考的图元，如图 14-14 所示。选取圆作为参考，然后在圆附近绘制，系统就会自动提示相切于 T。

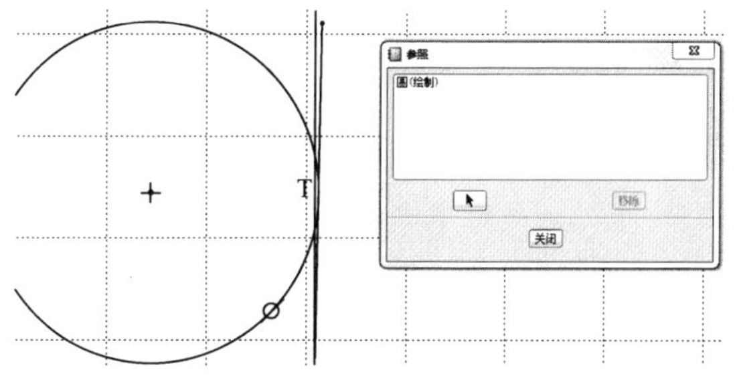

图 14-14　参照的选取

通过栅格和参照的应用，可以帮助绘制出满意的草图。草图的绘制与建模中 Sketch 基本相同。只要记住一点：Layout 的草图除了示意之外，没有任何含义，所以不必追求草图的准确。Layout 的核心是其参数和尺寸及关系式。

2. 引入外部图元

除了在 Layout 中绘制草图外，还可以引入外部的图形。这样可以利用其他格式的图形，得到更加详细的示意图，减少绘图的工作量。可供输入的格式有 DWG、DXF、IGES 等。

(1) 单击菜单【插入(I)】→【共享数据(D)】→【自文件(F)】命令，打开选取文件窗口。

(2) 选取要插入 Layout 中的文件。

(3) 如果插入的图形比现在的 Layout 图幅大，则系统将出现如图 14-15 所示的对话框。询问是否按比例缩小图形，使图形符合图框的大小。

图 14-15　插入大图幅的处理

(4) 单击【是(Y)】确定按钮。

(5) 选取的外部图形被插入 Layout 中。

(6) 对图元进行移动、删除等处理，得到如图 14-16 所示的 Layout 图形。

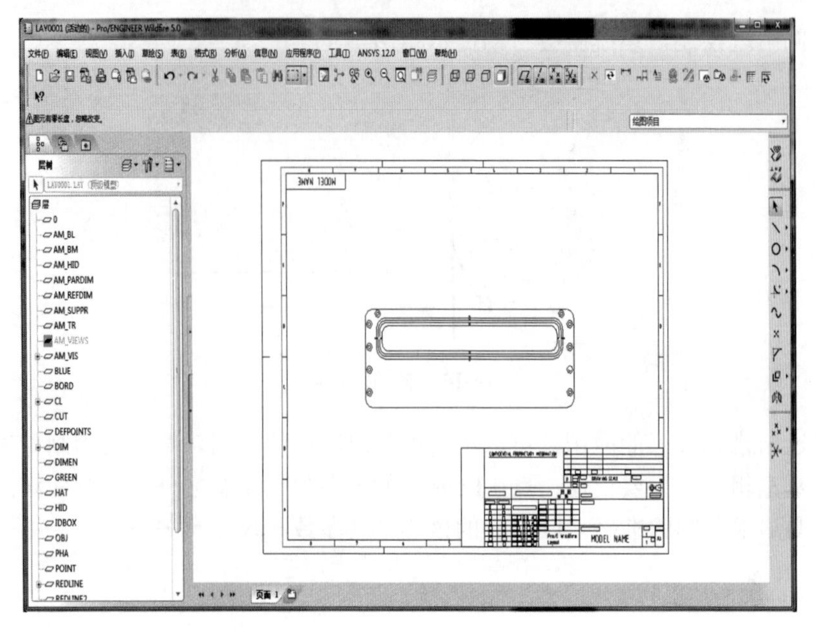

图 14-16　插入外部图形到 Layout 中

14.2.3　完成 Layout 的设计

在绘制或者插入了 2D 图元的基础上，需要给 Layout 增加尺寸、参数、关系式、空间参考基准，增加参数表与说明等，完成 Layout 的设计。其中尺寸、参数、关系式是 Layout 的关键，是 Top-Down 设计中 Layout 必不可少的组成部分。它们通过关联的骨架文件、零件和装配将会传递到整个产品的设计中，这些尺寸和参数以及它们之间的关系式在整个产品中存储，随时随地可以被调用和参考，从而将 Layout 中的设计思路在整个产品设计中得到体现。

1. 尺寸与参数

尺寸与参数是 Layout 的核心内容之一。尺寸与参数其实是基本相同的：尺寸包含参数，参数可以转换为尺寸。创建的尺寸除了在图面上显示为尺寸外，它的代号自动转化为一个参数名，也可以用已有的参数来创建尺寸，在提示输入尺寸代号时，如果输入参数名，则采用此参数创建尺寸，不必输入初始值。

步骤 1：创建参数。

(1) 打开\Source files\chapter14\layout_skeleton 文件夹下的 shared_file.lay.l。

(2) 单击菜单【工具(T)】→【参数(P)】命令，打开参数设置窗口，该文件没有任何参数。创建 4 个参数，如图 14-17 所示。注意，其中的 TYPE 是字符类型的参数。

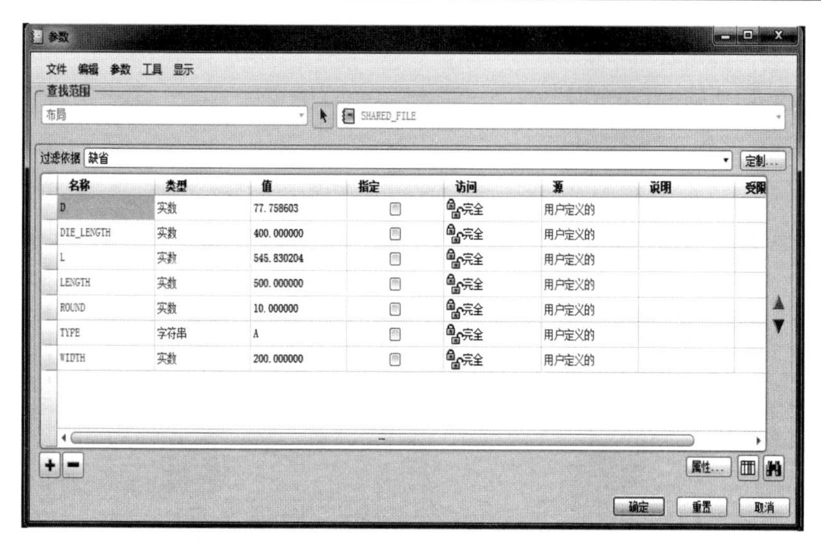

图 14-17　在 Layout 中创建参数

步骤 2：创建尺寸。

可以直接创建新的尺寸，也可以用现有的参数创建尺寸。直接使用汇总，可能创建了一个重要的参数，后来认为这个参数很重要，应该作为尺寸在 Layout 的图形中标注出来，就采用通过现有的参数创建尺寸的办法处理。这种情况是经常遇到的，通过现有的参数创建尺寸的发放提供了一个灵活又实用的解决方案。

用参数值创建尺寸的步骤如下。

(1) 单击菜单【插入(I)】→【尺寸(M)】→【尺寸-新参照(N)】命令。

(2) 选取标注位置和放置位置。

(3) 信息窗口提示："符号:"，要求输入尺寸的代号。

(4) 输入"DIE_LENGTH"。

(5) 信息窗口提示："值:"，要求输入数值。

(6) 输入"400"。新尺寸创建完成，如图 14-18 所示。直接创建尺寸比用参数创建尺寸多了一个输入数值的步骤，用参数创建尺寸是提取参数的数值，直接创建尺寸则必须输入尺寸的数值。

(7) 单击菜单【信息(N)】→【切换尺寸(W)】命令，切换尺寸的符号与数值，可以看到 DIE_LENGTH 的值等于 400。

2. 关系式

关系式用来定义参数和尺寸之间的关系。对于产品，它的参数(包括尺寸)之间存在内在的关系，能够理解和表达这些内在的关系，就让 Pro/ENGINEER 抓住了产品的规律，能够进行深层次的设计，如自动设计、参数化设计等。

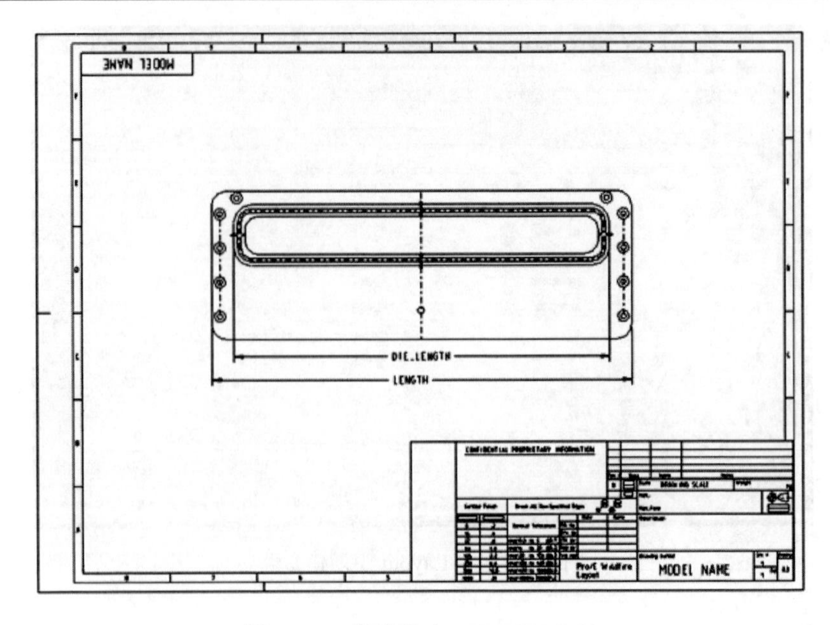

图 14-18　新建尺寸 DIE_LENGTH

单击菜单工具→关系命令，输入编辑关系式。Layout 中的关系式与装配和零件中的关系式完全一样。定义的参数和尺寸中，这些参数是按照设计规律存在内在联系的，Layout 的关系式就是反映和表达这些内在的关系。

按照参数的重要性分类，参数可以分为主要参数和辅助参数。主要参数决定着产品的主要特征，很多参数都会与主要参数相关。辅助参数则决定着一些具体的特征和数据。

关系式是 Layout 中最核心和最重要的部分。Layout 的关系式是产品设计思路、产品设计经验的体现，不是凭空捏造出来的。

3. 空间参考基准

Layout 的空间参考基准包括：平面、轴、点和坐标系。

1) 基准面

单击菜单【插入(I)】→【绘制基准(T)】→【绘制基准平面(P)】命令，打开如图 14-19 所示的菜单界面，可以在 Layout 图画上作出基准平面。

2) 基准轴线

单击菜单【插入(I)】→【绘制基准(T)】→【绘制基准轴线(A)】命令，出现的菜单与图 14-19 相同，定义 Layout 的空间基准轴线。

图 14-19　产生空间参考基准的菜单

3) 基准点和基准坐标系

单击菜单【插入(I)】→【模型基准(D)】命令，进入基准点与基准坐标系的生成界面，如图 14-20 所示。

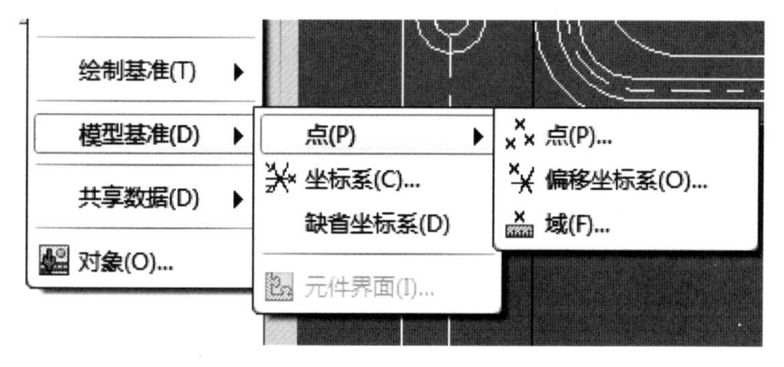

图 14-20　基准点和基准坐标系的生成

4) 空间参考基准的应用

Layout 的空间参考基准在所有与 Layout 关联的装配和零件内产生一个公用的基准。例如，在 Layout 中有一个基准面 Plane_A，在某个装配件内有一个基准面 Plane_B，在某个零件内有一个基准面 Plane_C，首先通过声明此零件和装配与 Layout 关联，然后声明基准面 Plane_B 与 Plane_A 的关联，声明基准面 Plane_C 与 Plane_A 的关联，当此零件和装配在上一级装配中装配在一起时，Plane_B 与 Plane_C 自动对齐。这样，通过空间参考基准可以实现自动装配。

4. 注释说明及参数表

步骤 1：用球标表示产品组成结构。

为了在 Layout 中表示产品的组成结构，用插入球标的方法来表示。

(1)打开\Source files\chapter14\layout_skeleton 文件夹下的 sample.lay.l。

(2)单击菜单【插入(I)】→【球标注解(L)】命令，出现球标的菜单管理器。

(3)通过菜单命令选择球标的属性。

(4)选定球标的箭头指示位置和放置位置。

(5)信息窗口提示：“输入 balloon object model name [Quit]：”提示输入球标的名称。

(6)输入球标的名称，即产品组成部分的名称。

(7)系统自动产生球标及其说明。

步骤 2：插入注释。

可以根据需要插入注释，插入注释与插入球标的过程基本相同，还可以插入带有参数的注释，只要在参数前面增加“&”符号，就可以提取参数的值。

步骤 3：参数表。

参数表是一种非常实用和有效的表示参数的方法，如图 14-21 所示。

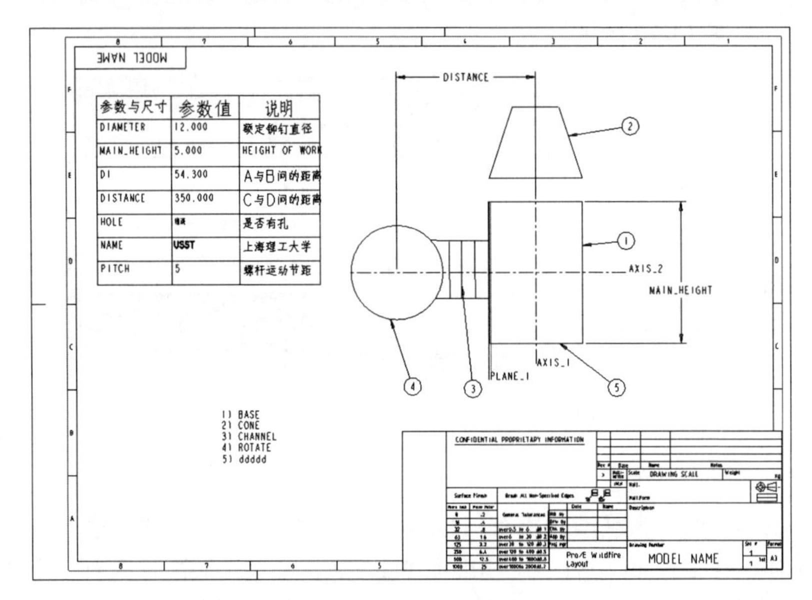

图 14-21　Layout 的参数表

参数表一般有三列：第一列是参数名称，第二列是参数值，第三列是参数的说明。这样可以很清楚地表示出 Layout 的参数。同时，主要的参数还可以通过尺寸的形式在图面上表示。参数与尺寸配合就能够主次分明地表示出 Layout 的核心内容。

对于复杂的产品和 Layout，可以设置多个参数表，如主要参数表、辅助参数表等，可更好地表示设计内容和意图。

14.2.4　参数化 Layout——实例研究

由于 Layout 中的图元是非参数化的，只是起示意作用，没有尺寸，也不能反映物体的大小，这在有些时候会觉得不便，于是 Pro/ENGINEER 系统在 Layout 中提供了实例研究功能，实现 Layout 的参数化。

打开工作目录下的 Sample.lay，如图 14-22 所示，这是一个不含实例研究的 Layout，下面为它建立实例研究。

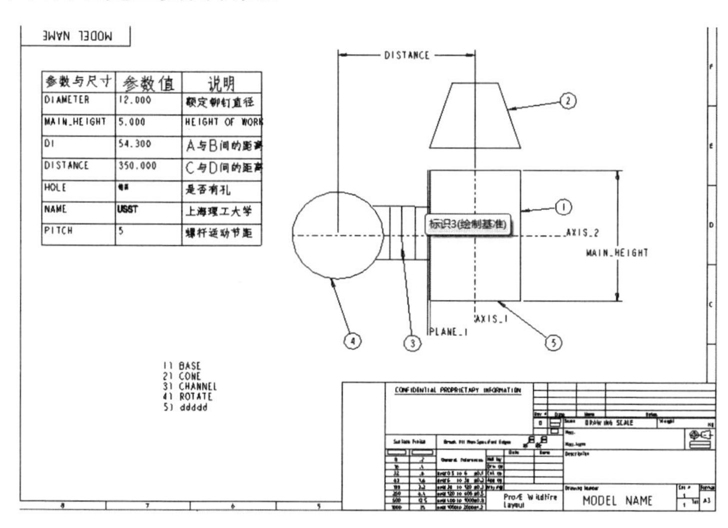

图 14-22　Layout 文件

(1) 单击菜单【工具(T)】→【实例研究】命令，信息窗口提示：“输入实例名:”，提示输入 Layout 参数化研究的名称。

(2) 输入“1”作为名称，然后单击【确定】按钮，系统进入实例研究，打开如图 14-23 所示的菜单。

图 14-23　实例研究菜单

(3)单击【创建】命令，新建实例研究。

(4)信息窗口提示：“输入截面名称[S2D0001]:”，系统提示输入草图的名称。

(5)Pro/ENGINEER 系统打开一个新的 Sketch 窗口。

(6)此时可以使用 Sketch 的各种工具绘制图形，也可以插入外部文件，还可以复制 Layout 中的图形。下面复制 Layout 中的图形。

(7)单击菜单【文件(F)】→【导入(M)】→【插入布局(L)】命令，自动切换到 Layout 的图面，提示从 Layout 文件中选取图元。

(8)选取所有的图元复制。

(9)单击【确定】按钮，图元被复制到实例研究的草图中，如图 14-24 所示。

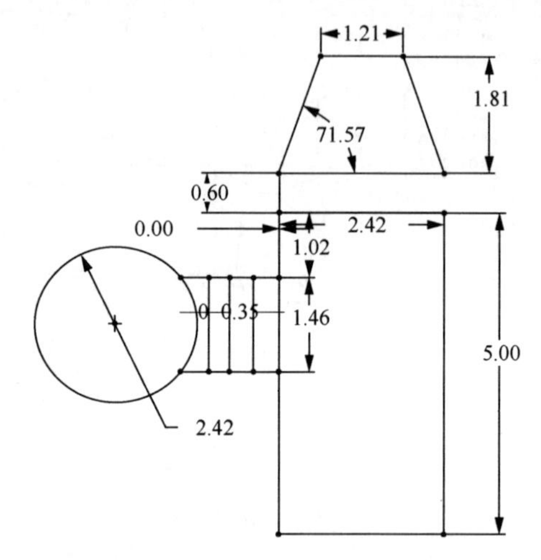

图 14-24　实例研究的图元

(10)单击菜单【草绘(S)】→【特征工具(U)】→【声明(D)】命令，提示选取需要参数化的图元。

(11)选取如图 14-25(a)所示加亮显示的尺寸。

(12)信息窗口提示：“输入布局尺寸的符号：”，提示输入参数名，输入“Main_Height”。

(13)该尺寸与“Main_Height”参数关联，并受其驱动。

(14)单击菜单【信息(N)】→【切换尺寸(W)】命令，查看该尺寸的数字，它与“Main_Height”参数的数值是相等的。修改这个数值也可以修改参数“Main_Height”。

这样就建立了参数化的 Layout，当改变了“Main_Height”参数的数值时，图 14-25 中图形也将变化。根据需要建立更多的图形与参数的关联，可以得到更加综合的结果。

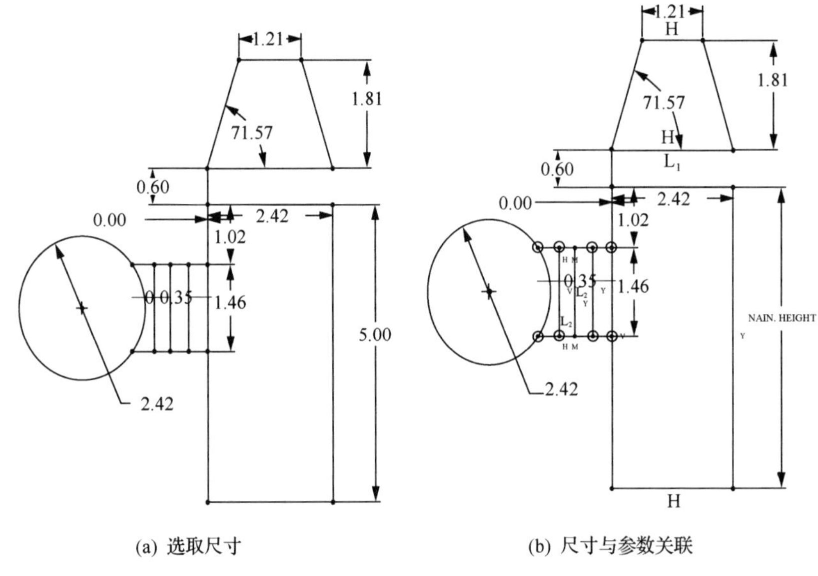

(a) 选取尺寸　　(b) 尺寸与参数关联

图 14-25　关联实例研究的尺寸与 Layout 的参数

14.3　关系式及其语法

参数及参数之间的关系式构成了 Pro/ENGINEER 设计的灵魂，Pro/ENGINEER 的高级设计起着重要作用。在 Top-Down 设计中，参数及参数之间的关系式可以存在于草图、零件、装配、Layout、Skeleton 等各种文件中，从各个方面控制着产品。

参数和关系式除了用在 Layout 中，成为 Layout 的灵魂控制整个产品外，对于一个零件的设计，也同样至关重要。在一些通用零件的设计中，它们与普通的零件的区别就是因为它们内部包含了反映产品自身特点的关系式，使它们成为一个万能的通用模型，只要输入零件产品的参数，就可以生成任意的零件。

本节对 Pro/ENGINEER 系统的关系式进行全面的讲述。

单击【工具(T)】→【关系(R)】命令，打开关系式窗口，如图 14-26 所示。

从图 14-26 中可见，Pro/ENGINEER Wildfire 中关系式的功能有所增强，增加了很多实用有效的工具。

Pro/ENGINEER 的关系式可分为等式关系式和不等式关系式两种。

等式关系式一般用来赋值，如

```
a=b+60
```

不等式关系式有两种用途：一种用于约束，另一种用于条件语句。

约束语句：

```
a→(b+60)
```

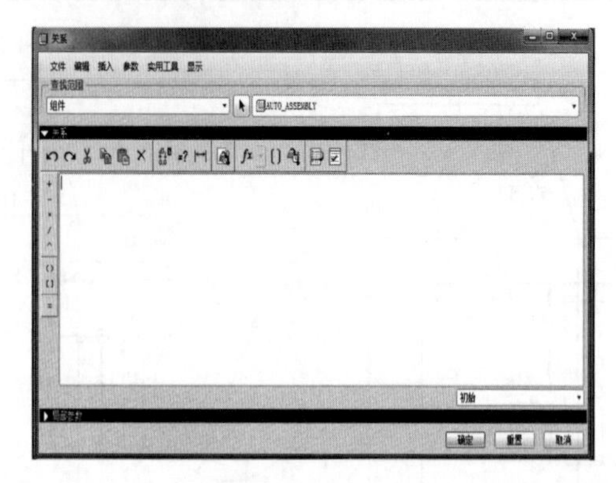

图 14-26　Pro/ENGINEER Wlidfire 的关系式界面

条件语句：

```
IF a→(b+60)
```

Pro/ENGINEER 中有多种关系式。

Part　零件的关系式，在零件和装配模式中有效。

Assembly　装配的零件关系式。

Feature　特征的关系式，在零件和装配中有效。

Inherited　在零件和装配中有效。

Section　特征截面的关系式，在零件和装配中有效。

Pattern　阵列的关系式，在零件和装配中有效。

Skeleton　装配中骨架文件的关系式。

Component　装配中子装配的关系式。

14.3.1　关系式中的数学函数

Pro/ENGINEER 系统可以使用下列数学函数关系式，用于等式和不等式中。

1. 三角函数

三角函数见表 14-1。

表 14-1　三角函数

函数式	函数名称	函数式	函数名称
sin ()	正弦函数	acos ()	反余弦函数
cos ()	余弦函数	atan ()	反正切函数
tan ()	正切函数	sinh ()	双曲正弦函数
sqrt ()	平方根函数	cosh ()	双曲余弦函数
asin ()	反正弦函数	tanh ()	双曲正切函数

注：三角函数中角度的单位为度

2. 其他数学函数

其他数学函数见表 14-2。

表 14-2　其他数学函数

函数式	函数名称	函数式	函数名称
log()	以 10 为底的对数	floor()	比实数小的最大整数(也可等于)
ln()	以自然数为底的对数	abs()	绝对值
exp()	E 的幂函数	ceil()	比实数大的最小整数(也可等于)

3. ceil 和 floor 函数实例

ceil 和 floor 函数还可以带有格式，匀整到指定的小数点位数，其格式如下：

```
ceil(parameter_name or number,number_of_dec_places)
floor(parameter_name or number,number_of_dec_places)
```

其中 number_of_dec_places 是可选格式，即匀整的小数点位数，最大 8 位。
不带小数点的 ceil 和 floor 函数例子：

```
ceil (10.2)=11
floor (234.6)=234
floor (0.2)=1
```

带小数点的 ceil 和 floor 函数例子：

```
ceil (10.255,2)=10.26
ceil (10.255,0)=11
floor (10.255,1)=10.2
floor (0.255,2)=0.25
```

14.3.2　关系式中的运算

Pro/ENGINEER 系统可以使用下列运算，用于等式和不等式中。

1. 代数运算

代数运算见表 14-3。

表 14-3　代数运算符

运算符	定义	运算符	定义
+	加	*	乘法
–	减	^	幂
/	除法	()	括号。例如，d0=(d1–d2)*d3

2. 赋值运算

赋值运算见表 14-4。

表 14-4　赋值运算符

运算符	定义
=	等于

注：赋值语句的左边只能是单个参数，它与等式语句的应用场所不同。

3. 比较语句

比较运算符见表 14-5。

表 14-5　比较运算符

运算符	意义	运算符	意义
==	等于	<=	小于等于
→	大于	|	或
→=	大于等于	&	和
!=,<→,~=	不等于	~,!	非
<	小于		

|、&、~、! 符号可以扩展比较运算的应用，可以在单个语句中加入多个比较判断。例如，当 d1 在 2 与 3 之间，但是又不等于 2.5 时，该判断句有效。

d1→2&d1<3&d1~=2.5

14.3.3　关系式中的变量

变量是 Pro/ENGINEER 系统的内部参数，它们被 Pro/ENGINEER 系统占用，代表指定的含义，关系式中共有 4 种变量或者参数。

1. 尺寸变量

d#　尺寸代号，#是尺寸的编号。

d#:#　装配中的尺寸代号，装配中零件或者子装配的 ID 号作为后缀。

rd#　参考尺寸代号。

rd#:#　装配中的参考尺寸代号，装配中零件或者子装配的 ID 号作为后缀。

sd#　草图的尺寸代号。

kd#　已知的尺寸代号(草图中)。

2. 公差变量

当尺寸从数值显示转化为符号显示时，这些变量会显示出来。

tmp#　正负对称公差中的公差值。

tp#　正负公差格式中的正偏差。

tm#　正负公差格式中的负偏差。

3. 阵列数量变化

p#表示阵列的数量。

说明：这些变量必须是整数，如果将它们改变为小数，则 Pro/ENGINEER 自动匀整它们，如 2.9 匀整为 2。

4. 用户自定义变量

通过定义参数或者关系式后产生的变量，如

Volume=d0*d1*d2

Vendor="Stockton Corp"

5. 系统保留常变量

系统保留常变量见表 14-6。

表 14-6　系统保留常变量

常变量	名称	数值
PI	圆周率	3.14159
G	重力加速度	9.8m/s^2
C1,C2,C3,C4	常数	分别等于 1.0,2.0,3.0,4.0

14.3.4　关系式中的字符运算

1. 关系式中可以利用如下的字符串函数

1) rel_mode_name()

求出当前模型的名称。例如，当前模型的名称为 ABCD，rel_model_name()等于 ABCD。

2) rel_model_tpye()

求出当前模型的类型。例如，当前的模型是零件时，rel_model_type()等于 PRT。

3) exists ()

判断某个条件是否存在，如

if exists ("d5:20") 判断一个装配中 ID 号为 20 的子部件中是否有编号为 5 的尺寸。

exists ("par:fid_25:cid_12") 判断部件代号 12 中的特征代号 25 是否存在一个 par 参数。

4) string_length ()

求出字符串的字符位数。例如，字符串函数 material 的值等于 steel，那么 string_length (material) 的结果是 5，因为“steel”的字符数是 5。

5) itos (integer)

将整数转化为字符串。例如，itos (2350) = “2350”。这里的 integer 除了可以是整数外，还可以是表达式。对于非整数，将匀整为整数。

6) search (string，sub-string)

在字符串中查找指定的字符，并输出指定字符开始的位置，如

search (“abcdefg” , “def”) =4

如果没有找到指定的字符，则输出的值为 0。

7) extract (string，position，length)

从字符串中提取指定位置 (position) 和指定长度 (length) 的字符，如

extract ("hmjs_c3p_service",6,2) = “c3”

2. 字符串运算

关系式中支持的字符串运算见表 14-7。

表 14-7 关系式中支持的字符串运算

字符串	意义
==	比较字符串是否相等
!=,<>,~=	比较字符串是否不等
+	字符串的相加
itos (int)	将整数转化为字符串
search (string,substring)	在字符串查找指定的字符，并输出指定字符开始的位置
extract (sting,position,length)	从字符串中提取指定位置和指定长度的字符

字符串运算的例子如下。

如果 param=abcdef，可以计算出：

flag=param==abcdef，值为 TRUE。

new=param+ghi，值为 abcdefghi。

new=itos(10+7)，值为 17。

new=param+itos(1.5)，值为 abcdef2。

where=scarch(param,bcd)，值为 2。

new=extract(param,2,3)，值为 bcd。

14.3.5 关系式的格式

1. 关系式的格式

(1)语句长度不能超过 80 个字符。

对于长度超过 80 个字符的语句，用反斜杠(\)符号将语句划分为多行。

(2)自定义变量的格式。

长度不超过 31 个字符。

变量名必须以字母开头。

不能包含非字母的符号，如!、@、#、$。

不能使用 d#、kd#、rd#、tm#、tp#、tmp#作为变量名称，其中#是尺寸编号，为整数，这些名称被保留作为系统内部变量的名称。

(3)符号变量要用引号表示。如

```
project_no="AB_200303128"
```

(4)不能在关系式中输入没有的变量，否则系统会提示："Invalid symbol 'xxx' found"，其中，xxx 是不存在的变量名。

2. 关系式注释语句

注释语句是对语法的解释和说明，它是编程中基本的和必备的。对于枯燥的数字和代号，如果不做好注释与说明，则一段时间过后，关系式的编写者都会忘记语句的含义，更别说让别人理解和交流了。

用"/*"放在语句的前面，表示这个语句是一个注释语句。另外，Pro/ENGINEER 规定注释语句必须位于语法句子的前面。当对关系式排序时，注释句才能跟着语法句移动，并且移动到新的位置后，始终保持在语法句的前面。

注释句的例子：

```
/*Base height dependent on product height
h1=h2 - 380
```

3. 求解式关系式

求解式关系式用于变量的不能明确确定或者表达的情况下。其语法格式为：

```
solve
关系式 1
关系式 2
for 参数 1，参数 2
```

举例如下：

```
solve
x*y=100
2*x+y=28
for x,y
```

4. 条件语句

在关系式中可以使用条件语句。条件语句分两种：简单条件语句和复合条件语句。

1) 简单条件语句

简单条件语句的语法格式为：

```
IF 判断式
执行语句
EndIF
```

举例如下：

```
IF d1  d2
length=14.5
ENDIF
IF d1<=d2
length=7.0
ENDIF
```

判断表达式是判断条件的成立与否，其值为 TRUE(YES) 或者 FALSE(NO)，下面 3 个语句具有等效效果。

```
IF ANSWER==YES
IF ANSWER==TRUE
IF ANSWER
```

2) 复合条件语句

复合条件语句的语法格式为：

```
IF 判断表达式
执行语句
Else
执行语句
EndIF
```

复合条件语句比简单条件语句多了 Else 和 Else 下面的执行语句。条件语句的例子如下：

```
IF d1→d2
length=14.5
ELSE
length=7.0
ENDIF
```

3) 条件语句的嵌套

条件语句还可以实现多重嵌套，实现更为复杂的判断，如

```
IF<condition→
Sequence of 0 or more relations or IF clauses
ELSE<optional→
Sequence of 0 or more relation or IF clause<optional→
ENDIF
```

说明：

(1) ENDIF 必须拼写成为一个词。

(2) ELSE 必须单独一行。

(3) 等于用两个等号表示(==)，赋值用一个等号表示(=)。

(4) 包含条件语句的关系式不参与关系式排序。

14.3.6　关系式的排序

关系式的排序是关系编辑结束后要做的一件事情，其目的是使关系式中的变量按照被计算的顺序排列，避免循环引用，提高关系式的正确性。

关系式的排序操作如下。

(1) 单击【工具(T)】→【关系(R)】命令，单击【关系式排序按钮】，进行关系式排序。

(2) 如果关系式为：

```
d0=d1+3*d2
d2=d3+d4
```

(3) 单击按钮后关系式为：

```
d2=d3+d4
d0=d1+3*d2
```

因为要先计算 d2，后计算 d0，这才是关系式被计算的顺序。

循环引用会导致计算不能到位，需要多次计算才能完成关系式要求的计算，这在大型的产品设计或者复杂的关系式中比较容易发生。因此，要用关系式的排序功能对关系式进行排序，使关系式按照顺序排列，帮助发现循环引用。

14.4　用骨架进行设计

先设计骨架、产品的大小、主要结构的位置等就由骨架确定了，然后给骨架装上零部件，即完成了产品的设计。

骨架中是一些立体化的、有位置、有尺寸、有形状的点线面，这些点线面作为产品设计的参考和基准。在大型装配和 Top-Down 设计中，骨架文件总是和 Layout 文件配合使用，通过 Layout 勾画产品设计的基本思路和规则，最后通过零部件的设计去完成产品设计的思路和规则。它是设计思路的实现和执行者，是连接设计思路和零部件设计的纽带，同时也是产品装配的骨架。

骨架文件就是一种.prt 文件。在这个.prt 文件中，定义一些非实体单元，如参考面、轴线、点、坐标系、曲线和曲面等，勾画出产品的主要结构、形状和位置等，作为装配的参考和设计零部件的参考。在产品的 Top-Down 设计中，主设计首先完成 Layout 的设计，通过点线面包含了产品的主要形状、位置等信息，然后把整个项目分为多个子项目，随同骨架一起分给不同的小组或者个人。子项目以骨架作为参考，骨架改变后，子项目自动跟着改变。

系统默认的状态下，一个装配件只能有一个骨架文件，并且这个骨架文件是装配的第一个文件，即使后装配它，它也会变成第一个零件。图 14-27 所示为一个骨架文件及其实体。

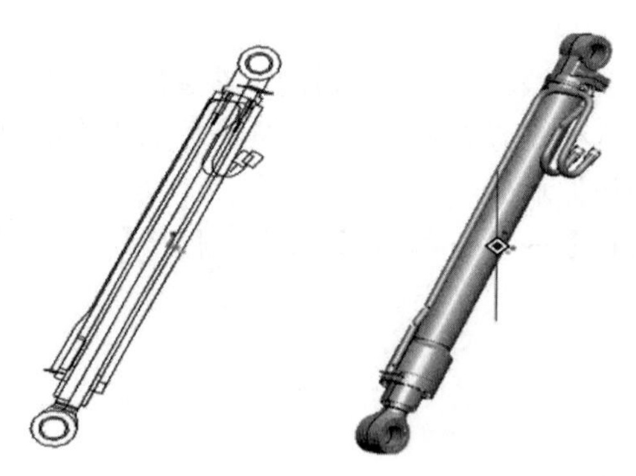

图 14-27　骨架文件及其实体模型

14.4.1　骨架文件概述

1. 骨架文件的优点

骨架文件不是实体文件，在装配的明细表中也不包括骨架文件，为什么要采用骨架文件呢？因为它有如下优点：集中提供设计数据、零部件位置自动变更、减少不必要的父子关系、可以任意确定零部件的装配顺序、改变参考控制。

2. 新建骨架文件

骨架文件是一种特殊的.prt 文件，它只能在装配中用新建骨架零件的方法创建，系统才能把它自动识别为骨架文件。虽然可以像普通的零件那样，通过菜单【文件(F)】→【新建(N)】→◉ ❐ 零件 命令的方式创建.prt 文件，然后把它当成骨架文件使用，但是系统不能自动把它识别为骨架文件。

3. 新建骨架文件

(1) 在装配模式下单击按钮，新建零部件。

(2) 选择骨架模型，建立装配的骨架文件，如图 14-28 所示。

图 14-28　新建骨架文件

(3) 维持默认的文件名，然后单击【确定】按钮。

(4) 在创建选项内可以有多个选项，一般选取复制现有，如果配置好了 start_part，则在复制自选项框内会自动出现 start_part。

(5) 单击【确定】按钮，完成骨架文件的建立，如图 14-29 所示。

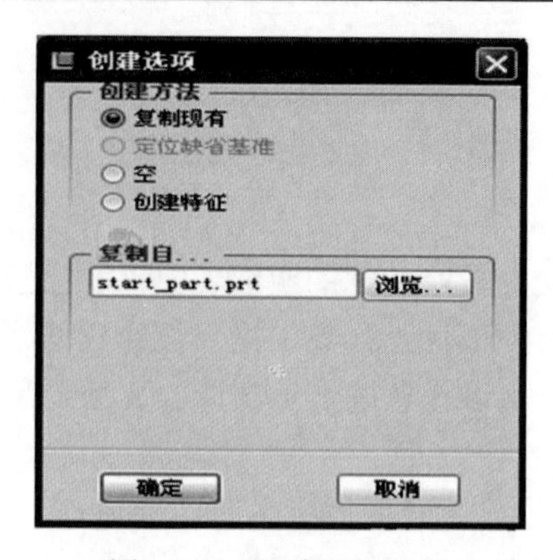

图 14-29　新建骨架选项

(6)【声明】建立的骨架文件与 Layout 的关联，可以调用 Layout 文件中的尺寸和参数。

(7) 在骨架文件中建立参考点、线(包括轴线和空间曲线)、面、坐标系。

应用骨架文件要注意以下几点。

骨架文件的两个主要作用：①为产品装配建立装配基准，产品中重要的装配是依靠骨架装配的。②为零部件设计建立形状基准，重要的外形在骨架中确定，零部件设计参考骨架完成。

骨架文件的默认名称为“ASM_NAME_SKEL”，其中 ASM_NAME 为装配件的名称，建议保留默认名称，至少保留名称中的 SKEL，以便区别骨架文件与其他.prt 文件。

只能采用上述方法建立骨架文件，这样才能被 Pro/ENGINEER 系统自动识别为骨架文件，具备骨架的所有属性和功能。

只能往骨架中增加参考点、线(包括轴线和空间曲线)、面、坐标系，不要在骨架中建立实体特征。

4. 骨架属性

骨架文件是一种特殊的.prt 文件，Pro/ENGINEER 能够自动识别它们，它们具有如下属性。

(1) 是装配中的第一个文件，并且排在默认参考基准面的前面。

(2) 模型树中有特定的图标。

(3) 自动排除在工程图之外，工程图不显示骨架的内容。

(4) 可以排除在 BOM 表之外。

(5) 没有重量属性。

图 14-30 所示为骨架文件的特殊图标。

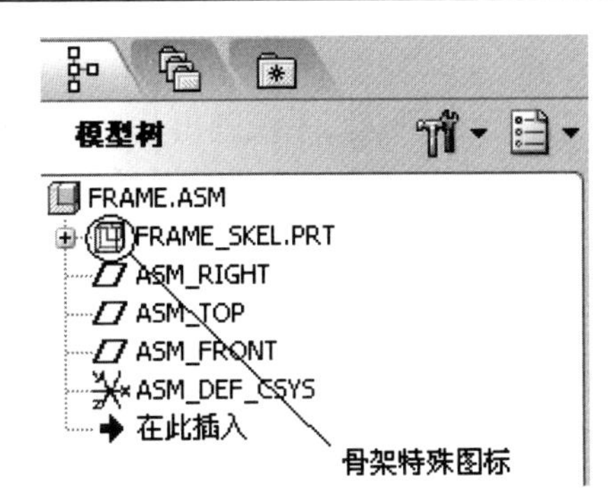

图 14-30　装配中的骨架特殊图标

默认状态下，每个装配件只有一个骨架文件，如果需要使用多个骨架文件，则要修改 Config.pro 文件的设置。

```
Multiple_skeletons_allowed yes
```

当产品比较复杂时，一个骨架文件需要包括的信息太多，可以采用多个骨架文件相互分工配合，完成设计信息的提供和参考。例如，一个 Skeleton 文件作为装配的参考，一个骨架文件作为零件建模的参考。

虽然 Skeleton 文件是一个.prt 文件，但是不要在骨架文件中建造实体特征。

14.4.2　骨架实例

通过建立一个车架的骨架文件，说明骨架文件的创建过程和工作原理。

步骤 1：设置工作目录并建立装配件。

(1) 单击菜单【文件(F)】→【设置工作目录(W)】命令。

(2) 选取\chapter14\layout_skeleton，单击【确定】按钮，完成工作目录设置。

(3) 单击菜单【文件(F)】→【新建(N)】命令。

(4) 选择【组件】，在“名称”栏内输入“FRAME”，选取“使用缺省模板”。

(5) 单击【确定】按钮，完成装配的创建。

步骤 2：建立装配的骨架文件。

(1) 单击按钮，在装配中建立新的组件。

(2) 选择【骨架模型】，保持默认的名称“FRAME_SKEL”，然后单击【确定】按钮。

(3) 在“创建选项”栏内选取【复制现有】，维持系统默认的 start_part，然后单击【确定】按钮。

(4) 骨架生成完成，在模型树中出现其图标，并且是第一个特征。

(5) 单击菜单【文件(F)】→【保存(S)】命令，保存装配文件。

(6) 在模型树中右击“FRAME_SKEL.PRT”，在弹出的菜单中选择【打开】命令。

(7) 单击菜单【文件(F)】→【保存(S)】命令，保存骨架文件。

步骤 3：建立车架右侧的外廓参考面。

(1) 单击“基准平面工具”按钮，系统弹出基准平面对话框。

(2) 选取基准面 RIGHT 作为参考面，在平移对话框内输入：500。

(3) 单击【确定】按钮，如图 14-31 所示。

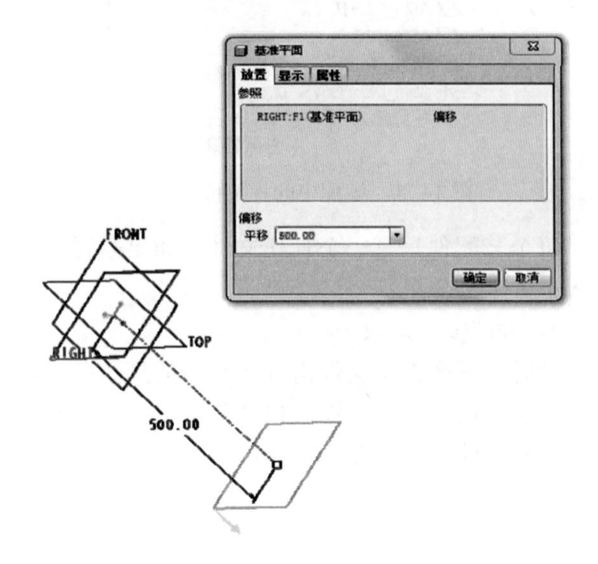

图 14-31　新建右侧的参考基准面

步骤 4：建立车架左侧的外廓参考面。

(1) 单击“基准平面工具”按钮，系统弹出基准平面对话框。

(2) 选取基准面 DTM1 作为参考面。

(3) 在平移对话框内输入：–1000。

(4) 单击【确定】按钮，如图 14-32 所示。

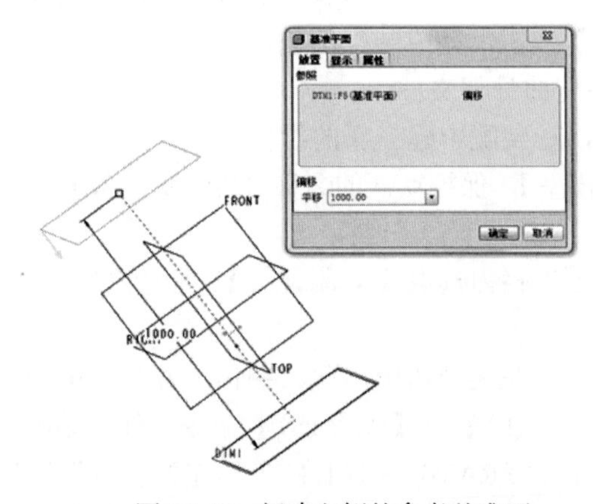

图 14-32　新建左侧的参考基准面

步骤 5：建立车架前侧的外廓参考面。

(1) 单击“基准平面工具”按钮▱。

(2) 选取基准面 FRONT 作为参考面，在平移对话框内输入：3500。

(3) 单击【确定】按钮，如图 14-33 所示。

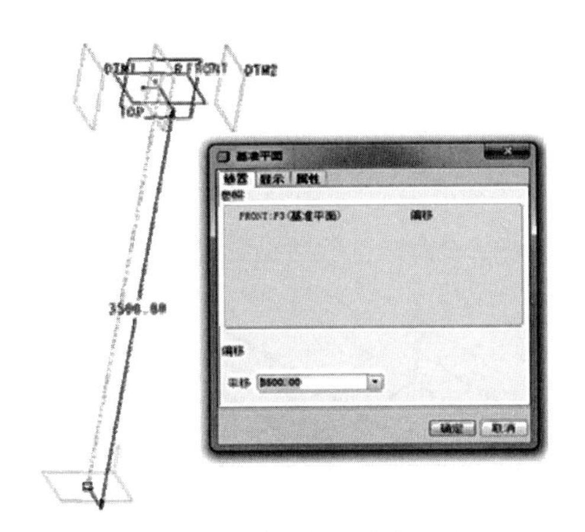

图 14-33 新建前侧的参考基准面

步骤 6：建立车架后侧的外廓参考面。

(1) 单击“基准平面工具”按钮▱。

(2) 选取基准面 DTM3 作为参考面，在平移对话框内输入：–7000，单击【确定】按钮。

步骤 7：修改基准面的名称，使名称与位置符合。

(1) 右击基准面 RIGHT，在弹出的菜单中选择【重命名】，输入“CENTER”。

(2) 同样步骤，“DTM1”改名为“LEFT”，“DTM2”改名为“RIGHT”，“DTM3”改名为“F”，“DTM4”改名为“REAR”。

步骤 8：建立一条曲线表示车架的轮廓。

(1) 单击“草绘工具”按钮〜，弹出“草绘”对话框。

(2) 选取 TOP 参考面作为草绘平面。

(3) 参照选取 CENTER，方向选取 Bottom。

(4) 单击草绘按钮。

(5) 绘制一个矩形，四边分别与 LEFT、RIGHT、F、REAR 参考面重合，如图 14-34 所示。

(6) 完成后的骨架如图 14-35 所示。

步骤 9：生成第一条草绘曲线，表示第一个横梁的位置。

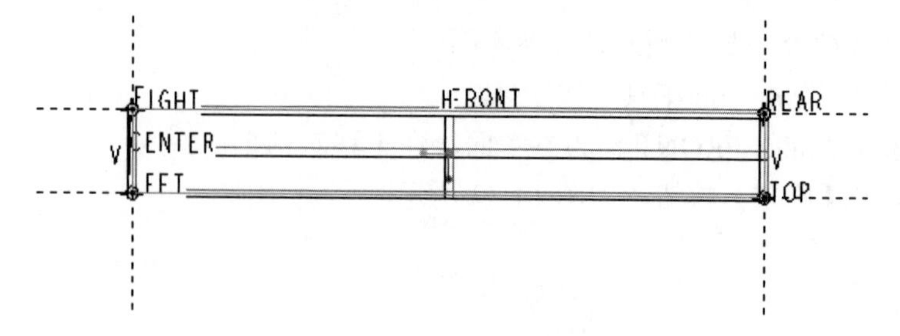

图 14-34　车架轮廓曲线

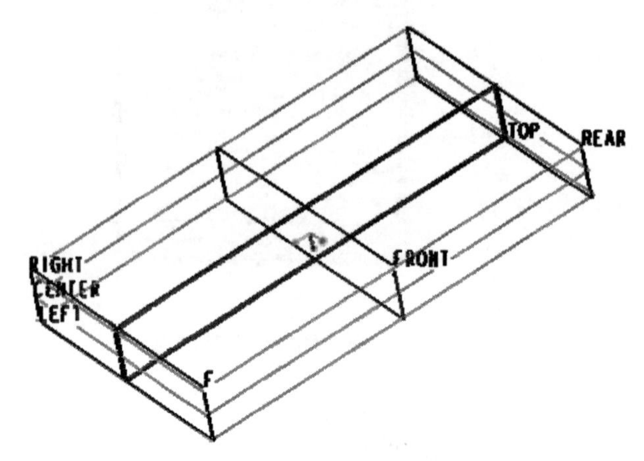

图 14-35　完成曲线后的车架骨架

(1)单击“草绘工具”按钮，弹出“草绘”对话框。

(2)选取 TOP 参考面作为草绘平面。

(3)参照选取 CENTER，方向选取 Bottom。

(4)单击草绘按钮。

(5)绘制一条曲线，如图 14-36 所示。

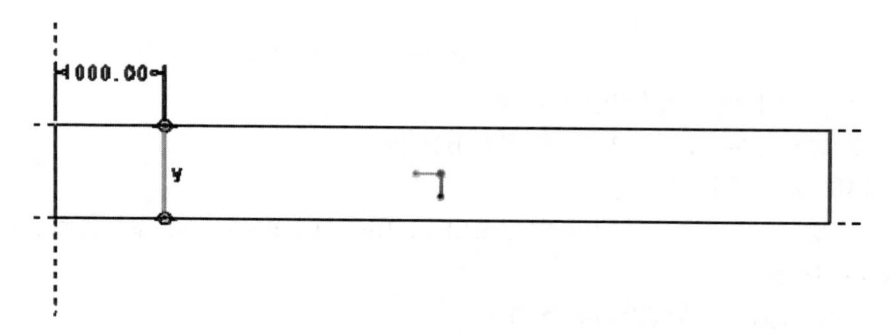

图 14-36　第一条横梁曲线

步骤 10：阵列横梁曲线。

(1)选中上面生成的第一条横梁位置曲线，单击阵列按钮。

(2)选取图 14-37 中的 1000 作为阵列的驱动尺寸。

LENGTH	实数	7000.00...		完全
WIDTH	实数	900.000000		完全
N	整数	8		完全

图 14-37　增加产品的三个主参数

(3)输入增量值：1000。

(4)输入增量数目：6。

(5)单击【确定】按钮。

(6)完成后的骨架如图 14-38 所示。

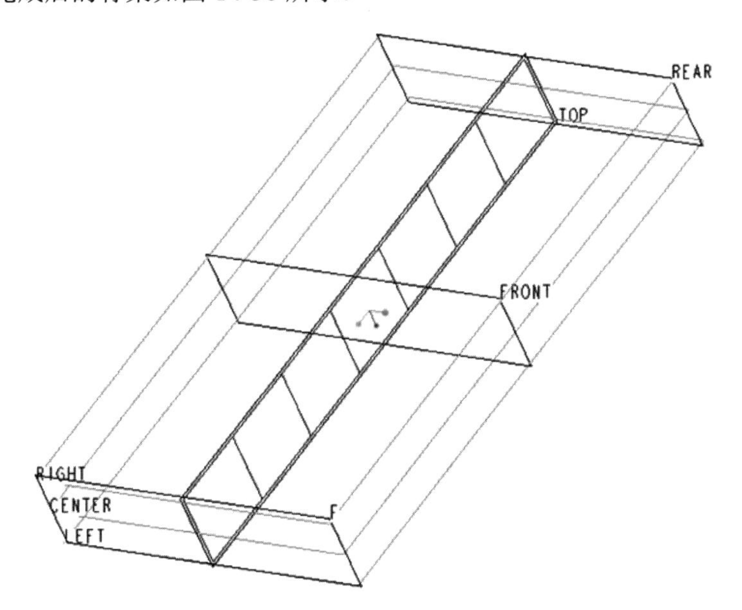

图 14-38　完成阵列后的骨架

步骤 11：增加三个参数。

单击菜单【工具(T)】→【参数(P)】命令，增加三个参数，如图 14-37 所示。

车架长度：LENGTH=7000。

车架宽度：WIDTH=900

横梁数目：N=8

步骤 12：增加关系式。

(1) 单击菜单【工具(T)】→【关系(R)】命令，编辑关系式。
(2) 单击按钮，从屏幕上选取尺寸参数。
(3) 选取 LEFT 参考面，LEFT 面被加亮显示，并出现它的尺寸 d1。
(4) 选取 d1，关系式编辑窗口出现 d1。
(5) 在 d1 后面输入：=width/2。
(6) 单击按钮，从屏幕上选取尺寸参数。
(7) 选取 RIGHT 参考面，RIGHT 面被加亮显示，并出现它的尺寸 d3。
(8) 选取 d3，关系式编辑窗口出现 d3。
(9) 在 d3 后面输入：=width。
(10) 单击按钮，从屏幕上选取尺寸参数。
(11) 选取 F 参考面，F 面被加亮显示，并出现它的尺寸 d6。
(12) 选取 d6，关系式编辑窗口出现 d6。
(13) 在 d6 后面输入：=length/2。
(14) 单击按钮，从屏幕上选取尺寸参数。
(15) 选取 REAR 参考面，REAR 面被加亮显示，并出现它的尺寸 d8。
(16) 选取 d8，关系编辑窗口出现 d8。
(17) 在 d8 后面输入：=length。
(18) 单击按钮，从屏幕上选取尺寸参数。
(19) 选取阵列的曲线，出现阵列的驱动尺寸、增量、阵列数量，如图 14-39 所示。
(20) 选取 d9，关系编辑器窗口出现 d9。

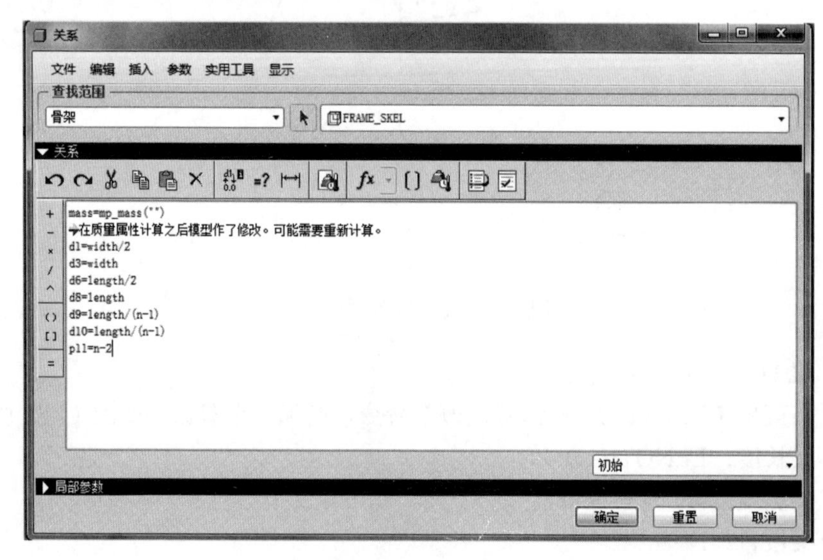

图 14-39　尺寸关系

(21)在 d9 后面输入：=length/(n–1)。

(22)选取 d10，在 d10 后面输入：=length/(n–1)。

(23)选取 p11，在 p11 后面输入：=(n–2)。

关系式输入完成，单击【再生】命令，可见曲线重新排列，任意改变车架的长度、宽度、横梁数目，骨架都可以根据这三个参数生成相互配合正确的参考基准。以此骨架作为装配的参考，纵梁、横梁都按照参考基准装配，装配出来的产品，其位置是正确的，相互配合的位置也是正确的，不会出现干涉现象。如果车架的纵梁、横梁等零部件都按照车架的 length、width、n 三个主要参数驱动，那么整个装配无论从装配的位置与配合，还是零件的尺寸，都会正确。

14.5　Master Part

Master Part 是主控件，通过它控制多个零件。当 Master Part 变化时，受 Master Part 控制的所有零件或装配都自动跟着变化，从而实现改变一个零件，整个产品都自动跟着改变的目的。

例如，对于手机，如果手机的形状和尺寸改变了，那么手机的上盖、下盖和电池等都需要改变。如果采用普通方法设计，那么需要对上盖、下盖和电池逐一修改，并且要保证它们相互配合。如果采用 Master Part 方法设计，那么只需要修改 Master Part 一个零件。

14.5.1　Master Part 的介绍

1. Master Part 的原理

Master Part 并不是 Pro/ENGINEER 的一个命令或功能，它是巧妙地利用 Pro/ENGINEER 处理装配的一个功能【合并】，利用【合并】操作后的零件与参考零件保持相关的特点，来实现由一个零件控制多个零件，受控零件自动跟着主控零件改变。

2. Master Part 技术适用的对象

Master Part 适合于产品零件数量不多，一般零件数不超过 10 个。

适合于各零件配合关系紧密的产品：箱体类产品、外壳类产品，如手机、电话机、鼠标、电视机外壳、显示器外壳和手提电脑等的结构设计。

3. Master Part 的步骤

采用 Master Part 的方法设计产品，其操作步骤如下。

(1) 设计主控部件 Master Part，根据产品的特点，在主控件中包括重要的特征和可能更改的特征，使主控件具有产品的基本特征和形状。

(2) 建立一个装配件，包括主控件和一个采用零件模板生成的空零件。

(3) 将主控件【合并】到空零件中。于是受控零件具有主控件的全部特征。注意，采用合并的参照选项。

(4) 将合并后的空零件存为受控件之一。

(5) 将受控件之一分别另存为其他的受控件。

(6) 对各受控件进行进一步的操作，完成各自的设计。

(7) 将各受控件通过缺省方式装配成产品。

(8) 如果需要修改产品，则只需要修改 Master Part，整个产品会跟着自动改变。

14.5.2 Master Part 实例

通过采用 Master Part 技术完成一部手机的结构设计，修改 Master Part 的尺寸和形状，整个手机及其组成零件都跟着实现相同的变化，说明 Master Part 技术及其应用。

1. 设计主控件

复制光盘\Source files\chapter14\masterpart 文件夹到硬盘。

打开目录下的“masterpart_origin.prt.1”文件，这是一个手机的外壳，如图 14-40 所示，还可以对它进一步设计。

图 14-40 手机设计的主控件

2. 建立一个装配

步骤 1：新建一个装配，作为手机的装配。

(1) 单击菜单【文件(F)】→【新建(N)】命令，选定【组件】。

(2) 输入文件名：mobile_phone，选取使用缺省模板。

(3) 单击【确定】按钮，完成新建装配件。

步骤 2：装配 Masterpart。

单击按钮，选取“masterpart.prt”，选取缺省装配，单击【确定】按钮，完成装配。

步骤 3：新建一个空零件。

(1) 单击按钮，为新装配建立新的零件。

(2) “类型”选取零件，“子类型”选取实体，输入文件名：cover，单击【确定】按钮，完成新建零件，如图 14-41 所示。

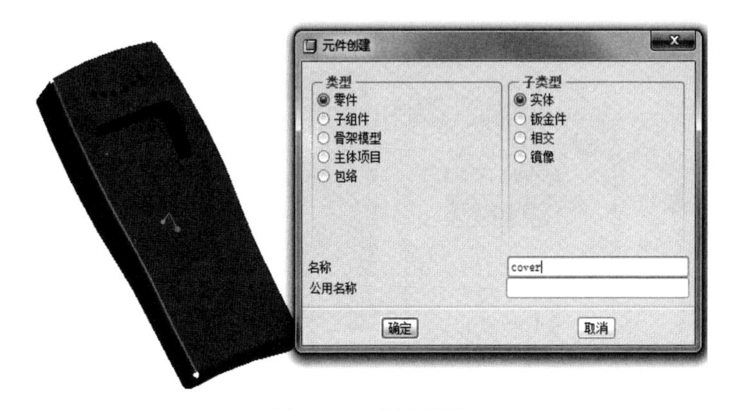

图 14-41　新建零件

(3) 在“创建方法”中选取【定位缺省基准】，在“定位基准方法”中选取【对齐坐标系与坐标系】，如图 14-42 所示。

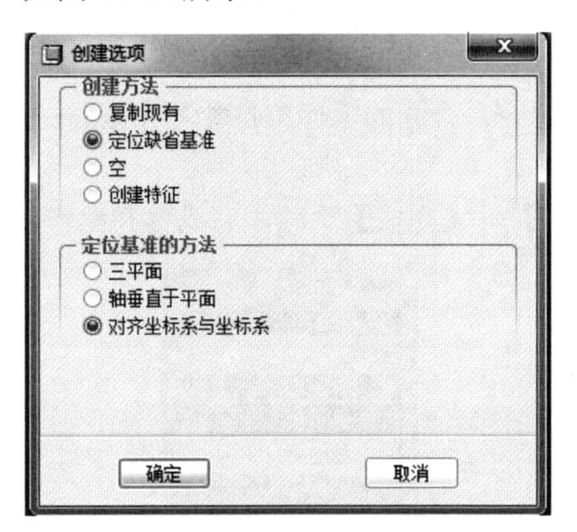

图 14-42　创建新零件的方式

(4) 提示选取坐标系，在模型树中选取 ASM_DEF_CSYS，空零件建立并通过坐标系装配到位。

3. 合并 Masterpart 到空零件

这是采用 Master Part 方法设计产品中最关键的一步。

(1) 单击【菜单】→【元件操作】命令，打开菜单管理器。

(2) 单击【合并】命令，进行 Masterpart 的合并。

(3) 信息窗口提示："选取 1 个或多个项目"，系统提示选取进行合并操作的零件，如图 14-43(a) 所示。

(4) 选取模型树中的新零件"COVER.PRT"，如图 14-43(b) 所示。

(a) 提示选取　　(b) 选取合并对象

图 14-43　选取合并的操作对

(5) 单击【确定】按钮，完成参考零件的选取。

(6) 信息窗口提示："选 1 个或多个项目"，提示选取要合并进来的零件。

(7) 选取模型树中的主控件"Masterpart"。

(8) 单击【确定】按钮，执行合并。

(9) 单击【参考】命令，合并的零件总是参考 Masterpart 这个参考文件，随着它变化。

(10) 单击【无基准】→【完成】选项，完成合并操作，如图 14-44 所示。

图 14-44　Merge 的选项

4. 保存受控件

打开零件“COVER.PRT”，如图 14-45 所示，它的形状大小与主控件是完全一样的。从模型树中可以看出，它只有一个特征 Merge(初试参考面和坐标系除外)，这个 Merge 特征就是引用 Master Part 的全部内容。

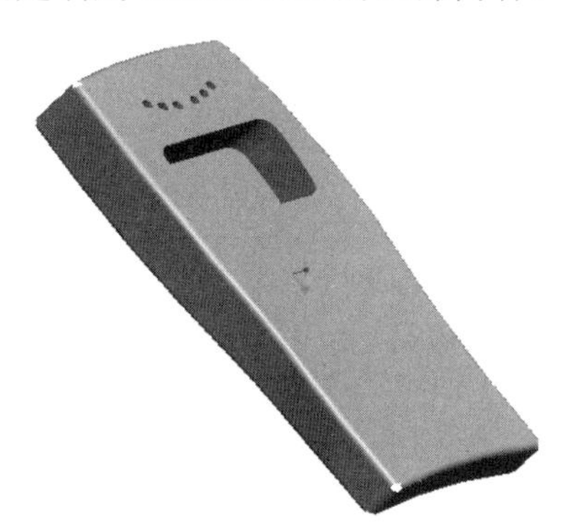

图 14-45　合并后的空零件

将合并后的受控件保存为手机的各个零件。

(1) 保存手机上盖零件 COVER.PRT。

(2) 将 COVER.PRT 另存为手机下盖零件 bottom.prt。

(3) 将 COVER.PRT 另存为电池盖零件 battery.prt。

5. 设计上盖零件 Cover.prt

步骤 1：切开上部与下部。

(1) 单击拉伸按钮，通过切除 Masterpart 的下盖部分形成手机的上盖。

(2) 选取 DTM1 作为草绘面，通过 DTM3 画一条直线，如图 14-46 所示。

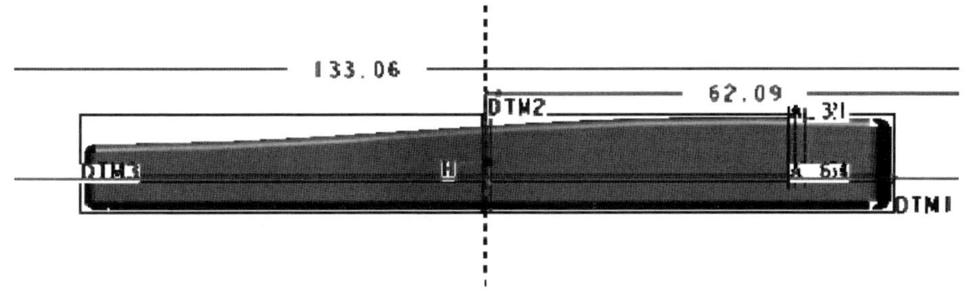

图 14-46　绘制切割线

(3) 单击“去除材料”按钮，切除方向是手机的下部。

(4) 双向切除，完成后的结果如图 14-47 所示。

图 14-47 切除下部

步骤 2：抽壳。

⑴单击【抽壳】按钮，选取多个抽壳表面，将手机的上盖零件做成壳体内零件。

⑵输入抽壳后的厚度为 1.5mm，抽壳完成后如图 14-48 所示。

图 14-48 上盖抽壳

步骤 3：切割键槽。

⑴单击按钮，进行拉伸时切割操作。

⑵选取 DTM3 作为绘图平面，并绘制切割的截面。

⑶采用【拉穿】选项，完成后的手机上盖如图 14-49 所示。

图 14-49 切割键槽

手机上盖的设计完成，保存零件。下面进行其他零件的设计，根据产品的要求设计零件的形状和尺寸，设计的过程和思路相同。本例旨在说明 Master Part 技术的使用和操作过程，实际应用中，具体的结构设计可以根据需要设计。

6. 设计手机下盖

步骤 1：打开手机下盖文件“bottom.prt”。

步骤 2：切除手机下盖的上部。

(1) 单击按钮，选取 DTM1 作为等绘面，通过 DTM3 画一条直线，如图 14-46 所示。

(2) 单击“去除材料”按钮，切除方向是手机的下部。

(3) 选取切割方向为手机的上盖部分，完成后如图 14-50 所示。

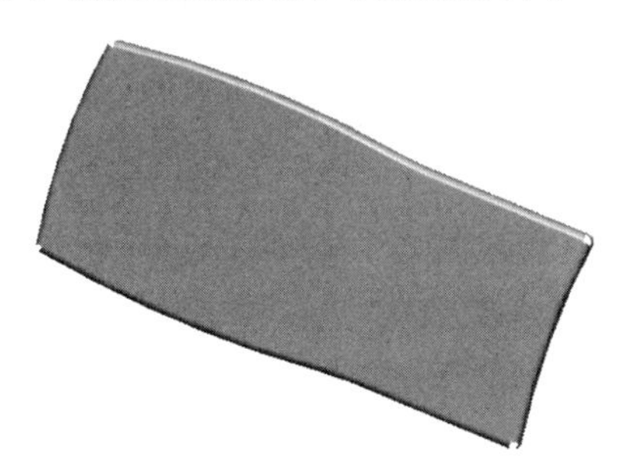

图 14-50　切除上盖部分的手机下盖

步骤 3：下盖抽壳。

(1) 单击【抽壳】按钮，将手机的下盖零件做成壳体内零件。

(2) 选取上面切除形成的表面作为抽壳表面。

(3) 输入抽壳后的厚度为 1.5mm，注意与上盖的抽壳厚度相等。

(4) 单击按钮，抽壳后完成如图 14-51 所示。

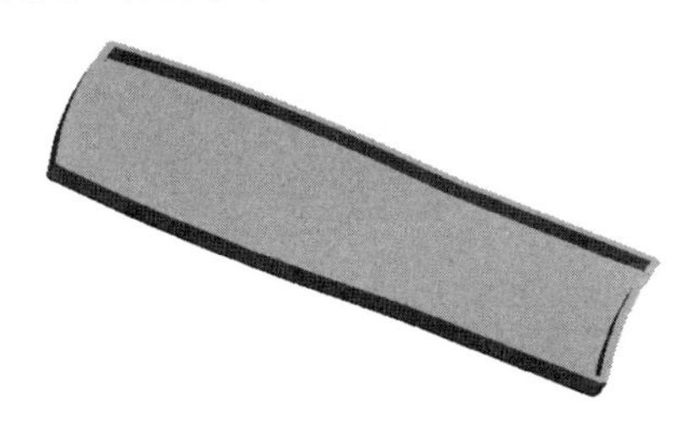

图 14-51　下盖抽壳

步骤 4：切掉电池盖。

单击按钮，切除材料，绘制如图 14-52 所示草图。完成 bottom.prt 的设计如图 14-53 所示。

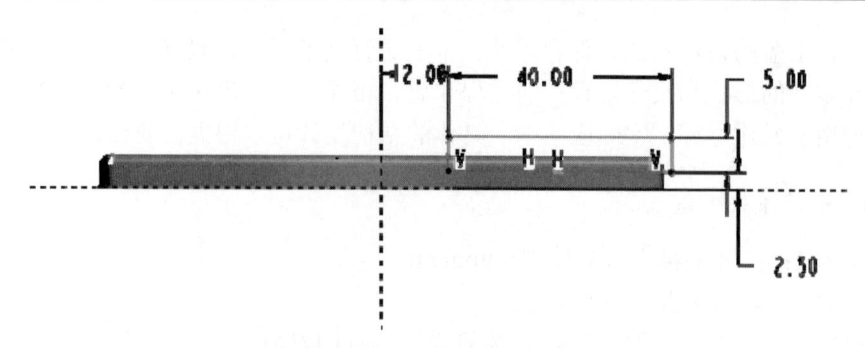

图 14-52　切掉电池盖草图

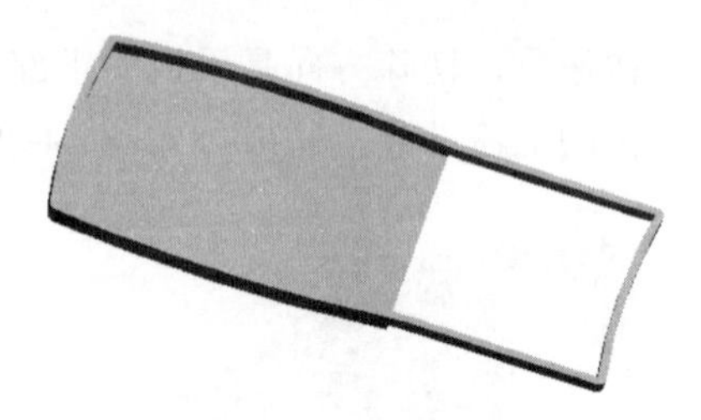

图 14-53　成的手机下盖

步骤 5：保存手机下盖零件 Bottom.prt。

7. 设计手机的电池盖零件

(1) 将手机下盖零件 bottom.prt 另存为电池盖零件 battery.prt，覆盖原有的 battery.prt。

(2) 打开电池盖零件 battery.prt。

(3) 重定义最后一个特征，即切除电池盖的特征，改变切除方向，完成后如图 14-54 所示。

图 14-54　完成的电池盖

8. 装配手机

(1) 新建 mobile_phone.asm（如果以前的装配没有保存）。

(2) 单击按钮，选取 Cover.prt，采用【缺省】装配。

(3) 单击按钮，选取 Bottom.prt，采用【缺省】装配。

(4) 单击按钮，选取 battery.prt，采用【缺省】装配，手机装配完成。

(5) 给上盖和电池赋予颜色材质，完成后如图 14-55 所示，保存文件。

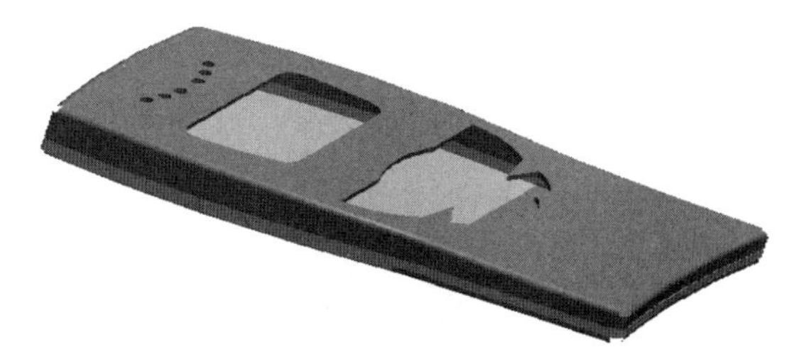

图 14-55　完成的手机装配

现在完成了手机的设计。

可见，采用 Master Part 技术设计产品，产品的装配非常简单，所有的零部件都采用【缺省】方式装配即可。

采用 Master Part 技术设计的优点是更改方便，可以成倍减少修改设计的工作量。下面通过该设计来体现 Master Part 的长处。

9. 更改设计

对于采用 Master Part 技术设计的产品，如果需要修改设计，则打开 masterpart.prt，修改主控零件。因为其他的零件都是由主控零件 Merge 生成的零件，然后在此基础上进行细化设计形成的不同零件，它们都参考主控零件，也会自动跟着改变。

(1) 打开主控零件 masterpart.prt，修改它，如图 14-56 所示。

(a) 手机底部原外形

(b) 手机底部新外形

图 14-56　修改手机的底部形状与尺寸

(2)完成修改后的主控件如图 14-57 所示。

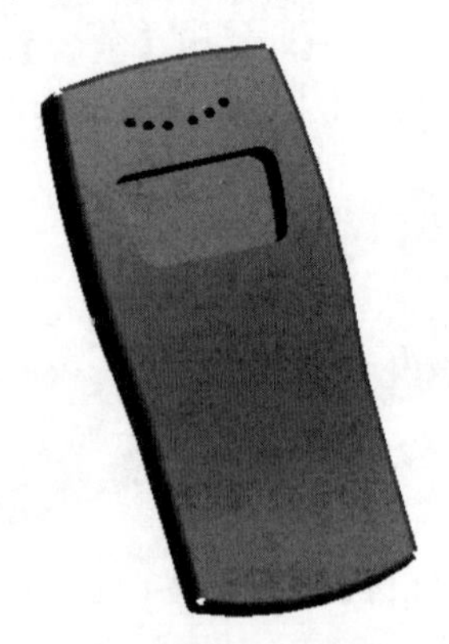

图 14-57　修改后的手机主控件

(3)打开 mobile_phone.asm，单击【再生】命令，重新生成的手机如图 14-58 所示。

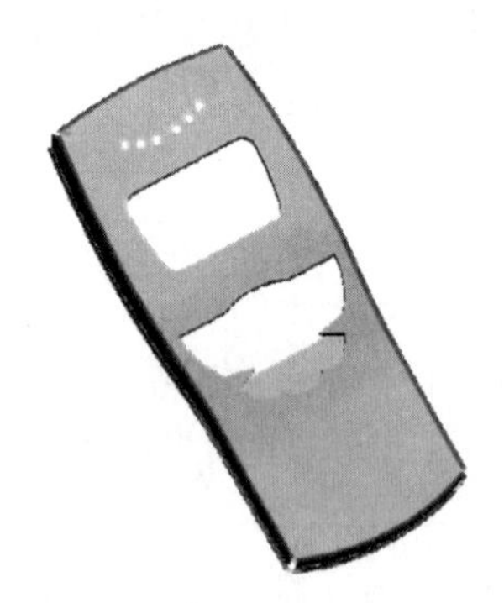

图 14-58　手机自动跟着主控件改变

说明：如果不是采用主控件设计，则在上例的更改中，将逐一修改上盖、下盖和电池盖 3 个零件，还要保证这 3 个零件的更改是完全一样的，才能保证它们装配后相互配合，符合要求，工作量比采用主控件设计将大大增加。

14.6　定义产品组成

对于一个产品设计，完成布局与骨架设计之后，下一步工作就是定义产品的组成，并划分设计任务为多个项目。

定义产品结构的过程就是在装配中创建组件，这些零部件没有几何实体，也可能没有装配关系。对于装配位置不明确又没有几何实体的零部件，可以不装配到位。这样做的目的就是建立产品的组成结构，并根据组成结构划分子项目。

14.6.1　定义产品组成结构

定义产品组成结构的方式就是在产品的装配中建立产品的组件。通过建立组成产品的零件和部件，并将这些零件装配到产品的组成结构中，就定义了产品的组成结构，为进一步设计零件和部件打下了基础。

单击按钮为装配建立新的组件，打开如图 14-59 所示的窗口。

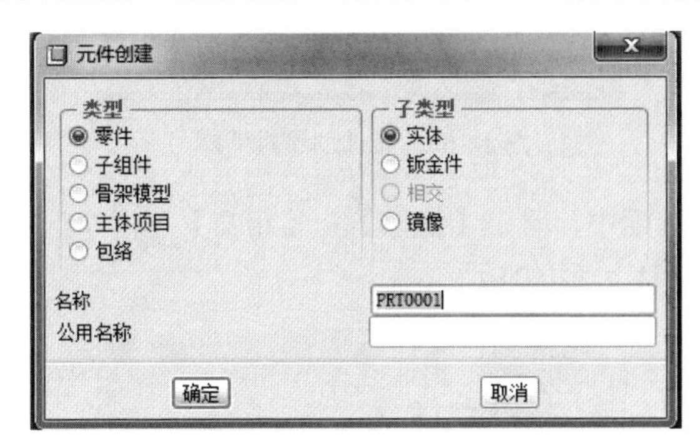

图 14-59　元件创建对话框

(1)类型中的 4 种选项表示新建装配的 4 种类型。

零件：为产品新建零件。

子组件：为产品新建骨架(Skeleton)文件。如果产品中已经有骨架文件存在，则此选项无效。

主体项目 为产品创建非实体，如油漆、胶等。这些物体虽然没有固定的实体形状，但是产品不可缺少的组成部分。

(2)如果选择子组件，子类型的两种选项如下。

标准：新建标准的或者普通的组件。这种方式的组件与通过【文件(F)】→【新建(N)】→【组件】方法生成的组件是相同的。标准是相对于另一个选项镜像而言的。

镜像：生成与已知的组件对称的组件。例如，对于汽车产品，左右车门是对称的，已经完成了左车门的设计，那么可以采用这种方式生成右车门。这是一种可以事半功倍的方法。

(3)如果选中【零件】单选按钮，则出现如图 14-60 所示的对话框。

子类型中的 4 种选项含义如下。

实体：生成实体零件。

钣金件：生成钣金件。

相交：两个零件或者多个零件的相交部分形成零件。

镜像：生成一个零件的对称件。

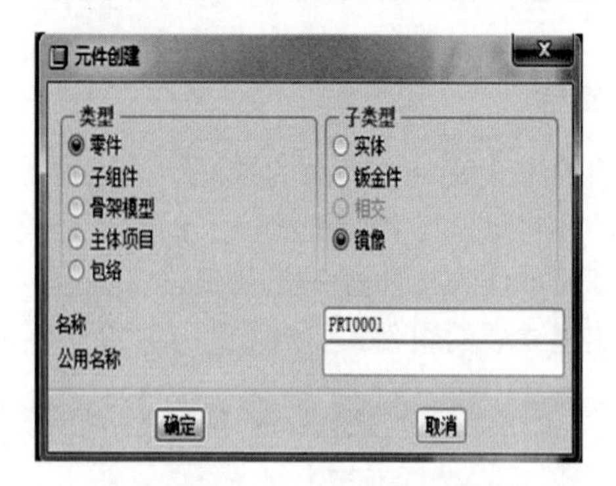

图 14-60　元件创建对话框

在新建零件和装配中，除了【镜像】和【相交】这两个选项外，采用其他选项都会弹出如图 14-61 所示的对话框。

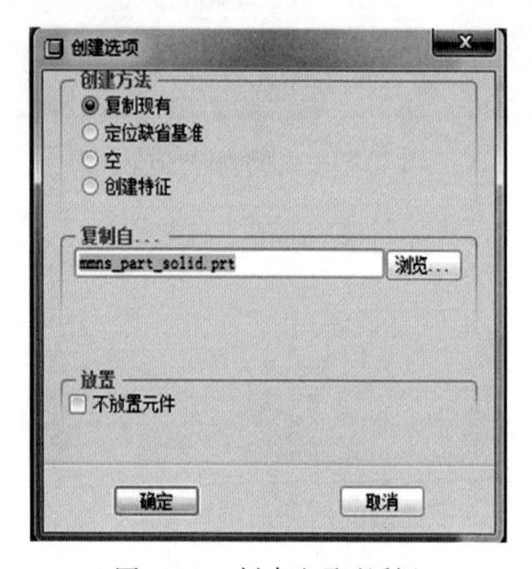

图 14-61　创建选项对话框

14.6.2　新建零部件的方法说明

在图 14-61 所示的创建新的零件或装配的方法中，有多个选项，它们的使用如下。

1. 复制现有

这是推荐采用的方法。这种方法是通过一个模板文件来生成子装配，与采用【文件(F)】→【新建(N)】方法生成的组件是相同的。这种方法创建的零件或者子装配是通过模板产生的，模板内包含诸如参数、关系式、视角、重量等各种设置，符合企业标准的规范和统一。

在装配中建立此组件后，还需对此组件在装配中进行约束装配，才能完成组件的创建。

采用这种方法创建子装配的步骤如下。

(1) 单击按钮，在子类型中选取【标准】，输入文件名，然后单击【确定】按钮。

(2) 在“创建方法”栏中选取【复制现有】。

(3) 在“复制自”栏中通过【浏览】选取模板文件，然后单击【确定】按钮。

(4) 如果勾选了“不放置元件”复选框，则创建完成。否则，进入下一步。

(5) 系统打开装配对话框，选择约束对组件完成装配，一般采用【缺省】进行装配。

2. 定位缺省基准

选取此选项，又出现 3 个子选项，如图 14-62 所示。

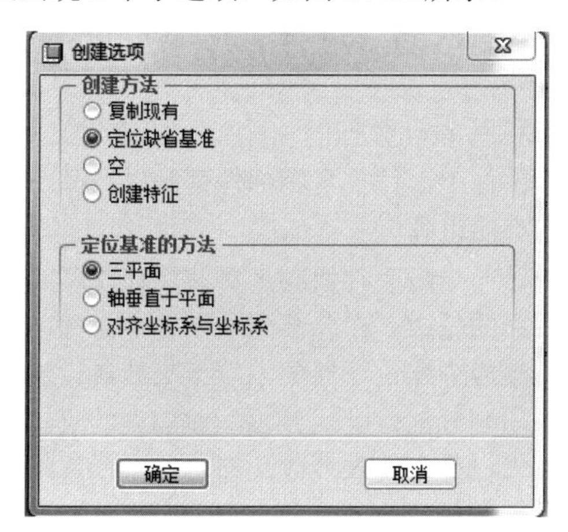

图 14-62 Locate Datums 选项

三平面：在装配中选取 3 个参考面，在新建的子装配中生成 3 个参考面 ADTM1、ADTM2、ADTM3。ADTM1 与第一个参考面对齐，ADTM2 和 ADTM3 分别与第 2 个参考面和第 3 个参考面贴合。

轴垂直于平面：在装配中选取一个参考面和一个参考轴线，在新建的子装配中生成 3 个参考面 ADTM1、ADTM2、ADTM3 和一个轴线 AA_1。ADTM1 与第一个参考面贴合，AA_1 与装配的参考轴线重合。

对齐坐标系与坐标系：在装配中选取一个参考坐标系，在新建的子装配中生成 3 个参考面 ADTM1、ADTM2、ADTM3 和一个坐标系 ACS0。ACS0 与参考坐标系重合。

3. 空

空选项产生一个空的装配，这个装配没有任何信息，也没有参考面，它采用默认的方式与装配件组合，可以先确定子装配的名称，完成产品的结构，之后再对这个空的子装配进行设计。由于它是空的，所以必然会产生对其他的外部参考，形成父子关系。

4. 创建特征

此选项只对新建零件有效，新建装配件时无效。

它通过直接创建第一个特征来新建一个零件。在特征创建中，必须以零件外的基准作为参考，使特征有外部参考。当外部参考不存在时，此零件会再生失败。所以只是用于不需要重复使用的场合，在那些比较专用的零件中才用这种方法。

14.7 Top-Down 中设计数据的传递

Top-Down 中设计原则、设计数据的从上到下传递至关重要。只有把设计数据贯彻到各个部件、各个零件中，使各个零部件都是以产品的规划数据为依据进行设计，才能保证最终的产品正确。

布局是一个产品设计的思路，骨架则是对此设计思路的细化，即以空间的点线面的形式勾画出此思路的轮廓。在总装配中创建零部件，就是确定产品的结构和组成，并根据此结构组成分配设计任务，接下来就该设计各个零件了。如何让布局和骨架中的数据应用到零部件中，并控制零部件的尺寸形状，当产品的主参数改变后，如何使各个零部件也跟着改变，而不是手动逐个修改。这些就是数据传递要解决的问题。

14.7.1 数据传递的方法概述

1. 数据传递的优点

采用数据传递主要有 3 个优点。

(1) 任务分配。将设计数据集中起来，并且传递给零部件，可以把设计任务分解为多个子任务，由不同的人员完成。子任务的设计人员在设计中，无须了解整个产品的情况，不必考虑与其他部件的配合，只需要专注于制定部分的设计，因为设计需要的外界条件在分配任务时就传递了。

(2) 设计的自动变更。当整个产品改变时，只需要改变最上级的设计数据，一般是布局和骨架，其他零部件部分都是按照此设计数据生成的，并且保持与它的关联，它们也将自动跟着改变。这样可以实现整个产品的自动同步更新。

(3) 减少不必要的外部参考和父子关系。由于需要参考的数据已经清楚地标识出来，并且传递给下级零部件，零部件不需要引用其他不需要的参考，就避免了不需要的外部参考和父子关系。

2. 数据传递的方法

Pro/ENGINEER 的 Top-Down 设计中，产品整体设计数据的传递方法主要有两种。

(1) 布局传递。进行比较宏观的传递，如产品的参数的传递、空间基准位置的传递。

(2) 复制几何传递。进行比较具体的传递，如空间曲面、空间曲线等具体形状的传递。

14.7.2　布局传递

布局可以传递设计数据，它是通过声明实现的。将文件声明与布局关联，就可以接受布局的数据。声明主要有两种：声明布局和声明名称。声明表是一种特殊的声明名称，可以十多个基准与同一个基准关联。

1. 声明布局

声明布局的作用有两个。

(1) 让零件(包括骨架)和装配与布局文件关联，使布局的参数传递到关联文件中。

(2) 声明布局是声明名称的前提条件。

下面通过一个声明布局的例子，说明声明布局的应用。

步骤 1：新建一个零件。

(1) 复制光盘\Source files\chapter14\declare name\origin 文件夹到硬盘。

(2) 单击菜单【文件(F)】→【新建(N)】→【零件】命令。

(3) 输入文件名：Declare，选取使用缺省模板。

步骤 2：查看新建零件参数。

(1) 单击菜单【工具(T)】→【参数(P)】命令，显示零件的参数。

(2) 系统参数如图 14-63 所示。都是零件模板中的参数。

步骤 3：查看布局文件的参数。

(1) 单击菜单【文件(F)】→【打开(O)】命令。

(2) 选取当前工作目录下的“sample.lay”。

(3) 单击菜单【工具(T)】→【参数(P)】命令，sample.lay 文件的参数如图 14-64

所示。

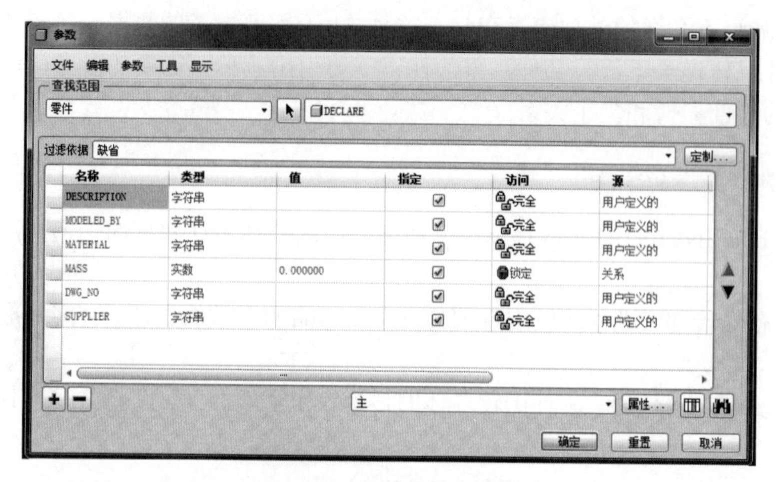

图 14-63　新建零件的参数

图 14-64　Layout 文件内定义的参数

步骤 4：关联零件与布局。

(1) 将活动窗口切换到 Declare.prt。

(2) 单击菜单【文件(F)】→【声明(D)】命令。

(3) 单击【声明布局】命令。

(4) 在布局列表中选取【SAMPLE】。

(5) 信息窗口提示："Model DECLARE now reference values in Layout SAMPLE."。

(6) 单击【确定】按钮。

步骤 5：声明布局后零件的参数。

单击菜单【工具(T)】→【参数(P)】命令，零件的参数表如图 14-65 所示。

参数

文件　编辑　参数　工具　显示

查找范围

零件　　DECLARE

过滤依据　当前子级和全部子级　　定制...

所有者	名称	类型	值	指定	访问
DECLARE.PRT	DESCRIPTION	字符串		☑	完全
DECLARE.PRT	MODELED_BY	字符串		☑	完全
DECLARE.PRT	MATERIAL	字符串		☑	完全
DECLARE.PRT	MASS	实数	0.000000	☑	锁定
DECLARE.PRT	DWG_NO	字符串		☑	完全
DECLARE.PRT	SUPPLIER	字符串		☑	完全
SAMPLE.LAY	DIAMETER	实数	12.000000	☐	锁定
SAMPLE.LAY	DISTANCE	实数	350.000000	☐	锁定
SAMPLE.LAY	HOLE	是/否	NO	☐	锁定
SAMPLE.LAY	MAIN_HEIGHT	实数	5.000000	☐	锁定
SAMPLE.LAY	NAME	字符串	USST	☐	锁定
SAMPLE.LAY	PITCH	整数	5	☐	锁定

主　　属性...

确定　重置　取消

图 14-65　文件 Declare Lay 后的参数

由图 14-65 可知：对文件执行声明布局操作后，布局文件中的参数将会传递到文件中。由于一些参数是由关系式确定的，所以布局中的关系式也传递到文件中。文件可以与多个布局关联，重复执行声明布局操作即可。

2. 声明名称

声明名称的功能是自动装配，通过关联文件中的参考点、轴线、面、坐标系与布局中的点、轴线、面、坐标系关联后，文件中的点线面变成布局中的点线面相同的名字。如果文件中的参考面与布局中的某个面分别关联后，它们都变成了同样名字的参考面，当装配时，则不同零部件中的相同名字的参考面自动对齐，这样就实现了自动装配的功能。

下面通过声明名称实现如图 14-66 所示的电动机减速器与轴的自动装配。

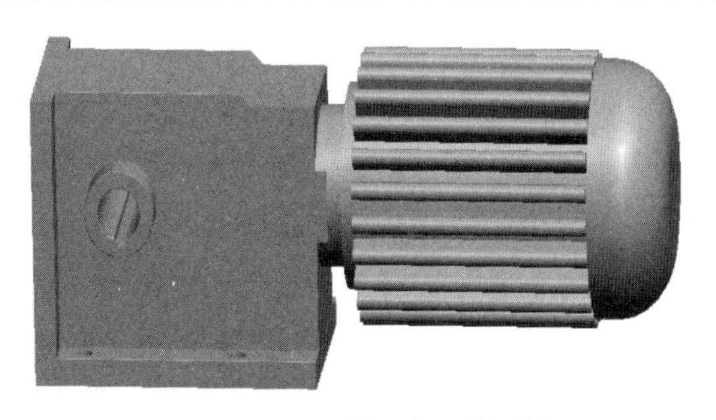

图 14-66　电动机减速器与轴

步骤 1：布局文件及其参考基准。

打开 SAMPLE.LAY 文件，如图 14-67 所示。

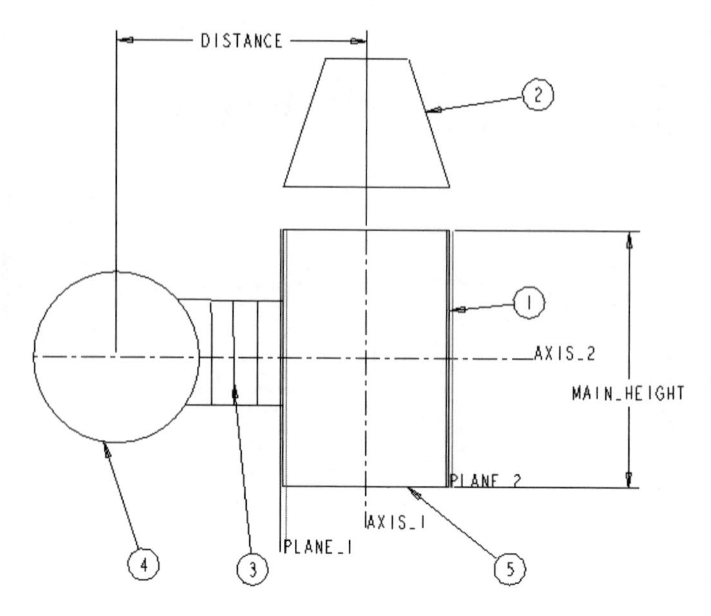

图 14-67 Layout 及参考基准

其中参考面 PLANE_1 和基准轴线 AXIS_2 垂直，可以让电动机减速器的输出轴线与 AXIS_2 关联，轴的轴线也与 AXIS_2 关联，那么装配时减速器的轴线与轴的轴线就会重合。可以让减速器的中心对称面与 PLANT_1 关联，轴的中心对称面与 PLANE_1 关联，那么装配时减速器的对称面与轴的对称面就会重合，既然轴的轴线和对称面都能够自动装配，整个轴就可以实现自动装配。

步骤 2：新建装配件并且与 SAMPLE.LAY 关联。

(1) 单击菜单【文件(F)】→【新建(N)】命令。

(2) 选取组件→选取使用缺省模板。

(3) 输入名称：auto_assembly，然后单击【确定】按钮。

(4) 单击菜单【文件(F)】→【声明(D)】→声明布局命令。

(5) 选取【SAMPLE】。

(6) 单击【保存】。

步骤 3：对减速器进行声明名称。

(1) 单击菜单【文件(F)】→【打开(O)】命令。

(2) 选取“motor.prt”。

(3) 单击菜单【文件(F)】→【声明(D)】→声明布局命令。

(4) 选取【SAMPLE】。

(5) 单击【声明名称】命令。

(6) 选取 FRONT 参考面，单击【确定】，效果如图 14-68 所示。

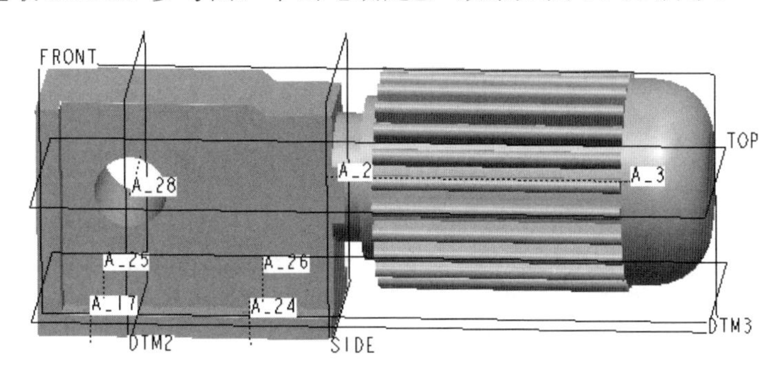

图 14-68　选取 FRONT 面作为 Declare Name

(7) 信息窗口提示："输入全局名称："。

(8) 输入"PLANE_1"，单击【确定】。

(9) 单击【声明名称】命令。

(10) 选取轴线 A_28，如图 14-69 所示。

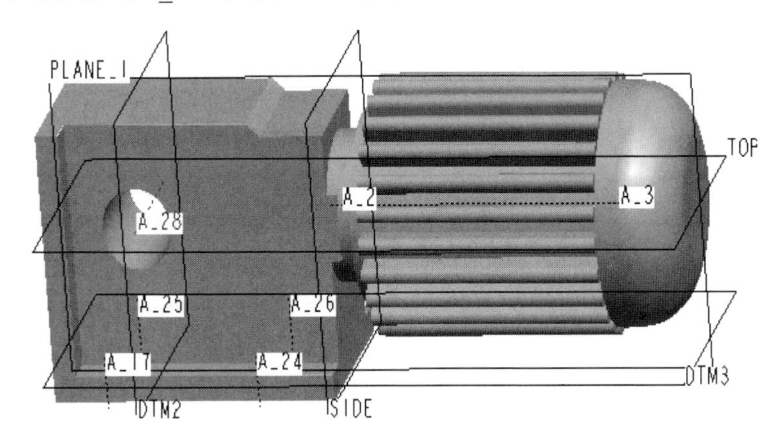

图 14-69　选取 A_28 轴线作为 Declare Name

(11) 信息窗口提示："输入全局名称："。

(12) 输入"AXIS_2"，单击【确定】。

步骤 4：对轴进行声明名称。

(1) 单击菜单【文件(F)】→【打开(O)】命令，选取"shaft.prt"。

(2) 单击菜单【文件(F)】→【声明(D)】命令。

(3) 单击【声明布局】命令，选取【SAMPLE】。

(4) 单击【声明名称】命令。

(5) 选取 TOP 参考面，单击【确定】命令，如图 14-70 所示。

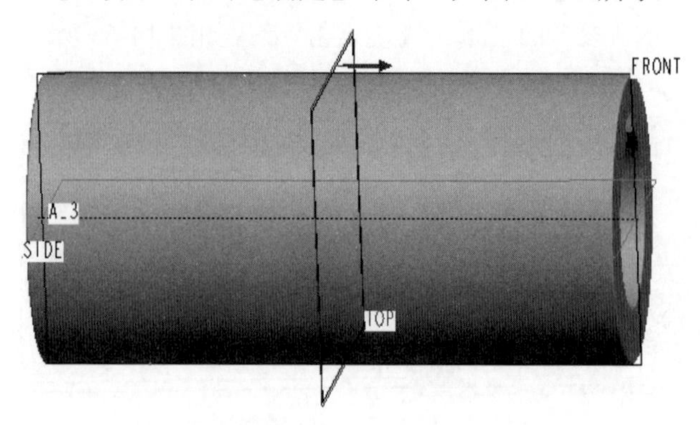

图 14-70　选取 TOP 面作为 Declare Name

(6) 信息窗口提示："输入全局名称："。

(7) 输入"PLANE_1"，单击【确定】。

(8) 单击【声明名称】命令。

(9) 选取轴线 A_3，如图 14-71 所示。

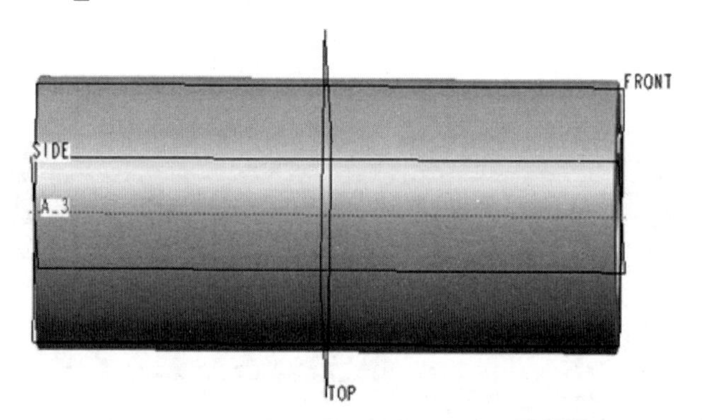

图 14-71　选取 A_3 轴线作为 Declare Name

(10) 信息窗口提示："输入全局名称："。

(11) 输入"AXIS_2"，单击【确定】。

步骤 5：对电动机减速器与轴进行自动装配。

(1) 首先切换到"auto_assembly.asm"窗口。

(2) 单击按钮，进行零部件的装配。

(3) 选取"motor.prt"，打开元件装配窗口，选取【缺省】完成装配。

(4) 单击按钮，进行零部件的装配。

(5) 选取“shaft.prt”，系统弹出如图 14-72 所示的菜单，选取【自动】，让 Pro/ENGINEER 完成自动装配。

图 14-72　装配选项

(6) 零件“shaft.prt”自动装配到位，如图 14-73 所示。

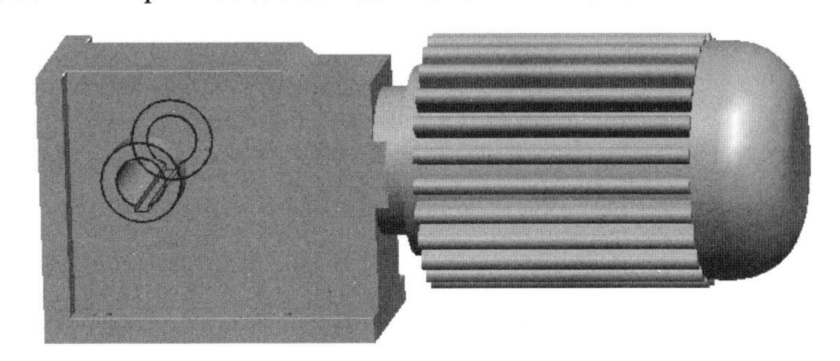

图 14-73　电动机减速器与轴的自动装配

3. 声明表

声明表是一种特殊的声明名称。声明名称对于布局中的某一个基准，只能进行一次操作，上面减速器要装两个输出轴，第一个输出轴线对于 AXIS_2 关联后，该轴线也自动改名为 AXIS_2，然后另一个轴线也要与 AXIS_2 关联，那么它也要改名为 AXIS_2，一个零件中出现两个同名的轴线，这是不容许的。所以，这种任务用声明名称就不能完成，但采用声明表就可以实现。

声明表用于一个零件在另外一个零件上重复多次装配的场合。它是由语句关联零件的基准与布局的基准，每一行约束一个零件，多个零件采用多行，每一行的语法格式为：

```
local dtm ref #1=global dtm ref#1, local dtm ref#2=global dtm ref#2,…
```

下面应用声明表完成如图 14-74 所示 4 个螺钉在减速器上的自动装配，通过这个实例，说明声明表的使用原理和操作步骤与方法。

图 14-74　4 个螺钉的自动装配

步骤 1：打开工作目录下的内六角螺钉 gb_m10x35.prt，如图 14-75 所示。

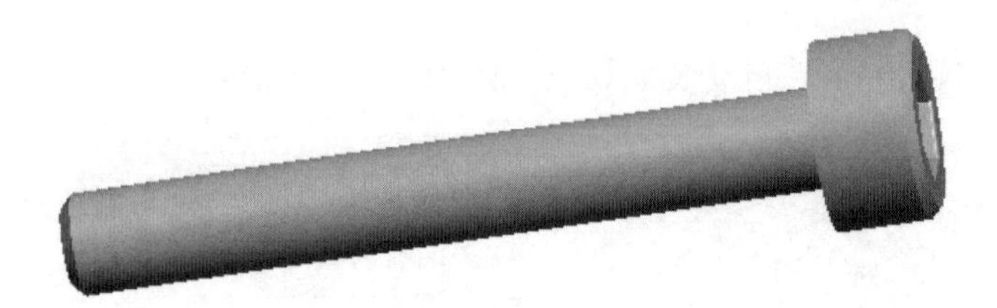

图 14-75　内六角螺钉

步骤 2：关联螺钉与布局。

⑴单击菜单【文件(F)】→【声明(D)】命令。

⑵单击【声明布局】命令。

⑶在布局中选取【SAMPLE】。

⑷单击【声明名称】。

⑸选取 A_1，如图 14-76 所示。

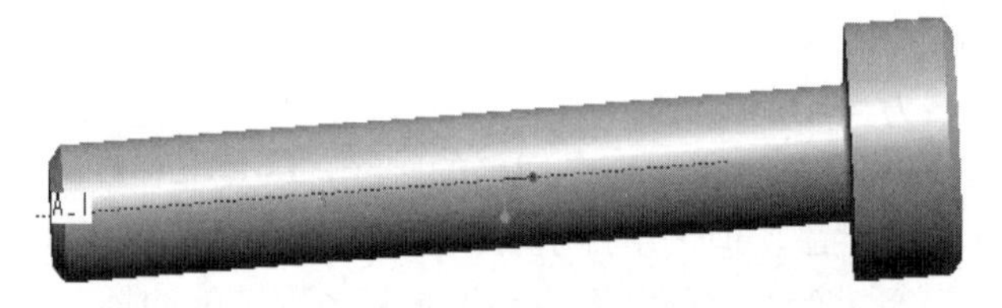

图 14-76　关联螺钉 A_1 与 Layout 轴线 AXIS_1

⑹信息窗口提示：“输入全局名称：”。

⑺输入“AXIS_1”，轴线“A_1”自动更名为“AXIS_1”。

⑻单击【声明名称】。

⑼选取 DTM1，单击【反向】命令，结果如图 14-77 所示。

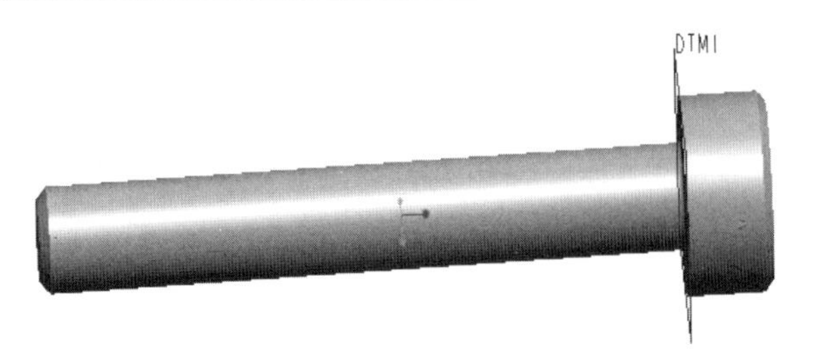

图 14-77　关联螺钉 DTM1 与 Layout 参考面 PLANE_2

(10) 信息窗口提示：“输入全局名称：”。

(11) 输入“PLANE_2”，此平面自动改名为“PLANE_2”。

步骤 3：声明减速器的螺孔钉。

(1) 单击菜单【文件(F)】→【打开(O)】命令，选取“motor.prt”零件。

观察减速器的 4 个螺钉孔，如图 14-78 所示，4 个螺钉孔的轴线分别为 A_17、A_24、A_25、A_26。需要在减速器上为螺钉的配合表面创建一个平面。

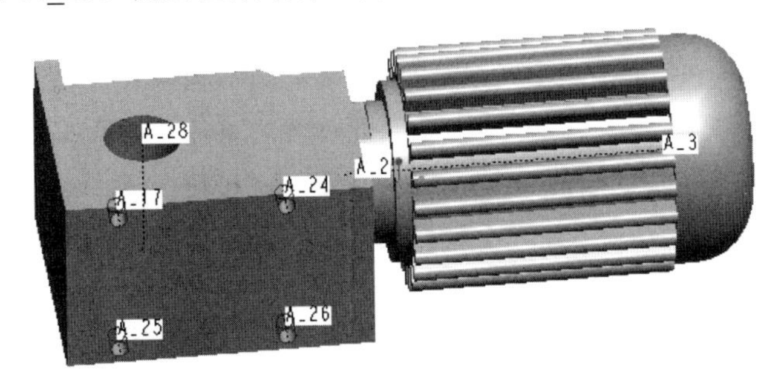

图 14-78　减速器的螺钉孔

(2) 单击按钮▱，打开参考面创建对话框。

(3) 选取螺钉头的配合面，属性改为【穿过】，如图 14-79 所示。

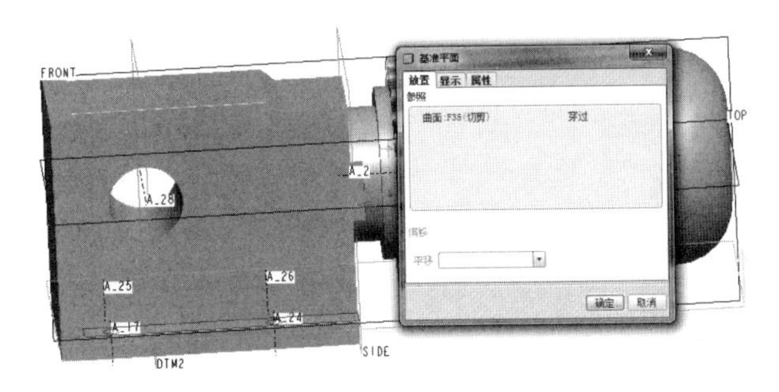

图 14-79　创建螺钉自动装配的参考基准面

(4) 单击【确定】按钮，参考面 DTM3 创建成功。

步骤 4：创建声明表。

(1)单击菜单【文件(F)】→【声明(D)】命令。

(2)单击【表】命令。

(3)单击【修改参照】命令，系统打开记事本。

(4)输入【声明表】的表达式为：

```
A_17=AXIS_1, DTM3=PLANE_2
A_24=AXIS_1, DTM3=PLANE_2
A_25=AXIS_1, DTM3=PLANE_2
A_26=AXIS_1, DTM3=PLANE_2
```

(5)声明表的表达式如图 14-80 所示。

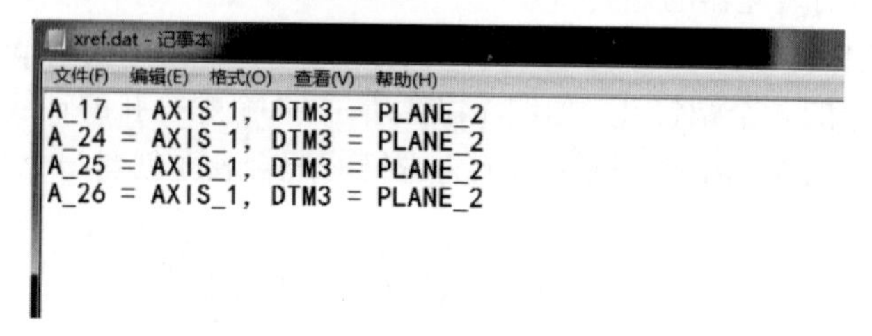

图 14-80　输入 Table Declare 表达式

(6)单击菜单【文件(F)】→【保存(S)】命令，保存并关闭声明表的表达式。

步骤 5：自动装配 4 个螺钉。

单击菜单【文件(F)】→【打开(O)】，选取“auto_assmbly.asm”。

(1)装配 gb_m10x35.prt 的螺钉。单击按钮，浏览零部件。

(2)选取 gb_m10x35.prt，打开需要的子零件。

(3)系统弹出如图 14-72 所示的菜单，选取【自动】，让 Pro/ENGINEER 完成自动装配。

(4)4 个螺钉自动装配到位，如图 14-81 所示。

图 14-81　自动装配的螺钉

步骤 6：使螺钉反向。

螺钉装配的方向反了，修改减速器的 DTM3 的方向，使螺钉反向。

(1) 单击菜单【文件(F)】→【打开(O)】命令，选取“motor.prt”。

(2) 在模型树中右击 DTM3，在弹出菜单中选择【编辑定义】命令。

(3) 在基准面窗口中选取【反向】按钮。

(4) 切换窗口至 auto_assembly.asm。

(5) 单击【再生】按钮。

(6) 螺钉的方向调整过来了，螺钉的自动装配工作全部完成，如图 14-82 所示。

图 14-82　螺钉自动装配完成

14.7.3　几何传递

Top-Down 传递数据的另外一种方法是几何传递，它是通过发布几何和复制几何实现的。通过复制点、曲线和表面等几何作为参考基准，建立新的特征时，以这些复制过来的点、曲线和表面等为参考基准，从而保证建立的零件特征符合已知的约束条件。

从布局传递和几何传递的比较来看，布局传递是比较宏观的控制，如参数、装配的控件的空间基准等；几何传递比较具体的形状和数据，如点的位置、曲线和曲线的形状等，用于零件特征的建立。

发布几何是一种创建特征的方法，其操作的结果是产生一个特征，将设计中需要被参考和引用的数据集中标识出来，但是发布几何并不产生任何新的几何内容，它只是对原有的点线面的一个标识，把其他的零件、骨架、装配中需要参考的数据提取出来，以供其他文件能够一次性的集中复制所有需要的参考。其他文件通过复制几何操作将发布几何的信息引用过去。

发布几何和复制几何是成对使用的，先将需要传递的数据用发布几何准备好，然后在零部件或者下级骨架设计中通过复制几何引用。发布几何中的数据只有通过复制几何后才完成整个数据传递的过程，完成传递后，在零部件或者下级骨架设计中通过以这些数据为基准或者参考，起到传递数据的作用，控制它们的生成，从而完成一个设计过程。因此这种数据传递在设计中发挥作用的全过程如下。

1) 发布几何

将需要传递的数据用发布几何准备好，完成数据的标识打包过程。

2) 复制几何

将其他文件(如总装配的骨架)准备好的传递数据引用过来，在本地文件的设计中可见。

3) 参考几何

本地文件的设计中参考这些数据，使设计能够跟着传递数据而自动改变，实际上就是形成父子关系。

1. 发布几何

发布几何的创建方法和过程如下。

(1) 单击菜单【插入(I)】→【共享数据(D)】→【发布几何(B)】命令，打开发布几何定义窗口，如图 14-83 所示。

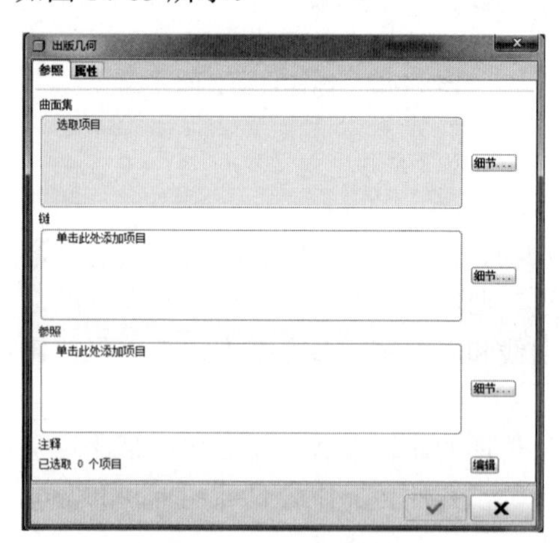

图 14-83　发布几何定义窗口

(2) 选取选项并定义。

(3) 单击【确定】按钮，完成发布几何的定义。

2. 复制几何

复制几何只能在装配模式中创建，在装配模式下，给零件、骨架、装配等复制其他零件、骨架、装配的集合信息。

复制几何的创建过程和步骤如下。

(1) 单击菜单【插入(I)】→【共享数据(D)】→【复制几何(G)】命令，打开复制几何对话框。

(2)选取选项并定义。

几何内容共 5 项：面、边、曲线、其他、发布几何。这 5 个选项都是可供选取的，只要定义其中的一项，复制几何特征即可完成。各选项含义如下。

面参考：选取表面(平面、曲面)传递数据。

边参考：选取边传递数据。

曲线参考：选取曲线传递数据。

其他参考：选取面、边、曲线以外的几何传递数据。其他参考又包含很多种类：基准点、基准轴线、基准面、坐标系、定点和外部应用数据等。首先选定数据类型，然后选取数。

发布几何：选取整个装配范围内的发布几何复制数据。发布几何数据与其他数据是不相容的，即选了发布几何就不能选取其他数据，选了其他数据就不能选发布几何。

发布几何与其他 4 个选项是排他性的关系，发布几何是 Top-Down 优先推荐采用的选项，用它能够更好地实现 Top-Down 设计。因此系统把它设计成与其他几何具有排他性。

3. 几何传递数据联系

本实例练习发布几何与复制几何。

步骤 1：设置工作目录并打开文件。

(1)复制光盘\Source files\chapter14\commuication_data 文件夹到硬盘。

(2)单击菜单【文件(F)】→【打开(O)】命令，选取文件 Frame.asm。

(3)在模型树中打开骨架文件 frame_skel.prt，如图 14-84 所示。

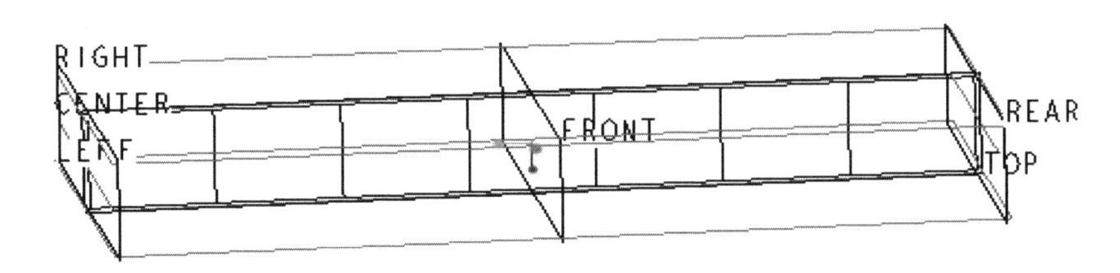

图 14-84　Frame_skel 文件

步骤 2：建立发布几何。

在骨架文件中建立发布几何特征。

(1)单击菜单【插入(I)】→【共享数据(D)】→【发布几何(B)】命令。

(2)选择【链】，选取所有的曲线，如图 14-85 所示，单击✓。

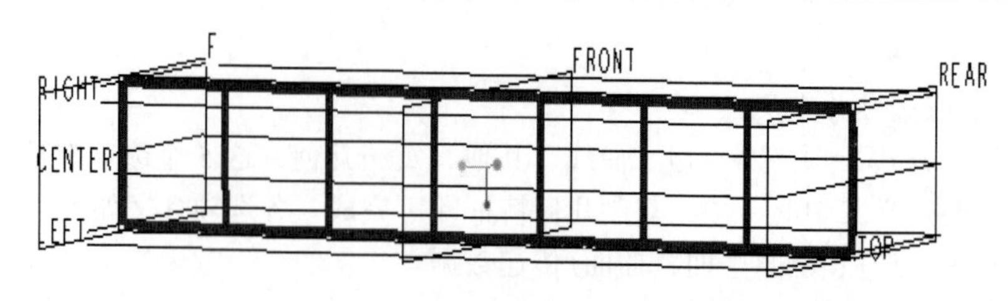

图 14-85　选取所有的曲线作为参考

步骤 3：建立新零件。

(1) 单击菜单【窗口(W)】，切换到装配件 FRAME.ASM 的窗口。

(2) 单击按钮，“类型”选取【零件】，“子类型”选取【钣金件】，输入名称“pipe”，如图 14-86 所示。

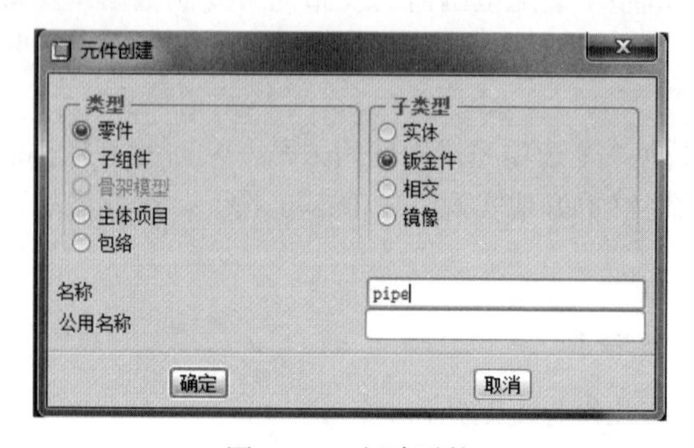

图 14-86　新建零件

(3) 选择【复制现有】，选择【缺省】装配。

(4) 单击【确定】按钮。

步骤 4：激活新建的文件成为当前文件。

在模型树中右击“PIPE.PRT”，在弹出的菜单中选择【激活】命令，“PIPE.PRT”成为活动的当前文件，如图 14-87 所示。

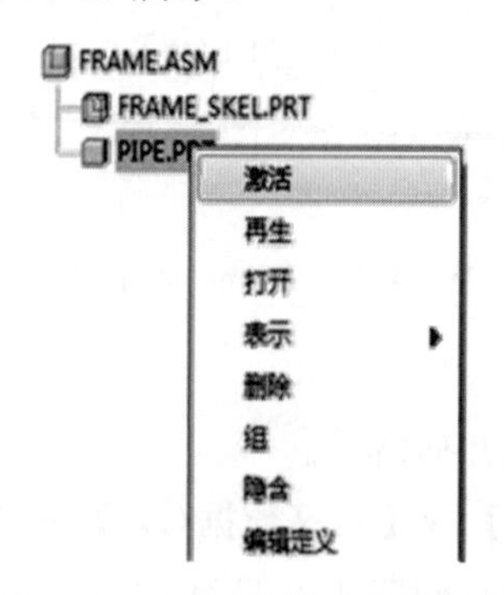

图 14-87　激活文件成当前文件

步骤 5：复制几何。

(1) 单击菜单【插入(I)】→【共享数据(D)】→【复制几何(G)】命令，复制几何参考。

(2) 选择【发布几何】，如图 14-88 所示，选取骨架。

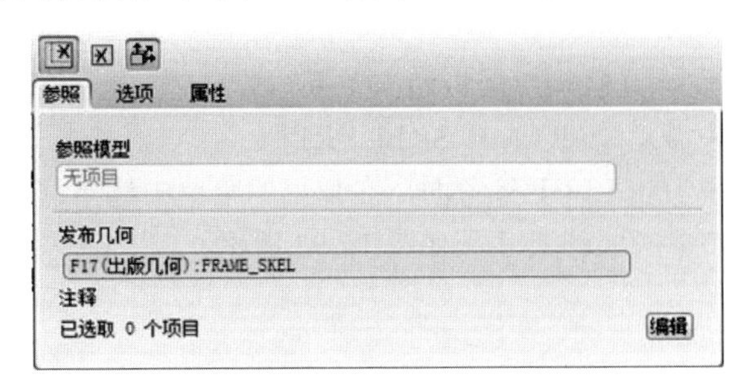

图 14-88　复制几何选取菜单

(3) 单击【确定】，完成几何参考的复制。

步骤 6：参考复制几何设计零件。

新建的 PIPE.PRT 零件已经完成了从骨架文件中复制几何参考，下面以复制的几何参考为参考，建立新的特征。

(1) 单击菜单【插入(I)】→【扫描(S)】→【薄板伸出项(T)】命令。

(2) 单击【选择轨迹】命令。

(3) 选择【曲线链】→【选择】。

(4) 选取如图 14-89 所示的曲线和起始点。单击【完成】选项，单击【确定】。

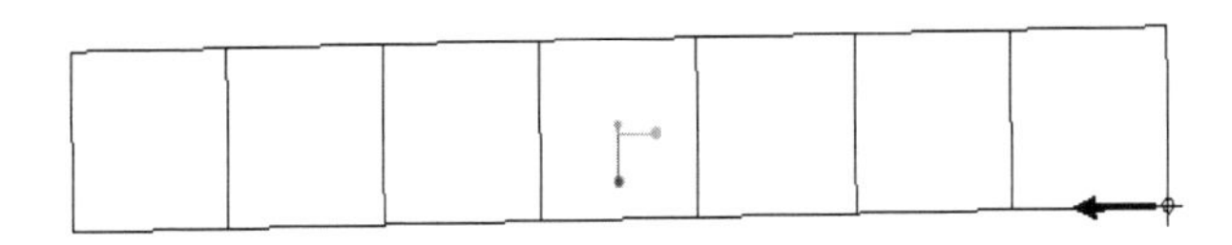

图 14-89　选取复制几何特征数据作为参考

(5) 绘制如图 14-90 所示的草图，草图的参考基准是复制几何的曲线。

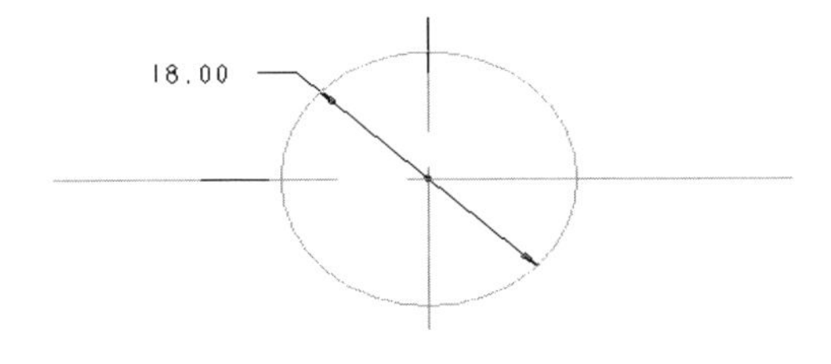

图 14-90　特征草绘

(6) 输入壁厚“10”，单击【确定】，特征完成，如图 14-91 所示。

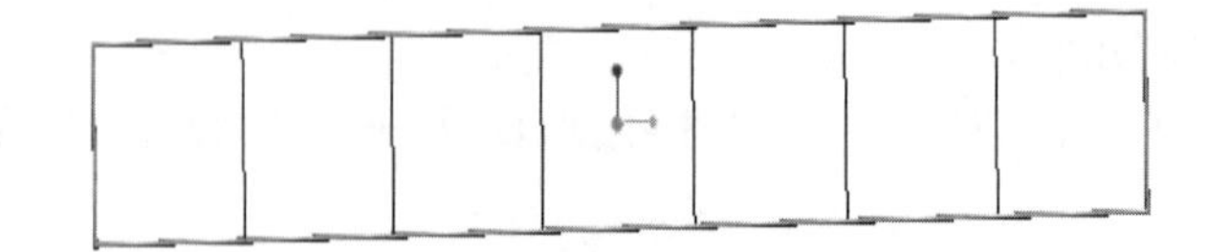

图 14-91　参考复制几何建立的模型

步骤 7：修改设计并检验数据传递的效果。

(1) 在模型树中激活“FRAME_SKEL.PRT”。

(2) 在模型树中右击 LEFT 参考面，在弹出的菜单中选择编辑。

(3) 显示 LEFT 参考面的尺寸，如图 14-92 所示。

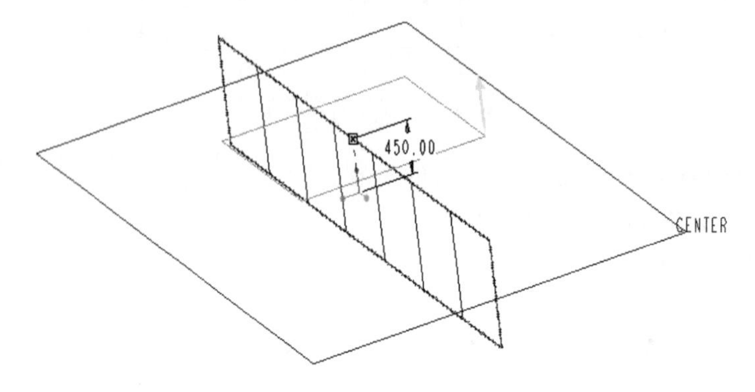

图 14-92　修改骨架数据

(4) 修改数值 450，信息窗口提示：“FRAME_SKEL 中的尺寸由关系 d1=width/2 驱动。”，此尺寸是受关系式控制的，不能直接修改，必须通过修改参数来改变 LEFT 参考面的位置。

(5) 单击菜单【工具 (T)】→【参数 (P)】命令。

(6) 将 Width 参数由 900 改为 4000，然后单击【确定】按钮。

(7) 单击【再生】按钮，重新生成后如图 14-93 所示。

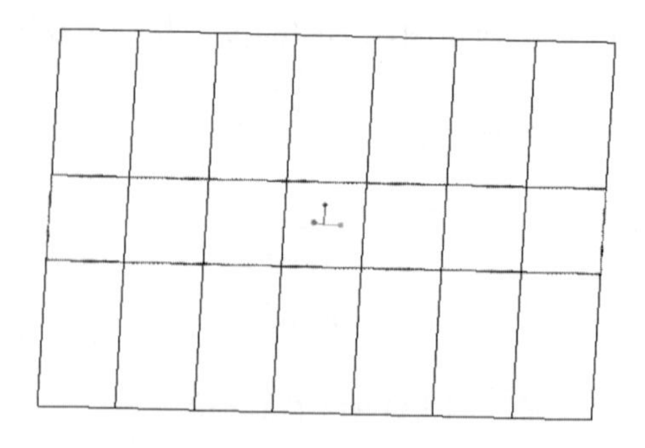

图 14-93　修改参数后的装配模型

(8) 在模型树中激活“FRAME.ASM”，单击再生，重新生成后如图 14-94 所示。可以看到 PIPE.PRT 文件已经改变了，其变化与骨架改变相同。

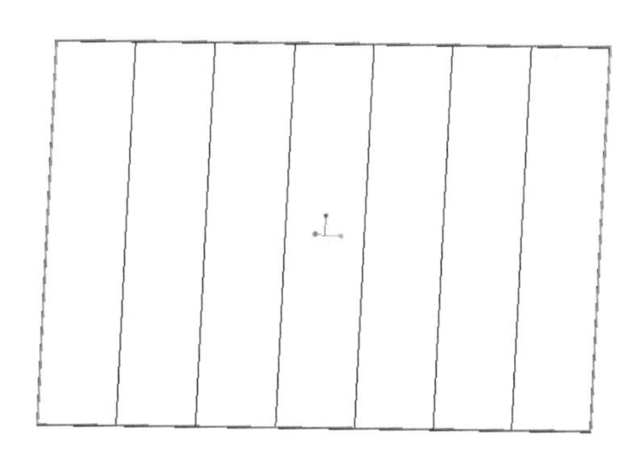

图 14-94　修改参数后的装配模型(完全更新)

总结：骨架是产品数据集中的地方，将骨架中的产品数据用发布几何标识出来，零件设计时，首先通过复制几何复制这些数据到零件中，然后在设计零件时参考这些复制的数据，就建立了骨架与零件的数据关联，更改设计时，通过更改骨架中的参数，使骨架的集合信息改变，零件中复制到骨架数据也跟着改变，通过参考复制数据生成的特征自然也跟着改变。这样就完成了从骨架到零件的数据传递与控制。

主要参考文献

二代龙震工作室. 2006.Pro/Mechanism/MECHANICA Wildfire 2.0 机构/运动/结构/热力分析[M].北京:电子工业出版社.

二代龙震工作室. 2008.Pro/MECHANICA Wildfire 3.0/4.0 结构/热力分析[M].北京:电子工业出版社.

二代龙震工作室. 2011.Pro/MECHANICA Wildfire5.0 结构/热力分析[M].北京:清华大学出版社.

方建军，刘仕良.2004.机械动态仿真与工程分析 Pro/ENGINEER Wildfird 工程应用[M].北京:化学工业出版社.

高秀华.2003.机械三维动态设计仿真技术 Pro/Engineer 和 Pro/Mechanica 应用[M].北京：化学工业出版社.

葛正浩，贾娟娟，杨芙莲. 2010.Pro/ENGINEER Wildfire 5.0 工程结构有限元分析[M].北京:化学工业出版社.

葛正浩，杨芙莲.2009.Pro/ENGINEER Wildfire 4.0 机构动力学与动力学仿真及分析[M].北京：化学工业出版社.

和青芳，徐征.2004.Pro/ENGINEER Wildfire 产品设计与机构动力学分析[M].北京:机械工业出版社.

乔建军，王保平，胡仁喜.2010.PRO/E WILDFIRE 5.0 动力学与有限元分析从入门到精通[M].北京:机械工业出版社.

孙江宏.2004.Pro/ENGINEER Wildfire/2001 结构分析与运动仿真[M].北京:中国铁道出版社.

万启超.2008.Pro/ENGINEER Wildfire 3.0 结构、热、运动分析基础与典型范例[M].北京:电子工业出版社.

夏元白，夏文鹤.2015.机械运动仿真与动力分析从入门到精通 Pro/EWildfire5.0[M].北京:电子工业出版社.

张洪涛. 2011.Pro/Engineer 野火版 4.0/5.0 机械结构分析实战[M].北京:机械工业出版社.

张继春.2004.Pro/ENGINEER Wildfire 结构分析[M].北京:机械工业出版社.

祝凌云，李斌.2004.Pro/ENGINEER 运动仿真和有限元分析[M].北京:人民邮电出版社.